炼油工业技术知识丛书

加氢裂化

方向晨　主　编
关明华　廖士纲　副主编

中国石化出版社

内容提要

本书对加氢裂化工艺技术进行了全面论述，其中包括化学反应、催化剂、工艺过程、工业装置操作等，力求做到理论与实践相结合，重点介绍了工业装置操作技术、如何选择和使用催化剂以及当前国内外加氢裂化工艺和催化剂发展的最新成果等。

本书可作为炼油企业从事加氢裂化装置操作的技术人员、技术工人的岗位培训教材，也可供炼油企业工程技术人员、科研设计人员和生产管理人员阅读参考。

图书在版编目（CIP）数据

加氢裂化/方向晨主编.
—北京：中国石化出版社，2008（2021.7重印）
（炼油工业技术知识丛书）
ISBN 978-7-80229-486-8

Ⅰ.加… Ⅱ.方… Ⅲ.石油炼制-加氢裂化
Ⅳ.TE624.4

中国版本图书馆CIP数据核字（2008）第011846号

中国石化出版社出版发行

地址：北京市东城区安定门外大街58号
邮编：100011　电话：(010)57512500
发行部电话：(010)57512575
http://www.sinopec-press.com
E-mail:press@sinopec.com
北京艾普海德印刷有限公司印刷
全国各地新华书店经销

*

850×1168毫米 32开本 17.375印张 460千字
2021年7月第1版第3次印刷
定价：45.00元

《炼油工业技术知识丛书》编委会

《加氢裂化》编委会

主　　编：方向晨

副 主 编：关明华　廖士纲

编写人员：童广明　彭全铸　刘守义
周长兴　张　英

序

随着我国石油化学工业的不断发展，炼油技术也在不断进步，炼油企业管理水平不断提高。与之相应，炼油行业十分迫切需要既掌握炼油理论知识、又拥有丰富生产经验和较高技术管理水平的技术人员与管理队伍。近些年来，在石化企业中，由于很多老职工和老技术人员相继退休，离开了工作岗位，取而代之的是一大批年轻职工和许多参加工作不久的技术和管理人员。他们走上炼油行业关键技术和管理岗位后，迫切需要补充炼油技术知识。

为了确保装置安稳长满优运转，提高炼油企业的国际竞争能力，提高职工队伍的整体素质，造就一大批懂管理、懂技术的人才，非常有必要在广大炼化企业职工中大力传播专业技术知识，推广科学技术，营造比学赶帮超的良好学习氛围。为了适应这一需要，中国石化股份公司炼油事业部和中国石化出版社及时组织编写了《炼油工业技术知识丛书》。

参加该丛书编写的作者来自于各炼化企业、科研院所和大专院校，他们都是石油化工领域的专家和长期工作在生产一线的技术骨干。在编写过程中，他们将自己的丰富学识与多年的生产实践经验相结合，并查阅大量文献资料，精心编写。可以说，这套丛书的每一分册都是作者的智慧结晶。丛书按装置和专业设分册编写、出版，既考虑炼油厂装置的实际情况，也考虑炼油企业岗位不同工种的学习需要。在介绍基本理论、基本知识的基础上，紧密结合炼油企业生产和技术管理的实际，注重理论与实践相结合。在文字表述方面，力求通俗易懂，深入浅出。

纵观丛书，最大的特色是理论与实际相结合，且系统性强，基本上涵盖了炼油工业技术的基础知识。该丛书的出版发行，有利于普及炼油工业技术知识，有利于提高炼油企业职工素质，有利于总结生产经验，能更好地为炼油装置的安稳长满优运行服务。我相信，《炼油工业技术知识丛书》的出版，将为行业内人员提供一套比较完整的炼油技术知识参考书，在加强技术传播、促进技术交流、推广技术应用、指导生产实践等方面会起到积极的作用，得到广大炼油行业从业人员的热烈欢迎。

中国工程院院士

前　言

随着炼油及石化工业的迅猛发展，加氢裂化技术已成为原油加工过程的关键手段之一，所处地位愈加重要。自从我国在1966年自主开发的加氢裂化工业装置在大庆投产以来，经历了40多年，至今，我国加氢裂化无论是技术水平还是装置生产能力，都得到了飞速提升和增加。据2007年最新统计，我国已投产的加氢裂化装置多达27套，总加工能力高达31.81Mt/a，跃居世界第二位。这些装置只有一套使用进口催化剂，其他全部使用我国自主开发的技术。我国之所以能在加氢裂化这一领域重大技术研发上取得如此丰硕的成果，主要是源于在国家自主开发方针及组织协力攻关政策的推动下，由研发、设计、生产部门共同长期奋斗的结果。

随着加氢裂化技术的广泛应用，从事这一领域的科技人员及技术工人成倍增加，关注的人士也越来越多。大家都迫切需要一本能反映国内外加氢技术发展、能较好总结和论述我国加氢裂化技术水平及实践经验的专门技术著作问世。为此，中国石化出版社专门组织我国资深专家共同编写了《加氢裂化》这本书。

本书将理论与实践紧密结合，内容全面详实，重点突出，涵盖了工艺过程、化学反应、催化剂以及操作技术等专业知识，特别是在工艺技术应用、催化剂使用性能及合理选择、操作技术等方面进行了重点论述。同时，对国内外加氢裂化技术的最新进展及时披露。

可以预期，当多年从事加氢技术工作的人士浏览本书时，不仅可以随时查阅需要的相关论述和各种数据，为您所从事的专业工作辅佐助力。同时，您也许会惊喜地发现，书中论述的技术成就也有您做出的努力和贡献。

对于初次涉及这一领域的工程技术人员，您将从书中得到比较丰富的技术知识，它将成为您在今后加氢技术工作中的财富，为提升您的工作业绩添砖加瓦。作为本书的编者和作者，我们将为此感到欣慰和鼓舞。

恳切希望同行在阅读本书有所收获时，不吝指教本书在编写中存在的不足、疏漏和失误。

方向晨

二〇〇八年一月

目　录

第一章　绪论 ……………………………… (1)

第一节　背景和发展历程 ……………………… (2)

一、国外的背景和发展历程 ………………… (3)

二、国内的背景和发展历程 ………………… (9)

第二节　在炼油工业中的地位和作用 ………… (12)

一、满足深度加工的需要 ………………… (13)

二、满足加工含硫原油的需要 …………… (15)

三、满足生产清洁燃料的需要 …………… (17)

四、满足生产Ⅱ/Ⅲ类润滑油基础油的需要 ……… (19)

五、满足生产石油化工优质原料的需要 ……… (21)

第三节　重大技术进展 ……………………… (24)

一、催化剂 ……………………………… (24)

二、工艺 ………………………………… (29)

三、反应器和内构件 ……………………… (41)

第四节　工业应用现状和前景 ………………… (43)

一、国外的现状和前景 …………………… (43)

二、国内的现状和前景 …………………… (51)

参考文献 …………………………………… (56)

第二章　加氢裂化中的化学反应 ……………… (60)

第一节　正碳离子机理 ……………………… (60)

一、在双功能催化剂上的反应历程 ………… (60)

二、正碳离子的生成与反应 …… (60)
三、加氢功能和酸性功能匹配对反应的影响 …… (63)
第二节 烷烃、烯烃的反应 …… (64)
一、β断裂 …… (65)
二、异构化反应 …… (65)
第三节 环烷烃和芳烃的反应 …… (68)
一、单环化合物 …… (69)
二、多环化合物 …… (74)
第四节 非烃类的反应 …… (84)
一、加氢脱硫反应 …… (84)
二、加氢脱氮反应 …… (90)
三、加氢脱金属反应 …… (96)
四、其他反应 …… (100)
参考文献 …… (104)
第三章 加氢裂化工艺过程 …… (106)
第一节 加氢裂化的原料油 …… (106)
一、减压馏分油(VGO)的性质 …… (106)
二、焦化蜡油(CGO)的性质 …… (108)
三、催化柴油和回炼油的性质 …… (108)
四、脱沥青油(DAO)的性质 …… (109)
五、加氢裂化对进料的要求 …… (109)
第二节 加氢裂化的产品 …… (118)
一、气体产品 …… (119)
二、轻质产品 …… (120)
三、中间馏分油 …… (123)
四、加氢裂化尾油 …… (126)
第三节 加氢裂化的工艺流程 …… (133)
一、两段加氢裂化 …… (133)

二、单段加氢裂化 …………………………………………（134）
三、一段串联加氢裂化 ……………………………………（134）
四、加氢裂化工艺过程的新进展 …………………………（136）
第四节　中压加氢裂化及相关的加氢转化过程 ………（155）
一、缓和加氢裂化(MHC) …………………………………（155）
二、中压加氢裂化(MPHC)…………………………………（157）
三、中压加氢改质(MHUG) ………………………………（159）
四、柴油的十六烷值改进技术(MCI) ……………………（161）
五、加氢改质异构降凝(FHI)技术…………………………（164）
第五节　工艺参数的影响 …………………………………（168）
一、原料油 …………………………………………………（168）
二、氢气(补充氢) …………………………………………（171）
三、操作压力 ………………………………………………（171）
四、氢油体积比 ……………………………………………（174）
五、体积空速 ………………………………………………（175）
六、反应温度 ………………………………………………（175）
参考文献 ……………………………………………………（178）

第四章　加氢裂化及其配套催化剂 ……………………（180）

第一节　加氢裂化催化剂的组成 …………………………（180）
一、基本组成 ………………………………………………（180）
二、载体 ……………………………………………………（183）
三、加氢金属 ………………………………………………（210）
第二节　不同组分催化剂的特性 …………………………（213）
一、贵金属与非贵金属 ……………………………………（213）
二、催化剂中用的助剂 ……………………………………（217）
三、无定形载体和含分子筛载体的特性 …………………（221）
第三节　加氢裂化催化剂的制备及表征 …………………（226）
一、加氢裂化催化剂基本制备流程 ………………………（226）

二、催化剂性能表征及对反应的影响 …………（234）
第四节 加氢裂化的配套催化剂 …………（244）
一、精制催化剂 …………（244）
二、后处理催化剂 …………（260）
第五节 催化剂的发展趋势 …………（261）
一、新催化材料的开发是关键 …………（261）
二、新制备途径 …………（265）
参考文献 …………（266）
第五章 加氢裂化装置的操作技术 …………（269）
第一节 加氢裂化装置的开工 …………（270）
一、开工前的准备 …………（270）
二、加氢裂化装置的开工 …………（285）
第二节 加氢裂化装置的正常操作 …………（301）
一、反应压力 …………（301）
二、反应温度 …………（304）
三、循环氢流率和补充氢 …………（306）
四、反应器平均反应温度与相关工艺参数的关系 …（306）
第三节 加氢裂化装置的正常停工 …………（314）
一、停工前的准备 …………（314）
二、正常停工 …………（314）
第四节 催化剂的再生与卸出 …………（316）
一、催化剂的失活与再生 …………（316）
二、催化剂的卸出 …………（323）
三、催化剂的器外再生 …………（329）
第五节 催化剂的器外硫化 …………（335）
一、器外硫化的优点 …………（335）
二、器外硫化的方法 …………（336）
三、器外硫化催化剂的开工 …………（340）

第六节　安全操作与紧急情况处理 …………………… (344)
一、安全操作 …………………………………………… (344)
二、紧急故障处理 ……………………………………… (346)
参考文献 ………………………………………………… (349)
第六章　催化剂的选择 …………………………………… (350)
第一节　催化剂的分类 …………………………………… (350)
一、按催化剂组分分类 ………………………………… (350)
二、按工艺过程及反应条件分类 ……………………… (351)
三、按主要目的产品分类 ……………………………… (351)
第二节　根据不同目的产品选择催化剂 ………………… (353)
一、多产石脑油和催化重整原料 ……………………… (353)
二、多产中间馏分油兼产部分石脑油 ………………… (355)
三、最大限度生产中间馏分油产品 …………………… (358)
四、生产裂解制乙烯原料 ……………………………… (361)
五、生产润滑油基础油料 ……………………………… (363)
第三节　根据流程和反应条件选用催化剂 ……………… (367)
一、高压加氢裂化催化剂 ……………………………… (367)
二、中压加氢裂化催化剂 ……………………………… (372)
第四节　工业催化剂 ……………………………………… (376)
一、加氢裂化催化剂 …………………………………… (376)
二、配套催化剂 ………………………………………… (419)
三、新研发的催化剂 …………………………………… (426)
参考文献 ………………………………………………… (434)
第七章　择形裂化和择形异构化 ………………………… (435)
第一节　概述 ……………………………………………… (435)
一、定义和分类 ………………………………………… (435)
二、背景和发展历程 …………………………………… (440)

第二节 择形裂化 ………………………………………… (447)
一、反应机理 ………………………………………… (448)
二、工艺流程和特点 ………………………………… (452)
三、催化剂 …………………………………………… (461)
四、操作技术 ………………………………………… (467)
五、工业应用现状和前景 …………………………… (474)
第三节 择形异构化 ………………………………… (496)
一、反应机理 ………………………………………… (497)
二、工艺流程、特点和操作条件 …………………… (500)
三、催化剂 …………………………………………… (509)
四、操作技术及要求 ………………………………… (518)
五、工业应用现状和前景 …………………………… (522)
参考文献 …………………………………………… (539)

第一章　绪　　论

现代炼油技术中，加氢裂化是指通过加氢反应使原料中有10%以上的分子变小的那些加氢工艺，包括馏分油加氢裂化（含加氢裂化生产润滑油料）、渣油加氢裂化和馏分油加氢脱蜡（择形裂化和择形异构化）。通常所说的"高压加氢裂化"是指反应压力在10.0MPa以上的加氢裂化工艺，"缓和与中压加氢裂化"是指反应压力在10.0MPa以下的加氢裂化工艺。

加氢裂化可以加工的原料范围宽，包括直馏汽油、柴油、减压蜡油、常压渣油、减压渣油以及其他二次加工过程得到的原料，如催化柴油、催化澄清油、焦化柴油、焦化蜡油和脱沥青油等；加氢裂化生产的产品品种多且质量好，通常可直接生产液化气、汽油、煤油、喷气燃料、柴油等清洁燃料和轻石脑油、重石脑油、尾油等优质石油化工原料。轻石脑油既可直接用于调合生产高辛烷值汽油，也可用于生产化工溶剂油，并可用作制氢和蒸汽裂解制乙烯原料。重石脑油芳烃潜含量高，硫、氮含量低，是催化重整生产高辛烷值汽油或轻芳烃的优质进料。尾油BMCI值低，是生产乙烯或高黏度指数润滑油基础油的优质原料。而且，加氢裂化技术还具有生产方案灵活和液体产品收率高等特点。因此，随着近年来实现生产过程清洁化、生产清洁燃料、加工含硫原油、增加轻质油收率、提高炼化一体化生产效益等形势的发展，加氢裂化技术受到越来越多的关注。加氢裂化催化剂更新换代、新工艺的开发和装置建设的步伐不断加快，装置投资和生产成本降低，用能水平提高，应用领域拓宽，在生产超清洁柴油组分的同时，能为催化裂化装置提供低硫、容易裂化的原料，也能为择形裂化/择形异构化生产API Ⅱ/Ⅲ类润滑油基础油提供低杂质含量、高黏度指数的原料油。业内专家认为，加氢裂化已成为21世纪石油化工企业油、化、纤结合的核心工艺之一。

本世纪前五年，世界炼油企业原油一次加工能力仅增加1.05%，而主要二次加工能力均有明显增长，其中蜡油转化装置加工能力增长幅度最大的是加氢裂化，达到17.20%，占到世界原油总蒸馏能力的5.72%。这期间，主要国家加氢裂化能力均有明显增长，如美国增长了1.13%、日本提高了9.0%、德国提高了55.81%等。我国2000年至2004年，原油一次加工能力增长13.72%，加氢裂化总能力增长41.76%。2004 ~2006年的三年里，我国加氢裂化装置(包括加氢改质，未包括择形裂化和择形异构化)从20套增至27套，总加工能力从22.71Mt/a增至31.81Mt/a，增长率超过40%。目前，我国加氢裂化总能力占原油一次加工能力的比例已超过世界平均水平，但是和美国、加拿大、德国等国家相比尚有一定差距[1,2]。

第一节 背景和发展历程

现代加氢裂化源于第二次世界大战以前德国出现的“煤和煤焦油的高压加氢液化技术”，这种被称为古典加氢的技术采用三段工艺流程。第一段是煤糊的悬浮床高压(反应压力70MPa)液相加氢，生产汽油、中间馏分油和重油，1926年实现工业化；第二段是以硫化钨为催化剂的气相加氢，脱除中间馏分油的硫、氮化合物，1931年首次工业应用；第三段是以硫化钨-HF活化白土为催化剂的加氢裂化，在压力22MPa、温度400 ~420℃、空速0.64 h^{-1}的条件下，将精制后的中间馏分油转化为汽油和柴油，1937年工业应用。1942年，采用硫化钨-硫化镍-氧化铝催化剂的加氢裂化技术实现工业化，完善了老式三段加氢技术的第三段，并在德国得到广泛应用。

第二次世界大战后，中东原油产量提高，采用高效分子筛的流化催化裂化技术得到发展，为转化重减压馏分油(HVGO)生产汽油提供了更经济的手段，使得人们对反应压力高、空速低、消耗氢气多的煤及焦油高压加氢生产液体燃料失去了兴趣，老式加氢技术的发展几近停止。尽管如此，在加氢工艺与工程设计、催化剂配方设计和高压设备制造技术等方面，古典加氢都为现代加氢裂化技术的开发和应用奠定了基础。

一、国外的背景和发展历程

20 世纪 50 年代中期，美国对汽油的需求量大幅增长，对柴油和燃料油的需求量下降，产品结构不能适应市场需求的变化。热裂化、催化裂化和延迟焦化等二次加工技术可以增加汽油产量，但汽油质量不能满足车用汽油高辛烷值的要求。因此，需要一种新的加工技术，把重质油品转化为轻质油品。在这种情况下，许多石油公司根据催化裂化催化剂的开发经验和德国煤焦油高压加氢生产汽柴油的经验，研究开发出馏分油固定床加氢裂化技术。1959 年美国 Chevron 公司首先公布了 Isocracking 技术，1960 年 UOP 公司公布了 Lomax 技术，接着 Unocal 公司宣布开发了 Unicracking 技术。随后，美国 Gulf 公司、荷英 Shell 公司、法国 IFP、德国 BASF 公司和英国 BP 公司等相继宣布开发成功自己的加氢裂化技术。经过数十年的市场竞争和企业之间的联合、兼并、重组，目前国外主要有 UOP、Chevron、IFP、Shell 等公司拥有并对外转让成套专利技术；另外，还有 Albemarle、Criterion、Haldor Topsoe、United Catalysts 等主要的催化剂生产和供应商。

60 年代初期，加氢裂化技术主要用于把 AGO、CGO 和 LCO 转化为汽油。因为当时催化裂化的转化率低，有些原料转化不了，所以加氢裂化主要用于转化在催化裂化装置中难以裂化的油料。这时的加氢裂化装置都采用两段工艺，第一段用加氢处理催化剂对原料油进行脱硫、脱氮，然后进入第二段进行加氢裂化生产汽油。得到的轻汽油辛烷值高，直接用作汽油调合组分；芳烃潜含量高的重汽油进行催化重整，得到高收率的高辛烷值汽油和氢气。这种两段工艺和生产方案至今仍为美国一些炼油厂加氢裂化装置所采用。

60 年代后期到 70 年代，催化裂化技术特别是提升管技术和分子筛催化剂的进展，使得催化裂化能够生产最大量高辛烷值汽油并成为主力技术。与此同时，世界油品市场对喷气燃料和柴油的需求迅速增加，加之活性高、选择性强、稳定性好、能转化重馏分油的加氢裂化催化剂趋于成熟，促进了加氢裂化的发展，加氢裂化工艺方面出现了以生产中间馏分油为主的单段流程和既能生产中间馏分油又能生产石脑油、灵活性较大的单段串联流程。炼油厂新建的加氢裂化装置多数都转向以加工 VGO 生产喷气燃料和柴油为主要目的。至 70 年代中期，世界上新建的加氢裂化装置 60% 的加工能力都是用于生产喷气燃料和柴油，而且逐年增加。80 年代以来，加氢裂化技术发展的趋势，除了多生产中间馏分油以外，就是把加氢裂化富含烷烃的未转化尾油用作催化裂化原料或蒸汽裂解制乙烯原料或生产高黏度指数润滑油的基础油料。90 年代新建的加氢裂化装置，90% 的加工能力用于主要生产中间馏分油，单段、单段串联和两段工艺都有应用。进入 21 世纪以来，为了适应清洁燃料生产及其升级换代的需要，出现了部分转化加氢裂化等一批新工艺，在生产石脑油、喷气燃料和清洁柴油的同时，未转化的尾油用作催化裂化原料，直接生产清洁汽油组分，这也是 21 世纪加氢裂化工艺的发展方向之一[3]。

催化剂的发展是加氢裂化技术进步的核心，多种形式新工艺的开发进一步提高了加氢裂化技术的水平。根据裂化组分不同，加氢裂化催化剂通常可分为无定形和分子筛两大类。无定形催化剂工业应用历史悠久并且至今仍在市场上占有一定份额，但目前和将来加氢裂化催化剂的主要发展方向则是开发各种类型含分子筛催化剂。由于技术的不断发展和完善，目前世界上许多大公司可以根据客户对产品的要求来设计催化剂，以最大限度满足客户的需求。

将具有代表性的 UOP(Unocal) 和 Chevron 两大公司催化剂的发展概况简述如下。

1. UOP（含 Unocal）公司

Unocal 公司是分子筛型加氢裂化催化剂的开拓者和奠基者。1964 年，该公司开发的贵金属分子筛型催化剂首次用于洛杉矶炼油厂的800kt/a(16000桶/日)Unicracking两段加氢裂化工业装置。1995年，UOP公司兼并Unocal公司的加氢技术部，从此，Unocal的加氢裂化技术知识产权归UOP所有。经过40多年的发展，UOP(含Unocal)公司所开发催化剂之间的性能关系和工业应用时间分别如图1-1-1和图1-1-2所示[4~7]。

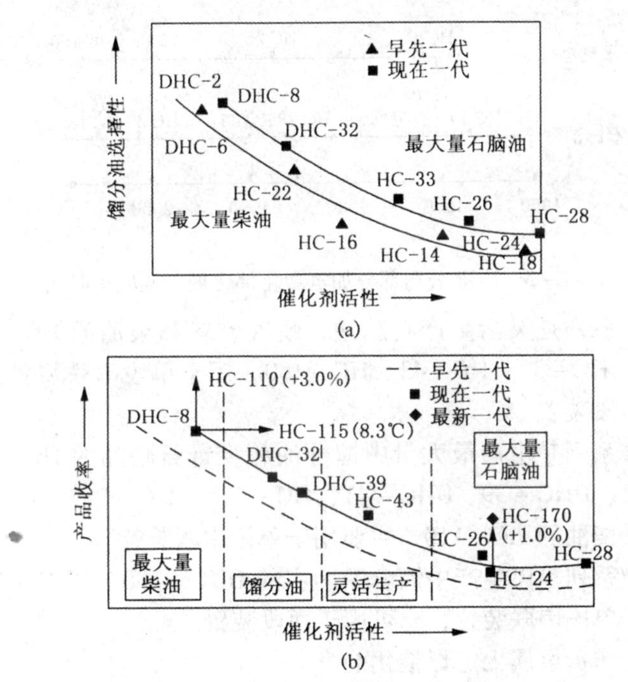

图1-1-1 UOP(Unocal)公司加氢裂化催化剂性能关系

按组成划分，这些催化剂可分为以下三类：

(1) 贵金属分子筛型催化剂

包括生产最大量石脑油和部分喷气燃料的HC-11、HC-18、HC-28和HC-35，可用于两段装置，也可用于单段串联装置。

(2) 非贵金属分子筛型催化剂

第Ⅰ系列是生产最大量石脑油和部分喷气燃料的HC-14、

HC－24、HC－34、HC－29、HC－170、HC－185 和 HC－190；生产最大量石脑油的 HC－8 和 HC－100，用于两段装置，也可用于单段串联装置。

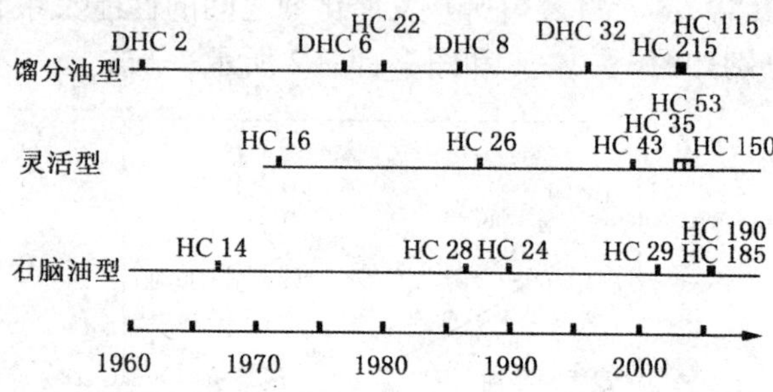

图 1－1－2　UOP 公司部分加氢裂化催化剂工业应用时间

第Ⅱ系列是灵活生产石脑油、喷气燃料和柴油的 HC－16、HC－26、HC－33、HC－43、HC－150，用于单段串联装置，也可用于两段装置。

第Ⅲ系列是生产最大量中馏分油和少量石脑油的 HC－22、DHC－32、DHC－39、DHC－41、HC－115、HC－215，以及生产最大量柴油的 HC－110，主要用于单段串联装置。

第Ⅳ系列是以生产中馏分油为主的 DHC－100、DHC－200，主要用于单段串联装置，也可用于两段装置。

（3）非贵金属无定形催化剂

包括以生产中馏分油为主的 DHC－2、DHC－6、DHC－8 和 DHC－20。主要用于单段装置，也可用于两段装置。

其中，HC－110、HC－150、HC－170、HC－115、HC－215、HC－29、HC－190、HC－185 都是近几年问世的新催化剂。UOP（含 Unocal）公司的非贵金属分子筛催化剂，不仅品种多，而且能适应加工不同原料油生产不同产品的需要。近期开发的第一代生产最大量柴油的非贵金属分子筛催化剂 HC－110，其活性、选择性和稳定性都优于其最好的无定形催化剂 DHC－8。

2. Chevron 公司

Chevron 公司的 Isocracking 技术最早于 1959 年在美国 Richmond 炼油厂建立了 48kt/a 的两段工业试验装置，1962 年在美国托利多炼油厂建成投产第一套工业装置，加工能力 375kt/a(7500 桶/日)。以 AGO、LCO 和 CGO 为原料，采用两段流程，生产汽油(石脑油)。Chevron 公司最初开发无定形催化剂，70 年代以后开始开发分子筛型催化剂。1985 年兼并 Gulf 公司，Gulf 公司的加氢裂化专利技术归 Chevron 公司所有。40 多年来，Chevron 公司开发的催化剂性能关系如图 1-1-3 所示。

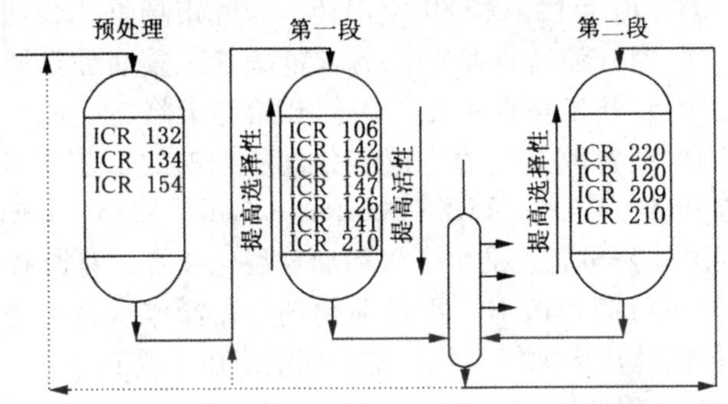

图 1-1-3　Chevron 公司加氢裂化催化剂性能关系[8]

这些催化剂主要分为三大类：

(1) 非贵金属无定形催化剂

包括生产最大量中馏分油特别是柴油的 ICR-102、ICR-106、ICR-120 和 ICR-150，既可用于单段装置，也可用于两段装置。

(2) 非贵金属分子筛催化剂

第Ⅰ系列是生产最大量石脑油和部分喷气燃料的 ICR-204、ICR-208、ICR-210、ICR-230、ICR-160，主要用于两段装置，也可用于单段装置。

第Ⅱ系列是生产最大量中馏分油 ICR-126、ICR-136、ICR-142、ICR-162、ICR-240，主要用于单段装置。

第Ⅲ系列是灵活生产石脑油、喷气燃料和柴油的 ICR－117、ICR－139/141、ICR－147，主要用于单段装置。

（3）贵金属分子筛催化剂

包括生产最大量石脑油和喷气燃料的 ICR－207、ICR－209、ICR－211，最新一代能生产最大量喷气燃料的 ICR－220，主要用于两段加氢裂化装置。

其中，ICR－160、ICR－162、ICR－220 和 ICR－240 都是近几年问世的新催化剂；ICR－240 还用于生产最大量润滑油基础油料，其性能比同类催化剂都好。

20 世纪 70 年代末和 80 年代初，国际市场重燃料油需求量减少，中间馏分油特别是柴油需求量增加，重油加氢脱硫装置（VGO－HDS）开工负荷不足，人们开始寻求将在中压下操作的 VGO－HDS 装置改造成为生产部分优质柴油的工艺技术。经过几年的开发，UOP、IFP、Chevron、Shell、Akzo、Lummus 和 Linde 等国外公司先后推出了缓和加氢裂化技术，对原有 VGO－HDS 装置进行简单改造，更换催化剂，在操作压力不变的情况下，进行低转化率加氢裂化以增产柴油。由于受到原有设备的限制，缓和加氢裂化装置操作压力一般在 5.6～7.0MPa 之间，产品质量改进受到限制，喷气燃料烟点及柴油的十六烷指数都不高。

Mobil 石油公司随后推出了中压加氢裂化技术，这是在压力 7.0～10.5MPa、温度 343～427℃的条件下、以生产优质燃料产品为主、转化率较高（>40%）的加氢裂化过程，并于 1983 年首次工业应用。由于近年来车用柴油的需求增长快于汽油，进行催化裂化轻循环油（LCO）改质生产柴油组分成为当前重要的发展方向。UOP 公司最近开发了一种新的 LCO 改质技术，采用 HC－190 加氢裂化催化剂，使双环和多环芳烃开环裂解为单环芳烃，并同时生产超低硫汽、柴油组分[2]。

70 年代，针对国际市场对低凝点柴油的需求，Mobil 石油公司在合成 ZSM－5 择形沸石的基础上，开发了馏分油择形裂化（Mobil

Distillate Dewaxing，MDDW）技术，1974 年第一代催化剂工业化，之后又有两个换代催化剂实现工业应用。与此同时，Mobil 又推出择形裂化生产润滑油基础油（Mobil Lube Dewaxing，MLDW）技术，到 1996 年已有四代催化剂实现工业应用。Mobil 对 ZSM－5 催化剂进行改性的基础上，开发了一种双功能贵金属催化剂以及从馏分油生产低凝点柴油的择形异构化（Mobil Isodewaxing，MIDW）技术，1990 年建成投产第一套工业装置。在此基础上，Mobil 公司又开发了一种贵金属的合成沸石新催化剂以及择形异构化生产润滑油基础油技术（Mobil Selective Dewaxing，MSDW），生产高黏度指数的 API Ⅱ/Ⅲ类润滑油基础油，第一代至第三代催化剂相继于 1997 年、1999 年和 2005 年实现工业应用。

Chevron 公司为了满足润滑油产品升级换代的需求，率先开发并工业化生产Ⅱ/Ⅲ类润滑油基础油的择形异构化技术，采用以中孔分子筛 SAPO－11 为载体的贵金属催化剂，第一代至第四代催化剂相继于 1993、1996、1999 和 2004 年实现工业应用。

二、国内的背景和发展历程

我国是世界上最早掌握现代加氢裂化技术的少数几个国家之一。在上个世纪 50 年代初，抚顺石油三厂研制出 3511 和 3512 催化剂（MoS－白土），以酸碱精制页岩轻柴油为原料，通过加氢裂化生产汽油和灯用煤油，试制成功航空汽油，并解决了我国加氢裂化工业装置初次开工的技术关键问题。与此同时，石油三厂与中国科学院大连化学物理研究所合作开发了 3592 催化剂（MoO－半焦），先后进行了低温煤焦油的高压和中压加氢裂化工业试生产。这些研究开发和工业生产实践，为我国现代加氢裂化技术的发展奠定了基础。

1966 年，由我国自行开发、设计和建造的第一套 400kt/a 馏分油单段加氢裂化工业装置在大庆石油化工总厂建成投产。该装置采用我国自己开发与生产的以无定形硅铝为载体、WO_2－NiO 为加氢组分的第一代催化剂，主要生产喷气燃料和柴油，具有工艺简单、能耗低等特点。这套工业装置的成功投产，标志着我国现代加氢裂化技术的水平与发展基本与国外大公司同步。此后，我国加氢裂化技术的开发工作一直在稳步推进。抚顺石油三厂先后成功开发了添加 β 沸石组分的 3762、3812、3821 等加氢裂化催化剂；生产润滑油基础油的加氢裂化－择形裂化工艺技术，以大庆减二、减三及加氢裂化尾油为原料，生产轻、中质低倾点润滑油基础油，并用这些基础油调制出汽油机油、柴油机油等 10 多种润滑油产品。

进入 80 年代以后，随着我国国民经济的快速发展和环保法规的日愈严格，对优质清洁马达燃料和石油化工原料的市场需求大幅度增长。为了适应这一发展形势，我国炼油企业在大力发展催化裂化等加工技术的同时，也加快了加氢裂化技术的开发步伐。在加氢裂化催化剂开发方面，中国石化抚顺石油化工研究院（FRIPP）在国内率先研制成功超稳 Y 沸石，继而开发了灵活型 3824、轻油型 3825 以及用于缓和加氢裂化的 3882 三种含分子筛催化剂，并先后在工业装置上成功应用。此后，FRIPP 在加氢裂化催化剂领域的开发进入了蓬勃发展阶段，目前，已形成了多个系列 50 多个牌号催化剂，这些催化剂的性能关系如图 1－1－4 所示[9,10,11]。

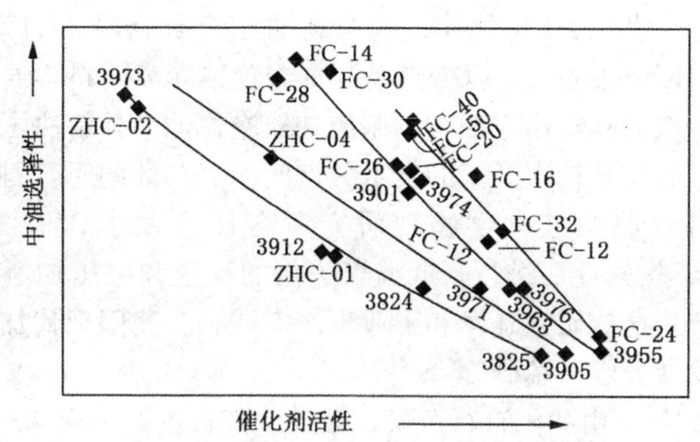

图 1－1－4　FRIPP 加氢裂化催化剂性能

按用途划分，这些催化剂可分为最大量生产石脑油的轻油型催化剂、灵活生产石脑油和中间馏分油的灵活型催化剂、最大量生产中间馏分油的高中油型催化剂、单段单剂最大量生产中间馏分油的催化剂，包括无定形催化剂和分子筛型催化剂。此外，还有劣质柴油改质(MCI)催化剂、生产低凝点柴油的择形裂化催化剂、生产润滑油基础油的择形裂化和择形异构化催化剂等。

在加氢裂化工艺技术开发方面，FRIPP 除对单段串联高压加氢裂化技术进行不断完善和革新外，还相继开发成功适合我国国情的加氢裂化－蜡油加氢脱硫组合工艺技术、中压加氢裂化(MPHC)、中压加氢改质(MHUG)、中压加氢裂化(改质)－中间馏分油补充加氢精制组合工艺技术、缓和加氢裂化(MHC)、最大量提高劣质柴油十六烷值的 MCI 技术、润滑油加氢处理、择形裂化、择形异构化、加氢降凝、加氢改质降凝等一系列加氢裂化新工艺，并在工业装置上得到广泛应用，取得了满意结果。在加氢裂化工艺流程开发方面，有单段串联一次通过、部分循环和全循环工艺流程、单段一次通过、部分循环和全循环工艺流程以及两段法工艺流程等。

中国石化石油化工科学研究院(RIPP)也先后开发成功了 RT－1、RT－5、RT－25、RT－30、RHC－1、RHC－5 等加氢裂化催化剂和生产润滑油基础油的择形裂化催化剂，以及中压加氢改质、中压加氢裂化(RMC)和最大限度提高劣质柴油十六烷值(RICH)等工艺技术，并先后实现工业应用[12,13]。

随着我国炼油厂高、中压加氢裂化工业装置逐年增加，催化剂用量迅速增多，我国催化剂再生技术也随之问世。中国石化金陵分公司采用自行开发的再生新工艺和流程，1990 年初成功地进行了加氢裂化催化剂的器内再生工作。山东淄博邦达恒基化工有限公司采用自行开发的连续式器外再生技术(HCRT)，对中国石化茂名分公司、金陵分公司、石家庄炼化股份有限公司等近 20 家炼油化工企业所用的加氢裂化和加氢精制催化剂进行器外再生，理化性质和活性评价以及工业应用的结果表明，再生催化剂的性能达到了较高水平[14,15]。

传统的加氢催化剂硫化在反应器内进行，一种方法是以煤油馏分作为硫化剂的携带剂，称为湿法硫化；另一种方法是硫化剂直接注入到反应器入口(与氢气混合)，称为干法硫化。无论是湿法硫化还是干法硫化，均需要准备硫化剂，因此，工业装置上需增加硫化剂贮罐、机泵和相应的管线。常用的硫化剂(如 CS_2)毒性大、易挥发、闪点低，容易造成环境污染，影响人体健康，给贮存和使用带来困难。为此，FRIPP 和 RIPP 先后开发了加氢催化剂器外预硫化技术，并得到工业应用[16,17]。

加氢反应器新型内构件研究开发方面，中国石化工程建设公司(SEI)先后推出了新型分配盘和新型冷氢箱等内构件，并获得国家专利。这些新技术于2001 年应用于中国石化荆门分公司200kt/a润滑油加氢处理和加氢精制反应器上，经测定，反应器径向温差均小于 1℃；随后又应用于中国石化上海石化股份有限公司1.5Mt/a 中压加氢裂化、齐鲁分公司 1.4Mt/a 加氢裂化、高桥分公司 1.4Mt/a 加氢裂化、中国石油大庆石化分公司 1.2Mt/a 加氢裂化装置上，反应器径向温差均小于 3℃，说明设计是成功的[1]。

在大型加氢裂化装置的设计与建设方面，由 FRIPP 提供设计基础数据、中国石化洛阳石油化工工程公司(LPEC)设计的镇海 800kt/a 单段串联全循环大型高压加氢裂化装置，1993 年建成投产，后于 1999 年改造为 2.20Mt/a 加氢裂化—蜡油加氢脱硫组合装置。随后，LPEC、SEI 与 FRIPP、RIPP 合作又设计建设了10 余套处理量为 0.6 ~2.0Mt/a 的大型加氢裂化装置。在大型加氢裂化设备制造方面，我国第一台锻焊结构的热壁加氢裂化反应器(内径 1.8m、切线长度 22m、筒体壁厚 150m、总重 220t)于1989 年试制成功并用于抚顺石油三厂的加氢裂化装置。我国已经可以设计制造内径超过 4.4m 和重量超过 1000t 的大型加氢裂化反应器以及与之配套的原料油泵、新氢压缩机和循环氢压缩机等大型动设备。

第二节　在炼油工业中的地位和作用

加氢裂化工艺可以加工各种重劣质原料油，生产优质汽油、喷气燃料、柴油、化工用石脑油、润滑油基础油和蒸汽裂解制乙烯原料。20世纪90年代以来，世界炼油企业加工的原油明显变重，原油中硫和重金属逐年上升；各国政府公布的环保法规日趋严格，实现生产过程清洁化、生产清洁燃料的要求越来越迫切；成品油市场中柴油需求增长速度远高于汽油，芳烃和乙烯原料的需求增长仅仅依靠原油加工量的增长已不能满足需要。因此，加氢裂化工艺和技术受到日益广泛的重视。本世纪前5年的统计表明，世界加氢裂化的能力增长在蜡油转化装置中居首位，占原油一次加工能力的比例不断提高(见表1-2-1)。毫无疑问，在充分利用石油资源、提高原油加工深度、增加轻质油品收率、生产清洁燃料和实现生产过程清洁化、提高炼油、化工、化纤一体化效益等方面，加氢裂化技术将发挥越来越重要的作用。

表1-2-1　近5年世界加氢裂化能力增长情况[1]

时　　间	2000年	2001年	2002年	2003年	2004年	2005年
能力/万桶·日$^{-1}$	402.03	425.35	430.18	443.73	456.73	471.18
增长量/万桶·日$^{-1}$	–	23.32	4.83	13.55	13.0	14.45
增长率/%	–	5.80	1.14	3.15	2.93	3.16
占原油一次加工能力的比例/%		4.93	5.30	5.42	5.70	5.72

一、满足深度加工的需要

世界经济的发展促使石油产品的需求结构逐步向轻质油品转变，1970年至2000年世界油品市场需求结构的变化表明[18]，重燃料油的需求大幅度下降，从1970年的30%下降到2000年的13%；轻质油品的需求持续增长，特别是中馏分油(喷气燃料和柴油)的需求增长较多，从1970年的27%增加到2000年的35%。未来的数十年，石油和天然气仍将是世界经济发展不可替代的重要战略能源，世界石油产品的需求将继续向着重燃料油需求减少、中馏分油需求增加的方向发展。预计到2010年，柴油和喷气燃料需求量占油品总需求量的比例将从目前的38%增加到45%，汽油和液化石油气需求量的比例将从目前的36%增加到40%，重燃料油则从26%减少到15%[19]。图1-2-1为2020

年前世界各类油品需求变化的趋势。其中，汽油和柴油的年增长率分别为1.2%和2.8%，而燃料油的年需求增长率为-0.5%。据估计，在未来30年全世界在石油炼制工业的投资约为4100亿美元，主要用于增加炼油加工能力和满足不断变化的产品需求。

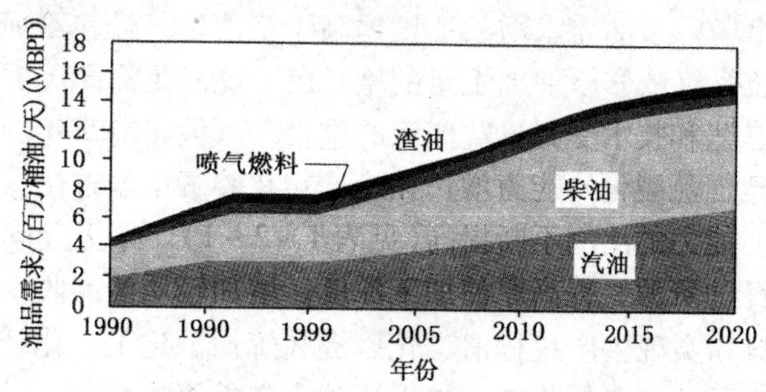

图1-2-1　世界各类油品需求增长趋势[20]

随着全球原油资源变重趋势的加剧、重质燃料油需求的不断减少以及轻质清洁运输燃料需求的快速增长，长期以来我国炼油工业积极发展深度加工技术，提高轻质油收率，以最大限度利用石油资源，满足油品市场需求。1998~2004年，我国原油一次加工能力年均增长率为4.3%，而深度加工装置中的延迟焦化装置能力年均增长达到12.3%，加氢裂化装置能力年均增长10.9%。燃料油产率由1998年的12%下降至2004年的8%左右，而轻油收率已由66%上升到了73%左右，按2004年的原油加工量计算，相当于增产了轻质产品19.1Mt。

图1-2-2表示我国石油产品消费预测，预计未来10年各类油品年消费增长率3%~5%。与发达国家相比，我国成品油市场消费的特点是柴汽比高，而且有逐年增高的趋势。从我国1997~2002年市场消费柴汽比与生产柴汽比变化的情况(见表1-2-2)可以看出，虽然炼油企业生产的柴汽比呈增长趋势，但与同样呈增长趋势的市场消费柴汽比需求相比，生产仍不能满足市场需求。这主要是因为我国炼油企业加工装置中，催化裂化占的比例大而催化裂化生产的柴汽比低所致。近几年的油品消费

情况也表明，柴油需求一直以较快的速度增长。催化裂化装置采取改变工艺条件、更换催化剂等措施可以增产柴油，但要从根本上解决较大幅度提高柴油产率、提高柴汽比、全面改善产品质量的问题，必须调整炼油装置结构，提高加氢裂化、加氢改质、加氢处理等加氢工艺在炼油二次加工过程中的比例。因此，油品需求结构的变化，需要大力发展加氢裂化技术，将更多的重油深度加工转化为优质的轻质油品。

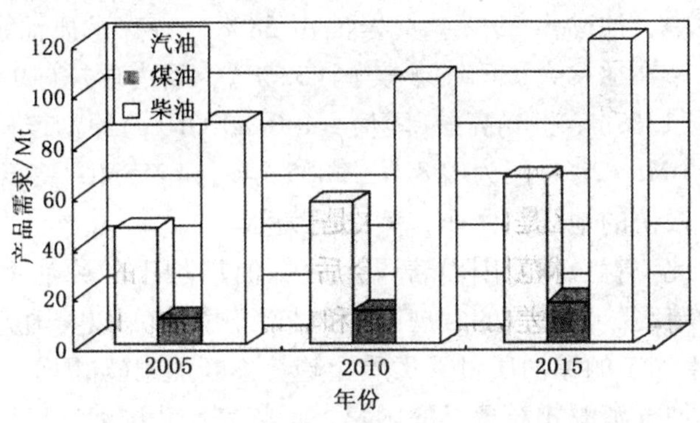

图 1－2－2　中国炼油产品的需求预测[21]

表 1－2－2　我国成品油市场消费柴汽比与生产柴汽比[22]

年　　份	1997	1998	1999	2000	2001	2002
全国生产柴汽比	1.38	1.39	1.69	1.71	1.80	2.03
消费柴汽比	1.73	1.74	1.78	1.91	1.94	2.10

二、满足加工含硫原油的需要

经过 100 多年的开采，世界上低硫轻质原油的产量已经越来越少，含硫和高硫原油比例增加，含酸和高酸原油产量也有所增长，特别是随着重质原油的开采和加工技术日臻成熟，这种趋势就更加明显。根据美国《油气杂志》统计，2002 年世界原油总产量 3.3Gt，含硫和高硫原油占了 75%；其中，硫含量在 1% 以上的原油占 56%，硫含量在 2% 以上的原油超过 30%。2004 年 8 月美国《烃加工》杂志报道，世界炼油工业中的硫磺产量将以每年7%的速度持续增长，其增长速度远远超过原油加工能力的增长速度。这表明，炼油企业加工的原油含硫量越来越高，硫回收率也越来越高。2005年2月召开的美国剑桥能源研究协会(CERA)年会上，马拉松石油公司总裁指出，目前世界80%的原油资源是重质含硫原油，2005年原油开采项目83%为中质或重质含硫(高硫)原油。在CERA年会上，Conoco Phillips石油公司指出，今后非常规石油资源开采可能加速。目前7万亿桶非常规石油资源中，油砂占39%、页岩油占38%、特殊重质油占23%，主要分布在加拿大(36%)、美国(32%)、委内瑞拉(19%)和其他地区(13%)。世界高酸(酸值≥1.0mgKOH/g)原油产量，1998年为140Mt，2004年为198Mt，2005年达到255Mt。高酸原油产量增长最快的地区是西非，其次是美洲。

因此，就全球范围而言，今后炼油厂加工的原油将是密度大、含硫高、质量差的常规原油和非常规原油。以美国为例，过去20年加工的原油质量重劣质化趋势不断加剧(如图1-2-3)。中国是油气资源相对缺乏的国家，近年来，我国油气产量一直保持增长态势，但增幅较缓。1991~2004年，原油产量从140Mt增长到175Mt，年均增长仅1.7%。而同期的原油消费量却从123Mt增长到292Mt，年均增长6.8%，使得我国原油对外依存度已上升到40%左右。估计2020年我国石油需求量将达到

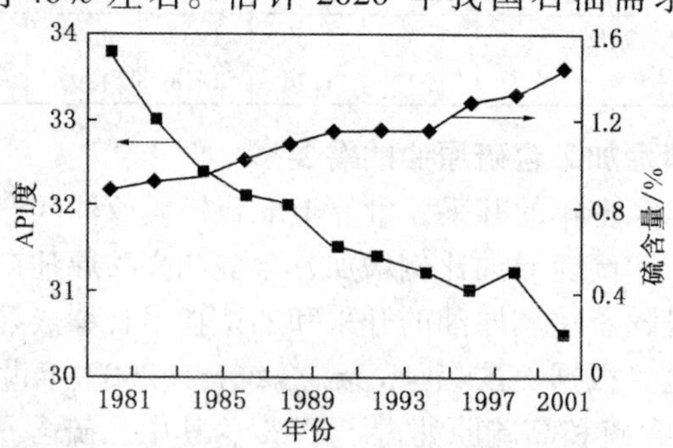

图1-2-3　1981~2001年美国炼厂加工原油的平均硫含量和API度[20]

450Mt，占一次能源比例将从目前的20.2%增加到23.5%。一方面，我国东部老区油田在逐步减产，能够接替的是西部油田和部分海上原油，而这些原油资源多为重质含硫原油；另一方面，石油资源对外依存度愈来愈高，届时进口原油将超过270Mt，进口依存度达到60%～70%（图1－2－4）。与此同时，在当前高油价时代，国际油价波动中，轻、重质原油的价格差增大，因此，为了提高原油成本节约带来的效益，势必增加劣质高硫原油的进口比例，（高）含硫油的加工就成为必须面对的现实问题。

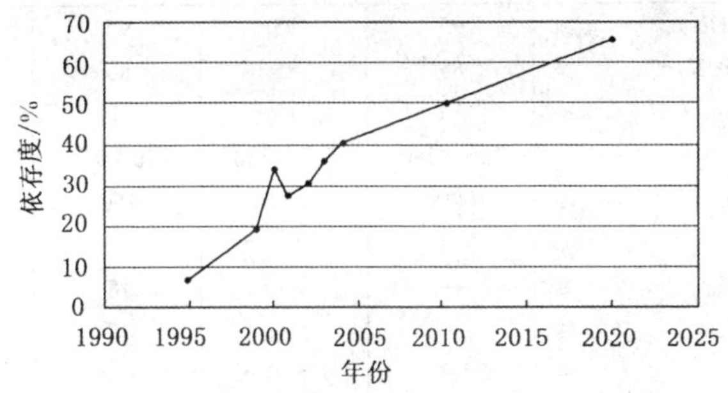

图1－2－4　我国石油对外依存度的变化[20]

总之，无论是国际原油资源的发展趋势，还是国内原油质量的变化情况，我国多数炼油企业都面临着加工密度越来越大，硫、残炭和重金属含量越来越高的原油，不大量采用包括加氢裂化在内的加氢技术已经无法满足生产需要。

三、满足生产清洁燃料的需要

为了实现人与自然、环境与经济的协调可持续发展，全球正在制定越来越严格的环保法规，有报道说，汽车尾气排放的有害物质对城市空气污染要承担60%～70%的责任。因此，包括改进汽车发动机、使用清洁燃料等在内的汽车清洁行动在全球已全面展开，而且清洁燃料的升级换代不断加快。

生产清洁燃料的核心是大幅度降低汽柴油中的硫含量，同时还要限制汽油中烯烃、芳烃和苯的含量，以及柴油中的多环芳烃含量，从而减少汽车尾气中有害物的排放。目前，欧美已成为全球油品质量要求最高的地区。美国2006年执行的最新规格Tier 2要求汽油硫含量不超过30μg/g；加拿大从2005年起也分阶段执行汽油硫含量30μg/g的标准；欧洲大多数国家，要求2005年汽油硫含量降至50μg/g以下，欧Ⅳ排放标准对车用柴油的硫含量也提出了不高于50μg/g的规定(见表1-2-3和表1-2-4)。

表1-2-3　欧盟汽油规格标准(EN228)中的主要指标

项　目		EN228-93（欧Ⅰ）	EN228-1998（欧Ⅱ）	EN228-1999（欧Ⅲ）	EN228-2004（欧Ⅳ）
辛烷值(RON)	≥	95	95	95	95
辛烷值(MON)	≥	85	85	85	85
铅含量/$mg \cdot L^{-1}$	≤	13	13	5	5
密度/$kg \cdot m^{-3}$		725~780	725~780	720~775	720~775
硫含量/$\mu g \cdot g^{-1}$	≤	1000①	500	150	50/10②
烃类组成					
烯烃/v%	≤	—	—	18	18
芳烃/v%	≤	—	—	42	35
苯含量/v%	≤	5.0	5.0	1.0	1.0
氧含量/%	≤			2.7	2.7

① 1995年1月1日起，硫含量限制值为：≤500μg/g。

② 该指标于2005年1月1日起执行。从2009年1月1日起，硫含量限制值为：≤10μg/g。

表1-2-4　欧盟柴油规格标准(EN590)中的主要指标

项　目		EN590-1993（欧Ⅰ）	EN590-1998（欧Ⅱ）	EN590-1999（欧Ⅲ）	EN590-2004（欧Ⅳ）
十六烷值	≥	49	49	51	51
十六烷指数	≥	46	46	46	46
硫含量/$\mu g \cdot g^{-1}$	≤	2000	500	350	50/10
密度/$kg \cdot m^{-3}$		820~860	820~860	820~845	820~845
多环芳烃/%	≤	—	—	11	11
T_{95}/℃	≤	370	370	360	360
润滑性(HFRR)，60℃，磨痕直径/mm	≤	—	460	460	460
脂肪酸甲脂/v%	≤	—	—	—	5

亚洲、中东地区国家清洁燃料生产的步伐也都在加快。2005年，亚太地区汽油平均硫含量已降至220μg/g，苯含量为2%，芳烃含量平均为35%。日本自2005年开始将汽油和柴油中硫含量控制在50μg/g，2008~2009年将降到10μg/g。

我国自2005年7月1日已在全国实施硫含量小于500μg/g、烯烃含量小于35%、芳烃小于40%、苯含量小于2.5%的国Ⅱ汽油标准。北京则率先执行了硫含量小于150μg/g、烯烃含量小于25%、芳烃小于35%、苯含量小于1%的京标B汽油标准，相当于欧Ⅲ排放标准。根据国家标准化管理委员会的要求，从2009年12月31日起，将在全国范围内实施国III汽油标准，要求汽油硫含量不大于150μg/g、烯烃含量不大于30%、芳烃不大于40%、苯含量不大于1%。2003年参照欧Ⅱ排放标准制定了GB 19147—2003车用柴油标准，规定硫含量不大于500μg/g。北京率先执行的京标B柴油标准要求硫含量小于350μg/g、多环芳烃小于11%、十六烷值不小于51、密度在820~845kg/m^{3}之间，相当于欧Ⅲ排放标准柴油质量指标。

可以看出，汽、柴油质量标准日趋严格的主要体现是硫含量。图1-2-5表示各国汽、柴油硫含量变化的趋势。据预测[7]，2010年全球硫含量<50μg/g的清洁汽油将占到汽油总用量的80%，硫含量<50μg/g的清洁柴油将占到柴油总用量的45%。降低清洁燃料的生产成本，关系到炼厂生存和发展，关键是要依靠技术进步。从总体上看，催化裂化一直是生产汽油的支柱技术，但即使是加工低硫原油，催化汽油的含硫量也不能符合生产清洁汽油的要求，催化柴油的含硫量、芳烃含量、十六烷值和安定性都与清洁柴油的要求相距甚远。因此，科学地选用包括加氢裂化在内的各类加氢技术，以及这些技术的组合工艺，是解决清洁燃料生产的有效途径。

四、满足生产Ⅱ/Ⅲ类润滑油基础油的需要

润滑油成品油的70%~99%为基础油。长期以来，润滑油特别是内燃机油的升级换代都是通过提高添加剂质量以及/或者

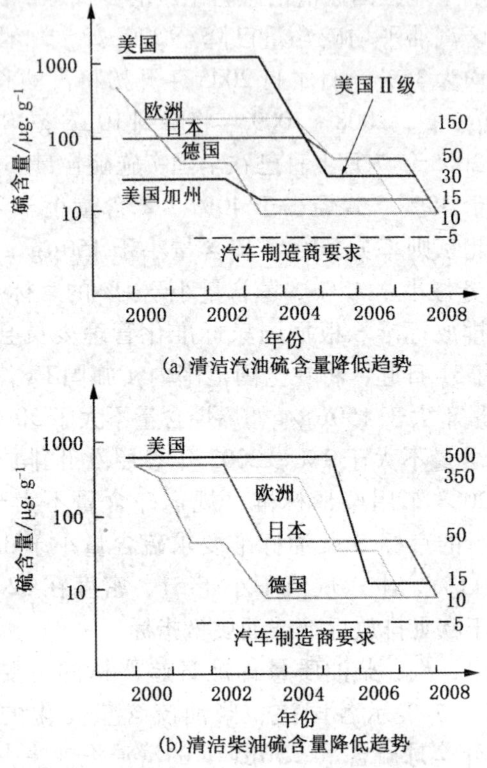

(a)清洁汽油硫含量降低趋势

(b)清洁柴油硫含量降低趋势

图 1－2－5　清洁汽(柴)油含硫量降低的趋势[5,7]

改变添加剂品种和加入量来实现的。但是 20 世纪 90 年代后期以来，现代工业特别是汽车工业的发展，对车用润滑油(发动机油、自动传动液、齿轮油)的质量提出了越来越高的要求，产品升级换代的速度明显加快。从发动机油的情况看，其质量正在向高黏度指数、高氧化安定性、低挥发性和低黏度的方向发展，特别是近两年推出的 SL/ILSAC GF－3、GF－4 汽油机油以及 API PC－9 重负荷柴油机油等高档发动机油更是如此。从自动传动液的情况看，调制新牌号所用的基础油都需要有更好的氧化安定性、低温流动性和剪切安定性。采用常规老三套工艺生产的 API

Ⅰ类基础油通过改变添加剂的种类和/或添加量已难以满足调制高档润滑油的要求。因此，许多大公司相继开发出生产 APIⅡ类/Ⅲ类润滑油基础油的加氢技术，包括加氢处理(加氢裂化)、择形裂化/择形异构化－加氢后精制等全加氢技术，以及加氢与常规老三套工艺的组合技术，并迅速在炼厂得到了推广应用。据统计，2000 年北美地区Ⅱ/Ⅲ类基础油的生产能力已占基础油总生产能力的57%；2004 年全世界Ⅱ类基础油产量已达到20%左右；亚洲地区Ⅱ/Ⅲ类优质基础油，2004 年占17%左右，而到2006 年上升到23%。预计，今后Ⅱ/Ⅲ类基础油需求的增长速度将达到 GDP 增长速度的2 倍，到2010 年Ⅱ类/Ⅲ类基础油的需求将增长30% ~50%，生产能力达到13.25Mt/a 以上，超过世界基础油总需求量的20%[23]。

近几年，我国生产的部分中高档轿车和重型柴油车所使用的润滑油正逐步与国际接轨。当今我国润滑油的表观消费量在5.0Mt/a 左右。由于我国Ⅰ类基础油生产能力过大，Ⅱ、Ⅲ类基础油生产能力严重不足，造成国产润滑油多以中档产品为多；而国外公司产品以高档润滑油为主，约占我国高档润滑油市场80%的份额。因此，我国润滑油工业面临着经济效益及环保法规的双重挑战，同时还面临着与国外公司在高档润滑油市场的激烈竞争，提高Ⅱ类/Ⅲ类基础油的生产能力满足润滑油产品升级换代的需要已势在必行。与此同时，原油的重质化、劣质化致使采用传统工艺生产基础油，不仅受到操作条件的限制，而且适宜的原料也日渐减少；而只有用石蜡基原油才能生产的 HVI Ⅰ类润滑油基础油，也很难满足对润滑油质量日趋严格的要求。因此，必须大力发展加氢法生产润滑油的工艺技术，综合考虑原油资源、产品需求和加工流程配置等方面因素，选择不同的加氢工艺提高基础油质量。

五、满足生产石油化工优质原料的需要

随着汽油排放标准的日趋严格，降低烯烃和硫含量并保持较高的辛烷值是生产清洁汽油面临的主要问题。由于催化重整生成的油品辛烷值高，一般为100～105（RON），烯烃的质量分数低（0.1%～1.0%），基本不含硫、氮、氧等杂质，安定性好，成为目前乃至今后相当一段时期世界各国炼厂最重要的清洁汽油调合组分之一。与发达国家相比，我国高辛烷值汽油组分生产能力低，重整汽油在成品中所占的比例还不到10%，而美国和欧洲在30%以上。因此，要解决我国当前所面临的汽油消耗量逐年增加及生产清洁汽油的问题，需大力发展催化重整技术。

发展催化重整不但可以提供低烯烃含量、高辛烷值的清洁油品，改善我国汽油组分结构，同时还能满足芳烃和以芳烃为原料的下游石化产品的需求，并为迅速发展的加氢工艺提供大量廉价氢源。近几年芳烃需求量的年平均增长率为5%，全世界的BTX芳烃中，有60%～70%来自催化重整，因此，石油化学工业中芳烃的发展在相当大程度上依赖于催化重整的发展[24]。

然而，随着我国乙烯能力的增加及裂解原料中石脑油比例的逐年增长，将出现同样以石脑油为原料的催化重整与乙烯工业争夺石脑油资源的局面，因此，为了炼油工业和石油化学工业的持续发展，应当分别优化和扩大乙烯和催化重整的原料来源，合理配置优化利用石油化工资源，实现效益最大化。加氢裂化通过选择适宜的催化剂和/或操作方式，可最大量生产重石脑油（约70%），重石脑油芳潜含量高，硫、氮杂质含量低（$<1\mu g/g$），是优质的催化重整进料。加氢裂化副产的轻石脑油异构烃含量高，马达法辛烷值高（约85），且无硫、无烯烃，是优质的高辛烷值清洁汽油调合组分。

目前，我国乙烯工业正处于快速发展阶段。而从乙烯原料供应的角度分析，若国内原油加工维持现有水平，2005年、2006年我国乙烯原料需求缺口量分别达到8.9Mt、16.2Mt，随着镇海、天津、武汉、抚顺等大乙烯项目的建成投产，乙烯原料缺口量可能还要加大。因此，从长远来看，因国内原油较重、轻馏分收率少以及轻烃资源的限制，乙烯原料仍将面临资源紧缺的局面。

近年来，我国乙烯原料的构成不断向轻质化和优质化发展，加氢裂化尾油用作乙烯裂解原料的比例正稳步增大，已达到原料总量的10%以上(见表1-2-5)，而且，加氢裂化所产的轻烃和轻石脑油也是乙烯原料的可利用资源。据中国石化经济技术研究院预测[25]，我国乙烯原料由轻烃、石脑油、常压柴油、加氢裂化尾油四大类组成的多样化格局在较长的时间内不会有太大变化，各种原料在乙烯原料中都会占有一定比例，只是预计石脑油的比例会继续上升，常压柴油的比例会继续下降，甚至下降幅度还可能较大。轻烃和加氢裂化尾油则将保持一定的比例。

表1-2-5 我国乙烯原料的构成[26]

年份	乙烯产量/10^4t	原料总量/10^4t	原料名称及所占比例/%				
			石脑油	轻柴油	加氢尾油	轻烃	其他
1992	200.34	694.3	35.7	52.7	1.6	10.0	0
1996	303.67	1026.0	47.01	38.56	7.46	6.94	0
1997	358.46	1189.41	48.62	33.93	9.96	5.79	1.7
1998	377.24	1232.64	47.51	30.22	10.87	6.51	4.89
1999	434.80	1406.89	58.16	19.17	8.81	6.27	7.59
2000	470.00	1480.00	62.86	16.31	9.62	5.56	5.09
2001	480.67	1468.20	66.92	12.14	10.28	5.36	4.01
2002	541.35	1725.58	59.97	11.37	12.77	5.36	4.30
2003	611.77	1966.64	58.27	11.71	15.51	4.98	9.53

由于乙烯和芳烃的快速发展，要求炼油厂提供大量的石油化工原料，预测到2020年，中国炼油工业为石油化工提供的化工原料油将占到原油总加工能力的20%左右。因此，我国21世纪的炼油厂将从以生产油品为主，转型为生产成品油和化工原料油并重的油化一体化的炼油企业。加氢裂化装置无论是中压还是高压，可提供79%～83%的化工原料。在油化一体化企业中，加氢裂化所产轻石脑油、轻烃和尾油可作为裂解制乙烯原料，重石脑油作为催化重整进料生产高辛烷值汽油组分或芳烃并联产氢气，同时顶替出直馏石脑油作乙烯原料，而乙烯装置副产的氢气和甲烷氢，可以提供给炼厂作为加氢装置的氢源，或作为制氢原

料以减少石脑油制氢的原料消耗。加氢裂化已成为我国有效利用油气资源、最大限度满足石油化工原料需求最适宜的技术，本世纪将会得到更大发展。

第三节　重大技术进展

现代加氢裂化技术经过近50年的发展，工艺、催化剂和设备等都有了长足的进步。特别是20世纪90年代清洁燃料和Ⅱ/Ⅲ类润滑油基础油推出以来，为了适应市场需求、提高生产效益，世界各大石油公司对加氢裂化技术不断进行改进和完善，主要集中在三个方面：一是不断开发新催化剂，提高活性、选择性和稳定性，降低操作压力和氢气消耗；二是完善已有工艺的同时，不断开发新工艺以满足工业生产的不同需要；三是改进反应器的内构件设计，适应反应器日趋大型化的需要，更好地发挥催化剂和反应器的潜在作用，确保装置顺利稳定运转。此外，催化剂器外再生和器外预硫化技术得到推广应用，适应生产和环保安全的需要。正是基于工艺、催化剂、反应器和工程设计等方面的不断创新，加氢裂化作为现代油、化、纤一体化企业的核心工艺的作用越来越大。

一、催化剂

催化剂是加氢裂化工艺的技术核心，其中的分子筛型催化剂已成为当前加氢裂化领域的主导催化剂，也是今后进一步改进和提高的方向。近年来，UOP(含 Unocal)、Chevron(含 Gulf)、Albemarle(原为 Akzo Nobel)公司、Shell(含 Criterion 和 Zeolyst)以及中国石化 FRIPP 和 RIPP 等催化剂研发单位，围绕不断改进分子筛催化剂的性能、寻求新的金属组分、开发新的改性分子筛、改进制备工艺、采用比例合适的无定形硅铝分子筛作担体等方面进行新催化剂的开发和设计，满足企业生产适销对路产品和提高经济效益的需要。

1. UOP 公司[6,7,27~29]

UOP 公司开发的分子筛型加氢裂化催化剂最早于1964年实

现工业应用，是加氢裂化发展过程中一项重大的技术突破。之后，UOP不断进行改进和提高，开发的催化剂品种多样，具有较高的活性和产品选择性，并具有选择性加氢功能，可以优化氢气利用、降低操作成本、适应加工不同原料生产不同产品的需要。

最近几年，UOP 公司新推出近 10 种加氢裂化催化剂，其中，HC－29 和 HC－170 催化剂用于最大量生产石脑油。HC－170 催化剂是 UOP 公司用先进沸石技术研制出的专门生产石脑油的高性能催化剂，与 HC－24 催化剂相比，在活性相同时，HC－170 生产石脑油的选择性较高，石脑油收率增加 3 个百分点，氢耗低 $10m^3/m^3$，还可灵活多产重石脑油和轻煤油。HC－115、HC－215 和 HC－150 催化剂用于灵活生产石脑油、喷气燃料和柴油。与 HC－43 相比，HC－150 反应温度低 5℃，氢耗低 $20m^3/m^3$。高活性轻油型催化剂 HC－190，与 HC－24 相比，反应温度低 8℃，重石脑油收率增加 4 个百分点。HC－34 催化剂的裂化/饱和组分比例较高，生产汽油的活性/选择性好，得到的产品芳烃含量多且辛烷值高，氢耗低 15%。HC－53 贵金属催化剂，能使芳烃选择性饱和生产含氢较多的中馏分油和含氢较少的汽油，用于第二段裂化反应，与 HC－28 相比，重石脑油收率增加 6～7 个百分点，或喷气燃料收率增加 3～4 个百分点。特别是用于最大量生产柴油的 HC－110 催化剂，采用新沸石材料制造，通过酸性功能与加氢功能的优化匹配，既提高了活性又不牺牲选择性，与 UOP 最好的最大量生产中间馏分油的无定形催化剂 DHC－8 相比，反应温度低 5.5～8.3℃，中间馏分油收率可提高 2 个百分点，成为加氢裂化催化剂最重要的一项进展。

此外，UOP 公司还开发了大颗粒(1/8 英寸)异形 LT 系列催化剂，在其活性和选择性与传统的 1/16 英寸圆柱形催化剂相同的情况下，压降可以降低 55%～65%，LT 催化剂 1999 年实现工业化，已用于多套装置。现在，UOP 公司开发的每一种加氢裂化催化剂都有相应的 LT 催化剂。

2. Chevron 公司[8,27~31]

加氢裂化－择形异构化/加氢后精制（全氢法）是目前生产高档Ⅱ/Ⅲ类润滑油基础油最先进的技术，其核心是择形异构化。采用润滑油型或燃料油型加氢裂化工艺及催化剂制得择形异构化原料，通过活性高、选择性强、稳定性好的择形异构化催化剂，将原料油中高凝点烷烃选择性异构化为高黏度指数、低倾点的异构烷烃，获得高收率润滑油基础油的同时得到部分高质量的汽、煤、柴油产品。

Chevron 公司开发的加氢裂化/择形异构化－加氢后精制工艺和催化剂，1993 年实现工业应用，成为加氢裂化原创性的重大技术突破。择形异构化催化剂采用 Pt/SAPO－11，加氢后精制催化剂采用 Pt－Pd/SiO_2－Al_2O_3。第一代择形异构化/加氢后精制催化剂 ICR－404/ICR－403 于 1993 年首次工业应用，第二代催化剂 ICR－408/407 于 1996 年首次工业应用，第三代催化剂 ICR－418/ICR－417 于 2003 年首次工业应用，2004 年又有 4 套装置使用。与 ICR－408 相比，ICR－418 催化剂能提高基础油的收率和质量；与 ICR－407 相比，ICR－417 的反应温度能降低 30℃左右。第四代催化剂 ICR－422 已经开发成功，并用于 Chevron 公司自己的择形异构化装置。目前国外采用全氢法生产Ⅱ/Ⅲ类润滑油基础油的工业装置中，约 80% 采用 Chevron 公司技术。

馏分油加氢裂化催化剂方面，Chevron 公司近几年先后推出了 ICR－142、ICR－147、ICR－150、ICR－154、ICR－160、ICR－162、ICR－220 和 ICR－240 等催化剂。ICR－142、ICR－147 和 ICR－150 是单段一次通过（SSOT）加氢裂化催化剂，ICR－142和 ICR－150 用于中等转化率及高中馏分油选择性用途；ICR－147 用于高转化率用途，有良好的选择性。采用这些催化剂，产品质量都很好，喷气燃料的烟点在 25～35mm 之间。ICR－142还可用于生产Ⅱ/Ⅲ类润滑油基础油和制备催化裂化及乙烯原料。ICR－160、ICR－162、ICR－220 和 ICR－240 都是用于生产最大量喷气燃料和柴油的。其中ICR－240还用于生产最大量润滑油基础油料，其性能比同类催化剂都好。ICR－160是Chevron最新推出的一种轻油型催化剂，适合于生产石脑油和煤油/喷气燃料，也可用于100%全转化生产石脑油，可用于单段一次通过、单段循环或两段加氢裂化的第一或第二段，催化剂的活性和产品选择性都得到较大的提高。贵金属分子筛型催化剂ICR－220专门用于两段加氢裂化中第二段生产最大量中间馏分油。采用这种新催化剂的第一套工业装置1999年夏季投产，以中东VGO为原料，按喷气燃料方案操作，石脑油收率29v%，喷气燃料收率85v%，喷气燃料烟点28mm。Chevron公司的ICR－106、ICR－142和ICR－150不仅是最大量生产中间馏分油特别是柴油的优秀催化剂，也是生产APIⅡ/Ⅲ类润滑油基础油很好的加氢裂化催化剂。

3. 中国石化FRIPP[1,32,33]

近年来，中国石化FRIPP通过在分子水平上对加氢裂化原料和产品以及加氢裂化反应环境和反应化学等方面深入的研究，在已有催化剂系列基础上，不断推陈出新，适应不同加工工艺、不同加工原料和目的产品的需要。

轻油型加氢裂化催化剂继3825（第一代）、3905（第二代）、3955（第三代）之后，于本世纪初推出了FC－24加氢裂化催化剂，2004年6月首次应用于中国石化扬子分公司。在原料油性质相近，精制油氮含量、转化率、体积空速和反应压力基本相同的条件下，FC－24反应温度比3905低14.9℃，重石脑油收率高0.63个百分点，C_5^+液收高1.16个百分点，氢耗也略低。

中油型加氢裂化催化剂继3901（第一代）、3974（第二代）之后，又相继推出FC－20、FC－26加氢裂化催化剂，FC－26在2003年首次应用于中国石化镇海炼化股份公司工业装置，中间馏分油收率达到70.5%，较3974催化剂提高2.5个百分点，氢耗降低了11Nm^3/t原料，且对原料适应性强、产品质量好、经济效益较好。最近又开发了中油选择性更好的FC－40和FC－50

加氢裂化催化剂，活性和选择性又有所提高。

灵活型加氢裂化催化剂继3824（第一代）、3903（第二代）、3976（第三代）之后，近两年又推出了FC－12和FC－16加氢裂化催化剂。FC－12相继在中国石化上海石化股份有限公司、天津分公司和中国石油辽阳石化分公司加氢裂化装置上得到应用，表现出具有适宜的活性、较高的选择性、较强的抗氮能力、优异的活性稳定性和较大的生产灵活性等特点，在保证重石脑油产量满足需要的同时，提高了喷气燃料和柴油的产率，尾油BMCI值始终保持在8以下。FC－16是一种多产柴油的灵活型加氢裂化催化剂，可满足企业扩能改造和进一步增产中间馏分油的需要，继2003年应用于中国石油辽阳石化分公司1.6Mt/a加氢裂化装置上之后，又在中国石油大庆石化分公司1.2Mt/a和中国石化金陵分公司1.0Mt/a加氢裂化装置上应用。

单段加氢裂化催化剂在ZHC－01、ZHC－02、3973催化剂之后，采用含分子筛的活性载体，用浸渍法制备工艺，相继推出了FC－14、FC－28和FC－30等单段高活性中油型加氢裂化催化剂。FC－14于2002年经中国石油抚顺石化分公司工业应用，实现了最大量生产优质中间馏分油和降低柴油凝点的目的，较好地满足了生产需要。FC－14催化剂又于2005年用在中国石化金陵分公司的1.5Mt/a加氢裂化装置上，成为我国自行开发的单段双剂多产中间馏分油加氢裂化成套工艺技术的重要组成部分。FC－14催化剂在基本保持无定形催化剂中间馏分油收率高的基础上，复合了少量的分子筛。装置标定结果表明，在外排尾油4.59%的情况下，中间馏分油收率仍高达75.04%；FC－14催化剂还可有效地降低反应温度和装置投资，并具有较高的抗氮和氨的能力。FC－28催化剂比无定形催化剂反应温度低10℃左右，中间馏分油选择性接近无定形催化剂。新近开发的FC－30单段单器高中油型催化剂，比FC－28反应温度又低3℃以上，中间馏分油收率与其相当。

择形异构化催化剂FIW－1，是以FRIPP自行开发的LKZ分子筛为基质，配以氧化铝粘合剂和少量贵金属制成，2005 年首次在中国石化金陵分公司工业应用。以加氢裂化尾油为原料，经过低压(~3.5MPa)择形异构化，目的产品倾点由原料的 +35℃降到 -21℃，>320℃目的产品收率高达 81%，总液收高达 93.9%，生产的基础油产品主要性能符合 HVIW 润滑油基础油标准，黏度指数达到 APIⅢ类基础油标准，催化剂运转至今一直比较平稳。工业应用结果表明，FIW-1 用于蜡油加氢异构化，性能优于 SAPO-11 的工业水平，是首先实现工业应用的国产化择形异构化催化剂，成为我国生产高档Ⅱ/Ⅲ类润滑油基础油加氢技术的突破性进展。

此外，国外的 Albemarle、Shell(含 Criterion 和 Zeolyst)等公司以及中国石化 RIPP、中国石油大庆石化研究院等单位也都相继推出新一代催化剂并得到工业应用。

二、工艺

随着加氢裂化在重质、含硫(高硫)原油加工、生产清洁燃料和实现清洁生产以及增产化工原料等方面的作用越来越重要，其新技术的开发、应用和推广明显加快。围绕提高原料适应性、优化氢气利用、提高转化率和目的产品选择性等方面，国外 UOP、Chevron 等公司及国内 FRIPP、RIPP 等单位近几年均推出了一些新的工艺技术。

1. UOP 公司的加氢裂化新工艺[5~7,27~29,34~39]

UOP 公司开发的 Unicracking 加氢裂化技术目前在世界上工业应用最多、总加工能力最大，建成投产的加氢裂化装置已超过 150 套。UOP 公司在加氢裂化技术方面的最新进展，主要包括以下几个方面：一是降低操作压力和氢耗、提高目的产品的选择性，为用户提供更经济有效的加工技术，主要有 Hycycle 工艺和 APCU 工艺；二是适应重质燃料油需求减少、中馏分油需求增加的市场变化，寻求 LCO 的出路，开发 LCO 改质工艺，包括 LCO Unicracking 工艺、LCO 加氢联产芳烃的 LCO-X™ 工艺；三是为加工重劣质原料生产清洁油品而开发了一系列加氢处理/加氢裂化新工艺，包括油砂沥青和超重原油加氢处理-加氢裂化组合生产合成原油工艺、单独加氢处理的加氢裂化工艺等。

（1）HyCycle Unicracking 工艺

UOP 公司 2001 年推出了 HyCycle Unicracking 工艺，相对常规加氢裂化而言，这是一个跨越性进展，其主要优势是降低操作压力和氢耗、在高转化率条件下提高中馏分油产品的选择性。HyCycle 工艺采用数项独特的专利设计，在低单程转化率（20%～40%）实现完全转化，总转化率可达 99.5%。与中油型常规加氢裂化工艺相比，中间馏分油收率高 5%，柴油收率高 15% 左右。由于原料油中的芳烃有选择性地饱和，氢气消耗减少约 20%。装置总投资可减少 10%，操作费用可降低 15%。已有数套 Unicracking 加氢裂化装置采用 HyCycle 工艺的专利设计。

（2）先进部分转化加氢裂化（APCU）工艺

2002 年推出的 APCU 工艺是 UOP 专利技术 HyCycle Unicracking 工艺设计理念的延伸。与缓和加氢裂化相比，APCU 在低转化率（20%～50%）和中等压力下（小于 10MPa）下，以比全转化装置低得多的投资在产品质量上实现跨跃。

在 APCU 工艺流程中，VGO 和重焦化蜡油等高硫原料经过加氢处理/加氢裂化催化剂床层，部分转化为超低硫柴油，一出反应器即在反应压力下与作为催化裂化（FCC）进料的未转化馏分在高效热分离器中分离。加氢裂化产物还可以与其他辅助进料（若需要），如需加氢处理的直馏或二次加工柴油，一起进行加氢后处理，达到多产优质柴油的目的。采用 APCU 工艺对 FCC 原料进行加氢预处理，可以控制中馏分油和 FCC 进料质量，使加氢裂化和 FCC 产品硫含量都很低，同时使 FCC 烟气中 SO_X 排放量降至很低。目前已有两套工业装置采用 APCU 工艺。

（3）轻循环油加氢改质（LCO Unicracking）工艺

2005 年推出的 LCO Unicracking 新工艺，在较低的操作压力下，采用部分转化单程一次通过流程，将 LCO 转化成超低硫柴油和辛烷值较高的超低硫汽油调和组分。对 API 度 15.1～19.0、含硫2270～7350μg/g、十六烷指数22～25的工业LCO原料进行改质，可以得到RONC 90～95、硫<10μg/g汽油组分，柴油产品的硫<10μg/g、十六烷指数可提高6～8个单位。

（4）LCO加氢联产芳烃的LCO－X™工艺

2007年NPRA年会上，UOP公司推出LCO加氢联产芳烃的LCO－X™新工艺，提供了一种以较低投资改质LCO、拓宽LCO出路的方案。该工艺主要包括两大部分，第一部分是LCO进料的加氢转化，脱除硫、氮等杂质，得到芳烃馏分原料；第二部分是芳烃馏分反应最大化生产芳烃产品。LCO－X™工艺的关键在于以较低的操作压力(8.0～9.0MPa)和较高的单程转化率下转化LCO，使芳烃产率最大。除得到主产品甲苯和苯外，主要副产品包括轻石脑油、LPG和超低硫柴油调合组分。

（5）单独加氢处理的加氢裂化(Separate Hydrotreat Unicracking)工艺

单独加氢处理的加氢裂化流程主要是为加工重劣质原油和含杂质较多的焦化蜡油而设计，该工艺通过控制两个反应器的转化率来达到分别控制馏分油和未转化油质量的目的，因而可以克服常规低转化率(50%)单程通过加氢裂化加工劣质VGO所得馏分油质量不高、未转化油作为多产汽油型FCC装置进料氢含量却偏高的问题。与常规单程通过流程相比，该工艺的加氢裂化段高压设备负荷可降低50%。采用此工艺加工含重焦化蜡油的原料、最大量生产中馏分油或石脑油的几套装置，正在南美和美国西海岸地区设计或建设。

（6）加氢裂化－加氢处理组合工艺技术

UOP公司在2007年NPRA年会上推出针对加工劣质重原料油而开发的一系列加氢处理－加氢裂化新工艺和催化剂，其中一项工业应用在加拿大Northern Lights公司，用于加工油砂沥青生产含高十六烷值、超低硫柴油馏分的合成原油。采用加氢裂化－加氢处理组合工艺，将油砂沥青的脱沥青油(DAO)加氢处理、AGO加氢处理、VGO/DAO加氢裂化集于一套装置。由于设备台数减少、氢气和反应热等得到充分合理利用，装置建设投资和操作费用明显降低。

2. Chevron 公司的加氢裂化新工艺[1,27,28,31,40~43]

Chevron 公司在加氢裂化技术方面的新进展，主要是降低加氢裂化装置的投资和操作费用，提高生产清洁燃料的经济性，同时应对以下两项挑战：一是有效地加工低价值难处理的原料，如焦化蜡油和深拔的减压重蜡油，生产高质量轻质油品和 FCC 原料油；二是针对中馏分油需求增加、燃料油需求减少以及中馏分油需求增长快于汽油的市场变化，开发增产优质中馏分油的加氢裂化技术。因此，Chevron 公司在其单段一次通过、单段循环和两段循环加氢裂化工艺技术的基础上，进行许多改进，成功开发了几种新型加工工艺，如单一氢气回路的两段全循环工艺、优化部分转化工艺、分别进料工艺、反序串联工艺以及最新的 ISOFLEX 工艺等。

(1) 单一氢气回路的两段全循环加氢裂化工艺

该工艺流程中，新鲜原料和循环油共用一个氢气回路，同时适应加氢处理段和加氢裂化段的要求，从而简化了装置流程，降低装置投资。而且该工艺流程在催化剂的选择方面具有较大的灵活性，根据进料和产品方案的要求，第一段反应器内可装填加氢处理催化剂、无定形硅铝或含少量改性分子筛的加氢裂化催化剂，第二段反应器内装填无定形或分子筛型加氢裂化催化剂均可。采用该工艺的第一套装置 1999 年投产，之后又有数套新装置投产。

(2) 反序串联加氢裂化工艺

包括反序串联两段全循环和单段反应序列两种形式。

反序串联两段全循环工艺在上世纪 90 年代中后期推出，主要特点是第二段(加氢裂化)反应器设在第一段(加氢处理/裂化)反应器的上游，第二段的反应流出物与新鲜进料一同进入第一段反应器。由于第二段反应流出物对新鲜进料的稀释作用，可减少第一段的急冷氢用量；而且第二段反应器中未利用的氢气在第一段再利用，使循环氢总量减少，有利于降低投资和操作费用。

2005 年 NPRA 年会上，Chevron 公司又推出单段反应序列工艺(Single - stage Reaction Sequenced，SSRS)，实质也是一种二段加氢裂化的形式，其工艺流程和技术特点基本与反序串联全循环工艺相同。采用 SSRS 技术可实现原料的全转化，生产最大量优质中间馏分油。该技术将用于我国大连西太平洋石化公司新建的 1.5Mt/a 加氢裂化装置。

(3) 优化部分转化(OPC)加氢裂化工艺

优化部分转化(OPC)工艺的核心是利用两段加氢裂化可以充分发挥催化剂作用、提高目的产品收率的优势，为适应加工难转化原料、提高产品质量的需要而设计，有几种应用流程。其中一种是在现有低操作苛刻度的单段加氢裂化装置的基础上，增设一台小的第二段反应器，使单段装置变为部分(或全部)循环的两段装置，新氢(补充氢)只进新增加的第二反应器。第二段反应器通过选用相应的催化剂，可用于未转化油的全循环或部分循环裂化，或用于中间馏分油的深度加氢饱和，生产高质量产品。该工艺于 2001 年用在美国 Premcor 炼制公司的 Port Arthur 炼油厂，加工 Maya 重质原油的 HCGO、LCO、VGO 的混合油，装置的运转数据如表 1-3-1 所列。

表 1-3-1　优化部分转化加氢裂化(OPC)装置的运转数据

项　目	设　计	实际运转
原料油性质		
相对密度	0.9738	0.9716
含硫/%	3.2	3.0
含氮/$\mu g \cdot g^{-1}$	2900	1100
加工能力/万 $t \cdot a^{-1}$(桶·日$^{-1}$)	175 (35000)	175(35000)
总转化率/v%	63	70
氢气消耗/标 $m^3 \cdot m^{-3}$	365.1	329.5
总液收/v%	111	111

OPC 工艺应用的另一种流程是在原两段加氢裂化工艺的基础上，利用第二段环境清洁有利于发挥催化剂活性作用的优点，

将原来的完全转化改为部分转化的流程，进一步提高装置的加工能力、原料适应性和目的产品选择性。OPC 工艺还可用于新建装置设计。

（4）分别进料(Split - Feed injection)加氢裂化工艺

这种新工艺把催化裂化原料油预处理和催化裂化产品(LCO)改质集中在一套装置中进行。新鲜原料进入第一个加氢精制/加氢裂化反应器，其反应流出物与来自 FCC 装置的柴油/LCO 混合进入第二个精制反应器进行加氢处理，然后经过气液分离和分馏得到轻质油品和作为 FCC 原料的未转化油。这种分别进料方式比原料混合进料方式反应温度降低 16.7℃，<360℃馏分的转化率从 70% 提高到 79%，柴油产率从 63% 提高到 72%，尾油从 30% 降到 21%，氢耗降低 53.4m^3/m^3。该工艺于 2000 年在澳大利亚 BP 公司 Bulwer Lsland 炼油厂加氢裂化装置上首次实现了工业化，加氢处理原料油的加工量为加氢裂化原料油加工量的 50% 到 150% 以上，灵活性很大。选用这种工艺的几套新装置正在设计中。

（5）ISOFLEX 加氢裂化工艺

2005 年推出的 ISOFLEX 加氢裂化工艺，是 Chevron 公司各种加氢裂化创新改进技术的综合，包括灵活的进料方式、高转化率、低氢耗、最大氢分压和宽的原料适应性等，可应用于缓和加氢裂化、高转化率加氢裂化和两段加氢裂化等装置。

3. 中国石化 FRIPP 的加氢裂化新工艺[11,32,33,44~46]

为了适应企业加工不同原料生产适销对路产品、降低投资和操作费用、提高目的产品选择性等多方面需求，近年来，中国石化 FRIPP 在原有传统加氢裂化工艺技术的基础上，进行了许多创新和改进以及不同工艺间的深度组合，开发出一系列加氢裂化新工艺，典型的有单段两剂、复合式两段多剂、一段串联反序、加氢裂化 - 蜡油加氢处理、加氢精制 - 加氢裂化分段进料、最大量提高劣质柴油十六烷值、择形裂化 - 加氢精制(改质)、择形异构化等十几种加氢裂化工艺技术。

（1）加氢裂化－蜡油加氢处理（FHC－FFHT）组合工艺

该工艺是FRIPP上世纪90年代针对炼厂扩能改造的需要而设计开发的。FHC－FFHT组合工艺通过在原一段串联加氢裂化装置内增加一台加氢处理反应器，使之形成两个并列的反应系统，扩大装置加工能力。该工艺具有很大的生产操作灵活性，两个系列既可以加工相同的原料油，也可以加工不同的原料油；蜡油加氢处理系列既可以用于VGO的脱硫、脱氮，制备FCC原料，也可以按缓和加氢裂化操作，未转化油循环回裂化系列进一步裂化，实现原料的全转化。FHC－FFHT组合工艺尤其适合那些加工含硫原油/劣质原油而需对FCC原料进行加氢预处理的炼油企业，并于1999年在中国石化镇海分公司实现首次工业应用。

（2）经济规模的单段两剂加氢裂化（FDC）工艺技术

为了克服传统单段加氢裂化工艺起始反应温度偏高、对原料适应性差和催化剂运行周期短等不足，FRIPP开发了单段两剂全循环加氢裂化成套技术。FDC工艺技术通过催化剂类型选择和催化剂装填级配优化，显著提高单段加氢裂化工艺对原料油的适应能力，降低初期反应温度，延长装置运行周期，同时还改善生产操作灵活性和产品质量。该工艺既适合于全循环操作最大量生产超低硫喷气燃料和低凝柴油产品，也适合于一次通过或部分循环操作最大量生产超低硫喷气燃料、低凝柴油和低倾点高黏度指数润滑油基础油产品，中间馏分油选择性高达78%～82%，柴油产品质量满足欧Ⅴ排放标准要求。此外，通过优选裂化催化剂，该技术还可用于多产重石脑油作催化重整进料以及尾油作蒸汽裂解制乙烯原料。

FDC工艺首先被用于中国石化金陵分公司建成一套1.5Mt/a加氢裂化装置，之后又在中国石化海南分公司1.5Mt/a和齐鲁1.4Mt/a加氢裂化装置上成功工业应用。

（3）多产中间馏分油的两段加氢裂化（FMD）工艺

为了适应加氢裂化装置日益大型化发展趋势，FRIPP又开发了多产中间馏分油的两段加氢裂化工艺。FMD技术既保持了单段两剂加氢裂化(FDC)技术的特点，如中间馏分油收率高、化学氢耗低和催化剂总费用少等优点，又拥有单段串联加氢裂化工艺对原料适应性强、催化剂运转周期长和产品质量好等特点。在达到与FDC单段两剂加氢裂化相同目的产品质量时，FMD工艺反应压力可降低2.0MPa，而新鲜原料的体积空速比FDC工艺提高25%以上，因此，降低了装置建设投资和操作费用。

(4) 加氢裂化-加氢精制分段进料组合(FHC-FHF)工艺技术

作为FRIPP近年开发的一项创新性技术，FHC-FHF工艺设置两个串联的反应段，第一反应段用于重质原料选择性加氢裂化，生产高芳潜石脑油和T_{95}点大幅度降低的高十六烷值柴油；第二反应段用于第一反应段产物的补充精制和从第二反应段入口引入的轻质原料的深度加氢精制。FHC-FHF组合工艺技术有很大的生产操作灵活性，除上述加工方案外，还可结合用户特定需要，将加氢裂化段设计按部分转化方式运行，生产部分加氢尾油做蒸汽裂解制乙烯原料、催化裂化装置进料或润滑油基础油生产原料，并且还可考虑在加氢精制段掺炼加工动植物油脂，生产“绿色”清洁柴油。设计采用该项技术的一套1.7Mt/a焦化汽柴油加氢装置，计划于2007年底前建成投产。

(5) 加氢裂化-加氢处理反序串联(FHC-FHT)工艺技术

这是针对加工高含氮和/或氧的全馏分焦化生成油、页岩油、煤焦油(或称蒽油)、煤直接液化油和F-T合成油等非常规原料而开发的工艺技术。在FHC-FHT工艺流程中，新鲜原料先与第二反应段(加氢裂化段)流出物混合，进入第一反应段进行深度加氢处理。第一反应段(加氢处理段)用于新鲜原料和第二反应段产物的深度加氢处理，第二反应段进行循环油的深度加氢转化。两个反应段的反序串联工艺具有原料适应性强、生产灵活性大等特点，并能适应掺炼动植物油脂的需要。采用该项技术的两套工业装置，目前正在设计实施过程中。

(6) 最大限度提高劣质柴油十六烷值(MCI)工艺技术

在我国柴油产品构成中，催化柴油所占比例高达30%左右。

催化柴油密度大、芳烃含量高、十六烷值低、硫/氮杂质含量高、氧化安定性差，是制约我国炼油企业提高出厂柴油产品质量的瓶颈所在。中压加氢改质(MHUG)技术和中压加氢裂化(MPHC)技术虽然可以大幅度提高劣质柴油十六烷值，但由于有相当一部分柴油组分被转化成石脑油，导致柴油产品收率降低，与当前提高柴汽比的市场需求相矛盾；而采用常规柴油加氢精制技术，虽然能实现深度加氢脱硫和脱氮，明显改善柴油产品颜色和安定性，并保持很高柴油产品收率，但柴油产品十六烷值增幅有限。

针对这一问题，FRIPP 于 20 世纪 90 年代率先开发了一种最大限度提高劣质柴油十六烷值的 MCI 工艺和催化剂成套技术。该技术采用单段单剂或单段两剂一次通过工艺流程，选用专门开发的高加氢活性和很高开环选择性的 MCI 催化剂，在 6.0 ~ 10.0MPa 压力条件下，对劣质柴油(特别是重油催化柴油)进行深度加氢脱硫脱氮、烯烃和芳烃深度加氢饱和及多环烃类选择性开环等反应，从而在降低柴油产品硫氮含量、降低密度、改善安定性的同时，使柴油产品十六烷值提高 8 ~ 15 个单位，并保持柴油产品收率在 95% 以上。此外，由于 MCI 装置运行方式和操作条件等与常规催化柴油加氢精制装置相似，因此大多数现有催化柴油加氢精制装置只需略作改造(甚至无需改造)，主要是通过更换催化剂，即可按 MCI 技术方案运行。MCI 技术继 1998 年在中国石油吉林石化分公司首次工业应用成功后，又在 10 余套工业装置上使用。

(7) 生产低凝点柴油的加氢裂化工艺技术

为适应市场对优质低凝点柴油的需求，FRIPP 将自行开发的择形裂化(临氢降凝 FDW)工艺技术与加氢精制(HF)工艺或 MCI 工艺深度联合，开发了加氢降凝(FHDW)和加氢改质降凝(FHUG - DW)工艺技术，在中等压力条件下，通过加氢精制(HF)或 MCI 改质对装置进料进行预处理，不仅提高装置对高硫、高氮直馏和/或二次加工原料油的适应能力，改善后续择形裂化段进料质量，降低操作苛刻度，延长装置运转周期，而且还大大改善了低凝点柴油产品质量。

针对低凝点柴油的生产，FRIPP 还开发了 FHI 柴油加氢改质异构降凝工艺和催化剂成套技术，采用单段单剂或单段两剂一次通过工艺流程，选用专门开发的多功能催化剂，在中高压条件下，加工直馏柴油、直馏轻蜡油、催化柴油、焦化柴油和/或二次加工重柴油/轻蜡油等原料，在实现进料深度加氢脱硫、脱氮、脱芳和选择性开环的同时，可以使进料中正构烷烃等高凝点组分进行异构化反应，并使进料中重组分发生适度加氢裂化反应，从而在保持较高柴油产品收率和显著降低柴油产品硫、氮、芳烃和稠环芳烃含量的同时，能够大幅度降低柴油产品的凝固点，并使其密度、T_{95}点和十六烷值等指标得到明显改善，具有很大的生产操作灵活性。

这些技术均已在多套工业装置上推广应用。

(8) 加氢裂化尾油择形异构化(WSI)工艺技术

该工艺采用 FRIPP 自行开发的以特种择形分子筛为酸性组分的贵金属择形异构化催化剂 FIW - 1 和高加氢脱芳活性的贵金属加氢补充精制催化剂，以加氢裂化尾油为原料生产 API Ⅱ/Ⅲ类高档润滑油基础油。WSI 工艺于 2005 年首次在中国石化金陵分公司 100kt/a 装置上实现工业应用。结果表明，该工艺具有原料适应性强、生产灵活性大、催化剂活性高、稳定性好、目的产品选择性高、产品质量好等特点。目前，还有多套工业装置在设计或建设中。FRIPP 在 WSI 工艺的基础上，又开发了加氢裂化 - 尾油择形异构化(FHC - WSI)组合工艺技术，实现两个单元的深度联合，可有效地降低建设投资和操作费用。

4. RIPP 开发的全氢型流程生产橡胶填充油的工艺技术[47~50]

环烷基润滑油基础油是电气设备用油、橡胶加工用油及化妆用油的优选用油。RIPP 开发的加氢处理 - 择形裂化(临氢降凝) - 加氢后精制高压全氢型工艺，2000 年首次用于中国石油克拉玛依石化公司 300kt/a 环烷基基础油高压加氢装置，切换操作加工环烷基减二线、减三线馏分油与轻脱沥青油，生产各黏度等级的环烷基基础油。如图1-3-1。

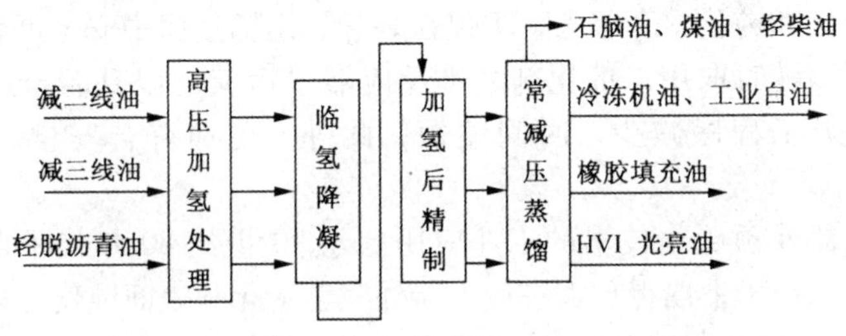

图1-3-1 RIPP全氢型生产橡胶填充油原则流程

5. 催化剂器外再生和器外预硫化[1,14,15,17,51,52]

加氢催化剂器外再生技术的工业应用始于1976年，80年代得到较快发展，目前已经普遍应用。现在美国和欧洲炼油厂器外再生的加氢催化剂已占到待生催化剂总量的90%~95%。1996年以后新建的加氢装置大多不再设置器内再生设施。器外再生的主要优点是：催化剂再生过程中不易产生局部过热，催化剂活性恢复程度较高；可以增加装置的开工天数；加氢装置反应系统不再承受再生气体中含硫气体的腐蚀等。目前国外工业应用的再生方法主要有三种：一是美国CRI公司采用的流化床+传送带再生工艺，二是欧洲Eurecat公司采用旋转百叶窗炉再生工艺，三是美国Tricat公司采用的流化床再生工艺。其中，CRI公司的再生工艺工业应用最多，CRI和Eurecat两家公司占有世界市场的85%，其余15%为Tricat公司和其他公司占有。据估计，目前世界上每年器外再生催化剂总量的85%~90%为加氢处理和加氢裂化催化剂，其余的为催化重整及其他催化剂。

近年来，加氢催化剂的器外再生技术在国内也得到很大发展。催化剂再生公司依靠科技进步，研制开发了我国自己的加氢催化剂器外再生技术，如淄博恒基化工有限公司的HCRT技术等。这些再生技术已为数十家炼油化工企业再生了多种型号的加氢催化剂，平均脱碳率达96.9%，脱硫率达90.5%，比器内再生脱碳率高5个百分点，脱硫率高10个百分点，再生后催化剂活性恢复良好。目前，催化剂再生公司能为用户提供器外再生、预硫化和钝化整套服务，不仅在装卸、运输过程中安全可靠，而且可以随时取用，催化剂装进反应器以后就可以升温至进油温度，开工程序减少，时间缩短；此外，更加符合安全和环保要求。

器外预硫化技术的工业应用始于20世纪80年代中期，90年代初技术上取得重大进展，器外完全硫化和表面钝化处理工业应用成功。器外预硫化技术具有下列优势：使加氢催化剂活性金属组分硫化得更充分，并相应减少还原态金属的生成，从而提高活性金属组分的利用率；开工方法更简便，可以节省装置开工时间；开工现场避免使用有毒的硫化物；装置建设不需设置专用的硫化设施；更利于工业装置催化剂撇头等。应用领域包括重整预精制、馏分油加氢精制、蜡油加氢处理、渣油加氢处理以及加氢裂化等各种类型加氢催化剂。国外典型技术有 Eurecat 公司的 EasyActive 技术、Criterion 公司的 actiCAT 技术和 TRICAT 公司的 Xpress 技术等。采用器外预硫化和钝化技术可提高炼油厂经济效益，据介绍，一套加工能力为1.80Mt/a、加工利润为5美元/桶的加氢裂化装置，采用 actiCAT 预硫化催化剂，与器内预硫化相比，节省时间40h，多得经济效益31.5万美元。

我国 FRIPP 和 RIPP 开发了拥有自主知识产权的加氢催化剂器外预硫化技术，并得到工业应用。FRIPP 开发的 EPRES 技术2005年首次用于焦化汽柴油加氢精制催化剂的器外预硫化，结果表明，采用 EPRES 生产的器外预硫化催化剂具有硫有效利用率高、硫化度高、持硫率高和放热效应低等特点；可降低装置建设投资，缩短装置开工时间，减轻开工现场环境污染等。截至2007年8月，EPRES 技术已在国内11套工业加氢装置上得到应用，先后对加氢裂化、石脑油加氢、喷气燃料加氢、柴油加氢及蜡油加氢等催化剂进行了器外预硫化。RIPP 开发的 RPS 技术，以廉价的元素硫为硫化剂，流程简单、产品收率高、硫保留度高，对各种加氢催化剂具有良好的适应性。

三、反应器和内构件[53~55]

装置大型化可节省投资、减少占地和人员、降低能耗、提高综合经济效益，因此，炼油装置正在向大型化发展。目前，国外已经出现馏分油加氢裂化单系列装置的最大规模达 4.4Mt/a。1997 年投产的荷兰 Pernis 炼油厂加氢裂化装置，年加工能力为 2.8Mt(56000 桶/日)，采用单段一次通过流程，用一台反应器，重 1200t，高 34m，设计压力为 20MPa，设计温度 450℃。1997 年投产的新加坡 Jurong 炼油厂的润滑油加氢裂化装置，年加工能力为 650 kt(13000 桶/日)，采用单段一次通过流程，用一台小反应器装保护性催化剂，一台大反应器装加氢裂化催化剂。这台加氢裂化反应器重 1200t，高 41m，壁厚 280mm，设计压力 17.4 ~20.9MPa。美国 Port Arthur 炼油厂于 2001 年投产的一套加氢裂化装置，一台加氢裂化反应器重 1438t，这些反应器都是由 2.25Cr-1Mo-0.25V 钢材制造。近年来，加氢反应器技术发展一直集中在新结构、新材料、新制造工艺和检测技术的应用。对于大型高压加氢反应器，为了减少其重量，降低运输和安装的困难，以及为提高反应器在生产使用中的安全可靠性，将更多地采用以 2.25Cr-1Mo-V 钢为代表的改良型抗氢材料。

1989 年由中国石化洛阳石化工程公司(LPEC)联合第一重型机械厂、抚顺石油三厂、钢铁研究总院等单位设计了国内第一台主体材质为 2.25Cr-1Mo+TP347 堆焊、内径 1.8m，切线长度 22m，设计压力 20.6MPa，设计温度 450℃的锻焊结构热壁加氢反应器。该反应器的成功设计和研制填补了国内空白，标志着我国已掌握现代加氢反应器的设计、制造、检测技术。2002 年 8 月由 LPEC 联合第一重型机械厂、中国石化镇海分公司、中国石化工程建设公司、抚顺石油三厂设备研究所等单位研制成功 2¼Cr-1Mo-¼V 钢制锻焊结构热壁加氢反应器并在镇海 1.8Mt/a 蜡油加氢脱硫装置工业应用，将国产大型化高压加氢反应器技术推到了一个新高度，随后该技术在国内其他大型加氢装置中得到广泛应用。2004 年，我国又自行设计了压力 17.225MPa、设计温度455℃、直径为4400mm、壳体厚度240+6.5 mm、设备总重1420t的锻焊结构热壁加氢反应器。该反应器已于2007年4月制造完成。

随着反应器向大型化发展，反应器内构件设计成了越来越重要的问题。对于大型馏分油固定床加氢裂化反应器，应开发压力降小、气相变化范围广、混合均匀的内构件；同时要降低内构件高度，减少投资，提高反应器有效利用率。为此，国内外许多工程公司经过大量卓有成效的研究开发，近年来推出了一批新型反应器内构件。如Shell公司的SGSI新型加氢反应器内构件，可实现均匀的气液流动分布，极大地改善催化剂的利用率；新开发的分配盘和泡罩系统，可保证在很宽的条件下分布优良。通过改善催化剂利用率，提供额外的装填空间，据称可提高装置能力30%~40%。高效的分配盘使反应器床层顶部物流分布均匀性由10%~20%提高到80%；超平流挡板(UFQ)占用空间小，使反应温度分布更均匀。目前SGSI内构件已在世界100多套加氢装置上应用。Topsoe公司开发的新型反应器内构件有：入口扩散器、分配盘、催化剂支撑设施、急冷段设施(急冷环、混合器和再分配盘)、出口收集器、热偶配置等，已用于80多套工业装置。据介绍，反应器顶部床层温差达到±2.8℃，急冷段下游床层入口处径向温差达到±0.6℃。此外，UOP公司的UltraMix™加氢反应器内构件、CLG公司的ISOMIX新型反应器内构件以及Axens公司的EquiFlow反应器内构件等也都得到不同程度的推广应用。

中国石化工程建设公司(SEI)在加氢反应器新型内构件方面，先后推出了新型分配盘和新型冷氢箱等内构件，这些新技术在中国石化荆门分公司润滑油加氢装置、上海石化股份有限公司、齐鲁分公司、高桥分公司及中国石油大庆石化分公司加氢裂化装置上的应用表明，反应器径向温差均小于3℃，效果很好。

第四节　工业应用现状和前景

自1959年第一套现代加氢裂化工业装置投产以来，加氢裂化技术的开发和工业应用得到长足的发展。特别是进入20世纪90年代以来，世界炼油企业加工的原油重劣化趋势不断加剧、采用清洁生产工艺和生产清洁燃料的要求越来越迫切、成品油市场中柴油需求增长远高于汽油、芳烃和乙烯需求量的快速增长需要更多的石油化工原料等形势的发展，使加氢裂化技术在世界范围内得到日益广泛的关注和应用。据美国《油气杂志》报道，从2002年1月至2007年1月，世界原油加工能力提高了4.94%，而加氢裂化装置加工能力却提高了8.96%，世界主要国家加氢裂化装置总加工能力已达250Mt/a以上。业内专家预测，包括加氢裂化在内的加氢技术将取代催化裂化成为21世纪炼油工业的核心工艺。

一、国外的现状和前景

1. 工业应用现状

目前国外已投产和在建(包括改造)的加氢裂化装置主要是由UOP、Chevron、IFP和Shell等公司转让的技术；另外还有较大的催化剂生产商如Albemarle、Criterion、Topesoe等公司提供加氢裂化催化剂。

(1) UOP公司技术的工业应用现状

UOP公司的加氢裂化技术工业应用最多、总加工能力最大。截至2002年，UOP(含Unocal公司)的Unicracking加氢裂化技术已被40个国家150多套装置采用，总加工能力在175Mt/a(340万桶/操作日)以上，目前有90多套装置在运转。1990年以来选用UOP公司技术的装置共44套，其中1999年以来新建的装置就有12套[56]。

在加氢裂化工艺方面，UOP公司在其原有常规一段串联、单段、两段等工艺技术的基础上，近年来根据炼厂扩能改造、重劣质原料油加工、催化轻循环油改质、生产超低硫清洁燃料的需要，先后开发了反序串联两段（HyCycle Unicracking）、先进部分转化（APCU）、LCO 加氢改质联产清洁汽油（LCO Unicracking）、LCO－X^{TM}催化轻循环油加氢改质联产芳烃等新型工艺技术。此外，UOP 还开发了 UltraMix 反应器内构件、并联/串联反应器、高效热分离器、分壁式分馏塔等新一代工艺设备，并相继实现工业化，用于新建装置或已有加氢裂化装置的改造[34]。

① 北美 Wynnewood 炼制公司的单段加氢裂化装置，原设计加工直馏柴油和 LCO 的混合油，采用全循环方案，生产轻、重石脑油和少量未转化油。采用 UOP 开发的高效热分离器、HyFlux 反应器和 Rx 反应器内构件等新型设备，将装置改造为一次通过方案，保持重整进料重石脑油产量不变的同时，生产硫含量 $<10\mu g/g$ 的超低硫柴油。运转结果表明，在转化率 40% 时，装置加工能力可提高至原设计加工新鲜进料负荷的 240%。与新建柴油加氢处理装置相比，装置改造投资降低 40%，工期缩短，公用工程、人员、维修等费用降低。

② 某炼厂的 FCC 原料油加氢预处理装置改造为 APCU 部分转化加氢裂化装置，在加工 LVGO 和 HVGO 的同时，加工 LCO、减粘柴油和 AGO，制备 FCC 原料油并生产超低硫柴油。通过新增一台高效热分离器和精制反应器，将 VGO 和 LCO 进加氢处理/加氢裂化串联反应器处理，AGO 和减粘柴油与加氢裂化生成油的轻馏分一起，在精制反应器中改质生产超低硫柴油。一段反应器中的未转化油作为 FCC 优质进料。装置改造的投资约为新建柴油加氢处理装置的 30%，并能灵活调节柴油产率，以适应季节性需求变化。

在加氢裂化催化剂方面，UOP 公司产品主要包括石脑油型、灵活型和馏分油型三大类，UOP 公司 40 多年来已经工业化的加氢裂化催化剂的主要类型和牌号，请参见本章第一节。

UOP 公司近年来也在中国大力推销其加氢裂化技术。UOP 公司开发的加氢裂化催化剂目前在中国石油辽阳石化公司和长庆石化公司工业应用。中国石油大连石化公司、大港石化公司、独山子石化公司、钦州石化公司、中海石油炼化有限责任公司惠州炼油分公司和中化泉州石化有限公司等企业拟采用UOP技术设计建设大型加氢裂化装置。

（2）Chevron公司技术的工业应用现状

Chevron是世界上第一家进行现代馏分油加氢裂化技术开发和工业试验的公司。2000年Chevron和ABB Lummus Golabl公司合并资源共同组建了Chevron Lummus Golabl LLC技术公司，简称CLG公司。Chevron公司的Isocracking加氢裂化技术已被50多套装置采用，总加工能力达37.50Mt/a(75万桶/操作日)。仅2000至2001年间就有6套采用Chevron公司的加氢裂化装置投产[56]。

在工艺方面，CLG公司在其原有单段一次通过、单段循环和两段加氢裂化工艺技术的基础上，近年来又推出了优化部分转化(OPC)、分步进料、反序串联、ISOFLEX等加氢裂化新工艺，陆续在工业装置上得到应用。

仅以优化部分转化加氢裂化工艺为例，该工艺2001年1月首次在美国Premcor炼制公司的Port Arthur炼油厂新建的加氢裂化装置中应用，一直运转顺利。该装置加工的原料油是墨西哥Maya高硫重质原油的HVGO(338~607℃，占18.7%)、HCGO(362~575℃，占55.5%)和LCO(127~388℃，占25.8%)的混合油，其主要性质如下：相对密度0.9738、硫含量3.18%、氮含量2813μg/g、沥青质<100μg/g、芳烃含量为74%、馏程127~607℃。可以看出该原料油氮含量和芳烃含量高，非常难以加工。装置加工能力为1.75Mt/a(3.5万桶/操作日)，>343℃的原料油转化率为50%，生产轻石脑油、重石脑油、煤油和柴油，>343℃未转化的尾油(650kt/a)用作FCC原料油。结果表明，第一段和第二段反应器催化剂的失活速度都低于预期值，催化剂的加氢处理性能很好，得到的FCC原料油低硫、低氮，质量很好。目前装置运转的实际加工量为设计值的110%，>343℃原料的实际转化率达75%以上，远高于设计值50%。尽管操作苛刻度提高很多，但催化剂的稳定性仍然很好。

在催化剂方面，CLG 公司不断推陈出新，提高催化剂的活性、选择性和寿命周期。CLG 公司加氢裂化催化剂主要牌号、性能特点及用途列于表 1-4-1。

表 1-4-1　CLG 公司加氢裂化催化剂主要牌号、性能特点及用途

催化剂牌号	主要性能特点	用途(产品)
ICR 134	中等活性	加氢裂化预处理
ICR 154	中等活性	加氢裂化预处理
ICR 178	中/高活性	加氢裂化预处理
ICR 174	高活性	加氢裂化预处理
ICR 179	高活性	加氢裂化预处理
ICR 142	低活性，非贵金属	多产馏分油型加氢裂化
ICR 155	低活性，非贵金属	多产馏分油型加氢裂化
ICR 177	中等活性，非贵金属	多产馏分油型加氢裂化
ICR 162	中等活性，非贵金属	多产馏分油型加氢裂化
ICR 160	高活性，非贵金属	石脑油/中间馏分油型加氢裂化
ICR 139	高活性，非贵金属	石脑油/中间馏分油型加氢裂化
ICR 141	高活性，非贵金属	石脑油/中间馏分油型加氢裂化
ICR 240	低活性，非贵金属	多产馏分油型加氢裂化
ICR 220	中等活性，贵金属	多产馏分油型加氢裂化
ICR 230	高活性，非贵金属	石脑油/中间馏分油型加氢裂化
ICR 211	高活性，贵金属	石脑油/中间馏分油型加氢裂化
ICR 209	高活性，贵金属	石脑油/中间馏分油型加氢裂化
ICR 210	高活性，非贵金属	石脑油/中间馏分油型加氢裂化

Chevron 公司的加氢裂化催化剂 ICR-106、ICR-142 和 ICR-150是目前比较好的生产润滑油基础油料的催化剂。Chevron 公司的润滑油择形异构化技术(包括工艺和催化剂)是当今世界上工业应用最多的技术，占到已投产润滑油加氢裂化装置的 80%。截至 2005 年统计，采用 Chevron 择形异构化催化剂的工业装置生产能力约为 125000 桶/日(6.63Mt/a)，另外还有 60000 桶/日 (3.18Mt/a)的工业装置处在设计和施工阶段，其中有一些是扩建项目，如表 1-4-2 所示[57]。

表 1-4-2　选用 Chevron 公司择形异构化的工业装置

公　　司	地　　点	基础油产品	装置开工时间
Petrobas	巴西	Ⅱ类	预计 2008 年
未宣布(2 套装置)			2008 年
CPC	台湾高雄	Ⅱ类，$Ⅱ^+$类	预计 2007 年
BPCL	印度孟买	Ⅱ类	预计 2006 年
未宣布(2 套装置)			预计 2006 年
Glimar	波兰	Ⅱ/Ⅲ类	预计 2005 年
高桥	中国上海	Ⅱ/Ⅲ类	2004 年
SK 公司 LBO2	韩国 Ulsan	Ⅲ类	2004 年
Lukoil	俄罗斯 Volgograd	Ⅱ类	2002 年
Motiva(STAR) Ⅱ	美国得州的 Port Arthur	Ⅱ类	2000 年
大庆炼化	中国大庆	Ⅲ/Ⅱ类	1999 年
Motiva(STAR) Ⅰ	美国得州的 Port Arthur	Ⅱ/Ⅲ类	1998 年
Fortum	芬兰 Porvoo	Ⅲ类	1997 年
SK 公司 LBO1	韩国 Ulsan	Ⅲ类	1997 年
Excel Paralubes	美国路易斯安那州的 Lake Charles	Ⅱ类	1996 年
加拿大石油	加拿大的 Mississauga	Ⅱ/Ⅲ类	1996 年
美国 Chevron(2 套装置)	美国加利福尼亚州的 Richmond	Ⅱ/Ⅲ类	1993 年

(3) Albemarle、ExxonMobil 公司技术的工业应用现状

Albemarle 公司在 2004 年兼并 Akzo Nobel 公司的催化剂业务，开始成为世界上最大的炼油催化剂提供商之一。Akzo Nobel 公司曾与 ExxonMobil 公司、Kellogg Brown & Root 公司合作开发 MAKFining 中压加氢裂化(MPHC)、柴油加氢异构降凝(MIDW)和柴油加氢改质(包括降低 T_{95}点、降低密度和改善十六烷值)等技术，并与 Fina 研究公司合作开发柴油加氢降凝(CFI)和加氢脱芳(HDAr)等技术。但在催化剂业务出让之前的 2003 年，Akzo Nobel 公司就已经解除了与 ExxonMobil 公司和 Kellogg Brown & Root 公司的联盟合作关系。

Albemarle 公司兼并 Akzo Nobel 公司催化剂业务之后，就接手继续开发生产加氢裂化预处理催化剂和加氢裂化催化剂，并与 UOP 公司结成策略联盟，在采用 UOP 公司技术设计建造的加氢

裂化装置上配套使用由 Albemarle 公司生产的加氢裂化预处理和加氢裂化催化剂。

在催化剂方面，Albemarle 公司生产的 KF 848 加氢裂化预处理催化剂享有较高声誉，至今仍在世界上广泛使用。该公司开发生产的 NEBULA－20 体相法加氢裂化预处理催化剂的加氢脱氮和加氢脱芳性能更是居于国际领先水平，因而也备受炼油业界关注。在加氢裂化催化剂方面，该公司也有较多品种可供选择，其中：用于缓和加氢裂化工艺的有 KF1014、1015、1022、1023 和 1025 等无定形催化剂，用于最大量生产中间馏分油的有 KF1015MD、KC3210 和 3211 等分子筛型催化剂，用于灵活生产石脑油－中间馏分油的有 KC2301、2601、2602、2610 和 2611 等分子筛型催化剂，用于最大量生产石脑油的有 KC2710、2711 和 2715 等分子筛型催化剂。

在加氢裂化工艺方面，Albemarle 公司未见有重要的专有技术应用。

1998 年 Exxon 与 Mobil 公司正式宣布合并，成立 ExxonMobil 公司。ExxonMobil 拥有的加氢裂化工艺范围较宽，几乎所有的加氢裂化技术都有。但中、高压加氢裂化技术与缓和加氢裂化技术主要用在自己独资和合资的炼油厂，MAK 中压加氢裂化技术用在自己的炼油厂两套，向外转让技术的只有 1 套，而择形裂化生产低凝点柴油技术（MDDW）和择形异构化生产低凝点柴油技术（MIDW）、择形裂化生产润滑油基础油技术（MLDW），在国际市场上占有主导地位。迄今为止，世界各地采用 MDDW、MIDW、MLDW 和 MSDW（异构脱蜡）技术建成投产的工业装置总计已有 50 多套，加工能力超过 15Mt/a[58,59]。

2. 发展前景

世界石油需求量随世界经济发展逐年增加。根据英国 BP 公司统计，2005 年世界一次能源消费总量为 10.537Gt 石油当量，其中石油占 36.41%。国际能源机构（EIA）预测，从现在起到 2015 年，世界石油需求量将以年均 1.3% 的速度增长；世界石油日需求量将从2006年8500万桶增长到2010年的1.3亿桶，其中美国、中国和印度的需求增长将占世界增长总量的大部分。2010年世界原油产量将达到4.68Gt，需求量为4.472Gt；2020年产量将达到5.65Gt，而需求量为5.387Gt，需求量均略低于同期产量。按此预测，全世界应该不会发生石油供应短缺，石油仍将是21世纪世界的主力能源。

世界开采的原油总的趋势是变重，含硫和高硫原油在增加。EIA的统计结果表明，供应世界市场的重质原油在2000年至2004年间从15%增长到17%，而非欧佩克国家生产的轻质原油同一时期内却下降了10%。2000年到2005年非欧佩克国家生产的原油°API已由33.2降至31.5；2005年至2006年非欧佩克国家增产的原油中重质原油占22%，中质原油占62%，轻质原油仅占16%；在未来10年内，重质含硫原油的产量预计增加近一百万桶/日。从含硫量的角度看，原油性质一直在恶化，其趋势是原油越重含硫量越高。约60%的轻质原油为硫含量小于0.5%的低硫原油，约20%左右的中质原油为低硫原油，仅有15%的重质原油属低硫原油。就全球而言，低硫原油产量约占原油总产量的1/3，而低硫原油的储量仅占原油总储量的1/5。因此，含硫和高硫原油产量所占比例逐年增长是必然的，是无法回避的。近些年增加的原油，基本上是含硫在0.5%~1.0%或1.0%以上的原油。中东生产的11亿多吨原油中，95%以上是含硫和高硫原油。2004年全球原油贸易量为2.38Gt，占原油产量的61%，其中高硫油占51%，含硫油占17%，低硫油仅占32%。以美国进口原油为例，过去20年来轻质原油(°API > 35)不断减少，自1999年以来大幅度地转向重质原油(°API < 25)。实际上，最重质原油(°API < 20)占美国原油进口量的比例，从2000年的5%增加到了2006年的15%[7]。

与此同时，世界上含酸和高酸原油产量也有所增长，1994~2004年间从140Mt增加到198Mt[1]。而随着高油价时代的到来，高硫重质原油与低硫轻质原油的价差进一步拉大，因此，加工重质含硫/高硫原油将是世界各大石油公司必须面对的问题。

在世界石油资源日趋重劣质化的同时，石油产品的需求却继续向着重燃料油需求量减少、中馏分油(喷气燃料和柴油)需求量增加的方向发展。据预测，柴油需求量将从2005年的2300万桶/日增加到2025年的3700万桶/日，与此同时，汽油的需求量将从2005年的2100万桶/日增加到2025年的2750万桶/日，如图1-4-1所示。

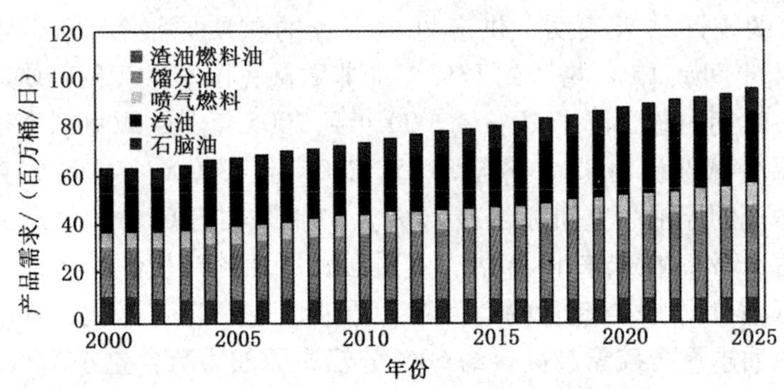

图1-4-1 世界范围内对炼油产品的需求[7]

进入21世纪以来，世界各国对油品的质量(尤其是硫含量)要求越来越严，汽车燃料的无硫化已是大势所趋。仅以欧盟燃油规范为例，2005年开始执行的汽油欧Ⅳ标准规定，烯烃不大于18v%、芳烃不大于35v%、苯含量不大于1v%、硫含量2005年不大于50μg/g，2009起不大于10μg/g。柴油欧Ⅳ标准规定：多环芳烃含量不高于11%，十六烷值不低于51，硫含量2005年不大于50μg/g，2009起不大于10μg/g，对密度、95%点、磨痕直径等均作了相应的要求。据预测，到2010年，世界汽油消费量的80%将是超低硫汽油(<50μg/g)，柴油消费量的45%将是超低硫柴油。

就润滑油基础油而言，柴油机特别是汽车发动机对润滑油的新要求，促使世界范围内基础油正在从API Ⅰ类向Ⅱ/Ⅲ类转变，如北美Ⅱ、Ⅲ类基础油的总量从1996年的21.2%增加到2004年的51.6%。API Ⅱ/Ⅲ类基础油要求饱和烃 >90%，芳烃 <5%，硫 <30μg/g。

鉴于上述情况，在含硫和高硫重质原油以及含酸和高酸原油供应量增加的情况下，若要满足未来汽、煤、柴、润滑油数量增加和质量提高的要求，预计各种加氢裂化技术的工业应用会得到较快的增长，从图1-4-2所示的新增加氢裂化能力的需求预测可见一斑。

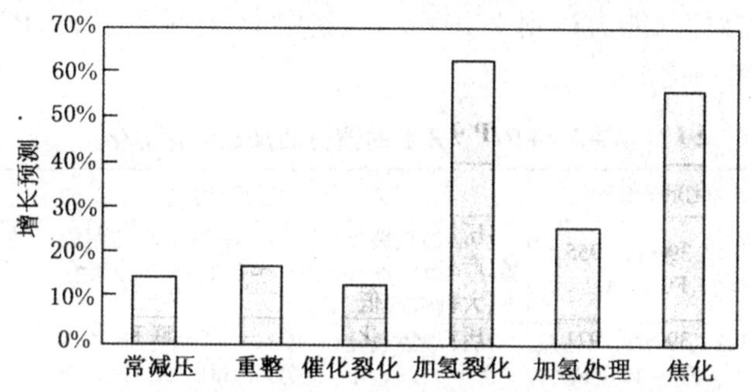

图1-4-2　2015年各种工艺加工能力相对于2005年的增长预测[7]

二、国内的现状和前景

1. 工业应用现状

我国加氢裂化装置所用技术和催化剂主要由中国石化 FRIPP 提供。

据统计，到2006年底我国共建设高中压加氢裂化装置28套（未包括择形裂化、择形异构化和 MCI 装置），加工能力31.81Mt/a。其中，引进 UOP 技术建在茂名、上海、金陵、扬子石化公司的四套加氢裂化装置和引进 Chevron 技术建在齐鲁石化公司的1套加氢裂化装置，从1988年开始都已先后换用 FRIPP 开发的加氢裂化催化剂。我国自行设计的大型加氢裂化装置大多采用 FRIPP 开发的工艺技术和催化剂。目前，FRIPP 成功开发了20大类50多个牌号的系列化加氢裂化催化剂，占据了国内主要市场。表1-4-3列出 FRIPP 近年开发的一些加氢裂化催化剂及其主要用途。FRIPP 在掌握常规单段、单段串联和两段加氢裂化工艺技术基础上，不断进行创新和发展，根据炼化企业的特定需求，可以提供"量体裁衣"的加氢裂化工艺和催化剂成套技术，典型的有灵活、单双段联合、一段串联反序、单段双剂、复合式两段多剂、中间馏分循环、目的产品深度脱芳等十几种工艺技术，它们已应用的范围如表1-4-4所示。截止到2006年底，我国已投产的柴油和润滑油的择形裂化和择形异构化装置总计达19套，总加工能力达到4.10Mt/a，其中14套采用了FRIPP开发的工艺和催化剂。

表1-4-3 FRIPP开发的馏分油加氢裂化催化剂

序号	催化剂牌号	主要用途
1	3825、3905、3955、FC-24、FC-52	高压加氢裂化(FHC)，一段串联和两段工艺，最大量生产石脑油和尾油，尾油 *BMCI* 值低且 T_{90}、T_{95} 和干点大幅度降低
2	3824、3903、3971、3976、FC-12、FC-32、FC-36	高压加氢裂化(FHC)，一段串联和两段工艺，灵活生产石脑油、中间馏分油和尾油，尾油 *BMCI* 值低且 T_{90}、T_{95} 和干点大幅度降低
3	3974、FC-26、FC-40、FC-50	高压加氢裂化(FHC)，一段串联和两段工艺，最大量生产中间馏分油，尾油 *BMCI* 值低且 T_{90}、T_{95} 和干点大幅度降低
4	3901、FC-20	高压加氢裂化(FHC)，一段串联和两段工艺，最大量生产低凝柴油，尾油是低凝点的润滑油基础油生产原料
5	FC-16	高压加氢裂化(FHC)，一段串联和两段工艺，最大量生产中间馏分油，兼顾柴油低温流动性和尾油 *BMCI* 值
6	3912、ZHC-01	高压加氢裂化(FHC)，单段和两段工艺，灵活生产石脑油、中间馏分油和尾油，尾油 *BMCI* 值低且 T_{90}、T_{95} 和干点大幅度降低
7	3973、ZHC-02、ZHC-04、FC-28、FC-30	高压加氢裂化(FHC)，单段和两段工艺，最大量生产中间馏分油，尾油 *BMCI* 值低且 T_{90}、T_{95} 和干点大幅度降低
8	FC-14	高压加氢裂化(FHC)，单段和两段工艺，最大量生产低凝柴油，尾油是低凝点的润滑油基础油生产原料
9	FC-22	高压加氢裂化(FHC)，两段工艺，灵活生产石脑油和中间馏分油，贵金属催化剂
10	3905、3976、FC-12、FC-32 等	中压加氢裂化(MPHC)和中压加氢改质(MHUG)工艺
11	3882	缓和加氢裂化(MHC)工艺

续表

序号	催化剂牌号	主要用途
12	3963、FC－18	最大量提高劣质柴油十六烷值(MCI)工艺
13	3881(FDW－1)、FDW－3、FDW－4	临氢降凝(FDW)、加氢降凝(FHDW)和加氢改质降凝(FHUG－DW)工艺
14	FC－14、FC－20	柴油加氢改质异构降凝(FHI)工艺
15	3934、3935	高压加氢处理最大量生产尾油润滑油基础料(FLHT)工艺
16	FIW－1、FHDA－1	加氢裂化尾油择形异构化(WSI)工艺，贵金属催化剂
17	FDW－1、FDW－2、FDW－3	加氢裂化尾油择形裂化(FLDW)工艺，非贵金属催化剂
18	3906、3926、3936、3996、FF－16、FF－20、FF－26、FF－36	加氢裂化预精制段催化剂，高加氢脱氮活性和高芳烃加氢饱和活性
19	3962、FF－12	加氢裂化后精制段催化剂，加氢饱和脱除微量烯烃，抑制硫醇生成
20	FZC－100、FZC－101、FZC－102、FZC－102A、FZC－102B、FZC－103、FZC－103A、FZC－103B、FZC－204等	加氢裂化保护床层用脱金属催化剂，脱除原料油中微量金属杂质和易生焦物质，容纳机械垢物，减缓压降上升，延长运行周期

表1－4－4　加氢裂化技术的应用范围

项　目	范　围	
原料类型	LVGO、VGO、HVGO、CGO、HCGO、LCO、DAO等	
产品收率	重整原料	15%～69%
	中间馏分油	0～80%(煤柴油组分)
	加氢裂化尾油	0～65%(润滑油原料)
	化工原料	30%～95%(乙烯及重整原料)
	高辛烷值汽油组分	15%～25%(无硫、无芳、无烯)
操作压力范围	8.0～17.0 MPa	
原料硫含量	无特殊限制	

2. 发展前景

近年来我国国民经济持续快速稳定增长，按照近几年的经济发展趋势，国家发改委能源研究所预测，2020年我国能源消费总量将达到3.62Gt标准煤，其中石油消费2010年达到410Mt，2020年将达到650Mt。根据新一轮全国油气资源评价结果，2005～2020年我国石油探明储量将稳定增长，年均探明储量将达到0.8～1.0Gt，石油产量将持续上升。即使如此，我国石油产量增长跟不上需求的增长，对外依存度仍会进一步提高。2005年我国石油进口已达到44.5%，2010年将会超过50%，2020年原来预测的60%对外依存度恐怕都难以控制住。因此，我国石油供应必须依靠国内和国外两种资源。

我国东部老区油田在逐步减产，能够接替的是西部油田，海上原油在2015年以前也有一定增长。原油资源的变化，将使我国重质含硫原油比例明显增加。东部陆上原油，以大庆、胜利和辽河油田为主。胜利油田2003年生产原油26.66Mt，其中含硫含酸孤岛与孤东原油5.75Mt。辽河油田2003年生产原油13.22Mt，其中稠油和超稠油占2/3以上，大部分属于低硫高酸值原油，硫含量一般在0.23%以下，酸值大于2.0mgKOH/g。大港油田羊三木原油亦属于低硫高酸值原油，但数量不大。西部新疆地区有较丰富的高硫高酸值原油，而且增产潜力很大，主要集中在南疆塔河地区。渤海海域，有相当丰富的高酸值原油储量，有很大的增产远景。如绥中36－1油田、秦皇岛32－6油田、蓬莱19－3油田，其酸值高达3.61～6.02mgKOH/g，但硫含量均在0.5%以下。这种原油在加工过程中，220～400℃范围内对设备腐蚀严重，特别是370℃左右最为严重，对设备选材和工程设计要求非常严格。

我国从1993年开始成为原油净进口国以来，含硫原油和重劣质原油的加工量比例逐年提高。无论是国际原油资源的发展趋势，还是国内原油质量的变化情况，我国多数炼油企业都面临着加工密度越来越大，硫、残炭和重金属含量越来越高的原油，这将是无法回避的未来形势。

我国是农业、水产业比例较大的国家，在汽、煤、柴油消费市场中，柴油与汽油将长期保持较高的需求比例。与此同时，由于芳烃和乙烯需求的快速增长，我国化工轻油供需矛盾突出。据预测，到2020年，我国炼油工业为石油化工提供的化工原料油将占到原油总加工能力的20%左右。仅以乙烯原料需求为例，2010年和2020年乙烯当量需求量将分别达到25～26Mt和37～41Mt，按满足国内需求量50%左右计算，则乙烯产量将分别达到14Mt和20Mt，分别需化工原料油43Mt和62Mt，原油加工量和乙烯的生产比例将从2003年的40∶1降到20∶1，炼油工业生产的化工原料油将难以满足乙烯产量增长的需求[60,61]。

近十年来，由于国内环保法规日渐严格以及参与国际市场竞争的要求，国内汽、柴油质量标准逐步向国际先进标准靠拢，车用燃料升级换代的步伐不断加快。目前正在执行的GB 17930—1999(车用无铅汽油)标准及京标B汽油标准对烯烃、芳烃、硫、苯及铅含量等指标均提出更加严格的要求。GB 252—2000轻柴油新标准要求的柴油硫含量相比以前也有较大降低，十六烷值有所提高。京标B柴油要求硫含量不大于350μg/g，十六烷值不小于51。由于我国的现代汽车工业建立在引进国外汽车品牌及相应制造技术基础上，而且很多欧洲车型因较早引进并已占有国内汽车销售市场的主要份额，因此我国选择欧洲的排放法规体系，相应的燃料油标准也将与欧洲燃油规范相近。从2009年12月31日起，将在全国范围内实施国III车用汽油标准GB 17930—2006，要求烯烃不大于30v%、芳烃不大于40v%、苯含量不大于1v%、硫含量不大于150μg/g。相信与欧Ⅳ标准相近的国家新标准不久后也将启动。而与满足油品新排放标准的要求相比，目前我国汽油产品质量总体表现为硫和烯烃含量高、高辛烷值汽油组分少，柴油产品质量总体表现为硫、芳烃含量较高，密度大而十六烷值低。

目前，我国润滑油产品特别是内燃机油和外国公司在品种牌号和质量档次上有较大差距。国外品牌在我国现行润滑油市场中占有20%份额，绝大多数都是高档品种，利润却占了整个市场的80%；国产品牌占据了润滑油市场的80%份额，绝大多数都是中、低档品种，只分得整个市场20%的利润。我国的基础油生产中，仍然是生产Ⅰ类基础油的传统溶剂法占主导地位。从目前的状况看，我国润滑油水平比美国落后2~4个档次，比印度还低1~2个档次，所以必须提高我国基础油的生产水平和产品质量。

在重油转化要求不断提高和原油硫含量不断上升的压力下，加氢裂化已成为炼油业的主要技术手段之一，同时加氢裂化技术的进步也为炼油业提供了各种可选的加工方案。通过选择合适的工艺和催化剂，采用最大量生产重整原料方案，可以得到约69%的高芳潜重整料和约23%的辛烷值高达84~87的无硫、无烯烃汽油调和组分；采用最大量生产中间馏分油方案时，可以得到70%~80%的煤柴油优质调和组分；采用最大量生产化工原料方案，可以得到约95%的重整和乙烯裂解原料。采用异构加氢裂化技术可以在不进行尾油循环的条件下将LVGO全部转化为轻质汽、煤、柴油产品，由VGO最大量生产出各种牌号的低凝点柴油或化工原料；采用灵活加氢裂化技术可以使原有的加氢裂化装置加工能力和操作弹性大幅度提高。通过择形裂化/择形异构化可以生产符合APIⅡ、Ⅲ类质量标准的润滑油基础油；二次加工油品，如催化裂化轻循环油、焦化柴油馏分，可通过加氢改质、芳烃开环等提高产品质量。

石化工业的发展必须遵守可持续发展的原则，必须采用清洁的生产技术，从资源有限且质量更差（密度更大、硫含量更高）的原油，经济高效地生产更多的环境友好的清洁石油化工产品。而加氢裂化技术作为环境友好的清洁生产技术，因其原料适应性强、产品品种多样且质量好、液体产品收率高、生产方案灵活等特点，必将在我国得到更为迅猛的发展和更为广泛的应用。

参 考 文 献

1 张德义．充分利用石油资源 加快加氢工艺技术发展．加氢裂化协作组第六届年会报告论文集，天津．2005. 1~20

2 侯芙生．充分发挥加氢技术在炼油加工过程中的作用．加氢裂化协作组第六届年会报告论文集，天津，2005. 21 ~ 28
3 Pappal D A, et al. NPRA Annual Meeting, 2003, AM - 03 - 59
4 David C Martingale, et al. NPRA Annual Meeting, 1997, AM - 97 - 25
5 Mark VanWees, et al. NPRA Annual Meeting, 2002, AM - 02 - 36
6 Tom Kalnes, et al. Unicracking™ Innovations Deliver Profit. NPRA Annual Meeting, 2001, AM - 01 - 30
7 Donald B Ackelson, et al. NPRA Annual Meeting, 2007, AM - 07 - 47
8 Habib M M, et al. New generation of Isocracking catlysts. NPRA Annual Meeting, 2000, AM - 00 - 32
9 关明华等．加氢裂化技术最新进展与展望．加氢裂化协作组第四届年会报告论文集，茂名，2001. 41 ~ 58
10 曾榕辉等．我国加氢裂化技术的发展与思考．加氢裂化协作组第五届年会报告论文集，乌鲁木齐，2003. 44 ~ 56
11 方向晨等．大力发展加氢技术，满足油品质量升级要求．当代石油石化，2006, 14(3)：13 ~ 18
12 聂红等．RIPP 加氢裂化及清洁汽柴油生产技术新进展．加氢裂化协作组第六届年会报告论文集，天津，2005. 65 ~ 79
13 祖德光．石油化工科学研究院的润滑油基础油生产技术．润滑油，2001，31(5)：1 ~ 5
14 孙振光等．加氢催化剂器外再生技术的开发．石油炼制与化工，1998，29(9)：16 ~ 18
15 颜志茂等．加氢催化剂器外再生技术(HCRT) 的开发与应用．炼油设计，2002，32(4)：41 ~ 43
16 贺胜如等．加氢催化剂器外预硫化技术的工业应用．石油炼制与化工，2004，35(8)：34 ~ 36
17 高玉兰等．EPRES 器外预硫化技术的研究及工业应用．加氢技术论文集，西安，2006. 596 ~ 601
18 Marcilly C. Oil & Gas Journal, 2001, 56(5): 499 ~ 514
19 贾兴昌．从国内外炼油产品市场需求发展看炼油厂二次加工的发展方向．应用化工，2002，31(1)：15 ~ 18
20 孙丽丽．含硫劣质原油加工与渣油加氢技术的适用性．加氢裂化协作组第六届年会报告论文集，天津，2005. 21 ~ 28
21 吕艳芬．中国炼油产品需求预测．炼油技术与工程，2003，33(11)：29
22 吴冠京．适应市场形势 调整炼油结构 择优发展加氢工艺．加氢裂化协作组第五届年会报告论文集，乌鲁木齐，2003. 17 ~ 32

23 姚国欣. 润滑油基础油的发展和对我们的启示. 当代石油石化, 2004, 12 (3): 18 ~ 252
24 李业军等. 发展催化重整装置 改善我国油品质量. 现代化工, 2005, 25(1): 5 ~ 8
25 李建新等. 乙烯原料的经济性分析. 石油化工动态, 2000, 18 (6): 25 ~ 27
26 袁晴棠. 解决乙烯原料制约 加快乙烯工业发展. 当代石油石化, 2004, 12 (9): 1 ~ 5
27 黎元生. 国外加氢裂化技术进展和分析. 加氢裂化协作组第五届年会报告论文选集, 2003, 乌鲁木齐. 70 ~ 87
28 廖健. 国外加氢技术新进展. 加氢裂化协作组第五届年会报告论文选集, 乌鲁木齐, 2003. 96 ~ 101
29 姚国欣. 国外炼油技术新进展及其启示. 当代石油石化, 2005, 13(3): 18 ~ 25
30 钱伯章等. 润滑油异构脱蜡技术的新进展. 天然气与石油, 2007, 25(1): 36 ~ 38
31 Habib M, et al. Solving clean fuels production and residuum conversion through hydroprocessing integration. NPRA Annual Meeting, 2007, AM - 07 - 62
32 刘平等. 石蜡烃择形异构化(WSI)工艺技术的成功应用. 2005 年中国石油炼制技术大会论文集. 北京: 中国石化出版社, 2005. 873 ~ 878
33 卫建军等. 1.5Mt/a 加氢裂化装置的运行和 FC - 14 催化剂的应用. 炼油技术与工程, 2006, 36(4): 30 ~ 34
34 Ronnie Maddox, et al. Integrated Solutions for Optimized ULSD Economics. NPRA Annual Meeting, 2003, AM - 03 - 119
35 Kalnes T, et al. Advanced Partial Conversion Unicracking^{TM} Technology - A Profitable Clean Fuel Solution. ERTC 7th Annual Meeting, 2002
36 Vasant P Thakkar, et al. LCO Upgrading: A Novel Approach for Greater Added Value and Improved Returns. NPRA Annual Meeting, 2005, AM - 05 - 53
37 Brieerley, G R, et al. Changing Refinery Configuration for Heavy and Synthetic Crude Processing. NPRA Annual Meeting, 2006, AM - 06 - 16
38 Johonson J, et al. LCO Upgrading: Unlocking High - Value Xylenes from Light Cycle Oil. NPRA Annual Meeting, 2007, AM - 07 - 40
39 Gary R. Brierley, et al. Changing Refinery Configuration for Heavy and Synthetic Crude Processing. NPRA Annual Meeting, 2006, AM - 06 - 16
40 Cash D R, et al. Petroleum Technology Quarterly, 2001, 6(2): 31 ~ 35
41 Pepper J M, et al. Premor Heavy Oil Upgrade Project. NPRA Annual Meeting, 2002, AM - 02 - 59
42 Mukherjee U K, et al. Maximizing Hydrocracker Perfomance Using ISOFLEX Technology. NPRA Annual Meeting, 2005, AM - 05 - 71

43 Sigrid Spieler. Upgrading Residuum to Finished Products in Integrated Hydroprocessing Platforms: Solutions and Challenges. NPRA Annual Meeting, 2006, AM－06－64
44 黄新露等．加氢裂化工艺技术新进展．当代石油石化，2005，13(12)：38～41
45 赵颖等．金陵分公司 FDC 单段两剂多产中间馏分油全循环加氢裂化装置设计与试运行总结．加氢裂化协作组第六届年会报告论文集，天津，2005. 198～205
46 孟祥兰等．加氢降凝和加氢改质降凝组合工艺技术进展．工业催化，2004，12(11)：15～18
47 范惠明等．克石化 300kt/a 润滑油高压加氢装置生产运行总结．加氢裂化协作组第五届年会报告论文集，乌鲁木齐，2003. 225～235
48 祖德光．润滑油基础油生产技术的新进展．润滑油，2001，16(3)：2～5
49 李国英等．全氢工艺生产优质环烷基润滑油．润滑油，2001，16(6)：23～27
50 刘广元等．加氢技术在环烷基原油加工中的应用．加氢裂化协作组第五届年会报告论文选集，乌鲁木齐，2003. 525～532
51 韩崇仁主编．加氢裂化工艺与工程．北京：中国石化出版社，2001. 18～19
52 张德义．加快我国加氢工艺和技术的发展．加氢裂化协作组第四届年会报告论文集，茂名，2001. 1～9
53 李立权．迎接国际挑战 加快加氢工程技术开发．炼油技术与工程，2005，35(12)：7～15
54 沈燕华．国外馏分油加氢裂化技术的新进展．当代石油石化，2004，12(7)：37～41
55 王兴敏．加氢裂化装置的工程设计与开发．炼油设计，2001，31(7)：10～14
56 Hydrocarbon Processing，2002，81(11)：85～148
57 Gieeger A I. Maximizing Premium Base Oil Yields and Viscisity Index with All－new ISODEWAXING Catalyst. NPRA Annual Meeting，2005，AM－05－39
58 韩崇仁主编．加氢裂化工艺与工程．北京：中国石化出版社，2001. 22
59 Hydrocarbon Processing，2006，85(9)
60 侯芙生．中国炼油工业技术发展途径展望．当代石油石化，2005，13(3)：7～17
61 袁晴棠．解决乙烯原料制约，加快乙烯工业发展．当代石油石化，2004，12(9)：1～5

第二章 加氢裂化中的化学反应

加氢裂化反应是在具有裂化和加氢两种功能催化剂上进行的，其裂化活性是由无定形硅铝或沸石分子筛（载体）提供的，加氢活性是由负载（或交换）在载体上的金属组分提供的。在催化剂作用下，非烃化合物进行加氢转化，烷烃、烯烃进行裂化、异构化以及通过开环等反应，多环化合物最终转化为单环化合物。

第一节 正碳离子机理

加氢裂化反应遵循正碳离子机理，在某种程度上可以认为是氢压下的催化裂化反应。所有在催化裂化过程中最初发生的反应基本均有发生，由于有加氢活性中心的存在，一些二次反应如氢转移、结焦就在很大程度上被抑制了。

一、在双功能催化剂上的反应历程

在双功能催化剂上，原料首先在加（脱）氢活性中心上脱氢成烯烃，然后在酸性中心上生成正碳离子，正碳离子的β位置上发生 C—C 键的断裂，得到一个烯烃和一个较小的仲（叔）碳离子，当有两个或以上β位时，就有同时裂化的可能性，产生的烯烃可以在加氢活性中心上加氢饱和，一次裂化产生的正碳离子还可以依上述顺序进一步裂化成更小的分子，而得到二次裂化产物，整个反应过程可由图 2-1-1 表示[1]。

二、正碳离子的生成与反应

生成正碳离子的途径有以下几种：

① 烷烃上与碳形成共价键的氢可以与催化剂上的质子酸中心（H^+）或非质子酸中心作用生成正碳离子。

$$R{:}H + H^+ \rightleftharpoons R^+$$

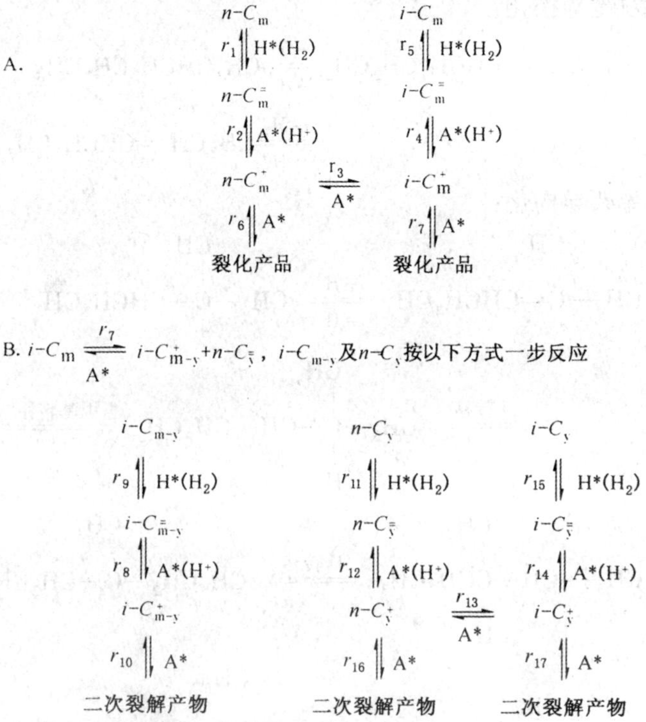

A.

$$\begin{array}{ccc} n\text{-}C_m & & i\text{-}C_m \\ r_1 \Big\Updownarrow H^*(H_2) & & r_5 \Big\Updownarrow H^*(H_2) \\ n\text{-}C_m^{=} & & i\text{-}C_m^{=} \\ r_2 \Big\Updownarrow A^*(H^+) & & r_4 \Big\Updownarrow A^*(H^+) \\ n\text{-}C_m^{+} & \underset{A^*}{\overset{r_3}{\rightleftharpoons}} & i\text{-}C_m^{+} \\ r_6 \Big\Updownarrow A^* & & r_7 \Big\Updownarrow A^* \\ \text{裂化产品} & & \text{裂化产品} \end{array}$$

B. $i\text{-}C_m \underset{A^*}{\overset{r_7}{\rightleftharpoons}} i\text{-}C_{m-y}^{+} + n\text{-}C_y^{=}$，$i\text{-}C_{m-y}$及$n\text{-}C_y$按以下方式一步反应

$$\begin{array}{cccc} i\text{-}C_{m-y} & n\text{-}C_y & & i\text{-}C_y \\ r_9 \Big\Updownarrow H^*(H_2) & r_{11} \Big\Updownarrow H^*(H_2) & & r_{15} \Big\Updownarrow H^*(H_2) \\ i\text{-}C_{m-y}^{=} & n\text{-}C_y^{=} & & i\text{-}C_y^{=} \\ r_8 \Big\Updownarrow A^*(H^+) & r_{12} \Big\Updownarrow A^*(H^+) & & r_{14} \Big\Updownarrow A^*(H^+) \\ i\text{-}C_{m-y}^{+} & n\text{-}C_y^{+} & \underset{A^*}{\overset{r_{13}}{\rightleftharpoons}} & i\text{-}C_y^{+} \\ r_{10} \Big\Updownarrow A^* & r_{16} \Big\Updownarrow A^* & & r_{17} \Big\Updownarrow A^* \\ \text{二次裂解产物} & \text{二次裂解产物} & & \text{二次裂解产物} \end{array}$$

图 2－1－1 加氢裂化反应机理

② 烯烃或芳烃与质子酸作用生成正碳离子。

$$R_1CH = CHR_2 + HX \rightleftharpoons R_1CH^+ CH_2R_2 + X^-$$

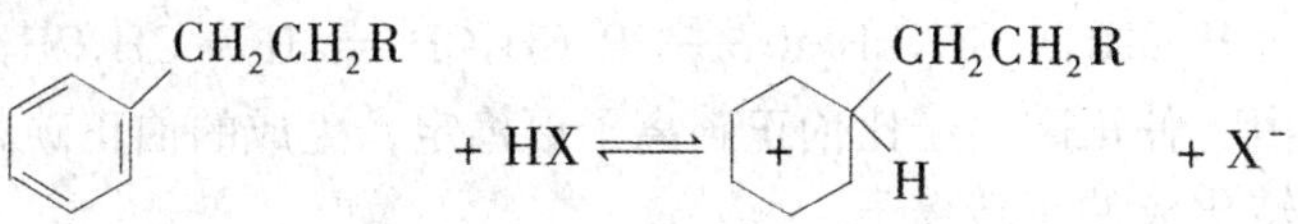

$$C_6H_5CH_2CH_2R + HX \rightleftharpoons [C_6H_5(H)(CH_2CH_2R)]^+ + X^-$$

③ 正碳离子与饱和烃作用，发生氢转移反应，生成一个新的正碳离子。

$$R_1^+ + R_2H \rightleftharpoons R_1H + R_2^+$$

正碳离子生成后可发生许多反应，而最为重要的是异构化反应，主要是双键的异构化和骨架异构化反应。

双键异构化：

$$CH_2=CHCH_2CH_2CH_3 \underset{-H^+}{\overset{+H^+}{\rightleftharpoons}} CH_3\overset{+}{C}HCH_2CH_2CH_3$$

$$\underset{+H^+}{\overset{-H^+}{\rightleftharpoons}} CH_3CH=CHCH_2CH_3$$

骨架异构化：

$$CH_3-\underset{}{\overset{CH_3}{\overset{|}{C}}}=CHCH_2CH_3 \underset{-H^+}{\overset{+H^+}{\rightleftharpoons}} CH_3-\underset{+}{\overset{CH_3}{\overset{|}{C}}}-CHCH_2CH_3$$

$$\overset{H转移}{\rightleftharpoons} CH_3-\underset{\underset{H}{|}}{\overset{CH_3}{\overset{|}{C}}}-\overset{+}{C}H-CH_2CH_3 \overset{甲基转移}{\rightleftharpoons}$$

$$CH_3-\overset{+}{C}H-\underset{\underset{H}{|}}{\overset{CH_3}{\overset{|}{C}}}CH_2CH_3 \overset{H转移}{\rightleftharpoons} CH_3CH_2-\underset{+}{\overset{CH_3}{\overset{|}{C}}}-CH_2CH_3$$

$$\underset{+H^+}{\overset{-H^+}{\rightleftharpoons}} CH_3CH\overset{CH_3}{\overset{|}{C}}CH_2CH_3$$

骨架异构化主要发生在烯烃和烷基芳烃上，而烷烃不发生骨架异构化。直链烃中的仲正碳离子在β位断裂生成一个烯烃和一个伯正碳离子。

$$R_1CH_2\overset{+}{C}HCH_2CH_2CH_2R_2 \longrightarrow R_1CH_2CH=CH_2+\overset{+}{C}H_2CH_2R_2$$

由于仲正碳离子比伯正碳离子更稳定，生成的伯正碳离子很快会转化成仲正碳离子。

$$\overset{+}{C}H_2CH_2R_2 \longrightarrow CH_3-\underset{\underset{R_2}{|}}{\overset{+}{C}H}$$

环化：烯烃正碳离子还可能按下式进行环化，生成的环状正碳离子可以夺取一个负氢离子而生成环烷烃，或失去一个正氢离子而生成环烯烃。而环烯烃还可按上述顺序变化，最终生成芳烃。

$$RCH{=}CH(CH_2)_3{-}\overset{+}{C}HCH_3 \rightleftharpoons$$

R
CH
$CH_3{-}\overset{+}{C}H$　　CH　⇌　$CH_3{-}CH$　　$\overset{+}{C}H$
CH_2　　CH_2　　　CH_2　　CH_2
CH_2　　　　　CH_2

烷基化：正碳离子可与烯烃或芳烃进行如下烷基化反应：

$$(CH_3)_3C^+ + CH_2{=}\underset{}{C}(CH_3){-}CH_3 \longrightarrow (CH_3)_3CCH_2C^+(CH_3)_2$$

$$(CH_3)_3C^+ + C_6H_6 \longrightarrow$$

$C(CH_3)_3$
H
+
H

氢转移：正碳离子从其他烃分子中夺取一个负氢离子生成烷烃，而那个分子则形成一个新的正碳离子，这个分子可以是饱和烃、烯烃、环烯烃等。

$$CH_3\overset{+}{C}HCH_3 + RH \longrightarrow CH_3CH_2CH_3 + R^+$$

三、加氢功能和酸性功能匹配对反应的影响

加氢裂化反应过程如图 2－1－1 所示。

由图 2－1－1 可以明显看出，加氢裂化催化剂中，加氢活性和裂解活性的调配，对反应产物的分布有很大影响。如果加氢活性超过裂解活性，反应中的 r_9、r_{11}、r_{15} 都很大，一次裂化的烯烃和正碳离子很快被加氢成饱和烃，其典型的产品特征是：

① 在原料转化率较低或中等的情况下，原料异构物的选择性高。

② 不生成甲烷、乙烷，丙烷的数量也较少。

③ 单支链的裂化产物产率高。

如果是加氢活性很低时，一次裂化所产生的正碳离子和烯烃较多，未能及时饱和，就发生较多的二次裂化反应。

图2-1-2是正十六烷在不同酸性和加氢性能催化剂上，并且裂化转化率基本相同时的加氢裂化产物分布，有三种情况。

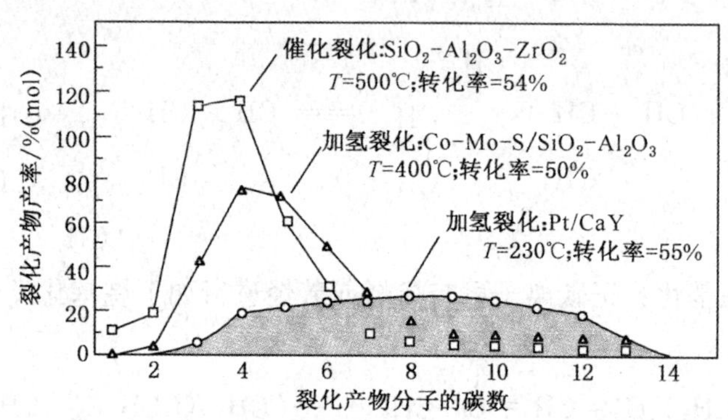

图2-1-2 正十六烷加氢裂化产物的碳数分布

图中的Pt/CaY催化剂则属于第一种情况，由于加氢活性很强，一次裂化产物很快被加氢，避免了二次裂化，其产品碳数分布较宽。其次在加氢与酸性功能之比较小的Co-Mo-S/SiO_2-Al_2O_3催化剂上，一部分一次裂化产物发生二次裂化，因而C_2~C_6的低分子烃较多。第三种情况是另一个极端，在SiO_2-Al_2O_3-ZrO_2催化剂上几乎没有加氢活性，大量发生的是二次裂化，产物大量的是低分子烃。

还有一种极端情况是强加氢活性负载在很弱或是无酸性的载体上，此时烷烃的加氢裂化反应是通过在金属活性中心上氢解机理进行的，它与正碳离子机理不同，产品中C_1、C_2和正构烷烃多，几乎没有异构烷烃。也就是说不同加氢功能和裂化功能的匹配不仅影响产品分布，还影响活性乃至反应机理。

第二节 烷烃、烯烃的反应

烷烃在双功能催化剂上的反应机理早在20世纪60年代就已详细提出了[2]，此机理合理地描述了在加氢与裂化功能平衡时的产品分布，后来对贵金属在沸石上的催化剂研究也基本适用[3]。其基本反应就是β断裂。

一、β断裂

正构烷烃在双功能催化剂上的加氢裂化反应经历下列主要步骤：

① 在催化剂的加(脱)氢中心上吸附，并脱氢生成正构烯烃。

② 正构烯烃扩散到酸性中心上获得质子而生成仲正碳离子。

③ 仲正碳离子可转化成更稳定的叔正碳离子。

④ 叔正碳离子发生β断裂生成异构烯烃和一个较小的新正碳离子。

⑤ 叔正碳离子也可以失去质子生成异构烯烃。

⑥ 正、异构烯烃又扩散到加(脱)氢活性中心上加氢饱和。

⑦ 新生成的较小正碳离子既可夺取负氢离子变成烷烃，也可再次发生β断裂(二次裂化)，直到生成不能再发生β断裂的C_3和iC_4正碳离子为止。

β断裂是烷烃正碳离子裂化的基本机理，β断裂生成的正碳离子包括伯正碳离子、仲正碳离子、叔正碳离子，其稳定顺序如下：

叔正碳离子 > 仲正碳离子 > 伯正碳离子

因为伯正碳离子很不稳定，极易变成仲正碳离子，所以一般都是叔、仲正碳离子反应，其反应机理可由表2-2-1表示。

由表2-2-1可以看到β断裂有A、B_1、B_2和C型四种，而反应速率的顺序是$A>>B_1 \approx B_2>C$，也就是由三支链正碳离子生成两个异构物的反应较其他类型快得多，而单支链正碳离子生成两个正构产物反应很慢。有研究表明[6] A、B、C三种β断裂的相对速率为6.9:2.5:1.0。

二、异构化反应

在加氢裂化过程中，烷烃和烯烃除了发生裂化反应外，最主要的当属异构化反应，因而产品中异构烃与正构烃之比较高，常常会超过热力学平衡值，异构化包括原料分子的异构化和裂化产品分子的异构化两部分。这两部分的多少主要取决于催化剂。当所用的催化剂加氢活性比酸性活性低时，裂化产物的异构化程度

表 2-2-1 β-断裂机理[4,5]

β断裂类型	β断裂反应	正碳离子类型①	对正碳离子要求		
			最小正碳离子	最少支链	支链位置
A	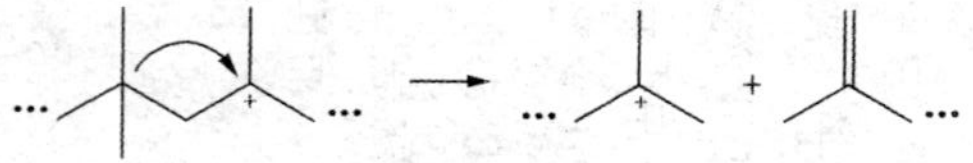	t→t	$C_8H_{17}^+$	三支链	α,γ,γ
B_1	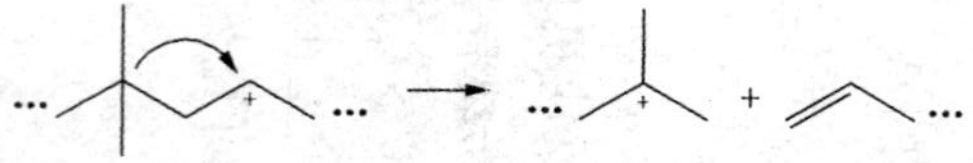	s→t	$C_7H_{15}^+$	双支链	γ,γ
B_2	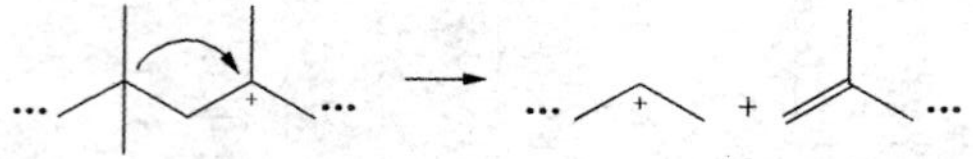	t→s	$C_7H_{15}^+$	双支链	α,γ
C	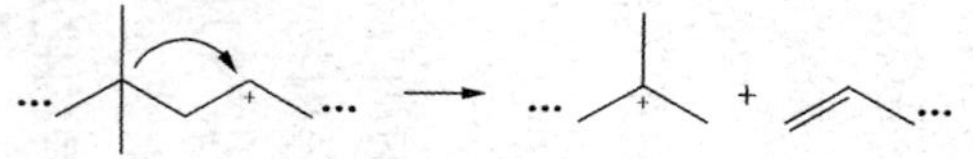	s→s	$C_6H_{13}^+$	单支链	γ

① s,t 分别表示烷基仲、叔正碳离子。

增加；相反，当催化剂加氢活性比酸性活性高时，裂化产物的异构化程度就减少；在原料转化率较低或中等情况下，原料异构的选择性就增加。

异构化反应除了和催化剂的加氢活性/酸性比有关外，还与催化剂孔的大小和结构有关，特别对含有分子筛的催化剂更是如此，因为分子筛有择形性。例如在 Pt－HZSM－5 和 Pt－HY 上，前者以裂化反应为主，多支链的异构产物很少，这除了是因为 HZSM－5 的强酸位裂化活性较高外，孔的大小也有很大影响，HZSM－5 的孔比 HY 小得多，致使烯烃中间产物在孔道中移动迟缓，造成中间产物与酸性中心接触时间过长而有利于裂化反应。

由于正碳离子的稳定性有一定顺序，因此加氢裂化反应时生成的正碳离子趋于异构成叔正碳离子。

异构化反应也是通过正碳离子机理进行的。如图 2－2－1 所示[7,8]。由图可见，烷烃的异构化可以分为 A、B 两种类型，为了便于比较还列出了传统机理。A 型反应包括负氢离子的迁移，环化生成环丙烷正碳离子、开环和负氢离子再迁移，此反应保持了碳骨架分支程度不变，但发生烷基迁移和侧链长度的变化。B 型反应则改变了碳骨架的分支程度，它与 A 型反应的主要差别在于，前者在环丙烷正碳离子开环前多发生一步反应，即质子从环丙烷的一角跃迁到另一角(即图中之角对角)；该机理涉及到烷基仲碳离子和环烷基仲(叔、季)碳离子，并提供了在能量上更为有利的反应途径，而不涉及传统机理中所产生的不稳定伯碳离子。

研究还发现，虽然 A 型反应速率大于 B 型反应，但 B 型反应的活化能比 A 型反应大 10～20kJ/mol，这一能量差大概就是 B 型反应中 H^+ 角一角跃迁所必要的[7]。尽管 B 型反应速率低于 A 型反应，但由 C_5 以上正构烷烃异构成单支链或进一步异构成多支链异构物都经过 B 型反应，因而在异构化产物中以单甲基异构物为主。

异构化反应是弱放热反应，反应热仅为 2～20kJ/mol，因此低温有利于反应的进行，且随反应温度的变化很小，但与产物的支链数目、位置和支链结构有关。另外，反应压力对异构化反应平衡影响很小。

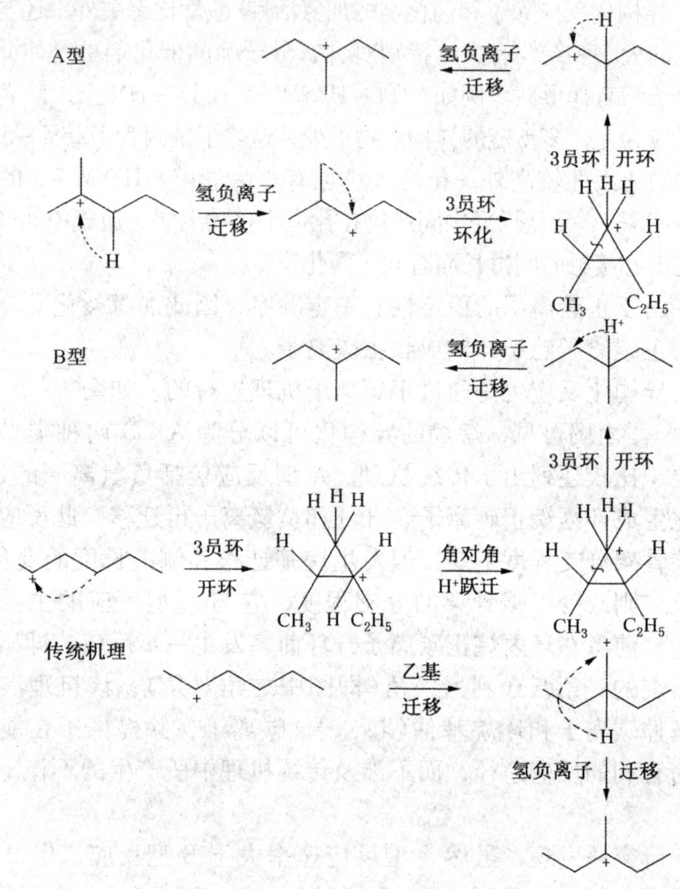

图 2－2－1　烷烃的异构化机理

第三节　环烷烃和芳烃的反应

在加氢裂化原料中烃类是主体，其反应的总结果决定了产品质量及分布乃至经济效益和社会效益。

在加氢裂化条件下不饱和烃的加氢其实主要是芳烃的加氢。在石油馏分中芳烃按芳环个数可主要分为四类：

① 单环芳烃，包括苯、烷基苯、苯基或苯并环烷烃；

② 双环芳烃，包括萘、烷基萘、联苯和萘并环烷烃；

③ 三环芳烃，包括蒽、菲和芴及它们的烷基化合物；

④ 多环芳烃，如芘、萤蒽。

各种油中芳烃含量如表2－3－1。

表2－3－1 几种瓦斯油中芳烃分布[9] %

芳　烃	AGO	LCO	AGO/LCO(7/3)	FE－LCO①	BE－LCO②
总芳烃	26.0	70.2	40.6	74.8	41.6
单　环	16.8	11.2	12.6	29.0	0.1
双　环	8.8	49.5	24.3	45.8	32.0
三　环	0.4	9.5	3.7	0	8.7
多　环	0	0.8	0	0	0.8

① LCO中<290℃馏分。

② LCO中>290℃馏分。

由表2－3－1可见，在各种瓦斯油中AGO芳烃含量较低，而在FCC轻循环油中(LCO)芳烃含量很高，单环和双环芳烃在LCO的小于290℃馏分较多，而三环和多环芳烃则集中于大于290℃馏分中。

加氢裂化反应中芳烃加氢是很重要的反应。

一、单环化合物

1. 单环芳烃的加氢

苯环是很稳定的，不易开环，而其加氢反应过程如图2－3－1所示[9]。有人认为，苯在Co－Mo－S/Al_2O_3催化剂上加氢生成环己烷和甲基环戊烷是一个串联反应[10]，环己烷和甲基环戊烷皆由苯部分加氢中间物环己烯生成，在研究中只发现环烯烃脱附，而没有发现环己二烯的脱附。

取代烷基苯的反应是：无论取代基是饱和的或可加氢的，对苯环的加氢速率没有多大影响，因此可以排除催化剂表面吸附过程中的空间位阻作用，并表明这些取代基的电子因素差别不大。

2.81×10^{-5}

1×10^{-7}

1.0×10^{-5} 烷烃

(1)

箭头上的数字为Co-Mo-S/γ-Al_2O_3 325℃，7.6MPa下的拟一级速率常数（$L\cdot g^{-1}\cdot s^{-1}$）

(2)

图 2－3－1　苯加氢反应图

一般情况下，苯是很稳定的，不易开环，但实际上在高压及催化剂作用下，苯的反应是很快的。如图 2－3－1 之(2)所示，苯经环己烯中间体，生成环己烷和甲基环戊烷，而开环生成己烷的反应才是很慢的，两种产物中甲基环戊烷更容易开环。所以环己烷有直接开环和先异构成甲基环戊烷再开环两种途径，因而产物中有正己烷和异己烷，而异己烷中还包括 2－甲基戊烷和 3－甲基戊烷，且其比值不变，其反应如下：

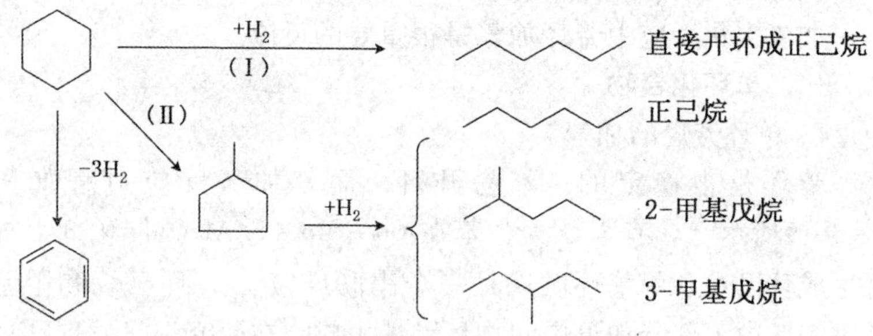

环己烷加氢开环途径与温度的关系见表 2－3－2。可以看出在低温下途径(Ⅰ)占优势。

表 2-3-2 环己烷加氢开环途径与温度的关系

反应温度/℃	270	280	290	304.4
途径(Ⅰ)选择性	0.76	0.68	0.60	0.52

2. 环烷烃的反应

环烷烃在加氢裂化催化剂上的反应有脱烷基、六员环的异构和开环反应。环烷正碳离子的裂化要比烷烃正碳离子裂化困难得多，而且环烷烃正碳离子发生β断裂后生成的非环正碳离子有强的环化倾向(如下面的平衡)。另外烷烃正碳离子的β轨道与裂化的β键在一个平面上有利于裂化，而在环烷烃中两者近乎垂直，因而难以裂化。MiKi[11]研究发现甲基环戊烷比环己烷开环活性高得多，而开环产物相对量却差不多。

CH_3 H CH_3 ⊕ H H CH_3 CH_3 ⇌ CH_3 H CH_3 H ⊕ CH_3 CH_3

3. 环状烃的异构化

环烷烃在双功能催化剂上和加氢裂化反应条件下的异构化反应，主要是环的异构，也就是五、六员环间环烷烃的相互转化，以及在侧链上链烷烃的异构化及烷基的迁移和数目的变化，后者其规律性和链烷烃的基本一致，而环上碳数的变化则有不同。环碳原子数减少的异构化反应为吸热反应，反应的平衡常数随温度升高增加较多，例如环己烷异构化成甲基环戊烷时，$Kp_{700K}/Kp_{300K}=45.5$，因此高温对缩环反应有利。随着原料碳数的增加，反应的平衡常数下降。

在加氢裂化反应条件下烷基芳烃的异构化反应主要有：烷基侧链在芳环上的迁移、侧链数目和结构的变化，支链数减少的烷基异构化反应是吸热反应，平衡有利于生成多支链的异构物。

在加氢裂化过程中也可能发生少量环化反应。

4. 侧链的反应

烷基苯在加氢裂化过程中，一般是发生脱烷基或烷基铡链的

C—C 键断裂。对脱烷基反应来说，异构烷基比正构烷基容易，即 α－碳原子上支链越多越易断裂，其顺序为(以丁基苯为例)：

叔丁苯＞仲丁苯＞异丁苯＞正丁苯

这与脱下来的烷基正碳离子稳定性顺序一致，因此正丁基的侧链一般不可能直接脱烷基，而是通过侧链异构化再脱烷基，例如正丁基环己烷脱烷基时生成的 iC_4/nC_4 比为 4 就证明了这一点。

脱烷基反应也是正碳离子反应，仍以叔丁基苯为例，其反应历程如下：

$$C_6H_5-C(CH_3)_2-CH_3 + H^+ \longrightarrow (C_6H_6)H-C(CH_3)_2-CH_3$$

$$\downarrow$$

$$CH_3-\underset{\displaystyle CH_3}{\underset{|}{C}}-CH_3 + C_6H_6$$

$$\downarrow$$

$$CH_3-\underset{\displaystyle CH_3}{\underset{|}{CH}}-CH_3 \xleftarrow{H_2} CH_3-\underset{\displaystyle CH_3}{\underset{|}{C}}=CH_3$$

环上的侧链也可以发生 C—C 键的断裂，若是正构烷基则在侧链上的 C—C 键比环上 C—αC 键容易断裂。对正丁基苯来说，侧链断裂之顺序为：βC—γC＞αC—βC＞γC—δC

但如果催化剂酸性略高，则发生侧链的异构化。当侧链碳数较少时，还可能发生烷基转移和歧化反应。如果侧链上的碳数较多(6 个碳以上)，则反应变得复杂，除了上述反应外，还可能发生环化反应而生成双环化合物，例如烷基苯可以生成四氢萘和茚满。

还有一种特殊的反应，以六甲基苯为原料，在加氢裂化条件下，若是以脱烷基反应为主，则产生大量甲烷，而实际上甲烷很少，轻烃以 C_4 为主，且异构/正构比较高，环的破坏很少；环烷烃集中在 $C_7 \sim C_9$，芳烃集中于 C_{10} 和 C_{11}，这一特殊反应称之为"剥皮反应"[12]，反应途径如图 2－3－2 所示。

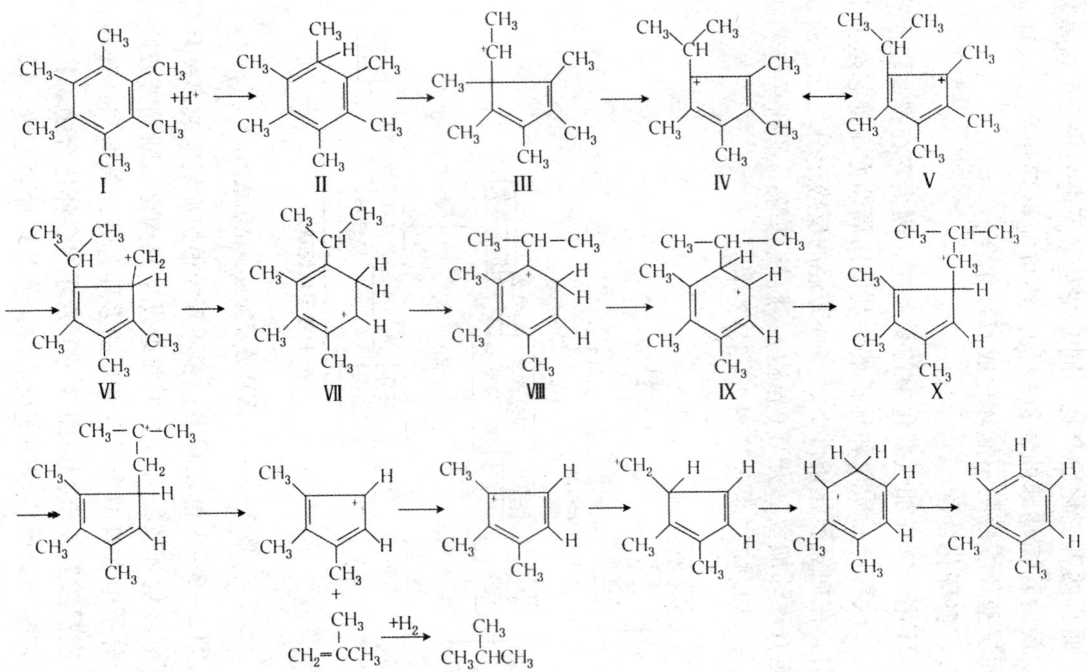

I II III IV V

VI VII VIII IX X

$$CH_2{=}C(CH_3)CH_3 \xrightarrow{+H_2} CH_3CH(CH_3)CH_3$$

图 2－3－2　六甲苯的“剥皮反应”途径

总之，烷基苯和烷基环烷烃在加氢裂化时，共同点是环保留，而差别是烷基苯先裂化后异构，而烷基环烷烃是先异构而后裂化；而且两者裂化后产物不同，烷基苯可进一步发生烷基转移反应，最后若烷基苯的侧链较长，还可能再环化生成双环化合物，而烷基环烷烃则不能环化成双环化合物。

二、多环化合物

多环化合物在加氢裂化中备受关注，因为它在提高轻质产品的收率、改善产品质量和延长催化剂使用周期方面都起至关重要的作用。在加氢裂化条件下，多环芳烃的反应十分复杂，所发生的反应有逐环加氢、开环(异构)、脱烷基等一系列平行和顺次反应，这些反应简明示于图 2－3－3 中。

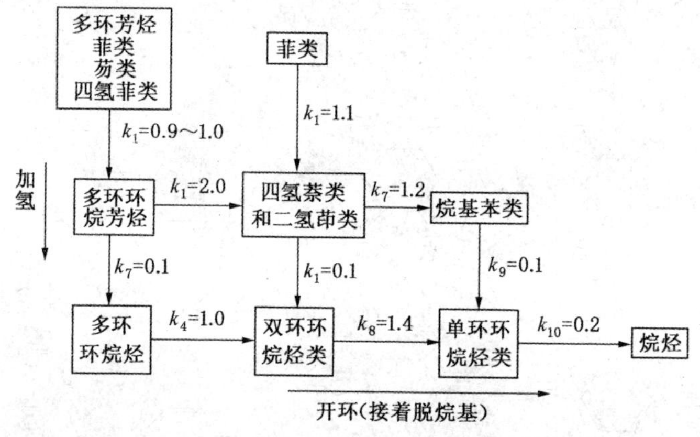

图 2－3－3 多环芳烃加氢裂化示意图

从图 2－3－3 可以看出，多环芳烃很快加氢生成多环环烷芳烃，其中环烷环较易开环，并相继发生异构化、断侧链或脱烷基反应。分子中含有两个以上芳环的多环芳烃加氢饱和、开环、断侧链反应都较容易进行，而含一个芳环的多环化合物，其饱和环的开环和断侧链反应较侧链反应快，但芳环加氢较慢。因此，多环芳烃加氢裂化最终主要产物是苯类和较小分子的烷烃。现将一些有代表性的多环芳烃加氢裂化反应分述如下。

1. 二环化合物

(1) 萘和取代基萘的加氢

萘常用作石油馏分中芳烃的代表，因而对其研究颇多，结果表明反应是包括串联、平行反应的复杂过程，也因催化剂的酸性功能和加氢功能不同匹配和反应条件之不同而产品分布也不同。萘类的反应首先是一个芳环饱和生成四氢萘，四氢萘可加氢生成十氢萘，也可生成环异构物，也可开环生成正丁基环己烷。总反应历程如图 2－3－4 至图 2－3－6 所示。

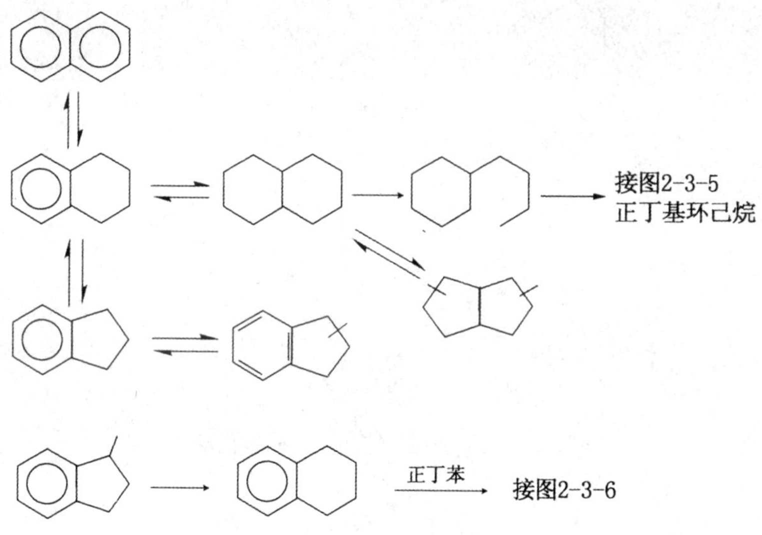

图 2－3－4　四氢萘加氢裂化反应网络

四氢萘在加氢功能较强和较低温度下主要按加氢裂化途径生成十氢萘，而在酸性功能较强，反应温度较高时主要异构生成甲基茚满。四氢萘进一步加氢所生成的十氢萘有顺、反两种异构体，而以反式为主，其反应各阶段的速度常数可用图 2－3－7 表示之。

由图 2－3－7 可见，萘的第一个芳环加氢速率常数比第二芳环大一个数量级，萘加氢生成四氢萘的速度比苯加氢快 20 倍以上，苯基萘与联苯第一步加氢速率也相差一个数量级，但是苯和萘分子上的苯基的存在对其加氢速率没有多大影响，这可能是苯基给电子能力对加氢的促进作用为苯基对吸附的位阻效应所抵消的缘故，而苯基萘在加氢时，与苯基相连的苯环加氢比另一个苯环快，就可能与苯基给电子效应有关。

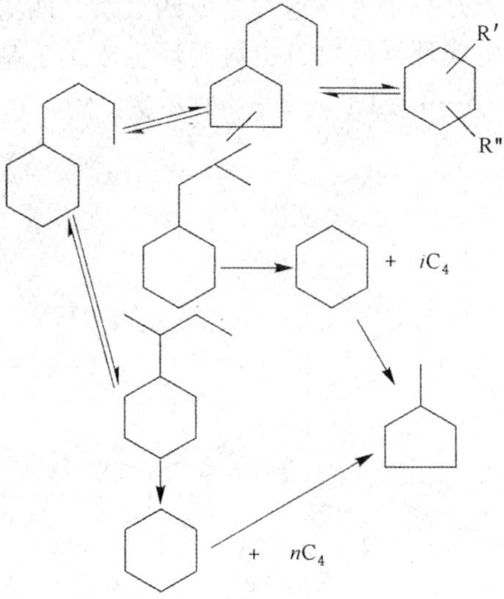

R′
R″
+ iC_4
+ nC_4

图 2-3-5　正丁基环己烷加氢异构裂化反应途径

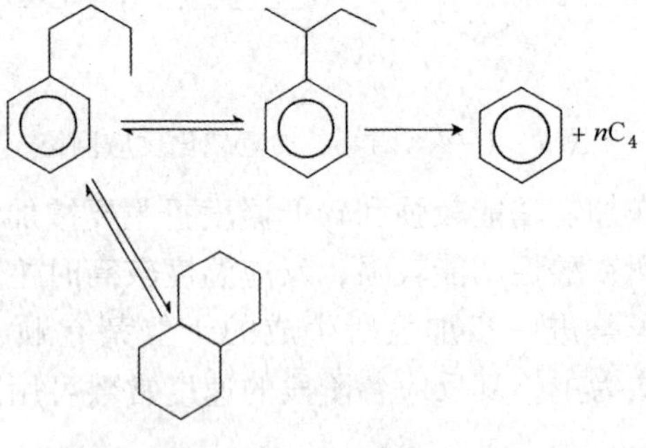

+ nC_4

图 2-3-6　正丁苯加氢裂化反应网络

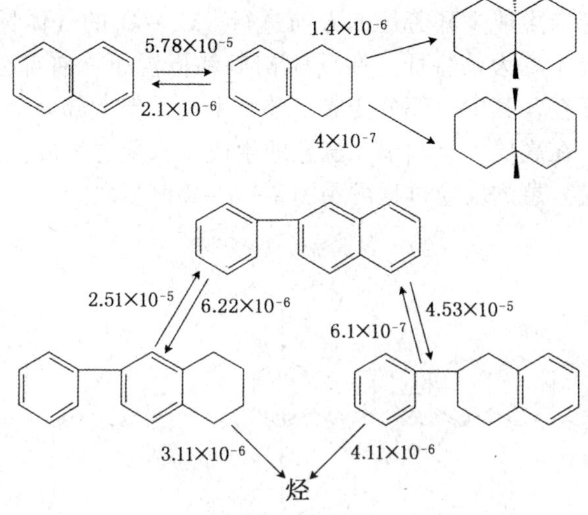

图2-3-7　萘和2-苯基萘的加氢反应网络

反应条件：Co-Mo-S/$\gamma-Al_2O_3$催化剂，325℃，7.6MPa

箭头上的数字为拟一级速率常数($L \cdot g^{-1} \cdot s^{-1}$)

（2）联苯的加氢

联苯的反应过程可由图2-3-8表示。联苯加氢的主要产物是环己基苯，还可继续加氢成联环己烷，最后生成环己基苯与甲基环戊基苯异构物的混合物。

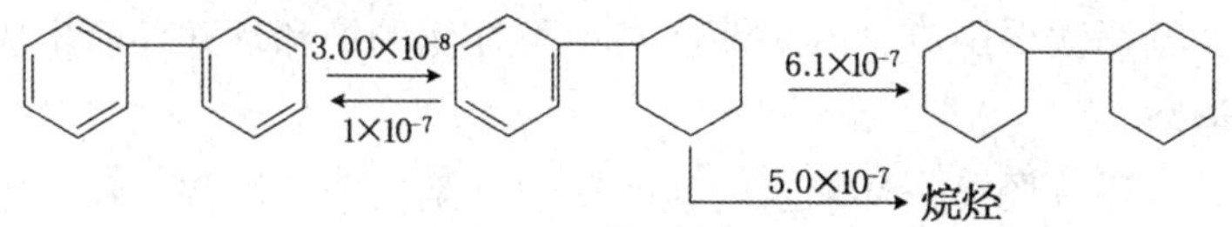

图2-3-8　联苯加氢反应网络

2. 三环化合物的反应

（1）蒽的加氢裂化

在加氢裂化条件下，主要是通过1,2,3,4-四氢蒽，一部分异构化成5,6-苯并茚满后再裂化成环烷基萘，然后部分加氢生成四氢萘，另一部分异构成茚满生成烷基苯。随反应温度的升高，反应向生成少环芳烃的方向进行，C_3 ~ C_4的气体量也增加，且生成异丁烷为其特征。在反应初期和低温下，有部分9,10－二氢蒽存在，其中一部分变成二苯基甲烷，但大部分会再次脱氢生成蒽。在高压下有利于二氢蒽的生成，八氢蒽生成很少，不是主要反应。蒽的反应过程可用图2－3－9概括之。

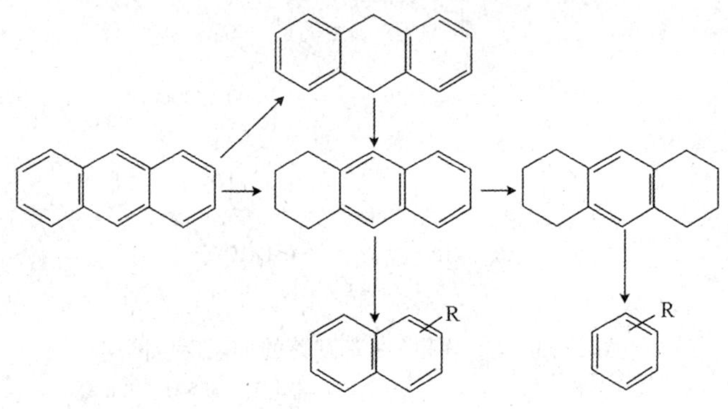

图2－3－9 蒽加氢反应网络

（2）菲的加氢裂化

菲的加氢裂化如图2－3－10所示，主要产物是9,10－二氢菲和1,2,3,4－四氢菲，前者不太稳定，容易脱氢再生成菲。如果生成图中左下形式的八氢菲，由于中心芳环受到位阻，加氢生成全氢菲就很困难，八氢菲在高温下外侧的饱和环开环而生成正丁基萘。

多环芳烃第一环加氢的速率很快，第二个环慢些，到最后一个芳环时由于其芳香性接近于苯，所以其难度也接近于苯。表2－3－3列出几种典型芳烃第一环加氢时的相对速率常数，表中的共振能表示其芳香性，有如下顺序：苯＜萘＜蒽＜菲。而多环芳烃中不同环的共振能也不同，芳香性最低的环最容易加氢。从表中还可以看出第一环加氢之活性顺序为：蒽＞萘＞菲＞苯。

菲在加氢裂化条件下产物中主要是四氢菲和甲基环已烷，烷烃少，C_4更少，表明菲加氢时一端的一个环开环生成烷基双环化合物不是主要反应；主要是中心环开环、裂化反应。

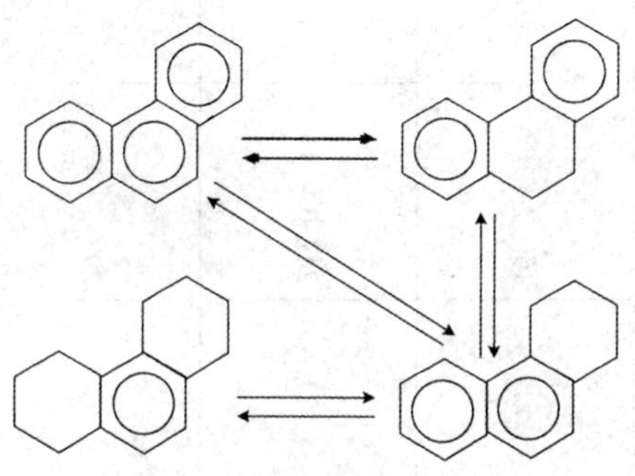

图 2－3－10　菲加氢反应网络

总之，菲的加氢过程是菲→二氢菲→四氢菲→八氢菲，而不能加氢成全氢菲，反应中前两步都很快，由四氢菲转化成八氢菲反应就慢得多。四氢菲的后续反应是中心环开环、异构化成 2－乙基联苯，或末端开环生成丁基萘、甲基丙基萘等一系列化合物，详见图 2－3－11。

芴虽与多环芳烃有结构上之差别，但也有相似之处，其加氢过程主要是连续加氢过程(见图 2－3－12)。

3. 四环以上的反应

一般情况下，加氢裂化原料中四环以上的多环芳烃含量很少，仅以芘为代表简述。其反应途径是先加氢，从芘的氢化物中裂化出一个丙烷，生成 C_{13}以后再裂化，其顺序是 $C_{16}\rightarrow C_{13}\rightarrow C_{10}\rightarrow C_6$。在各种氢化芘中，十氢芘最为活泼，其反应过程如图 2－3－13所示。

荧蒽是另一种四环化合物，它的反应是首先加氢生成 1，2，3，4b－四氢荧蒽，再加氢生成对称十氢荧蒽，最后可生成全氢荧蒽。其中前两步是可逆反应，与芴的第一步加氢相比，荧蒽的加氢速率大一个数量级。反应历程可参见图 2－3－14。

表 2-3-3　芳烃第一环加氢时的相对速率常数

反应	相对速率常数				总共振能/$kJ \cdot mol^{-1}$	每环共振能/$kJ \cdot mol^{-1}$
	Ni-Mo-S/Al_2O_3	Ni-Mo-S/Al_2O_3	Co-Mo-S/Al_2O_3	WS_2		
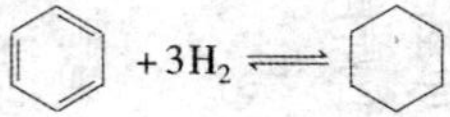 $+3H_2 \rightleftharpoons$	1	1	1	1	150.7~167.5	167.5
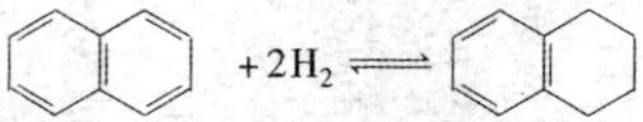 $+2H_2 \rightleftharpoons$	10	18	21	23	247.0~314.0	117.2
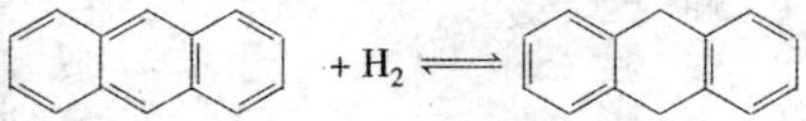 $+H_2 \rightleftharpoons$	36	40	-	62	297.3~439.6	
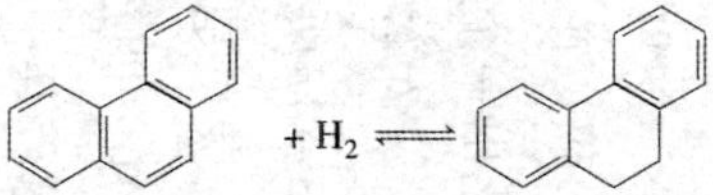 $+H_2 \rightleftharpoons$	4	—	—	—	355.9~385.2	

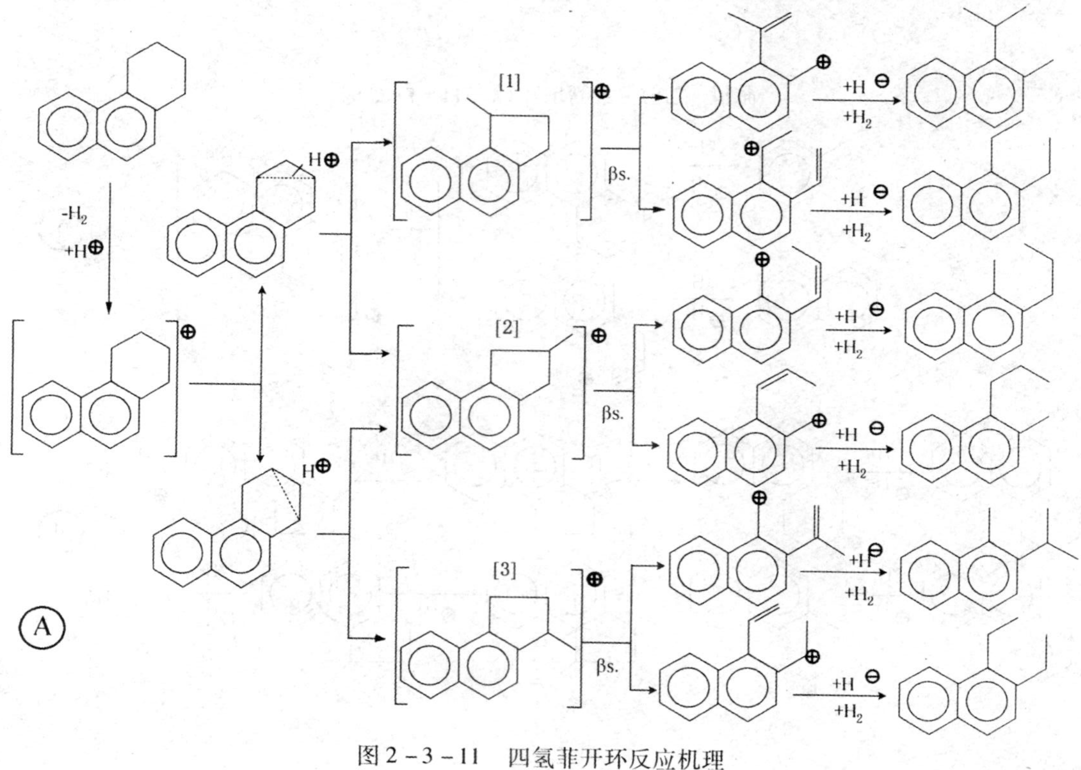

图 2-3-11　四氢菲开环反应机理

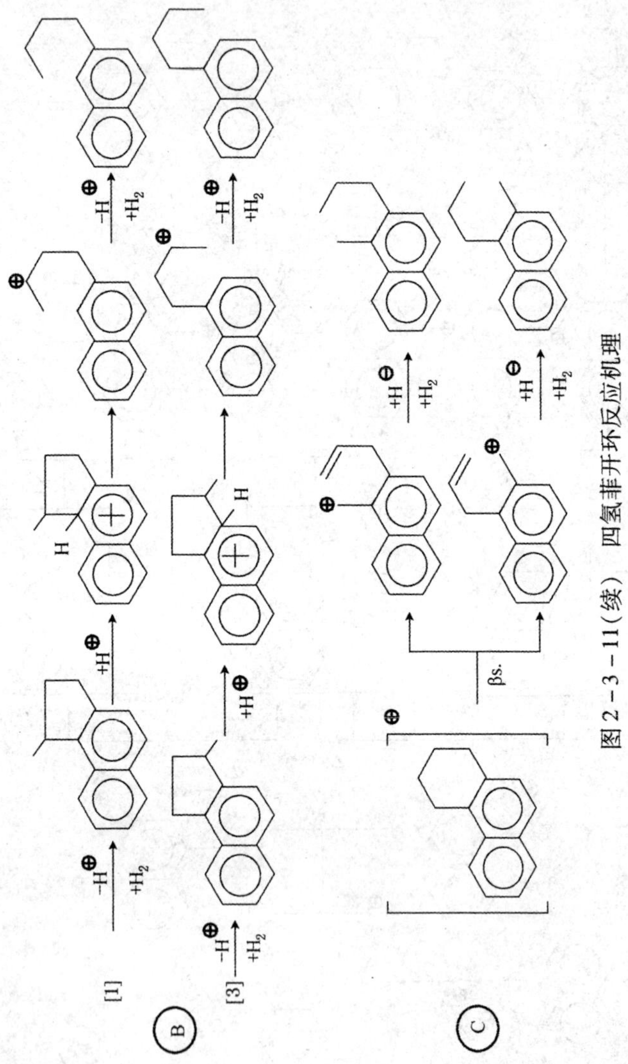

图 2－3－11（续） 四氢菲开环反应机理

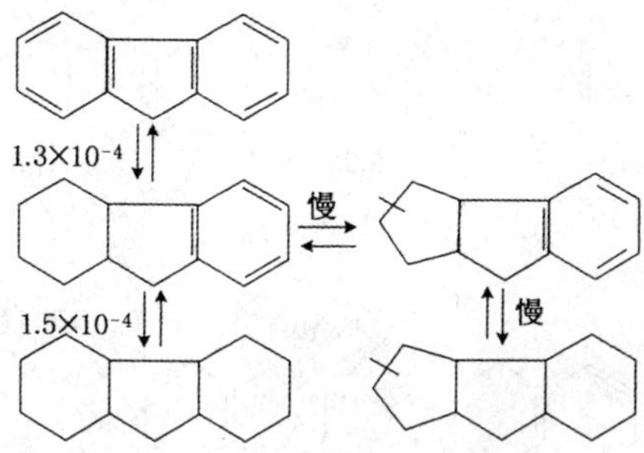

图 2－3－12　芴加氢反应网络

箭头上数字为 380℃，15.5MPa，正十六烷溶剂，Ni－W/ Al_2O_3 催化剂条件下的拟一级速率常数（$L\cdot g^{-1}\cdot s^{-1}$）

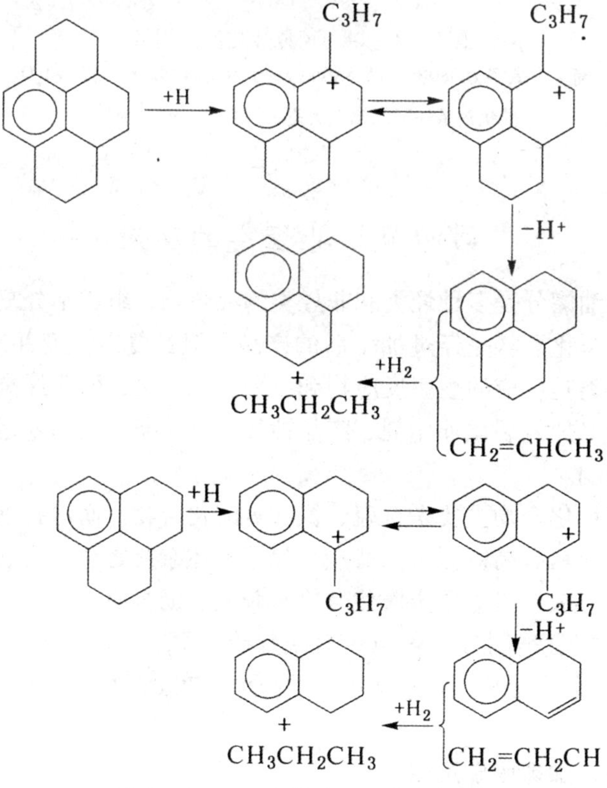

图 2－3－13　十氢芘加氢裂化机理

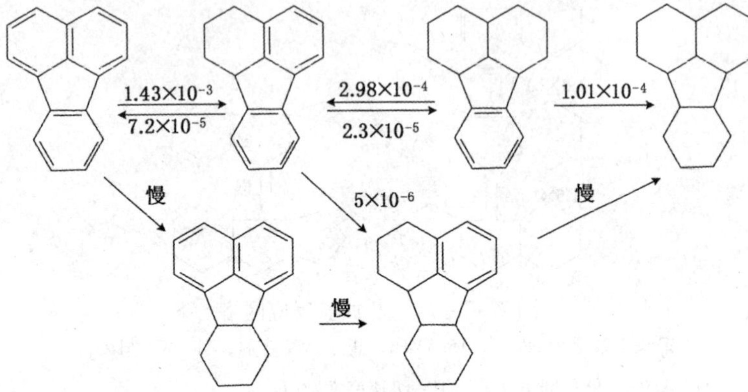

图 2－3－14　荧蒽加氢反应网络

箭头上数字为 380℃，15.5MPa，正十六烷溶剂，Ni－W/ Al_2O_3

催化剂条件下的拟一级速率常数（$L \cdot g^{-1} \cdot s^{-1}$）

第四节　非烃类的反应

石油馏分是多种烃类和非烃类的混合物，组成十分复杂。虽然加氢裂化原料是经过加工后的产品，但其复杂程度并未减轻。其中烃类是反应的主要反应物和所需要的产物，但非烃类的存在往往会对加氢裂化催化剂、产品性质、反应条件及装置运行带来很大影响。

非烃化合物主要是含硫、氮和氧的化合物。而对我国原油来说，一般具有高氮低硫的特点。除了上述杂质之外，还含有极少量如铁、镍、钒等重金属化合物和胶质、沥青质等。

在加氢精制过程中虽也有脱除硫、氮、氧的过程，但原料较轻，反应条件较为缓和，因而与在加氢裂化中还有些差别。

一、加氢脱硫反应

硫是石油馏分中存在的重要杂元素。原油中的硫含量可从

0.1%至5%不等，视产地而异，其存在形式有硫醇(RSH)、二硫化物(RSSR′)、硫醚(RSR′)、杂环硫化物中的噻吩(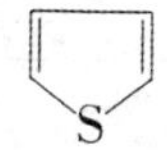)、苯并噻吩(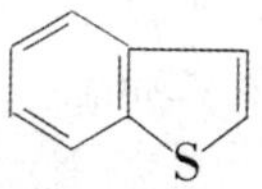)、二苯并噻吩(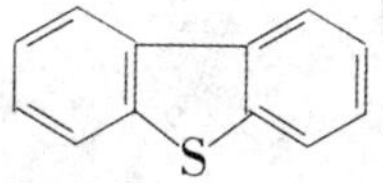)、萘苯并噻吩(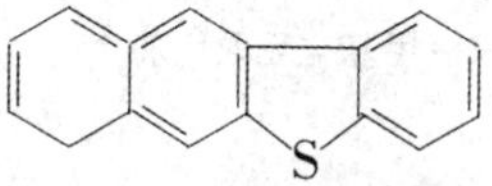)及它们的衍生物。

一般情况下，硫含量随馏分变重而升高。但硫醇本身因沸点较低，故多存在于轻馏分中，并随沸点之升高而减少。在大于300℃馏分中几乎不含硫醇，因而在一般VGO中几乎没有硫醇。杂环含硫化合物是大多数石油中的主要含硫化合物。在轻质石油产品中，特别是马达燃料中的硫含量控制越来越严格，因为它不但腐蚀机器设备，更重要的是排放引起的污染。随环保要求日趋严格，在石油加工中深度和超深度脱硫就显得十分重要。

1. 有机硫化物的反应性能

有机硫化物在加氢裂化反应中反应活性与分子大小和分子结构有关。当分子大小相近时，其顺序为：

硫醇 > 二硫化物 > 硫醚 > 噻吩类

在同类硫化物中，分子量大的或结构复杂者活性低。实践表明，在以上四类含硫化合物中之前三类均较易反应，而噻吩及其衍生物脱硫较难，其难度以下列顺序增加：

噻吩 < 苯并噻吩 < 二苯并噻吩 <4，6-二甲基二苯并噻吩

噻吩类化合物取代基的存在对脱硫反应有很大影响。在与硫原子相邻位置的取代基可产生空间位阻而不利脱硫，而较远位置的取代基则对脱硫有利、表2-4-1列出的是取代基对脱硫的影响。

由于4，6-二甲基二苯并噻吩严重的空间位阻作用，很难脱除其中的硫。

表 2-4-1　取代基对 HDS 活性的影响

硫化物	相对活性	文献数
噻吩	2,5-二甲基 < 2-甲基 < 无取代基	2
	2-甲基 < 无取代基 < 3-甲基	1
苯并噻吩	3-甲基 < 2-甲基 = 无取代基	1
	3,7-二甲基 < 3-甲基 = 2-甲基 = 7-甲基 < 无取代基	1
二苯并噻吩	4,6-二甲基 < 4-甲基 < 无取代基 < 3,7-二甲基 < 2.8-二甲基	2
	4,6-二甲基 < 4-甲基 < 无取代基 < 2.8-二甲基	1
	4,6-二甲基 < 4-甲基 < 3,7-二甲基 < 2,8-二甲基 < 无取代基	1
	4,6-二甲基 < 4-甲基 < 无取代基	1

2. 反应机理

较易脱硫的非噻吩类化合物及噻吩反应比较简单，先是C—S或S—S键的断裂，然后是分子碎片的加氢，最后生成H_2S。

硫醇：

$$RSH + H_2 \longrightarrow RH + H_2S$$

硫醚：

$$RSR' + H_2 \longrightarrow R'SH + RH$$

$$R'SH \xrightarrow{H_2} R'H + H_2S$$

二硫化合物：

$$RSSR + H_2 \longrightarrow 2RSH \xrightarrow{H_2} 2RH + 2H_2S$$

$$2RSH \xrightarrow{H_2} RSR + H_2S$$

噻吩：

$$\text{S} + H_2 \longrightarrow \text{S} \xrightarrow{H_2} \text{SH} \xrightarrow{H_2} + 2H_2S$$

二苯并噻吩反应较为复杂，其反应过程可用图2－4－1至2－4－3表示之。由图2－4－1可以看出，二苯并噻吩的脱硫可以通过A、B两条途径，但最终均生成环己基环己烷。A、B两条途径反应各占的比率则与所用的催化剂以及反应条件（主要是氢分压）有关。

由图2－4－2和2－4－3可以看出，两种苯萘二苯并噻吩的脱硫都是通过氢解和两种加氢反应途径进行的，而且反应速率差不多。而当其中与含硫杂环相邻的芳环加氢后，其氢解脱硫的速率大大加快，但是两种加氢产物氢解速率提高的倍数相差较多。

相对来说苯并噻吩的反应就简单得多，最终生成乙苯。

$$\text{S} + H_2 \longrightarrow \text{S} \xrightarrow{H_2} C_2H_5 + H_2S$$

$$\downarrow$$

$$CHCH_2 \xrightarrow{H_2} C_2H_5$$

3. 其他因素对脱硫的影响

（1）介质的影响

研究表明，相同的硫化物在相同的反应条件下，仅由于介质之不同而有很大的脱硫率差别，例如二苯并噻吩，4－甲基二苯并噻吩和4，6－二甲基二苯并噻吩在十氢萘和轻油中反应，达到相同脱硫率时，轻油的反应温度要高50℃[13]。二苯并噻吩在不同溶剂中脱硫速率如下：二甲苯 > 十氢萘 > 四氢萘 > 正十六烷，这些现象的原因称之为溶剂的阻滞效应。主要因素有溶剂与硫化物在催化剂上竞争吸附，如果溶剂在催化剂上吸附能力越强，脱硫越慢；如果溶剂较容易气化，使液相中硫化物浓度增加而导致脱硫加快；另外，氢气在不同溶剂中溶解度之差异也是因素之一。

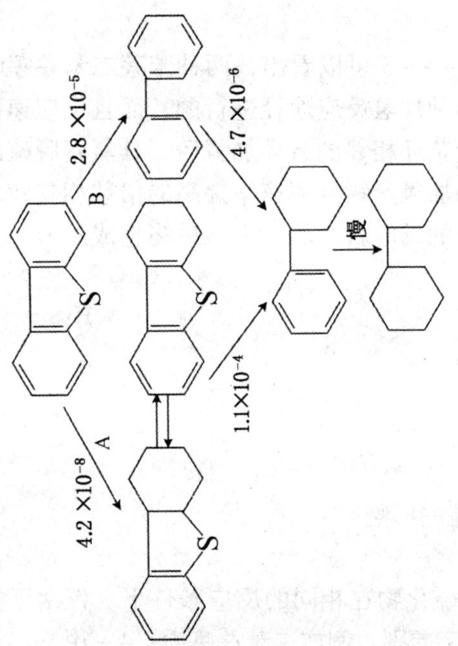

图 2－4－1　二苯并噻吩 HDS 反应网络

图中数字是 300℃的拟一级速率常数（$L\cdot g^{-1}\cdot s^{-1}$）

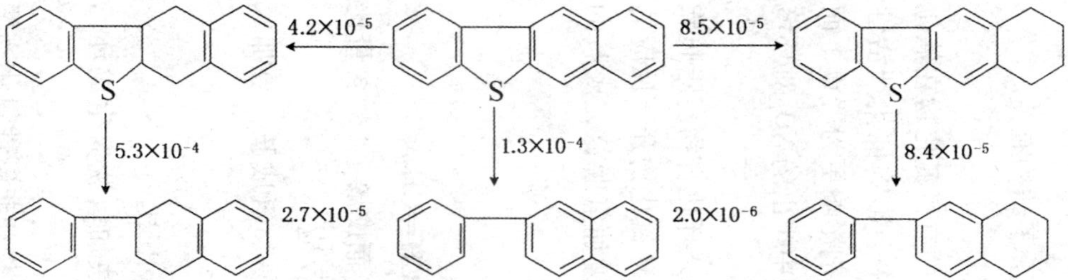

图 2-4-2　苯[b]萘[2,3d]并噻吩 HDS 反应网络

图中数字是 300℃的拟一级速率常数(L·g^{-1}·s^{-1})

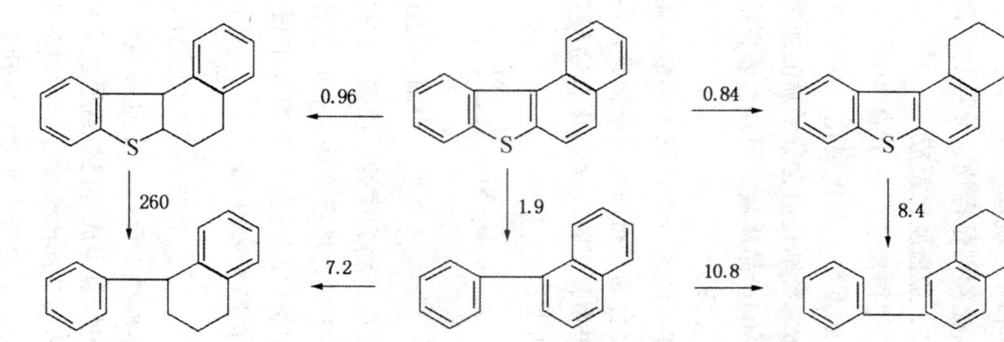

图 2-4-3　苯[b]萘[1,2d]并噻吩 HDS 反应网络

箭头上数字为相应反应拟一级反应速率常数的相对值

(2) 其他因素

硫化物有自阻作用，H_2S 只阻滞氢解反应，而不影响加氢反应。氧化物的存在可使氢解和加氢两种活性中心中毒，表现为降低联苯和环己烷基苯的产率。

氮化物则是毒物，而且其阻滞作用与其分子结构有关。

二、加氢脱氮反应

氮化物普遍存在于油料中。反应原料中的有机氮化物在催化反应(如重整、催化裂化、加氢裂化)过程中会影响催化剂活性和寿命，特别是对含分子筛的加氢裂化催化剂影响更为严重，而且还影响产品质量。另外，燃料油燃烧过程中排出的 NO_X 对环境有严重污染。

在石油馏分中，绝大多数含氮化合物是杂环化合物。脂肪族含氮化合物在石油馏分中很少，但它们是杂环氮化物开环反应的中间产物，脂肪族含氮化合物(胺)很容易被加氢脱氮，戊胺的反应如下：

$$C_5H_{11}NH_2 \xrightarrow{H_2\ -NH_3} C_5H_{12}$$

$$\searrow CH_3—CH_2—CH_2—CH{=}CH_2$$

反应产物为戊烷、戊烯 -1 和戊烯 -2，而戊烯 -2 的含量比戊烯 -1 的含量还高些，表明还有双键迁移反应。

腈类(RCN)在石油馏分中很少，它容易加氢成胺，再加氢 C—N 键断裂放出 NH_3。

$$RCN \xrightarrow{4H_2} RCH_2NH_2 \xrightarrow{2H_2\ -NH_3} RCH_3$$

苯胺类的反应首先是加氢饱和，并很快加氢脱氮生成环己烯，或加氢生成环己烷或脱氢生成苯。

各馏分油中的氮化物可以分为碱性氮化物和非碱性氮化物两类。在加氢过程中通常非碱性氮化物可转化为碱性氮化物。而在加氢裂化过程中主要危害便是碱性氮化物，它的碱性可与催化剂的酸性中心反应，使催化剂表面酸性减弱乃至丧失，阻滞了裂化、异构化等在酸性中心上发生的反应。

1. 含氮化合物的反应机理

一般情况是含氮杂环化合物 C—N 键氢解之前，先进行杂环加氢饱和。单环含氮杂环化合物加氢活性顺序为：

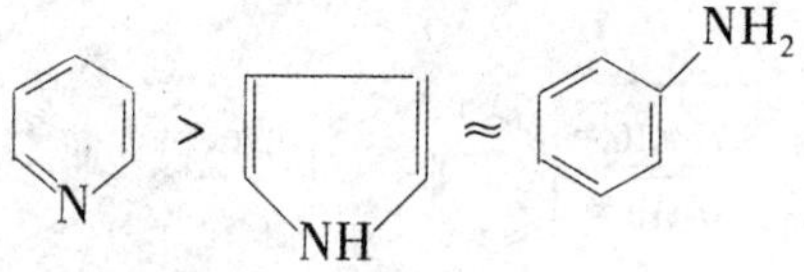

$$\text{N} > \text{NH} \approx \text{NH}_2$$

而多环则是三环 > 双环 > 单环。

（1）吡啶类的反应

吡啶或烷基吡啶反应过程是：

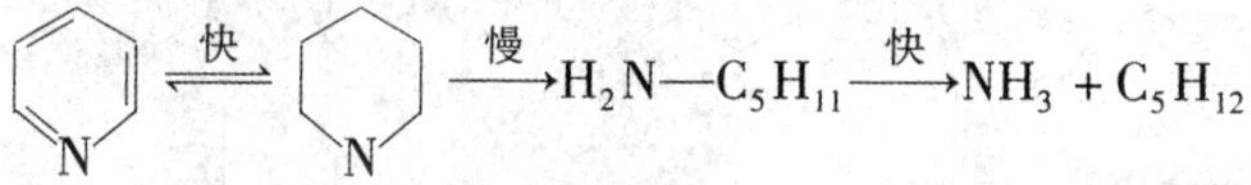

$$\text{N} \underset{}{\overset{\text{快}}{\rightleftharpoons}} \text{N} \xrightarrow{\text{慢}} H_2N—C_5H_{11} \xrightarrow{\text{快}} NH_3 + C_5H_{12}$$

由吡啶加氢生成哌啶的过程很快，而哌啶变成正戊胺的反应很慢，是吡啶加氢脱氮反应的控制步骤。而后，戊胺应如前所述很快进行加氢脱氮，在产物中还发现有二戊胺和 N－戊基哌啶存在，表明还有戊胺歧化反应及戊胺和哌啶的烷基转移等反应发生。

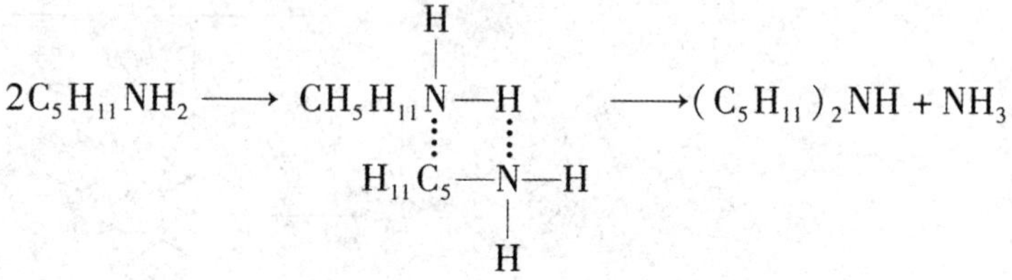

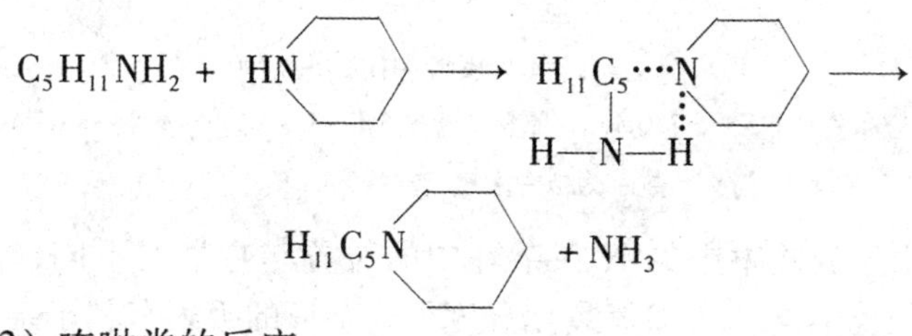

$$2C_5H_{11}NH_2 \longrightarrow \begin{matrix} & H & \\ & | & \\ CH_5H_{11} & N—H & \\ & \vdots \quad \vdots & \\ H_{11}C_5— & N—H & \\ & | & \\ & H & \end{matrix} \longrightarrow (C_5H_{11})_2NH + NH_3$$

$$C_5H_{11}NH_2 + \text{HN} \longrightarrow \begin{matrix} H_{11}C_5 \cdots N \\ | \quad \vdots \\ H—N—H \end{matrix} \longrightarrow$$

$$H_{11}C_5N + NH_3$$

（2）喹啉类的反应

虽然喹啉是吡啶的苯同系物，但其反应机理与吡啶有很大差别。首先是一个环加氢饱和生成1，2，3，4－四氢喹啉和5，6，7，8－四氢喹啉，两种喹啉进一步加氢生成十氢喹啉就很慢。模型化合物的研究表明，喹啉反应主要是通过5，6，7，8－四氢喹啉、十氢喹啉反应进行的(即图2－4－4中的A途径)。

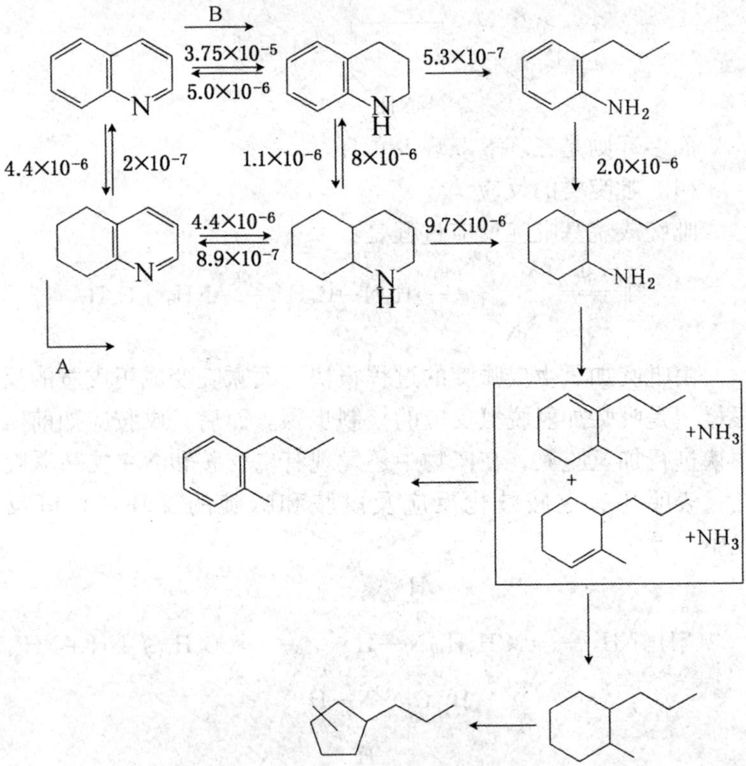

图2－4－4 喹啉HDN反应网络

反应条件：375℃，7.0MPa，原料中喹啉5%，CS_2 0.59%，Ni－Mo/ Al_2O_3

箭头上数字为拟一级速率常数(mol·g^{-1}·s^{-1})

由于异喹啉中的N在杂环中的位置与喹啉的不同，因此反应途径也不同。在加氢裂化温度下，杂环的吸附有利于杂环中双键单独加氢，而喹啉主要是芳环的吸附。异喹啉的反应如下：

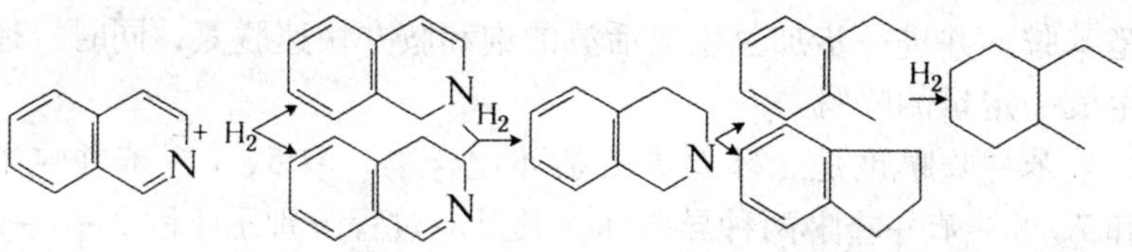

1,2,3,4－四氢异喹啉和1,2,3,4－四氢喹啉一样，高温下不够稳定，均可发生C—N键断裂，但产物却大不一样。由异喹啉加氢生成的胺十分活泼，很快转化成邻甲基乙基苯。而由喹啉生成的胺则是烷基苯胺，C—N键很稳定，在C—N键断裂之前需先饱和芳环。

（3）吖啶和苯并喹啉的反应

吖啶是典型的三环六员氮杂环化合物。由于吖啶分子结构更为复杂，故反应途径也更多样，如图2－4－5所示。

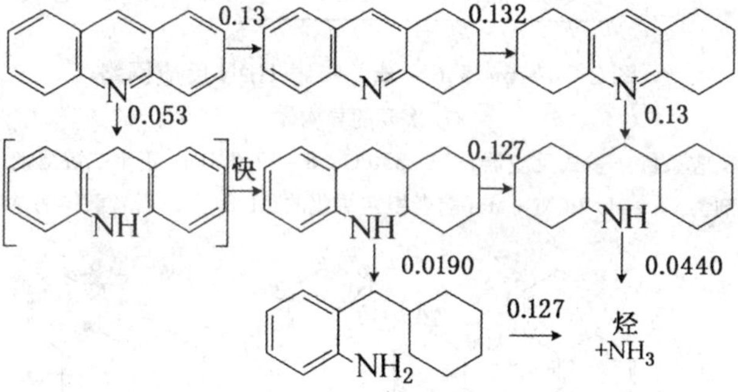

图2－4－5 吖啶HDN反应网络

反应条件：367℃，13.9MPa，Ni－Mo/Al_2O_3催化剂，进料吖啶浓度0.5%。箭头上数字为拟一级速率常数（$g\cdot g^{-1}\cdot s^{-1}$）

简言之，吖啶的第一个环（苯环或杂环）加氢很快，1,2,3,4－四氢吖啶继续环饱和也很快，在400℃以下即达到吖啶、1,2,3,4－四氢吖啶、9,10－二氢吖啶和两种八氢吖啶之间的热力学平衡。9,10－二氢吖啶中的C—N键因为还有相邻的芳环存在而变得较为容易断裂而生成邻苄基苯胺；八氢吖啶中相对于芳环β位的C—N键也较易断裂，生成相对稳定的邻甲基环己基苯胺，并进一步加氢生成活泼的饱和胺并快速脱氮；同时，还生成一定量的喹啉。

苯并喹啉也是三环六员氮杂环化合物，有5，6－苯并喹啉和7，8－苯并喹啉两种异构体，其反应过程分别示于图2－4－6和图2－4－7。

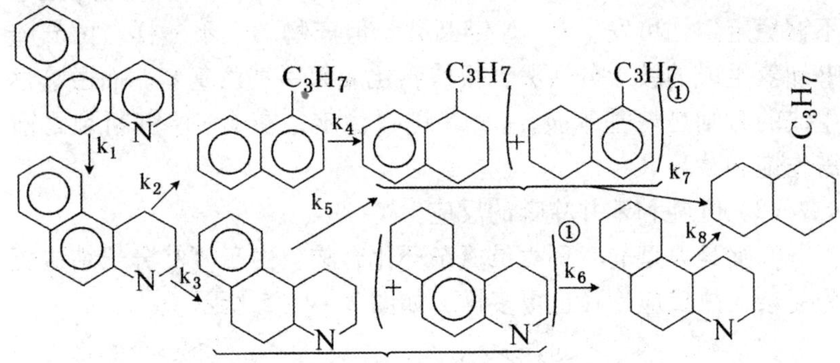

图2－4－6　5,6－苯并喹啉 HDN 反应网络

① 次要的异构体

反应条件：釜式反应器，79～330℃，8～17.3MPa，正十二烷溶剂，催化剂为Co－Mo和Ni－Mo(前者担在氯化的Al_2O_3上，后者载体为Al_2O_3)

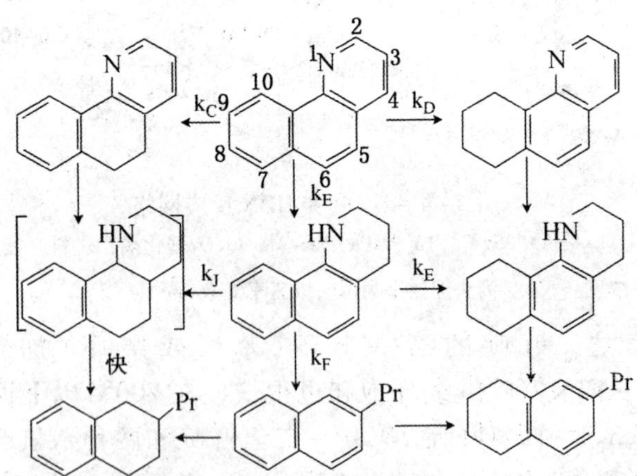

图2－4－7　7,8－苯并喹啉 HDN 反应网络

反应条件同图2－4－6

2. 五员氮杂环的反应

(1) 吡咯的反应

吡咯的加氢脱氮步骤是：首先五员环加氢、其次四氢吡咯中 C—N 键断裂、最后正丁胺脱氮。

在此反应中，最终产物中的正丁烷产率仅有 50% 左右。这表明，在此系统中有许多副反应。已经发现在产物中还有正辛烷、乙基环己烷、3－甲基庚烷、二丁胺、三丁胺、2－丁基吡咯、3－丁基吡咯和 *N*－丁基吡咯等。因此，这个反应是很复杂的。

(2) 吲哚的反应

首先，吲哚氮杂环加氢生成二氢吲哚。此反应进行的很快。其次是二氢吲哚 C—N 键在脂肪环上断裂生成邻乙基苯胺，反应进行较慢。邻乙基苯胺很稳定，只有在较高温度下才加氢生成胺。最终产物除了有乙苯和乙基环己烷外，还有苯胺、甲苯和甲基环己烷等(见图 2－4－8)。

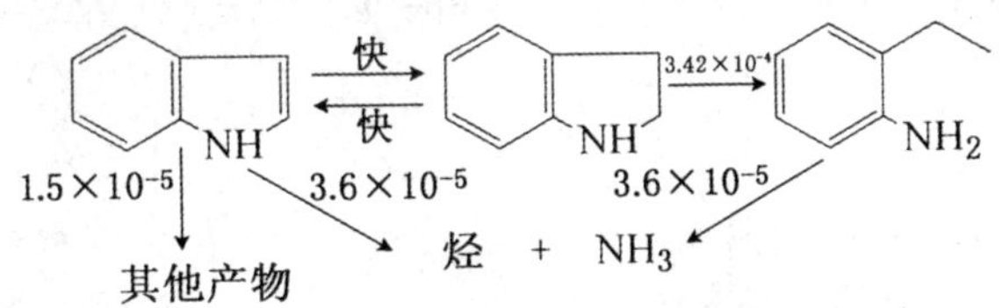

图 2－4－8 吲哚 HDN 反应网络

反应条件：釜式反应器，350℃，3.4MPa，正十六烷溶剂，$NiMo/Al_2O_3$催化剂。箭头附近的数字为拟一级速率常数($L\cdot g^{-1}\cdot s^{-1}$)

(3) 咔唑的反应

咔唑加氢生成 1，2，3，4－四氢咔唑的反应很快，而进一步加氢生成六氢咔唑较慢，但很快氢解成较稳定的 2－环己基苯胺，并在苯环进一步加氢后脱氮(图 2－4－9)

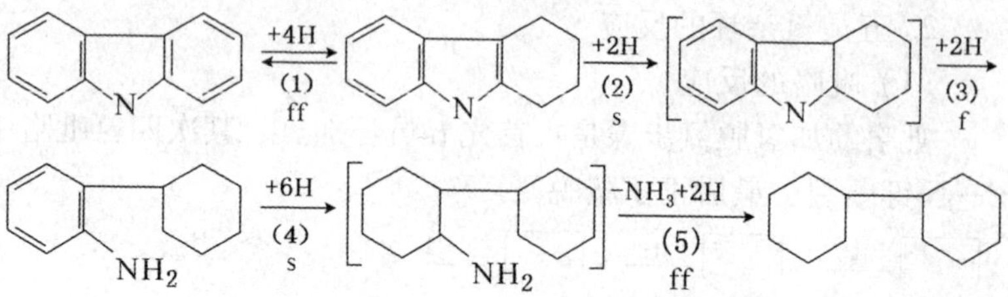

图 2-4-9　咔唑 HDN 反应网络

反应条件：300～375℃，4.6MPa，Ni-W/Al_2O_3催化剂

三、加氢脱金属反应

1. 原料中的金属种类及危害

原油中一般均含有金属组分，其含量因产地而异。金属组分集中于540℃以上馏分，特别在渣油中尤为集中。它们的存在对原油性质影响很大。在催化反应中，金属可以各种形式在催化剂上沉积，可覆盖催化剂表面和堵塞催化剂孔道，使其失活，也可使催化剂中毒，还会促进焦炭的生成。

在石油中金属组分主要是钒、镍和铁，主要存在形式为卟啉结构，也有非卟啉结构存在，其两者结构如图 2-4-10 所示。

钒和镍的卟啉络合物通常为四角平面体结构(见图 2-4-10a)。

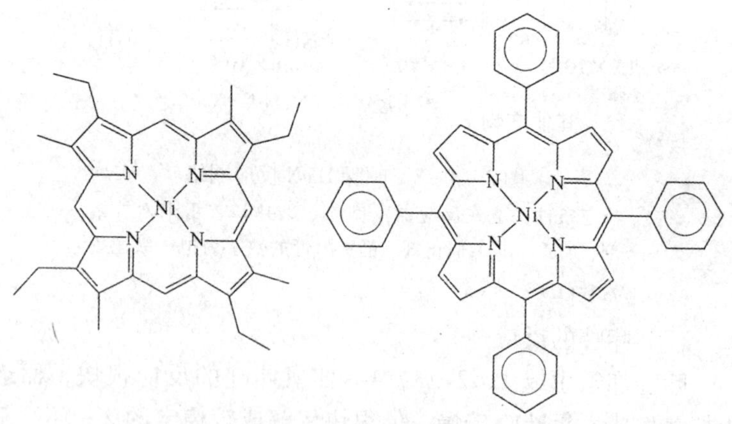

图 2-4-10　典型金属卟啉化合物的结构

镍－初卟啉：Ni－Etio(Ni－EP)；镍－四苯基卟啉：Ni－TPP；镍－四(3－甲基苯基)卟啉：Ni－T3MPP

(a) 镍卟啉化合物结构

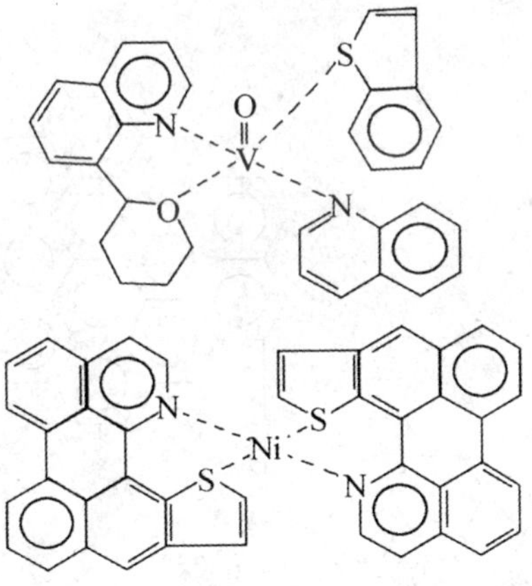

(b) 非卟啉化合物结构

图2－4－10(续)　典型金属卟啉化合物的结构

镍或氧钒基配位于四个氮原子上。由于具有四吡咯的芳香结构，与沥青质中的芳烃相似，因此它们很容易渗混到沥青质胶束中。而沥青质中的稠环芳烃是通过硫键桥、脂肪键桥与金属卟啉结构相联结(图2－4－11)。故脱金属常与沥青质的裂解反应密切相关。

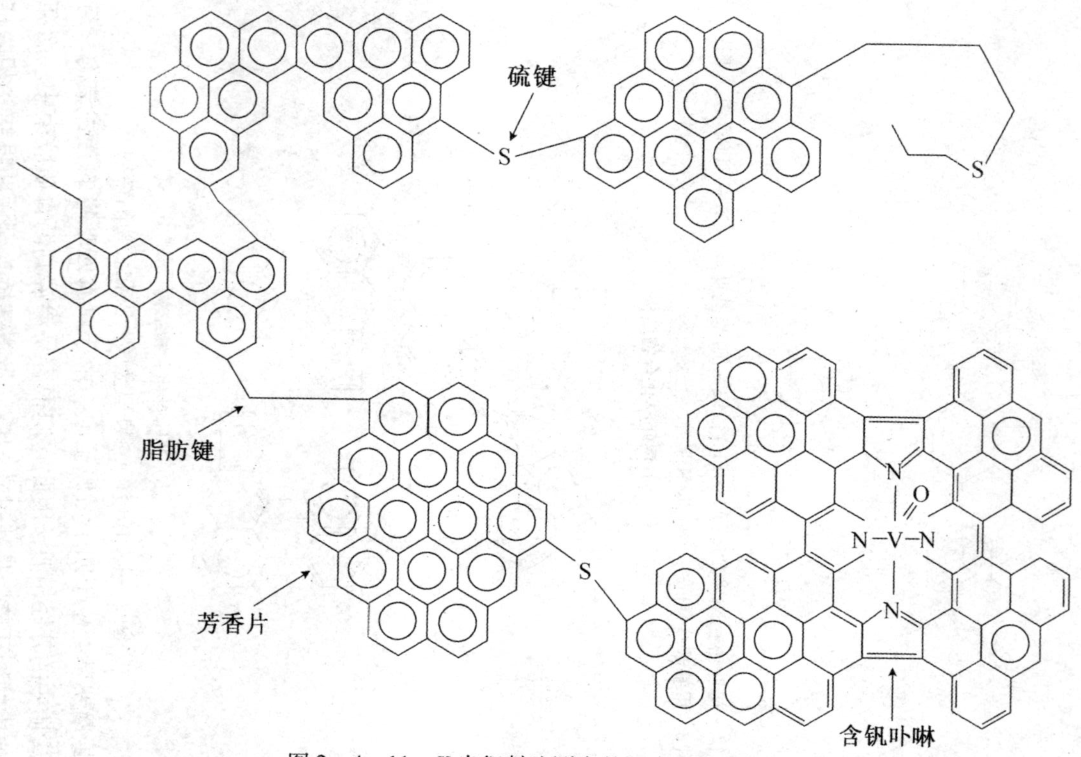

图 2-4-11　X 光衍射法测定的沥青质结构简图

2. 脱金属反应机理

对脱金属的机理研究颇多，所提出的机理也多种多样，但因为金属化合物十分复杂，故对其脱除机理仍不够清楚，但总的来说有以下原则：

① 当有 H_2和 H_2S 存在时可发生脱金属反应。

$$\begin{array}{c} \diagdown \\ N \\ | \\ V{=}O \\ | \\ N \\ \diagup \end{array} + 2H_2S \longrightarrow VS_2 + \begin{array}{c} N \\ | \\ H \\ \\ H \\ | \\ N \end{array} + H_2O$$

② 金属卟啉化合物脱金属是通过串联机理发生的，首先是外围双键加氢，生成氢化卟啉物再进一步发生分子分裂，生成金属沉积物。虽原则如此，但反应机理随反应温度之不同而异。

卟啉钒和镍在高温和 Co－Mo 催化剂存在下，可以发生以下反应：卟啉环断裂，生成含 2 ~4 个吡咯环的线型聚吡咯化合物；卟啉环周围不同位置加氢，使卟啉环变形；卟啉环与 H_2S 作用，脱金属，较为典型的是 Ware[14－16] 提出如图 2－4－12 所示的加氢脱金属串联反应：首先是构成 Ni－Etio 大环的四个吡咯之一的周边双键进行可逆加氢，生成 Ni－EPH_2，后者进一步氢解破环，把镍沉积在催化剂表面上。图 2－4－13 则是 Ni－T3MPP 反应图，表明 Ni－T3MPP 通过两次可逆加氢反应，生成两个相邻吡咯环部分加氢的 Ni－PH_4，后者通过两条途径反应，一为镍在催

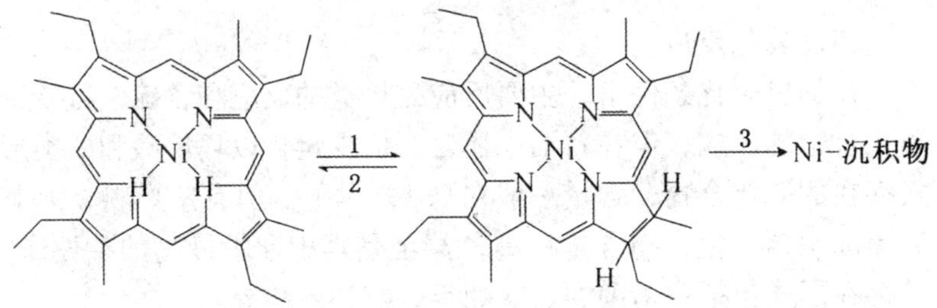

图 2－4－12　Ni－Etio HDM 反应网络

化剂上直接沉积，另一途径是生成稳定的中间物 Ni - X，并进一步反应使镍沉积在催化剂表面上。

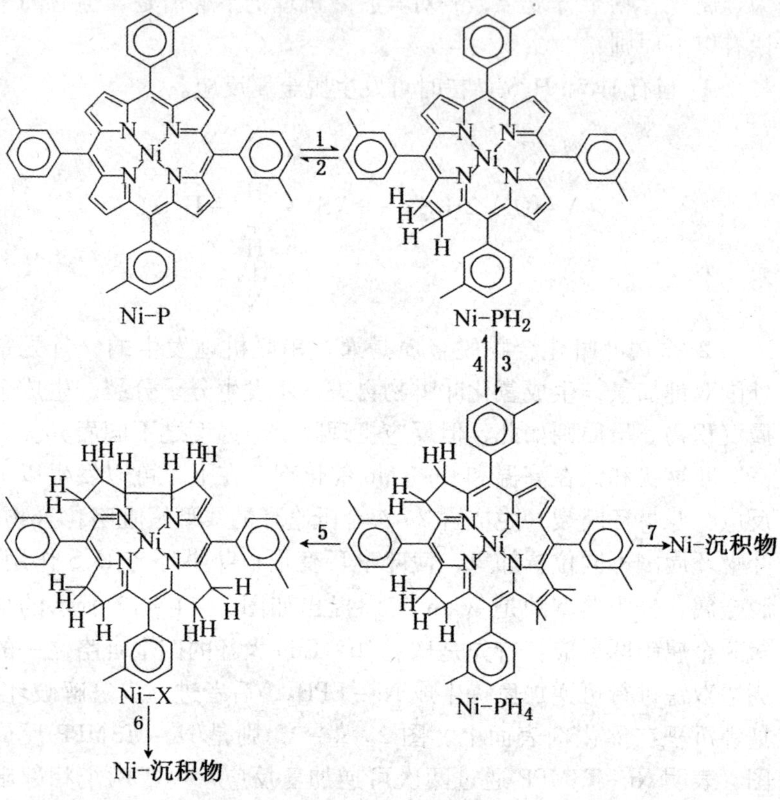

图 2 - 4 - 13　Ni - T3MPP HDM 反应网络

四、其他反应

在加氢裂化条件下，主要反应是烃类的反应和含硫、氮杂原子化合物的反应，但在石油中还含有极少量含以环烷酸和酚类形式存在的氧化合物，含量一般在 0.1% 以下。但有些燃料，尤其煤焦油中含氧化合物含量很高，甚至是其中含量最高的杂原子，其存在形式包括：苯酚类、呋喃类、醚和羧酸等。

不同类型含氧化合物的反应活性差别很大。醇和酮类最容易转化，醚类次之，酚类又次之，呋喃类最稳定，因而最难反应。它们之间的相对关系见表2-4-2。

表2-4-2　几种含氧化合物的相对活性

品　种	呋　喃	4-甲基苯酚	2-乙基苯酚	2-苯基苯酚	二苯并呋喃
相对活性	1	5.2	1.2	1.4	0.4

表2-4-3列出了各种苯酚加氢脱氧时的拟一级速率常数，同属酚类，取代基不同对苯酚类加氢脱氧活性也有影响，其主要原因是羟基(—OH)在邻位时阻滞作用较大，在间位或对位时阻滞作用较小。以下简述几种不同类型含氧化合物的反应过程。

表2-4-3　各种甲基酚类HDO的拟一级速率常数

化　合　物	温度/℃	速率常数/ $L\cdot g^{-1}\cdot s^{-1}$
2-甲基苯酚①	350	1.6×10^{-7}
3-甲基苯酚①	350	3.1×10^{-7}
4-甲基苯酚①	350	9.4×10^{-6}
2-甲基苯酚②	300	2.4×10^{-5}
4-甲基苯酚②	300	4.9×10^{-5}
2,4-二甲基苯酚②	300	2.8×10^{-5}
2,6-二甲基苯酚②	300	6.3×10^{-6}
2,4,6-三甲基苯酚②	300	8.3×10^{-6}

反应条件：① 滴流床反应器，6.9MPa，正十六烷溶剂，Co-Mo/Al_2O_3催化剂。
② 釜式反应器，5.1MPa，正十六烷溶剂，Ni-Mo/Al_2O_3催化剂。

1. 苯酚类

苯酚中的C—O键很稳定，难以氢解，苯酚加氢脱氧产生的中间产物为环己烯。反应历程如下：

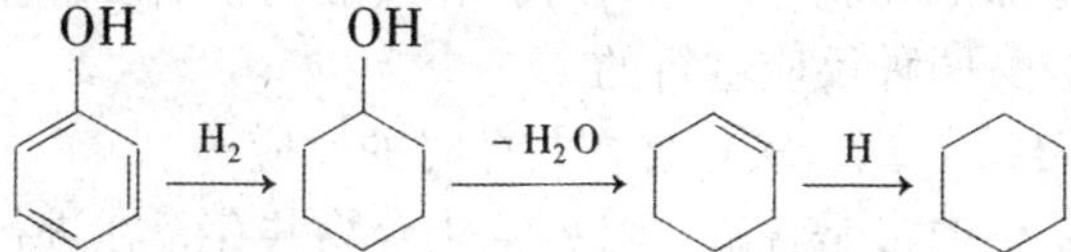

取代羟基位置不同，其反应速率也不同。如甲酚的脱氧速度

顺序如下：

对位 > 间位 > 邻位

2. 萘酚的反应

图 2－4－14 所示是萘酚的反应过程，表明 1－萘酚可直接脱氧，也可以先加氢后脱氧。从图中可见，先加氢生成 1－四氢萘酮中间物（图中 A 路线）反应最快，但需较高的氢耗。

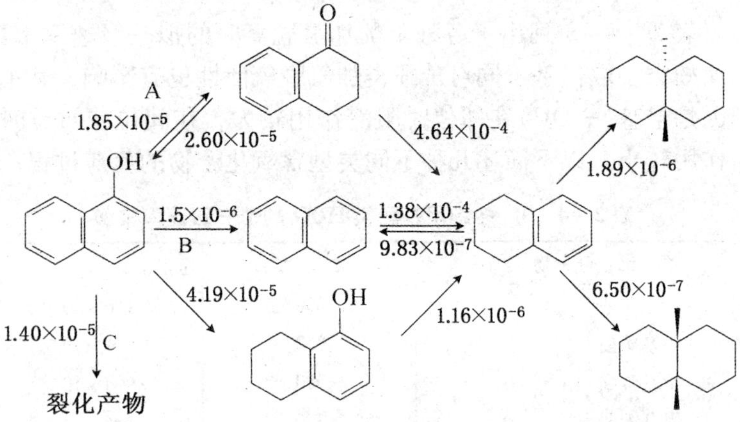

图 2－4－14　1－萘酚 HDO 反应过程

头附近的数字是在 Ni－Mo/Al_2O_3 上 200℃ 的拟一级反应速率常数（$L \cdot g^{-1} \cdot s^{-1}$）

3. 二苯并呋喃

二苯并呋喃可以不经过苯环预饱和而直接脱氧，而且 1，2，3，4－四氢二苯并呋喃中与苯环相联的 C—O 键也可以断裂。反应历程如图 2－4－15 所示。

4. 羧酸和脂类的反应

研究表明，羧基比羰基更难脱氧，并存在着两条反应途径，分别为羧基加氢和脱羧反应。对脂和羧酸的脱氧反应主要是通过加氢和脱羧酸两种反应进行的。

5. 当含硫、氮、氧化合物共存时的反应

在油品中通常是含硫、氮、氧化合物共存，在进行加氢反应时，一般情况是脱硫反应最容易，含硫化合物通常可以无需芳环

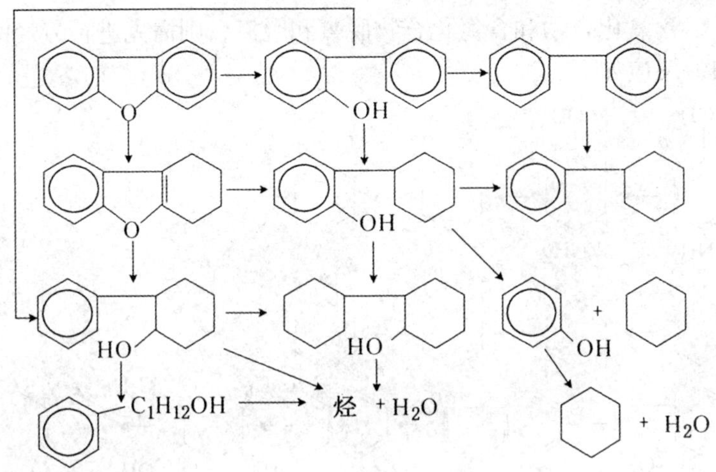

图 2－4－15　二苯并呋喃 HDO 反应网络

的饱和而直接脱硫，反应如下：

C_2H_5　C_2H_5　S　S　SH　$+H_2S$

但当含硫化合物是 4,6－二甲基二苯并噻吩时，由于空间阻碍难以进行直接脱硫，需先行饱和一个芳烃再进行脱硫，称之为间接脱硫，反应式如下：

S　$+2H_2$　$+H_2S$

$K_2=2.76\times10^{-4}$　$K_4=2.4\times10^{-4}$

S　S

CH　CH　CH　CH　CH　CH

$-H_2S$　$K_1=2.02\times10^{-4}$　$-H_2S$　$K_3=5.34\times10^{-4}$

CH　CH　CH　CH

含氧化合物和含氮化合物脱氧和脱氮，则需先进行芳烃的饱和，反应如下：

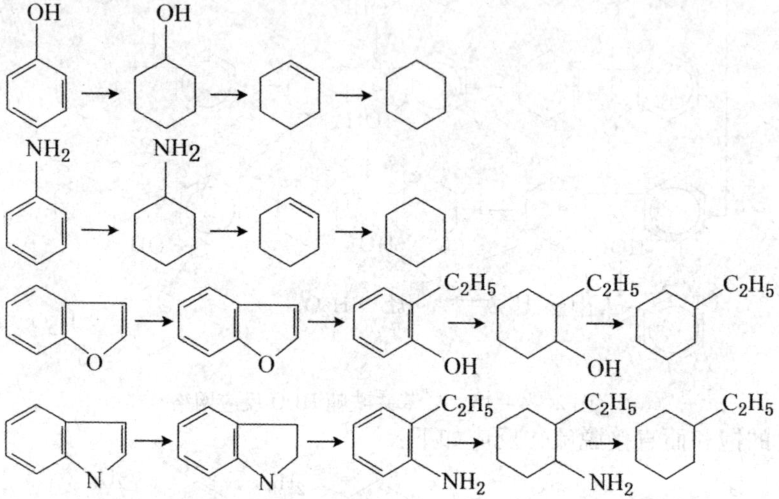

各种化合物反应活性顺序如下：

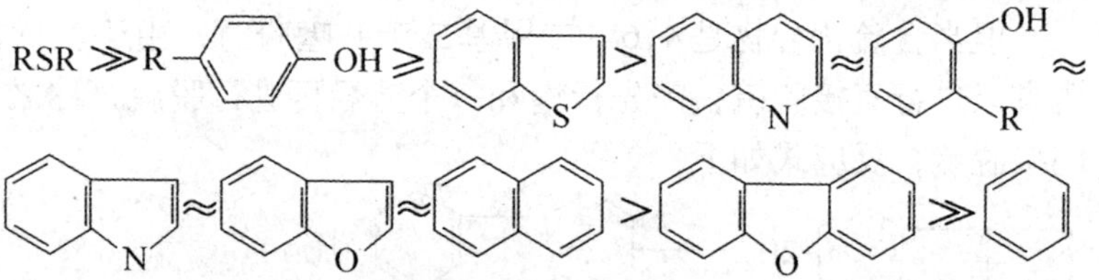

总之，在加氢裂化反应中各种杂原子化合物的反应十分复杂，除了与杂原子种类有关外，还与分子大小、取代基种类及位置有关，所以，有许多反应历程还不够清楚和准确，有待进一步研究。

参 考 文 献

1 USP 3364133

2 Bouther H, Larson O A. Ind Eng Chem Proc Des Dev, 1965, 4: 177

3 Martens J A, et al. Appl Catal, 1986, 20: 239

4 Scherzer J, Gruia A J. Hydrocracking Science and Technology. Marcel Dekker, Inc, New York Basel Hong Kong, 1996. 73

5 Santilli D S, Gates B C. in HandBook of Heterogeneous Catalysis(Ertl G et al Ed), vol 3, 1997. 1123

6 Martens J A, et al. Appl Catel, 1986, 20: 283

7 Martens J A, Jacobs P A, Reaction Mechanisms of Acid - Catalyzed Hydrocarbon Conversion in Zeolites. in Handbook of Heterogenious Catalysis(Ertl G, et al Ed), vol 3, 1997. 1137

8 Scherzer J, Gruia A J. Hydrocracking Science and Technology. Marcel Dekker, Inc, New York Basel Hong Kong, 1996. 73

9 Stanislaus A, Cooper B H. Catal Rev - Sci Eng, 1994, 36(1): 75

10 Sapre A V, Gates B C. Ind Eng Chem Pro Des Dev, 1981, 20: 68

11 Miki Y, et al. J Catal, 1977, 49(3): 278

12 Sullivan R F, et al. J Am Chem Soc, 1961, 83(5): 1156

13 Ishihara A, Kabe T. Ind Eng Res, 1993, 32(4): 753

14 Ware R A, Wei J. J Catal, 1985, 93: 100

15 Ware R A, Wei J. J Catal, 1985, 93: 122

16 Ware R A, Wei J. J Catal, 1985, 93: 135

第三章　加氢裂化工艺过程

加氢裂化具有可加工的原料范围宽、原料适应性强、产品方案灵活、产品质量好及液体产品收率高等特点；能够生产液化石油气、石脑油、喷气燃料、柴油、润滑油基础油以及蒸汽裂解料等多种优质产品和石油化工原料；是以减压馏分油(VGO)为原料直接生产优质石脑油(催化重整原料)和喷气燃料唯一的二次加工技术；是大型炼厂和石油化工企业最重要、最可靠、最灵活和最有效的加工手段之一。在工业应用过程中，加氢裂化技术不断改进，日臻完善。

第一节　加氢裂化的原料油

20 世纪 20 年代，德国利用褐煤在高温、高压下采用三段加氢工艺生产航空汽油，为加氢裂化技术的发展奠定了基础。20 世纪 60 年代，加氢裂化的原料主要是轻减压馏分油(LVGO)、FCC 轻循环油(LCO)和常压馏分油(AGO)，用于生产轻、重石脑油和液化石油气(LPG)；到 70 年代初，除了 LCO 外，VGO 已成为加氢裂化的主要原料，焦化蜡油(CGO)也被用作进料组分；80 年以来，加氢裂化原料已延伸到脱沥青油(DAO)。加氢裂化进料组分的性质主要取决于其原油的性质和加工过程。

天然石油一般是淡黄色到黑色的流动或半流动的黏稠液体。除个别原油外，绝大多数原油的相对密度介于 0.8 ~ 0.98 之间。我国主要油田原油的相对密度都在 0.85 以上，属较重的原油[1]。我国的石油资源有限，进口原油的数量在逐年递增。

一、减压馏分油(VGO)的性质

常减压蒸馏装置的减一线、减二线、减三线及减四线馏出物统称为减压馏分油，俗称蜡油。各馏分之间的比例主要取决于原油的性质和炼厂的加工流程。

VGO是加氢裂化的主要原料油。我国主要原油VGO的典型性质见表3-1-1。

表3-1-1 我国主要原油VGO的典型性质

项　目	大庆VGO	胜利VGO	孤岛VGO	辽河VGO
密度(20℃)/$g \cdot cm^{-3}$	0.8509	0.9066	0.9357	0.9249
馏程(ASTM D1160)/℃	271~533	346~526	372~552	249~508
硫含量/%	0.072	0.59	1.01	0.20
氮含量/$\mu g \cdot g^{-1}$	540	1400	2389	2200
氢含量/%	13.27	12.87	12.13	12.11
碳含量/%	86.32	86.56	86.62	87.07
残炭/%	0.04	0.05	0.22	0.20
重金属(Ni+V)/$\mu g \cdot g^{-1}$	0.06	0.06	0.22	0.88
族组成/%				
链烷烃	52.0	18.3	11.7	7.5
环烷烃	34.6	43.1	42.4	48.0
芳　烃	13.2	34.8	42.5	34.6
胶　质	0.2	3.8	3.4	9.9

几种进口含硫原油VGO的主要性质见表3-1-2。

表3-1-2 几种进口含硫原油直馏VGO的主要性质

项　目	沙轻VGO	伊朗VGO	科威特VGO	俄罗斯VGO
密度(20℃)/$kg \cdot m^{-3}$	913.3	905.3	916.3	907.5
馏程(ASTM D1160)/℃	317~531	299~553	334~511	350~530
硫含量/%	2.20	1.60	2.79	0.98
氮含量/$\mu g \cdot g^{-1}$	790	1500	1000	1200
氢含量/%	12	12.42	—	—
碳含量/%	85.73	85.83	—	—
残炭/%	0.08	0.14	—	—
族组成/%				
链烷烃	19.9	21.2	17.6	16.0
环烷烃	27.1	32.8	28.4	32.6
芳　烃	51.0	42.7	52.6	44.5
胶　质	2.0	3.3	1.4	6.9

由表3－1－1和表3－1－2可见，与几种进口含硫原油直馏VGO相比，我国原油直馏VGO的硫含量相对较低(0.072%～1.010%)，氮含量普遍较高(除大庆原油VGO外，一般为1200～2400μg/g)。

二、焦化蜡油(CGO)的性质

CGO是减压渣油(VR)延迟焦化所得到的重馏出油，同相应原油的VGO相比，其硫含量、氮含量和碱性氮含量都比较高，作为加氢裂化装置的进料组分，加工难度较大。几种主要原油CGO的典型性质见表3－1－3。

表3－1－3　几种主要原油CGO的典型性质

项　　目	大庆CGO	胜利CGO	孤岛CGO	辽河CGO	伊朗CGO
密度(20℃)/kg·m^{-3}	859.3	905.3	931.1	905.7	931.8
馏程(ASTM D1160)/℃	241～543	241～535	246～500	252～535	241～515
硫含量/%	0.13	0.82	1.03	0.31	2.13
氮含量/μg·g^{-1}	2240	6460	5657	4900	3900
残炭/%	0.07	0.13	0.11	0.2	0.1
族组成/%					
链烷烃	37.9	19.8	21.3	56.9①	19
环烷烃	34.9	15	27.5		26.5
芳　烃	23.6	55.7	44.3	36.1	49.1
胶　质	3.6	8.3	6.9	7.0	5.4
金属(Ni+V)/μg·g^{-1}	0.06	0.51	<0.01	0.31	<0.03

① 链烷烃＋环烷烃。

三、催化柴油和回炼油的性质

FCC轻循环油(LCO)即催化柴油馏分，一般经加氢精制后作为车用柴油的组分；FCC的重循环油(HLCO)即催化回炼油在FCC装置上循环裂化。FCC循环油富含芳烃，比较适合作为加氢裂化的进料组分。几种主要原油催化柴油和回炼油的典型性质见表3－1－4。

表 3-1-4 几种主要原油催化柴油和回炼油的典型性质

项　目	大庆催柴	胜利催柴	辽河催柴	镇海回炼油	安庆回炼油
密度(20℃)/kg·m^{-3}	861.4	866.4	915.8	1059.8	948.0
馏程(ASTM D86)/℃	195~351	167~321	181~347	291~499	244~482
硫含量/%	0.1167	0.554	0.205	1.060	0.260
氮含量/μg·g^{-1}	897	1262	1264	1380	1183
碳含量/%	87.26		88.92	90.15	88.76
氢含量/%	12.73		10.75	8.58	10.87
残炭/%	—	—	—	0.65	0.09
凝点/℃	-1	-22	-8	3	37
十六烷值	37.1	—	12.5	—	—
BMCI 值	41.7	—	66.79	116.9	64.2

四、脱沥青油(DAO)的性质

DAO 是减压渣油(VR)溶剂脱沥青的抽出油。DAO 的性质取决于原油、原料 VR 的性质以及所用溶剂和脱沥青工艺过程的操作条件(即脱沥青的深度)。几种原油 DAO 的典型性质见表3-1-5。

表 3-1-5 几种原油 DAO 的典型性质

项　目	沙轻油 DAO	伊朗油 DAO
密度(20℃)/kg·m^{-3}	950.9	963.8
馏程(ASTM D1160)/℃		
IBP/10%/20%	430/511/538	336/528/536
30%/40%/50%	562/583/601	587/605/629
60%/70%	617/642(63%)	624(48%)/-
硫含量/μg·g-1	28900	40700
氮含量/μg·g-1	1820	1885
残炭/%	6.0	7.1
凝点/℃	13	28
镍/μg·g-1	0.8	4.0
钒/μg·g-1	2.6	10.0

五、加氢裂化对进料的要求

加氢裂化对原料油的适应性强，可加工的原料范围宽，是其工艺的一大特点。加氢裂化的灵活性是通过加氢裂化装置的可操作性来实现的。加氢裂化装置的设计条件和工艺操作参数是根据特定的原料——产品方案确定的，故对其进料也有相应的要求。

（一）加氢裂化原料油的馏程

目前，国内外普遍采用 ASTM D1160 的方法分析加氢裂化原料油的馏程。加氢裂化原料油通常是 350～530℃的馏分。小于 350℃馏分含量的多少，主要取决于常减压蒸馏装置的分馏效果；在加氢裂化进料中，会含有一些小于 350℃的馏分。随着加氢裂化催化剂的技术进步，其进料干点（EP 或 FBP）可高达 570℃以上，并已扩展到了 DAO 馏分。DAO 的 50%～70%点馏出温度已高达 600℃以上。随着原料油干点的提高，其黏度、分子量、残炭和沥青质含量都会相应增大，加氢裂化的难度也随之提高。残炭和沥青质是生焦的前身物，尤其当进料的沥青质过高时，加氢裂化装置精制油和产品都会呈现黑色。一般对加氢裂化进料中残炭和沥青质含量的限值分别小于 0.3% 和 0.01%。

原料油的平均分子量越高越难转化。联合油公司提供的进料干点对裂化反应器出口所要求的氢分压影响示于图 3－1－1[2]，原料油干点对一段串联精制反应器催化剂装填体积的影响示于图 3－1－2，原料油氮含量对精制段反应器催化剂装填体积的影响示于图 3－1－3。当直馏 VGO 干点由 538℃提高到 565℃时，裂化反应器出口的氢分压需要相应提高 20%左右；二次加工进料对裂化反应器出口氢分压的要求更高，干点同样是 538℃的二次加工进料，其裂化反应器出口所要求的氢分压约比直馏 VGO 高 25%，在直馏原料油干点 538℃的设计操作压力下，只能加工干点为 507℃的二次加工原料油，即干点要降低 30℃左右。

在加氢裂化过程中，原料油性质对产品的性质有很大影响，当使用轻油型加氢裂化催化剂、尾油全循环生产石脑油时，原料油特性因数 K 值与石脑油芳烃潜含量的关系[3]示于图 3－1－4。

如图 3－1－4 所示，当原料 K 值小（环烷基）时，石脑油中 N＋A 值很高，而原料 K 值为 12（石蜡基）时，则石脑油产品芳

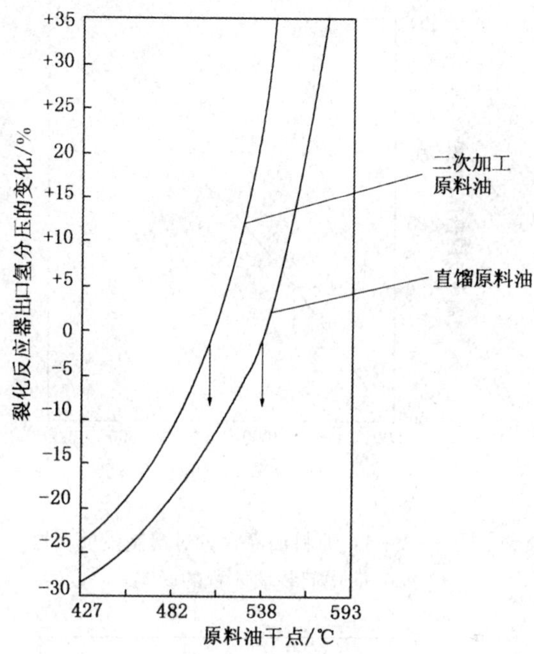

图 3-1-1　原料油干点对设计操作压力的影响[3]

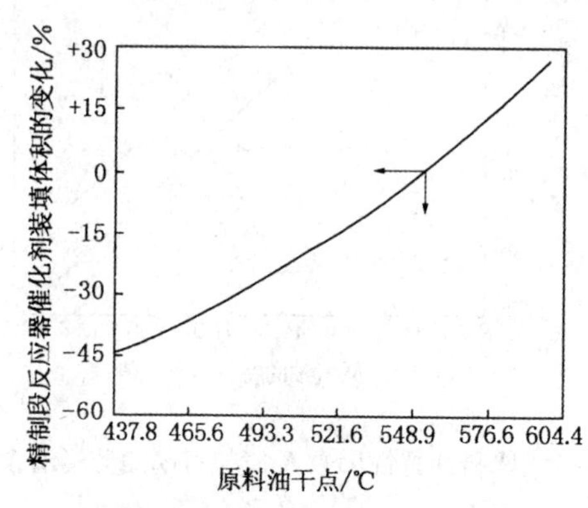

图 3-1-2　原料油干点对精制段反应器
催化剂装填体积的影响[3]

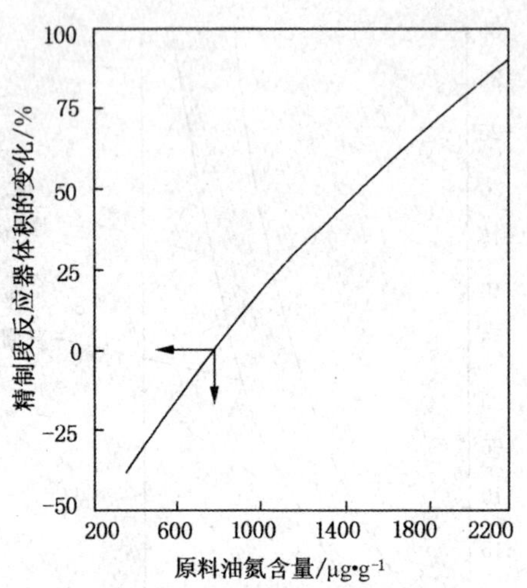

图 3-1-3　原料油氮含量对精制段反应器催化剂装填体积的影响

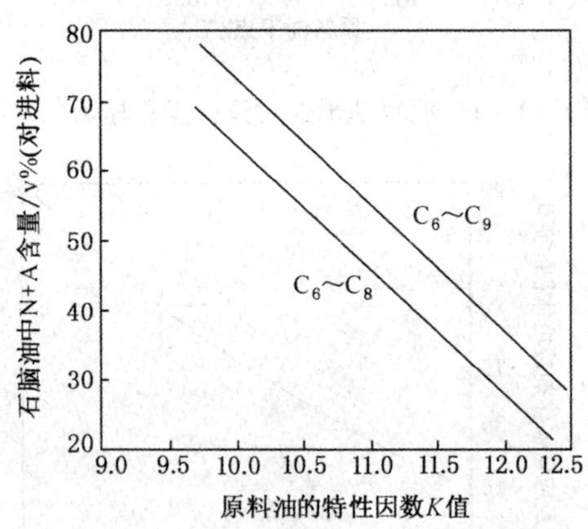

图 3-1-4　原料油特性因数 K 值与石脑油芳烃潜含量的关系

潜明显减少。

当采用中油型加氢裂化催化剂、全循环操作、主要生产喷气燃料和柴油时，原料油特性因数 K 值对喷气燃料收率及烟点也有很大影响。原料油特性因数 K 值与喷气燃料收率的关系[3]示于图 3-1-5。

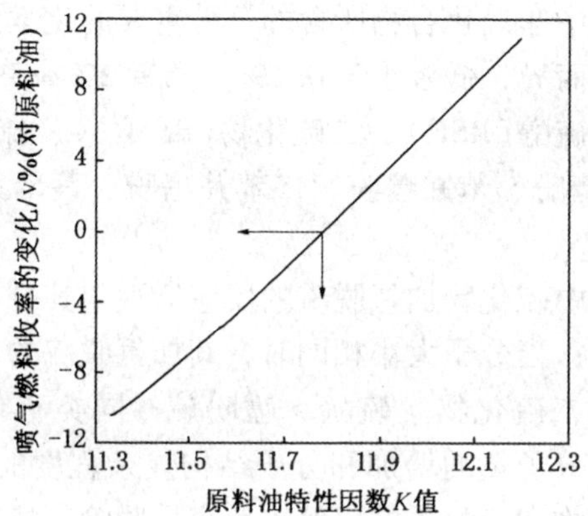

图 3-1-5 原料油特性因数 K 值与喷气燃料收率的关系

原料油特性因数 K 值对喷气燃料烟点的影响[3]示于图 3-1-6。

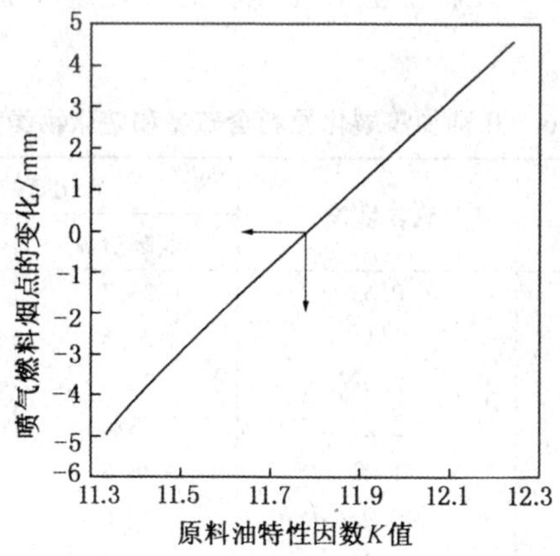

图 3-1-6 原料油特性因数 K 值对喷气燃料烟点的影响

(二)加氢裂化原料油中的杂质

加氢裂化原料油中的杂质通常是指原料油中非烃化合物中所

含的硫、氮、氧、氯和重金属，以及水和机械杂质等。

1. 硫

硫是原油中非烃化合物所含的一种重要的化学元素。原油的硫含量因产地而异，低者小于0.1%，高者2%～5%。原油中的硫化物主要有硫醇（RSH）、二硫化物（RSSR'）、硫醚（RSR'）和杂环硫化物（噻吩、苯并噻吩、二苯并噻吩、萘苯并噻吩及其衍生物）。

石油馏分中硫化物加氢脱硫的反应活性与其分子大小、分子结构密切相关；当分子大小相同时，其加氢脱硫的反应活性顺序是[4]：硫醇>二硫化物>硫醚>噻吩硫；同类硫化物中，其加氢脱硫活性随分子量的增加和分子结构复杂程度的增加而降低；硫醇、二硫化物和硫醚类的硫都比较容易脱除，噻吩及其衍生物类的硫难以脱除。噻吩及其衍生物的加氢脱硫活性顺序是[4]：噻吩>苯并噻吩>二苯并噻吩。

通常，硫醇富集在低沸点的轻馏分油中，300℃以上的馏分中几乎不含硫醇。几种加氢裂化原料的含硫量和硫化物类型分布见表3-1-6。

表3-1-6　几种加氢裂化原料含硫量和硫化物类型分布[5]

原料油	硫含量/%	硫化物的分布/%	
		非噻吩硫	噻吩硫
胜利 VGO	0.65	33.7	66.3
孤岛 VGO	1.11	30.6	69.4
沙轻 VGO	2.07	34.3	65.7
沙中 VGO	2.27	32	68
伊朗 VGO	1.46	30.8	69.2
胜利 CGO	0.92	19.5	80.5
辽河 CGO	0.26	19.2	80.8

由表3-1-6可见，进口含硫原油直馏VGO的硫含量要远高于国内原油直馏VGO的硫含量，胜利CGO的硫含量要远高于辽河CGO的硫含量；直馏VGO中的噻吩硫占其硫含量的

66.3% ~69.2%，CGO 中的噻吩硫占其硫含量的 80% 以上。

尽管加氢裂化对原料油的硫含量没有限值，但原料油硫含量对加氢过程的作用和影响不容低估。原料油中的有机硫化合物在加氢过程中，生成相应的烃类和硫化氢(H_2S)；在反应系统中，具有一定 H_2S 分压；适当的 H_2S 分压有助于维持硫化态加氢催化剂良好的硫化状态、活性和稳定性。对于非贵金属的硫化型加氢催化剂来说，反应系统的 H_2S 分压应保持在 0.05MPa 以上，即在反应系统压力 10.0 ~ 15.0MPa 的条件下，循环氢中的 H_2S 含量应控制在 0.05v% 以上。

当反应系统的 H_2S 分压过高时，则会抑制催化剂的加氢脱硫活性，并导致设备的严重腐蚀；当反应系统循环氢中的 H_2S 含量超过 1v% 时[5]，则需要考虑设置循环氢脱硫系统，将循环氢中的 H_2S 加以脱除，使反应系统循环氢的 H_2S 浓度保持在适宜的范围内。

如果原料油的硫含量较低，氮含量又相对较高(例如加工大庆油和辽河油时)，有机硫化合物加氢生成的 H_2S 与有机氮化合物加氢生成的 NH_3 反应，生成硫氢化铵(NH_4HS)，使反应系统的 H_2S 分压降低；当反应系统循环氢中 H_2S 浓度过低(小于 0.02v%)时，会导致非贵金属的硫化型加氢催化剂的硫流失，不利于维持催化剂的活性稳定性；对于加工硫含量低的原料时，为使反应系统保持一定的 H_2S 分压，可根据具体情况采取相应措施加以解决：一是掺炼适量硫含量较高进料组分；二是在原料油中溶入元素硫(硫磺粉)；三是向反应系统注入适量的硫化剂(CS_2或 DMDS)。

2. 氮

氮也是石油中非烃化合物所含的一种重要的化学元素。石油中的有机氮化合物多以杂环化合物的形式存在。非杂环氮化合物脂肪族胺类和腈类的量极少，是杂环氮化合物加氢脱氮反应的中间产物，其加氢脱氮的反应速度比杂环氮化合物要快多。

杂环氮化合物分为碱性氮化合物(六员环吡啶、喹啉及其衍生物）和非碱性氮化合物（五员环吡咯及其衍生物）两大类。碱性氮约占总氮含量的三分之一[6]。原油密度越大残炭值越大，其氮含量也越高[7]。原料油中的氮含量随着馏分沸点的升高而增加。

原料中的含氮化合物对裂化催化剂的活性、产品的质量（安定性）有极大的负面影响。对于一段串联的加氢裂化过程，在精制段的反应器中，将原料油的氮含量降低到预期的程度（例如小于10μg/g或更低），使精制油的氮含量满足加氢裂化催化剂对进料氮含量的要求，实现装置的长期稳定运转。在单段加氢裂化工艺中，在其反应器的顶部床层装填适量的精制催化剂，降低裂化催化剂床层入口进料的氮含量，会有助于降低其反应温度。

杂环氮化合物在加氢过程中，首先是将杂环加氢饱和，然后是C—N键的氢解和加氢，生成相应的烃类和氨（NH_3），将氮脱除。NH_3与H_2S反应会生成硫氢化铵（NH_4HS）。NH_4HS在低温区内易沉积积垢，影响冷换设备的换热、冷却效果和系统压降。因此，需要在反应进料/反应流出物换热器和反应流出物空冷器之间，注入适量的脱盐水，以将易溶于水的NH_4HS脱除，并排出装置。

3. 氧

天然石油中的含氧化合物含量较少，其氧含量一般都在1%以下。主要以羧酸和酚类的形式存在，可能还含有酮、醚和酯类等含氧化合物。石蜡基原油中的有机酸主要是脂肪酸，环烷基原油中的有机酸主要是环烷酸。

氧化物在加氢裂化过程中对催化剂的活性和稳定性没有直接的影响，但加氢生成的水（水蒸气）对含分子筛裂化催化剂的活性和稳定性有较大的不利影响。有机含氧化合物的氧很容易加氢脱除。目前，加氢裂化对天然油原料油中的氧含量没有具体的限值。进料中的氧含量高，会增加放热反应和化学氢耗量。原料中含有过多的环烷酸，易腐蚀上游的设备和管线，其生成的环烷酸铁易在反应器内顶部沉积，使压力降上升，影响运转周期。

4. 氯

原油中的氯主要来自两个方面。一方面是油田开采过程中加入的含有机氯化物(氯代烷为主)的降凝剂、减黏剂等化学试剂;另一方面，是油田在采油过程中的注水，其循环水处理中加入了含有机氯化物的水处理剂。

原油中的氯有两种，一种是以烃的卤代物形式存在的有机氯化物，另一种是与碱金属或碱土金属离子化合的无机氯化物。在原油电脱盐处理过程中，绝大部分的无机氯化物可以被脱除，但有机氯化物不能脱除。原油中所含有机氯化物的沸点低，在原油蒸馏过程中，这些低沸点的有机氯化物进入了石脑油馏分，中间馏分油和重馏分油中的氯含量都很低。近年来在有的直馏柴油和VGO 馏分中也发现有氯。

1990 年 10 月至 1992 年 8 月，国内几种原油采样的分析结果表明，有机氯含量为 1.3 ~ 480 μg/g, 无机氯含量为 2.4 ~ 203 μg/g。其中胜利原油的平均氯含量 27.9μg/g。

原料油中以有机氯形式存在的氯，对设备并不产生腐蚀。在加氢条件下，原料中的有机氯会发生如下反应:

$$R—Cl + H_2 \longrightarrow R—H + HCl$$

有机氯加氢生成的 HCl 气体，对设备不产生或只有轻微腐蚀作用，但在冷凝区出现明水后，HCl 便和物流中的硫化氢形成腐蚀性很强的 $HCl - H_2S - H_2O$ 体系，HCl 和 H_2S 相互促进的交叉腐蚀，对系统构成的腐蚀危害极为严重。其反应如下:

$$Fe + 2HCl \longrightarrow FeCl_2 + H_2$$

$$FeCl_2 + H_2S \longrightarrow FeS + 2HCl$$

$$Fe + H_2S \longrightarrow FeS + H_2$$

$$FeS + 2HCl \longrightarrow FeCl_2 + H_2S$$

此外，HCl 与 NH_3和 Fe 发生反应，分别生成 NH_4Cl(白色)和 $FeCl_2$(绿色)，在相变处析出，堵塞管道和设备，导致系统压降升高，甚至会严重危及装置的正常运转。加氢裂化原料油对氯含量的限值是≤2μg/g。

5. 金属

原油中的金属分为水溶性的无机盐(钠、钾、钙、镁的氯化物和硫酸盐)和油溶性的金属有机化合物两大类。存在于原油乳化液的水相中的水溶性无机盐可在原油的电脱盐过程中被脱除。以复合物、脂肪酸盐或胶体悬浮物等形态存在于石油中的金属有机化合物主要有环烷酸铁、镍及钒的卟啉化合物。部分原油直馏VGO的相关性质和金属含量见表3-1-7。

表3-1-7 部分原油直馏VGO的相关性质和金属含量

原料油性质	大庆VGO	胜利VGO	辽河VGO	阿曼VGO	沙特VGO	伊朗VGO	米纳斯VGO
密度(20℃)/kg·m^{-3}	863.6	899.7	923.7	894.2	913.3	909.1	841.9
馏程(ASTM D1160)/℃							
IBP	—	—	238	—	—	—	380
5%	352	326	—	323	319	331	—
10%	370	352	346	345	373	354	—
50%	412	428	443	429	432	415	—
90%	471	487	518	496	488	492	—
FBP	517	527	559	539	531	522	500
残炭/%	0.04	0.13	0.20	0.15	0.08	0.18	0.04
硫/%	0.21	0.40	0.21	0.81	2.20	1.43	0.06
氮/μg·g^{-1}	717	1552	2040	519	790	1300	—
砷/μg·g^{-1}	<0.5	<0.5	—	<0.5	—	<0.5	—
氯/μg·g^{-1}	<2.0	<2.0	—	<2.7	—	<2.0	—
钠/μg·g^{-1}	0.06	0.09	—	2.38	—	0.12	—
铁/μg·g^{-1}	0.24	0.25	5	0.38	1.76	0.44	0.66
镍/μg·g^{-1}	0.04	0.13	0.60	0.08	0.06	0.15	0.05
铜/μg·g^{-1}	0.01	0.01	0.03	<0.01	0.02	0.06	0.02
钒/μg·g^{-1}	<0.05	<0.05	0.08	<0.05	0.13	0.30	—
铅/μg·g^{-1}	0.05	<0.05	—	<0.10	—	<0.05	—

第二节 加氢裂化的产品

加氢裂化对原料油的适应性强，可加工的原料范围宽，液体产品收率高，产品方案灵活，产品质量好，是生产优质清洁中间馏分燃料和石油化工原料的重要工艺手段。

一、气体产品

加氢裂化的气体产物有硫化氢（H_2S）、氨（NH_3）、C_1、C_2、C_3和C_4。

（一）H_2S和NH_3

H_2S和NH_3是原料油在加氢裂化过程中进行加氢脱硫、加氢脱氮反应的产物。加氢反应系统中，H_2S和NH_3很容易反应生成硫氢化铵（NH_4HS）。NH_4HS易在低温区（换热器、冷却器）结晶析出并沉积，不仅影响其冷换效果，甚至会导致反应系统压降增大，危及加氢装置的正常运转。NH_4HS易溶于水，H_2S和NH_3在水中也有一定溶解度，通过在反应进料/反应流出物换热器和反应流出物空冷器之间的物流管线上注入洗涤水，溶解反应流出物中的NH_4HS、H_2S和NH_3，并在高压分离器底部将酸性水排出装置，去污水处理场进行处理。注入洗涤水时，应控制水中溶解氧含量小于50μg/g，因为水中溶解氧可以将反应器流出物中的H_2S氧化生成元素硫，以免引起堵塞或者造成产品硫含量和腐蚀指标不合格。

由于NH_3在水中的溶解度远大于H_2S，所以反应系统中所残留的NH_3比较少，对加氢反应的抑制作用相对较小。反应系统中所残留的H_2S相对较多，有助于维持催化剂的硫化状态、活性和稳定性。当原料油的硫含量比较低、氮含量又相对较高（例如在以大庆VGO、辽河VGO）时，其反应系统循环氢中H_2S的浓度偏低（小于0.02v%），难以维持催化剂的活性稳定性，在这种情况下，则需要通过掺炼部分硫含量高的进料组分或注入适量的硫化剂，使反应系统循环氢中H_2S的浓度达到0.05v%以上，以维持长期稳定运转。

在加工硫含量较高、氮含量相对较低的原料油（例如进口含硫原油VGO）时，H_2S的循环富集可使反应系统循环氢中H_2S的浓度过高（大于1.0v%），这不仅会造成设备材料的严重腐蚀，还会抑制催化剂的加氢活性。因此，在加工硫含量高的原料油时，加氢装置应配置循环氢脱硫设施，使反应系统循环氢中 H_2S 的浓度控制在适宜的范围内。脱除的 H_2S 可送到硫磺装置进行硫回收。

（二）低分子烃

低分子烃的产率主要取决于催化剂的选择性和加氢裂化的转化深度。加氢裂化反应遵循正碳离子反应机理和正碳离子 β 位断链的原则。裂化反应所生成的低分子烃主要是 C_3、C_4的饱和烃，C_4异构烷烃含量大于 C_4正构烷烃，C_1、C_2的数量极少。其中，C_3、C_4组分可作为液化石油气产品，C_1、C_2组分一般作为燃料气使用。

二、轻质产品

轻质产品—石脑油，是加氢裂化的主要目的产品之一。加氢裂化石脑油分为轻石脑油和重石脑油。

（一）轻石脑油

通常，加氢裂化的轻石脑油是指 C_5 ~65℃或 C_5 ~82℃馏分。加氢裂化轻石脑油馏分中的异构烷烃含量高，辛烷值较高，是优质的清洁汽油调合组分，也可用作烃水蒸气转化制氢原料或蒸汽裂解制乙烯原料。轻石脑油的产率与催化剂的选择性和加氢裂化的转化深度密切相关，少者1%~2%，多者23%~24%；轻石脑油中的异构烷烃含量与其馏程有关，C_5 ~65℃轻石脑油的异构烷烃含量要高于 C_5 ~82℃轻石脑油。

举例，三种原料油用同一配套催化剂，在相同的压力、体积空速和氢油体积比，不同的工艺流程及不同单程转化率条件下进行试验，其轻石脑油的收率和组成见表3-2-1。

由表3-2-1可见，同一原料油 C_5 ~65℃轻石脑油馏分的收率，随其单程转化率的提高而增加，组分有些差别，但变化不大，其异构烷烃+环戊烷的含量基本相近。在工艺流程相同时，原料油及单程转化率对轻石脑油组成的影响不明显。工艺流程对轻石脑油的组成有一定的影响。

表 3-2-1　C_5~65℃轻石脑油的组成

原　料　油	原料油-1		原料油-2		原料油-3	
工艺流程	单程一次通过				260℃ $^+$ 部分循环裂化	
177℃ $^+$ 单程转化率/v%	48	55	46	54	48	41
收率(对原料油)/%	9.82	11.73	8.88	10.73	10.37	8.38
组成/%						
异丁烷/正丁烷	1.0/1.4	0.9/1.3	1.9/2.1	0.9/1.1	0.4/0.8	0.4/0.9
异戊烷/正戊烷	31.2/9.8	29.0/8.9	28.3/10.0	26.5/9.1	23.2/8.9	23.5/9.8
2,2-二甲基丁烷	0.1	0.1	0.1	0.1	0.2	0.2
环戊烷 2,3-二甲基丁烷① 2-甲基戊烷	30.0	31.2	29.4	31.2	33.9	32.8
3-甲基戊烷	12	12.6	12.4	13.1	15.1	14.4
正己烷	4.3	4.8	4.7	5.2	5.4	5.5
甲基环戊烷	8.0	9.0	9.1	10.6	10.0	9.8
苯	0.3	0.2	0.6	0.5	0.9	1.2
环己烷	0.2	0.2	0.3	0.3	0.3	0.4
C_7^+	1.7	1.8	1.1	1.4	0.9	1.0
异构烷烃+环戊烷	74.3	73.8	72.1	71.8	72.8	71.3

① 为环戊烷、2,3-二甲基丁烷、2-甲基戊烷三组分含量之和。

三种原料油用同一配套催化剂，在相同压力、体积空速、氢油体积比、工艺流程和单程转化率条件下的轻石脑油收率和组成见表 3-2-2。

从表 3-2-2 可见，原料油对 C_5~82℃轻石脑油的收率和组成影响不大。

表 3-2-2　C_5~82℃轻石脑油的组成

原　料　油	伊轻 VGO	沙轻 VGO	沙中 VGO
收率(对原料油)/%	5.94	5.80	5.87
组成/%			
异丁烷/正丁烷	2.0/2.5	1.2/2.0	2.0/2.8
异戊烷/正戊烷	18.5/9.6	17.4/10.3	18.1/9.9
2,2-二甲基丁烷	0.2	0.2	0.2

续表

原料油	伊轻 VGO	沙轻 VGO	沙中 VGO
环戊烷 2,3－二甲基丁烷 2－甲基戊烷	20.1①	19.9①	18.2①
3－甲基戊烷	9.1	9.4	8.4
正己烷	8	9.2	8.1
甲基环戊烷	15.6	14.2	14.6
苯	3.2	5.1	4.6
环己烷	2.7	2.8	3.0
C_7^+	8.4	8.3	10.0
异构烷烃＋环戊烷	49.9	48.1	46.9

① 为环戊烷、2，3－二甲基丁烷、2－甲基戊烷三组分含量之和。

（二）重石脑油

65～177℃或82～132℃的重石脑油馏分是加氢裂化的主要目的产品之一，其硫、氮含量低，小于0.5μg/g，芳烃潜含量高，是优质的催化重整的进料组分。重石脑油的芳烃潜含量与原料油的性质和加氢裂化的转化深度有关。加氢裂化的单程转化率越高，重石脑油的芳烃潜含量越低。重石脑油的产率主要取决于加氢裂化的转化深度。在单程转化率60v%的条件下，采用大于177℃的馏分全循环加氢裂化，其65～177℃重石脑油的产率可高达70%左右。

一段串联加氢裂化重石脑油馏分的收率和芳烃潜含量见表3－2－3、表3－2－4、表3－2－5和表3－2－6。

表3－2－3　大庆VGO一段串联加氢裂化65～177℃重石脑油馏分的收率和芳烃潜含量

工艺流程	单程一次通过		177℃⁺馏分全循环裂化
177℃⁺单程转化率/v%	62	70	60
收率（对原料油）/%	40.20	45.75	64.54
芳烃潜含量/%	39.05	37.08	33.85

表 3-2-4 管输 VGO 一段串联加氢裂化
65~177℃重石脑油馏分的收率和芳烃潜含量

工艺流程	全循环裂化	部分循环裂化	单程一次通过		
177℃⁺单程转化率/v%	50	30	65	75	85
收率(对原料油)/%	65.53	36.54	28.23	33.96	38.72
芳烃潜含量/%	40.30	46.58	57.64	53.58	49.59

表 3-2-5 胜利 VGO 一段串联单程一次通过加氢裂化
82~132℃重石脑油馏分的收率和芳烃潜含量

催化剂类型	中油型加氢裂化催化剂	轻油型加氢裂化催化剂
350℃⁺单程转化率/v%	60	60
收率(对原料油)/%	19.60	20.74
芳烃潜含量/%	52.70	50.94

表 3-2-6 进口含硫油 VGO 一段串联单程一次通过加氢裂化
82~132℃重石脑油馏分的收率和芳烃潜含量

原 料 油	伊轻 VGO	沙轻 VGO	沙中 VGO
原料油特性因数 *K*	11.83	11.76	11.70
360℃⁺单程转化率/v%	60	60	60
收率(对原料油)/%	11.03	11.31	10.07
芳烃潜含量/%	64.4	65.8	65.6

三、中间馏分油

加氢裂化的中间馏分油是指喷气燃料和柴油馏分。

(一) 喷气燃料

直馏喷气燃料一般是 130~230℃馏分。130~177℃馏分既是直馏喷气燃料组分，也是宽馏分重整原料组分。我国原油的轻馏分含量少，存在宽馏分重整与直馏喷气燃料争原料的问题。加氢裂化 132~232℃馏分、177~280℃馏分，是优质的喷气燃料或喷气燃料组分。

喷气燃料除了对馏程有一定要求外，由于特定的使用环境和条件，其主要规格质量指标要求密度(20℃)不小于 0.775g/cm^3，闪点(闭口)不低于 38℃，冰点不高于 -47℃，芳烃含量不大于

20%，硫醇性硫含量不大于0.002%，烟点不小于25mm。在烟点放宽至不小于20mm时，萘系烃含量应不大于3%。另外，还有一些相关的质量指标和动态热安定性指标要求。

尽管加氢裂化对原料的适应性强，但对于生产喷气燃料来说，需要对原料进行优化配置。例如，以大庆常三线与减一线混合油为原料油、采用ZHC－02含无定形硅铝的加氢裂化催化剂，在压力12.5MPa、体积空速1.0h^{-1}、反应温度400℃的条件下，其生成油132～249℃喷气燃料馏分的收率为28.3%，密度(20℃)0.7776g/cm^3，冰点小于－60℃，闪点41℃，烟点35mm，芳烃含量2v%，是各项指标均合格的优质喷气燃料。但在采用某些含Y型分子筛的加氢裂化催化剂时，有时会存在密度与冰点的矛盾，即喷气燃料馏分的冰点合格时，其密度(20℃)不合格，或密度(20℃)合格时，冰点又不合格。在这种情况下，可采用在加氢裂化原料中掺入25%左右的管输VGO、胜利VGO或进口含硫原油VGO，可望生产出各项质量指标都合格的喷气燃料。数据见表3－2－7。

表3－2－7　原料油对加氢裂化喷气燃料性质的影响

原料油	大庆VGO		大庆VGO/管输VGO＝3∶1
177℃$^+$单程转化率/%	40	55	60
密度(20℃)/$g \cdot cm^{-3}$	0.7909	0.7792	0.7821
冰点/℃	－37	－35	<－56
烟点/mm	—	—	35

加氢裂化在全循环裂化时，其喷气燃料的烟点都比较高。但在单程一次通过裂化时，其单程转化率对喷气燃料的烟点影响较大，需要适当提高单程转化率，才能确保喷气燃料的烟点不低于25mm(数据见表3－2－8)。

表3－2－8　单程转化率对喷气燃料收率和性质的影响

原料油	混合VGO－1		混合VGO－2		混合VGO－3	
工艺馏程	单程通过	单程通过	单程通过	单程通过	单程通过	单程通过
360℃$^+$单程转化率/%	60	70	60	70	60	70

续表

原料油	混合 VGO－1		混合 VGO－2		混合 VGO－3	
喷气燃料收率①/%	22.27	28.29	23.65	28.81	24.30	29.30
密度(20℃)/$g \cdot cm^{-3}$	0.8156	0.8023	0.8138	0.8067	0.8050	0.7948
烟点/mm	23	26	23	26	24	29
冰点/℃	－59	＜－60	＜－60	＜－60	＜－60	＜－60

① 132～280℃馏分。

（二）柴油馏分

加氢裂化柴油馏分的馏程范围取决于其产品喷气燃料、循环油或尾油的切割方案，一般是232～350℃、260～350℃或282～350℃馏分。近年来，为提高柴汽比，在其馏程95%馏出温度不高于365℃的前提下，有的已将切割点延伸到373℃或385℃。

直馏柴油的十六烷值较高，芳烃含量相对较低，但由于原油重质化，其数量有限。FCC柴油馏分的硫、氮和芳烃含量高，十六烷值低，颜色和安定性差。加氢裂化柴油馏分的硫、氮和芳烃含量低，十六烷值高，是生产柴油的清洁组分。加氢裂化柴油馏分的主要性质见表3－2－9。

表3－2－9　加氢裂化柴油馏分的主要性质

原料油	伊轻 VGO		沙轻 VGO		沙中 VGO	
馏分范围/℃	262～360	280～360	262～360	280～360	262～360	280～360
密度(20℃)/$g \cdot cm^{-3}$	0.8243	0.8253	0.8226	0.8216	0.8292	0.8293
黏度(20℃)/$mm^2 \cdot s^{-1}$	8.688	10.150	8.442	9.639	8.588	10.090
凝点/℃	－9	－7	－6	－4	－18	－13
闪点(闭口)/℃	124	138	131	129	140	140
芳烃含量/%	11.4	20.8	20.8	17.1	21.3	14.1
十六烷值	65.5	69.7	66.4	69.3	59.9	64.8

加氢裂化柴油馏分的硫含量一般都小于10μg/g。由表3－2－9可见，加氢裂化柴油馏分十六烷值很高。值得注意的是，由于180～262℃或180～280℃馏分被切入了喷气燃料馏分中，导致柴油馏分50%馏出温度和黏度(20℃)相对较高，超出了轻

柴油的国家相应质量指标，因而不能直接作为柴油产品出厂，但加氢裂化柴油馏分是高质量车用柴油的调合组分。

四、加氢裂化尾油

（一）加氢裂化尾油的性质

加氢裂化在采用单程一次通过和尾油部分循环裂解的工艺流程时，都会产生一部分尾油。在加氢裂化过程中，由于原料油中的多环芳烃的逐环加氢饱和、开环裂解，所以加氢裂化尾油中富含链烷烃，不同烃类的氢含量排序是链烷烃 > 环烷烃 > 芳香烃，故其具有氢含量高、硫氮含量及芳烃含量低等特点，有较广泛的用途。

关联指数 *BMCI* 值是表征石油馏分相关性质的主要指标之一。即以正己烷的 *BMCI* 值为 0，苯的 *BMCI* 值为 100。*BMCI* 值的大小表征油品芳香烃含量的多少，即芳香性程度的大小，*BMCI* 值又被称为芳烃关联指数。其表达式如下：

$$BMCI = 473.7 \times d_{15.6}^{15.6} - 456.8 + \frac{48640}{T}$$

$$T = 273 + (t_{10\%} + t_{30\%} + t_{50\%} + t_{70\%} + t_{90\%})/5$$

式中 T——为石油馏分的体积平均沸点，K；

t——为油品馏程的馏出温度，℃

国内主要原油 VGO 加氢裂化尾油的主要性质列于表 3－2－10。几种进口含硫原油 VGO 一段串联单程通过的加氢裂化尾油性质见表 3－2－11。

表 3－2－10 国内主要原油 VGO 加氢裂化尾油的主要性质

项 目	大庆 VGO	胜利 VGO	鲁宁管输 VGO	大港 VGO	辽河 VGO
原料油					
密度(20℃)/g·cm^{-3}	0.8584	0.8876	0.8789	0.8892	0.9284
馏程/℃	350～500	350～500	350～500	350～500	350～500
硫/%	0.08	0.54	0.50	0.14	0.22
氮/%	0.07	0.14	0.09	0.08	0.20

续表

项　　目	大庆 VGO	胜利 VGO	鲁宁管输 VGO	大港 VGO	辽河 VGO
加氢裂化尾油					
收率/%	27.8	45.0	40.6	37.6	20.7
密度(20℃)/g·cm^{-3}	0.8246	0.8456	0.8285	0.8322	0.8337
馏程/℃	358～460	320～489	333～506	325～488	320～496
硫/μg·g^{-1}	1.3	<3	–	8.3	1.5
氮/μg·g^{-1}	<1	<2	–	3.0	1.0
BMCI 值	7.5	13.3	9.3	12.4	8.6

表 3-2-11　几种进口含硫原油 VGO 加氢裂化尾油的性质

原　料　油	伊轻 VGO	沙轻 VGO	沙中 VGO
反应压力/MPa	16.2	16.2	16.2
360℃$^+$转化率/%	～70	～70	～65
360℃$^+$尾油收率/%	29.22	29.18	33.1
尾油的性质			
密度(20℃)/g·cm^{-3}	0.8353	0.8353	0.8379
馏程/℃	358～533	369～511	375～508
凝点/℃	38	30	34
残炭/%	< 0.01	< 0.01	< 0.01
硫含量/μg·g^{-1}	< 5	< 5	< 5
氮含量/μg·g^{-1}	<1	<1	<1
C/%	85.69	85.93	86.98
H/%	14.3	14.06	13.02
BMCI 值	9.8	11.4	11.4
族组成/%			
链烷烃	47.5	48.9	44.9
环烷烃	50.4	48.7	52.7
其中：单环	20.1	20.1	19.7
双环	13.5	13.2	14.3
三环	6.9	6.9	8.3
四环	5.6	5.0	6.3
五环	4.3	3.5	4.1
六环	0	0	0

续表

原 料 油	伊轻 VGO	沙轻 VGO	沙中 VGO
芳香烃	1.5	1.4	2.1
其中：单环	0.9	0.9	1.4
双环	0.2	0.2	0.2
三环	0.1	0.1	0.1
四环	0.1	0	0.1
五环	0	0	0
噻吩	0.1	0.1	0.1
未鉴定芳烃	0.1	0.1	0.2
胶 质	0.6	1.0	0.3

（二）加氢裂化尾油的利用

加氢裂化尾油（未转化油）的性质与原料油、催化剂、工艺流程、转化深度及馏程等有关。其主要利用途径是在加氢裂化装置上循环裂解，或用作蒸汽裂解制乙烯原料、FCC 原料和润滑油基础油原料。

1. 加氢裂化尾油循环裂解

加氢裂化未转化油的循环裂解的目的在于最大限度地生产轻质油产品。用于循环裂解的未转化油称为循环油，循环油馏程的切割点是根据其产品方案来确定的。

（1）加氢裂化循环油的切割点（RCP，℃）

循环油的切割点是指其实沸点的切割点温度。循环油切割点温度确定的依据是产品方案。产品方案、循环油切割点和催化剂选择的原则见表 3－2－12。

表 3－2－12　产品方案、循环油切割点和催化剂选择的原则

产品方案	循环油切割点（RCP）/℃	加氢裂化催化剂的类型
最大量石脑油方案	177	轻油型
石脑油/喷气燃料方案	260 或 280	轻油型
中间馏分油方案	343/350/371/383/385	中间馏分油型

循环油切割点温度的高低，是加氢裂化转化深度的表征。加氢裂化的转化深度随循环油切割点温度的提高而降低。

（2）加氢裂化的单程转化率

① 全循环加氢裂化的单程转化率

$$单程转化率 = \left[1 - \frac{循环油}{新鲜进料 + 循环油}\right] \times 100\%$$

② 单程一次通过加氢裂化的单程转化率

$$单程转化率 = \left[1 - \frac{未转化油}{新鲜进料}\right] \times 100\%$$

③ 尾油部分循环裂化的单程转化率

$$单程转化率 = \left[1 - \frac{循环油 + 外甩油}{新鲜进料 + 循环油}\right] \times 100\%$$

加氢裂化全循环裂解典型的中试结果见表 3－2－13。

表 3－2－13　加氢裂化全循环裂解典型的中试结果

项　目	177℃⁺循环裂化	260℃⁺循环裂化	350℃⁺循环裂化
操作压力/MPa	16.0	15.7	16.0
精制油的氮含量/$\mu g \cdot g^{-1}$	<10	<10	<10
单程转化率/v%	60	60	60
产品分布（对原料油）/%			
液化石油气	14.07	10.81	8.53
轻石脑油	22.28	9.20	8.67
重石脑油	65.32	52.25	18.18
喷气燃料	—	30.11	49.32
柴油馏分	—	—	17.06
产品主要性质			
轻石脑油辛烷值（MON）	81.9	78.4	69.6
重石脑油硫/氮含量/$\mu g \cdot g^{-1}$	<0.5/<0.5	<0.5/<0.5	<0.5/<0.5
喷气燃料：烟点/mm	—	31	39
芳烃含量/v%	—	1.6	2.9
柴油馏分：硫/$\mu g \cdot g^{-1}$	—		<10
芳烃/%	—	—	<15
十六烷值	—	—	76

2. 催化裂化原料组分

对于重油轻质化，FCC 是生产高辛烷值汽油组分的重要工艺过程，在炼油工业中的应用极为广泛。FCC 加工的原料主要是VGO。我国重油FCC所占比例较大，掺渣比也较高。FCC汽油的性质主要取决于其原料的性质。加氢裂化是生产优质石脑油、喷气燃料和柴油馏分惟一的二次加工手段。从脱碳、加氢原料优化方面考虑，应该将重VGO给FCC加工，将轻VGO给加氢裂化加工，这一理念已逐渐为业内人士所接受。将FCC的循环油给加氢裂化处理，把加氢裂化的未转化油（尾油）给FCC处理，既有助于发挥工艺过程各自的优势，也有利于提高产品质量。

FCC汽油的性质主要取决于其原料的性质。VGO、加氢处理VGO和VGO中压加氢裂化尾油在工艺条件基本相同时，FCC结果的比较列于表3-2-14。

表3-2-14　VGO、加氢处理VGO和VGO中压加氢裂化尾油FCC结果的比较

FCC原料性质	VGO	加氢处理VGO	VGO中压加氢裂化尾油
密度(20℃)/g·cm^{-3}	0.921	0.893	0.855
硫/%	1.42	0.07	0.015
氮/μg·g^{-1}	1200	300	150
FCC的转化率/%	78	82	85
FCC产品的性质			
汽油：			
产率/%	基准	+4.3	+6.4
干点/℃	221	221	221
密度(20℃)/g·cm^{-3}	0.7560	0.7540	0.7490
硫/μg·g^{-1}	1700	100	20
(RON+MON)/2	基准	-0.3	-0.9
柴油(干点343℃)：			
产率/%	基准	-1.9	-3.6
密度(20℃)/g·cm^{-3}	0.9760	0.9400	0.9030
硫含量/%	1.90	0.10	0.02
十六烷指数	20	27	33

由表3-2-14可见，对FCC原料油进行加氢处理，或用中

压加氢裂化的未转化油作为FCC进料，可大幅度地降低FCC汽油硫含量，其产品收率有较大幅度的提高。FCC柴油的密度和硫含量明显降低，十六烷值可得到明显改善。另外，可减少催化剂的生焦量和再生烟气的SO_x的排放，有利于环境保护。FCC原料油的预处理，或掺兑加氢裂化的尾油主要取决于其技术性、灵活性、环境法规的要求和经济性。

3. 蒸汽裂解制乙烯原料

生产乙烯的主要目的产品是三烯（乙烯、丙烯、丁二烯）和三苯（苯、甲苯、二甲苯）。乙烯是三大基本有机合成（合成塑料、合成纤维、合成橡胶）的重要化工原料，其生产能力是一个国家综合实力的体现。

国外生产乙烯的主要原料是石脑油。国内的石油资源有限，原油普遍偏重，石脑油匮乏；柴油馏分是紧缺的运输燃料；重馏分油的H/C低，硫、氮含量高，作为裂解原料时，乙烯产率低，裂解炉的炉管结焦严重，运转周期短，不宜直接用作蒸汽裂解制乙烯原料。重馏分油（例如VGO）加氢处理后作为蒸汽裂解原料，虽在一定的程度上能缓解裂解炉炉管结焦，但乙烯产率所增无几。如前面所述，加氢裂化尾油富含链烷烃，芳烃、硫氮含量和*BMCI*值低，是优质蒸汽裂解制乙烯的原料。20世纪70年代末引进的加氢裂化装置，原本是全循环裂解，90年代初有的已先后改为一次通过或尾油部分循环裂解，目的旨在将加氢裂化尾油用作乙烯原料；加氢裂化单程转化率对尾油性质及其蒸汽裂解产品分布的影响列于表3－2－15。

表3－2－15 加氢裂化单程转化率对尾油性质及其蒸汽裂解产品分布的影响

350℃⁺单程转化率/%	20.9	33.4	46.6	51.3
350℃⁺尾油的性质				
族组成/%				
链烷烃	54.2	60.3	65.0	73.2
环烷烃	30.5	29.3	28.6	20.4

续表

350℃+单程转化率/%	20.9	33.4	46.6	51.3
芳香烃	15.3	10.5	6.4	6.4
BMCI 值	14.6	10.4	9.5	7.2
蒸汽裂解主要产品的产率/%				
乙　烯	26.06	26.31	26.79	28.19
丙　烯	16.06	17.74	17.61	17.46
丁二烯	6.07	6.52	5.38	6.32
三　烯	48.79	50.57	49.78	51.97

加氢裂化尾油性质及蒸汽裂解生产乙烯的情况见表3-2-16。

表3-2-16　加氢裂化尾油性质及蒸汽裂解生产乙烯的情况

企业名称	扬子石化	上海石化	齐鲁石化
尾油的性质			
密度(20℃)/$kg \cdot m^{-3}$	793.9	824.4	848.7
馏分/℃	202~405	202~562	213~500
H/%	14.26	14.63	14.00
BMCI 值	7.7	10.6	18.1
族组成/%			
链烷烃	71.5	68.9	34.2
环烷烃	25.1	25.4	59.4
芳香烃	3.4	5.5	6.3
裂解温度/℃	800	800	800
产品分布/%			
乙　烯	30.54	28.48	25.87
丙　烯	16.69	16.35	14.43
丁二烯	6.03	6.17	5.64

4. 润滑油基础油原料

加氢裂化尾油中饱和烃含量很高，芳烃含量很低，S、N含量非常低，因此，它是用来制取高质量润滑油基础油的好原料。当前，使用加氢裂化尾油通过加氢异构工艺，可以生产出轻质润滑油基础油。其内容在本书第七章中有较详细的论述。

第三节　加氢裂化的工艺流程

一、两段加氢裂化

两段法加氢裂化采用两台反应器，20世纪初用于煤及其衍生物的加氢裂化。原料油首先在第一段反应器进行加氢精制处理(加氢脱硫、加氢脱氮、加氢脱氧、烯烃及芳烃部分加氢饱和并伴有部分转化)后，进入高压分离器进行气/液分离。高分顶部分离出的富氢气体在第一段循环使用。高分底部的流出物进入分馏塔，进行切割分离。塔底的未转化油进入第二段反应器进行加氢裂化反应。第二段的反应流出物进入第二段的高压分离器，进行气/液分离。其顶部导出的富氢气体在第二段循环使用；第二段高分底部的流出物与第一段高分底部流出物，进入同一分馏塔进行产品切割，分离成石脑油、喷气燃料及柴油等产品。

两段法加氢裂化的工艺流程如图3－3－1所示。

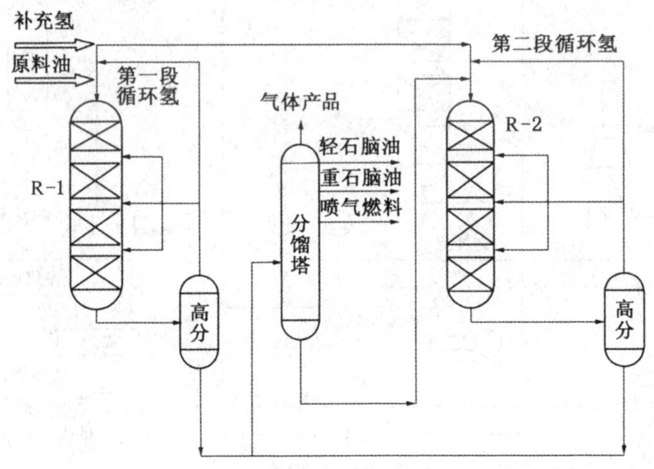

图3－3－1　两段法加氢裂化工艺流程示意图

由图3－3－1可见，两段法加氢裂化具有如下特点：裂化段催化剂不耐有机硫、氮等杂质及H_2S和NH_3；第一、二段反应器、高分和循环氢(含循环氢压缩机)自成体系；补充氢增压机、产品分馏塔两段公用；工艺流程较复杂，投资及能耗相对较高；对原料油的适应性强，生产灵活性大，操作运转周期长。润滑油加氢处理/加氢异构降凝/后加氢补充精制工艺，柴油深度加氢脱芳烃等工艺，都需要采用两段加氢的工艺流程。

二、单段加氢裂化

单段法加氢裂化采用一台反应器，既进行原料 HDS、HDN、HDO、烯烃饱和和 HDA，又进行加氢裂化。

采用一次通过或未转化油循环裂化的方式操作均可。其特点是：工艺流程简单，体积空速相对较高。

催化剂应具有较强的耐 S、N、O 等化合物的性能；原料油的氮含量不宜过高，馏分不宜过重；反应温度相对较高，运转周期相对较短。单段法加氢裂化的工艺流程如图 3－3－2 所示。

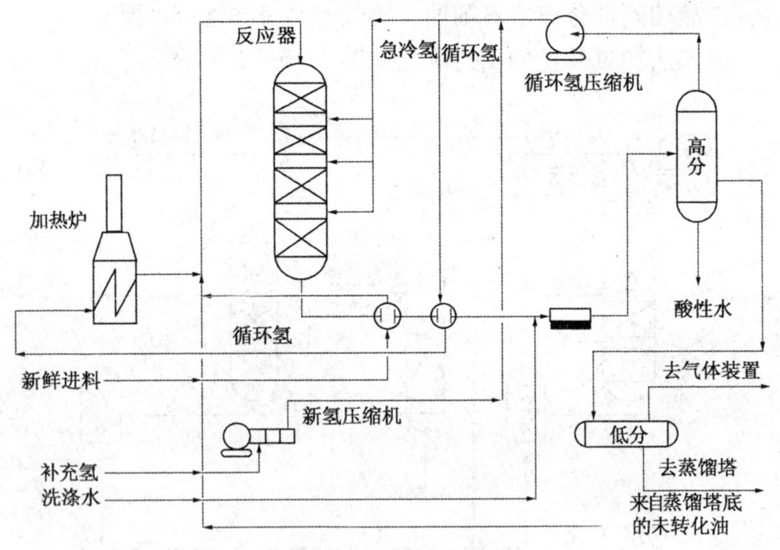

图 3－3－2　单段加氢裂化工艺流程示意图

三、一段串联加氢裂化

一段串联加氢裂化采用两台反应器串联操作。原料油在第一反应器（精制段）经过深度加氢脱氮后，其反应流出物直接进入第二反应器(裂化段)进行加氢裂化。裂化段出口流出物经换热、空冷/水冷后，进入高、低压分离器进行气/液分离；高分顶部分离出的富氢气体循环使用，液体流出物到低分进一步进行气/液分离低分的液体流出物到分馏系统进行产品切割分馏；塔底未转化油返回(或部分返回)裂化段循环裂化(或出装置作为下游装置的原料)。一段串联加氢裂化的工艺流程如图 3-3-3 所示。

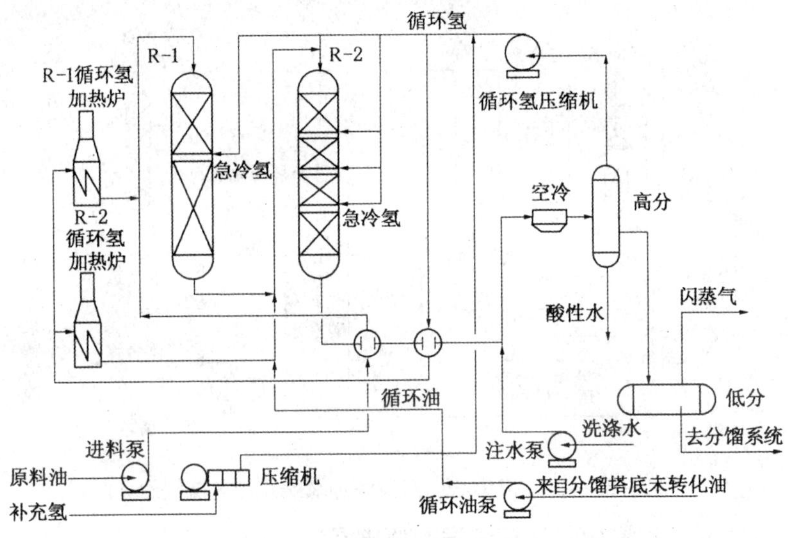

图 3-3-3　一段串联加氢裂化工艺流程示意图

一段串联的加氢裂化根据原料-产品方案可分别采用单程一次通过、尾油全循环或部分循环方式操作。值得一提的是，如果采用中间馏分油循环加氢裂化，应另外设置一台反应器，单独用于中间馏分油循环裂化。这是由于中间馏分油和新鲜进料的反应性能有差异，将其在同一反应器内裂化，新鲜原料油将优先裂化，中间馏分油会越来越多，无法实现平稳运转操作。

一段串联的两段加氢裂化，即精制油和未转化油或精制油与中间馏分油在两台反应器内分别进行裂化，是一段串联的一个特殊形式。前者是受反应器制造技术和运输条件的制约，后者是受裂化反应选择性的制约。例如，20 个世纪 70 年代末，扬子石化公司从美国联合油(Union Oil)公司引进的 1.2Mt/a 加氢裂化装置，因受当时反应器吨位和运输条件(码头)的限制，就是采用一段串联两段裂化的工艺流程。该装置设置了一台精制反应器和两台裂化反应器，将精制油和未转化油分别进行裂解。一段串联的两段加氢裂化的工艺流程如图 3-3-4 所示。

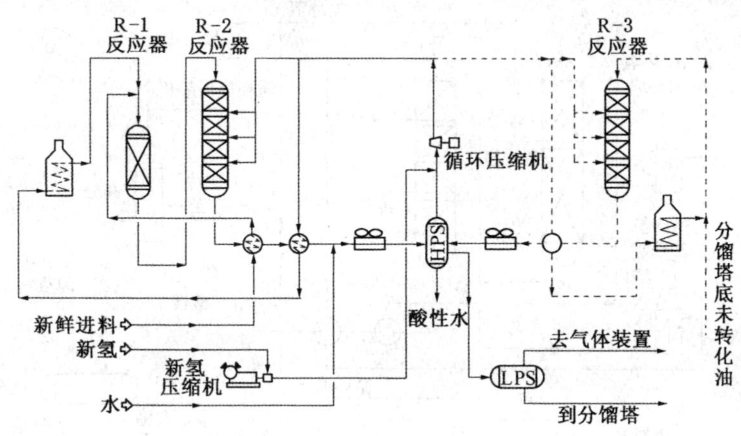

图 3-3-4　一段串联的两段法加氢裂化工艺流程示意图

四、加氢裂化工艺过程的新进展

随着加氢裂化在重质、含硫(高硫)原油加工、生产清洁燃料和实现清洁生产以及增产化工原料等方面的作用越来越重要，其新技术的开发、应用和推广明显加快。围绕提高装置转化率和目的产品选择性、降低氢气消耗、提高装置效益等方面，UOP 公司、Chevron 公司及中国石化 FRIPP、RIPP 等近几年均推出了一些新的工艺技术。

1. UOP 公司的加氢裂化新工艺[8~13]

(1) HyCycle Unicracking 工艺

为了实现完全转化，UOP 公司 2001 年推出了 HyCycle Unicracking 工艺，相对常规加氢裂化而言，这是一个跨越性进展，其示意流程如图3－3－5所示。在该流程中，裂化产物和未转化油在HyCycle分离器/后处理器中于反应压力下进行分离，裂化产品进行气相加氢，这种独特的加工步骤可在给定压力下明显提高馏分油质量。未转化油先通过加氢裂化反应器然后再通过加氢处理反应器，使加氢裂化反应段原料洁净且氢分压较高，提高了单位体积催化剂活性。另外，在反应器中选用颗粒较大(1/8英寸)的异形LT催化剂，可以提高进料量但不增大反应器体积或压力降。

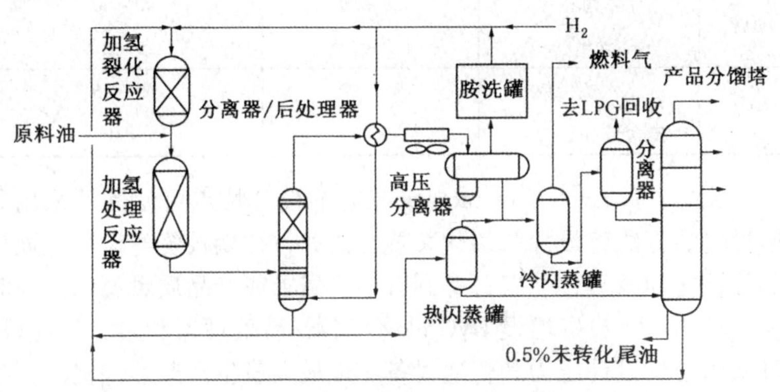

图3－3－5　UOP公司HyCycle加氢裂化工艺

该工艺的典型设计特点是增设了一台HyCycle分离器/后处理器、反应器反序串联以及采用新型分壁式分馏塔，这使得HyCycle工艺较通常加氢裂化装置压力约低25%，原料在单程转化率较低(20%～40%)的条件下，实现完全转化(99.5%)。与中油型常规加氢裂化工艺相比，中间馏分油收率高5%，柴油收率高15%左右。加氢裂化反应器在较低氢分压和较高空速下操作，设备总投资可减少10%。由于原料油中的芳烃有选择性地饱和，氢气消耗减少约20%，再加上工艺热的高效利用，装置操作费用可减少15%。已有数套Unicracking装置采用HyCycle工艺设计特点。

高效热分离器/后处理器除用于裂化产物的分离和精制外，

还可与煤油、轻焦化蜡油、缓和加氢处理过的柴油等二次加工油或直馏油混合精制。催化轻循环油等难裂解物料可以直接作为原料油加工，即只用一套装置既可以加工重质原料油又可以加工劣质二次加工馏分油，得到最大量的优质柴油。HyCycle 辅助加工的典型结果如表 3-3-1 所示。

表 3-3-1 HyCycle 辅助加工的典型结果

辅助加工的原料		催化轻循环油	直馏柴油
原料	十六烷指数	25~30	40~50
	硫含量/%	1.0~2.5	1.5~2.5
产品	十六烷指数	38~43	50~55
	硫含量/$\mu g \cdot g^{-1}$	<10	<10

此外，HyCycle Unicracking 工艺的设计特点可使炼厂采用分期投资的方法建设加氢裂化装置，比如，初期投资建设单程通过部分转化加氢裂化装置，等到有市场需求或产品质量要求更高时再追加约 1/3 投资增设 HyCycle 分离器/后处理器和第二反应段，可采用已有设计压力和普通设备实现最大量生产柴油并提高产品质量。

(2) 先进部分转化加氢裂化(APCU)工艺

为了使低转化率的加氢裂化与催化裂化装置组合，直接生产超低硫汽油和柴油，UOP 公司 2002 年推出了先进部分转化加氢裂化(APCU)工艺。这是 HyCycle Unicracking 工艺设计理念的延伸，工艺流程见图 3-3-6。高硫催化裂化原料油 VGO 和重焦化蜡油 HCGO 与经过预热的富氢循环气混合，依次进入加氢处理和加氢裂化催化剂床层，脱除难转化的硫、氮化合物，使稠环芳烃饱和，并使部分原料油转化为超低硫柴油。加氢裂化产物和经过脱硫的催化裂化原料油离开反应器后立即在高效热分离器(EHS)中于反应压力下进行分离。EHS 的顶部产物(在某些方案中还有共同加工的原料油)立即在串联的后处理反应器中加氢，可在给定的设计压力下使馏分油产品的质量得到明显提高。通过

APCU 工艺对催化裂化原料进行加氢预处理，可以控制柴油和汽油比例，并保证加氢裂化和催化裂化产品硫含量都很低，同时使催化裂化烟气中 SO_x 排放量降至很低。APCU/FCC 联合装置可大幅度提高柴油产量和质量，提高柴汽比，提高柴油十六烷值。焦化馏分油、重质直馏柴油或轻循环油等难处理的轻蜡油也可采用 APCU 辅助加工，以减轻现有加氢处理装置的负担，使其提高苛刻度，加工易于处理的原料，生产超低硫柴油。目前已有两套工业装置采用 APCU 工艺。

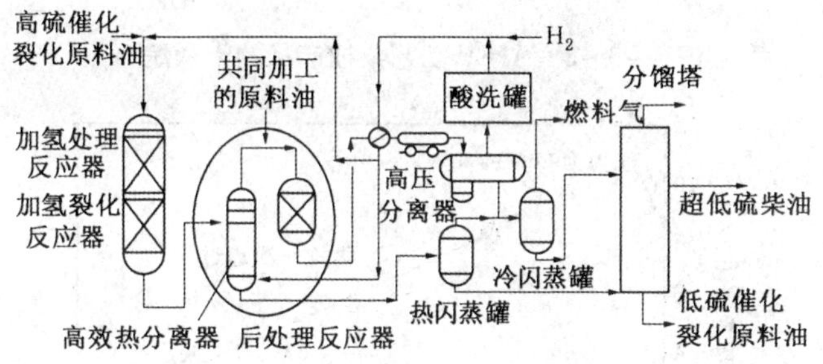

图 3-3-6　UOP 部分转化加氢裂化工艺

中试结果表明，采用相同的催化剂和操作条件，APCU 工艺的产品含硫量、十六烷值、稠环芳烃含量和密度都比传统的一次通过工艺有明显改善(见图 3-3-7 至图 3-3-10)

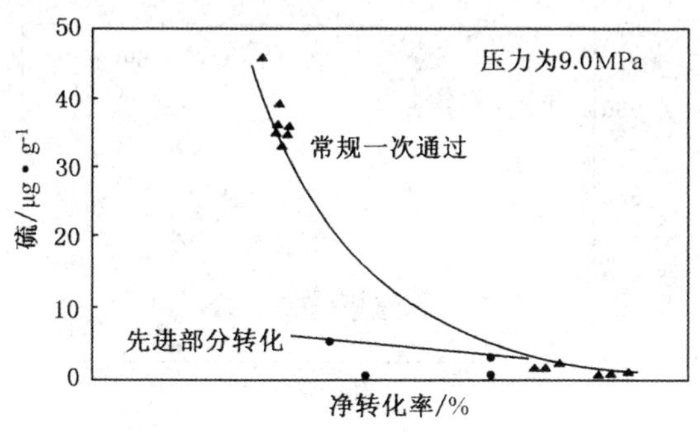

图 3-3-7　APCU 工艺柴油产品的含硫量

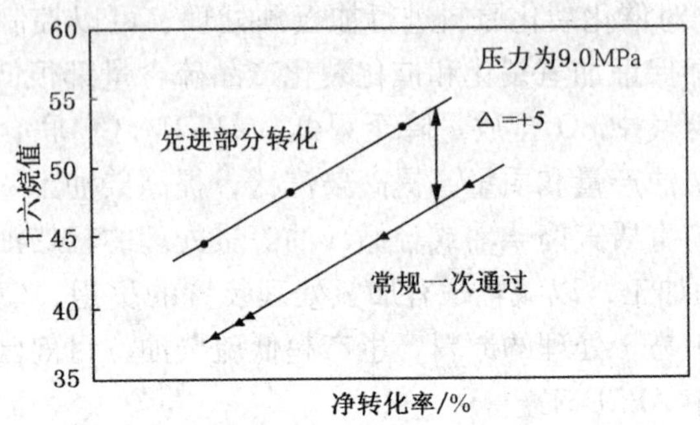

图 3-3-8　APCU 工艺柴油产品的十六烷值

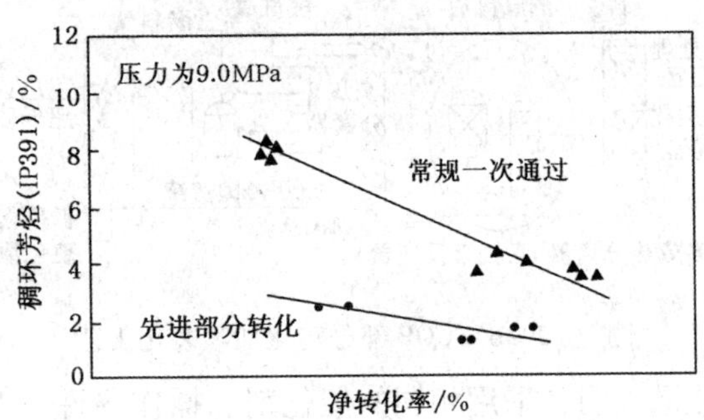

图 3-3-9　APCU 工艺柴油产品的稠环芳烃含量

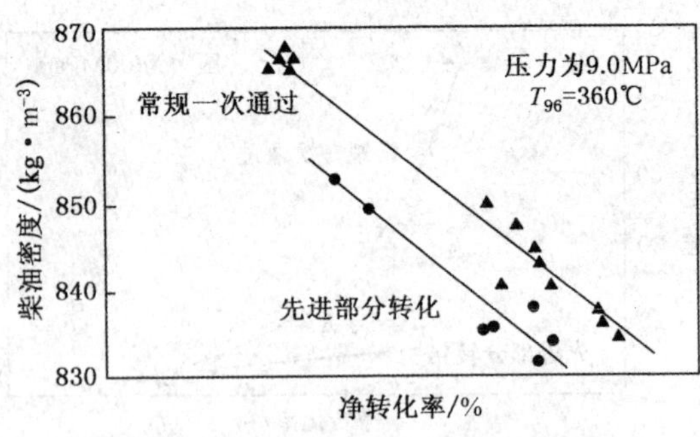

图 3-3-10　APCU 工艺柴油产品的密度

(3) 轻循环油加氢改质(LCO Unicracking)工艺

为了适应重质燃料油需求减少而清洁燃料需求增加的形势，2005 年 UOP 公司推出轻循环油加氢改质(LCO Unicracking)新工艺，提供了一种以较低投资进行 LCO 改质、拓宽 LCO 出路的方案。该工艺在较低的操作压力下运转，使用高活性的 HC－190 催化剂，采用部分转化单程一次通过流程，原料先经加氢预处理再进行加氢裂化，将催化裂化轻循环油转化成超低硫柴油和辛烷值较高的超低硫汽油调合组分，工艺流程见图 3－3－11。LCO Unicracking 工艺的主要技术经济数据列于表 3－3－2。

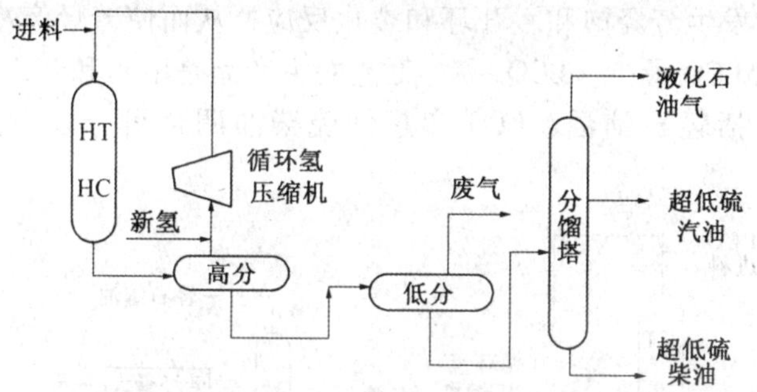

图 3－3－11　UOP 公司 LCO Unicracking 工艺

表 3－3－2　LCO Unicracking 工艺的主要技术经济结果

项　　目	数　　据	项　　目	数　　据
原　　料	工业 LCO 原料	产　　品	
API	15.1～19.0	轻石脑油/%	10.5～13.5
硫/μg·g⁻¹	2290～7350	重石脑油　收率/%	35～37
氮/μg·g⁻¹	255～605	RONC	90～95
馏程(ASTM D－2887)/℉		硫/μg·g⁻¹	<10
95%	660～710	柴油　收率/%	46～51
干点	725～790	十六烷指数提高	6～8 个单位
十六烷指数(ASTM D－4737)	22～25	硫/μg·g⁻¹	<10
经济指标		经济指标	
加工规模/BPSD	20000	投资回收期/年	2.1 年
界区内投资费用/百万美元	61.4	10 年净现值/百万美元	203

（4）LCO 加氢联产芳烃的 LCO－X™工艺

催化轻循环油（LCO）芳烃含量通常高达 75%～85%。为了寻求更具成本效益的 LCO 加工方案并满足不断增长的芳烃产品需求，2007 年 UOP 公司在 NPRA 年会上又推出了 LCO 加氢联产芳烃的 LCO－X™新工艺。该工艺主要包括两大部分：第一部分是 LCO 进料的加氢转化，脱除硫、氮等杂质，得到芳烃馏分原料；第二部分是芳烃馏分反应最大化生产芳烃产品。工艺流程见图 3－3－12。该工艺的关键在于 LCO 的加氢转化，在较低的操作压力（8.0～9.0MPa）以较高的单程转化率下转化 LCO，要求尽可能少发生芳烃饱和、开环和裂化反应，从而使芳烃产率最大、未转化 LCO 最少。LCO－X™工艺的主产品是甲苯和苯，主要副产品包括轻石脑油、LPG 和超低硫柴油调合组分以及少量燃料气。

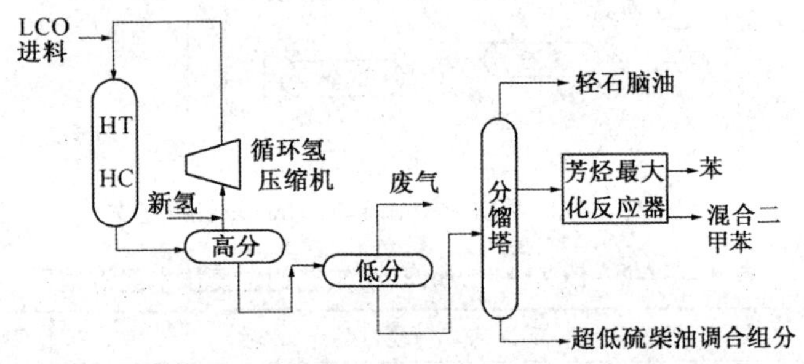

图 3－3－12　UOP 公司 LCO－X 工艺

（5）单独加氢处理的加氢裂化（Separate Hydrotreat Unicracking）工艺

对于加工劣质 VGO 的低转化率（50%）单程通过加氢裂化操作而言，所得馏分油质量一般不高，而且未转化油若作为多产汽油的 FCC 进料，其氢含量却偏高，因此，UOP 公司开发了单独加氢处理（Separate－hydrotreat）的加氢裂化流程，如图 3－3－13 所示。该工艺可以通过控制两台反应器的转化率来控制馏分油和未转化油的质量。加氢处理反应控制未转化油达到合适的氢含量，其流出物经分离直接进入分馏部分。分馏塔底的未转化油进加氢裂化反应器，其中装填加氢预处理/裂化催化剂，可以控制较高的单程裂解率（约 80%）来提高馏分油质量。与常规单程通过流程相比，该工艺裂化段的高压设备负荷可降低 50%，但分馏塔负荷有所增加。采用该工艺加工含重焦化蜡油的原料、最大量生产馏分油或石脑油的几套装置，正在设计或建设中。

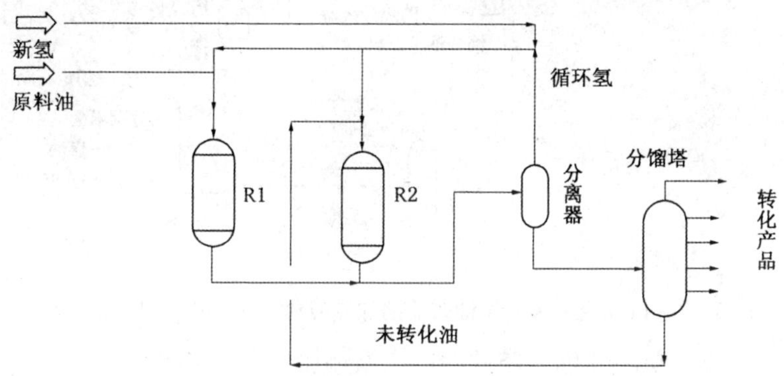

图 3－3－13　UOP 单段加氢处理的加氢裂化工艺

（6）加氢裂化－加氢处理组合工艺技术

针对加拿大 Northern Lights 公司加工沥青基重质原油的需要，UOP 公司在 2007 年 NPRA 年会上推出一种分步进料加工 DAO、VGO 和 AGO、生产清洁油品的加氢裂化－加氢处理组合工艺技术，其原则工艺流程见图 3－3－14。采用该组合工艺技术，可以在一套加氢装置上同时加工 DAO、VGO 和 AGO 进料。由于设备台数减少、氢气和反应热等得到充分合理利用，装置建设投资和操作费用可明显降低。

2. Chevron 公司的加氢裂化新工艺[15~22]

为了降低装置投资和操作费用、适应原料加工和产品市场的需求，Chevron 公司在其单段一次通过（SSOT）、单段循环（SS-REC）和两段循环（TSR）加氢裂化工艺技术的基础上，进行了许多改进，最近几年先后推出了以下五种新工艺。

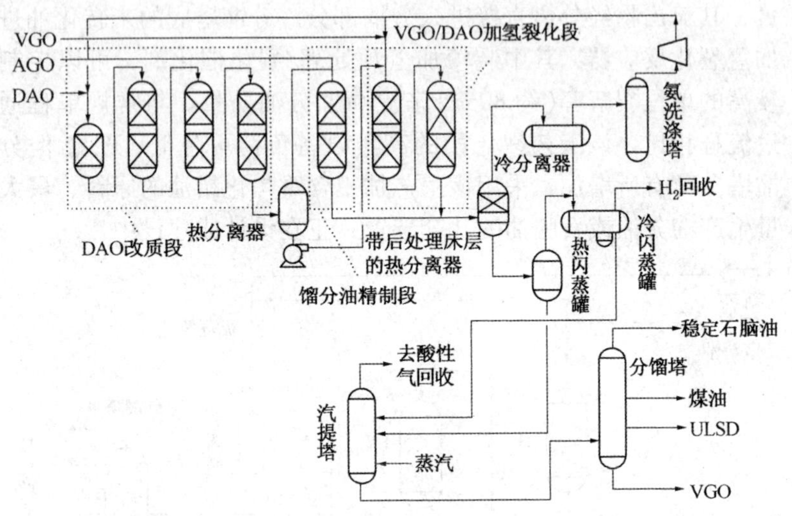

图 3－3－14　用于重质原油改质的加氢裂化－加氢处理组合工艺流程

（1）单一氢气回路的两段全循环加氢裂化工艺

如图 3－3－15 所示，该流程中新鲜原料和循环油共用一个氢气回路，既适应第一段要求，也适应第二段要求，由此简化了两段加氢裂化流程，降低装置投资。采用该工艺的第一套装置 1999 年投产，2000 年后又有两套以上新装置投产。

（2）反序串联两段全循环和单段反应序列（SSRS）的加氢裂化工艺

反序串联两段全循环加氢裂化工艺于 20 世纪 90 年代中后期推出，工艺流程见图 3－3－16。这种工艺的主要特点是把第二段反应器放在第一段反应器的上游，第二段流出物与新鲜原料油一起进入第一段反应器，使第二段反应器中未利用的氢气在第一段反应器中再利用，因而减少了循环氢的总量；其次是把第二段的全部流出物用作第一段取热，减少了对急冷氢的需求。由于减少了循环氢压缩机负荷和高压换热器的换热面积，装置投资得以降低；再加上高压蒸汽发生量增加以及循环氢压缩机的蒸汽消耗减少，从而降低了装置操作费用。

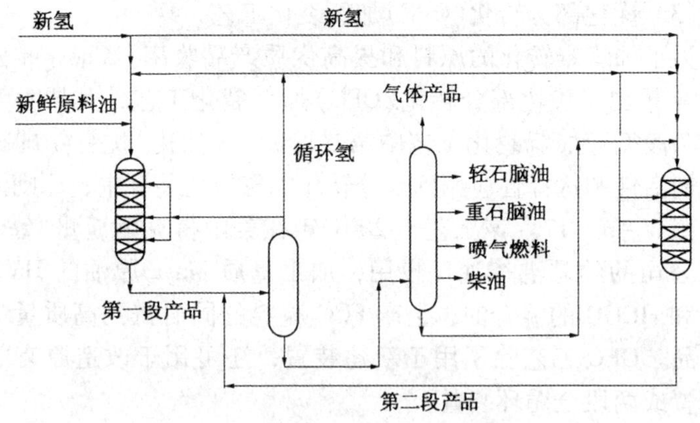

图 3-3-15　Chevron 公司单一氢气回路两段加氢裂化工艺

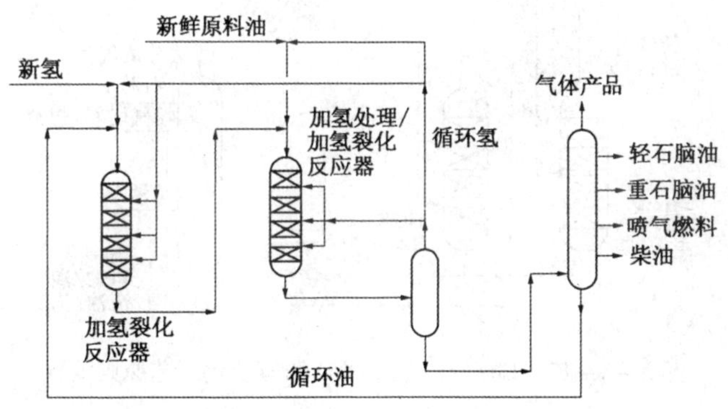

图 3-3-16　Chevron 公司反序串联两段全循环加氢裂化工艺

Chevron 公司在 2005 年 NPRA 年会上又推出单段反应序列工艺(Single - stage Reaction Sequenced, SSRS)，实质也是一种二段加氢裂化的形式，其技术特点和工艺流程基本与反序串联全循环工艺相同，也是第二段(加氢裂化)反应器置于第一段(加氢处理/加氢裂化)反应器的上游，其反应产物经分离、分馏后，未转化油进入加氢裂化反应器，新氢仅进入第二段反应器。采用 SSRS 技术可实现全转化，同时生产最大量的优质中间馏分油。

(3) 优化部分转化(OPC)加氢裂化工艺

为了加工难转化的原料和提高优质产品收率，Chevron 公司 1999 年推出了优化部分转化(OPC)加氢裂化工艺，其技术实质是将两段循环加氢裂化工艺中第二段的“清洁化”优势 - 即提高催化剂活性和选择性应用到部分转化加氢裂化装置中，原则流程示于图 3 - 3 - 17。该工艺于 2001 年在美国得克萨斯州 Premcor 炼制公司的约瑟港炼油厂投用，加工重质 Maya 原油的 HVGO、LCO 和 HCGO 的混合油，生产 FCC 原料的同时得到高质量馏分油产品。OPC 工艺除了用于新建装置，还可用于改造原有的单段装置或两段全循环装置。

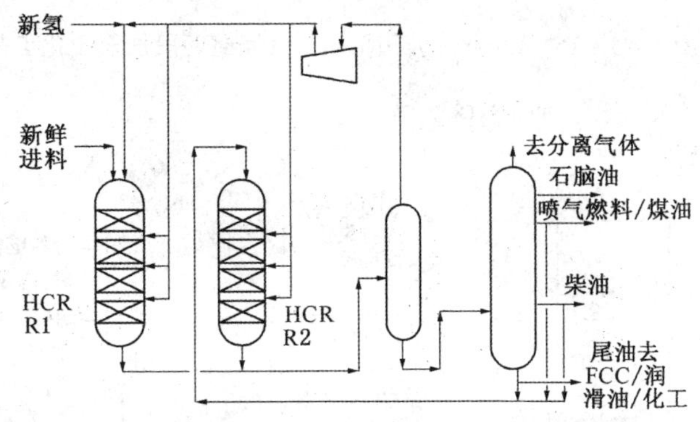

图 3 - 3 - 17　Chevron 公司 OPC 加氢裂化工艺原则流程

对现有低操作苛刻度的单段一次通过装置(SSOT)的改造：在反应器的上游增加一台较小的反应器，使单段装置变为部分(或全部)循环的两段装置，新氢(补充氢)只进新增加的第二反应器。此工艺的优点是：能限制第一段反应器的转化率，减少低质量产品的产生；在第二段反应器得到高收率和高质量的产品；能循环一种或几种产品，提高不同馏分的产品质量；能改变循环油的数量和/或第二反应器的操作条件与催化剂，改变生产 FCC 原料油的数量。工艺流程见图 3 - 3 - 18。

对现有单段循环装置(SSREC)的改造：基本原理与 SSOT 装置

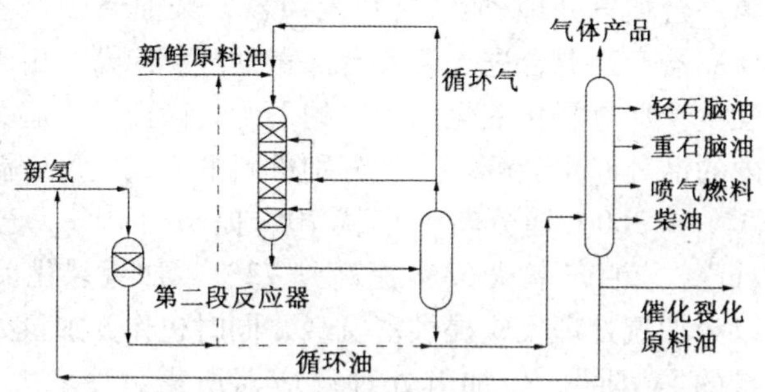

图 3-3-18　SSOT 装置采用 OPC 工艺改造的流程

改造相同，在第一段反应器前增加一台小反应器，分馏塔底未转化油进第二反应器，其裂化产物或者直接送去分离，或者"反序"进入第一反应器。研究结果表明，SSREC 装置改为 OPC 操作模式，加工能力可提高约 40% ~50%。原则流程见图 3-3-19。

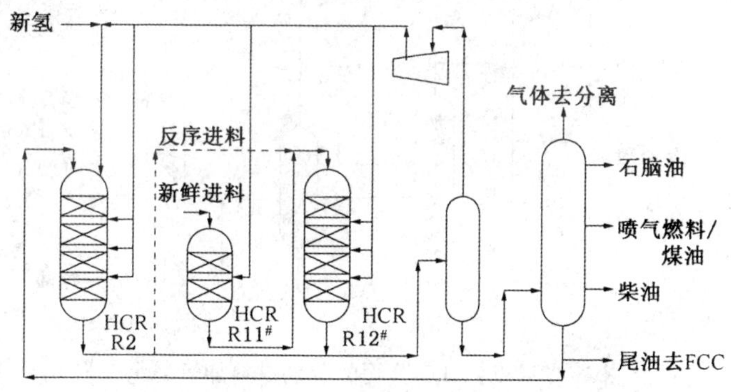

图 3-3-19　SSREC 装置采用 OPC 工艺改造的流程

（4）分别进料(Split feed injection)工艺

Chevron 公司和 ABB Lummus Global 公司共同组建的加氢技术公司 Chevron Lummus Global（简称 CLG）开发了分别进料(Split feed injection)工艺，流程见图 3-3-20。该工艺是将 FCC 原料预处理与 FCC 产物后处理相结合的技术，即将 FCC 进料的预处理和 FCC 产物(LCO)的后处理过程在同一装置中完成。新鲜原料进入第一台加氢处理/加氢裂化反应器，柴油馏分和轻循环油与第一反应器产物混合进入第二台加氢处理反应器。由于加氢处理过程发生在加氢裂化催化剂床层的下游，因而可以避免理想馏程范围内的馏分产生裂解。这种分别进料的方式，反应温度可降低16.7℃，<360℃馏分转化率从70%提高到79%，氢耗降低53.4m^3/m^3，柴油产率从63%提高到72%。加氢裂化反应器流出物可以为加氢处理反应提供富氢气，同时也作为加氢处理过程产生热量的“热阱”，使加氢处理反应器所需急冷氢大为减少。另外，由于省去了单建加氢处理装置所需的配套设备（换热器、分离器、压缩机等），投资可节省20%～40%。该工艺于2000年首次在BP公司新建的加氢裂化装置上应用。西欧地区还另有三套装置正在设计/施工中。

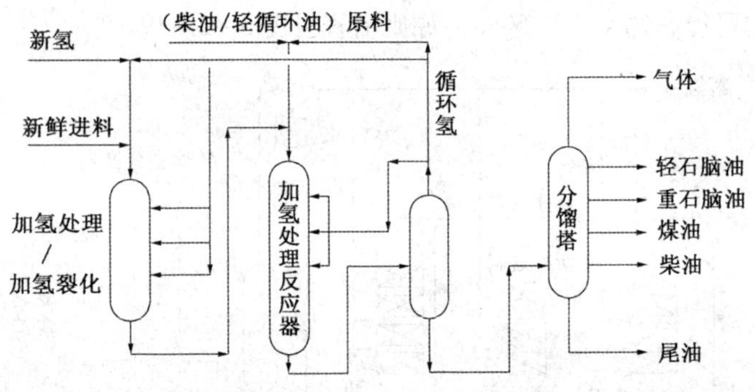

图3-3-20　CLG公司的分别进料加氢裂化工艺

（5）ISOFLEX加氢裂化工艺

2005年推出的ISOFLEX加氢裂化工艺，是CLG公司各种加氢裂化创新改进技术的集成，其技术核心是：在反应段最好地利用催化剂处理每一类原料油；将反应段的产品及时导出，防止再次裂化为不需要的轻质产品；再充分利用第二段的清洁环境实现高转化率；用最少的设备实现最大限度的转化，同时保持目的产品的高选择性；减少质量过剩和轻馏分的产生，使氢气消耗减至最少；装置在最低压力下操作；能加工柴油和 VGO 馏程范围内的多种原料；使每台反应段的氢分压最大，使气体循环最小，必要时可选用逆流流程。ISOFLEX 工艺可应用于缓和加氢裂化、高转化率加氢裂化和两段加氢裂化等装置，其中一种示意流程见图 3－3－21。

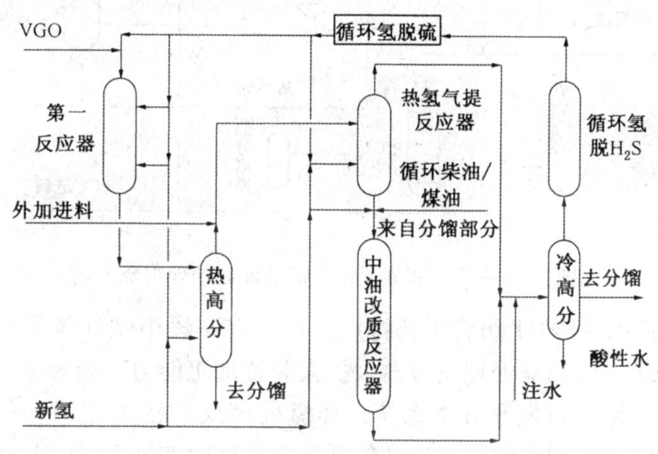

图 3－3－21 ISOFLEX 加氢裂化工艺流程

3. 中国石化 FRIPP 的加氢裂化新工艺[22~24]

为了适应企业加工不同原料生产适销对路产品、提高市场竞争力和整体效益的需求，近年来，中国石化 FRIPP 在原有传统加氢裂化工艺技术的基础上，进行了许多创新和改进以及不同工艺间的深度组合，开发出一系列加氢裂化新工艺，典型的有单段两剂、复合式两段多剂、一段串联反序、加氢裂化－灵活加氢处理、加氢精制－加氢裂化分段进料、最大量提高劣质柴油十六烷值、择形裂化－加氢精制(改质)、择形异构化等十几种加氢裂化工艺技术。

(1) 加氢裂化－蜡油加氢处理(FHC－FFHT)组合工艺技术

加氢裂化－蜡油加氢处理组合工艺技术是 FRIPP 上世纪 90 年代开发成功并实现工业应用的一项具有自主知识产权的创新技

术，其原则工艺流程如图 3－3－22 所示。

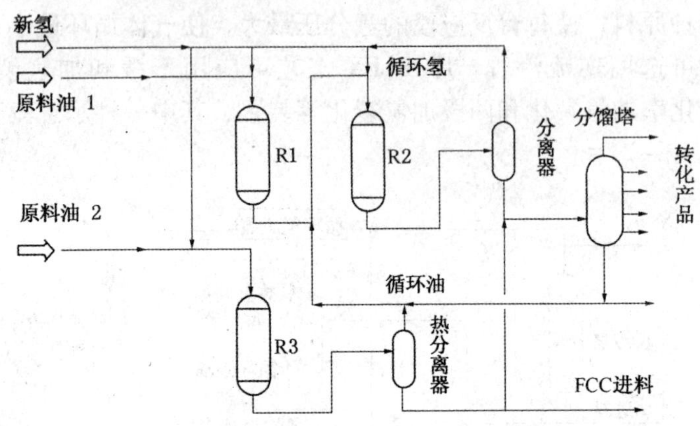

图 3－3－22　加氢裂化－蜡油加氢处理组合工艺

FHC－FFHT 组合工艺特点是通过在一段串联加氢裂化装置内增加一台加氢处理反应器，扩大装置加工能力。全装置共用一套循环氢、新氢及分馏系统，加氢处理反应系统使用一种催化剂，可以做到在较高空速和较低反应温度时实现 VGO 加氢脱硫，以满足 FCC 进料需要；而在较低空速时则可进行 VGO 的缓和加氢裂化，制取一定数量的中间馏分油。经分馏系统出来的加氢裂化及加氢处理的尾油再进入加氢裂化系统第二反应器进行循环裂化，从而可以全部获得中间馏分油为主的优质产品。通过大量研究证实，这一新工艺既能根据原料 VGO 供应量以及市场对产品需求的变化，灵活调整产品结构，又可以大幅度实现提高加氢裂化装置处理能力。所产中间馏分油具有很低的硫、氮含量，低的芳烃和高的十六烷值，可以达到严格的清洁燃料规格要求。该工艺技术尤其适合那些加工含硫原油或劣质原油而需对 FCC 原料进行加氢预处理的炼油企业。

FHC－FFHT 组合工艺于 1999 年在在镇海炼化实现首次工业应用，对原有 800kt/a 加氢裂化装置进行改造，根据不同的加工方案，最大处理能力可达 2.2Mt/a。如实行全转化方案时，则处理能力也可达到1.4Mt/a。

(2) 单段两剂加氢裂化(FDC)工艺

为了克服传统单段加氢裂化工艺起始反应温度偏高，对原料适应性差和催化剂运行周期短等不足，FRIPP开发了单段两剂全循环加氢裂化工艺(FDC)，工艺流程见图3-3-23。该工艺通过催化剂类型品种选择和催化剂装填级配优化，显著提高了单段加氢裂化工艺对原料油的适应能力，降低了初期反应温度，扩大了有效反应温度区间，延长了装置运行周期；具有体积空速大、流程简单等优点，并改善了生产操作灵活性和产品质量。此外，通过工艺、催化剂和工程设计技术方面的总体优化，还显著降低了装置生产运行综合能耗。

FDC工艺选用FF系列加氢精制催化剂和FC-14加氢裂化催化剂，既适合于全循环操作最大量生产超低硫喷气燃料和低凝柴油产品，也适合于一次通过或部分循环操作最大量生产超低硫喷气燃料、低凝柴油和低倾点高黏度指数润滑油基础油产品。中间馏分油选择性高达78%~82%，柴油产品质量满足欧V排放标准要求。此外，通过裂化催化剂优选，该技术还可用于多产重石脑油催化重整进料和尾油蒸汽裂解制乙烯原料。

FDC工艺首次用于中国石化金陵分公司的1.5Mt/a加氢裂化装置，之后又在海南和齐鲁等企业成功工业应用。

(3) 多产中间馏分油的两段加氢裂化工艺(FMD)

为了适应加氢裂化装置日益大型化发展趋势，FRIPP在成功开发单段两剂多产柴油加氢裂化技术(FDC)基础上，又开发了多产中间馏分油的两段加氢裂化工艺(FMD)。FMD技术既保持了单段两剂加氢裂化(FDC)技术的特点，如中间馏分油收率高、化学氢耗低和催化剂总费用少等优点，又拥有单段串联加氢裂化工艺对原料适应性强、催化剂运转周期长和产品质量好等特点。在达到与FDC单段两剂加氢裂化相同目的的产品质量时，FMD工艺反应压力可降低2.0MPa，而新鲜原料的体积空速比FDC工艺提高25%以上。因此，可以降低建设投资和操作费用。FMD工艺流程见图 3－3－24。

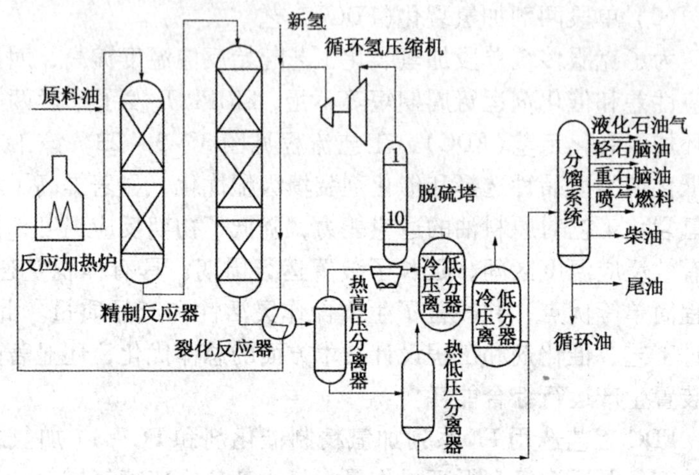

图 3－3－23　FDC 单段两剂加氢裂化工艺流程

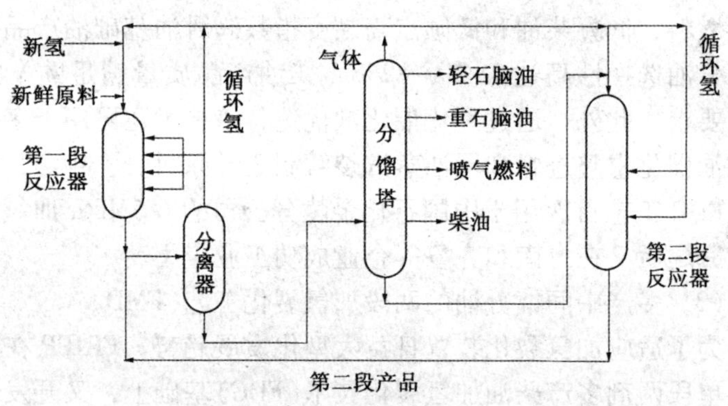

图 3－3－24　FMD 多产中间馏分油两段加氢裂化工艺

（4）加氢裂化－加氢精制分段进料（FHC－FHF）组合工艺技术

加氢裂化－加氢精制分段进料（FHC－FHF）组合工艺技术是 FRIPP 近年开发的一项创新性技术，其原则工艺流程如图 3－3－25 所示。

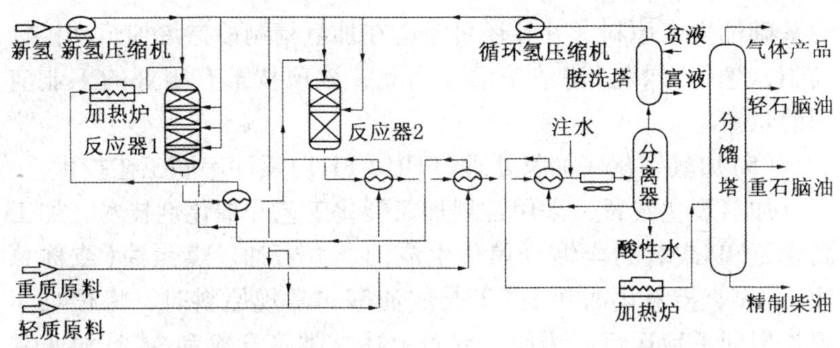

图 3-3-25　加氢裂化-加氢精制分段进料(FHC-FHF)组合工艺

该工艺有两个串联设置的反应段。第一反应段级配装填高加氢脱氮活性的加氢精制催化剂和对重组分有很强优先裂解能力的加氢裂化催化剂，用于重质原料选择性加氢裂化，生产高芳潜石脑油和 T_{95} 点大幅度降低的高十六烷值柴油。第二反应段装填高加氢脱硫和脱氮活性的加氢精制催化剂，用于第一反应段产物的补充精制和从第二反应段入口引入的轻质原料的深度加氢精制。该工艺只设一台反应加热炉，用于提升进入第一反应段入口的重质原料的温度，使其满足加氢裂化转化深度要求。进入第二反应段入口的轻质原料则通过与第二反应段流出物换热和与第一反应段流出物混合而提升到第二反应段所需的反应温度。该工艺由于反应热得到充分利用，因此综合能耗明显降低。再加上第一反应段所用催化剂有很强的优先裂解重组分能力，无须切尾循环，柴油产品 T_{95} 点即能满足规格指标要求，因此产品分馏部分流程大为简化，从而可以显著降低装置建设投资和操作费用。现有一套 1.70Mt/a 焦化汽柴油加氢装置设计采用该项技术，并计划于 2007 年底建成投产。

加氢裂化-加氢精制分段进料(FHC-FHF)组合工艺技术有很大的生产操作灵活性，除可按上述方案设计运行外，还可结合用户特定需要，将加氢裂化段设计按部分转化方式运行，生产部分加氢尾油供做蒸汽裂解制乙烯原料、催化裂化装置进料或润滑油基础油生产原料，并且还可考虑在加氢精制段掺炼加工动植物油脂，生产“绿色”清洁柴油。因此，该项技术有很好的工业应用前景。

(5)加氢裂化－加氢处理(FHC－FHT)反序串联工艺技术

加氢裂化装置，采用常规加氢裂化工艺和催化剂技术，加工高含氮和/或氧的全馏分焦化生成油、页岩油、煤焦油(或称蒽油)、煤直接液化油和 F－T 合成油等非常规原料时，将很难实现长周期平稳运行。为此，针对上述这类高含氮和/或氧的非常规原料，FRIPP 开发了具有自主知识产权的加氢裂化－加氢处理(FHC－FHT)反序串联工艺技术，其原则工艺流程如图 3－3－26 所示。

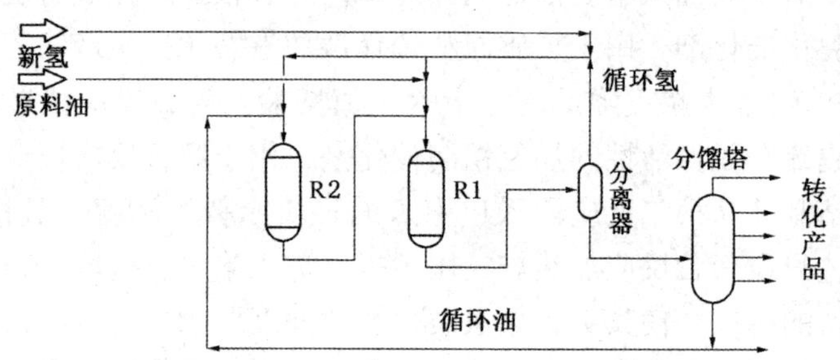

图 3－3－26　加氢裂化－加氢处理(FHC－FHT)反序串联工艺

该工艺设置两个串联使用的反应段。R1 反应段装填高耐水、抗结焦和高脱氮活性的加氢精制催化剂，用于新鲜原料和 R2 产物的深度加氢处理。R2 反应段装填根据特定需要优选的加氢裂化催化剂，用于循环油的深度加氢转化。界区外来的新鲜原料先与 R2 反应段流出物混合，而后进入 R1 反应段进行深度加氢处理。R1 反应段流出物经换热冷却后，进入高压和低压分离器进行气液分离，分离出的液体物流进入产品分馏塔，切割出液化气、轻石脑油、重石脑油、喷气燃料、柴油等产品。分馏塔底未转化尾油循环到 R2 反应段进行加氢裂化。

反序串联工艺具有原料适应性强、生产灵活性大等特点，并能适应掺炼动植物油脂的需要，有很好的工业应用前景。现有两套工业装置设计采用该项技术，并在实施过程中。

第四节　中压加氢裂化及相关的加氢转化过程

一、缓和加氢裂化(MHC)

MHC 工艺始于 20 世纪 70 年代[25]。国际市场对燃料油需求量减少，对中间馏分油需求量增加，国外 VGO - HDS 装置的开工负荷不足，人们开始寻求将在中压下操作的 VGO - HDS 装置改造成为生产部分优质柴油的工艺技术。经过几年的开发，UOP、IFP、Chevron、Shell、Mobil、Akzo、Lummus 和 Linde 等国外公司先后推出了低转化率的 MHC 工艺。国内在 20 世纪 80 年代中期，FRIPP 也成功地开发出了 MHC 催化剂及工艺。

MHC 的单程转化率大多为 10% ~40%，工艺流程与加氢裂化相同，适合用于处理常规原油的重馏分油。MHC 的产品有少量的石脑油、一部分柴油馏分和 60% 以上的尾油。该尾油可用作蒸汽裂解制乙烯原料或 FCC 原料。

表 3 -4 -1 列出了 UOP 公司的 DHC 系列催化剂(单剂)于 1983 年在两套由 VGO - HDS 装置改造成 MHC 装置上应用结果[26]。

表 3 -4 -1　UOP - MHC 工业应用的结果

项　　目	文图拉炼厂	加勒比炼厂
原料油性质		
相对密度(15.6℃)	0.9096	0.9366
馏程/℃	223 ~546	292 ~582
硫/%	1.24	1.26
氮/$\mu g \cdot g^{-1}$	约 3700	1900
C_7 不溶物/%	0.02	0.02
(镍 + 钒)/$\mu g \cdot g^{-1}$	0.87	1.00
BMCI 值	44.8	51.7
343℃ $^{-}$ 馏分含量/v%	约 25	<1

续表

项　　目	文图拉炼厂	加勒比炼厂
产品分布/%		
石脑油	3.9	9.1
柴油	43.2	23.4
尾油	53.8	70.7
总液收	100.9	103.2
产品性质		
柴油的相对密度(15.6℃)	0.8718	0.8794
柴油90%点的馏出温度/℃	351	336
柴油硫含量/%	0.05	0.02
柴油的十六烷值/十六烷指数	45.6/47.4	–/42.3
尾油的相对密度(15.6℃)	0.9024	0.9065
尾油的硫含量/$\mu g \cdot g^{-1}$	0.09	0.08
尾油的*BMCI*值	39.6	38.9

由表3－4－1可见，其MHC尾油的*BMCI*值高达38.9～39.6，只适合作FCC进料。

FRIPP与齐鲁石化公司、洛阳石化工程公司合作，将胜利炼油厂的VGO－HDS装置改造成220kt/a的MHC装置，采用FRIPP开发的3882MHC催化剂，于1989年进行了胜利VGO的MHC工业试验。其典型结果见表3－4－2。

表3－4－2　胜利VGO的MHC装置运转结果

项　　目	胜利VGO
原料油性质	
密度(20℃)/$g \cdot cm^{-3}$	0.8781
馏程/℃	312～495
硫/$\mu g \cdot g^{-1}$	3800
氮/$\mu g \cdot g^{-1}$	1100
*BMCI*值	32.2
操作条件	
压力/MPa	7.8
裂化段体积空速/h^{-1}	1.57
裂化段温度/℃	369

续表

项　　目	胜利 VGO
350℃⁺转化率/%	36.3
产品分布和产品主要性质	
液化石油气收率/%	3.5
180℃⁻石脑油收率/%	14.5
硫含量/$\mu g \cdot g^{-1}$	7.0
MON	62.5
180～350℃柴油馏分收率/%	20.6
十六烷值	42
凝点/℃	<-22
尾油的收率/%	61.8
密度(20℃)/$g \cdot cm^{-3}$	0.8454
馏程/℃	318～494
硫/$\mu g \cdot g^{-1}$	12.0
氮/$\mu g \cdot g^{-1}$	7.5
残炭/%	0.013
BMCI 值	16.7

胜利炼油厂将该尾油送至乙烯厂作原料，其乙烯产率为26.7%，三烯产率为48.6%。这一结果要高于胜利原油直馏石脑油蒸汽裂解的乙烯产率。

二、中压加氢裂化(MPHC)

MHC是在中压条件下低转化率(≤40%)的加氢裂化过程，MPHC则是在中压条件下较高转化率(>40%)的加氢裂化过程。通常MPHC的操作压力≤10.0MPa。当其操作压力≥10.0MPa时，则应属于高压加氢裂化的范畴。

高压加氢裂化与MPHC操作条件的比较见表3-4-3[27]。

表3-4-3　高压加氢裂化与MAK-MPHC的比较

项　　目	高压加氢裂化	MAK 中压加氢裂化
操作压力/MPa	10.0～21.0	6.8～10.0
单程转化率/%	70～100	20～70
体积空速/h^{-1}	0.5～2.0	0.5～2.0

续表

项　目	高压加氢裂化	MAK 中压加氢裂化	
循环氢流率/$m^3 \cdot m^{-3}$	712～1780	356～1246	
平均反应温度/℃	343～427	343～427	
氢耗/$Nm^3 \cdot m^{-3}$	214～623	71～214	
总压/MPa	>14.0	10.5	7.0
转化率/%	90～100	70	50
装置相对投资(界区内)	100	73	62
装置相对投资(含制氢)	134	94	62
相对操作费用	1	0.7	0.6

国内FRIPP早在20世纪80年代初，就开始从事MPHC的开发研究工作，并于1987年在荆门炼油厂的250kt/a的装置上率先进行了工业应用。采用3822/3824配套催化剂的一段串联工艺，加工处理干点420～460℃、氮含量390～420μg/g的南阳重柴油，其65℃⁻的轻石脑油产率为6.8%，辛烷值(MONC)73.4；65～130℃、65～177℃重石脑油的产率分别为11.9%和24.3%，芳烃潜含量分别为34.4%和36.7%；130～260℃、177～260℃喷气燃料的产率分别为29.3%和16.7%，冰点分别为-58℃和-53℃，烟点分别为31mm和30mm；177～350℃柴油馏分的产率为24.7%，凝点-2℃，十六烷值66，硫、氮含量小于1.0μg/g；大于350℃的尾油的收率为19.1%，硫、氮含量小于1.0μg/g，*BMCI*值3.2。

据资料报道，Mobil、Akzo和Kellogg公司联合销售的MAK-MPHC技术已在3套工业装置上应用。RIPP在20世纪90年代，开发出了RT系列分子筛型的MPHC催化剂及工艺技术(RMC)。RMC与MAK-MPHC工艺中试结果的比较[28]，见表3-4-4。

表 3-4-4 RMC 与 MAK-MPHC 工艺中试结果的比较

项 目	RMC	MAK-MPHC
原料油性质		
馏程(D1160)/℃	379~508(90%)	383~504(90%)
密度(20℃)/$g \cdot cm^{-3}$	0.9235	0.9121
硫/%	3.10	2.25
氮/$\mu g \cdot g^{-1}$	898	800
工艺条件		
氢分压/MPa	8.0	8.2
360℃$^{+}$单程转化率/v%	65	64
产品分布/v%		
石脑油馏分	24.5	21.0
煤油馏分	29.2	29.5
柴油馏分	18.9	20.7
尾油馏分	35.4	35.7
主要产品性质		
煤油密度(20℃)/$g \cdot cm^{-3}$	0.8206	0.8347
硫/$\mu g \cdot g^{-1}$	5.5	10
芳烃含量/v%	29	28
烟点/mm	17.0	15.5
冰点/℃	<-50	-50
柴油馏分密度(20℃)/$g \cdot cm^{-3}$	0.8389	0.8578
硫/$\mu g \cdot g^{-1}$	8.3	<100
十六烷指数	50.5	51.0

三、中压加氢改质(MHUG)

我国 FCC 的加工能力约占原油加工能力的 40%，在生产车用汽油馏分的同时生产一定数量的柴油馏分，FCC 柴油馏分约占车用柴油总量的 30%。重油催化裂化(RFCC)技术的发展和 FCC 掺渣量的增加，在环保法规日趋严格的情况下，FCC 柴油馏分的安定性、硫含量、芳烃含量和十六烷值等质量问题更加突出。

MHUG 技术，也是基于加氢裂化的基本原理，其实质是将 MPHC 和 MHC 所加工的原料延伸到 FCC 柴油馏分，在中压条件下使富含芳烃的 FCC 柴油馏分进行加氢脱硫、部分芳烃加氢饱和开环裂解，生产部分高芳烃潜含量的石脑油，降低柴油馏分中的芳烃含量，提高其十六烷值的改质工艺过程。MHUG 和 MPHC 没有严格的界线，笔者认为在中压条件下加工处理 VGO 时称为

MPHC，当加工处理 FCC 柴油或 VGO 与 FCC 柴油混合油时，则称之为 MHUG。

20 世纪 90 年代以来，随着人们环保意识的增强，国内外先后推出了多种提高 FCC 柴油质量的改质技术。这类技术包括国外 Mobol、AKZO、Kellog 公司联合开发的 MAK – LCO 技术、Criterion 和 Lummus 公司开发的 SynShift 技术等。国内有 FRIPP 研究开发的 MHUG、MCI、FHI 技术，RIPP 开发的 MHUG、RICH 技术。

燕山石化炼油厂的 1.0Mt/a MHUG 装置是基于 FRIPP 的 MHUG 技术设计建设的。1997 年建成投产，加工处理大庆减二线和 RFCC 柴油，工业生产的结果见表 3 – 4 – 5。

表 3 – 4 – 5　燕山石化炼油厂的 1.0Mt/a MHUG 装置生产的结果

项　目	大庆减二线: RFCC 柴油 =4:6
原料油的性质	
密度(20℃)/$kg \cdot m^{-3}$	856.0
馏程干点/℃	470
硫/$\mu g \cdot g^{-1}$	928
氮含量/$\mu g \cdot g^{-1}$	810
主要工艺条件	
氢分压/MPa	8.0
R1 入口氢油体积比	654
体积空速(R1/R2)/h^{-1}	1.70/1.70
平均反应温度(R1/R2)/℃	372.0/371.5
精制油氮含量/$\mu g \cdot g^{-1}$	~5
产品分布(对原料油)/%	
65 ~180℃重石脑油	17.71
180 ~340℃柴油	45.1
340℃ $^{+}$ 尾油	30.38
产品主要性质	
65 ~180℃重石脑油的芳烃潜含量/%	64.0
180 ~340℃柴油的十六烷值	47.1
凝点/℃	< –25
硫/$\mu g \cdot g^{-1}$	<5
340℃ $^{+}$ 尾油的 *BMCI* 值	6.2
硫含量/$\mu g \cdot g^{-1}$	< 5

锦州石化的800kt/a柴油加氢改质装置以RIPP的中压改质技术为基础设计建设，加工处理辽河FCC柴油，工业标定的结果[29]见表3-4-6。

表3-4-6 锦州石化800kt/a MHUG装置工业标定的结果

项目	辽河FCC柴油
原料油的性质	
密度(20℃)/kg·m^{-3}	898.3
馏程/℃	202~359
硫/μg·g^{-1}	2000
氮/μg·g^{-1}	765
十六烷值	31.9
凝点/℃	-9
主要工艺条件	
高分压力/MPa	6.62
R1入口氢油体积比	572
总空速/h^{-1}	0.81
反应入口温度(R1/R2)/℃	326/344
产品分布(对原料油)/%	
石脑油	5.77
柴油	94.84
产品主要性质	
石脑油芳烃潜含量/%	66.4
柴油十六烷值	40.8
凝点/℃	-14
硫/μg·g^{-1}	70

四、柴油的十六烷值改进技术(MCI)

MCI是Maximum Cetane Improvement的缩写，是FRIPP针对FCC和RFCC柴油富含芳烃(尤其是两环以上芳烃)和十六烷值低的问题，研究开发的一项FCC柴油改质专有技术。

FCC柴油所占比例大(约30%)，硫、氮含量高，颜色、安定性差，富含芳烃，十六烷值低，须加氢精制或改质处理。二次加工柴油(催化柴油、焦化柴油)加氢精制，在中压条件下进行烯烃加氢饱和、HDS、HDN及芳烃部分加氢饱和反应，可改善其颜色和氧化安定性，十六烷值提高幅度小，尤其是 RFCC 柴油，远不能满足产品对十六烷值提高的要求。研发一种既较大幅度地提高 FCC 柴油的十六烷值，又能得到高的柴油收率的改质技术，多年来一直是国内外大公司关注的焦点。

柴油的十六烷值与其所含烃类族组成及碳数密切相关，不同烃类的十六烷值排序是：

正构烷烃 > 烯烃 > 异构烷烃 > 芳烃

同种类烃的十六烷值，随其碳数的增加而提高；环状烃的十六烷值排序是：

单环环烷烃 > 十氢萘系烃 > 四氢萘系烃 > 萘系烃

采用 MCI 专用配套催化剂，在适宜的工艺条件下，加工劣质 RFCC 柴油，经烯烃饱和、HDS、HDN、芳烃部分加氢饱和及二环以上芳烃加氢饱和开环后的再加氢饱和(不裂解)，能生产低硫、低氮、安定性好、芳烃含量有所降低、十六烷值较高的优质清洁柴油。该过程与加氢精制相比，具有柴油十六烷值提高幅度较大；同 MHUG 相比，具有柴油收率高(对原料油 98% 以上)和化学氢耗相对较低等特点，是目前提高劣质 FCC 柴油十六烷值的有效措施，已在多套工业装置上成功应用。几种 FCC 柴油 MCI 的效果见表 3-4-7。

表 3-4-7　几种 FCC 柴油 MCI 的效果

项　目	大庆 LCO	大港 LCO	管输 LCO	辽河 LCO
原料油性质				
密度(20℃)/$g \cdot cm^{-3}$	0.8680	0.8584	0.9123	0.8949
馏程/℃	184~343	148~340	222~360	134~361
凝点/℃	-11	-8	0	-4
硫/$\mu g \cdot g^{-1}$	1200	1600	3210	1400
氮/$\mu g \cdot g^{-1}$	862	850	800	1921
十六烷值	36.7	24.2	25.0	25.1
工艺条件				
氢分压/MPa	6.0	6.1	6.8	6.5
氢油体积比	500	700	800	800

续表

项　　目	大庆 LCO	大港 LCO	管输 LCO	辽河 LCO
体积空速/h^{-1}	1.5	0.9	1.5	1.0
平均反应温度/℃	346.5	350.0	380.0	350.0
柴油收率(对原料油)/%	98.41	97.24	>95.00	>97.00
MCI 柴油的主要性质				
密度(20℃)/$g \cdot cm^{-3}$	0.8464	0.8535	0.8683	0.8719
馏程(95%点馏出温度)/℃	330	326	360	352
凝点/℃	-16	-14	-4	-4
硫/$\mu g \cdot g^{-1}$	<30	34.8	<50	<50
十六烷值/十六烷值提高值	46.2/9.5	36.6/12.2	37.5/12.5	38.1/13.0

1998 年 8 月，MCI 技术率先在吉林石化分公司炼油厂 200kt/a 装置上得到工业应用，工业应用的标定结果见表 3-4-8。

表 3-4-8　吉林石化分公司炼油厂 200kt/a MCI 装置的标定结果

项　　目	工况-1	工况-2
原料油性质		
密度(20℃)/$kg \cdot m^{-3}$	882.4	879.6
馏程/℃	193~348	203~352
凝点/℃	-32	-28
硫/$\mu g \cdot g^{-1}$	941	928
氮/$\mu g \cdot g^{-1}$	839	836
十六烷值	26.9	28.6
工艺条件		
氢分压/MPa	6.1	6.1
氢油体积比	733	470
体积空速/h^{-1}	1.43	1.95
平均反应温度/℃	346	349
柴油收率(对原料油)/%	99.78	98.60
柴油的主要性质		
密度(20℃)/$kg \cdot m^{-3}$	858.4	860.4
馏程(95%点馏出温度)/℃	327	336
凝点/℃	-39	-29
硫/$\mu g \cdot g^{-1}$	80	81
十六烷值/十六烷值提高值	39.0/12.1	39.9/11.3

2001 年 RIPP 的 RICH 技术在洛阳石化工业应用，加工处理十六烷值 32.2 ~ 35.7 的原料，柴油收率为 95.27% ~96.67%，其十六烷值的提高值为 8.4 ~10.4[30]。

五、加氢改质异构降凝(FHI)技术

FHI 是在中压条件下，对直馏柴油、二次加工柴油进行加氢处理，在深度脱硫、脱氮、脱芳和选择性开环的同时，可以使进料中的正构烷烃等高凝点组分进行异构化反应，并使进料中的重馏分发生适度的加氢裂化反应。该技术具有柴油产品收率较高，能显著降低柴油产品中硫、氮、芳烃(尤其是多环芳烃)含量、凝点、密度、T_{95} 和提高十六烷值等特点。

近年来，FRIIP 研究开发的 FHI 技术，采用 3936/FC –14 配套催化剂用于柴油馏分降凝试验，结果分别列于表 3 –4 –9、表 3 –4 –10、表 3 –4 –11 和表 3 –4 –12。

表 3 –4 –9　直馏柴油 FHI 的试验结果

项　　目	任丘常三线油	
催化剂	3996/FC –14	
反应压力/MPa	7.0	
体积空速/h^{-1}	1.09	
反应温度/℃	382 ~396	
石脑油收率/%	11.0	
柴油产品收率/%	88.5	
原料及柴油产品性质	原料油	加氢柴油
密度(20℃)/g · cm^{-3}	0.8244	0.8061
馏程/℃		
10%/50%/95%	279/333/381	209/309/361
凝点/℃	29	–1
硫/μg · g^{-1}	1400	<10
氮/μg · g^{-1}	207	1
链烷烃/环烷烃/芳烃/%	60.5/26.9/12.6	73.5/16.7/9.8
二环以上芳烃/%	6.1	2.8
十六烷值(实测)	—	64

表3-4-10　FCC柴油FHI的试验结果

项　目	任丘FCC柴油		大庆FCC柴油	
催化剂	3996/FC-14		3996/FC-14	
反应压力/MPa	7.0		7.0	
体积空速/h^{-1}	1.09		1.09	
反应温度/℃	382~396		382~396	
石脑油收率/%	2.7		1.0	
芳烃潜含量/%	58.7		>50	
柴油产品收率/%	97.3		98.4	
原料及柴油产品性质	原料油	加氢柴油	原料油	加氢柴油
密度(20℃)/$g \cdot cm^{-3}$	0.8841	0.8520	0.8813	0.8538
馏程/℃				
10%/50%/95%	217/270/350	206/253/335	219/264/352	210/257/342
凝点(冷滤点)/℃	-4	-16	(-3)	(-7)
硫/$\mu g \cdot g^{-1}$	2700	<10	1200	<10
氮/$\mu g \cdot g^{-1}$	1378	1.0	900	1.5
链烷烃/环烷烃/芳烃/%	30.3/14.2/55.5	41.7/11.3/47.0	—	—
二环以上芳烃/%	35.9	14.9	—	—
十六烷值(实测)	27.1	39.5	29.9	39.6

表 3－4－11　华北直馏柴油/FCC 柴油混合油 FHI 的试验结果

项　目	原料油	试验－1	试验－2	试验－3
催化剂	—	3996/FC－14	3996/FC－14	3996/FC－14
反应压力/MPa	—	7.0	7.0	7.0
体积空速/h^{-1}	—	1.09	1.09	1.09
反应温度/℃	—	377	381	383
石脑油收率/%	—	3.9	5.4	8.8
柴油产品收率/%	—	96.1	94.6	91.2
原料及柴油产品性质				
密度(20℃)/$kg \cdot m^{-3}$	860.4	827.4	825.8	821.8
馏程/℃				
10%/50%/95%	226/301/370	209/272/357	201/260/345	198/251/342
凝点/℃	16	－7	－20	－32
硫/$\mu g \cdot g^{-1}$	2200	<10	<10	<10
氮/$\mu g \cdot g^{-1}$	992	1.0	1.0	1.0
链烷烃/环烷烃/芳烃/%	45.3/17.1/37.6	60.2/22.2/17.6	59.3/15.6/25.1	58.8/19.3/21.9
二环以上芳烃/%	24.2	3.2	5.1	4.3
十六烷值(实测)	47.6	54.9	52.6	52.2

表 3-4-12 锦西常三线/减一线/FCC 柴油混合油 FHI 的试验结果

原料油	混合油-1			混合油-2		
催化剂	—	3936/FC-14		—	3936/FC-14	
反应压/MPa	—	9.0		—	9.0	
体积空速/h^{-1}	—	1.5/1.5		—	1.5/1.5	
反应温度/℃	—	365/365	363/370	—	369/367	369/370
<65℃轻石收率/%	—	1.99	4.54	—	2.88	3.86
65~165℃重石收率/%	—	16.62	18.15	—	11.67	16.30
65~165℃重石芳潜/%	—	52.3	47.1	—	54.3	51.1
165℃$^{+}$柴油收率/%	—	80.85	76.53	—	85.09	79.35
原料及柴油产品性质	原料油	柴油-1	柴油-2	原料油	柴油-3	柴油-4
密度(20℃)/$g \cdot cm^{-3}$	0.8456	0.8180	0.8170	0.8647	0.8325	0.8305
馏程/℃						
IBP/10%	145/201	164/205	156/197	165/220	167/209	171/206
50%/90%	300/353	278/334	255/291	302/360	268/341	257/330
95%/EBP	366/376	350/362	339/354	384/388	365/372	350/369
凝点/℃	4	-7	-18	5	-14	-21
硫/$\mu g \cdot g^{-1}$	1120	<10	<10	1200	<10	<10
氮/$\mu g \cdot g^{-1}$	644	1.0	1.0	811	1.0	1.0
芳烃/%	33.8	13.6	12.9	35.3	16.3	15.4
十六烷值(计算值)	51.1	60.2	54.6	45.2	52.1	50.6

2002年以来，FHI技术相继在抚顺石化分公司、华北石化分公司和前郭石化分公司得到工业应用，取得了预期效果。

第五节　工艺参数的影响

同所有的加氢过程一样，原料油、氢气(补充氢)、操作压力、氢油体积比、体积空速和反应温度等，是影响加氢裂化过程的主要工艺参数。

一、原料油

1. 原料油的保护

从生产运行的平稳性考虑，来自上游装置原料油通常是先送到储罐，再供给加氢装置使用。一套加氢装置一般有两个或两个以上的原料油储罐切换使用。因此，对罐储的原料油(尤其是二次加工油)应该进行保护，避免与空气接触。研究和生产实践表明，当罐储原料油中的不安定组分(例如烯烃)与空气接触时，会和空气中的氧发生氧化反应，其氧化反应产物又会与含硫、氮、氧的活性杂原子化合物进行缩合反应生成生焦前身物，易在换热器、加热炉和反应器顶部等高温部位进一步缩合生焦，这样不仅导致换热效率降低，还可能引起反应系统压降的形成和快速增长，影响装置的平稳操作，缩短装置的运转周期。原料油储罐需要采用微正压的惰性气体(氮气)或炼厂瓦斯气进行保护。保护介质的氧含量应小于5μL/L。

2. 原料油的脱水

原料油含水不仅影响装置的平稳操作，而且催化剂在高温下长时间接触水蒸气会导致催化剂载体的老化和活性金属组分的聚集，危及催化剂的活性稳定性。因此，必须加强原料油罐和装置原料油沉降罐的脱水，确保装置进料的水含量严格控制在500μg/g以下。

3. 原料油的过滤

加氢装置的原料油中常常会含有一些机械杂质(固体颗粒物)，焦化馏出油中含有一些焦粉，如果加工催化重循环油，其中含有一定量的催化剂粉末，在加工高酸值原料时，还会夹带腐蚀产物。因此原料油在进入加氢装置的反应系统之前，须采用自动反冲洗的过滤器组，先对其进行过滤脱除小于25μm的机械杂质，以预防反应器顶部压降的过早形成和快速增长，确保装置长周期稳定运转。

4. 原料油的硫、氮含量

原料油中的硫与氮相比，在加氢裂化条件下相对容易脱除，反应系统循环氢中的 H_2S 浓度主要取决于原料的硫含量。前面已多处提及过，在加工含硫油（尤其是高硫油）时，当反应系统循环氢中的 H_2S 浓度超过1v%时，加氢装置应设置循环氢气脱硫系统，使循环氢中的硫化氢含量控制在1000μL/L左右，可有效地避免硫化型加氢催化剂硫的流失，维持催化剂的活性稳定性，这在许多加氢装置的操作指南中已多次提及。而在加工处理低硫、高氮含量的原料时，则循环氢中的硫化氢含量较低，有时只能维持在100~200μL/L。在这种情况下，应适当补硫或掺兑硫含量较高的原料组分，使反应系统的硫化氢含量能维持在500μL/L以上，以有助于保持催化剂的活性稳定性。

与中东原油相比，国内原油的显著特点是氮含量高，硫含量低。原料油加氢脱氮可用如下的反应速度方程式来加以描述：

$$N_p = N_f \times \exp(LHSV)/k$$

式中 N_p——精制油的氮含量；

N_f——原料油的氮含量；

k——HDN的反应速度常数；

$LHSV$——体积空速，h^{-1}。

由加氢脱氮的反应速度的表达式显而易见，精制油的氮含量是原料油氮含量和进料液时空速的函数。对于一段串联的加氢裂化工艺来说，在精制油氮含量已给出限值的情况下，如果操作压力业已确定，则原料油的氮含量是选择和确定精制段体积空速的主要根据之一。

5. 原料油的沥青质

沥青质是高沸点的稠环化合物，通常以 C_7（正庚烷）不溶物含量来表征。沥青质是加氢过程的主要生焦前身物之一。沥青质中含有的重金属是加氢催化剂的毒物。沥青质一般是在渣油中。在正常情况下，VGO 中的沥青质含量很低，但原油蒸馏装置的操作波动往往会导致加氢裂化进料的沥青质含量升高，轻者会使精制油的颜色发黑，重者会造成加氢裂化产品的颜色也发黑。这种情况不仅在试验研究过程中出现过，在工业加氢裂化装置上也时有发生。一般在加氢裂化的重 VGO、重 CGO 进料组分中的沥青质较高，因此原油蒸馏装置和焦化装置的分馏塔不要单一地追求提高拔出率，还应注重其分离效果。对于加氢裂化装置的进料，须严格控制其沥青质含量小于 0.01%。

6. 原料油的残炭值

原料油中的残炭值是表征油品中多环芳烃、胶质和沥青质等易缩合物质多少的一个指标。随着原料油沸点的提高，其残炭值也会随之增加。残炭值的增加会使催化剂的结焦速度加快。这将严重影响装置运转周期。故在装置设计时，就需要限定原料油中的残炭值，一般限值为小于 0.3%。

7. 原料油中的金属含量

加氢裂化原料油中的金属主要是铁、镍、钒等。原料油中的铁一部分是来源于原油中，另一部分是来自与原料油接触的转油线、储罐和装置设备的腐蚀产物。铁的危害是在加氢过程中生成硫化亚铁沉积在反应器催化剂床层的顶部，使床层压降迅速增长，危及装置的正常操作和运行。金属 Ni 和 V 等是造成催化剂永久性失活的毒物之一。如果欲维持加氢裂化装置一次运转周期为 2 年，则须要求将原料油中的重金属含量严格控制小于 2μg/g，最好小于 1μg/g。

如果原料油的金属含量得不到有效控制，则应根据进料的金属含量、保护剂和脱金属催化剂对重金属的容量和运转周期的要求，在反应器催化剂床层的顶部级配装填适量的保护剂和脱金属催化剂。

二、氢气(补充氢)

加氢裂化是耗氢的过程，需要连续不断地向反应系统补充氢气，以保持反应系统的操作压力的稳定。通常加氢装置要求补充氢的 CO_2 + CO 的含量小于 50μL/L，其中，CO 的含量小于 10μL/L。补充氢中的 CO_2和 CO 加氢的最终产物是甲烷和水，不仅使氢耗增加并释放出大量的热，造成催化剂床层的温升增高。甲烷的富集还会导致循环氢的氢纯度下降，影响反应系统的氢分压。另外，补充氢中 CO 的存在，在开停工的低温阶段会与加氢催化剂上活性金属组分镍反应生产羰基镍。因此，在开停工阶段应力求避免补充氢中有 CO 存在。

加氢裂化装置的补充氢来源有：制氢装置的氢气、重整装置的副产氢、乙烯装置的氢气和合成氨装置的氢气等。制氢装置的氢纯度一般较高，除要求其甲烷含量小于 5v% 外，CO_2 + CO 和 CO 的含量应按上述要求严格控制[17]。半再生或连续重整装置的氢纯度取决于催化重整的转化深度，其氢纯度一般在 85v% 以上，其氯含量应小于 2μL/L。如果将重整氢经变压吸附(PSA)装置提浓，可提高补充氢的氢纯度。合成氨氢气的氢纯度多在 75v% 左右，氮气含量为 25v% 左右，也需要进行提浓处理。

三、操作压力

氢分压是影响加氢裂化装置建设投资、操作费用、催化剂使用寿命、产品质量等最重要的工艺参数之一。操作压力、补充氢组成、高压分离器的操作温度、循环氢流率和补充氢量等，是影响氢分压的相关因素。氢分压与反应器入口的操作压力成正比。为使加氢装置处于最大的氢分压下运转，应力求使反应器的入口压力接近其设计压力。加氢装置耗氢引起操作压力降低时，可通过增加补充氢流率来维持反应系统的正常操作压力。提高氢分压可加快 HDS、HDN、多环芳烃的加氢饱和及开环裂解的反应速度，有利于加氢裂化反应过程的进行。

FRIPP 以大港 VGO 或大庆 VGO 为原料油，用分子筛型加氢裂化催化剂，采用一段串联流程，考察了反应压力对产品分布和性质的影响，结果分别列于表3－5－1和表3－5－2。

表3－5－1　大庆VGO在不同反应压力下的产品分布

氢分压/MPa	9.80	7.84	6.37
>350℃馏分转化率[①]/%	68.6	68.4	68.1
产品分布/%			
<65℃	5.5	5.7	6.0
65～180℃	29.8	29.0	28.9
180～260℃	17.6	17.8	17.6
260～350℃	19.4	19.6	19.4
350℃⁺	27.7	27.9	28.1

① 原料油>350℃馏分含量为88.2%。

从表3－5－1数据可见，反应压力对产品分布基本没有影响。这是因为所用催化剂的裂化反应遵循的是正碳离子反应和β键断裂的反应机理，而这一裂化反应过程基本与氢分压无关。

表3－5－2　反应压力对大港VGO加氢裂化产品性质影响的试验结果

反应氢压	14.7MPa	8.3MPa	6.4MPa
产品分布(对原料油)/%			
<65℃轻石脑油	8.9	7.8	8.4
65～165℃重石脑油	41.7	38.7	33.9
165～240℃喷气燃料	—	27	24
165～260℃喷气燃料	26.3	—	—
240～350℃柴油馏分	—	14.9	19.3
260～350℃柴油馏分	7.6	—	—
350℃⁺尾油	15.5	11.6	14.4
产品主要性质			
65～165℃重石脑油			
芳烃潜含量/%	52.2	52.2	54.8
喷气燃料馏分			
馏程/℃	165～260	165～240	165～240
密度(20℃)/g·cm^{-3}	0.7901	0.8014	0.818
冰点/℃	<－60	<－60	<－60
烟点/mm	32	22	16

续表

反应氢压	14.7MPa	8.3MPa	6.4MPa
芳烃含量/v%	5.4	16.1	27.4
萘系烃含量/v%	<3	<3	<3
柴油馏分			
馏程/℃	260～350	240～350	240～350
密度(20℃)/g·cm^{-3}	0.8056	0.8026	0.8159
凝点/℃	-10	-13	-9
十六烷值	67.5	66.1	61.8

从表3-5-2中所列数据可见，在转化深度相近的条件下，无论是石脑油、喷气燃料组分还是柴油组分，其主要性质、特别是芳烃含量与反应压力关系很大。在14.7MPa的高压下，各产品的芳烃含量均很低，喷气燃料的烟点高达32mm。随着压力降低，各产品与芳烃相关指标，都相应变差。在6.4MPa中压下，喷气燃料的芳烃及烟点已不能满足喷气燃料规格指标要求。

反应压力和反应温度对芳烃加氢饱和的影响见图3-5-1[31]。

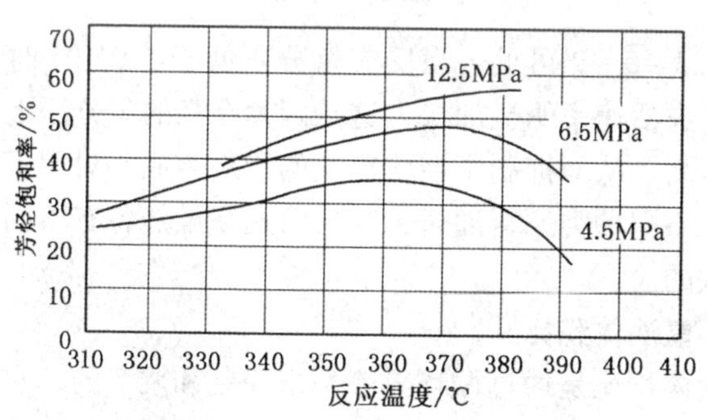

图3-5-1　反应温度和反应压力对芳烃加氢饱和的影响(中东重柴油馏分)

从图3-5-1反应温度和反应压力对芳烃饱和率影响的曲线可见，在反应压力6.5MPa下，在相当窄的范围内，芳烃饱和率才能达到48%，再提高温度，即转为热力学条件控制，其芳烃饱和率迅速下降；但在 12.5MPa 较高压力下，芳烃加氢仍在动力学条件下控制，芳烃饱和率仍在增加，温度将有一个较宽的使用范围，从而可进一步说明压力对产品性质有明显的影响。

FRIPP 还考察了反应压力对不同类型催化剂失活速率的影响。以分子筛型加氢裂化催化剂失活速率与氢分压的关系绘制如图 3－5－2 为例加以说明。

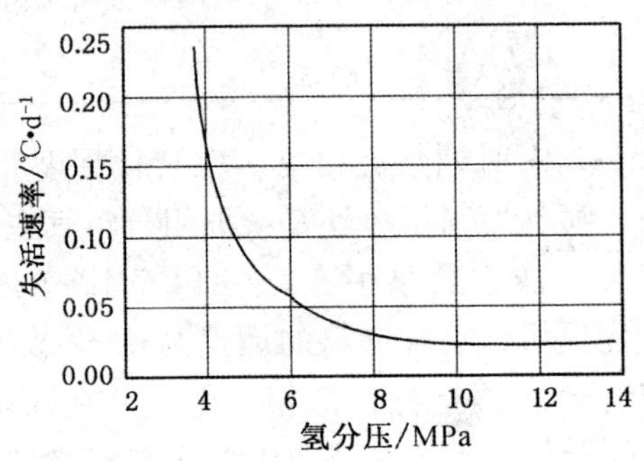

图 3－5－2　氢分压对加氢裂化催化剂失活速率的影响

（温度 380℃，体积空速 1.5h^{-1}，氢油体积比 1200）

从图 3－5－2 可见，当反应氢分压低于 7.0MPa 时，分子筛催化剂的失活速率明显加快，这是因为在高的氢分压下，会使加氢速率提高，从而抑制了催化剂上的积炭生成。对用不同类型催化剂加工不同种类原料油时，其失活速率虽然各有不同，但其趋势是一致的。

四、氢油体积比

氢油体积比是通过循环氢流率来控制和调节的，它是营造临氢气氛、相关水力学条件和提供加氢过程热平衡的重要手段。提高氢油体积比，在某种意义上相当于提高氢分压，并有利于改善传质效果和携带出加氢反应热。急冷氢是循环氢的一部分，是调控床层温升及反应温度的有效手段。维持正常或较高的氢油体积比，是保持催化剂活性、稳定性、确保产品质量和加氢装置安全平稳操作运转的重要条件。

加氢裂化装置的循环氢压缩机的能力，应包括维持反应器入口氢油体积比的氢气量(全循环加氢裂化必须将循环油的量考虑进去)，各部位的冷氢量和应急的冷氢量。在正常操作中，应尽可能地保持在设计的氢油体积比的条件下运转。以增加急冷氢和不可预见氢气的弹性。

五、体积空速

体积空速是反应物流通过反应器在催化剂床层停留时间的表征。对于加氢裂化装置来说，除操作压力以外，体积空速也是一个重要的技术经济指标，它决定反应器容积的大小和催化剂的用量；对于多相催化加氢反应，在一定的范围内，体积空速和反应温度具有互补性。在设备和相关条件允许的情况下，可采取较高的体积空速、较高的反应温度操作，也可采用较低的体积空速、较低的反应温度运转。在原料油性质发生变化、运转后期或某些设备临时出现故障、隐患等情况下，须采取较低空速、较低操作温度运转。在设备条件允许的条件下，适当提高体积空速，也是可行的。通常，加氢裂化装置可在其50%～110%的设计负荷下进行正常操作。

在一定的工艺条件下，体积空速对加氢裂化的单程转化率、产品分布和产品性质都有明显的影响。当体积空速发生变化时，一般是通过调整反应温度，来维持相对稳定的单程转化率和产品质量。

六、反应温度

反应温度是加氢过程的主要工艺参数之一。加氢裂化装置在操作压力、体积空速和氢油体积比确定之后，反应温度则是最灵活、有效的调控手段。加氢裂化的平均反应温度相对较高，精制段的加氢脱硫、加氢脱氮、芳烃加氢饱和及裂化段的加氢裂化都是强放热反应，因此有效控制床层温升是十分重要的。加氢裂化装置反应温度控制的方法和基本原则是：

① 一般用反应器入口温度控制第一床层的温升。

② 采用床层之间的急冷氢量，调节下一个床层的入口温度，

控制其床层温升，使之达到预期的精制效果和裂化深度。

③ 在加氢裂化的调整操作过程中，应严格遵循“先提量后提温和先降温后降量”的基本原则，以避免加氢裂化装置超温或反应温度失控的情况发生，确保装置的安全平稳运转。

④ 在催化剂生焦积炭缓慢失活的情况下，相应提高反应温度，是维持装置长期稳定运转的行之有效的控制操作方法。

加氢反应器内的温升状况通常用反应器温升、催化剂床层的总温升、催化剂床层平均反应温度(BAT)和反应器平均反应温度(CAP)等来描述。反应器催化剂床层和测温点如图3-5-3所示。

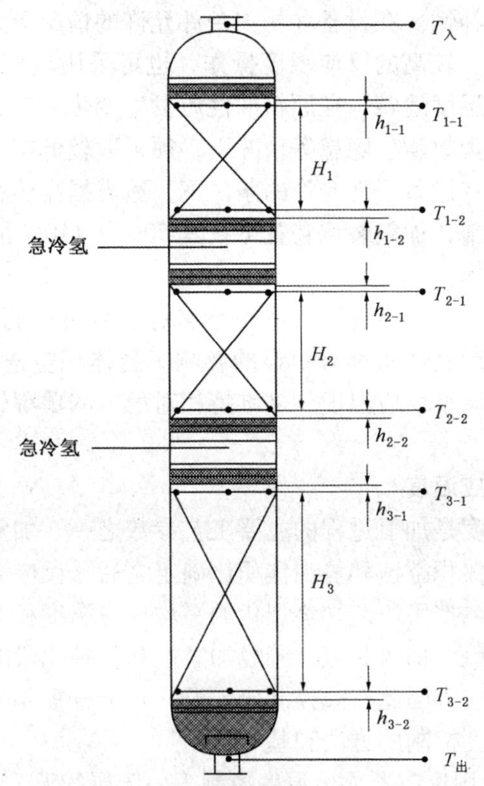

图3-5-3　反应器催化剂床层和测温点示意图

反应器温升(ΔT_R)=反应器出口温度(T_o)-反应器入口温度(T_i)

催化剂床层的温升等于该催化剂床层底部温度减去该催化剂床层顶部温度。反应器催化剂床层的总温升(ΔT_C)为各个催化剂床层的温升之和。

催化剂床层平均反应温度(BAT)是该催化剂床层顶部温度与底部温度之和的算术平均值。

加氢反应器内设置有多个催化剂床层,每个催化剂床层设有两个或两个以上的热电偶保护管,保护管内有多支热电偶。加氢反应器内催化剂床层同一截面上的温度有时不尽相同,一般用所有热电偶指示温度的算术平均反应温度代表该截面的温度。

绝大多数的加氢反应器(尤其是加氢裂化反应器)催化剂床层不同截面的温度是不一样的,反应温度一般是用催化剂的平均反应温度(CAP)来表示。CAP是各催化剂床层平均反应温度BAT的加权平均值,即将逐个催化剂床层的平均反应温度BAT乘以该床层催化剂在反应器催化剂总装量中的份额比例,其相加的总和即为反应器催化剂的平均反应温度CAP。这是一种相对简单的计算方法。

加氢反应器催化剂加权平均反应温度的另一种计算方法是:

① 假定各催化剂床层的装填密度取反应器催化剂装填密度的平均值,则可用某一段催化剂床层的高度与催化剂床层总高度(H)之比,来计算其重量之比。

② 同一床层相邻两层热电偶保护管截面之间催化剂段高度的一半,除以反应器催化剂床层的总高度(H),为上层热电偶保护管截面温度的加权平均因子;另一半催化剂的高度除以反应器催化剂床层的总高度(H),为下一层热电偶保护管截面温度的加权平均因子。

③ 催化剂床层底部热电偶保护管截面至床层出口(下界面)高度,除以反应器催化剂床层的总高度(H),为底部热电偶保护管截面温度的加权平均因子。

以图3－5－3为例，该反应器加权平均反应温度 CAT 计算的表达式如下：

$$CAT = \left\{\begin{aligned}&\left(h_{1-1} + \frac{H_1}{2}\right)\times T_{1-1} + \left(\frac{H_1}{2} + h_{1-2}\right)\times T_{1-2} + \\ &\left(h_{2-1} + \frac{H_2}{2}\right)\times T_{2-1} + \left(\frac{H_2}{2} + h_{2-2}\right)\times T_{2-2} + \\ &\left(h_{3-1} + \frac{H_3}{2}\right)\times T_{3-1} + \left(\frac{H_3}{2} + h_{3-2}\right)\times T_{3-2}\end{aligned}\right\} \div H$$

式中，催化剂床层总高度 $H = (h_{1-1} + H_1 + h_{1-2}) + (h_{1-2} + H_2 + h_{2-2}) + (h_{3-1} + H_3 + h_{3-2})$

参 考 文 献

1 华东石油学院炼油工程教研室．石油炼制工程．北京：石油工业出版社，1979

2 侯祥麟．中国炼油技术．北京：中国石化出版社，1991，254

3 侯祥麟．中国炼油技术．北京：中国石化出版社，1991，256

4 林世雄主编．石油炼制工程下册(第二版)．石油工业出版社．北京，1988

5 汤海涛等．炼油设计，1999，29(8)：9

6 Speight James G. The Desulfurrization of Heavy Oils and Residua. Marcel Dekker，Inc，New York and Basel，1981

7 Speight James G. The Chemistry and Technology of Petroleum. Marcel Dekker，Inc，1980

8 Ronnie Maddox，et al. Integrated Solutions for Optimized ULSD Economics. NPRA Annual Meeting，2003，AM－03－119

9 Kalnes T，et al. Advanced Partial Conversion Unicracking™ Technology－A Profitable Clean Fuel Solution. ERTC 7th Annual Meeting，2002

10 Vasant P Thakkar，et al. LCO Upgrading：A Novel Approach for Greater Added Value and Improved Returns. NPRA Annual Meeting，2005，AM－05－53

11 Brieerley G R，et al. Changing Refinery Configuration for Heavy and Synthetic Crude Processing. NPRA Annual Meeting，2006，AM－06－16

12 Johonson J，et al. LCO Upgrading：Unlocking High－Value Xylenes from Light Cycle Oil. NPRA Annual Meeting，2007，AM－07－40

13 Gary R Brierley，et al. Changing Refinery Configuration for Heavy and Synthetic Crude Processing. NPRA Annual Meeting，2006，AM－06－16

14 张德义．充分利用石油资源加快加氢工艺技术发展．加氢裂化协作组第六届年会报告论文集，天津，2005. 1～20

15 黎元生．国外加氢裂化技术进展和分析．加氢裂化协作组第五届年会报告论文选集．2003，乌鲁木齐：70～87
16 廖健．国外加氢技术新进展．加氢裂化协作组第五届年会报告论文选集，乌鲁木齐：2003. 96～101
17 M Habib, et al. Solving clean fuels production and residuum conversion through hydroprocessing integration. NPRA Annual Meeting, 2007, AM－07－62
18 Cash D R, et al. Petroleum Technology Quarterly, 2001, 6(2): 31～35
19 Pepper J M, et al. Premor Heavy Oil Upgrade Project. NPRA Annual Meeting, 2002, AM－02－59
20 Mukherjee U K. et al. Maximizing Hydrocracker Perfomance Using ISOFLEX Technology. NPRA Annual Meeting, 2005, AM－05－71
21 Sigrid Spieler. Upgrading Residuum to Finished Products in Integrated Hydroprocessing Platforms: Solutions and Challenges. NPRA Annual Meeting, 2006, AM－06－64
22 卫建军等．1.5Mt/a加氢裂化装置的运行和FC－14催化剂的应用．炼油技术与工程，2006，36(4)：30～34
23 赵颖等．金陵分公司FDC单段两剂多产中间馏分油全循环加氢裂化装置设计与试运行总结．加氢裂化协作组第六届年会报告论文集，天津，2005. 198～205
24 孟祥兰等．加氢降凝和加氢改质降凝组合工艺技术进展．工业催化，2004，12(11)：15～18
25 [日]石油技术，1982，5(9)：810～818
26 邵仲妮．国外缓和加氢裂化技术．加氢裂化装置第二届交流会文集，抚顺，1989
27 Hunter Michael G, et al. Moderate Pressure Hydrocracking: Aprofitable Conversion Altermative. NPRA Annual Meeting, 1994, AM－94－21
28 石玉林等．加氢裂化协作组第三届年会报告论文集，上海，1999
29 李浩等．加氢裂化协作组第三届年会报告论文集，上海，1999
30 李大东主编．加氢处理工艺与工程．北京：中国石化出版社，2004. 980～981
31 Stannislaus A, Cooper B H. Aromatic Hydrogeneration Catalysis, A Review, Catal Rev Eng, 1994. 75～123

第四章　加氢裂化及其配套催化剂

第一节　加氢裂化催化剂的组成

根据加氢裂化反应的正碳离子机理，加氢裂化催化剂是由加氢组分和酸性组分两个必要组分组成的双功能催化剂。两者根据需要达到一定比例的配合。此外，为了改善催化剂的某些性质，往往还需要加入一些助剂，所以，加氢裂化催化剂是由加氢和裂解两个必需组分和一些助剂所组成，如图 4－1－1 所示。虽然助剂不是催化剂的必需成分，但随着技术的不断发展，由于一些助剂能明显改善催化剂的性能，也逐渐成为加氢裂化催化剂中不可缺少的组分。

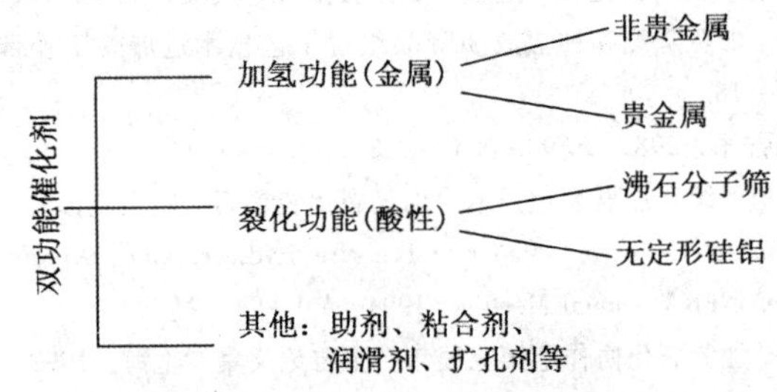

图 4－1－1　加氢裂化催化剂的组成

其实，双功能催化剂适用范围很广，除了加氢裂化是典型外，还有加氢精制、加氢处理和加氢异构等。

一、基本组成

组成加氢裂化催化剂的三个部分，各自有其主要作用，同时又有相互依赖的关系。高正中[1]将多组分固体催化剂中各组分起的不同作用，分为活性组分、载体和助剂三类，将此分类具体化到加氢裂化催化剂上，可以用图 4－1－2 表示。

在加氢裂化催化剂中，酸性通常是由载体提供的。早期人们认为载体仅是催化剂的一个组成部分，而仅作为活性组分的基底、支座，即使对反应有活性也是较小的。随着研究的深入，这种观点已被打破。它已不仅是作为基底和支座，与活性组分之间还有着相互作用，甚至像加氢裂化催化剂一样已成为催化剂不可缺少的基本组成部分。

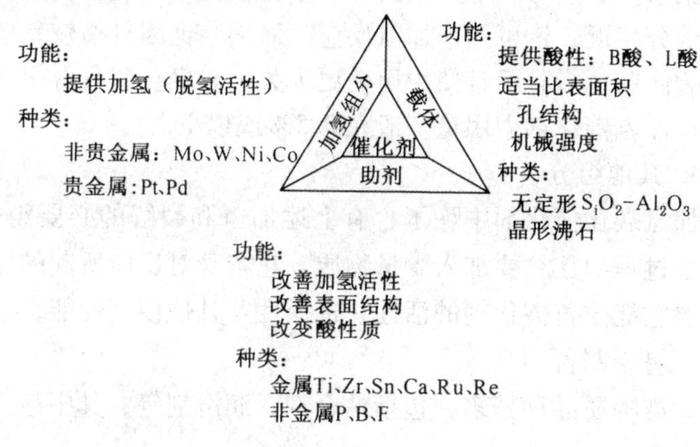

图 4-1-2　加氢裂化催化剂组成及其功能

1. 酸性组分

酸性组分是裂解活性的主要来源，其酸性的强弱依次为分子筛、无定形硅铝和氧化铝，在 20 世纪 50 年代至 60 年代，曾短期使用过无定形硅-镁。

按提供酸性的载体结构分，可以分为无定形和晶形两种，前者以氧化铝和无定形硅铝为代表。后者以分子筛为代表。一般来说，分子筛可比无定形载体提供更多的酸性中心和更强的酸性。但随着技术的进步，这一差别正在缩小，以致消除。

2. 加氢组分

加氢裂化催化剂的加氢活性主要由加氢金属提供。具有加(脱)氢活性的金属以元素周期表中Ⅵ-B 族的钼、钨和Ⅷ族的钴、镍、铂和钯为主。按照活性和价值可以分为贵金属(铂、钯)和非贵金属(钼、钨、钴、镍)两大类。

钨、钼一般用作主催化金属，在催化剂中含量较高，它们除了可催化加(脱)氢反应外，还可催化醇类脱水(水合)反应和聚合反应，在压力下可以催化链烯烃与硫化氢反应生成硫醇。

镍、钴在加氢裂化催化剂中用量较钨、钼为少，主要用于加氢反应，也可用于烯烃的反—顺异构反应。

铂系金属共有六个元素，原子量相差很大，但物理和化学性质却十分相近，皆可用作加氢反应。而铂、钯因价格较其他四种低，故使用也多，而且使用历史更为久远。贵金属具有很高的活性，在加氢催化剂中用量一般在0.5%或以下。

3. 其他组分

加氢裂化催化剂中除了含有上述加氢和裂解的必要组分外，在制备过程中往往要加入少量物质。它本身对反应所起的作用很小，但它能改善催化剂的活性、选择性及其他使用性能，或使催化剂更易于制备。

此类物质品种繁多，包括粘合剂、润滑剂等，其中最主要的当属助剂。

(1) 助剂

当今助剂已成为加氢裂化催化剂中不可缺少的组成部分，助剂的加入可使催化剂的反应性能、物化性质等得到明显改善。助剂可有结构助剂、电子助剂、晶格缺陷助剂、扩散助剂、相变助剂、扩孔助剂等多种多样。当然，一种助剂也可以起多种作用，也可以是多种助剂共起同一种作用。由于它们品种繁多，作用各异，使用频繁，故它们的作用将在有关章节中分别介绍。

(2) 粘合剂

由于分子筛的粘合能力较差，所以分子筛含量高的催化剂在成型时会碰到困难，需要加入粘合剂以增加强度。最常用的粘合剂是酸化氧化铝。

(3) 扩孔剂

催化剂的孔结构对催化性能，特别是产品分布有很大影响，制备较大孔的载体，常常是研究者关注的问题，除了在制备过程改变条件，如提高温度，提高 pH 值，摆动 pH 法，水热处理外，加入扩孔剂也曾为广泛关注。即在制备载体时加入一些有机物，待焙烧时有机物氧化掉，所留下的空穴即成为孔，表 4－1－1 给出了醇类的扩孔效果。

表 4－1－1 醇类的扩孔效果

加入物	表面积/$m^2 \cdot g^{-1}$	孔容/$mL \cdot g^{-1}$	平均孔半径/nm
—	220	0.473	4.3
甲 醇	288	0.685	4.8
乙 醇	251	0.852	6.8
异丙醇	276	1.037	7.5
正丁醇	299	1.017	6.8

由表 4－1－1 可见，在氧化铝载体中加入醇，可不同程度提高平均孔径，而表面积基本不变，分子量越大，效果越明显，异构物比正构物效果好得多。

在上述基础上，又发展出大分子有机物扩孔剂。它可分为 3 类：

第一类：包括聚乙二醇、聚氧化乙烯等，它主要扩 2～100nm 的中、小孔。

第二类：有甲基纤维素甲醚，主要宽化大孔系统。

第三类：有聚乙烯醇，可向 1000nm 大孔扩展，孔容可扩展到 5.4mL/g。

扩孔剂虽然扩孔效果十分明显，但由于焙烧时的困难和给载体带来一些不良影响，当前已较少使用。

二、载体

炼油工业所用的催化剂几乎都是由载体和活性组分组成的。加氢裂化催化剂的载体是必不可少的活性组分之一。它除了具有一般载体所起的作用，如赋予机械强度、散发热量以防止熔结和增加活性金属分散等外，还有特殊的要求。

1. 对加氢裂化催化剂载体的特殊要求

(1) 提供酸性

这对加氢裂化催化剂的载体来说是最主要的。由于载体是固体，因此，此酸性概念与液体中的 Arrhenius 酸有所差别。

要全面描述固体酸需用三个因素，即酸类型、酸强度和酸浓度(或数目)。关于固定酸碱的定义很多，比较严格并适用于本项的应属 Bronsted 和 Lewis 定义。Bronsted 酸是指能给出质子的物质，简称 B 酸，又称为质子酸；Lewis 酸是指能接受电子对的物质，简称 L 酸，又称为非质子酸。与此相对应的自然还有 B 碱和 L 碱。这就是所谓酸类型。

酸强度：是指给出质子或接受电子对的能力，可以用 Hammett 函数(H_0)来表示[2]。不同的指示剂接受质子的能力不同，反映在不同的 pK_a 值上，用 pK_a 可以测得各种酸的强度。若以 B 代表指示剂，H^+ 代表酸，碱性指示剂 B 与载体表面上的 H^+ 作用，变成共轭酸 BH^+，此共轭酸的解离平衡如下：

$$BH^+ \rightleftharpoons B + H^+$$

$$Ka = \frac{a_H + a_B}{a_{BH^+}} = \frac{a_{H^+} c_B f_B}{c_{BH^+} f_{BH^+}} \tag{1}$$

式(1)中 a、c、f 分别对应的是活度、浓度和活度系数。指示剂颜色的变化取决于 c_{BH^+}/c_B之比。

$$c_{BH}^+/c_{B=} = f_B \cdot a_H^+/f_{BH}^+ \cdot K_a \tag{2}$$

K_a 是常数，实际上 c_{BH}^+/c_B取决于 $f_B \cdot a_H^+/f_{BH}^+$，因此，定义

$$Ho = -\lg f_B a_H^+/f_{BH}^+ \tag{3}$$

这与 Arrhenius 定义的液体酸 pH 值十分相似。由(3)式可以看出 Ho 越小，B 转化为 BH^+ 的能力越大，酸强度越强，将(2)式取对数演变后得到

$$\lg c_{BH}^+/c_B = pK_a - Ho \tag{4}$$

当 $c_{BH}^+ = c_B$时，pK_a = Ho。这样选用不同 pK_a 的指示剂，可以测定不同酸强度的 Ho。表 4-1-2 列出了常用指示剂的 pK_a 值。

酸浓度简称酸度，是指单位表面积或单位质量上的酸量，用

毫摩尔/单位面积或毫摩尔/克来表示，也可以用酸中心个数/单位面积来表示。对固体酸来说，表面酸中心可以有不同的强度，而每个强度酸的点数也不同，因此酸度对强度来说是一个分布。

表 4－1－2　几种常用指示剂的 pK_a 值

指　示　剂	颜　色		pK_a	相当于 $[H_2SO_4]$/%
	碱 型	酸 型		
中性红	黄	红	+6.8	8×10^{-8}
甲基红	黄	红	+4.8	—
苯偶氮基萘胺	黄	红	+4.0	5×10^{-5}
对二甲氨基偶氮苯(二甲基黄或奶油黄)	黄	红	+3.3	3×10^{-4}
2－氨基－5－偶氮甲苯	黄	红	+2.0	5×10^{-3}
苯偶氮二苯胺	黄	紫	+1.5	2×10^{-2}
4－二甲基胺偶氮－1－萘	黄	红	+1.2	3×10^{-2}
结晶紫	蓝	黄	+0.8	0.1
对硝基苯偶氮－(对硝基)二苯胺	橙	紫	+0.43	—
对肉桂叉丙酮	黄	红	−3.0	48
苄叉乙酰苯	无色	黄	−5.6	71
蒽　醌	无色	黄	−8.2	90

测定酸性的方法很多，经典的方法是以正丁胺滴定悬浮在苯溶液中的固体酸，同时可以测定出不同酸强度下的酸量，此法虽然原始，但准确度高。

(2) 具有高的热稳定性

加氢裂化是强放热反应，防止反应热积蓄造成的烧结和分子筛的崩溃使催化剂活性下降是很重要的，为此要加大散热面积，增加导热系数，使反应热及时散发而保持催化剂的活性。

(3) 提供合适的孔结构和增加有效表面

加工不同的原料，生产不同目的的产品对催化剂的孔结构有不同的要求。催化剂的有效表面和孔结构是影响其活性和选择性的主要因素之一，而催化剂的有效表面和孔结构在很大程度上又取决于载体。

（4）与加氢活性组分有适当的相互作用

近来大量的研究表明，加氢裂化催化剂的活性组分与载体间存在的不仅是吸附关系，有的会形成新的化合物。在载体与加氢活性组分间存在的相互作用要适当，太弱则活性金属受热后因热运动剧烈而集聚，使活性大幅下降；太强则与载体间生成新化合物而丧失活性。

2. 无定形载体

加氢裂化催化剂载体有酸性的和弱酸性的两种。酸性载体包括无定形硅铝和分子筛，弱酸性载体主要是氧化铝。虽然，几乎没有单独使用氧化铝作为加氢裂化催化剂载体，但它作为其他载体的基础却是很重要的。

（1）氧化铝

氧化铝用作催化剂历史久远，早在 1797 年就用于乙醇脱水制乙烯催化剂。在上世纪 20 年代发展最快，至今仍是加氢裂化催化剂中历史最长、使用最广泛、研究最多的载体组分。它可以制成高度分散、具有大表面和微孔的载体，同时还具有强度好、热稳定性强、吸水率大等特点，是制备各种负载型催化剂的理想载体组分，并在石油、化工及化肥工业中广泛使用。

① 铝源。

氧化铝的前身是氢氧化铝，欲制备氧化铝必先制备氢氧化铝。目前制备氢氧化铝的方式虽多，但可以概括为以下三种：

a. 铝酸盐与各种酸性溶液中和成胶。此法成本较低、产品纯度高、无氨氮污染，但洗涤和控制产品性质较难；

b. 铝盐用碱中和成胶。此法操作简单，重复性好，洗涤较易，但成本高于前者，且有氨氮污染问题；

c. 醇铝水解。此法可以得到纯度很高的氢氧化铝，产物比表面、孔体积和堆密度调节范围大，但成本较高。

这三种方法可用以下反应式概括之：

铝酸盐用酸中和

$$6NaAlO_2 + Al_2(SO_4)_3 + 12H_2O \longrightarrow 8Al(OH)_3 + 3Na_2SO_4$$

铝盐用碱中和

$$AlCl_3 + 3NH_4OH \longrightarrow Al(OH)_3 + 3NH_4Cl$$

醇铝水解

$$(RO)_3Al + 3H_2O \longrightarrow Al(OH)_3 + ROH$$

② 氢氧化铝和氧化铝的分类。

氢氧化铝从化学组成上看并不复杂，仅有含一个结晶水和含三个结晶水两种。但从结晶学角度看就很复杂，在不同条件下可生成多种同质异晶体。这些同质异晶体之间，还可以互相转化。各种同质异晶体的孔结构、物化性质、酸性及催化性质都不尽相同。

早期氢氧化铝命名较乱，后经地质学家统一命名，如表4-1-3。鉴定氧化铝的主要方法是X-光衍射和差热分析。

表4-1-3　氢氧化铝的名称

英文名	化学式	地质学名
Gibbsite Hydragillte	$\alpha-Al(OH)_3$	三水铝石
Bayerite(Ⅰ)	$\beta_1-Al(OH)_3$	湃铝石
Nordstrandite Bayerite(Ⅱ)	$\beta_2-Al(OH)_3$	诺水铝石
Boehmite	$\alpha-AlOOH$	薄水铝石
Diaspore	$\beta-AlOOH$	单水铝石
Pseudo-boehmite	$\alpha_2-AlOOH$	拟薄水铝石

氢氧化铝在加热过程中，发生吸热的脱水反应。利用差热曲线中吸热峰之温度不同，可以区分其晶相。三水铝石和湃铝石具有很相似的差热曲线，都在300~330℃之间有一个大的吸热峰，差别仅在于温度。薄水铝石的温峰与颗粒度和结晶度有很大关系。颗粒小，结晶度低则温峰低，相反则温峰高。拟薄水铝石的特征峰一般在450~550℃之间，与细粒薄水铝石相似。

*X*光衍射是更为有效、快速的方法。各种氢氧化铝的差别在于主要特征晶面间距*d*值及其相对强度不同。如样品中同时存在三种晶相时，可以用其第一条最强衍射线来鉴别。

氢氧化铝在高温下完全脱水，最终变成$\alpha-Al_2O_3$即为石英。

在此之前，由于温度、压力、水汽分压的不同，可以形成8种中间(过渡)态。由于初始氢氧化铝和脱水条件的不同，所生成的氧化铝密度、孔容、孔径分布、表面积和酸性都不相同。氧化铝同质异晶体的变化过程可由图4-1-3表示。八种氧化铝的同质异晶体可以分为高温和低温两类。$\theta-Al_2O_3$、$\chi-Al_2O_3$、$\eta-Al_2O_3$和$\gamma-Al_2O_3$四种属低温，其分子式可以写成$Al_2O_3\cdot nH_2O$，其中$0<n<0.6$。其他四种高温的则几乎是无定形的。

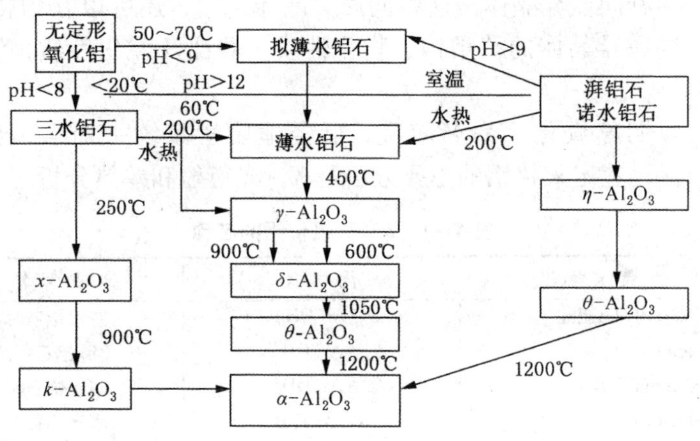

图4-1-3　氢氧化铝和氧化铝的变化过程

鉴别各种晶型氧化铝的主要手段仍是X光衍射。

欲制备某一晶型的氧化铝，必先制备其相应的前驱物氢氧化铝。而制备过程的每一个参数如溶液浓度、成胶的温度、pH值、加料顺序、搅拌情况、洗涤条件、老化与否、干燥物焙烧等条件都对最终产品的性质有影响。

在8种氧化铝的同质异晶体中，对催化剂来说最主要的是$\gamma-Al_2O_3$。在上世纪中叶有使用$\eta-Al_2O_3$为载体的。现在用作载体的氧化铝，几乎全部是$\gamma-Al_2O_3$，而它的前身是拟薄水铝石，所以拟薄水铝石也就成为氢氧化铝中最为重要的一员。

此外，还应注意各种氧化铝的相变温度，尤其是在催化剂焙烧、再生、运转过程中有无超温现象，因为氧化铝相变过程主要取决于温度。如果有超温，还需看超温幅度和时间，必要时可取样进行 X 光衍射分析氧化铝的相变情况。

③ 氧化铝的酸性与结构。

氧化铝的酸性可用下式表示：

$$\mathrm{OH-\overset{OH}{\underset{/|\backslash}{Al}}-OH\quad OH-\overset{OH}{\underset{/|\backslash}{Al}}-OH \xrightarrow{-H_2O} -\overset{OH}{\underset{/|\backslash}{Al}}-O-\overset{OH}{\underset{/|\backslash}{Al}}-}$$

$$\xrightarrow{-H_2O} -\overset{\text{L酸}}{\underset{/|\backslash}{\mathrm{Al^+}}}-\mathrm{O}-\overset{\mathrm{O^-}}{\underset{/|\backslash}{\mathrm{Al}}}- \xrightarrow{+H_2O} -\overset{\overset{\mathrm{H}}{|}}{\overset{\mathrm{O-H^+}\ (\text{B酸})}{\underset{/|\backslash}{\mathrm{Al^+}}}}-\mathrm{O}-\overset{\mathrm{O^-}}{\underset{/|\backslash}{\mathrm{Al}}}-$$

$$-\overset{\text{L酸}}{\underset{/|\backslash}{\overset{+}{\mathrm{Al}}}}-\overset{\mathrm{O}}{\mathrm{O}}-\overset{\text{L酸}}{\underset{/|\backslash}{\overset{+}{\mathrm{Al}}}}-$$

由反应式可见,随氧化铝的脱水,形成了 B 酸和 L 酸。一般情况下,在真空状态下加热到 470℃以上时,氧化铝才显示出强的表面酸,表 4－1－4 是在 500℃处理后氧化铝的酸量和酸强度。

表 4－1－4　500℃处理后氧化铝的酸性

酸强度	$H_o \leqslant -5.6$	$H_o \leqslant -3.0$	$H_o \leqslant +1.5$	$H_o \leqslant +3.3$
酸量/($\mathrm{mmol \cdot g^{-1}}$)	0	0.223	0.287	0.309

20 世纪 60 年代，许多人[3]集中、系统地研究了氧化铝的酸性部位是质子酸还是非质子酸的问题。一系列结果表明，氧化铝是一个强的非质子酸。在氧化铝上也存在着非常弱的质子酸，弱到以至于不与吡啶反应的程度。

后来，Cocke[4~7]等人对氧化铝表面结构、酸性和活性中心进行了大量的研究。结果表明，$\eta-Al_2O_3$ 和 $\gamma-Al_2O_3$ 都是有缺陷的尖晶石点阵，而且都有轻微的扭曲，$\gamma-Al_2O_3$ 扭曲更严重些。根据能量原则和 Pauling 电价规则，氢氧化铝表面应为羟基(—OH)所覆盖，随着脱水，表面羟基逐渐除去，出现了配位不饱和(cus)的阴离子(氧离子)和阳离子(Al^{3+}离子或阴离子空位)，它们提供了化学吸附和催化活性中心。

研究还表明，氧化铝表面酸性取决于表面羟基数目、构型以及脱水条件。在氧化铝表面存在以下五种羟基结构，其酸性顺序Ⅲ > Ⅱa > Ⅱb > Ⅰa > Ⅰb。

氧化铝的羟基结构

```
                              H                          H
      OH                      O                          O
      |                   \ | /   \                  \ | /   \ | /
 Ia   Al            IIa    Al      Al          IIb    Al      Al
     /|\                  /|\     /|\                /|\     /|\

                  H
                  O
            \ | / | \ | /                    OH
   III       Al   |  Al              Ib      \|/
            /|\   | /|\                      Al
                  Al                         /|\
                 /|\
```

（2）无定形硅铝

无定形硅铝(或称硅酸铝)是最常用的固体酸催化剂，也是加氢裂化催化剂最常使用的载体之一，同时也是研究最多的固体酸。

单独的SiO_2仅有极弱的酸性，Al_2O_3的酸性也不强，但两者相互结合后就表现出很强的酸性。它具有酸强度 *Ho* 至少为 -8.2 的强酸性部位，大致相当于 0.35mmol/g，而且酸强度在 -8.2 至 +3 之间几乎不变(如图 4-1-4 所示)。

正常的铝原子是六配位的，在 $SiO_2-Al_2O_3$中 Al 原子被强制

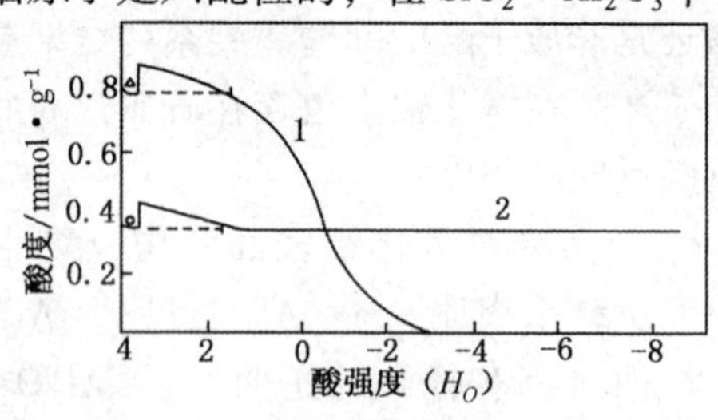

图 4-1-4　酸度对酸强度的分布

1—$SiO_2 \cdot MgO$；2—$SiO_2 \cdot Al_2O_3$

处于四配位结构中，在这点就产生了负的静电荷，按照 Pauling 规则，必须有一个正电荷使其达到电荷平衡，这一正电荷即为质子。无定形硅铝的酸性中心与组成的关系如图 4－1－5 和图 4－1－6所示。

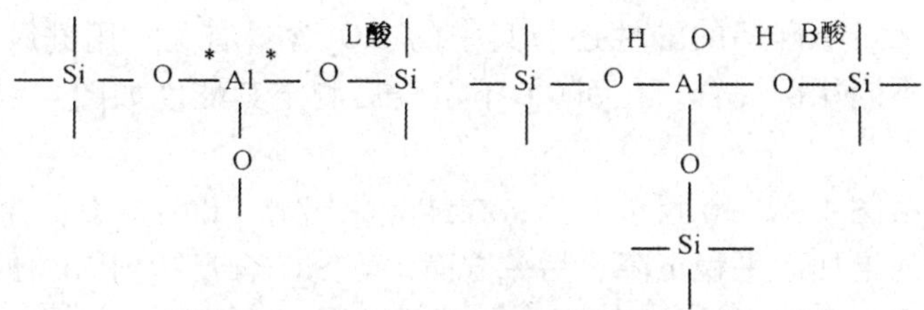

图 4－1－5　无定形硅铝的酸性中心结构

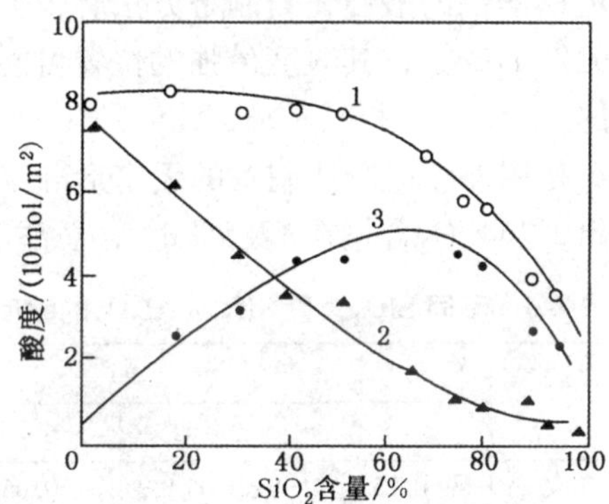

图 4－1－6　无定形 SiO_2 － Al_2O_3酸性与组成的关系

1—总酸度(Ho≤＋1.5)；2—L 酸；3—B 酸

另外，无定形硅铝的 L 酸与 B 酸的转变取决于水分子的存在，因此，其转变与温度有关，在较低温度下以 B 酸为主，在 300～600℃范围内 B 酸与 L 酸共存。表 4－1－5 所列出的是固定组成时无定形硅铝酸性质随温度变化的情况。

表 4－1－5　相同 SiO_2 － Al_2O_3 组成在不同温度下焙烧后酸度变化

温度/℃	25	180	300	400	500	600	750
B 酸/μg · g^{-1}	1.20	0.90	0.85	0.55	0.50	0.50	0.20
L 酸/μg · g^{-1}	—	0.10	0.50	0.70	0.70	0.70	1.00
总酸/μg · g^{-1}	1.20	1.00	1.15	1.25	1.20	1.20	1.20

表4－1－5中数据表明，同一组成的无定形硅铝在不同温度下焙烧后，其总酸基本没有变化，而B酸随温度之升高逐渐降低，相反是L酸逐渐升高，说明在无定形硅铝上B酸和L酸的转变取决于水量。

无定形硅铝的酸性还与其中的SiO_2含量有关。用硅胶和铝胶按不同比例混合，在500℃下焙烧后测定其酸度如图4－1－6所示。

由图4－1－6可以看出，在纯氧化铝上，L酸最大，并随硅含量的增加而平稳下降，另一方面，当SiO_2含量达到70%时，B酸出现一个极大值，再升高SiO_2含量则快速下降。

此外，无定形硅铝的酸性还与制备方法有很大关系。不同制备方法制得的无定形硅铝，其酸度最强的位置可能有所不同，但总规律是相似的。

表4－1－6是用连续成胶法制备的无定形硅铝酸性与组成的关系，可以看出，当SiO_2含量在12.5%时，总酸和强酸都最多。

表4－1－6　不同SiO_2含量$SiO_2-Al_2O_3$的酸度分布

(SiO_2/Al_2O_3)/%	总酸/$mmol \cdot g^{-1}$	*Ho*			
		≤－8.2	－8.2～－5.6	－5.6～－3.0	－3.0～＋3.3
0/100	0.25	0.05	0.05	0.05	0.10
7.5/92.5	0.65	0.45	0.05	0.05	0.10
12.5/87.5	0.70	0.45	0	0	0.25
25/75	0.60	0.40	0	0	0.20
50/50	0.50	0.35	0.05	0	0.10
70/30	0.40	0.15	0.10	0.10	0.05
90/10	0.30	0.15	0.05	0.05	0.05
100/0	0.10	0.00	0.025	0.025	0.05

Peri J B[8]总结了在无定形硅铝上可能存在的8种结构如图4－1－7所示。

由于无定形硅铝可以催化许多化学反应，研究者们试图把酸性和催化活性之间的关系找出来，并已在一些范围内取得满意的结果。例如，异丙苯裂化和丙烯聚合反应速度都随酸强度 $Ho \leqslant +3.3$酸量的增加而增加，但仍有许多关系未能研究清楚。

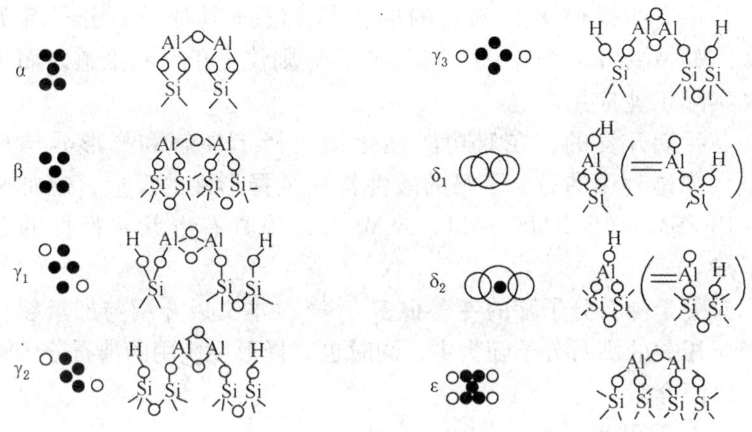

图 4－1－7　SiO_2 － Al_2O_3表面可能存在的 8 种结构

3. 含沸石分子筛的载体

瑞典矿物学家在 1756 年发现了一种矿石，在吹管焰中强热，能冒泡呈沸腾状，故称之为沸石。直到 1963 年 Smith[9] 对沸石进行了广义的描述：“沸石是一种硅铝酸盐，其骨架结构有被离子和水分子占据的腔，而这些离子和水可自由移动，可进行离子交换和可逆脱水。”而分子筛是具有分子大小的均匀微孔，根据其有效孔径可以筛分大小不同的流体分子。此类物质包括了天然和人工合成的沸石、炭分子筛、微孔玻璃等。这样，具有分子筛作用的不仅是沸石。也不是所有的沸石均可当作分子筛用。其中仅由硅、铝、氧三种元素组成的称为沸石，除此以外，若还有其他元素如磷、钛等则称之为分子筛。为表述方便和全面，本书拟采用“沸石分子筛”一词。

自 60 年代沸石分子筛大量在工业上使用以来，逐渐形成了一门独立的学科。它与无机化学、有机化学、表面与胶体化学、结晶化学、物理化学、催化、地质、矿物乃至生物均有密切的联系。迄今已发现的天然沸石分子筛有 30 多种，人工合成的则已超过200种，其中已知结构的有126种，但在工业中使用的仅13种。而用于加氢裂化催化剂中最主要的仍是Y沸石，也有少量使用β沸石的催化剂。至于其他沸石分子筛如Ω、MCM-41、ZSM-5、丝光沸石等则仅见于专利报道，而未见实际工业应用。

后期开发的，在双功能催化剂上择形裂解和择形异构反应，则是利用沸石分子筛的酸性特别是择形性的反应，通常是使用ZSM-5、SAPO-11、ZSM-22等具有形状选择性的分子筛。

关于沸石分子筛的专著很多[10~13]。本文以介绍与加氢裂化密切相关的沸石分子筛为主，同时也对择形反应用的沸石分子筛加以简介。

① Y型沸石

Y沸石是加氢裂化催化剂中乃至催化裂化催化剂中使用最多，也是历史最长的沸石品种。之所以如此是因为：它具有极好的热稳定性和水热稳定性，一般情况下其结构破坏温度在950℃以上，在水蒸气存在下850℃时也可保持结构基本稳定；其次是它的酸性可以通过多种手段进行调节，且调节的幅度很大；再者是可以生成二次孔，有利于反应物和产物的扩散。其合成技术已非常成熟。

Y沸石属八面沸石中的一种，同属此类的还有X、EMO、EMT和SAPO-37等十种左右，图4-1-8是Y沸石的单位晶胞(u.c)。可以看出，它是由β笼通过双六员环组成的六角柱相连。按正四面体方式排列成的晶胞。由β笼所围成的超笼直径为1.2nm。由12员环组成的孔口直径约为0.74nm。图中每个交点为铝或硅所占据，每一横线中间由氧原子相连。这样每个单位晶胞

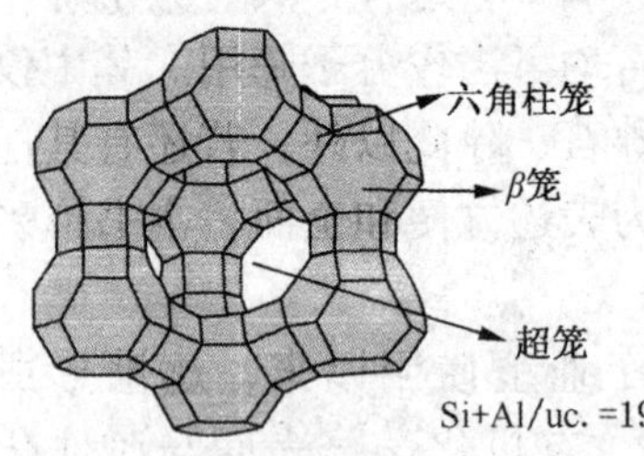

图4-1-8 Y沸石的单位晶胞

共有硅 + 铝 192 个。一般市售的 Y 沸石 Si/Al = 2.5（SiO_2/Al_2O_3 = 5），则每单位晶胞中共有硅原子 137 个、铝原子 55 个。在 Y 沸石中三价的铝原子处于四配位氧环境中，每个铝原子存在一个多余的负电荷。此负电荷需用一个正电荷予以平衡。在合成体系中常常有较多的钠离子，因此平衡负电荷的是钠离子，称之为 NaY。市售的大多为 NaY，而 NaY 没有酸性也就没有活性，需进行改性处理。

文献报道，Y 沸石典型的晶胞组成为 $Na_{58}(Al_{58} \cdot Si_{134}O_{384}) \cdot 240H_2O$[14]，属立方晶系、$Fd_{3m}$空间群，晶胞参数 a 为 2.47nm。但由于合成条件不同，单位晶胞组成和晶胞参数会略有差异。

Y 沸石中平衡铝原子负电荷的钠离子与铝原子数相同，为 55 ~ 56 个。它分布于 $S_Ⅰ$、$S_Ⅱ$、$S_Ⅲ$三种位置上，它们可以被其他阳离子所交换。Y 沸石也是沸石分子筛中最空旷之一，单位晶胞的总孔隙率占总体积的 51%，而超笼的体积占 45%。这给充分利用沸石内表面活性中心提供了有利条件。

X 型沸石与 Y 沸石结构完全相同，其差别仅在于硅铝比不同。X 沸石的 Si/Al 一般≤1.5，因而其热稳定性和水热稳定性皆不如 Y 沸石。

EMO 和 EMT 也是由 β 笼为基本组成，仅排列方式不同而已。EMO 是 Si/Al = 4 的立方晶系八面沸石，EMT 是 Si/Al = 4 的六方晶系八面沸石[15 ~ 18]。由于它们硅铝比较高，且有自由直径为 14nm 的超笼，预计在催化裂化或加氢裂化反应中，会有较好的表现。初步研究结果表明，它们的水热稳定性比 Y 沸石好，但灵活性较差，它们所提供的酸性中心也与 Y 沸石不同，详情还有待进一步深入研究。EMT 和 EMO 存在的问题是合成时需用价格昂贵、而又有剧毒的 18 - 冠醚 - 6 为模板剂，降低或使用廉价、无毒模板剂合成是当前研究的主要方向。

要使 Y 沸石产生酸性，通常要先进行交换，即将 Y 沸石中的钠离子用氨离子、氢离子或其他多价阳离子进行交换，若将 NaY 沸石以平面示意则如下：

```
                     Na+                          Na+
O     O      O            O      O      O          O
   Si     Si       Al-       Si     Si      Al-   ……  …… +2NH4+ ⇌
O    OO     OO         OO      OO     OO         O
                     O
                  NH4+                         NH4+
O     O      O            O      O      O          O
   Si     Si       Al-       Si     Si      Al-   ……  ……   >300℃ ⇌ <300℃
O    OO     OO         OO      OO     OO         O

                  H+                            H+
O     O      O            O      O      O          O
   Si     Si       Al-       S      Si      Al-   ……  ……  +2NH3↑
O    OO     OO         OO      OO     OO         O
```

首先可以用 NH_4^+ 交换即成为 NH_4Y 沸石，此时仍没有酸性，若将其加热，则 NH_4^+ 分解成 NH_3 和 H^+，H^+ 保留在沸石上平衡铝负电荷，此时沸石就呈现酸性称之为 HY。HY 沸石虽有活性但稳定性较差，不能直接使用于催化剂。当 HY 继续加温脱水则发生如下变化，变成脱阳离子 Y。此时显示出 L 酸，虽可以使用于催化剂中，但仍可有更多的变化。

```
HY
                    H+                 H+
O    O    O       O     O     O       O
  Si   Si    Al-     Si    Si    Al-
O   OO   OO     OO    OO    OO      O

脱阳离子Y
O    O         O     O     O     O
  Si   Si   Al    Si    Si    Al
O   OO   OO    OO    OO    OO    O
```

NaY 沸石还可以用多价阳离子进行交换。以 Ca^{2+} 交换为例，如下所示。

```
多价阳离子Y
                                  Ca2+
O     O     O   H+  O     O     O  H+  O     O     O
   Si    Si     Al-    Si    Si    Al-    Si    Si
O     O     O       O     O     O      O     O     O
```

在此需要注意的是，所引入的 Ca^{2+} 并不与两个带负电荷的铝等距离，而是靠近其中的一个，远离另一个。这样，在较远的 Al^- 与 Ca^{2+} 间就产生静电场，当反应物分子进入静电场后被极化，而后发生反应。电场的强度与阳离子的大小、电价、位置和沸石的硅铝比有关。一般情况下，高价的比低价的强，价数相同的阳离子半径小的比大的强，硅铝比高的比低的强，$S_{Ⅲ}$ 位置的比 $S_{Ⅱ}$ 位置的强。按照上述规律，电价较高的稀土离子应具有较强的电场极化能力。稀土交换的 Y 沸石，沿其晶体对角线方向测定其电子密度如图 4-1-9 所示，可以发现在沸石不同位置的电子密度有较大差别。

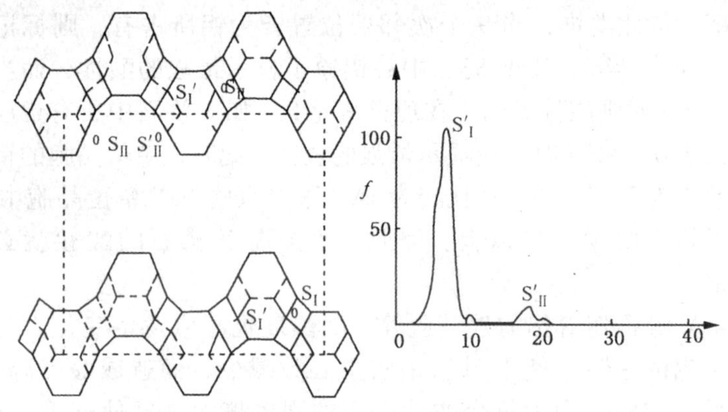

图 4-1-9　沿 REY 对角线的电子密度

另一种解释是多价阳离子水合产生质子酸。

$$RE^{3+}+2H_2O \rightleftharpoons RE(OH)_2^- +2H^+$$

Y 沸石酸性与铝的关系：酸性是 Y 沸石最重要的性质，而酸性又与多种因素有关，其中最重要的要属与沸石中的铝原子含量及状态最为密切。许多研究表明[19]，Y 沸石的酸强度与骨架中铝原子的微观环境有密切关系。按照 Lowenstein[22] 规则，在沸石骨架中不可能有 Al-O-Al 的结构，也就是铝原子位相邻位置总是为硅原子所占有，而在次邻层(Next Nearest Neighbor)(称之为 NNN)位置上则有可能为铝或硅原子所占有。假设取 Y 沸石

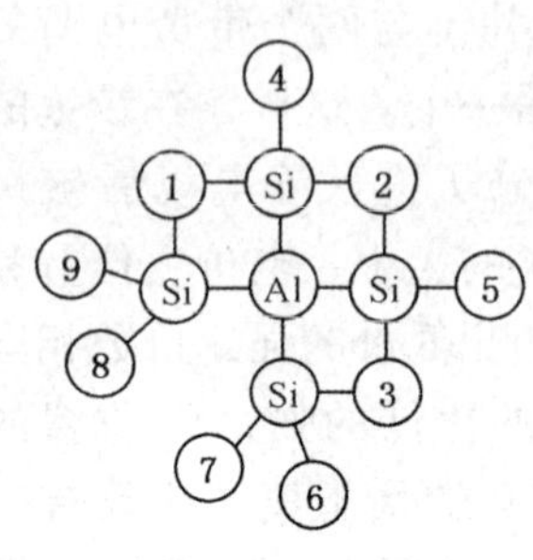

图4-1-10　Y原子中铝原子的微观环境

中任一个铝原子为讨论目标，将其所处的状态简化成平面状，如图4-1-10所示。

对某个铝原子来说，其相邻的4个位置均为硅所占有，而在次邻层则共有9个位置，可以是为硅所占有，也可以是为铝所占有。如果这9个位置全部为硅所占有，没有铝原子时，则该中心铝原子标记为0-NNN。如果9个次邻层位置中有8个为硅所占有，只有一个为铝所占有，则标记为1-NNN。依此类推，当9个次邻层位置皆为铝所占有，则标记为9-NNN。当0-NNN时，中心铝原子显示最强的酸性，而当为9-NNN时则酸性最弱。在理想情况下，如Y沸石中所有铝原子皆处于0-NNN时，应显示最强的酸性。此时，单位晶胞的铝原子数应为24个，Si/Al比应为14。这与原始NaY单位晶胞中55个铝相比要少一半以上。因此，要提高Y沸石的酸性就必须脱铝。

Y沸石随着铝的连续脱除，其酸度也相应发生变化。开始由于铝的脱除，使Y沸石中酸中心数减少，而造成酸度降低，但另一方面，因为每个酸性中心的强度增大，又使酸度上升。在正反两方面的作用下，总的表现是酸度上升。随着脱铝深度的增加，正反两方面的作用都在发生变化，总酸度上升的幅度逐渐变缓，以至达到基本不变。当脱铝达到每单位晶胞仅剩24个铝时，每个铝都处于0-NNN状态就显示最强的酸强度。此时，Y沸石酸度达到最强。再继续脱铝，每脱一个铝就减少一个酸性中心，正作用已经没有，因此Y沸石的酸度急骤降低。

Y沸石的脱铝方式很多，但归纳起来不外乎水热脱铝和化学脱铝两种。其中水热法脱铝为经常采用的方法。采用水热法脱铝时，因为Na^+的存在起保护骨架铝的作用，使其难以脱除，因此首先应先交换，将 NaY 沸石上的 Na^+ 用 NH_4^+ 交换，而后再将 NH_4^+Y 沸石置于炉中，在高温(300～600℃)下通入水蒸气，或在密闭炉内以自身含水所产生的水蒸气进行处理，或以深床层灼烧方式进行。

水热法脱铝的特点是：从骨架上脱下来的铝并未离开沸石，而是以多种不同形式存在于阳离子位置，或吸附于表面，称之为非骨架铝或骨架外铝(EFAl)。

非骨架铝的形成

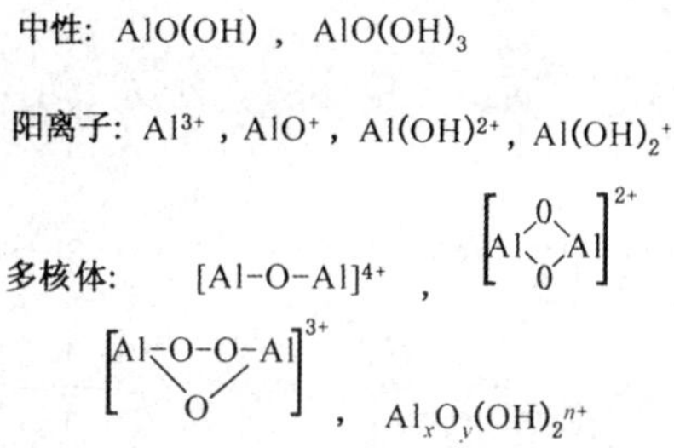

中性： $AlO(OH)$，$AlO(OH)_3$

阳离子： Al^{3+}，AlO^+，$Al(OH)^{2+}$，$Al(OH)_2^+$

多核体： $[Al{-}O{-}Al]^{4+}$，$\left[Al\langle{}^{O}_{O}\rangle Al\right]^{2+}$，$\left[Al{-}O{-}O{-}Al\right]^{3+}$（两端 Al 另经一个 O 桥连），$Al_xO_y(OH)_2^{n+}$

这些铝骨架外的铝虽然可以覆盖沸石表面的一些酸中心，但它们本身也可显示出酸性，主要是 L 酸，在某些情况下甚至可以超过骨架上的酸性。另外，骨架外的铝用酸或络合剂将其部分或全部除去，从而可以在一定范围内调节酸性。至于 EFAl 的作用则众说纷纭，有人认为它们对加氢裂化起促进作用，也有人认为不起作用，还有人认为正反作用均有。之所以有如此大的差别，可能是由制备条件、反应条件、反应种类之不同引起的。所以，对 EFAl 的作用应针对具体反应和制备条件联系起来讨论。水热处理法还具有操作简单、可形成较多的二次孔和调节范围大等特点，虽然该法已开发了近 30 年，但至今仍被广泛使用，或与其他方法共同使用。

水热脱铝过程所发生的反应包括脱氨、脱铝、脱羟基和硅迁移等，其中关键的是脱铝和硅迁移反应。脱铝反应的实质是 Al—O 键的水解，而硅迁移反应中硅来自于部分破坏的沸石或在 Y 沸石中残留的硅。

脱铝反应

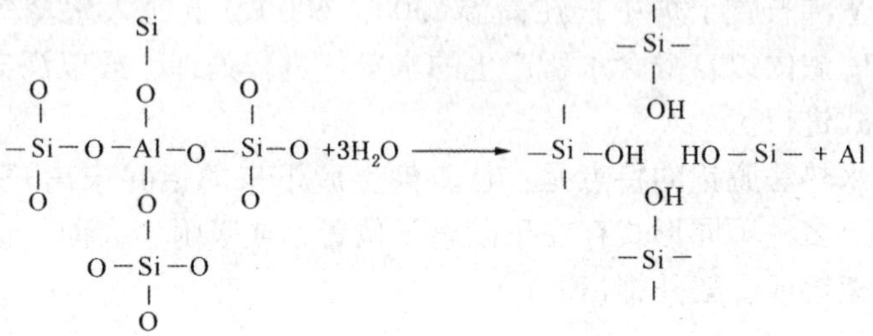

$$-Si-O-Al(OSi)(O-Si(O)_2-O)-O-Si-O + 3H_2O \longrightarrow -Si-OH \quad HO-Si- + Al$$

硅迁移反应

$$-Si-OH \quad HO-Si- + SiO_2 \longrightarrow -Si-O-Si-O-Si- + 2H_2O$$

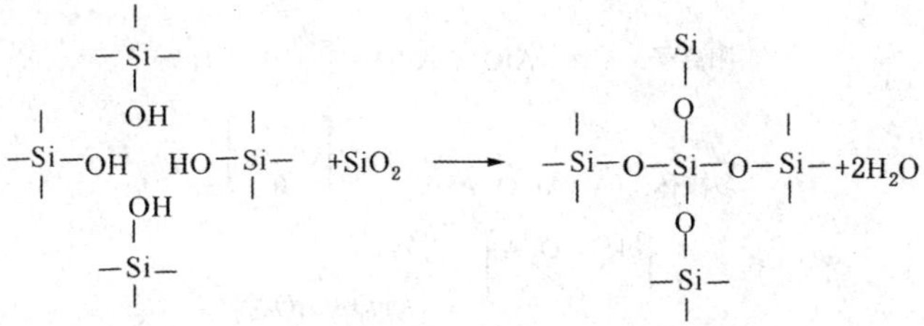

水热脱铝还可在沸石上产生二次孔，其产生过程如图4-1-11所示。至于二次孔的作用也有不同观点。一种认为它是

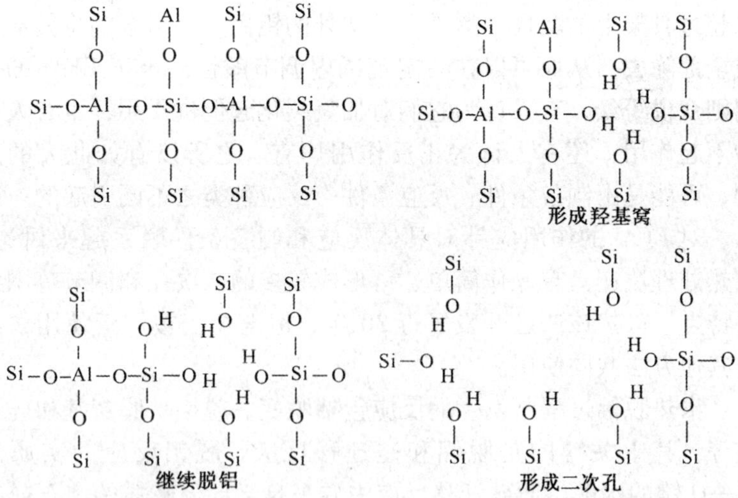

形成羟基窝

继续脱铝

形成二次孔

图4-1-11　二次孔形成过程

陷阱，容易生成积炭；另一种认为有利于反应物和产物的扩散，还可充分利用沸石内表面。对加氢裂化催化剂来说，二次孔是需要的，特别是对生产中间馏分油的催化剂尤为重要。

水热脱铝的主要反应参数有温度、水蒸气分压和时间等。它们与产品的关系如图 4 －1 －12 至图 4 －1 －15 所示。

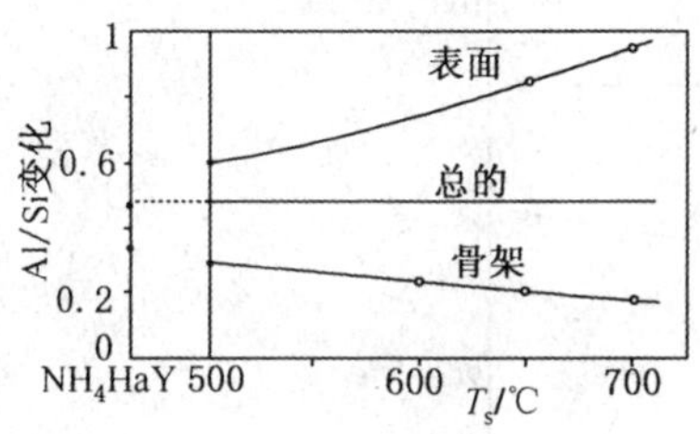

图 4 －1 －12　Al/Si 比变化与水热处理温度的关系

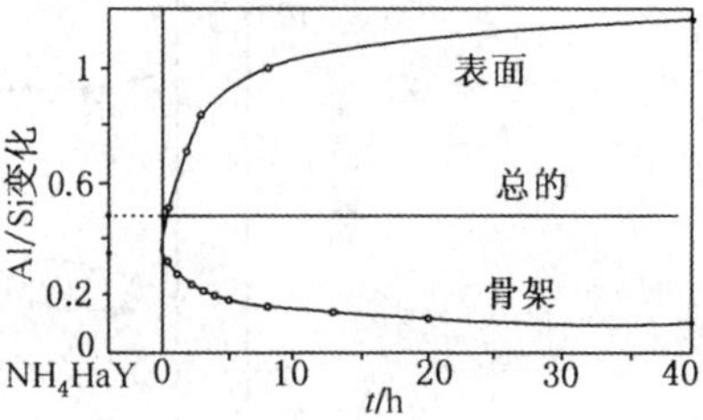

图 4 －1 －13　Al/Si 比变化与水热处理时间的关系

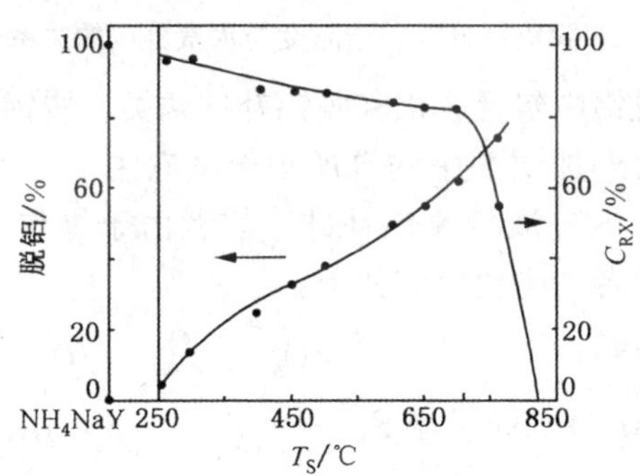

图 4 －1 －14　在 93.3kPa 水汽分压下处理 3h 脱铝百分数、结晶度与水热处理温度的关系

从这些图可以看出，水热脱铝后，总 Si/Al 不变，而铝向表面迁移，脱铝量随温度增加而增加，结晶度开始降低不明显，至 650℃以后明显下降；水蒸气分压在 100kPa 以下脱铝量和结晶度变化不大。

特别应提出的是，在硅迁移反应中，沸石骨架中部分 Al—O

键为 Si—O 键所取代，而 Si—O 键长度(0.163nm)比 Al—O 键长度(0.171nm)短，且键能分别为 800kJ/mol 和 511kJ/mol，故水热脱铝后的 Y 沸石稳定性明显提高，所以称之为超稳 Y 沸石(Ultrastable Y Zeolite)。

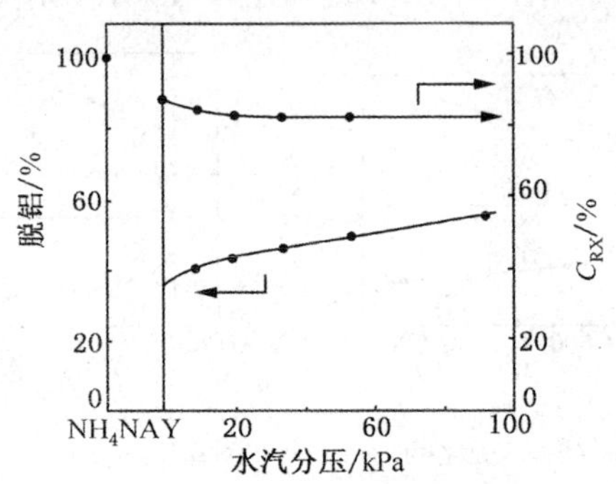

图 4-1-15　NH_4NaY 沸石在 650℃水热处理

3h 脱铝百分数、结晶度与水汽分压的关系

化学法脱铝中包括脱铝和脱铝补硅两类。脱铝补硅是沸石脱下铝的空位由外加试剂中的硅所填充，它主要有 $SiCl_4$ 气相脱铝补硅和 $(NH_4)_2SiF_6$ 液相脱铝补硅。前者由于操作条件苛刻很少工业应用。后者的主要反应如下：

```
O      O   Na⁺O                     O      O      O
 \    / \   -/                       \    / \    /
   Si      Al   + (NH₄)₂SiF₆ ⟶        Si      Si   + (AlF₅)²⁻ + NaF
 /    \ /   \                        /    \ /    \
O      OO    O                      O      OO     O
```

脱铝补硅产品的特点是：结晶度高、酸性强、热稳定性好、没有 FFAl 和二次孔。

化学脱铝的另一种方式是用无(有)机酸或络合物与 Y 沸石作用，此法从沸石上脱下来的铝随溶液脱离沸石，而部分沸石崩溃所产生的无定形物也随酸脱去，其中尤以络合物脱铝，在近期广为人们关注，其反应如下：

$$
\begin{array}{c} |\ Na^{+} \\ -Al^{-}- \\ | \\ O \\ | \\ 沸石 \end{array}
+
\begin{array}{c} 4H^{+} \\ + \\ (C_2O_4)_2^{2-} \\ \Updownarrow \text{电离平衡} \\ 2(COOH)_2 \end{array}
\rightleftharpoons
\begin{array}{c} OH \\ OH \quad HO \\ OH \\ | \\ 沸石 \end{array}
+ n
\begin{array}{c} Al^{3+} \\ + \\ (C_2O_4)_2^{2-} \\ \Updownarrow \text{络合平衡} \\ Al\{(COOH)_2\}_n^{3-2n} \end{array}
$$

以草酸为代表脱铝的特点是可产生二次孔，而且孔分布集中，首先在2~4nm处出现一个集中孔（大约相当于2~3个超笼相连），再加深脱铝则在12nm处又出现一个集中孔。

由于不同脱铝方式各有特点，所以往往是几种方式共同使用，各自发挥其优势。表4-1-7和表4-1-8分别表示各种脱铝方式对产品性质的影响。

表4-1-7 不同脱铝方式对沸石性质的影响

脱铝方式	水　热	水热+酸	$SiCl_4$	$(NH_4)_2SiF_6$	络合物
表面铝分布	富　铝	均　匀	富　铝	高　硅	缺　铝
铝品种	E+F	F	E+F	F	F
孔　径	M+S	M+S	M	M	M+S

表中：E—非骨架铝；F—骨架铝；M—微孔；S—二次孔

表4-1-8 不同脱铝方式Si/Al比和孔的变化

项　目	Si/Al比			孔容/mL·g^{-1}		
	骨　架	体　相	表　面	总	微	中
NH_4Y	2.62	2.62	2.83	0.3814	0.3274	0.0574
USY	2.98	36.88	1.03	0.3860	0.2174	0.1883
$(NH_4)_2SiF_6$	4.47	5.08	8.24	0.3402	0.2859	0.0501
$(COOH)_2^-$	3.87	3.56	7.34	0.3986	0.2436	0.1908
$(COOH)_2^{2-}$	3.39	5.58	7.72	0.3842	0.2550	0.1409
$SiCl_4$	6.38	4.38	—	0.3542	0.2915	0.064

由表4-1-7和表4-1-8可以看出，水热脱铝的USY表面高铝，而脱铝补硅的表面富硅，草酸脱铝的Si/Al比虽有差别，但差别不大。而从孔结构看，总孔容相差不多，USY有一定的中孔，脱铝补硅的中孔极少，甚至比原始NH_4Y还少，而草

酸脱铝的中孔较多，这对加氢裂化催化剂来说是有利的。

② β 沸石

β 沸石是一种大孔高硅沸石，早在 1967 年就由 Wadlinger R L 等人[23]合成出来了，但其结构直到 1988 年才由 B Higgins[24]等人发表，其骨架结构如图 4－1－16 所示。

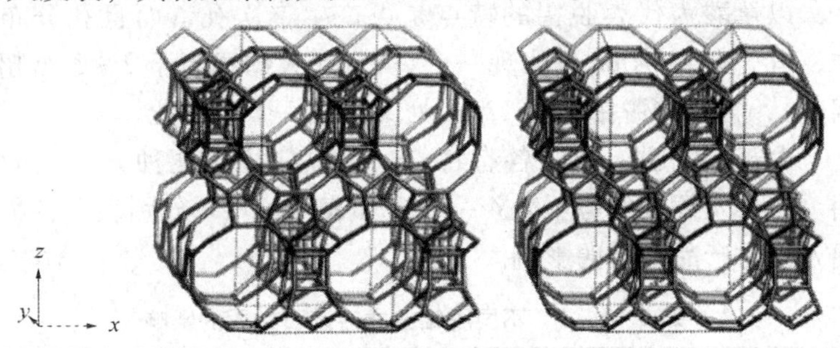

图 4－1－16　β 沸石的骨架结构

β 沸石的孔道是 12 员环椭圆形的通道，直径为 0.64nm × 0.76nm，没有 Y 沸石那样的腔，化学式为 $Na_n[AlSi_{64}-nO_{128}]$，式中 $n>7$。在一般条件下合成时，其 SiO_2/Al_2O_3 比为 30～50。

β 沸石具有高硅铝比、直通道、酸性高等特点。在加氢裂化反应中显示出高的催化活性和低的氢转移能力。含 β 沸石的加氢裂化催化剂显示出活性高、中油收率高、柴油凝点低等优点，但也存在着气体产率高，积炭多、石脑油芳烃潜含量低和尾油 BMCI 值高的不足。这主要是因为在芳烃存在下载有金属的八面沸石催化剂选择性地转化非石蜡烃部分，而 β 沸石则以加氢异构化选择性地转化石蜡烃部分。

由于单位体积内的铝原子数很少，造成了不同沸石样品和经不同方式改性后，铝原子的分布和状态存在差异。E. Bourgeat－Lam[25]等人研究，得出了各种结果。β 沸石中铝原子构型在很大程度上取决于平衡其负电荷的阳离子和吸附分子。当阳离子为铵、钠、钾时，所有铝原子处于四面体位置。当阳离子为质子时，由于质子的电子亲合力使铝所处的位置发生扭曲。除上述构型外，还出现八面体铝和非骨架铝，而这两种构型可以互相转换，且这种转换很容易进行。

Y 沸石经水热脱铝后主要表现为骨架硅铝比提高、热和水热稳定性提高、离子交换容量降低、晶胞参数变小、*X* 光衍射峰 2θ 角向高角度移动[29]、Si－MASNMR 中的 Si(OAl)信号明显增强，骨架铝分布趋于不均匀、总酸量降低、酸强度增加、结晶度下降和形成二次孔等。同样用水热法脱铝，β 沸石与 Y 沸石的变化有较大区别。β 沸石开始脱铝的温度比 Y 沸石低，晶胞参数增大，这是因为 Y 沸石有较大的超笼可以容纳较多的碎片，而 β 沸石为直通道，非骨架铝碎片进入后受到支撑的缘故。当用酸洗去这些碎片时，晶胞又收缩回原来大小。区别还表现为 *X* 衍射峰与铝含量有关。此外，β 沸石在脱铝后不存在酸度增加的过程，而是酸度降低，这是因为 β 沸石中铝已很少，脱铝后更少且分布很不均匀，此时 0－NNN 规则已不起作用，脱除一个铝就减少一个酸性中心，所以一开始就是酸度降低。

我国抚顺石油三厂开发的 3792 等催化剂是世界上最早使用 β 沸石的高活性加氢裂化催化剂。预计 β 沸石在加氢裂化领域具有广阔的应用前景。

③ $SAPO_4$类分子筛

APO_4是由铝、磷、氧组成骨架的分子筛，在 20 世纪 80 年代初就由 B. M. LOK[26]等人合成出来，但由于其骨架呈电中性，故不能用作催化材料。1988 年，M. E. Flanigen[27]成功地将硅原子引入到 APO_4分子筛，同晶取代了 APO_4分子筛中部分铝原子而成为 $SAPO_4$分子筛，并产生了酸性，显示了作为催化材料开发的应用前景。该类分子筛的代表是具有椭圆形 10 员环一维通道的 SAPO－11。由于此类分子筛合成机理是先形成 P－Al 分子筛，然后发生硅取代，因此硅取代的量和取代位置之不同，对 SAPO 分子筛的酸性影响很大，从而导致此类分子筛合成重复性较差。但近期已有很大改善。SAPO－11 的结构如图 4－1－17 所示。

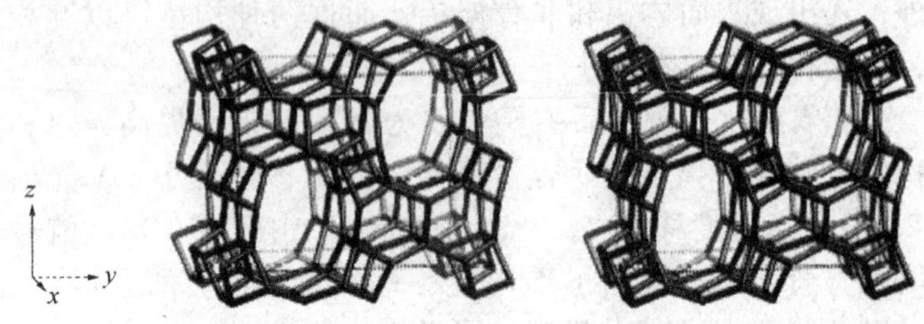

图 4-1-17　SAPO-11 的结构

SAPO-11 分子筛在正构烷烃异构化反应上显示了良好的活性和选择性。有关内容将在第七章中详述。

④ ZSM-22 沸石

SAPO-11 分子筛虽有很优良的正构烷烃异构化的活性和选择性，但它是由硅、铝、磷三组元组成，合成重复性较差。研究者们从异构化反应机理出发，研究了正构烷烃异构化反应的活性和选择性与分子筛酸性和孔结构的关系，从而发现二组元的沸石分子筛，ZSM-22 具有与 SAPO-11 相似的结构，也是 10 员环椭圆形一维通道(见图 4-1-18)，经试验也显示出了良好的异构化活性和选择性。

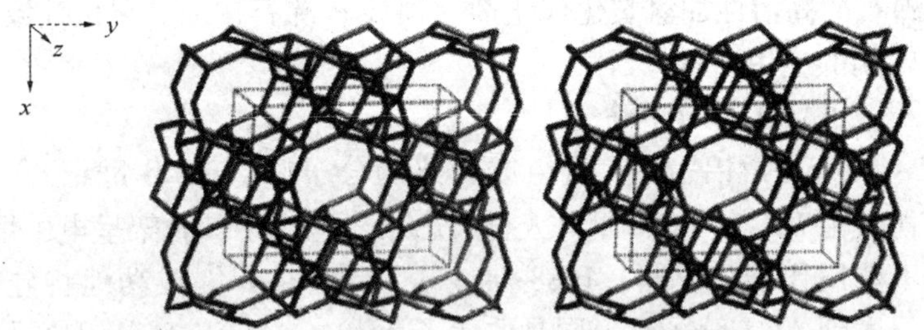

图 4-1-18　TON 型分子筛 ZSM-22 结构图

4. 助剂的作用

一般情况下，助剂本身对催化活性、选择性没有很大作用，但将少量助剂(一般小于 5%)加入催化剂中后，催化剂的活性、选择性乃至孔结构等均有显著变化。此处将常用助剂对载体所产生的影响加以简述。

① 硅

硅是氧化铝载体中最常用的也是使用最久的助剂。一般情况下 SiO_2 含量小于 3%，在特殊情况下可为 5%，称之为硅化的氧化铝[28]（Silicated alumina）或含硅的氧化铝。若 SiO_2 含量超过 5% 时即为无定形硅铝。含硅的氧化铝各项物化性质与原氧化铝比变化不大，只是酸度略有提高，热稳定性和强度提高，散热效果也有改善。

② 钛

钛作为助剂是近期国内外十分关注的，由于它对硫有较强的吸附能力，用它作加氢脱硫催化剂载体时，其活性和活性稳定性均比氧化铝好，而且不需硫化。将其加入 Al_2O_3 后可减弱 MoO_3 和 Al_2O_3 之间的作用，使 MoO_3 更容易硫化成活性相。这些特点在加氢催化剂上是很有意义的。但也存在一些问题需要克服：首先 TiO_2 比表面很低，仅 $100m^2/g$ 左右；其次是强度和热稳定性差，具有活性的锐钛矿结构，在高温下容易变成金红石或板钛矿结构而使活性大幅下降；TiO_2 的酸性很弱，总酸仅为 Al_2O_3 的 40%，而且没有 $Ho \leqslant -5.6$ 的强酸中心。但当 TiO_2 与 Al_2O_3 共同组成载体时，就会发生较大的变化。首先是 $Al_2O_3-TiO_2$ 具有与 Al_2O_3 相似的酸性，即使在 TiO_2 含量很高的情况下也存在 $Ho \leqslant -8.2$ 的强酸（如表 4-1-9 所示）；其次表面积也与 Al_2O_3 相近。这些性质的变化还与制备方法有很大关系。

表 4-1-9　$TiO_2-Al_3O_2$ 的酸性

	$S/m^2 \cdot g^{-1}$	≤3.0 总酸/$\mu mol \cdot m^{-2}$	≤ -3.0 强酸/$\mu mol \cdot m^{-2}$
$\gamma-Al_2O_3$	178	2.5	1.7
TiO_2	60	1.1	0
Al_2O_3（2% TiO_2）	179	1.8	1.8
Al_2O_3（8.3% TiO_2）	159	2.0	2.0
Al_2O_3（16.7% TiO_2）	153	2.1	2.1

$Al_2O_3-TiO_2$的主要制备方法有：

a. 沉淀法：将小于0.1mm的Al_2O_3加到强烈搅拌的$TiCl_4$溶液中，用氨水调节PH值到7.5，洗涤、干燥、焙烧。此法制备的$Al_2O_3-TiO_2$，TiO_2分散不均匀，只聚集在Al_2O_3表面的局部区域。

b. 浸渍法：将Al_2O_3用含钛的异丙醇溶液浸渍，蒸发掉异丙醇、干燥、焙烧。用此法可以得到TiO_2均匀分散在Al_2O_3表面上的载体，只有在超过单层分散的量时，才出现TiO_2在Al_2O_3表面上的局部堆集和表面积下降。

c. 嫁接法：将Al_2O_3放在石英管中加热，先通入氮气，再通入用$TiCl_4$饱和的氮气，直到Al_2O_3变成黄色，再用氮气吹去未反应的$TiCl_4$，最后在室温下通入过饱和蒸汽，使Al_2O_3变白，干燥、焙烧。此法可使TiO_2在Al_2O_3中分布很均匀，并可多次进行。

d. 混胶法：$TiCl_4-Al_2O_3$溶液用氨水沉淀，其实质是Al_2O_3上负载了TiO_2，克服了TiO_2比表面小和强度差的缺点。

③ 氟

氟也是常用的助剂之一，研究的也很多。氟是元素周期表中电负性最强的，它对氧化铝载体的主要作用是提高酸性，从而可提高裂化、异构化等酸催化反应的活性。当Al_2O_3中氟含量低于10%时，氟主要分布在表面，取代羟基(如下图)[29]。

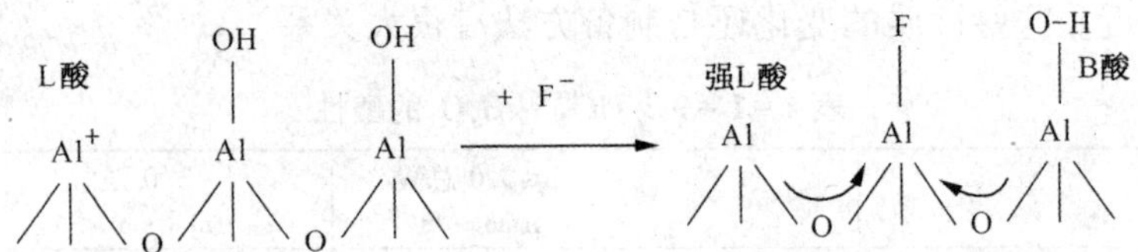

由于氟电负性很大，附近的电子云向氟移动，左侧的铝由于电子云向氟移动而增强了L酸，右侧的铝由于电子云向氟移动而使羟基上的O—H键减弱，使H^+更容易脱出而产生强B酸。当氟含量在6%～8%时，B酸达到最大值。

氧化铝加氟后虽然总孔容基本不变，但表面积下降，平均孔径由 6nm 可扩大到 15nm。在氟含量较高时更为明显。这是因为氟破坏了 Al_2O_3 孔间壁的缘故。当氟含量高到一定程度时，产生体相 AlF_3，使比表面大幅下降。

氟还可以降低 Al_2O_3 的等电点，加氟的 Al_2O_3 表面上可产生 AlO^-。在浸镍时，镍以正离子形式吸附，因而有利于镍的分散。对钼的吸附要复杂一些。总的来说，等电点的降低对阴离子的吸附是不利的。用仲钼酸铵溶液浸渍时，溶液中含有 MoO_4^{2-} 和 $Mo_7O_{24}^{6-}$ 两种离子。相对来说，MoO_4^{2-} 的负电荷较小，比较容易吸附，有利于钼的分散。

但含氟的催化剂在使用过程中存在氟流失问题。一方面催化剂活性下降，另一方面对反应器内构件和下游换热器、空冷器和管阀件带来严重腐蚀，危及装置安全运行。尤其在新催化剂开工硫化阶段，氟流失非常严重，存在 $HF-H_2S-H_2O$ 体系，对设备腐蚀尤为严重，值得引起注意。

④ 磷

作为助剂加入的磷可优先与 Al_2O_3 表面的羟基作用，从而避免钼、镍等直接与 Al_2O_3 作用生成无活性的尖晶石结构，同时还可提高酸性。

$$\mathrm{(Al)_2O + H_3PO_4 \longrightarrow (Al\text{—}O)_2P(=O)OH + H_2O}$$

$$\mathrm{(Al\text{—}OH)_3 + (HO)_3P{=}O \longrightarrow (Al\text{—}O)_3P{=}O + 3H_2O}$$

⑤ 硼

硼在 Al_2O_3 表面生成 Al—O—B 键，B—OH 比 Al—OH 有较

高的酸强度，硼的电负性比铝大，因此 $Mo_7O_{24}^{6-}$ 与 B^{3+} 的作用比 Al^{3+} 强，使八面体 Ni^{2+}（Co^{2+}）增多，在载体表面会有更多的 Co－Mo－O 或 Ni－Mo－O 活性中心。

⑥ 其他助剂

除上述常用助剂外，还使用一些别的助剂。例如利用稀土氧化物熔点高的特性，加入到 Al_2O_3 中，可以提高 Al_2O_3 的相变温度和改变孔结构（如表 4－1－10 所示）。用二价和三价阳离子填入 Al_2O_3 空穴产生低温固溶体，而提高相变温度（表 4－1－11 所示）。

表 4－1－10　La_2O_3 含量与 Al_2O_3 孔结构的关系

La_2O_3/%	$S_{总}$/$m^2 \cdot g^{-1}$	r/nm	La_2O_3/%	$S_{总}$/$m^2 \cdot g^{-1}$	r/nm
0	125.7	3.40	5.0	166.9	4.40
1.0	137.7	4.85			
4.0	139.3	4.43	10.0	202.9	3.47

表 4－1－11　MgO，La_2O_3 改性 $\gamma-Al_2O_3$ 在 1200℃下焙烧后性质变化

添　加　物	比表面/$m^2 \cdot g^{-1}$	$\alpha-Al_2O_3$/%	机械强度/MPa
1200℃焙烧后	8	100	28
3% MgO	7	100	54
12% La_2O_3	24	痕迹	34
3% MgO，12% La_2O_3	27	痕迹	60
1300℃下焙烧后	5	100	30
3% MgO	6	100	62
12% La_2O_3	12	100	35
3% MgO，12% La_2O_{3b}	24	痕迹	74

注：Mg、La 填入 Al_2O_3 空穴形成固溶体。

此外，还有一些扩孔剂，多为大分子有机物，将其混入 Al_2O_3 载体，待高温焙烧时将其烧去而遗留下较大的孔。

三、加氢金属

加氢金属组分是加氢裂化催化剂加氢活性的主要来源。实践证明，过渡金属是有效的加（脱）氢催化剂活性组分。这些金属包括元素周期表中Ⅵ－B族的钨、钼和Ⅷ族中的贵金属铂、钯及其他，还有镍、钴等。按其价格分为贵金属，以铂、钯为主，多为还原状态；非贵金属，主要是镍、钴、钨、钼通常为硫化态。

1. 具有加氢活性的金属应具备的条件

（1）几何条件

在总结了大量实验数据的基础上，Баланбин 提出了用活性金属的几何因素和电子因素来解释活性的来源如下：

① 晶系（格）的要求：凡具有六方晶系或四方晶系的元素才可能有加氢活性。具有上述晶系的金属，原子排列呈正六角形。

② 原子间距离：除了上述原子排列要求外，原子间距离应在0.24916～0.27746nm之间。但单从几何角度来论述加氢活性显然是不全面的。

（2）电子条件

Pauling在研究金属化学键时，对过渡金属提出了d轨道百分数的概念（d%），并将此概念用在催化上，总结催化活性的一些规律，得到一些结果。但单从d轨道百分数来判断加氢活性也是不全面的。

d%的概念可以简化认为过渡金属d轨道的10个电子不充满，也就是d轨道上有空穴存在。

所以，具有加氢金属应具备上述二个几何条件和一个电子条件。

2. 具有加氢活性的金属品种

根据上述条件，表4－1－12和4－1－13列出了具有加氢活

表4－1－12　一些具有加氢活性的金属

立方面心	原子间距离/nm	电子排布	立方面心	原子间距离/nm	电子排布
Pd	0.27511	$4d^{10}$	Rh	0.26901	$4d^8 5s^2$
Pt	0.27746	$5d^8 6s^2$	Co	0.25601	$3d^7 4s^2$
Ir	0.27140	$5d^7 6s^2$	Ni	0.25916	$3d^8 4s^2$

表 4-1-13　一些有加氢活性的金属

立方体心	原子间距离/nm		电子排布
W	0.27409		$5d^46s^2$
Mo	0.27251		$4d^55s^2$
六方	nm	nm	
Re	0.27410	0.27600	
Ru	0.26502	0.27058	$4d^75s^1$
Os	0.26754	0.27354	$5d^66s^2$

由表可见，在加氢裂化催化剂中常用的金属钨、钼、镍、钴、铂、钯均在其中。

钼、钨都是过渡金属，与铬同属Ⅵ-B族，二者有相似的性质，都是立方体心结构，4d和5d轨道均有空穴，主要用作加氢裂化催化剂的主金属。在加氢裂解反应的同时，往往伴随有异构化、多重键加氢和脱硫反应。

镍、钴属六方面心结构，3d轨道有空穴。早在1897年就发现它们对气相加氢有优异的活性，后来应用更为广泛。对它们的研究也最多，最典型的当属骨架镍。镍、钴在加氢裂化催化剂中的含量少于钼、钨。特别是镍主要用于加(脱)氢反应，并因其活性高、成本低而被广泛用于工业催化剂上。镍、钴还可以用于烷基化、氧化-还原反应，其络合物可用于齐聚和羰基化反应。

以上金属在加氢裂化催化剂中都以硫化态使用。

铂、钯都具有极好的加氢活性，特别是铂在接近常态的条件下就有很强的加氢活性，对一般的官能团和苯环的加氢均有效。其缺点是价格昂贵，并且易受硫、氮、砷等中毒。钯的电子排布是$4d^{10}$，似乎4d层轨道是充满的。但有2.6个[illegible]轨道[illegible]$sp^{2.22}$方式杂化而用于构成金属原子间的键，余[illegible]道作为原子轨道使用。因为金属键中最多可容纳5.78个电子。所以，钯的10个d电子中有4.22个电子进入原子轨道，这样d电子中存在着$2\times2.44-4.22=0.66$个空位。故仍是好的加氢金属。

3. 关于加氢活性相

在所有非贵金属催化剂中，都至少有周期表中Ⅵ－B族和Ⅷ族两种金属元素。两种元素如何协同作用是研究和发展催化剂的关键。至今已有23种理论或假说来解释这种催化协合效应。这些理论可归纳为：单层模型、夹层模型、接触协合模型和钴钼硫四种模型。

关于活性相的理论有钼钴硫理论和间接控制理论等，当前似乎更趋向于后者。各种模型和理论虽都有实验支持，但仍不十分明确，难下结论，为此本书不作详细讨论。

第二节　不同组分催化剂的特性

加氢裂化催化剂可根据加氢组分的不同分为贵金属和非贵金属两类，也可根据载体的不同分为含分子筛和不含分子筛两类。它们之间的反应性能有较大差别。

一、贵金属与非贵金属

贵金属与非贵金属除了价格上的巨大差别外，在反应性能、使用方式上也有较大区别。

（一）贵金属

贵金属是指钌、铑、钯、锇、铱、铂六种元素。而以铂和钯为代表很早就作为催化剂用于许多反应中。在工业上重要的反应有：链烯烃加氢、铂重整（脱氢）、硝基加氢、二氧化硫氧化制硫酸、异构化、聚合和高压下的费－托合成等。

如上所述，铂系元素在加（脱）氢反应中应用特别广泛。按照前一节关于具有加氢活性的金属应具备的条件来分析，六种元素都是六方晶格，d%在44～50之间，在4d和5d轨道上都有电子，而氢的吸附一般都应从d电子来考虑。

铂系元素对氢的起始吸附热为84～126kJ/mol，比其他金属的都小，这也是铂系元素在与氢相关的反应中能显示出高活性的原因之一。一般认为，这六个元素的活性顺序为：

$$Pt \approx Ir > Pd > Rh > Ru \approx Os$$

铂系金属虽然具有很高的加(脱)氢活性，但也极易中毒。由于是在还原态下使用的，凡具有独立电子对的分子或电子轨道充满程度较高的分子，如硫化物、氮化物、氨、汞、铅、砷等均可使铂催化剂中毒。

贵金属加氢裂化催化剂还有液体收率高、喷气燃料收率高、质量好的优势，而且再生性能好，再生后活性恢复几乎达到100%。

贵金属催化剂价格虽高，但回收贵金属技术成熟。

鉴于以上情况，贵金属在用作加氢裂化催化剂的活性组分时，金属含量低，使用前应还原，反应温度也较低；要求进料的杂质含量应很低。所以贵金属加氢裂化催化剂应使用于两段加氢裂化流程中的第二段。即原料油先在第一段与加氢精制催化剂接触，将硫、氮、氧等杂质转化成氨、水和硫化氢，经分离后再与第二段贵金属催化剂接触，以保持其活性。此类催化剂在国外有工业使用，有代表性的是 HC-18、HC-28、ICR-220 等，国内尚无工业使用。

(二) 非贵金属及其组合

加氢裂化催化剂中最常用的还是非贵金属的组合，其中最重要的是钨、钼、镍、钴四种元素，其皆为Ⅷ-ⅥB 族组合，如 Ni-W、Ni-Mo、Co-Mo、Co-W，也有少量使用三组元的催化剂。

加氢活性组分的组合不同时，其活性也有差别。一般情况在有硫存在下其活性顺序如下：

加氢脱硫　Co-Mo > Ni-Mo > Ni-W > Co-W

加氢脱氮　Ni-Mo > Ni-W > Co-Mo > Co-W

加氢脱氧　Ni-Mo > Co-Mo > Ni-W > Co-W

加氢　Ni-W > Ni-Mo > Co-Mo > Co-W

加氢异构化　Ni-W > Ni-Mo > Co-Mo > Co-W

加氢裂化/沸石　Ni-Mo > Ni-W > Co-Mo > Co-W

在无硫化氢存在时，可选择使用贵金属催化剂，其顺序如下：

加氢　　　　　Pt > Pd > Ni - W > Ni - Mo > Co - Mo > Co - W

加氢异构　　　Pt ~ Pd > Ni - W > Ni - Mo > Co - Mo > Co - W

加氢裂化/沸石　Pt ~ Pd > Ni - W > Ni - Mo > Co - Mo > Co - W

至于选用哪种组合，取决于原料和要达到的主要目的。

1. 非贵金属组合

（1）Co - Mo 组合

这一组合断 C—S 键活性高，也有断 C—N 键的活性，而断 C—C 键的活性较低。因此，以脱硫为主的催化剂常用此组合。在相同条件下，Co - Mo 的脱硫率可达 91% ~ 93%，而 Ni - Mo 为 89% 左右[30]。此外，该组合还有液收高，氢耗低和结焦慢的特点。

（2）Ni - Mo 组合

此组合适用于加氢脱氮为主的催化剂，它的加氢脱氮活性比 Co - Mo 组合高 2 ~ 2.5 倍[31,32]，通常情况下其加氢脱硫活性不如 Co - Mo 组合，但如需要超深度脱硫，则应优先采用 Ni - Mo 组合。这是因为含硫化物 4，6 - 二甲基二苯并噻吩的两个甲基的位阻作用使其间的硫原子难以直接脱除，如要求脱硫率超过 95% 时，就必需将其脱除，脱除它需先将其芳环饱和一个后才能进行，此过程需使用芳烃饱和性能较好的 Ni - Mo 组合。

Ni - Mo 加氢脱氮活性比 Co - Mo 好的原因是，Ni - Mo 不能完全硫化，表面金属镍原子能容纳强酸性的 H_2S，促使环烷开环。

（3）Ni - W 组合

此组合的脱氮、脱芳性能均好。在切断 π 键时，W - Ni 含量在 5% 到 15% 之间的活性明显提高，而切断 σ 键时含量可低些。此外，此类催化剂所能提供的活性表面积较小，而且钨原子受热后更容易移动，在使用后出现晶粒大小不均的 WS_2 粒子，进而出现 WO_3 和 $W_{19}O_{55}$ 的聚合物，使活性受到影响。但此组合的中间馏分油选择性和产品质量较好。

Co－W 之所以在各反应中活性均差的原因是它仅能提供 10～15m²/g 的活性表面，而 Mo－Ni 可提供的活性表面超过 60m²/g。

催化剂中非贵金属的含量一直呈上升趋势。上世纪 50 年代为 18% 左右，70 年代增加到 24% 左右，80 年代增加到 28% 左右，在近期开发的 Stars 和 Nebula 技术中金属含量已超过 60%，仅有前苏联是例外，金属含量有所降低，这是因为他们在加氢脱硫催化剂中使用少量分子筛的缘故。

2. 非贵金属原子比的影响

对非贵金属组分来说，ⅥB 族和Ⅷ族金属的组合存在一个最佳原子比，此时可以得到最好的加氢脱氮、加氢脱硫、加氢裂化和加氢异构活性，但是最佳点的位置视不同金属组合、不同反应而异。图 4－2－1 所示是不同 Ni/Ni＋Mo 原子比对氢解、裂化、异构反应的影响。

图 4－2－2 是不同 Ni/(Ni＋Mo) 原子比对 nC_7 反应速率的影响。

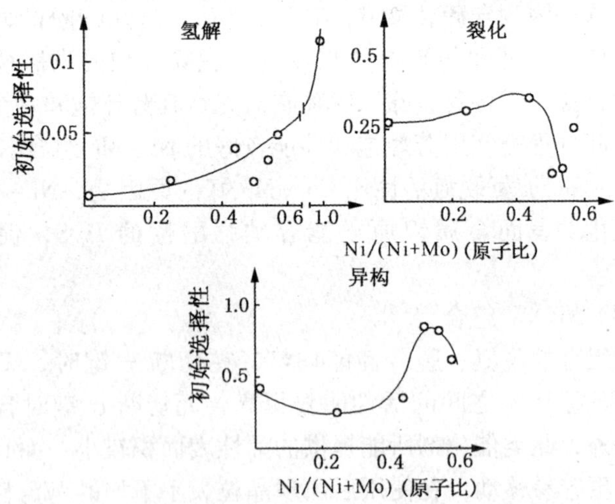

图 4－2－1 氢解、裂化、异构反应中初始选择性与催化剂 Ni/(Ni＋Mo) 原子的关系

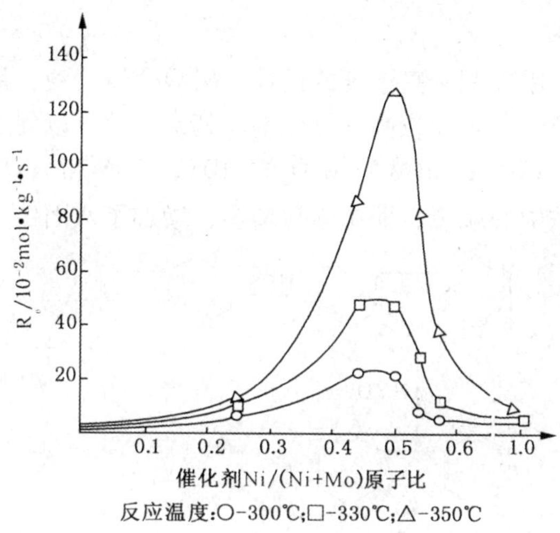

图4－2－2　Ni/(Ni＋Mo)原子比对 nC_7 反应速率和加氢活性的影响

总之，非贵金属组合普遍存在一个最佳原子比，而其具体值则因载体酸性、不同组合、原料性质、反应类型之不同有差异。

二、催化剂中用的助剂

在催化剂中加入助剂的目的在于调节活性金属与载体间的相互作用，充分发挥活性金属的作用，而又不过早失活；改变金属组分的结构使之更有利于生成分散更好的活性相；其目的就是改善催化剂的活性、选择性和寿命等。

大量的实践证明，载体与活性金属之间存在着相互作用。如果过渡金属与载体的铝有强的相互作用而形成 A_2BO_4 的尖晶石结构，加氢金属就难以发挥活性。而这种结构又极易生成，几乎不受 A－B 两种元素大小的限制。如果活性金属与载体作用力太弱，因分散度高的金属能量很高，有聚集的倾向，特别是在高温下，分子运动加剧更容易引起活性金属的聚集，而造成失活。

1. 磷

磷作为助剂既可用于载体也可用于催化剂，常常用作催化剂的第三组分。

首先，用磷配制高浓度的活性金属混合浸渍液，用共浸的方法可以制得金属含量较高的催化剂。其次，磷可以促进Mo(W)/Al_2O_3或Ni(Co)－Mo(W)/Al_2O_3的HDS、HDN和HYD活性，这是因为强酸中心减少，而中强酸增多，增加了八面体Ni^{2+}的量。

磷虽然已被广泛应用，研究也颇多，但尚未得出规律性的结果。D Chadwick[33]的结果是含磷1%时脱硫效果最好；而CW. Fitz[34]的结果是中等磷含量时脱硫效果好，在高磷含量时脱氮效果好；J. Reyes[35]认为加氢脱硫最佳磷含量为1%，加氢脱氮为0.3%～3%，HYD为3%。表4－2－1列出了同种催化剂加磷与否的活性变化。

表4－2－1 Ni－Mo－P/Al_2O_3催化剂相对活性

金属含量 性能	Ni－Mo			Ni－Mo－P		
	低	中	高	低	中	高
HDS	96	104	159	86	94	125
HDN	100	120	156	135	160	209

由表可以看出，加氢脱硫活性在三种金属含量时都有所降低，而加氢脱氮活性有大幅度提高。

2. 硼

硼对载体的作用前面已经涉及过。E. Lecrenay[36]考察了负载Co－Mo和Ni－Mo的催化剂，加入硼后对4，6－二甲基二苯并噻吩的加氢脱硫活性依次为：

15% B_2O_3 ~ 85% Al_2O_3 > 3% P_2O_5 ~ 97% Al_2O_3 > 20% ZrO_2 ~ 80% Al_2O_3

3. 氟

氟加入载体后可以提高酸性，在前面载体中已有叙述。氟与载体还可以发生以下反应：

$$AlOH + F \longrightarrow Al^{+} \cdots\cdots F^{-} + OH^{-}$$

$$AlOH + OH^{-} \longrightarrow AlO^{-} + H_2O$$

AlO^-多，氧化铝的等电点降低，这不利于阴离子的吸附而有利于阳离子的吸附。这样在浸渍时有利于 Ni^{2+} 和 MoO_4^{2-} 的吸附而不利于 $Mo_7O_{24}^{6-}$ 的吸附，改善了钼的分散，提高了加氢性能。表4-2-2 列出了 Ni-W/Al_2O_3催化剂加氟的活性变化。

表4-2-2 Ni-W(F)/ Al_2O_3催化剂 HDS 和 HDN 活性

催化剂	K_{HDS}/ μmol·g^{-1}·s^{-1}	K_{HDN}/ μmol·g^{-1}·s^{-1}	化学吸附氢/ μmol·g^{-1}
Ni-W/ Al_2O_3	7.762	1.422	38.24
Ni-W-F/ Al_2O_3	9.158	2.124	45.06

由表可见，加氟以后无论是加氢脱硫活性还是加氢脱氮活性均有明显提高。

4. 钛

钛在催化剂中可以增加 MoO_3的分散度。TiO_2在一定温度下容易被氢还原成 Ti^{3+}。Ti^{3+}有强的给出电子的能力，把电子给予高价态的钼离子，使钼还原而 Ti^{3+}本身又变为 Ti^{4+}。如此反复使六价钼转化成四价钼而更容易被硫化。当 Mo-Ni-P/TiO_2-Al_2O_3催化剂中 TiO_2含量达6% ~8%时，加氢脱氮活性比纯Al_2O_3的高 20% ~30%。

5. 沸石分子筛

在加氢裂化催化剂中加入分子筛是作为酸性组分之一而使用的。此处简介在加氢精制催化剂中加入分子筛的作用。此项研究应以前苏联最为先进，并已在多套工业装置上使用，取得了良好效果。表4-2-3 至表4-2-5 分别列出了前苏联在工业加氢精制催化剂中使用分子筛的效果。

表 4－2－3 前苏联炼厂使用含分子筛精制催化剂情况

炼　　厂	新高尔基		基里什		新亚罗什拉夫	
原料/℃	185～366		200～360		200～365	
硫/%	0.95～1.10		0.90		0.80～0.90	
反应压力/MPa	3.1		3.0		3.0	
催化剂	原	ГК－35	原	ГК－35	原	ГК－35
空速/h^{-1}	4.1	4.4	3.0	4.0	3.2	4.0
温度/℃	380	360	375	350	380	360
8000h 后温度/℃	420	385	395	379	406	384
产品硫/%	0.14	0.11	0.11	0.09	0.13	0.11

注：ГК－35 为含稀土分子筛的催化剂

表 4－2－4 前苏联工业用含分子筛加氢精催化剂

牌　　号	ГК－35	ГКД－202	ГКД－205
沸　石	含稀土沸石	CoY	NiY
堆密度/$kg \cdot m^{-3}$	800	720	700
粒径/mm	3.5	2	2.1
强度/$N \cdot mm^{-1}$	20	22	23
表面积/$m^2 \cdot g^{-1}$	247	230	240
总金属/m%	26.0	16.0	17.2

表 4－2－5 前苏联工业含分子筛工业催化剂使用情况

炼　　厂	克里布	乌发	安哥拉	高尔基	新古比雪夫
催化剂	ГКД－205	ГКД－202	ГКД－202	ГКД－202	ГКД－202
压力/MPa	3	3.2	3.8	3.3	3.3
温度/℃	340	365	340	340	340
空速/h^{-1}	4.3	4.4	4.8	4	3.8
产物中硫/%	0.1	0.14	0.1	0.11	0.1
寿命/年	5	6	2	6	3

由表 4－2－3 可以看出，含稀土分子筛的 ГК－35 催化剂用于柴油脱硫，比不含分子筛的催化剂空速提高、反应温度降低、产品中硫含量也减少。

从表 4－2－4 可看出，在使用分子筛后，催化剂中总金属含量降低。表 4－2－5 显示了含分子筛的加氢精制催化剂寿命也较长。

总之，前苏联的研究和工业使用催化剂结果表明，往加氢精制催化剂中加入少量分子筛(一般是小于10%)，可提高脱硫、脱氮能力，并可减少活性金属用量。

三、无定形载体和含分子筛载体的特性

加氢裂化催化剂的酸性载体也可以分为两大类，一类是含分子筛的，另一类是不含分子筛(无定形)的。这两类载体在反应性能上有较大的差别这些差别主要起因于分子筛是晶体硅铝有序排列，而无定形载体硅铝是无序排列。因此，使两者在酸强度、酸种类、酸量和结构方面有很大差别，从而导致在催化反应性能中表现出明显差异。

1. 活性

分子筛酸性中心比无定形硅铝多得多，酸强度也较高，这些首先表现在活性上，在其他条件相似的情况下，含分子筛催化剂所需的反应温度比无定形载体催化剂低得多，而且对温度的敏感性也较高，当转化率达不到要求时，需提高反应温度来补偿。含分子筛的催化剂提温1~1.5℃即可显示出效果，而无定形载体的催化剂一般需提温5℃左右才行。与此相关联的是，含分子筛催化剂起始反应温度低，升温速度又慢，结果必然是寿命长。图4-2-3所示的即为两种载体催化剂在其他条件相同时反应温度与运转时间的关系。

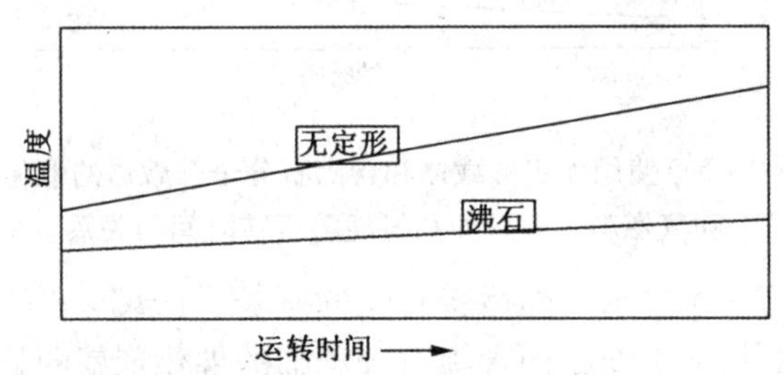

图4-2-3　催化剂活性与运转时间的关系

2. 选择性

一般情况下，含分子筛催化剂的中油选择性比无定形载体略差，而这一差别在运转末期更为明显。从图 4 –2 –4 可以看出这种差别，图 4 – 2 – 5 是 UOP 公司典型的无定形载体催化剂 DHC –8与含分子筛催化剂在选择性、氢耗方面的对比。

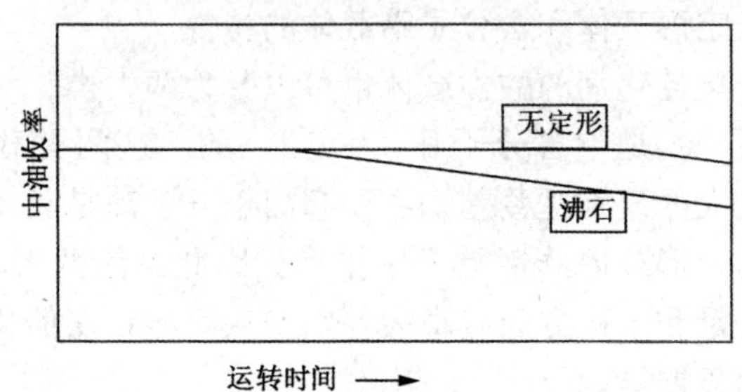

图 4 –2 –4　催化剂中油收率与运转时间的关系

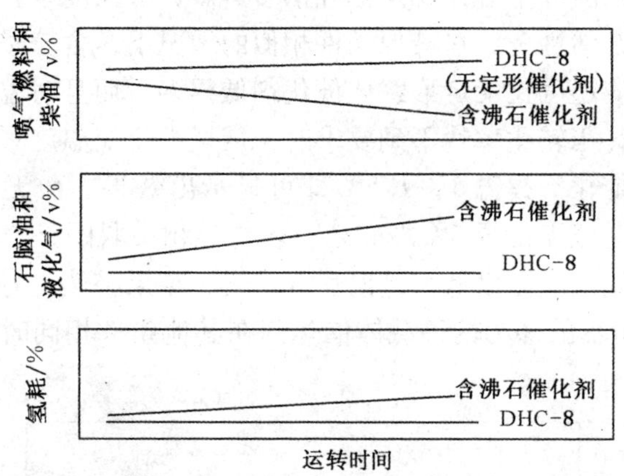

图 4 –2 –5　使用无定形载体和含沸石分子筛载体的催化剂时喷气燃料、石脑油和氢耗随运转时间的关系

图 4 –2 –5 显示，随运转时间的延长，DHC –8 的喷气燃料和柴油收率基本不变，而含沸石分子筛的催化剂就明显降低，同时液化气和石脑油的情况则相反，含分子筛催化剂逐渐增加。由于含分子筛催化剂的轻油收率较高，因此氢耗略高，且随运转时间延长氢耗有所增加。

图4－2－6对比了两种类型中油型催化剂的产品分布。再次证明了它们在选择性上的差别。

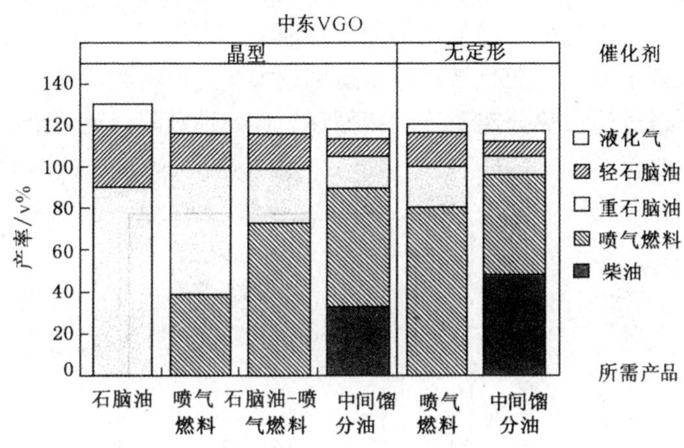

图4－2－6　分子筛催化剂与无定形催化剂产品分布的比较

3. 产品质量和芳烃积累

一般情况下，含分子筛催化剂的产品质量略差于无定形载体催化剂，这种差别也是随运转时间的延长而加剧。图4－2－7对比了两种催化剂在运转初、中和末期时喷气燃料中芳烃含量的变化情况。可以看出，随运转时间的延长，两种催化剂喷气燃料中芳烃含量都有增加，但含分子筛催化剂的增加更快。

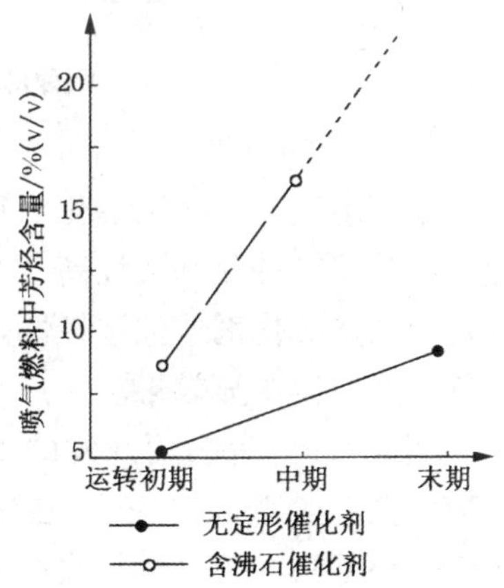

图4－2－7　不同运转时期两种催化剂生产喷气燃料中芳烃含量的变化

含分子筛催化剂在进行循环流程操作时容易产生循环油中芳烃逐渐积累的现象，时间较长则会影响催化剂活性的发挥，所以必须定期排放部分循环油。图4－2－8对比了两种类型催化剂在循环操作时，循环油中的芳烃含量。在无定形催化剂的循环油中单环芳烃最多，双环以后依次减少，且没有六环的芳烃；但在含分子筛催化剂的循环油中，自三环以上就比无定形催化剂中的多，而且芳环越多差别越大。这一问题近期在工艺过程中通过增设热分离器、间接循环、选择性吸附分离等措施而得到了改善。

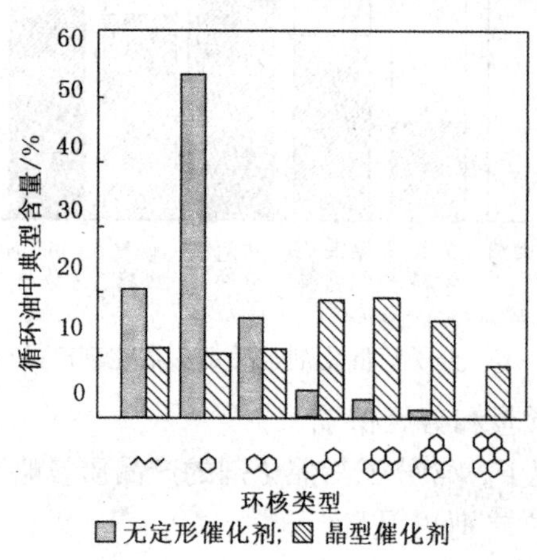

图4－2－8　两种催化剂循环油中芳烃含量

4. 近期的改进

鉴于上述含分子筛催化剂和不含分子筛催化剂各有特点，为保持含分子筛催化剂活性高、寿命长、灵活性好的特点，再补以无定形载体催化剂中油选择性好的特点，各公司纷纷研制出新催化剂，并取得明显效果。

例如Chevron公司开发的ICR－142含分子筛催化剂，所需反应温度比典型的无定形催化剂ICR－106降低8.9℃，而且$<C_4$收率下降、喷气燃料收率上升(见表4－2－6)。UOP公司开发的HC－110催化剂活性及中间馏分油收率也比典型的无定形催化剂DHC－8高(见表4－2－7)。

表 4-2-6 Chevron 公司的新催化剂

催化剂	$< C_4$	石脑油	喷气燃料	T/℃
ICR-106	7	32	80	基准
ICR-142	5	32	83	基准-8.9

表 4-2-7 UOP 公司新开发的 HC-110 催化剂

项目	粗进料		精进料	
	DHC-8	HC-110	DHC-8	HC-110
T/℃	基准	基准-5.6	基准	基准-7.2
轻馏分/%	基准	基准-0.5	基准	基准-0.3
石脑油/%	基准	基准-1.2	基准	基准-1.7
中间馏分/%	基准	基准+1.7	基准	基准+2.0

UOP 公司的新催化剂 HC-34 比 HC-24 不仅反应温度降低 6℃,氢耗降低 15%,而生产周期延长一半,处理能力提高 10%。

Shell 公司 2004 年公布的新催化剂包括轻油型的 Z-853 比其前身 Z-753 重石脑油选择性高、氢耗低、$C_1 \sim C_4$少，且其中 iC_4多。其主要是对 Y 沸石进行了改进。

中油型催化剂由 Z-603 发展出 Z-613、Z-623(如图 4-2-9),活性不变，但中油选择性提高，其关键是 Y 沸石改用新的脱铝方法。

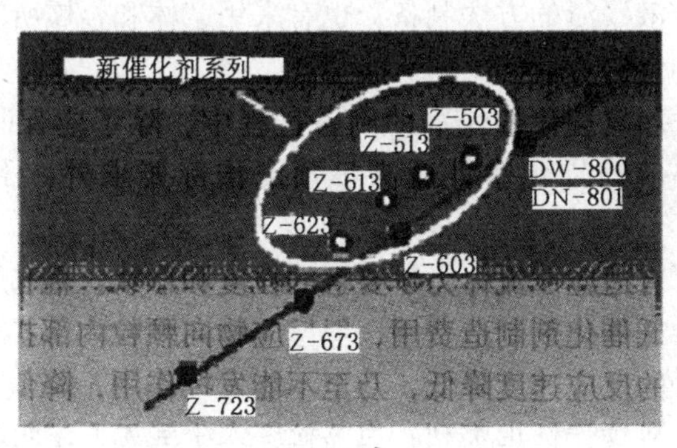

图 4-2-9 新高中油选择性的催化剂

第三节　加氢裂化催化剂的制备及表征

决定加氢裂化催化剂性能的主要因素是组成和结构。当组成已经确定后，制备条件对其结构和性能有重大影响。当找到最适宜化学组成后，仅由于制备方法之不同而给催化剂各种性能造成巨大差别的情况屡见不鲜。甚至同一制作者按同一配方及操作顺序所制备出的催化剂性能也会出现不重复的现象。随着催化理论的发展和对制备技术的长久积累，这种现象已越来越少，但仍不免留有一些技巧的痕迹。所以了解和掌握催化剂制备方面的规律是十分必要的。

加氢裂化催化剂是加氢裂化技术的核心。一个好的催化剂再配以精良的工艺才能形成完美的加氢裂化技术。

加氢裂化催化剂要根据原料油性质、工艺流程、工艺条件和目的产品来选择加氢组分、裂解组分，并协调其间的平衡。经常还要加其他助剂，用于改善催化剂的各种性能。因此，加氢裂化催化剂在组成和配比上都相当复杂，在制备过程中影响参数很多，通过调节可以制备出满足不同厂家需要的催化剂。

一、加氢裂化催化剂基本制备流程

大多数加氢裂化催化剂采用先制备载体，然后再用加氢金属的盐溶液浸渍的方法制备；也有采用载体和金属所有组分共同沉淀来制备的。

在加氢裂化催化剂的制备过程中，除了应保证催化剂的组成、各项物理化学性质满足预定指标要求外，还需考虑下列问题。

应有适应于流体力学要求的粒度和形状。催化剂颗粒大，固然可降低催化剂制造费用，但反应物向颗粒内部扩散的阻力使颗粒中心的反应速度降低，乃至不能发挥作用，降低了催化剂的利用率，对选择性也不利。当然粒度太小虽无上述问题，但会增加压力降。过高的压力降会使流体输送费用提高。压力降除了与催化剂大小有关还与外形有关。一般来说，三叶草形的和四叶草形的不仅有利于充分发挥全部催化剂的作用，而且对降低压力降也有利。

要求好的机械性质(强度)和热性质(导热率、抗热冲击能力等)。催化剂从生产到使用需要经过包装、运输、装料等过程。在装置开工后，由于温度的升高使反应器膨胀，使得催化剂下陷，停工时反应器收缩，而催化剂又不能向上移动，就使催化剂受到很大的侧压力，如果催化剂强度差，可以造成粉碎而增大压力降。同时，加氢裂化是强放热反应，催化剂应及时将反应热导出，避免反应状况恶化。

在大批量生产催化剂时，操作的连续化是重要的。它可以降低成本、使产品质量稳定，这对干燥、焙烧、成型阶段是较容易实现的，但在沉淀过程则有一些难度。此外，各单元装置还应具有一定的灵活性。

当然，在保证催化剂质量的前提下，应尽量选用价格较低、容易得到的原料和降低能耗。

环保问题在当今受到十分的重视。在催化剂生产中不可避免地使用或产生一些有毒或有害物质，特别是氨氮、粉尘和重金属污染尤为严重，除了要从源头杜绝、选用毒性污染小的原料外，在设计制备过程和装置时必须考虑污染物处理问题，切不可采用转移污染的方法。

(一) 载体的制备

负载型催化剂需要首先制备载体，然后再与活性金属结合。对加氢裂化催化剂来说，载体制备是至关重要的。它基本确定了最终催化剂的某些物化性质，如孔容、表面积、孔分布、酸性等。载体制备一般由以下几步组成：

① 原料选择与工作溶液配制。

② 沉淀或生成凝胶，这是制备载体的关键步骤。

③ 洗涤，主要目的是从载体中除去杂质。

④ 成型，根据使用要求制成一定的外形。

⑤ 干燥，除去物理、化学吸附的水。

⑥ 焙烧，将其中化学结合水除去及盐类转换成氧化物。

除了上述单元操作外还有一些，如陈化(老化)、切粒等也可根据需要使用。

上述单元操作对某一种催化剂来说不一定都用到，但有的过程还可能用多次。总的目的是在达到预期性质的前提下，保证产品的均匀性和重复性。

1. 原料选择和工作溶液配制

此项内容往往容易被人们忽视，因而长时间未考虑改变，但它对载体确实有一定影响。

通常原料中的阳离子是由催化剂组成所确定的，如 Al^{3+}、Ni^{2+}、Si^{4+} 和 Co^{2+} 等，而在另一些情况下则是阴离子，如 OH^-、$Mo_7O_{24}^{6-}$、WO_3^{2-} 等。与它们相对应的阴(阳)离子就有选择的余地。考虑的因素包括：溶解度、杂质含量及其除去的难易程度、有无污染、价格、对催化剂有无影响、有无稳定的质量及来源和能否配制稳定的溶液等。

工作溶液的浓度对生成沉淀的影响较大，主要表现在对晶核生成与生长的影响。在两种溶液作用生成沉淀的开始阶段，只有晶核生成一种作用。一旦体系中存在晶核并继续进行沉淀时，体系中就存在晶核生成、晶核生长和晶核溶解三种作用。前两种作用和溶液浓度有关。当工作溶液浓度较稀时，沉淀粒子出现时间长且粒度大，反之则快速出现大量的小粒子。这将影响载体的表面和孔结构。当然这不仅决定于溶液浓度，还与成胶条件有关。

2. 成胶

此过程又称沉淀。加氢裂化催化剂至少有一个组分是由沉淀制得的。这一过程基本确定了所制备载体的物化性质，所以它是制备载体的最关键一步。如前所述，在沉淀体系中存在晶核生成、生长和溶解三个过程，它除了和溶液浓度有关外，还与成胶 pH 值和温度直接有关。一般来说，晶核生成最快时的温度要比晶核长大最快的温度低得多，而高温则有利于晶核溶解。所以，低温有利于晶核生成而不利于生长。

沉淀过程是酸碱中和反应。如用碱性沉淀剂，由铝盐溶液制备 Al_2O_3时，在 20～40℃下，pH 值从小于 8 到大于 10，可以得到五种不同产物。

$$Al^{1+} + 3OH^- \xrightarrow{pH<8} 碱或\ Al^{1+}盐 \xrightarrow{pH>8} 无定形凝胶$$

$$\downarrow pH>9$$

$$\alpha - Al_2O_3 \cdot 3H_2O \xleftarrow{Na^+} \theta - Al_2O_3 \cdot 3H_2O \xleftarrow{pH>10} Al(OH)_3\ 胶$$

对制备加氢裂化催化剂载体，一般应停止在无定形凝胶或 $Al(OH)_3$阶段。

综合上述因素，欲得到较大沉淀粒子，可采用稀溶液、高温沉淀、剧烈搅拌。粒子生成后还有个聚集问题，图 4－3－1 示意几种不同堆积情况。显然如(a)图堆积则生成较大孔容的絮凝体，而如(c)图则成为较为致密的沉淀物，其孔容、表面积都很小，不宜用作载体。由于(a)图是一次粒子延伸于整个溶液中，因此也不适用作催化剂载体，较为适宜的是(b)图状态即为生成凝胶。

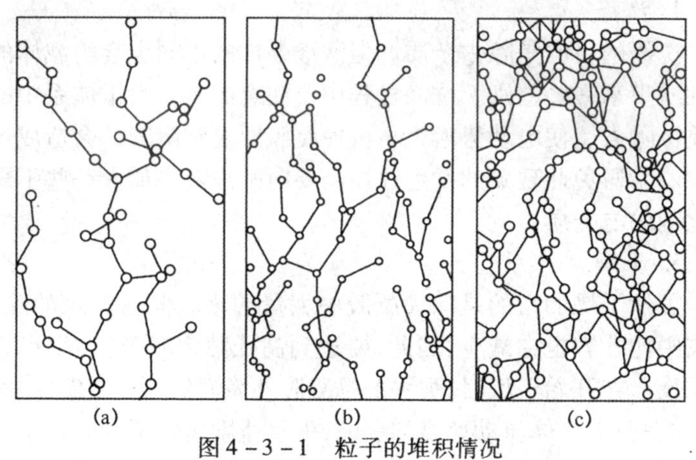

图 4－3－1　粒子的堆积情况

3. 老化(陈化)

要制备孔容较大的载体可在成胶后加入这一过程，沉淀的性质会因温度、介质和放置时间的不同而变化。这一过程发生的主要变化是，小粒子的溶解和大粒子的长大。大粒子的溶解度与半

径为 r 粒子的溶解度有如下关系：

$$RT/M\ln(S_r/S_\infty) = 2\sigma/(\rho \cdot r)$$

式中 R——气体常数；

T——绝对温度；

M——相对分子质量；

σ——表面张力；

ρ——产生沉淀粒子的密度；

S_r——半径为 r 粒子的溶解度；

S_∞——半径很大的粒子溶解度；

r——粒子半径。

由上式可见，溶解度与粒子大小的关系受表面张力 σ 的制约。体系中若大小粒子共存，则小粒子溶解、大粒子长大，形状不规则部分溶解度大、规则部分溶解度小。这就使得原沉淀粒子变大、均匀且规则。

4. 洗涤

洗涤的目的是除去杂质。但洗涤条件的不同也会给载体的物化性质带来一些差别。洗涤过程中要注意的是，由于体系中的电介质被除去，使电动势增大，可使凝胶回复到溶胶，会造成过滤困难。为避免此现象的发生往往需要向洗涤液中加入一些不影响催化剂的电介质。

5. 干燥

虽然干燥的目的是除去凝胶中大量的水。但随着水的除去，凝胶中比孔容也在减少，因此，要达到高孔隙率时，则必须小心控制干燥。在开始干燥时，失去的是凝胶外表面的水。受温度、相对湿度、表面上气体流动速度的影响，失水速度是恒定的。在水含量降至50%以下时，滤饼开始收缩，失水速率降低。失水速度受制于毛细管力。毛细管孔径越小，平衡蒸汽压越低，蒸发越慢。在干燥过程中，应避免样品中形成大的温度梯度。最好是在恒定脱水速率阶段采用快速干燥，而在后期慢速脱水阶段采用慢速干燥。在催化剂生产过程中的传送带和旋转窑等设备要比实验室用的烘箱更好，常常是分段使用这些设备就可以得到满意的结果。

6. 焙烧

这是干燥后的另一步热处理。在焙烧过程中发生的变化有：失去化学水或二氧化碳，改变孔径分布、形成活性相和稳定的机械强度。焙烧温度不同，在氧化铝表面的羟基就不同，因而影响其表面酸性，还会造成小孔消失，使平均孔径增加。在控制焙烧温度时，还应注意氧化铝的相变。

7. 成型

早期的加氢裂化催化剂是用打片、转板成型。片锭多为6×6cm，虽有形状、大小均匀、机械强度好等优点，但生产成本高，主要是因为设备的投资和维修费用高。转板生产效率很低，更重要的是不能充分发挥催化剂每部分的作用。

当今主要是用成球和挤条两种方法成型，而后者更为常用。挤条法是将干燥到一定程度的载体或干粉加入粘合剂调成糊状，将其从料斗喂入螺旋推进器，通过顶端的孔板挤出条，即行干燥，为保持一定长度，在孔板外侧加一旋转片，进行切粒。由于挤条催化剂孔隙率高，强度可以满足要求，且成本低，因此现在绝大多数加氢裂化催化剂均采用挤条成型方式。

（二）催化剂的制备

加氢裂化催化剂制备出载体后要引入加氢金属。引入加氢金属最通常的方法是浸渍，也有用混捏的，但较少。另外，还有将载体组分和金属组分同时沉淀下来制备的，将在下面一段讨论。当使用贵金属作加氢组分时，也有使用离子交换法。在此着重介绍浸渍法。

1. 金属盐类的选择和溶液配制

在选用金属盐种类时，应考虑有稳定的来源、价格低、溶解度大、溶液稳定、能在缓和条件下分解、排放毒物少等因素。通常钨、钼用铵盐，镍、钴用硝酸盐、碳酸盐或有机酸盐，也有用杂多酸盐的。而贵金属常用的是氯化物、氯氧化物、氯酸盐和络合物。

浸渍液的配制通常是以水为溶剂，也有用醇或烃类有机溶剂，并根据载体的吸水率和金属含量的要求配制溶液浓度。广泛采用一次共浸方式，若金属含量高也可采用多次浸渍。一般认为，催化剂中两种金属共浸为好。近期有人研究认为，分层浸优于共浸，但还未见在工业上广泛应用。

在室温下一般常用仲钨酸铵[$(NH_4)_2W_4O_{13}\cdot 4H_2O$]和硝酸镍[$Ni(NO_3)_2\cdot 6H_2O$]配制 W－Ni 水溶液，用七钼酸铵[$(NH_4)_6Mo_7O_{24}\cdot 4H_2O$]和硝酸镍配成 Mo－Ni－$NH_4OH$ 碱性溶液。如需高浓度的 Mo－Ni 溶液，也可用特制的 MoO_3、碱式碳酸镍[$NiCO_3\cdot Ni(OH)_2\cdot 4H_2O$]和磷酸配制成 Mo－Ni－P 酸性溶液。磷的存在可提高 Mo－Ni 溶液的稳定性。在浸渍液中加入些助剂可提高催化剂的活性。例如，加入尿素、柠檬酸、铵盐、过氧化物都可提高浸渍液的稳定性。往浸渍液中加入氮川三乙酸(NTA)、乙二胺四乙酸(EDTA)、环己烷二胺四乙酸(CYDTA)等螯合剂，可改善 Mo－Co、W－Ni/Al_2O_3催化剂对苯并噻吩、二苯并噻吩及二甲苯和甲基萘的加氢性能[37]。加入乙烯基二胺螯合剂，则可改善催化剂的加氢脱硫活性[38]。

2. 浸渍

将焙烧过的载体冷却至室温后放在含有活性金属的溶液中浸泡即为浸渍。此时由于表面张力的作用产生毛细管压力，使液体渗透到载体毛细管内，液体中的活性组分阴离子在载体表面吸附，而阳离子则进行交换。通常只需十分钟左右即可使载体的孔为溶液填满。在理论上孔内各点是均匀的，但实际上溶质比溶剂扩散慢，往往需要几小时才能达到均匀。

载体浸渍可分为两种。一种是过剩溶液浸渍。一般是用载体吸收体积的 1.5～2 倍的金属盐溶液，将载体投入其中放置一段时间后过滤，滤去多余的浸渍液，浸余液经再补充金属盐或调整浓度可再次使用。由于浸余液中带有催化剂粉末，所以循环到一定程度就需排渣或全部更换新浸渍液。这种方法浸渍均匀，金属载量高。

另一种是喷淋浸渍，又称饱和浸渍。是用相当或略低于吸水量的浸渍液，将载体装于旋转的容器中，均匀喷入浸渍液。此法操作简单，无过剩浸渍液循环和排渣问题，载体龟裂现象较少，但金属分散情况较差。

以上两种浸渍方式最重要的因素是温度，因为它影响浸渍液黏度和金属盐的溶解度，从而影响浸渍时间。由于浸渍过程是放热的，特别是在大批量进行时，其放出的热量往往会使浸渍液沸腾，因此，通常需要用浸渍液循环降温，或将载体装入吊篮中不断放入浸渍液槽中进行。为了减少浸渍时的龟裂或加快浸渍物的扩散，可以采用先抽真空或用其他溶剂预浸的办法，但并不是必需的。

3. 干燥和焙烧(活化)

浸渍后的催化剂一般还需干燥和焙烧。若这一步控制不当，会造成活性金属组分分布不均匀。如果干燥速率太慢，则会在毛细管的弯月面上蒸发，使弯月面逐渐向孔深部后退，结果造成盐集中于孔的底部。反之，如干燥速度太快，在毛细管中产生温度梯度，迫使孔深部溶液向外移动，造成大部分盐聚集于孔口。理想的是使活性组分均匀地分布于孔的各部位。因此，要适当的控制干燥速率。对无定形硅铝或氧化铝来说，孔的大小不是均一的。对大孔适合的干燥速率对小孔不一定适合，反之亦然。所以活性金属在载体上分布不均匀是绝对的，均匀则是相对的。由于干燥后活性金属在载体上仍以各自的盐类形式存在，还需将其变成氧化物，所以就要进行焙烧。

焙烧过程发生脱结晶水、盐类分解和化合价的改变，这些都在一个较窄的温度区域内进行。而晶型转变、晶粒长大、表面积降低和孔径增大等的温度区域较宽，且受温度变化影响不大。因此需要综合上述条件选择适当的焙烧温度。

在焙烧设备上，要从保证分解产物的散发、保证通风良好来选择料层厚度。升温速度以小于 100℃/h 为宜。焙烧时间在 4～10h,热载体一般都用空气。

（三）共沉（胶）法备催化剂

共沉法是将载体组分与金属组分同时沉淀的一种制备方法。国外以 Chevron 公司最为常用。国内 FRIPP 也有使用。此种方法可以制备出孔容和表面积较大、金属分散均匀的催化剂。虽然载体催化剂一次制成，操作简单，但制备技术要求高。共沉法制备催化剂可分为三步，即配制溶液、沉淀和洗涤。

溶液配制是把载体及催化剂所需要的组分按酸、碱分别配成相应的溶液。溶剂以水为最佳，其量则由催化剂组成决定。其他部分则应考虑溶解度、沉淀是否完全、杂质除去容易程度和价格因素等。

沉淀过程是将酸、碱两种溶液中和搅拌而生成沉淀。因为，此体系中既有可溶于酸性介质的物质，又有可溶于碱性介质的物质，还有如铝等的两性物质。为了尽量减少组分流失，沉淀的 pH 值应尽量保持在 7 附近。

洗涤是一个重要步骤。在用共沉法制备催化剂时，为了尽量减少组分流失，常用先成型后洗涤的方式，即成胶后的催化剂先母液分离，然后干燥到一定程度，在挤条成型后洗涤。此种方式洗涤速度较快、洗涤液用量少、组分流失少，且便于连续化生产。洗涤后的催化剂要进行干燥、焙烧。

二、催化剂性能表征及对反应的影响

催化剂的表征无论对催化剂研究者、生产者还是使用者，都是不可缺少的。有些表征不仅对催化剂成品是重要的，甚至在制造的中间阶段就成为控制质量的重要指标。研究者可通过表征确定制备方法及修正方案，生产者则用表征作为控制指标和产品质量规格，使用者则可根据表征选用适当的反应条件。

催化剂的表征大致可分为三类，即化学组成、结构表征和催化性能。其中以结构表征内容最为丰富，本书重点讨论结构方面的表征。

（一）物理化学性质的表征

这是催化剂最通常也是最基本的表征。

1. 表面积

因为多相催化反应是在催化剂表面上进行的，并主要是在内表面，所以催化剂的活性与表面积有密切关系，但并不一定成正比关系。实际上，活性表面只占所有表面的一部分。有的表面上没有活性中心，还有一部分表面由于孔径太小而不能发挥作用。把能起催化作用的表面称之为有效表面。既然如此，在比较不同组成或用不同制备方法制备的催化剂活性时，就必须弄清其活性的差别是来源于组成不同还是有效表面积差别引起的。因此，在评选催化剂时，表面积是一个必要的数据。

表面积的测定方法一般是采用质量、容量或自动吸附。先测出样品在恒温下对惰性气体的物理吸附量，再用 BET 公式计算而得。其单位为 m^2/g，符号为 S。也可以用 X 光小角散射强度来测定。

2. 孔体积(孔容)

催化剂是一种多孔物质。如要求催化剂对某一反应有较好的活性和选择性，则它不仅需要有一定的表面积，而且还需有合适的孔隙。一个具有大量小孔径孔的催化剂，固然内表面很大，但孔小到反应物进入困难或不能进入时，催化剂的活性不会高，即使部分反应物进入并反应，但由于产物扩散出来得很慢，从而影响进行下一步反应，因而也就影响了催化剂的选择性。这一点对加氢裂化催化剂来说是十分重要的。另外，它对催化剂强度、稳定性、寿命等均有影响。

测定孔容最简单和直接的方法是将催化剂的孔用已知密度的液体充满，然后称重。这种液体最好是小分子的，以使小孔也可以充满，例如水、环己烷、苯等。也可用四氯化碳或氮吸附法测定。孔容以符号 V 表示，单位为 mL/g 或 cc/g。

3. 平均孔径和孔径分布(孔结构)

平均孔径是假设催化剂的孔均为圆柱形的，孔长为 L，孔半径为 r，则孔内表面积为 $2\pi rL$，而孔体积为 πr^2L，二式结合得出平均孔半径为 $r=2V/S$。

仅知道催化剂的平均孔径是不够的。因为除了分子筛以外，其他所有催化剂不可能做到所有的孔都有同一孔径，而理想的载体或催化剂则希望孔径尽量集中于某一个或两个区域内，要求催化剂有适宜的孔分布。此外，孔的形状也有影响，即使表面积、孔容均合适，但孔是瓶子状，因瓶颈小，而影响反应分子进入，也是无用的，可用吸附、脱附线形状来测定孔的形状。

4. 酸性

酸性是加氢裂化催化剂尤其是载体的重要性质，它关系到催化剂的裂解活性。关于酸性概念，在本章第一节中已有较详细的讨论。在固体酸载体上，往往是 B 酸和 L 酸共存，酸性中心和碱性中心共存，酸强度和酸度有变化，而且也因处理条件不同而改变，所以固体酸催化剂表面是不均匀的。再加上对某一反应来说只能在某种酸类型及特定的酸强度下进行，这就造成固体酸表面催化反应的复杂性。

测定催化剂酸性的方法很多，如化学法、红外光谱法、色谱法等。

5. 密度

加氢裂化催化剂的密度与其化学组成、晶相和孔结构有关。催化剂中加氢金属含量越高密度越大。何种晶相的氧化铝和有无分子筛及含量等对密度有影响。含分子筛越多，密度越低；孔容越大，密度就越小。密度的定义是单位体积物质的质量，但对催化剂这样一种多孔性物质来说，“体积”可由几部分构成，即骨架体积 V_F、催化剂内孔体积 V_P和催化剂颗粒间体积 V_c。因此曾出现过混乱，后来，ASTM 委员会规定了四种密度定义，分别为理论密度、骨架密度、颗粒密度和堆积密度。四种定义的差别仅在于所取的体积不同，由于理论密度基本不用，故不作介绍。

骨架密度又称密度，其体积定义为骨架体积，有的还包括被固体封闭在内部而不能被任何流体渗入的孔的体积。

$$\rho_F = W/V_F$$

颗粒密度，其体积定义为骨架体积与孔内体积之和。

$$\rho_p = W/(V_F + V_p)$$

堆积密度，其体积定义为催化剂骨架体积、孔内体积和颗粒间体积之和。最常用的是堆积密度。

$$\rho_C = W/(V_F + V_P + V_C)$$

是固定床反应器设计中必须知道的参数。它反映的是单位床层体积内所含催化剂的质量。

堆积密度与催化剂颗粒形状和装填方法有关。例如，工业装置装填催化剂时，密相装填密度明显比普通装填时的大。

6. 粒度和形状

催化剂的粒度和形状除了影响催化剂活性的发挥外，还对反应器的压力降有影响。图4-3-2是不同颗粒大小和形状催化剂对反应器压力降的影响。

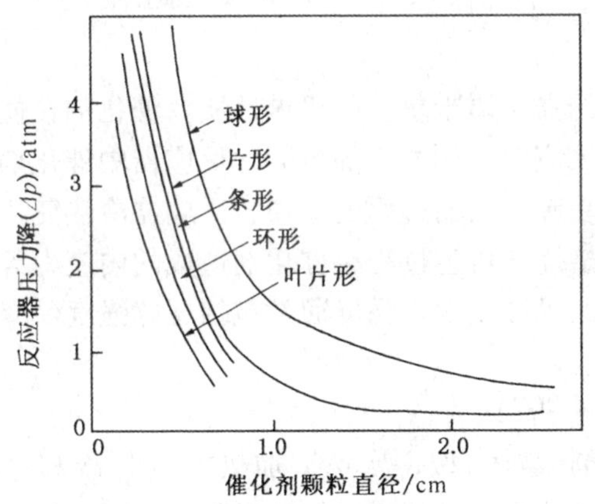

图4-3-2　催化剂形状不同时的反应器压力降

1atm = 0.101MPa

此图介绍的顺序与有些资料的略有差别，是因为试验条件有所差别。本图是基于等当量直径条件下成立的，由图可以看出，颗粒越小压力降越大。就形状来说，球形和片状的压力降大，叶片形（三叶草或四叶草）压力降小。

从外形上讲，除了上述球形、压片和圆柱条以外，近期又发展了三叶草、四叶草、蝶片形等。这些异形催化剂可更充分发挥催化剂内部的作用，最近 Shell 公司新制备的 TX 形催化剂则更进一步发挥了催化剂内部的作用。如图 4－3－3 示出了 TX 形三叶草与原 TL 三叶草之差别。

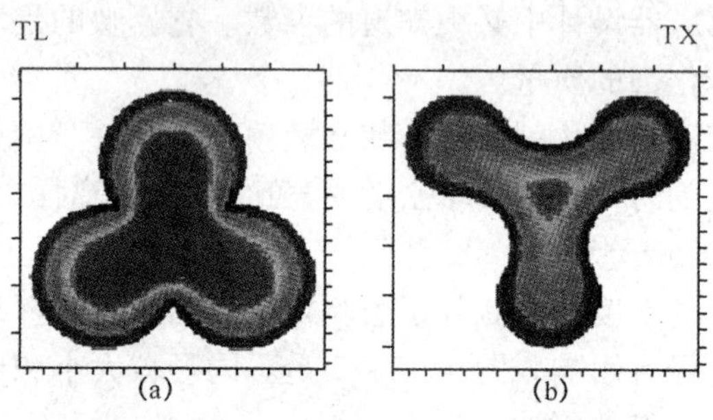

图 4－3－3　TL 和 TX 形催化剂

7. 强度

催化剂的强度属于重要的机械性质。催化剂在使用过程中会受到许多机械应力。例如，加氢裂化反应器中催化剂装量达上百吨，催化剂装卸及运输过程的磨损、反应器冷热变化给催化剂的机械应力、焙烧和再生过程给催化剂造成的内应力等，都要求催化剂有良好的机械强度。强度通常包括压碎强度（单位为 N/mm）和磨损率。

8. 差热分析（DTA）

将催化剂（载体）按一定速率加热或（和）冷却过程中，测量试样与已知热性质的参照物之间的温度差。因任何有放热或吸热物理变化和化学反应的都可产生温度差，由此可以得到有关相变、固相反应、分解、氧化、还原等方面的信息。差热曲线中的峰位置可作为鉴别物质或发生变化的定性依据。峰面积表示的是热效应的大小，可作为定量计算反应热的依据。从峰的形状（宽度、对称性）则可以得到有关动力学参数的信息。

9. 热重分析（TGA）

此法是用热天平连续称量样品在程序升温过程中的重量变

化，可以得到样品失水、热分解反应、固相反应、固气相反应、分子筛晶体破坏等信息。热重曲线的阶梯位置可作为鉴别变化的定性依据。阶梯高度可以计算中间或最终产物的量及结晶水的含量，作为各种计算的定量依据。阶梯斜度，与实验条件有关。在给定实验条件下，则与反应速率有关。可由此求得动力学参数。

（二）近代的表征方式

近代物理测试方法的进步使催化科学的研究有了重大进展。目前已成为研究、表征催化剂不可缺少的工具。但这些方法往往有局限性，常常需要各种方法互相配合才能得到较为满意的结果。

1. *X* 射线

X 射线是研究和表征催化剂最有力的工具之一，它可以揭示晶体内部原子排列状况、催化剂宏观变化和微观结构。*X* 射线与物质相互作用时情况比较复杂，现选择与催化研究有关者简述之。

（1）*X* 射线粉末衍射

由于 *X* 射线的波长与晶体晶面间距相近，所以照射在晶体上可以出现衍射。因此，用它测定晶体及其混合物时是十分有用的。它可测出混合物中每种物质的质量分数。此法在加氢裂化催化剂中应用颇广。特别是用来测定分子筛，简单可靠，可以测定分子筛的晶胞参数、结晶度等重要数据。

（2）物相鉴定

这是在催化剂研究中应用极广的一种方法。当用不同原料或不同制备方法制备出的催化剂反应性能不同时，可用它观察微观结构之不同，而找出催化性能不同的原因。当加氢裂化催化剂失活或选择性变坏时，还可以帮助了解原因，如氧化铝是否相变、分子筛是否崩溃、是否出现尖晶石结构、是否出现金属聚集等。

（3）测定平均晶粒大小

催化剂（载体）粒子是由许多晶体紧密聚集而成的二次聚集

物，当小晶体的粒子小于 200nm 时，X 射线衍射峰变宽，越小就越宽。由此反映出活性金属分散的好坏，并可以判断在使用过程中有无金属聚集和烧结发生。

(4) 延伸的 X 射线吸收精细结构(EXAFS)

它是 X 射线分析技术的一个新分支，属于 X 射线光谱学科。它能提供有关催化剂结构信息。EXAFS 最大的优点是可以同时观察催化剂中每一个金属中心在催化剂整体中的分散情况。利用同步加速器辐射或脉冲 X 射线配合高灵敏度的检测系统，可以研究材料瞬间结构及其变化过程和化学反应中间体。此项技术虽已日趋成熟，但也有局限性，即提供的是平均结构信息。从催化剂研究的角度认为，它虽不能区分表面和体相结构的差异，但作为分散度较高的催化剂来说，由于体相只有少量活性组分，因此还可以使用。从化学角度看，EXAFS 不能提供键的方向性信息。

(5) X 射线与物质相互作用

① 经典散射　电子在 X 射线电磁场内谐振时，辐射出与 X 射线波长相同的电磁波，此过程称之为经典散射，它是晶体衍射和小角散射的基本过程。

② 量子散射　X 射线与电子发生非弹性碰撞时，散射的 X 射线能量略有降低的过程称之为量子散射。

③ 荧光 X 射线　当某元素受 X 射线激发时，原子中电子激发到高能级，再从高能级回到低能级时就辐射出此元素的特征射线，称之为 X 光荧光元素分析。

④ 电子光谱(ESCA)　物质表面层电子在 X 射线照射下可脱离表面变成光电子。它的动能与原电子所在原子能级有关。这有助于了解薄层内物质的化学键状态。

⑤ 俄歇电子　原子受 X 射线作用时，K 层可能出现电子空位。当 L 层电子跳入 K 层时产生一个光子。此光子可使另一个 L 电子变成光电子。它的动能与原物质能级有关。可用于轻元素的分析及极薄层内化学键的分析。

⑥ 电子探针　物质在高能电子轰击下可产生特征 X 射线。

如把电子束聚焦得很细，可用作微区元素分析。

2. 红外光谱

红外光谱是一种研究分子结构的主要方法。用它可以研究催化剂上吸附物质的状态及结构，从而进一步了解反应物和催化剂间的相互作用。红外光谱反映的是分子的振动和转动，而分子的振动与转动和分子结构密切相关。所以，分子吸附在催化剂上或受催化剂作用改变了振动方式也可由红外光谱检测出来。

分子内一定的官能团或键都与一定的振动频率相对应。用频率可以鉴定官能团或键，称之为特征吸收频率及相对应的特征吸收峰。用红外光谱可以测定催化剂载体上的—OH 基及与其相邻的关系。用红外光谱区别催化剂表面上的 B 酸和 L 酸，也是加氢裂化催化剂中常用的方法。

3. Mossbauer 谱

在催化剂研究中，表征过程大部分是在常温下或在真空下进行的。而加氢裂化反应则是在 300℃以上高温下进行的。在常温下得到的信息毕竟与实际使用状态有差别，因而认为，在反应条件下得到的信息更为重要更为真实。Mossbauer 技术是能进行原位结构研究的很少技术之一。它有高的能量分辨能力，不需要在高真空条件下进行。这是其他许多微观结构测试技术所难以达到的。

加氢裂化催化剂的反应性能和原料选择与制备条件密切相关。一般情况都要先制备载体，再制成催化剂，中间要经过一系列单元操作，最后得到符合要求的催化剂。而其中每一步的各个操作参数都会对催化剂产生影响。Mossbauer 谱可提供每一制备阶段样品的结构、状态、组成等极为有用的信息。即制备条件对催化剂活性的影响。Mossbauer 谱可以得到的其他信息还有：

① 活性组分在载体表面上的移动性；

② 活性组分与载体的相互作用；

③ 助催化剂的作用；

④ 活性相颗粒大小及分布；

⑤ 确定表面组成及其变化、活性位置及活化态；

⑥ 确定表面结构。

4. 紫外漫反射光谱

对吸收光谱来说，反射光谱是一门更新的技术。用它可以研究催化剂的表面结构，特别是表面和体相有无 $M^{2+}Al_2O_4$ 生成；测定过渡金属离子的不同配位状态；还可以测定贵金属催化剂中铂的价态，也可用来测定固体酸。

加氢精制和加氢裂化催化剂最常用的是由 W、Mo、Ni、Co 等活性组分和氧化铝或无定形硅铝载体组成。李大东[39]用紫外漫反射光谱研究了催化剂制备条件中的一些因素对 NiO 与 Al_2O_3 之间相互作用及对吡啶加氢活性的影响。结果表明，在混捏法和共浸法制备的催化剂上均有 $NiAl_2O_4$ 尖晶石生成，而混捏法更多。

紫外漫反射测定固体表面结构的优点在于时间短，一般只需几分钟；制样简单且不破坏样品；所需设备也简单。但由于催化剂表面有多种化合物，吸收峰带宽且有重叠，所以会出现模棱两可的结果，因而需要用其他方法相互验证才能得出结论。

5. 光电子能谱

光电子能谱是 20 世纪 70 年代出现的一种新分析方法。它与其他分析方法的差别是，它可以直接反映样品表面原子或分子的电子层结构，可分析催化剂表面元素组成及其状态的变化。它可以对催化剂的元素定性和半定量分析，显示其在反应中价态的变化，由于金属组分在催化剂表面上往往是以多种化合物状态存在，它可以确定究竟哪一种或哪几种状态起催化活性作用；测定 B 酸和 L 酸；催化组分间及催化组分与载体间的相互作用；催化组分的分散度；失活及中毒机理等。

6. 分析电子显微镜

催化反应在催化剂表面（活性中心）上，进行活性中心的表征方法是要在原子、分子的水平上取得其结构和组成信息。最理想的表征是在实际反应条件下进行原位表征。但催化剂的活性组分含量低，且分散度高，从而限制了许多方法的使用。在可以使用的方法中，许多给出的结果往往还是“平均结果”。透射电镜是目前惟一一种用于描述固体催化剂纳米、亚纳米区元素组成的成熟技术，其突出优势是分辨率高。通过对新鲜催化剂、失活催化剂和再生催化剂的透射电镜(AEM)观察与分析，可以给催化剂研究者提供改进配方及改变制备途径的信息。并有可能对催化剂作出“微设计”[40]。

与任何其他分析方法一样，AEM 方法也有局限性，在研究中不能仅依赖一种技术，必需更多地与其他表征技术相结合，才能获取更多有价值的信息。

7. 固体高分辨率核磁共振 MAS NMR

固体 MAS NMR 是研究分子筛最有力的工具之一。分子筛是微晶结构，很难用常规的方法研究其结构。虽然 *X* 射线衍射可以得到分子筛的许多信息，但这些结构信息均来自于长程的晶序，是结构的平均。在加氢裂化催化剂中，所用的分子筛常常是经过改性的，改性后的分子筛对长程有序变化不大，而仅在局部结构上有变化，用 X 射线衍射辨别这些变化有一定的难度，而 MAS NMR 对局部结构几何性敏感，能提供局部结构变化的重要信息，因此，成为催化材料结构表征的最重要手段。MAS NMR 与 XRD 研究方法互相结合，可以提供十分完整的结构信息。

它能测试的内容包括：

① 分子筛骨架结构和组成，骨架脱铝和铝的引入对结构的影响，非骨架铝的性质和数量；

② B 酸和 L 酸的性质；

③ 阳离子的位置；

④ 晶体孔道内吸附物的化学状态及催化性质；

⑤ 分子筛中有机模板剂的结构、状态和分子筛生长机理；

⑥ 积炭机理和分布。

近年来，原位 MAS NMR 发展很快，它可以了解和证明反应机理、反应活性中心的规律和反应动力学方面信息，可以确定反应中间产物，跟踪反应进程，探索反应机理。

随着技术不断发展，对催化剂和载体的表征方法日益增多，使得催化剂制备由“技巧”逐渐走上科学之路。但是，每种催化剂表征方法都有其特点，也有其局限性。因此要了解催化剂的真面目往往需要几种方法共同使用，才能得到真实、全面的信息。

第四节　加氢裂化的配套催化剂

一、精制催化剂

1. 精制催化剂的作用

在加氢裂化过程中，精制催化剂的作用主要是：加氢脱除原料中含有的硫、氮、氧和重金属等杂质以及加氢饱和多环芳烃，改善油品的性质。

各种有机含硫化合物在加氢脱硫反应中的反应性能与分子的大小和分子结构有关。总体上说，加氢脱硫反应容易进行。当分子大小相同时，其反应难易顺序是：硫醇最容易反应，其次是二硫化物和硫醚，噻吩类则最困难；而在同类硫化物中，分子量越大、分子结构越复杂的越难脱除[41]。但对加氢裂化催化剂而言，除了贵金属催化剂对进料硫含量有极严格要求外，进料中的硫对广泛使用的非贵金属加氢裂化催化剂活性的发挥无大碍，而且大多数非贵金属钨—镍和以钼—镍金属作为加氢活性组分的催化剂还要求反应系统中维持一定的硫化氢含量，以维持金属以具有更高活性的硫化态形式存在。

石油馏分中的氮含量一般随馏分沸点的升高而增加，在较轻的馏分中主要含单环、双环杂环氮化物（如吡啶、吡咯、吲哚等）。而稠环含氮化合物（如吖啶、咔唑等）则集中在较重的馏分中。在加氢裂化过程中，加氢脱氮的重要作用是将进料中的氮化合物脱至符合工艺要求的程度，以便充分发挥加氢裂化催化剂的裂解功能。氮化合物是加氢裂化反应尤其是裂化、异构化和氢解反应的强阻滞剂。氮化合物对加氢裂化催化剂的酸性中心具有强烈吸附特性，导致催化剂的酸性中心中毒而失活。一般地说，高活性的加氢裂化催化剂在进料氮含量小于10μg/g下使用时，才能够充分发挥其裂解活性和稳定性。随着催化剂的制备技术的改进，裂化催化剂的耐氮性能已明显提高，有些裂化催化剂可以在进料氮含量50μg/g甚至100μg/g下使用，并仍表现出很好的活性。单段加氢裂化催化剂虽然可以在更高进料氮含量的条件下使用，但由于催化剂的酸性较弱，且酸性组分含量较少，因此需要高的催化剂床层反应温度，以维持足够的转化深度。

石油中的含氧化合物含量远低于含硫化合物和含氮化合物，通常在0.1%以下。其中，有机氧化物以羧酸(如环烷酸)和酚类为主。不同类型的含氧化合物其加氢脱氧的难易有别，醚类最易脱氧，酚类次之，呋喃类最难。与加氢脱氮反应相比，加氢脱氧反应更容易进行。

在加氢裂化过程中，原料油中含有的金属有机杂质(如钒、镍等)必须经过加氢处理催化剂加以脱除，以免含金属有机杂质在裂化催化剂上进行加氢反应，导致金属在裂化催化剂上沉积，造成催化剂内孔道堵塞或催化剂活性位破坏，从而导致催化剂永久性失活。

加氢裂化原料油中的芳烃含量与原油的产地有关。石蜡基大庆原油的VGO芳烃含量较低、而中间基和环烷基原油的VGO中则含有相当多的芳烃。例如：胜利和孤岛原油VGO的总芳烃含量为35%左右，中东高硫原油VGO则含有更多的芳烃，一般为45%到50%左右。在加氢精制段对原料中的芳烃进行部分加氢饱和，可以使加氢裂化反应更容易进行，提高产品产率和质量。另一方面，进料中含有的多环芳烃在加氢裂化反应过程中亦能发生缩合生焦反应。因此，对原料多环芳烃进行充分加氢饱和可以抑制裂化催化剂上积炭生成，减缓催化剂的失活，延长催化剂使用寿命。

为了减少加氢裂化装置因铁及其他重金属沉积导致压降增大而停工的次数，通常在加氢处理催化剂的顶部装上约占加氢处理催化剂10v%加氢脱金属保护剂。

2. 精制过程对裂化反应的影响

在一段或者两段法加氢裂化工艺过程中，一般均需要在装有加氢裂化催化剂的反应器前设有专门的原料预处理反应器，内装重油加氢精制催化剂，或者在加氢裂化催化剂的上部装有加氢精制催化剂，其目的是保护裂化催化剂的裂化活性能够充分而且稳定地发挥，降低加氢裂化催化剂床层的反应温度，同时减缓重金属和积炭在裂化催化剂表面的沉积，从而延长装置运转周期，并提高产品产率和质量。在该过程中，原料分子结构变化不大，转化率一般在 10% 左右[42]。表明加氢处理催化剂也需要加氢和氢解双功能，而氢解反应所需的酸度要求不高。

不同类型的加氢裂化催化剂对反应环境特别是对进料中的有机硫、氮等杂质，以及 H_2S 和 NH_3 的承受能力有相当大的差别。无定形非贵金属加氢裂化催化剂对进料中的硫、氮和循环氢中的 H_2S、NH_3 都有较强的承受能力，这些杂质含量的高低对其活性影响较小。但这种催化剂活性较低，起始反应温度高，催化剂寿命较短。含沸石分子筛加氢裂化催化剂裂化活性明显提高。但早期开发这类催化剂其主要目的在于增加石脑油的产率，其主要不足是对硫、氮及 H_2S、NH_3 等毒物都很敏感。因此，对进入裂化段的进料要求严格控制硫、氮含量，特别是氮含量。后来，由 Union 公司率先开发了一种含超稳 Y 沸石分子筛（USY）的加氢裂化催化剂。该类催化剂虽然不能承受过高的有机氮含量（不大于 10μg/g），但对反应系统中的 NH_3 含量却有相当的承受能力。随着沸石分子筛改性技术的发展和催化剂制备技术的改进，催化剂的耐氮性能明显提高，可以在进料氮含量 50μg/g 至 100μg/g 下长期使用。但贵金属催化剂对进料中的有机硫、氮化合物以及循环氢中的 H_2S、NH_3 都非常敏感，其活性位会受到明显抑制或中毒，因此要求严格控制反应进料中的杂质含量。对含分子筛的加氢裂化催化剂，原料加氢处理十分关键。FRIPP 曾用耐氮性能强的含沸石分子筛的中油型加氢裂化催化剂做了没有精制段的单段单剂一次通过和有精制段的一段串联一次通过对比试验。表

4－4－1列出了对比试验结果。从数据对比可以明显看出，有精制段的一段串联工艺，裂化段的反应温度可大幅度降低，同时可获得质量更好的中间馏分油和尾油产品。而对于高活性的轻油型加氢裂化催化剂来说，精制过程对裂化催化剂的活性影响更大。

表4－4－1　有无精制段的对比试验结果

工艺过程	单段一次通过	一段串联一次通过
原料油	胜利VGO	
密度(20℃)/g·cm^{-3}	0.9078	
馏程/℃	340～511	
硫/%	0.56	
氮/%	0.16	
工艺操作参数		
反应压力(总)/MPa	15.5	15.5
液时体积空速(对裂化剂)/h^{-1}	1.25	1.50
氢油体积比	1500:1	1500:1
裂化段反应温度/℃	基准	基准－24
精制油氮/μg·g^{-1}		～6
产品分布/%		
石脑油①	14.8	13.8
喷气燃料	27.0	30.1
柴油	11.6	9.3
>350℃尾油	42.4	42.9
产品主要性质		
石脑油芳潜/%	45.2	44.6
喷气燃料		
密度(20℃)/g·cm^{-3}		0.8077
烟点/mm	23	28
芳烃/v%	13.4	3.5
柴油		
密度(20℃)/g·cm^{-3}		0.8413
凝点/℃	－14	－12
十六烷指数	55.9	63.0
加氢尾油*BMCI*值	24.5	19.2

① 石脑油中的轻组分未能稳定收集计入。

3. 对精制催化剂的要求

催化加氢脱氮比脱硫困难，一般认为，杂环含氮化合物在C—N键氢解之前，必须先进行杂环的加氢饱和，即使是苯胺类非杂环氮化物，在C—N键氢解之前，芳环也要先行加氢饱和[43,44]。在加氢裂化条件下，氮杂环加氢相对容易，C—N键氢解比较困难，因此认为加氢活化能比氢解活化能低，C—N键断裂是决定反应速度的步骤。因此，催化剂加氢脱氮活性的提高，主要不是提高加氢性能，而是提高对氮杂环加氢饱和中间产物的脱氮性能。但是，对于多环的化合物，加氢仍然是重要的。基于这些，提出了以下加氢裂化预精制催化剂的设计原则：

① 载体的孔结构应具备适宜的孔容积和表面积，孔分布集中，并具有一定的酸度，对有机硫、氮有氢解作用；

② 优化金属组分的组合、含量，促使金属分布均匀且富集表面，提高加氢活性；

③ 选择适宜的催化剂形状和粒度，达到既有利于提高活性、压碎强度与耐磨性，又能降低床层压降；

④ 制备催化剂所用原料易得，制备工艺简单，成本低；

⑤ 使用过程中氢耗低，运转周期长，并且容易再生。

(1) 载体的作用及孔结构、粒度和形状的影响

① 载体的作用及孔结构对加氢精制催化剂活性的影响。

载体的作用，首先是充当活性组分的骨架。固体催化剂在实际使用时，必须加工成一定形状和一定大小的颗粒，使催化剂的流体力学性能符合催化反应过程要求。例如，在固定床反应器中，保证物流在催化剂床层中具有良好的流动性能，避免产生成过大的床层压降。同时，催化剂颗粒还必须具有足够的机械强度(抗压强度和耐磨性)，以保证催化剂在装卸和使用过程中不易破损。载体的另一个重要作用是将催化剂活性组分均匀分散其上，从而提高活性组分的利用率。

多相催化反应是反应物分子扩散—吸附—表面反应和产物分子脱附—扩散的过程。因此，使活性组分具有大的、可接近的表

面积是催化剂具有良好性能的关键之一。但是，多数催化活性组分(金属或金属硫化物)本身的比表面积不高。以 MoS_2 为例，其表面积通常只有几个 m^2/g，即使采用某些特殊方法制备的高表面积 MoS_2，其比表面积也不过 $70m^2/g$ 左右[45]。如果仅用这些活性组分做成催化剂，则其利用率是很低的。而载体具有大的比表面积，把活性组分均匀地分散于载体的表面上，就能大大增加单位质量活性组分的表面积。如前述的 MoS_2，担载于常规的 $\gamma-Al_2O_3$ 载体上，其比表面积即可达 $150\sim250m^2/g$，而相当于每克 MoS_2 的表面积就更大。同时，载体可以为催化剂提供合适的孔结构，使反应物分子能接近其表面上的活性组分。所以载体能为充分发挥活性组分作用提供条件。

载体还能改善催化剂的热稳定性。单独存在的、高度分散的催化活性组分受降低表面自由能的热力学趋势的推动，存在着强烈的聚集倾向，很容易因温度的升高而产生烧结，使活性迅速降低。载体本身具有好的热稳定性，而且对高度分散的活性组分颗粒的移动和彼此接近能起到阻隔作用，从而提高了活性组分产生烧结的温度，改善催化剂的热稳定性。另一方面，活性组分分散在载体上后，不仅增加了催化剂的体积和散热面积，改善了催化剂的散热性能，而且载体还增大了催化剂的热容。这些都能减小因反应放热所引起的催化剂床层的温升。导热性能良好的载体有助于避免因反应热积蓄使催化剂超温而引起活性组分烧结。

载体可提供催化剂所需的一部分活性中心。在加氢脱氮反应中，C—N 键的断裂也受酸性中心的催化，而通常用做加氢处理催化剂载体的氧化铝就能提供这样的酸性中心。

载体与活性组分之间能发生相互作用。这种作用的实质是不同固相之间通过界面发生的相互作用，而且是高度分散的固相(活性组分)与担载该分散相的固体(载体)之间的作用。这样的作用十分复杂，包括晶体构型或形貌的改变、电荷的转移、化学价态的变化、化学吸附键的形成，直至新的物种、化合物或固溶体的生成等。所有这些，最终都会引起催化剂的催化性能的变化。事实上，载体与活性组分之间的相互作用并不总是对催化剂的性能有利，有时也会产生负面的影响。因此，在某些场合要设法促进这种作用，而在另一些场合则要减缓这种作用。

载体还能提高催化剂抗毒物性能。将活性组分担载于载体上并呈高度分散状态，可增强催化剂的抗毒物能力。其原因是，载体能使活性组分的表面积增加，降低了对毒物的敏感性，另一方面载体还有吸附、分解毒物的作用[46]。

加氢精制催化剂要求加氢性能强、酸性弱，最广泛使用的载体是氧化铝($\gamma - Al_2O_3$)，这是因为：(a)氧化铝原料来源广泛，价格便宜，且具有较高的抗破碎强度和热稳定性，粘结性好，易于制成小粒度的异型条，有利于扩散，提高堆积密度，增加活性，减小压降；(b)氧化铝表面积适中，孔径和孔分布可调节，添加某些助剂(如 F、P、B 等)可调节酸度，控制孔结构，减弱金属与载体的相互作用；(c)氧化铝吸水性好，适用于浸渍法生产的催化剂。适合做催化剂载体的氧化铝的物化性质指标有堆积密度、孔体积、表面积、平均孔径、孔分布以及压碎强度等。根据实践经验，推荐的氧化铝载体的物化性质为表 4－4－2 所列[47]。

表 4－4－2　典型的氧化铝载体性质

载体性质	数值范围	载体性质	数值范围
堆积密度/$g \cdot cm^{-3}$	0.55～0.7	孔分布(氮吸附法)/%	
表面积/$m^2 \cdot g^{-1}$	200～50	<2nm	<1
孔体积/$mL \cdot g^{-1}$	0.5～0.7	4～10nm	>75
可几孔径/nm	6～10	>10nm	<5

小于 2nm 的孔扩散速度低，容易堵塞孔口，大孔则比表面积下降，原料油与催化剂表面接触减少。用于 VGO 加氢预精制催化剂的氧化铝载体的最适宜的孔径应为 3～10nm，最好是 5～8nm。即载体的孔分布集中在 3～10nm 者较好。表 4－4－3 列

出三种不同类型孔结构的载体对加氢脱硫、脱氮活性的影响[48]。FRIPP 曾对两种不同类型孔结构催化剂的加氢脱氮活性进行了考察，结果见表 4－4－4。

表 4－4－3 三种类型孔结构载体对 HDS、HDN 影响①

类 型	Ⅰ	Ⅱ	Ⅲ
孔体积/$mL \cdot g^{-1}$	0.63	0.64	0.673
孔分布/%			
5～8nm	48	86	17
8～10nm	35	9	39
＞10nm	17	5	44
HDS/%	125	156	110
HDN/%	121	130	113

① 原料油：馏程 183～427℃，密度 0.9065g/cm^3，硫 1.3%，氮 0.188%；
反应条件：氢压 9.65MPa，温度 371℃，体积空速 2.0h^{-1}。

表 4－4－4 催化剂孔结构对 HDN 活性的影响①

催化剂	A	B	C
金属含量/%	33.5	28.9	27.6
孔体积/$mL \cdot g^{-1}$	0.32	0.34	0.32
表面积/$m^2 \cdot g^{-1}$	178	173	162
孔分布/%			
4～8nm	22.4	82.4	83.1
8～10nm	21.3	6.4	4.2
＞10nm	45.5	10.8	6.0
HDN 所需温度/℃	383	378	378

① 原料油：馏程 305～513℃，密度 0.8861g/cm^3，硫 0.53%，氮 0.17%；
反应条件：压力 15.7MPa，体积空速 1.1h^{-1}，精制油含氮 5～8μg/g。

② 粒度与形状对加氢精制催化剂的影响。

加氢裂化预精制段是属于气、固、液三相共有的滴流床反应系统。由于反应物分子较大，加氢预精制过程受扩散控制的影响，应该尽可能减小催化剂的粒度，而粒度的下限决定于催化剂床层的压降。为了缓解因催化剂粒度的缩小而导致床层压降增大的矛盾，设计了各种异形条，如图 4－4－1 所示。常用的有三叶草、四叶草、圆柱条，其压碎强度和堆积密度的差异见表4-4-5。可以看出，四叶草的压碎强度最好，圆柱条的堆积密度最大。工业装置单位体积反应床层装填催化剂量称为装填密度。催化剂装填方法又分为密相装填和普通装填。密相装填与普通装填相比，球形催化剂可多装5%~8%，圆柱条可多装10%~15%，而四叶草形则可多装20%~25%。因此，其加氢脱硫的相对体积活性相应提高7%、13%和22%。但密相装填导致装置开工初期催化剂床层压降比普通装填大[49]。图4-4-2示出相同 V_p/S_p(颗粒体积/颗粒几何表面积)时，不同形状催化剂的相对体积活性。从该图可以看出，圆柱条催化剂的孔隙率小(0.41~0.43)，而相对体积活性高[50]。

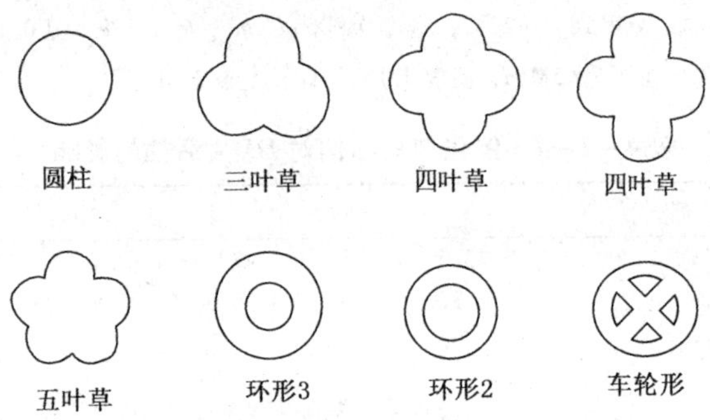

图4-4-1　不同形状的催化剂

(环形3 外径:内径=3；环形2 外径:内径=2)

表4-4-5　三种形状催化剂的压碎强度与堆积密度

形　状	直径/mm	压碎强度/N·mm^{-1}	堆积密度/g·mL^{-1}
圆柱条	1.1~1.2	15~25	0.96~1.03
三叶草	1.1~1.3	20~50	0.90~0.94
四叶草	1.1×1.4	30~60	0.92~0.96

(2) 加氢组分的选择

加氢催化剂的加氢功能由活性金属组分来提供。而载体的性质对加氢处理催化剂的活性也有一定影响。金属组分的种类和数

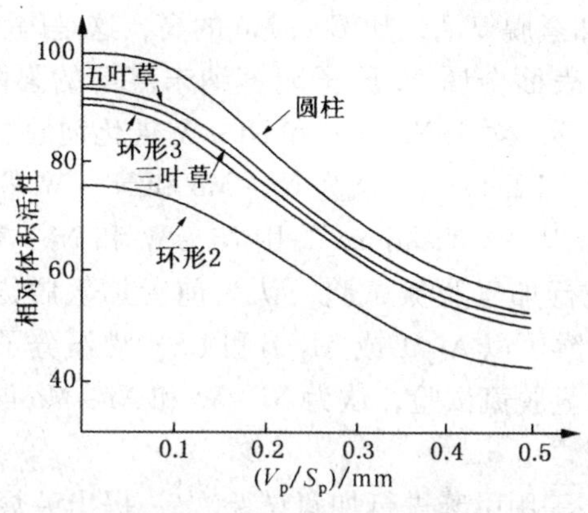

图4-4-2　不同形状催化剂相对体积活性

量以及担载的方法都对催化剂的活性有显著的影响。这些活性金属组分是ⅥB族和Ⅷ族的金属，其中贵金属的有Pt、Pd、Ru，非贵金属的有W、Mo、Cr、Fe、Co、Ni等。由于贵金属催化剂容易被有机硫、氮以及H_2S中毒而失活，只能用于加工处理低硫或不含硫的原料，因此未曾用于加氢裂化预精制过程。最常用的加氢处理催化剂金属组分的最佳组合为Co-Mo、Ni-Mo、Ni-W以及三组分的Ni-Mo-W、Co-Ni-Mo等。选用哪种金属组分组合，取决于原料性质及要求达到的主要目的，如加氢脱硫、加氢脱氮以及多环芳烃加氢饱和。科学实践证明，Co-Mo催化剂脱硫性能好，对直馏油脱硫，一般选用Co-Mo催化剂为好；而对于含氮高的原料或裂化原料，则使用Ni-Mo催化剂为好。因为Co-Mo对C—S键的断裂具有高活性，对C—N、C—O键的断裂亦具有活性，但对C—C键的断裂作用弱，因而具有液收高、氢耗低的优点。在相同条件下进行馏分油加氢脱硫，Co-Mo催化剂脱硫率为91%~93%，而Ni-Mo催化剂的脱硫率只有89%左右[51]。对于提供FCC、加氢裂化进料，目的是加氢脱硫、脱氮以及多环芳烃加氢饱和，进料往往是高氮高芳烃原料或混有焦化蜡油、重油催化裂化循环油，所以常选用Ni-Mo催化剂。在硫存在下，Ni-Mo比Co-Mo的加氢脱氮活性高2~2.5倍[52,53]。

Ni－Mo 加氢脱氮活性比 Co－Mo 的高，这是因为 Ni－Mo 不能完全硫化，表面金属 Ni 原子能容纳未离解的强酸性的 H_2S，促使环烷烃开环。对于 Ni－Mo 和 Ni－W 催化剂的加氢脱氮活性对比报道极少。J F Lepage 认为 Ni－Mo 和 Ni－W 催化剂的加氢脱氮活性相当[54]；A Nishijima 等用 Ni－W 和 Ni－Mo 催化剂对灯油、柴油进行加氢脱氮试验，认为前者加氢脱氮活性高[55]；而 Kukes 等考察了以 Al_2O_3 或 Al_2O_3 和 USY 沸石分子筛为载体的轻循环油的加氢脱氮试验，认为 Ni－W 和 Ni－Mo 催化剂的加氢脱氮活性相同[56]。

Frank J P 等用甲苯进行加氢试验[57]，提出芳烃加氢饱和性能的顺序是：Ni－W > Ni－Mo > Co－Mo。这与 Kukes[56] 对轻循环油多环芳烃加氢试验的结论相同。A Nishijima 等用 1－甲基萘和二苯基甲烷为模型化合物，对 Ni－W、Ni－Mo、Co－Mo 催化剂进行加氢和加氢裂化试验[58]，提出：无硫时，加氢活性的顺序是 Ni－W > Ni－Mo > Co－Mo。随着反应体系中硫化物浓度增大，Ni－W 加氢活性降低最快，其次是 Ni－Mo，说明 W 比 Mo，Ni 比 Co 受硫化物影响大，加氢活性降低幅度大。原因是 W 和 Mo 对硫的亲和力和硫化物的生成步骤不同，导致 W 系和 Mo 系催化剂反应步骤不同。W 和 Al_2O_3 作用、W 和 Ni 的作用都小于 Mo 和 Al_2O_3、Mo 和 Ni 的作用，受 H_2S 影响大，易生成 WS_2。因此，加氢催化剂金属的选择取决于原料中硫含量[59,60]。表 4－4－6 示出了加氢处理催化剂常用的ⅥB 族和Ⅷ族金属硫化物的活性顺序。

表 4－4－6　不同金属硫化物的活性[61]

芳烃和烯烃的加氢	纯硫化物：Mo > W > Ni > Co 最佳组合：Ni－W > Ni－Mo > Co－Mo > Co－W
加氢脱硫	纯硫化物：Mo > W > Ni > Co 最佳组合：Co－Mo > Ni－Mo > Ni－W > Co－W
加氢脱氮	纯硫化物：Mo > W > Ni > Co 最佳组合：Ni－W ≥ Ni－Mo > Co－Mo > Co－W

从表4－4－6可见，对于脱氮和脱芳加氢反应来说，以Ni－W和Ni－Mo为较佳选择；对于脱硫而言，则以选择Co－Mo活性组分为好，但是对深度脱硫（产品中的硫含量小于30μg/g），采用Ni－W或Ni－Mo活性金属也比Co－Mo好。

总之，Ni－W有较高的脱氮、脱芳性能，且国内W比Mo价格便宜，但Ni－W、Co－W硫化催化剂只能提供10～15m^2/g表面积，而Ni－Mo硫化催化剂能提供60m^2/g表面积[62]。国内外曾用透射电镜、扩展*X*光吸附精细结构（EXAFS）、*X*光衍射研究新鲜与使用后Ni－W和Ni－Mo催化剂，发现WS_2晶粒大小不均，平均晶粒比MoS_2大。使用后Ni－W催化剂W－W配位数增加很多，再生后出现WO_3、$W_{19}O_{55}$聚合物。因此，在选用Ni－W金属组分作为加氢处理催化剂时，在制备上要设法克服上述不足之处。

活性金属担载量及其最佳原子比与催化剂的性能也有着密切关系，从加氢催化剂发展来看，金属含量在逐渐增加。以Ni－Mo催化剂为例，20世纪的50年代总金属含量为18%左右；70年代中期增加为24%左右；80年代增到28%左右；90年代后期，由荷兰Akzo Nobel Catalyst公司，美国Exxon Mobil公司和日本Nippon Ketjen Co. Ltd三家公司联合开发的、用于生产超低硫清洁燃料（ULSD）的催化剂NEBULA总金属含量已高达约75%。这种采用新体相活性技术（New Bulk Activity）的催化剂具有极高的加氢活性，因此具有非常高的加氢脱硫、脱氮和芳烃饱和能力。在加氢脱硫方面，其活性比KF848催化剂提高了22℃，而加氢脱氮活性提高了18℃。FRIPP也完成了研究开发这类催化剂并进行了准吨级工业放大试验。在金属含量方面，惟有前苏联采用晶型加氢处理催化剂的总金属含量小于20%，并有降低趋势（如ГКД—202П总金属含量小于15%[63]）。

关于最佳原子比：$r = Co(Ni)/[Co(Ni) + Mo(W)]$。P Grange认为[64] *r*为0.3左右时，HDS、HDN、HDO、HAD各反应活性最高。这与J F Lepage提出的[65] r为0.25时，各种反应

达到最大值相符。E Д 拉钦科则认为[62] r 为 0.4～0.6 时，比表面积和比活性达到最大值。云然真照[66]等以 1－甲基萘和二苯并噻吩为模型化合物，考察不同原子比的 Ni－Mo 催化剂加氢和加氢脱硫活性，认为：r 为 0.3～0.4 时，加氢活性高；r 为 0.4～0.5 时，加氢脱硫活性高。这与 Mobil 公司提出 r 为 0.5 时，HDS 活性高，r 为 0.4 时，HDN 活性高的结果类似。各作者推荐的最佳原子比不同，这与载体性能、金属盐种类、加入方法以及硫化条件不同有关。总之，对于一般的加氢处理催化剂，r 为 0.25 左右为宜。

（3）金属组分的引入

将活性金属组分溶液引入到已经成型并经高温焙烧的载体上的工艺方法，通常称为浸渍法。采用浸渍法制备的加氢处理催化剂比共沉法或混捏法制备的催化剂活性高，并且结构特性和机械强度也较好，因此被普遍采用。它是将载体与浸渍液接触，借助毛细管表面张力的效应，活性金属溶液进入载体的孔中并进行分布，即使一端封闭的孔道也能吸进溶液。只是载体孔内的气体会使浸湿减速，但这个过程仍然相当快捷。浸渍过程实际上是溶液中的金属离子吸附在氧化物颗粒（载体）上，是在液—固界面上进行。它有两种吸附形式[67]：

① 阳离子交换，即阳离子与氧化物载体表面上的质子交换而被吸附；

$$M^{n+}(溶质)+HO—S(载体)\longrightarrow H^{+}+M^{(n-1)+}O—S$$

② 阴离子吸附，即金属离子以络合物等形式取代氧化物表面上的羟基或其他阴离子而被吸附。

$$MX_{m}^{n-}+HO—S\longrightarrow OH^{-}+MX^{(n-1)}—S$$

因此，载体表面上质子或羟基的数目愈多，或者载体表面上的正电荷 $AlOH^{2+}$（或负电荷 AlO^{-}）愈多，金属离子就愈易被吸附。

浸渍方法，根据所用的溶液量又分为两种方法，即过剩溶液浸渍法和孔饱和浸渍法。两种方法各有利弊，均沿用至今。过剩溶液浸渍是将载体用1.5～2.0倍载体体积的溶液浸泡，经一定时间后，待载体完全浸透，滤出或排出过剩溶液，而后进行干燥、焙烧。一般情况下由于载体和金属盐相互作用，使浸渍溶液中金属浓度降低，同时浸渍过程中不可避免会出现一些粉末、碎渣，必须排除。因此，浸余液需经过滤和调整浓度，补充后方可循环使用。孔饱和浸渍法是用相当于载体总孔容积(或稍少一点)适宜浓度的溶液借助喷雾器喷淋在处于滚动状态的载体上，溶液被载体吸收后继续旋转翻动一段时间。这种方法金属含量准确，操作简便，同时由于逐渐润湿载体颗粒，吸附热及时散发，因此载体爆裂现象少；缺点是浸渍均匀度较差，此法俗称“喷浸”。

在确定了载体和金属组分后，所要做的工作就是尽可能使载体上的金属分布均匀，以提高催化剂的活性、选择性、稳定性及抗毒性。国内外研究都证明，载体的零点电荷ZPC(载体在溶液中Zeta电势为零时对应的pH值称为零点电荷)、溶液的pH值、溶液浓度、浸渍时间、干燥速度以及不同的竞争吸附剂等对金属的分布均有影响。M A Goula等提出[68] $\gamma-Al_2O_3$预先载F^-，使Al_2O_3的ZPC降低，即降低载体表面$AlOH^{2+}$浓度，可使金属分布均匀。加入NH_4F、H_3PO_4、柠檬酸($C_6H_8O_7 \cdot H_2O$)作为竞争吸附剂，有利于金属分布均匀。Y Yoshimurd等认为[69]，制备Co－Mo催化剂用柠檬酸比用铵做竞争吸附剂的HDS性能好；制备Ni－Mo催化剂则用铵比用柠檬酸更为有效。铵有利于MoS_2分散，并使Ni高度分散在MoS_2上。Yohta等[70]推荐使用螯合剂(氮川三乙酸、乙烯基二胺四乙酸、环己烷二胺四乙酸、乙酰基胺等)，目的是控制适宜时间，使Co^{2+}(Ni^{2+})与Mo(W)结合。对于某些表面积大、亲水性强的载体，吸附热大，导致温度升高和毛细管表面张力作用造成溶剂蒸发，使溶质容易沉积在载体孔口而影响金属分布，可采用真空浸渍或有机溶剂预浸。对于不稳定的金属溶液，必须分段浸渍。为了增加载体表面上质子或羟基数目，使交换或吸附的金属离子多些，可采用水、氨、柠檬酸等预浸方法[71]。

(4) 助剂的作用

加入少量的助剂或添加剂，如 P、B、F、Ti、Zr、Mg、Zn 等，目的是调节载体性质及金属组分结构、性质及活性相的分散与类型，以改善催化剂的活性、选择性、氢耗和寿命等。

① 磷(P)是以 Al_2O_3 为载体时最常用的助剂之一。工业上通常用磷酸配制高浓度、稳定的活性金属混合溶液(如钼镍磷溶液)，采用共浸方法制备催化剂。P 与 Al_2O_3 相互作用，在 Al_2O_3 表面生成 $AlPO_4$，改善 Al_2O_3 酸性，使强酸中心减少，中强酸增多；P 还能抑制金属与 Al 强的相互作用，能抑制 $NiAl_2O_4$、$CoAl_2O_4$ 尖晶石及 $Al_2(MoO_4)_3$、$Al_2(WO_4)_3$ 的生成，增加 P - Ni - Mo 或 P - Ni - W 杂多化合物中 Ni^{2+}(八面体)的数量；生成易还原的八面体聚钼(或钨)酸盐及少量较小的 MoO_3 或 WO_3 簇；加 P 还能促使Ⅰ型 Ni - Mo - S 转化为高活性的Ⅱ型 Ni - Mo - S 活性相，增加催化剂的裂解与异构性能。总之，添加助剂 P 能促使催化剂表面活性组分浓度增大，提高加氢脱硫、加氢脱氮及加氢脱芳活性。同时，由于加磷后酸强度减弱，生焦前驱物易于脱附和扩散，减缓了催化剂的生焦积炭，有利于延长运转周期。

② 硼(B)与 Al_2O_3 反应生成 Al—O—B 键。B—OH 比 Al—OH 有更高的酸强度，因而增加载体和催化剂的表面酸度。此外，B 的电负性比 Al 的电负性大，因而 $Mo_7O_{24}^{6-}$ 与 B^{3+} 作用比 Al^{3+} 强，使八面体 Ni^{2+}(Co^{2+})增多，在载体表面有更多的 Co - Mo - O 或 Ni - Mo - O，产生更多的加氢脱硫和加氢活性中心，提高催化剂活性[72]。

③ 氟(F)能提高载体酸性，增强裂化、异构化等酸催化反应及 C—N、C—S、C—O 键的氢解作用。同时降低 Al_2O_3 的等电点，改善金属分布，提高加氢活性。因此加助剂氟也被广泛应用。

$\gamma-Al_2O_3$ 只有 L 酸中心，加入适量氟后，氟取代 Al_2O_3 表面羟基或氧原子后，几个氟原子包围裸露的羟基，氟极化了晶粒，减弱 O—H 键，使羟基上氢原子更具酸性，即产生了 B 酸中心，使酸中心数增加、酸强度增高[73]。加入 2% ~4% 的 F 时，总酸与 B 酸达到最大值，L 酸降低[74]。氟加入方法也影响酸度和B/L 酸的比例，通常先加氟后浸金属比后浸氟及共浸好，前者 B 酸多，B/L 高[75]。

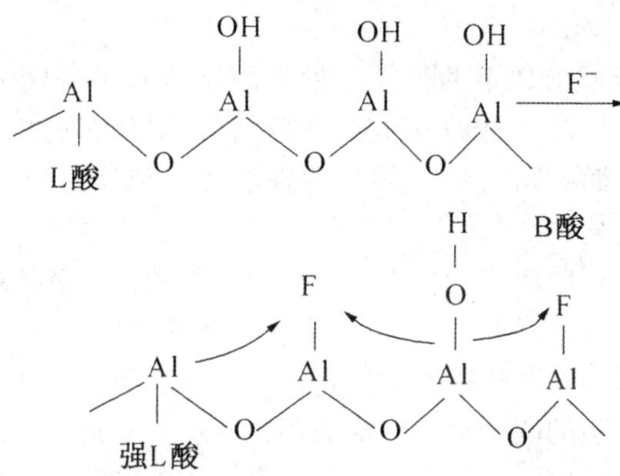

④ 钛(Ti)或锆(Zr)，TiO_2(ZrO_2)与 Mo 的作用力强度介于 Mo/Al_2O_3 和 Mo/SiO_2之间，Al_2O_3 本身有四面体和八面体配位。Mo/Al_2O_3 中有 1/3 左右的单层 Mo 与 Al_2O_3 作用太强，而没有 HDS 活性。而 TiO_2 表面 Ti 离子都是八面体配位，羟基分布均匀，Mo/TiO_2 主要以八面体配位 Mo－O－Mo 桥式结构形式存在[76]，比 Al_2O_3 载体上既有八面体又有四面体配位 Mo 物种易硫化，因四面体配位 Mo 物种和尖晶石结构的 $Al_2(MoO_4)_3$ 难以还原成低价态。此外，TiO_2 本身能发生 O — S 交换反应，促使 Mo(W)和 Co(Ni)硫化，但 TiO_2 表面积小、热稳定性差，高于 400℃时即从锐钛矿结构转为表面积更小的金红石结构。因此不能单独用 TiO_2(ZrO_2)做载体，而是将 TiO_2(ZrO_2)覆盖在 Al_2O_3 上，即 TiO_2－Al_2O_3 载体。这种载体既有 Al_2O_3 那样较大的表面积、合适的孔结构和较高的热稳定性，又具有 TiO_2(ZrO_2)独特性质，几何效应(分散作用)、还原和电子效应[77]。

TiO_2－Al_2O_3 载体的制备方法目前有三种，即气相吸附法、浸渍法和沉淀法。

a. 气相吸附法是以 $TiCl_4$ 饱和氮气通入 $\gamma - Al_2O_3$，反复吸附 2～3 次。此法 TiO_2 在 Al_2O_3 上分布均匀，表面酸性质变化较大。

b. 浸渍法是用 $TiCl_4$ 的乙醇或异丙醇溶液浸渍 $\gamma - Al_2O_3$。该法也能做到均匀分布 TiO_2，但局部区域还会出现 TiO_2 堆积，导致表面积下降。

c. 沉淀法有以下两种，一种是用钛盐如 $Ti(SO_4)_2$、$TiCl_4$ 或钛氧盐（$TiOCl_2$、$TiOSO_4$）和硫酸铝（氯化铝）溶液加至铝酸钠溶液中共沉淀而制得；另一种是用碳酸铵中和异丙醇 - Ti 和异丙醇 Al。

尽管沸石广泛应用在催化反应中，但用在加氢处理催化剂上的研究还很少。只是前苏联在这方面做了大量研究[78]，认为沸石具有一系列有利于脱硫脱氮性能。如高表面积，能保证金属高度分散；有强的酸 - 碱性，在脱阳离子沸石中提高了镍的还原反应和它的分散度；促进高度分散状态中镍的稳定化，降低无活性尖晶石含量，并促进生成表面 Ni - Mo 化合物；同时酸中心数多且分布均匀；改善催化剂活性金属的利用率，使金属含量减少的情况下不降低活性；载体孔结构有改善，提高脱硫脱氮活性，延长再生周期。

总之，开发高活性加氢精制催化剂基本要点是：调制均匀氧化物粒子；具有适宜的孔分布；均匀分散活性金属，且易硫化还原；选择适宜的催化剂粒度和形状。

二、后处理催化剂

在加氢裂化装置的裂化反应器的底部一般均装有少量后处理催化剂，其数量约为裂化催化剂量的十几分之一。其作用是对在裂化反应过程中生成的少量的烯烃进行加氢补充精制，以免烯烃与 H_2S 反应生成硫醇，以确保加氢裂化产品质量尤其是喷气燃料腐蚀试验合格。

由于在加氢裂化条件下烯烃加氢饱和很容易进行，因此，作为加氢裂化后处理催化剂通常对加氢性能要求不高，但希望酸性尽可能低，以免发生裂化生成微量烯烃。常规加氢裂化预精制催化剂均能满足要求。专门用作加氢裂化后处理催化剂的商业催化剂牌号不多，主要有3823、3962和FF－12催化剂。

第五节 催化剂的发展趋势

一般说来，技术进步经历一个S型曲线的发展周期(如图4－5－1)。在一个新品种或新工艺开发初期，虽投入人力和物力，但技术进展较慢，只有到发现一个有意义的开端时，工作才迅速进展，此后技术不断改进，呈渐进式进步，后来又会变得缓慢，这时的技术已到成熟阶段，要再取得明显进展就又会很困难。由图4－5－1可以看出，技术进步有连续性和非连续性两类，非连续性的是一种技术代替另一种技术的转移，这对加氢裂化技术的发展尤为重要。

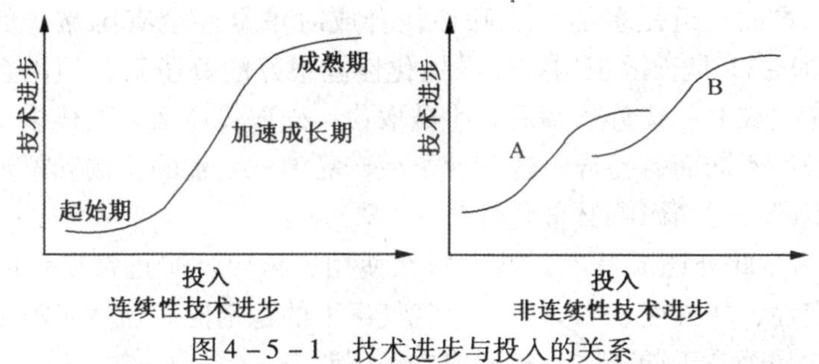

图4－5－1 技术进步与投入的关系

一、新催化材料的开发是关键

回顾历史，新催化材料的出现无不带动新工艺、新技术的发展，例如20世纪60年代，由于开发出了稀土Y分子筛催化裂化催化剂，使移动床催化裂化转化率从49.5%提高到73.4%，汽油产率从32.9%提高到48.7%。70年代，开发成功了ZSM－5分子筛后，推动了M－重整、柴油催化脱蜡、二甲苯异构化、甲苯歧化、甲醇合成汽油、催化裂化助辛烷值剂等十多种新工艺的开发。加氢裂化的进步过程也是如此，自从UOP公司研制成功超稳分子筛后，实现了加氢裂化一段串联流程。此种例证不胜枚举，有开发前景的催化材料种类不少。

1. 分子筛

如前所述，迄今为止，天然的和人工合成的分子筛品种已超过200种，其中已知结构的约126种，而在工业上使用的仅十余种，仅为已知结构的百分之十，可见使用潜力之大。虽然如此，也不能漫无边际去寻找，要选择一种新材料是否有作为催化材料的前景应遵循以下原则：

① 首先应从分析材料结构特点入手，考虑其作为催化材料有什么特性，与现有的材料相比有什么优势，能用于什么新反应，对什么反应有利、对什么反应不利，酸性及调节范围如何。

② 在确认结构稳定的前提下，应考虑组成材料元素种类和数量以及有多大范围的变化，只有变化较大的材料，才可能形成不同的活性中心，才有较大的性质调节范围（例如酸性）。但是另一方面，组元多的分子筛往往合成时重复性会有困难，例如SAPO－11是长链正构烷烃异构化性能很好的分子筛，但因合成时先生成P－Al分子筛后发生硅取代，硅取代什么，取代多少则因条件不同而有差异，这就使最后产品中三元素的比例和位置产生不同，因而影响其催化性质。

③ 此外还要考虑这些材料在使用、再生、非正常操作时的稳定性，如温度、水蒸气、氢气气氛下的稳定性。当然还需考虑酸性是否易于调变，价格和成本等问题。

在探索使用新分子筛方面，国内外都进行了大量的研究工作。国内的如合成层柱分子筛、纤蛇纹石等。国外在加氢裂化催化剂上使用Ω、β分子筛等均有专利报道。

目前较为活跃的作为催化材料新分子筛的有：

① 新结构分子筛：NU－87、SSZ－32、SSZ－33、SSZ－26、ITQ－4等许多品种。

② 杂原子分子筛：包括杂原子ZSM－5和杂原子Y分子筛。

③ 超大孔分子筛：M41S－族，特别是MCM－41由于其孔可在10～100nm间调变，预计对中油选择性有利。

④ 变价元素骨架杂原子分子筛：如 Ti－Si 和 V－Si 分子筛，其中 Ti－Si 已在许多化工反应中工业使用，并取得良好效果。

⑤ 超微粒和小晶粒分子筛：小晶粒 Y 分子筛、β 分子筛和 ZSM－5 分子筛研制均取得较大进展。

⑥“类沸石”如晶体硫化物族等。

总之探索新分子筛在加氢裂化催化剂上的使用是当前开发新材料的重点。

此外，还有原有分子筛的新改性技术也是值得研究的途径。例如，Y 分子筛当前常用的改性方法是水热脱铝、酸脱铝或其结合，而新发展的有机络合物脱铝、脱铝后补铝以及碱脱铝等都会给 Y 分子筛带来新的性能。

与 Y 分子筛相关联的还有 EMO 和 EMT 分子筛，它们都是由 β 笼组成，只是排列规则与 Y 分子筛不同，因而它们既具有 Y 分子筛的优势，又有孔径和硅铝比都比 Y 沸石大的特点，目前国内外正着力解决合成上的困难，主要是选用廉价、无毒的模板剂取代现用的剧毒、昂贵的模板剂－18 冠醚－6，据报道已有突破。

2. 二元或三元金属氧化物

加氢裂化常用的无定形硅铝即为二元氧化物中的一种。在一种金属氧化物添加另一种金属氧化物时就会引起表面酸性的变化，如 $SiO_2-Al_2O_3$、ZrO_2-SiO_2、$Al_2O_3-B_2O_3$是已为人们所熟知的。其实，其他二元乃至三元金属氧化物都有酸性。从周期表上看，约有 50 多种金属，它们的氧化物相互混合，可以配成上千种二元或三元金属氧化物混合物，其中必有许多是有酸性的，这给选择新加氢催化剂载体提供了广阔前景。若对上千种二元或三元金属氧化物进行普遍筛选，是不太可能的，如能预测哪些混合氧化物具有酸性，则可取得事半功倍的效果。

经过长期实践总结出一些原则。根据这些原则可以预测哪两种氧化物经混合焙烧后表面会出现什么类型的酸性中心，强度如何，虽然属于半经验性的，但准确率也可达到 80% 左右。此原则认为，二元金属氧化物混合后，表面酸性的产生是由于二元氧化物的结构模型中存在过剩电荷，当正电荷过剩时出现 L 酸，当负电荷过剩时出现 B 酸。

① 主氧化物(含量较高的)中正价元素的配位数和次氧化物(含量较低的)中正价元素的配位数混合后保持不变。

② 在二元氧化物中，所有氧都保持主氧化物中负价(氧)元素的配位数。举例如下：

例如在 TiO_2-SiO_2 中，TiO_2 为主氧化物，而在 SiO_2-TiO_2 中则 SiO_2 为主氧化物，其结构可以分别如下表示：

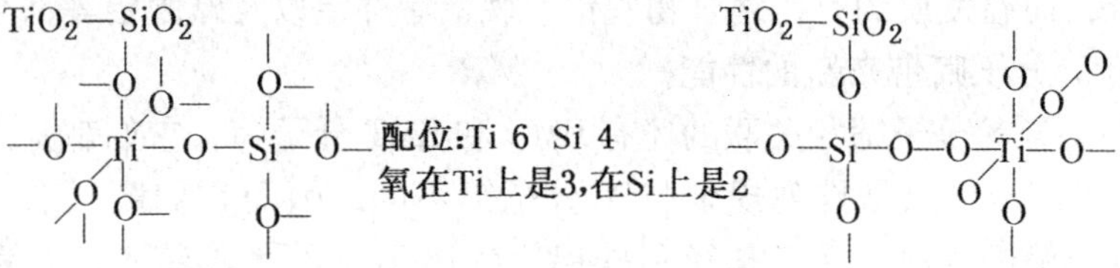

$TiO_2—SiO_2$　　　　$TiO_2—SiO_2$

配位:Ti 6　Si 4

氧在Ti上是3,在Si上是2

左侧结构式中钛为 6 配位、硅为 4 配位，氧在钛上 3 配位而在硅上 4 配位。按照上述原则分析，硅为 4 价(正电荷)分布在 4 个键上，每个键上电荷电为 4/4；氧为 2 价(负电荷)分布在 3 个键上每个键上，电荷为 -2/3，总计电荷应为$(4/4-2/3)\times4=+4/3$。TiO_2-SiO_2 上有过剩的正电荷应显 L 酸，同理 SiO_2-TiO_2 情况就不同，钛 6 配位 4 个正电荷(+4/6)，氧 2 配位 2 个负电荷，过剩电荷为 $4/6-2/2=-1/3$ 显 B 酸。

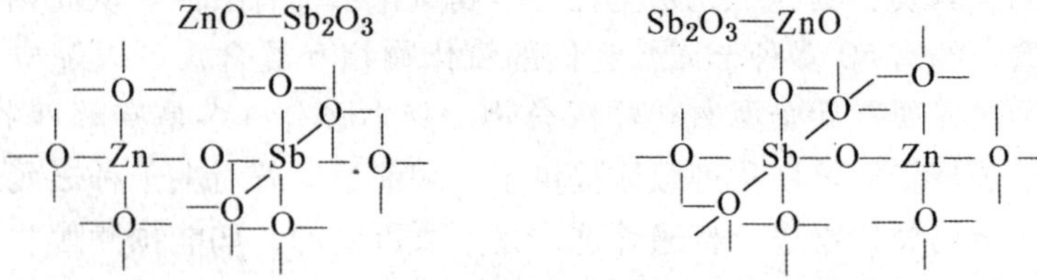

$ZnO—Sb_2O_3$　　　　$Sb_2O_3—ZnO$

过剩电荷为 $\frac{3}{6}-\frac{2}{4}=0$　　过剩电荷为 $\frac{2}{4}-\frac{2}{4}=0$

无酸性

如果是 $SnO-Sb_2O_3$或 Sb_2O_3-ZnO 则无论哪种氧化物为主，皆不显酸性。

关于酸强度和酸量的估计则可依据二元氧化物组成的比例进行。例如，$TiO_2-Al_2O_3$组成中酸量的最大值时，摩尔比为 1 比 9，$Al_2O_3-ZrO_4$则为 3 比 2，酸强度则与两种离子的电负性平均值有关，电负性平均值越大的酸强度越强。

3. 其他材料

除了分子筛和二元、三元金属氧化物外，还有许多新催化材料正在研究中，例如：杂多酸及负载型杂多酸、固体超强酸及超强酸树脂、负载型过渡金属硫酸盐、非晶态合金、纤维状氧化铝载体等，有的已取得较大进展。其中，对非晶态合金和杂多酸类的研究较多。

非晶态合金是 20 世纪 60 年代开发的新金属材料，在许多方面已工业应用，80 年代开始研究其用作催化材料。非晶态合金是长程无序、短程有序的体相结构，用作催化材料可能活性中心多，而且表面能和表面缺陷密度高，因此活性中心的活性可能会很高。几乎所有的金属和贵金属均可制成非晶态合金，不受相平衡的限制，这就为寻找好的催化剂配方提供了广阔的前景，且不受热力学限制。但存在的问题是，非晶态合金在一定温度下会逐渐晶化(一般在 300℃ 左右)，从而丧失活性，限制了其使用范围。为克服这一困难，研究者们从晶化理论和晶化过程机理入手解决问题，采用向非晶态合金中引入原子半径较大的原子的办法，以阻止金属原子的扩散，并取得明显效果。

二、新制备途径

加氢裂化催化剂传统的制备方法如浸渍、混捏和共沉已沿用了半个多世纪，积累了丰富的经验，掌握了大量规律。要使催化剂各种性能有突破性进展，除了开发新催化材料这一关键因素之外，探索新制备途径也是很重要的。要求催化剂有更集中的孔径、更好的选择性、活性金属分散得更好、粒子更为均匀、活性相更多或研究出新的活性相结构，这都是摆在催化剂研究者面前的重大任务。

近年来，已有一些新的催化剂制备技术正在探索中，它能使现有催化剂组分具有新的性能，形成新的活性相，特别是在制备高分散度、高均匀度金属催化剂方面显示了优越性，例如化学气相沉积法，电化学控制沉积法、低压惰性气体中的蒸发法、液相化学析出法、气相化学反应法和金属有机络合物气相沉积法等。还根据新催化材料的成分、组成与结构开发，寻找适合它们的新制备方法。

参 考 文 献

1 高正中．实用催化．北京：化学工业出版社，1996. 26

2 Hammeff L P，Deyrup A S. J Am Chem Soc，1932，54：2721

3 Pines H，Haag W，O. J Am Chem Soc，1960，82：2471

4 Lippens B C. Steggerda in Physical and Chemcal aspects of Absorbents and Catalysts. Linsen B G ed. Academic New York，1970，171

5 Leonard A J，Semaille P N Fripiat. J Proc Br Ceram Soc. 1969，103

6 Knozinger H，Ratnasamy P. Cata Rev，1978，17(1)：31 ~ 70

7 Cocke D L，Cata Rev 1984，26(2)：163

8 Peri J B J of Catal，1976，41：227 ~ 239

9 徐邳梁编著．沸石．北京：地质出版社，1979

10 Smith J V. Am Mineral Soc Special Paper，1963. 1281

11 Smith J V. J Am Chem Soc Monograph，1976. 171

12 Barrier R M. Endeavour，1964，23：122

13 Breck D W. J Chem Educ. 1964，41：678

14 Merierw M，Olson D H. Altas of Zeoliters Structure Types. Second Revised Edition. Bufferworths，1987，2

15 Li H X. M M M，1997，9：51

16 Nassionow G A D. M M M，1998，22：389

17 Becau T. J of Catal，1998，179：90

18 Becau T. J of Catal，1997，170：123

19 Dempsey E. J of Catal，1974，33：497

20 Dempsey E. J of Catal，1975，39：155

21 Mikovsky R S Marshall. J of Catal，1976，44：170

22 Lowenstein W. Am Mineral，1954，92：39

23 Wadlinger R L. Kerr G T, Rosinski E J. U S P 3308069, 1967
24 Higgins J B, Lipierre R B, Schhenker J L, et al. Zeolites, 1988, 8(6): 445
25 Bourgeat - Lami E, Massiani P, Figaeras F. Appl Catal, 1991, 72: 139
26 B M Lok, et al. U S P 4440781(1984)
27 Flanigen E M. Stud Surf Sci Catal, 1988, 37: 13
28 Trombeffa M, Basca G, Rossini S. J of Catal, 1998, 179: 581 ~596
29 Boorman P M. J of Catal, 1985, 96: 115
30 华东石油学院炼油工程教研室主编. 石油炼制工程(下册). 北京: 石油工业出版社, 1981: 23
31 Ledovx M J, Djellouli B. Applied Catalysis, 1990, 67(1): 81 ~92
32 Ho T C, Jacobsor A J, Chianeili R R. Preprints, 1992, 37(3)
33 Chadwick D, Aitchison D W, Ohlaum R B, et al. Pneparation of Catalysis Ⅲ. B V Amsterdam. Elsevier Sciснce Publisher, 1953. 323 ~332
34 Fitz C W, Rase H F. I E C Prod Res Dev, 1983, 22: 40
35 Reyes J C, Borja M A, Cardero R L, et al. Fuel Proc Tech, 1993, 35: 137
36 Lecrenay E, Sakanishi K, Mochida I. Applied Catalysis, 1998, 175: 237 ~243
37 Ohta Y, Shimizu T, et al. Procedings of 5th Japan - China joint Seminer on Research and technology for Petroleum refining, 1985. 15
38 U S P 4 530 911
39 李大东. 催化学报, 1981, 2(4): 275
40 Leofaniti G, Tojjola G, Padovan M, et al. Catalysis today, 1997, 34: 329 ~ 352; 307 ~327
41 林世雄主编. 石油炼制工程下册. 第二版. 北京: 石油工业出版社, 1988
42 Topsфe H, Clausen B S, Massoth F E. Hydrotreating Catalysis. Springer - Verlag Berlin, 1996. 131 ~146
43 Katser J R, Sivasubranian R. Catal Rev - Sce Eng, 1979, 20: 155
44 Schulz H, et al. Catalytec Hydrogenation, a modem Approach (Cerveny L Ed). In Stud Surf Sci Catal, 1986, 27: 201
45 Chunshan Song, et al . Symposium on Chemistry of Diesel Fuel 216 th National Meeting, Poston MA: American Chemistry Society, August 1998, 23 ~27
46 Macelin G, et al. J Catal, 1985(93): 270 ~278
47 BP 1347106
48 USP 4568449
49 Furimsky E. Applied Catalysis A, 1998, 171: 177 ~206
50 Cooper B H, Donnis B L, Moyse B. Oil & Gas, 1986, 84(49): 39 ~44
51 华东石油学院炼油工程教研室主编. 石油炼制工程(下册). 北京: 石油工业出版

社，1981. 230
52 Ledovx M J，Djellouli B. Applied Catalysis，1990，67(1)：81 ~ 92
53 Ho T C，Jacobson A J，Chianeili R R. Preprints，1992，37(3)
54 Lepage J F. Catalyse de Contact Technip Paris，1978. 441
55 Nishijima A，Sato T，yoshimura Y，et al. Catalysis Today，1996，27：29 ~ 135
56 USP 4971688
57 Frank J P，Lepage J F. Proc 7th international Congress in Catalysis ，Tokyo Janpan 1981. 92
58 He Mingyuan，Liu zhonghui，Min Enze. Catalysis today，1988，2(2 ~ 3)：321
59 Nishijima A，et al. Catalysis Today，1996，29：179 ~ 184
60 亀冈隆等．石油学会志．1996，39(2)：87 ~ 95
61 Sonnemans J，et al. Catal，1974，34(2)：230 ~ 241
62 ЕД拉钦科等著．黄志渊等译．炼油工业加氢催化剂．北京：中国石化出版社，1993. 92
63 В А Вязков，Р Р Алиев，Е Д Адценко. Химия и Технология Топлив и Масел，1993. 31
64 Grange P，Vanhaeren X. Catalysis Today，1997，36：375 ~ 391
65 Lepage J F，Cosyns J，Coutry P. Applied heterogeneous Catalysis Desing Manufacture Use of Solid Catalysis，1987. 401
66 云然真昭等．日本エネルキ学会志，1996，75(3)：150
67 孙予罕等．计算机与应用化学，1992，9(1)：41
68 Goula M A，Kordulis C，Lycourghiotis A. J of Catal，1992，133(1 ~ 2)：486 ~ 497
69 Yoshimura Y，Matsubayashi N. Applied Catalysis，1991，79(2)：145
70 Ohta Y，et al. Proceedings of 8th Japan – China joint Seminer on Research and Technology for Petroleum refining，1998：15
71 USP 4530911
72 USP 4446248，4513097，4568449

第五章　加氢裂化装置的操作技术

加氢裂化是在氢气存在、高温、高压和催化剂的作用下，将原油中的大分子如减压馏分油（VGO）等重质石油馏分进行加氢脱金属（HDM）、脱硫（HDS）、脱氮（HDN）、脱氧（HDO）、链烷烃异构裂化、环烷烃断侧链、芳烃加氢饱和、开环裂解及再加氢饱和等反应，转化为以 C_3、C_4为主要组分的低分子气体烃，轻、重石脑油，喷气燃料（航空煤油），柴油馏分等石油化工原料和运输燃料油的重要炼油工艺过程。其未转化油是优质的润滑油基础油原料、蒸汽裂解制乙烯原料或催化裂化原料[1]。

在加氢裂化诸多的反应中，除裂化反应是微吸热反应外，其他均为放热或强放热反应。这些热效应综合的结果，会导致反应器催化剂床层的温度大幅度升高，若得不到有效地控制，其温度的“飞升”将远超过该过程的安全操作范围[1]。

为了能有效地控制反应温度，要在反应器的不同部位注入冷氢，用来冷却油气混合物。其关键是如何确保注入的冷氢能使反应物料得到均匀的冷却。通常的办法是在反应器多个床层间注入冷氢。

如果分配或再分配的效果不好，催化剂床层油、气分配不均，将会产生以下不良后果[1]。

一是“催化剂的选择性变差”。它不仅会改变产品分布，催化剂床层的某些部分还会出现热点，原料油的某些馏分将过度裂解，而另一些馏分得不到转化，其结果导致柴油产品的收率减少，轻烃产品增加，总转化率降低。

二是“加速催化剂的老化”。过度的加氢会使局部的反应温度明显增高，严重时使催化剂烧结、加速催化剂失活并缩短其一次运转周期和使用寿命。

三是“产生热点”。当局部反应温度高于400℃时，热裂化反应会明显加剧，热裂化反应产生烯烃，其加氢后再放热，温度将进一步升高，如无法控制，使温度超过反应器壁的安全极限，甚至导致灾难性的事故发生，这就是所谓的温度“飞升”。因此，加氢裂化装置的运转操作，特别是在开工、停工和紧急停工的处理过程中，务必要精心控制好反应温度，并严格遵守“先提量后提温，先降温后降量”的基本操作原则。防止超温、超压、设备泄漏等意外事故的发生，避免任何对人员伤害、设备和催化剂损坏的情况发生。

第一节　加氢裂化装置的开工

加氢裂化装置的开工，通常包括设备检查、单机试运、管线的吹扫冲洗、烘炉煮炉、反应系统的干燥、气密、催化剂装填、综合气密、催化剂硫化、催化剂钝化、分步换进原料油，以及分馏系统的水、油运和脱硫系统的化学清洗脱脂等。在此，本节仅就反应系统的开工加以论述。

一、开工前的准备

（一）设备检查

新建装置的设备检查，是在设备单机试运前，必须认真进行的一项工作。它是设备验收及其安装工程检验后的重要步骤。它有助于堵塞漏洞，消除隐患，为装置安全开工创造充分和必要的条件。

设备检查，主要是按该项目工程承包者所提供的检验规范和标准，以及行业主管部门的相关规定，并结合装置试车开工投产的实践经验，对加氢装置的反应器、分离器、换热器、空冷器、塔、加热炉、废热锅炉、容器、管线、机泵、电气、仪表和消防设施等进行检查，将发现的问题及时整理，分类上报相关部门，并妥善进行整改和处理。

（二）管线的冲洗吹扫

装置管线冲洗吹扫的目的是为了将施工中遗留在管线内的各

类杂物清除，避免其在开工和运转过程中堵塞管线、阀门和设备，以及对机泵等动设备机体和叶轮、叶片的磨损，确保装置的顺利开工和设备的安全平稳运转。

装置的水冲洗，一般使用0.4MPa的工业水；冲洗奥氏体不锈钢设备和管线用水，应控制其Cl^-含量小于30μg/g，水温在15℃以上。吹扫反应系统设备和通管可用工业风、氮气和1.0MPa的蒸汽等介质，但应切记，在引吹扫介质时，介质压力一定不能高于设计允许压力。对于直径大于80mm的管线，必要时可在0.12~0.30MPa的压力下进行爆破吹扫。

实施装置冲洗吹扫时，应注意如下事项：

① 冲洗吹扫应顺着流程走向有序进行，避免出现死角。并遵循先管线后设备、先主线后副线，长管线分段、集合管线从头到尾的吹扫原则。

② 冲洗有开口端管线时，应保证流体通畅。冲洗由阀门连接的水平管线时，应拆开前后法兰，将前后段分别冲洗。发现阀门有问题，有必要解体冲洗。

③ 用蒸汽吹扫管线时，应在暖管排凝后再引汽。引汽后注意排凝和放空，严防水击发生。

④ 泵体一般不用蒸汽吹扫，蒸汽应从副线通过，无副线时，可拆入口法兰引出。

⑤ 冲洗吹扫结束，应组织专人检查验收。合格标准是：冲洗水应见本色、无杂物；吹扫气排放无污物、灰尘、铁锈。

炼油厂加氢装置冲洗吹扫的具体实施步骤在其装置操作手册中有详细的规定和要求。

（三）反应系统的气密与烘干

反应器在装填催化剂之前，需要用氮气循环升温，对由换热器组、加热炉、反应器、水冷器、高压分离器及物流管线组成的高压反应系统进行烘干，避免开工过程中，水对催化剂的负面影响。

在进行反应系统烘干之前，通常要对系统进行负压气密“试漏”。即将高压反应系统与低压系统隔断，关闭循环氢压缩机吸入端、排除端的切断阀和所有的排放阀，启动蒸汽喷射真空泵，将反应系统抽空至16.7kPa或22.0kPa(绝压)，达到所要求的真空度时，关闭蒸汽喷射真空泵，在30min内真空度下降不大于30mmHg时为合格，否则需要进行泄漏检查及处理。

在确认反应系统密封后，从增压机和循环氢压缩机的出口引氮气破真空，并启动蒸汽喷射泵，使反应系统边充氮气边抽空，吹扫置换15min；关闭喷射泵，使反应系统升压至0.05MPa，再次启动喷射泵，将反应系统抽空至16.7kPa或20.0kPa(绝压)，然后关闭蒸汽喷射泵，用氮气破真空后并将反应系统升压至0.6~0.8MPa，或启动增压机将反应系统升压至1.0MPa以上进行气密。对气密点可直接采用喷涂气密液(肥皂水)的方法试漏，或用密封带将法兰包扎好，在密封带上扎一个针孔，喷涂肥皂水进行检查。

反应系统的烘干，应在循环氢压缩机出口压力0.7MPa(首次启动循环氢压缩机时要严格遵循制造厂商的建议)、反应器入口温度200~250℃条件下进行。

启动循环氢压缩机，对急冷氢管线充分吹扫后，进行氮气全量循环；加热炉点火，以每小时10~20℃的升温速度，将反应器入口温度升至200~250℃，保持此温度对反应系统进行烘干，每小时从高压分离器排水一次，直至排水量小于0.5kg/h。

(四) 反应器装填催化剂

1. 加氢反应器的内构件简介[2]

加氢过程由于产生放热反应，欲使反应进料与催化剂有效地接触，反应器设计有多个催化剂床层，在每个床层的顶部都设置有分配盘，并在两个床层之间设有温控结构(冷氢箱)，以确保加氢装置的安全平稳生产和延长催化剂的使用寿命。基于进料在反应器内的停留时间不宜过长，采用较大的液时空速，尽量减少不希望的二次反应，减少对催化剂的冲击磨损，获得较小的床层压降，通常采用下流式固定床反应器。反应器内设置有入口扩散器、气液反应物流分配盘、积垢篮筐、冷氢箱、热电偶保护管和出口收集器等反应器内构件。加氢反应器的结构示意图，如图5－1－1所示。

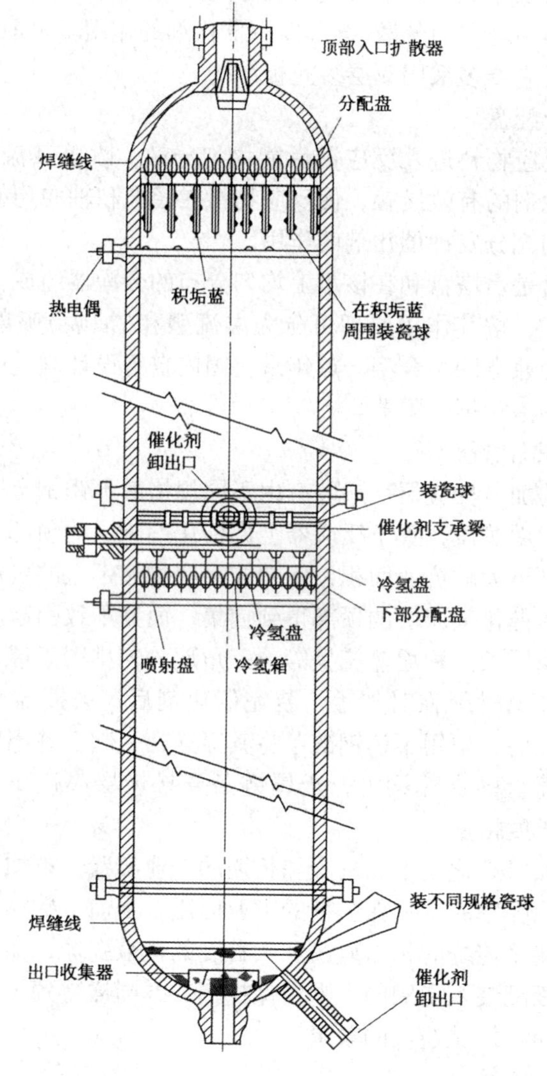

图5－1－1　加氢反应器的结构示意图

（1）入口扩散器

反应器入口扩散器用于防止高速反应物流直接冲击分配盘，并有一定的预分配作用。反应物流分配盘可使进入反应器的气液反应物流得到均匀的分散,充分发挥催化剂的作用。目前,国内设计的加氢反应器多采用双层多孔板结构。

（2）分配盘

为使反应物料进入反应器后能均匀分散，改善其流动状态，实现与催化剂的有效接触，使反应物料在径向和轴向均能均匀分配，以达到充分发挥催化剂的作用。

分配盘是由塔盘和在该盘上均匀分布的分配器组成。分配器有多种形式，按其作用原理可分为溢流型和(抽吸)喷射型两类或两者机理兼有的综合型。近年来，国内自行设计制造的加氢反应器多采用泡帽型分配器。

（3）积垢篮筐

早期的加氢反应器一般装有由不同规格的不锈钢金属网和骨架构成的积垢篮筐，置于反应器上部催化剂床层的顶部，可为反应物流提供更大的流通面积，使随同反应物流带入的机械杂质和沉积物等在催化剂床层的顶部得到捕集，而又不致引起反应器压力降过快地增长。积垢篮筐呈等边三角形均匀排列于催化剂和瓷球顶部，装填时须临时加盖，装完催化剂后，去掉盖子保持中空。安装好后，须用不锈钢链条将其穿连在一起，并牢固地拴在其上部分配盘的支撑梁上，金属链条要按床层高度下沉 5% 考虑，留足长度裕量。

随着加氢裂化技术的进步和长期的工业实践，再加上具有大孔容及大孔隙率的系列保护剂的工业应用，当前多数加氢裂化反应器已不使用传统的积垢篮筐和大粒度的覆盖瓷球，而是在主催化剂上方级配装入专用的大颗粒保护剂，并同样得到了很好的分散物流和捕集机械杂质的效果。

（4）冷氢箱

设置在两个催化剂床层之间的冷氢箱由冷氢管、冷氢盘和再分配器组成。它用于降低来自上一催化剂床层反应流出物的温度，并将温度均匀的气液混合物再分配到下部的催化剂床层上。

（5）热电偶管

反应器内多层不同径向（或轴向）方位的热电偶保护管内安装的热电偶，用于监测加氢放热反应所引起的催化剂床层的温升，以及催化剂床层截面的温度分布情况，对操作温度进行控制和管理。

（6）出口物料收集器

反应器底部的出口收集器用于支撑下部的催化剂床层，减小床层的压降和改善反应物料的分配。出口收集器与下端封头接触的下沿开有数个缺口，供停工时排液用。

2. 催化剂装填质量的影响

催化剂的性能和反应器内构件的协同作用是加氢技术水平先进性的综合体现。催化剂装填合理是充分发挥催化剂的作用，最大限度利用反应器的有效使用空间，确保装置长期稳定运转的先决条件。

在向固定床反应器中装填催化剂时，要注意其轴向装入的紧密性和径向的均匀性。催化剂装填得紧密，可以在反应器的固定容积内多装入催化剂，提高其平均装填密度，使操作条件和产品质量得到优化，增加装置加工能力；催化剂沿反应器径向装填得均匀，会使反应物流的汽、液分布合理，不会因催化剂在床层中的分布疏密不一、“架桥”产生“沟流”和“短路”，通常在“短路”部位会使反应效果变差，在紧密部位因反应热集中会出现“过热点”，在该部位的结焦与过热的恶性循环会造成“飞温”及床层压力降增大，而严重影响操作的安全性和降低催化剂的使用周期。

3. 装填前的准备工作

在完成反应系统气密与烘干后，即可进行催化剂的装填。催化剂的装填工作应力求在晴朗、干燥的天气里进行。

催化剂装填前应对现场进行清理和打扫，搭建好防雨设施；对运至现场的备装瓷球和催化剂的规格、数量及质量应按原定要求进行验收，如发现催化剂粉尘和破碎量较多，应进行过筛处理或退库；对现场条件、装填用具和设备、现场记录纸本及采样用瓶等准备工作认真落实；严格检查安全措施及用具是否到位。安排专人进入反应器内，由下而上按设计顺序准确划好各类装填物的位置和尺寸，并由专人进行复核验证。

对于床层使用的支撑及覆盖瓷球的选择和级配应力求合理，以杜绝催化剂颗粒的下漏，堵塞下游管线和设备，保持催化剂床层界面的稳定，实现装置高效率长周期运转。因此，必须严格按照催化剂装填方案和操作程序的要求进行，并做好装填前的各项准备工作。

反应器装填催化剂的示意图如图 5－1－2 所示。

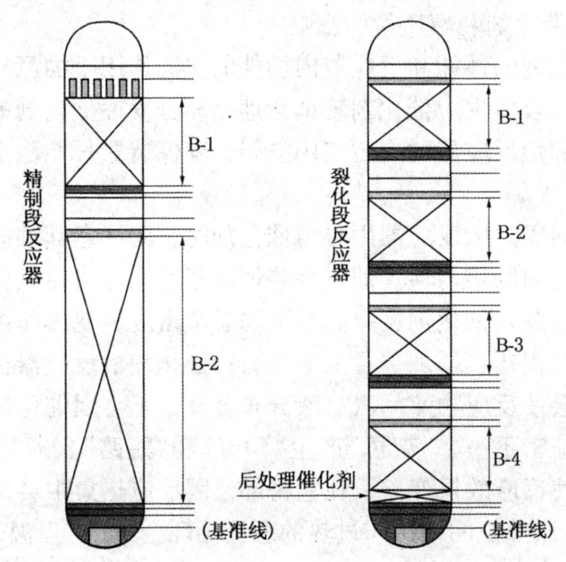

图 5－1－2　反应器催化剂装填图

4. 装填方法

向固定床加氢反应器内装填催化剂的方法可分为普通装填法和密相装填法。

普通装填法主要是人工操作。此法催化剂颗粒处于不规则乱堆状态，装填的均匀性和紧密性较差，使反应物流分布不均、装填密度降低，对催化剂活性应用不利；但因装填操作简单、不需特殊专利设备，人员也不需要特殊培训，由专人指挥即可完成，适用于各种形状的催化剂装填。当前在国内仍被一些炼油企业所采用。

密相装填是后发展的新技术。该法借助专用的机械装填设备，以气体为动力，使催化剂颗粒有序排列，明显提高了装填的均匀性和紧密性，有利于反应物流的分布和反应器内有效空间的使用，尤其适用于条状催化剂的装填，催化剂装入量最大可提高20%以上。目前在国内已大量采用，具有较好的应用效果。

在上述催化剂装填方法的基础上，还有一种级配(分级)装填法。该法是指采用一种或数种不同尺寸、不同形状、不同活性的催化剂(或瓷球)按设计的优化顺序装入同一反应器的一种方法。这种装填方法可以改善反应物流在催化剂床层中的径向分布，缓解床层压力降增加的速度，充分发挥不同活性催化剂的反应效果。在主催化剂上部装填系列保护剂的顺序一般是按床层由上到下，颗粒由大到小，孔隙率逐渐降低；系列保护剂的脱金属能力和纳垢能力由强到弱。用不同方法装填催化剂时，在床层顶部和底部均装入不同粒度的覆盖瓷球和支撑瓷球，也采用级配装填方式，床层下部瓷球的粒度是由大到小，顺序由底部向上，起到防止催化剂向集液管出口或下游的换热器及管线等处迁移和床层下沉等作用；床层上部瓷球粒度大小和装入顺序与底部相反，起到覆盖催化剂、防止反应物流对催化剂床层冲击和再次分配的作用。

(1) 普通装填法

① 装填设备及操作要点。

小型加氢装置反应器的容积较小，催化剂装填数量不多，通常采用料斗和帆布软管进行催化剂装填即可。现代大型加氢装置反应器催化剂的一次装量很大，其装填设备一般由三个部分组成，即金属料斗、轻金属立管和帆布软管。在料斗和轻金属立管之间，设置第一个闸板阀；在轻金属立管和帆布软管之间，装有第二个闸板阀。装填催化剂时，第一个闸板阀全开，用第二个闸板阀的开度控制催化剂的装填速度，催化剂装填间断时，应将第一个闸板阀关闭。

为减少催化剂的自由降落高度，在轻金属立管内装有斜挡板。在催化剂装填过程中，催化剂自由降落的高度应不超过1m。催化剂装填速度应适宜，帆布软管应在催化剂床层料面的上方沿器壁旋转移动，使床层料面保持均匀上升，催化剂床层料面每升高1m，要人工平整一次料面。随着床层料面升高，在中断装料平整床层料面时，每次应将帆布软管截去1m左右。

② 装填催化剂的操作方法。

在确认反应器已处于干燥状态，各项准备工作就绪后，即可进行催化剂装填工作。在装填前和装填过程中，都必须用压缩空气(或仪表风)吹扫反应器。吹扫空气应在贴近装填催化剂床层的截面上方进入反应器，空气吹扫的气量应足以使反应器顶部人孔处向上流动的气速达到0.3m/s。可用反应器急冷氢管和喷嘴来分配吹扫空气，已装填好的催化剂床层，不允许再有空气通过。在反应器内干燥及含催化剂粉尘的环境中，进行装填作业，进入反应器内的作业人员应穿防护服，佩戴有外供空气呼吸器的防尘面具和通讯联络工具，在反应器顶部人孔处的工作平台上，必须有专人负责监护守候，以确保反应器内催化剂装填作业人员的安全。

(a) 反应器底部催化剂床层支撑层的装填。

反应器底部装填的惰性瓷球主要用于支撑催化剂床层。该层自下而上用三种粒度直径由大到小的瓷球级配组成，以防止催化剂下漏堵塞其下游管线和设备。

瓷球应装在编织袋或篮筐内，从顶部人孔处吊入反应器内，不得从人孔直接倾倒；也可以从反应器催化剂装料斗中装入，以避免瓷球摔碎或砸坏损伤反应器的内构件。

反应器底部装填ϕ13～18mm的瓷球，其装填高度一般应高出反应器出口集合器上界面 80 ~ 150mm；在其上层装填 76 ~ 100mm 高 ϕ6 ~ 8mm 的瓷球；再上层则装填 76 ~ 100mm 高 ϕ3 ~ 4mm 的瓷球。在装完每一层瓷球后，都要认真地平整好瓷球的界面（见图 5 - 1 - 3）。

（b）反应器下部床层催化剂的装填。当反应器底部支撑层的最后一层 ϕ3mm 或 ϕ4mm 的瓷球平整好后，即可开始装填反应器下部床层的催化剂。

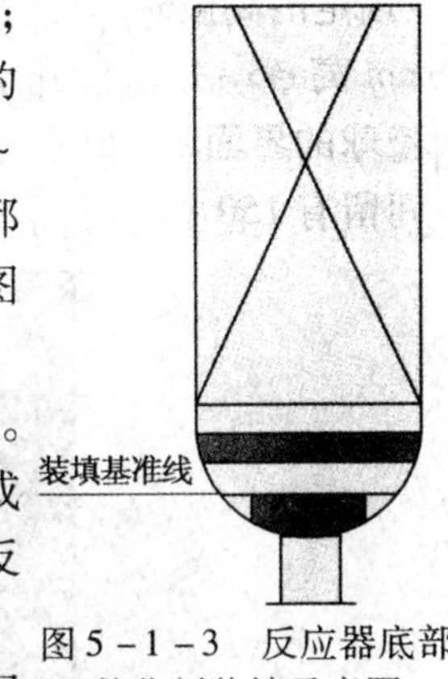

图 5 - 1 - 3　反应器底部催化剂装填示意图

为了最大限度地利用反应器下部床层的有效空间。当催化剂装填到接近冷氢箱下面再分配盘的底部时，通常要使用一个用金属骨架和金属网制作的耙平篮筐，该篮筐有一个可拆卸的活动底板，它所提供的空间，可供装填人员站立作业，将催化剂和覆盖层瓷球装填在该篮筐的周围，并平整好界面；作业人员从耙平篮筐出来后，应将其活动底板取出，然后在篮筐内装填催化剂（与其外面的催化剂界面等高）和覆盖瓷球层（与篮筐上端平齐），这个篮筐就留在催化剂床层中。为防止在卸催化剂时堵塞催化剂排出口，要用不锈钢金属链将耙平篮筐系好，牢固地绑在再分配盘的支撑梁上，考虑到催化剂床层下陷，不锈钢链应有一定松弛裕量。

然后，将所拆卸的再分配盘、冷氢箱和上部床层支撑格栅等构件按设计要求安装复位（见图 5 - 1 - 4）。

（c）反应器上部床层催化剂的装填和安装积垢篮筐。

根据催化剂装填方案，在支撑格栅上依次装填 76mm 高 ϕ6 ~ 8mm的惰性瓷球和 76mm 高 ϕ3 ~ 4mm 的惰性瓷球，待平整好其界面后，进行上部催化剂床层的装填。当催化剂床层的料面装填至预定的尺寸高度之后，平整好催化剂的料面，按反应器设计的要求，均匀地放置好积垢篮筐（其高度一般大于 600mm），并将积垢篮筐上端加盖，然后在积垢篮筐周围装填适量的催化剂

(至预定的高度)；再在积垢篮筐周围催化剂的上面，依次装填 76mm 高 $\phi6\sim8$mm 和 76mm 高 $\phi13\sim18$mm 的瓷球覆盖层，最终使瓷球的界面与积垢篮筐的上端平齐；瓷球顶部与分配盘支撑梁之间留有 150～200mm 的距离即可(见图 5－1－5)。

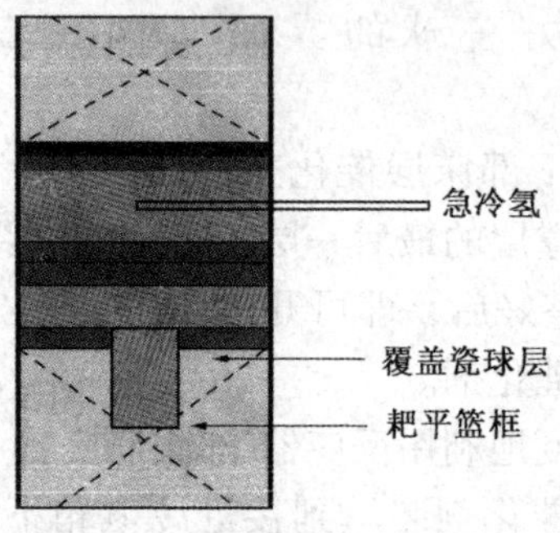

5－1－4　反应器催化剂装填示意图

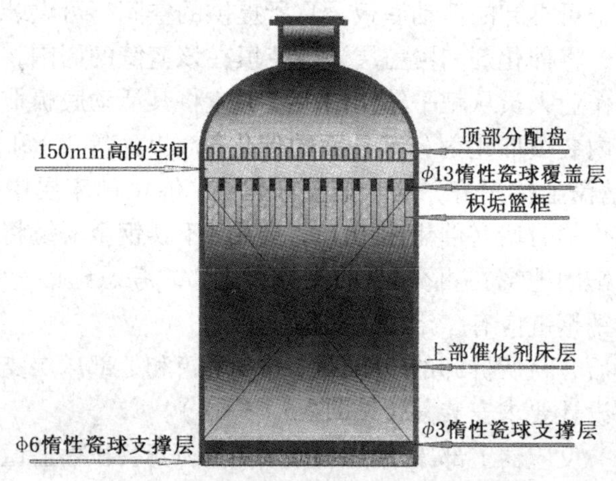

图 5－1－5　积垢篮筐安装的示意图

(d) 反应器顶部构件的安装复位。

在反应器顶部分配盘安装复位之前，应将积垢篮筐的盖取出，并用不锈钢链(或钢丝绳)将积垢篮筐穿连起来，牢固地绑在其上方分配盘的支撑梁上，不锈钢链(或钢丝绳)须留有一定的松弛裕量。

前已述及，当今反应器内装填催化剂时，多数已不再往主催化剂顶部安装积垢篮筐和系列覆盖瓷球，而是在主催化剂上面直接装填系列保护剂，其粒度直径一般在4～6mm之间，最大可达16mm，形状有条形、拉西环、七孔球或七孔圆柱等。这种剂的比表面积较小、孔容大、一般不含活性金属或含量很低，其特点是床层空隙率大、有较强的容垢能力和拦截金属的能力，而且不会产生大的压力降。装填高度一般在0.6～1m范围。在保护剂上面，也有的装置还装填高150mm左右的ϕ8～13mm的瓷球。

上述工作就绪后，将反应器顶部分配盘和入口扩散器分别安装复位，并将反应器顶部人孔法兰的密封槽和密封垫圈擦拭干净并安放到位，吊装顶部人孔头盖，最后紧固好螺栓并将反应器与系统相连接，催化剂装填即告结束。

（2）密相装填法

催化剂密相装填法在20世纪70年代开始使用，80年代初引入我国。目前，国内几家专业催化剂装卸公司已全面掌握，并被多家炼油化工企业采用，很有扩大使用前景。

该装填方法是借助专用的密相装填机械设备，在压缩气体的推动下，使催化剂的每个颗粒均匀地在反应器内沿半径方向呈放射性规律地排列，使催化剂沿反应器轴向和径向均装填得紧密，避免了催化剂之间的“架桥”。减少了颗粒间的空隙，从而改善了反应物流分布，使径向温度分布更为均匀，减少了床层塌陷和“过热点”出现的可能性，也提高了催化剂的装填密度，充分利用了反应器内的有效空间，提高装置的加工能力，克服了普通装填法中的许多不足。

密相装填的设备示意图如图5-1-6。

密相装填法对条状催化剂更适用。如装填圆柱条形催化剂时，密相装填法比普通装填法可多装催化剂10%～15%；四叶草条形催化剂可多装20%～25%；即使是球形催化剂也可多装5%以上。

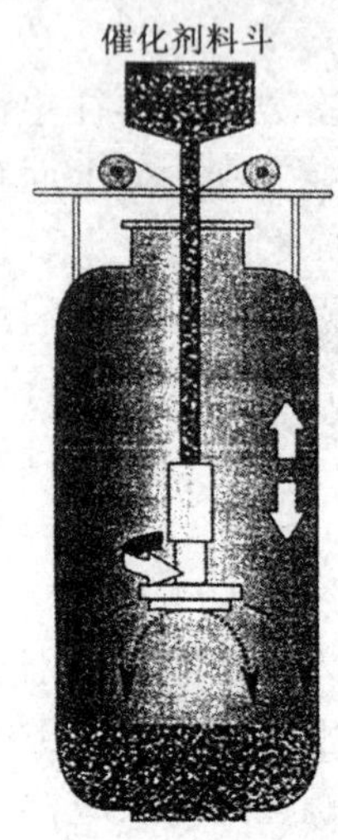

图5-1-6 IDECTA密相装填机装填催化剂示意图

（五）反应系统气密及催化剂干燥

加氢裂化装置反应系统气密时，必须严格按受压容器温度限制的相关规定进行。为防止2-1/4Cr-1Mo材料回火脆化变性发生断裂的可能性，按反应器材质要求必须采用较高的最低升压温度。因此，当反应系统升压至3.5MPa之前，反应器壁最低点温度不得低于135℃，以使反应系统的所有压力容器的温度都能达到121℃以上；在反应系统降压过程中，在压力降到低于3.5MPa之前，其温度不得降到135℃以下。

对于每一套加氢裂化装置，其受压力容器的温度限制，应参照装置设计基础中的相应的规定和说明，进行其反应系统的气密。

当催化剂装填工作结束、系统气密前，需具备以下条件：压缩机单机试运完成，公用工程系统具备投用条件；加热炉具备点火条件，所有用于安装、调试的临时盲板都已拆除；所有的工艺管线、设备的阀门、限流孔板和安全阀已复位，所有的盲板已调向至规定方位；所有检测仪表及相关联锁系统调试完好并均已投用；气密介质（氮气和氢气）供应已落实，氢气供应系统和排放至火炬的流程已打通；气密检漏的器具均已准备齐全，之后即可进行反应系统的气密工作。气密的压力等级，应按照系统设备的最高操作压力规定进行。

1. 隔离封闭反应系统

气密开始前，为隔离封闭高压反应系统，应对所有高、低点排放处加盲板，关闭进入高压系统的泵出口及循环氢压缩机进口截止阀，以及高压分离器、空冷器的相关阀门和高压取样点的入口阀门。

2. 反应系统抽真空和氮气吹扫置换

为减少氮气用量和缩短操作时间，可先对反应系统进行负压试漏。操作方法为用蒸汽喷射泵将反应系统抽真空至16.0～22.0kPa（绝对压力），当系统真空度在30min内下降小于30mmHg时，即可引入氮气置换；当含氧量小于0.5v%时，即可进行氮气气密。

3. 氮气气密

系统引入氮气后，启动循环氢压缩机全量循环；可根据需要启动用氮气已置换合格的补充氢压缩机，依次在1.0MPa、3.0MPa、5.0MPa或更高的压力下分阶段进行氮气气密。此时，应注意高压设备回火冷脆问题，适时点火升温，各压力阶段气密合格，可卸压至0.02MPa，引氢气气密。如催化剂需要进行氮气干燥时，可在完成催化剂干燥后，再引氢气气密。

4. 氢气气密

在确保反应系统氧含量小于0.5v%后，引入氢气、启动循环氢压缩机，用补充氢增压机将反应系统压力从1.0MPa分别提升至3.0MPa、5.0MPa、8.0MPa、11.0MPa、13.0MPa和设计操作压力（如15.6MPa或16.8MPa等）。在升压过程中，切记适时升温。压力升至每一压力等级时，用循环氢压缩机保持压力，进行气密检查，以系统压降小于0.15MPa/h为合格。

5. 催化剂氮气干燥

含有氧化铝、硅铝或分子筛的各类载体的催化剂，在生产、运输、贮存及装填等过程中，定然会吸收一些水分，多者可达5%以上。催化剂吸水后，其强度、硫化效果和活性均会受到影响。因此，在催化剂硫化前须经干燥脱水处理。

干燥脱水采用氮气为介质。可在上述氮气气密完成后进行。通用的干燥条件为：

操作压力：0.5～3.0MPa；

循环气量：用循环氢压缩机使氮气全量循环；

升温速度：不大于20℃/h；

催化剂床层温度：200～250℃；

高压分离器温度：不大于50℃。

在上述条件下，经 8～10 小时恒温干燥，期间定期从高压分离器出口排水，当每小时排出的水量小于 0.01%（对催化剂装入量）时，即可认定干燥过程完成。此后，可按操作程序进行氢气气密。

（六）紧急卸压试验

在完成催化剂干燥、按设计压力引氢气密合格后，为考察反应系统处于事故状态或系统操作失衡时，各自保联锁系统的安全可靠性，需要在氢气状态下对反应系统的紧急卸压系统进行试验。

任何高压加氢装置均设有紧急卸压设施。在中等压力等级下操作的加氢裂化装置，一般只有 0.7MPa/min 紧急卸压系统；在压力等级较高时，还同时设有 2.1MPa/min 紧急卸压系统；紧急卸压操作一般应有既可手动也可自动两种操作方式。

1. 试验应达到的目的

（1）通过紧急卸压试验，实测已安装好的卸压孔板尺寸是否满足紧急卸压速率，根据试验结果进行调校，直至达到设计的紧急卸压速率的要求。

（2）考察安全自保联锁系统的动作是否灵敏可靠。

（3）考察紧急卸压系统在实施过程中的震动情况。

（4）考察火炬的排放能力。

2. 试验应具备的条件

（1）高压分离器应达到最高操作压力。

（2）补充氢压缩机和循环氢压缩机正常联动运行。

（3）紧急卸压控制系统、联锁仪表已调试结束，处于联动运行状态。

（4）原料油泵与电机分离，保持空载运行。

（5）反应系统升压至 3.5MPa 以上时，反应器的温度必须达到设计要求的温度。

（6）原料加热炉的长明灯全部点燃，主火嘴可部分点燃，反应系统温度已稳定。

（7）火炬系统处于正常投运状态。

3. 试验应记录和观察的内容

紧急卸压试验应按手动和自动分别进行。每次试验时间不应小于4～5min。试验完成后，按钮及各联锁系统复位。试验中应记录并观察：

（1）每分钟至少应记录两次高压分离器出口压力；循环氢压缩机出口压力；反应器温度；火炬凝液罐的压力等。

（2）对系统循环氢取样，分析组成、计算其分子量以备孔板调校用。

（3）检查联锁系统动作的灵敏性及滞后时间。

紧急卸压的具体设施，在相关装置操作运行的开工手册中都有详细的规定，开工过程中一定要按要求认真执行。

二、加氢裂化装置的开工

加氢裂化装置的开工包括氧化型新催化剂的开工、用过催化剂的开工和硫化型催化剂的开工。

采用加氢精制催化剂与非贵金属分子筛型加氢裂化催化剂一段串联的工艺流程，主要有原料油单程通过和未转化尾油循环加氢裂化两种操作方式。前者除生产轻质产品外，未转化尾油作为石油化工原料或FCC原料，进行后续加工；后者则可最大限度地生产轻质目的产品。目前，我国该类加氢裂化装置多采用前者方式操作，开工方法和操作方法相对简单；后者因增加了未转化尾油循环系统，开工方法和操作方法虽然基本一致，但略较复杂。为全面介绍该项开工、操作方法，以下重点介绍未转化尾油全循环加氢裂化工艺流程的开工方法及程序。在此基础上再进一步介绍使用非贵金属无定形硅铝加氢裂化催化剂单段工艺流程开工方法的异同及特点。

（一）非贵金属分子筛型新鲜催化剂的开工

该类新鲜催化剂的开工，通常包括催化剂的硫化（活化）、进低氮开工油注无水液氨钝化、分步换进设计进料和调整操作等环节。

1. 催化剂的硫化

当前国内工业生产的加氢催化剂(除个别催化剂外)基本上是氧化型的。工业生产的新催化剂或再生催化剂(器外预硫化型催化剂除外),其所含有的活性金属组分(Mo、Ni、Co、W),都是以氧化态(MoO_3、NiO、CoO、WO_3)的形式存在。基础研究和工业应用的实践表明,绝大多数加氢催化剂的活性金属组分(非贵金属),其硫化态具有更高的加氢活性和活性稳定性。加氢催化剂在其与烃类原料接触之前,必须首先用硫化剂,将催化剂活性金属由氧化态转化为相应的硫化态,即进行催化剂硫化。加氢催化剂的硫化,分液相(湿法)硫化和气相(干法)硫化两种。油比氢气的热容要大,湿法硫化有良好的传热环境,以氧化铝、含硅氧化铝和无定形硅铝为载体的加氢催化剂,在工业装置上都普遍采用湿法硫化。湿法硫化的硫化油用量较大,尚存在含硫污油进一步处理的问题。对于操作压力在5.0MPa以下的馏分油加氢装置,其氢油体积比相对较低(一般都小于或远小于300~500),催化剂不宜采用气相硫化。国内外的试验研究及工业装置开工的实践都证明,当气相硫化的操作压力低于5.0MPa,催化剂硫化的速度将明显减慢,即在正常的注硫速度的情况下,其反应系统循环氢中的硫化氢(H_2S)浓度居高不下,甚至高达3v%以上,大大超出其相应硫化阶段所要求的控制指标,并对设备腐蚀构成极大的威胁;若减缓其注硫速度,催化剂硫化时间必然要大大延长。另外,在循环氢流率较低的情况下,不利于有效地携带走催化剂硫化的反应热,即使是加氢精制催化剂,也容易温度失控,导致超温甚至"飞温"的事故发生,这种情况在国内某些低压加氢装置催化剂采用干法硫化时已出现过,应引以为戒。

含分子筛(尤其是分子筛含量较高)的加氢裂化催化剂,其裂化活性要比无定形硅铝催化剂的活性高得多,对反应温度特别敏感,尤其是在催化剂开工的初期阶段。加氢裂化催化剂,如果采用液相(直馏煤油+硫化剂)硫化,在300℃以上的温度下硫化时，硫化油会发生裂化反应，导致催化剂床层超温，并会加速催化剂积炭，影响催化剂的活性及活性稳定性。因此，此类加氢裂化催化剂不采用液相硫化工艺。

对于加氢裂化和中压加氢改质装置来说，其操作压力都在8.0MPa以上，通常反应器入口的氢油体积比相对较大，尽管氢气的热容比油小，但较高的操作压力和较大的循环氢流率，足以携带走催化剂硫化时的反应热，能有效地控制硫化温度。因此，含分子筛的加氢裂化催化剂，采用气相（氢气＋硫化剂）硫化为宜。催化剂硫化结束后，还须配以相应的钝化措施及换进原料油的步骤，以确保开工安全、顺利地进行。

（1）硫化原理及化学反应式

催化剂硫化是基于硫化剂（如CS_2或DMDS），在氢气存在的条件下，加氢生成的硫化氢（H_2S），将催化剂活性金属由氧化态转化为相应的硫化态。尽管加氢催化剂多元金属硫化物模型十分复杂[3]，至今有多种假说，其通用的相关硫化反应式如下[3]。

① $CS_2 + 4H_2 \longrightarrow 2H_2S + CH_4$　　$-232.4kJ/mol$

或$(CH_3)_2S_2 + 3H_2 \longrightarrow 2H_2S + 2CH_4$　　$-166.6kJ/mol$

② $MoO_3 + 2H_2S + H_2 \longrightarrow MoS_2 + 3H_2O$　　$-163.3kJ/mol$

③ $3NiO + 2H_2S + H_2 \longrightarrow Ni_3S_2 + 3H_2O$

④ $9CoO + 8H_2S + H_2 \longrightarrow Co_9S_8 + 9H_2O$

⑤ $WO_3 + 2H_2S + H_2 \longrightarrow WS_2 + 3H_2O$

由催化剂硫化的化学反应式可以看出，催化剂硫化都是放热反应，并伴有水生成，在催化剂硫化过程中，应特别注意控制温度，防止超温现象发生，注意在高分排水和计量。

基于上述硫化反应式，由装置催化剂的装量及相应金属的含量，可计算出催化剂硫化的理论需硫量和理论生水量。硫化剂的备用量，一般应按催化剂硫化时硫化剂理论需用量的1.25倍或更多一些考虑。

（2）硫化剂及其选用

硫化剂选用的原则是，硫化剂能在较低的反应温度下分解生

成 H_2S，以有利于催化剂硫化的顺利进行，提高硫化效果；硫化剂的硫含量应较高，以减少硫化剂的用量，避免其他元素对硫化过程的不利影响；硫化剂的价格便宜，毒性小，使用安全。

几种常用硫化剂的性质，见表 5-1-1[4]。

表 5-1-1　几种常用硫化剂的性质

硫化剂	二硫化碳	二甲基二硫	甲硫醚	正丁基硫醇
分子式	CS_2	$CH_3-S-S-CH_3$	CH_3-S-CH_3	C_4H_9-SH
相对分子质量	76	94	62	90
相对密度	1.26	1.057	0.845	0.837
硫含量/%	84.2	68.1	51.6	35.6
分解温度/℃	175	200	225	250
沸点/℃	46.3	229	>97	>205
闪点/℃	-22	59	≤0	19
自燃点/℃	100	>300	206	—
相关性质	几乎不溶于水	水中溶解度 1.5%	不溶于水	有恶臭

目前工业上普遍使用的硫化剂是二硫化碳（CS_2）和二甲基二硫（$CH_3—S—S—CH_3$ 即 DMDS）。二硫化碳（CS_2）的含硫量高、分解温度低，价格相对要便宜；因其沸点低、相对密度大（1.26）、几乎不溶于水，在其储罐内加水密封，使用也比较安全；DMDS 的硫含量虽然稍低，分解温度略高，但毒性小，安全性好，目前较广泛被国内选用。甲硫醚的分解温度高、硫含量低，正丁基硫醇的分解温度高、硫含量低、有恶臭，已基本不用。

（3）器内干法硫化最大起始注硫量的确定

在催化剂硫化的起始工况条件下，向反应系统注入的硫化剂被催化剂吸附，加氢生成 H_2S，并与催化剂上的金属组分发生的硫化反应。出于对加氢裂化装置催化剂的器内气相硫化的安全考虑，首先需要确定其硫化剂的最大起始注入量。它是根据循环氢流量来确定硫化剂的最大起始注入量，即 56kg CS_2/1 万 Nm^3 循环氢（或 69kg DMDS/1 万 Nm^3 循环氢）。多年工业应用的实践证明，这是一个值得借鉴的经验数据。

（4）反应系统必须具备的条件和催化剂干法硫化前的准备工作

催化剂器内干法硫化，是在加氢裂化装置的加热炉、反应器、换热器组、水冷器、空冷器、高压分离器、循环氢压缩机、补充氢增压机、注硫泵、注氨泵及工艺物流管线构成的高压循环回路系统内进行的。催化剂硫化前，必须具备如下条件和作好相关的准备工作。

① 装置通过气密试验和紧急卸压试验，已确认了反应系统的密封性和联锁系统的可靠性；

② 氢气系统已能正常供氢，补充氢增压机运转正常；

③ 硫化剂（CS_2或 DMDS）、无水液氨已备足，注硫泵、注氨泵试运正常；

④ 注硫管线、注氨管线的盲板已拆除；

⑤ 原料油泵、循环油泵出口反冲洗管线上的截止阀已关闭；

⑥ 所有与循环氢接触的压力表的手阀已关闭；

⑦ 高压分离器上部去火炬管线上的盲板已调向至连通的方位；

⑧ 所有的盲板、阀门的开与关的状态已确认，催化剂硫化的工艺流程准确无误；

⑨ 循环氢纯度在线分析仪已投用；

⑩ 循环氢中 H_2S 含量、组成及露点分析测试的仪器设备等已调试好，化验分析人员已就位。

（5）器内干法硫化起始工况条件

压力（高分）：	正常操作压力
温度（精制段反应器入口）：	175℃（用 CS_2）
循环氢流率：	循环氢压缩机全量循环
循环氢纯度：	大于 50v%

（6）器内干法硫化实施步骤

在上述起始工况的条件下，当反应器内催化剂床层的温度稳定后，启动注硫泵并逐步增加硫化剂的注入量；在30min后，将硫化剂的注入流率提高到最大起始注硫量。

当硫化剂进入反应器后，硫化剂吸附在催化剂上、加氢转化为H_2S时，会产生15～30℃的温度波（应将最高温升控制30℃以内），精制段反应器上部催化剂床层的温升尤为明显，该温波将以递降的形式，自上而下地通过反应器的各个床层。

以1986年9月南京炼油厂0.8Mt/a加氢裂化装置开工投产的现场数据为例，从开始向精制段反应器注入硫化剂（CS_2）产生温波，到这个温波通过所有的催化剂床层，大约需要2h的时间。硫化剂进入反应器后的温波曲线，如图5-1-7所示，裂化段催化剂床层也有类似的温波曲线。

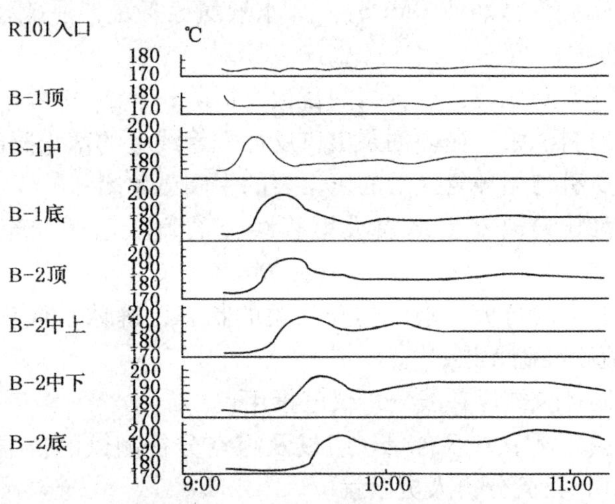

图5-1-7　硫化剂在精制段催化剂上的吸附热温波曲线

当硫化剂在催化剂上的吸附热温波，通过所有的催化剂床层以后，以3℃/h的升温速度，平稳地提高精制段反应器入口温度，直至反应器内催化剂床层的最高温度为230℃；催化剂硫化阶段，在要求反应器催化剂床层的最大温升不大于30℃的前提条件下，最好将精制段反应器的入口温度提高到190～200℃。

在裂化段反应器出口循环氢中检测出 H_2S 之前，不允许任何反应器催化剂床层的温度高于230℃；若反应器内任一点温度超过230℃，则应降低硫化剂的注入量，并保持精制段反应器的入口温度，直至催化剂床层温升得到控制为止。

在正常情况下，从开始注入硫化剂，到裂化段反应器出口循环氢中检测出 H_2S，大约需要8h。因此，在注入硫化剂6小时以后，至少每半小时从裂化段反应器出口取样，检测一次循环氢中的 H_2S 含量，直至循环氢中检测出 H_2S 为止。

在裂化段反应器出口循环氢中检测出 H_2S 后，降低并调节硫化剂的注入量，使裂化段反应器出口循环氢中 H_2S 体积含量控制在0.1%～0.6%，将精制段反应器入口温度提高至230℃。230℃是一个很重要的硫化阶段，工业装置开工的实践表明，催化剂40%～50%的硫化是在这个阶段完成的。因此，在保持反应器入口温度230℃的条件下，其恒温硫化时间不得少于8小时。在230℃恒温硫化阶段，裂化反应器出口循环氢中的 H_2S 体积含量应保持在0.5%～1.0%。在精制段反应器入口温度升高到230℃以上之前，裂化段反应器出口循环氢的露点必须低于－19℃(即循环氢中的水含量小于1120μg/g)。

230℃恒温硫化结束后，以不大于4℃/h的升温速度，将精制段反应器的入口温度提高到290℃；在升温过程中，若裂化段反应器出口循环氢的 H_2S 体积含量小于0.5%，或露点高于－18℃，都要停止升温，待裂化段反应器出口循环氢中的 H_2S 体积含量达到0.5%以上，或露点低于－19℃后，继续以4℃/h的升温速度加热提温。此阶段裂化段反应器出口循环氢中的 H_2S 体积含量，应保持在0.5%～1.0%。

当精制段反应器入口温度达到290℃时，再以不超过6℃/h的升温速度，将精制段反应器的入口温度升高到370℃，该升温过程对露点的限制同上(即不高于－19℃)，调节注硫量，使其裂化段反应器出口循环氢的 H_2S 体积含量达到0.5%～1.0%；若 H_2S 含量低于0.5%，则须停止加热升温；当提高精制段反应器入口温度时，如果催化剂床层温度比其入口温度高25℃（即温升$\Delta t=25℃$），则不再提高精制段反应器的入口温度；在这种情况下，如果催化剂床层的最高温度继续升高，直至温升Δt达到35℃，则应停止注硫，并将精制段反应器入口温度降低30℃，但循环氢中的H_2S体积含量不得低于0.2%，催化剂硫化期间不允许任何反应器的温度超过400℃。

催化剂硫化期间，要定期从高压分离器排放酸性水；排放酸性水时，应计量并取样分析硫含量。

当精制段反应器入口温度达到370℃，裂化段反应器催化剂床层温度处于稳定后，调节注硫量，使其裂化段反应器出口循环氢中的H_2S含量增加到1.0%～2.0%，并保持精制段反应器入口在370℃的条件下，至少恒温硫化8h。

加氢裂化催化剂器内干法硫化结束的标准是：

① 370℃恒温硫化已超过8h；

② 裂化段反应器出口和精制段反应器入口循环氢的露点差小于3℃；

③ 裂化段反应器出口和精制段反应器入口循环氢的H_2S含量基本相同；

④ 高压分离器的生水量，不再增加或增加甚微。

当满足上述条件后，则可以确认催化剂硫化结束。

催化剂硫化结束后，将高压分离器的酸性水排净，并计量和取样分析其硫含量；停止注入硫化剂，以不超过25℃/h的降温速度，用循环氢将精制段和裂化段反应器循环降温冷却至150℃。在降温冷却反应器的过程中，任何时候循环氢中H_2S体积含量不得低于0.1%，否则应适量注入硫化剂。

规定反应系统降温冷却的速度不大于25℃/h，是因为在370℃的高温条件下结束催化剂硫化以后，如果以较快的速度降温冷却，可能会导致处于高温下的设备和管线法兰的紧固螺栓收缩不均，而致使法兰泄漏，甚至导致着火事故的发生。此类着火事故，在国内的加氢裂化装置的开工过程中曾发生过，应给予高度重视，不可掉以轻心。

为尽可能地缩短开工时间，在进行催化剂硫化的同时，可引进开工低氮油（直馏柴油），对分馏系统建立热油循环。

各个硫化阶段的升温速度、循环氢中 H_2S 含量、床层温升，裂化反应器出口循环氢露点（水含量）和恒温硫化时间等，是加氢裂化配套催化剂器内干法硫化的重要控制指标；反应器床层的温升、裂化反应器出口循环氢的露点，其实质是催化剂硫化速度的表征；在一定的条件下，受注硫速率、硫化温度和反应器升温速度的影响。催化剂器内干法硫化过程受多种控制指标的严格限制，因升温过程催化剂本身也在进行硫化，其升温过程不宜过快，要循序渐进地进行，否则欲速则不达。如何协调控制好这些指标，是确保催化剂硫化安全顺利进行的关键。

一套0.8Mt/a一段串联流程的加氢裂化装置，催化剂器内干法硫化典型的开工曲线，如图5－1－8和图5－1－9所示。

2. 催化剂的钝化

对于分子筛含量较高的新鲜催化剂或再生催化剂（接触油的时间不到30d）的开工，应采用氮含量小于100μg/g的直馏柴油（低氮开工油）进料，并注无水液氨，对裂化催化剂进行钝化处理。

含分子筛（尤其是分子筛含量高）的加氢裂化催化剂硫化后，具有很高的加氢裂解活性，在进原料油之前，须采取相应的措施对催化剂进行钝化，以抑制其初活性，防止和避免进油过程中可能出现的超温现象，确保催化剂、设备及人身的安全。进低氮开工油和注入无水液氨，是一种能有效抑制催化剂初活性的钝化方法。

注无水液氨对加氢裂化催化剂钝化的原理是，碱性的无水液氨被吸附在催化剂的酸性中心上，可使加氢裂化催化剂的初活性受到暂时的抑制，这是一种可逆性的吸附，随着反应温度的升高和运转时间的延续，催化剂所吸附的氨会逐渐地解析流失，催化剂又能恢复其正常的活性。

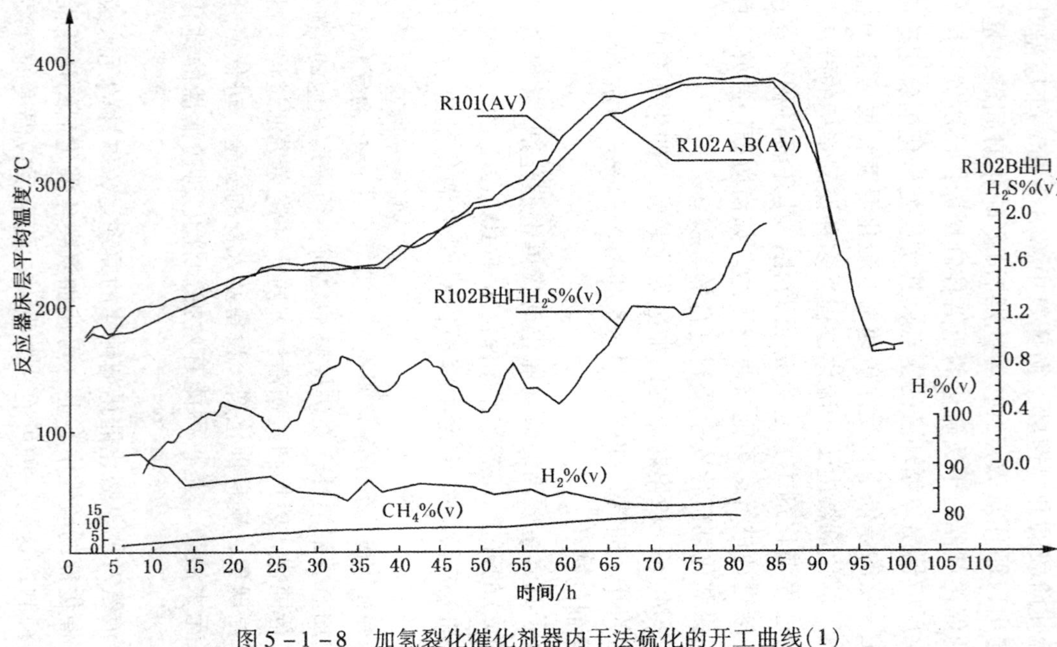

图 5-1-8　加氢裂化催化剂器内干法硫化的开工曲线(1)

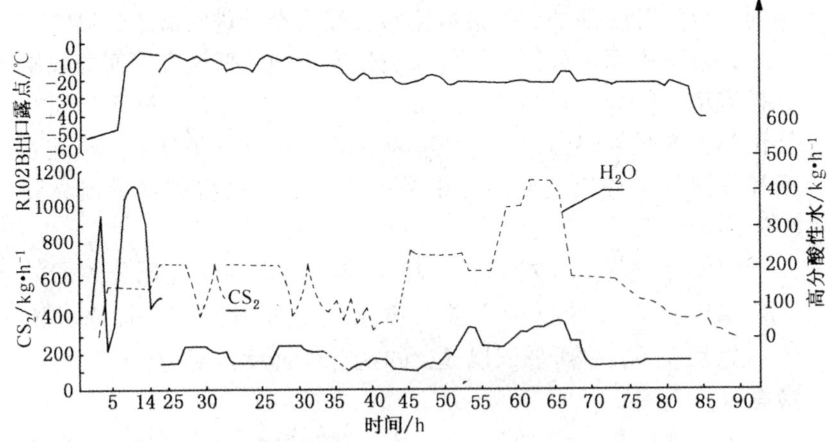

图5－1－9　加氢裂化催化剂器内干法硫化的开工曲线(2)

催化剂钝化的操作压力与催化剂硫化阶段相同，催化剂钝化的起始温度为150℃；其钝化的终止温度：精制段为320℃；裂化段为315℃。催化剂钝化过程中循环氢纯度应维持在85v%以上，必须保持不断地注入硫化剂，直至换进75%的设计进料，并随时调节注硫量，使精制段反应器入口循环氢中的H_2S含量，保持在0.1v%以上。在引入低氮开工油之前，应检查所有的急冷氢控制回路的情况。

催化剂钝化时，无水液氨的注入量应该按总量控制。其无水液氨的注入量，须根据加氢裂化装置裂化催化剂的装量、活性高低(分子筛含量多少)来确定。

大型加氢裂化装置通常是在开工时，低氮开工油的进料流率为正常设计进料量的60%。硫化(活化)后的催化剂具有较强的吸附性能，当低氮开工油进入反应器催化剂床层时，由于开工油在催化剂上的吸附是一个放热过程，吸附热是以“温波”的形式在反应器内自上而下移动，会使反应器内催化剂床层产生温升，该温升有时可达30℃以上。因此，在开始向反应系统引进低氮开工油时，其进料流率不宜过大。一般对于轻油型的加氢裂化催化剂，低氮开工油的起始进料流率一般为设计进料流率的11% ~ 12%；对于中间馏分油型的加氢裂化催化剂，低氮开工油的起始进料流率一般为设计进料流率的 14% ~15%。待低氮开工油在催化剂上的吸附热温波通过所有催化剂床层，高压分离器建立液面和其液位自动控制回路已正常投用之后，再将进料量提高到 60% 的设计负荷。

启动水冷器和空冷器，冷却反应流出物，使高压分离器的入口温度符合设计指标要求。建立低压分离器和分馏塔的液位。然后启动注氨泵，以适当的流率向反应系统注入无水液氨。

工业装置开工的实践表明，在注氨设备好用的条件下，通常在开始注入无水液氨 8h 以后，高压分离器洗涤水中即有氨出现（即裂化反应器出口氨穿透）。在正常的注氨条件下，开始注氨 6 小时以后，应每半小时取样分析检测一次高压分离器中洗涤水的氨含量，当能够嗅到有氨的气味时，说明氨很快就会穿透，在高分洗涤水中氨达到 1.5% 时，应迅速将注氨量降低到最大起始注氨量的三分之一。继续以 15℃/h 的升温速度，将精制反应器的入口温度升高到 320℃，将裂化段反应器的温度升高到 315℃。通过冷氢控制回路的自动调节，保持每个催化剂床层的出口温度，比上一个催化剂床层的出口温度低 3℃ 的递降式温度分布。如果裂化段反应器任一催化剂床层的温升超过 10℃，则维持反应器的入口温度不变，直至催化剂床层的温升低于 6℃。维持裂化段催化剂床层递降式温度分布的方式，直至精制段反应器达到 100% 设计进料。

继续向原料油缓冲罐进入低氮开工油，维持原料油缓冲罐的液位。继续保持注硫和注氨，直至换进 75% 设计进料两小时以后。在反应器升温的过程中，应相应提高分馏系统的温度，当分馏部分的温度和压力高到足以建立稳定操作时，将其转入自动控制状态。

3. 换进设计进料

换进设计进料仍在60%的设计负荷下，分25%、50%、75%和100%设计进料四个阶段进行。

（1）换进25%的设计进料

向原料油缓冲罐中引进25%开工负荷的设计进料，同时将分馏塔塔底至原料油缓冲罐的循环油量减少到开工负荷的75%，保持在开工负荷下向精制段反应器进料。维持到裂化段反应器的循环油量不变(仍为开工负荷的三分之二)，按要求将过剩的未转化油送至储罐，以维持分馏塔塔底液位。在开工期间，送到储罐的未转化油不要再进装置，待转入正常操作后，可与设计进料混合后作为装置进料。

换进25%的设计进料后，每小时从精制段反应器的出口流出物中取样一次，分析其氮含量。对要求进料精制油氮含量小于10μg/g的含有USY分子筛型催化剂在开工期间，应控制精制段反应器流出物的氮含量小于5μg/g(碱性氮小于1μg/g)，否则应适当提高精制段反应器入口温度，以确保精制油的氮含量小于5μg/g(碱性氮小于1μg/g)。

按要求提高裂化段反应器的入口温度，以保持精制段反应器出口与裂化段反应器入口的温度差小于25℃，这个温度差以始终保持在一个可控制的最小值为宜。若因裂化段反应器入口温度的升高，导致其任一催化剂床层的温升超过5℃，则停止升温，并用精制段反应器的急冷氢通过降低下部催化剂床层的入口温度，来控制其出口温度与裂化段反应器入口的温度差不大于25℃。

（2）换进50%的设计进料

向原料油缓冲罐中引进50%开工负荷的设计进料，同时将分馏塔塔底至原料油缓冲罐的循环油量降到开工负荷的50%，保持在开工负荷下向精制段反应器进料；维持到裂化段反应器的循环油量不变(仍为开工负荷的三分之二)，将过剩的未转化油送至储罐，以维持分馏塔塔底液位。

换进50%的设计进料后，每小时从精制段反应器的出口流出物中取样一次，分析其氮含量，控制精制段反应器流出物的氮含量小于5μg/g(碱性氮小于1μg/g)，若精制油氮含量大于5μg/g(碱性氮大于1μg/g)，则保持进料组成不变，适当提高精制段反应器入口温度，使精制油的氮含量小于5μg/g(碱性氮小于1μg/g)。

继续保持精制段反应器出口与裂化段反应器入口的温度差小于25℃，必要时用精制段反应器的急冷氢来调节温度。控制其裂化反应器任一催化剂床层的温升不超过5℃。

（3）换进75%的设计进料

将设计进料的流率提高到开工负荷的75%，同时把分馏塔塔底至进料缓冲罐的循环油量降到开工负荷的25%，保持进入裂化段反应器循环油的流率，将多余的未转化油送至储罐，以保持分馏塔塔底液位。调节精制段反应器的加权平均反应温度，使精制油的氮含量小于5μg/g(碱性氮小于1μg/g)，维持精制段反应器出口与裂化段反应器入口温度差不大于25℃。换进75%的设计进料两小时后，停止注氨和注硫。

（4）换进100%的设计进料

将设计进料的流率提高到开工负荷，切断分馏塔塔底到进料缓冲罐的循环油，并立刻用冲洗油冲洗该管路。保持到裂化段反应器的循环油量，将多余的未转化油送至储罐，以保持分馏塔塔底液位。

调节精制段反应器的温度，使精制油的氮含量小于5μg/g(碱性氮小于1μg/g)；调节裂化反应器的温度，使总转化率达到设计值的80v%～90v%，将10%～20%的未转化油送到储罐。用急冷氢调节裂化段反应器各床层的入口温度，使各床层的出口温度基本相同。

4. 提量和调整操作

遵循“先提量后提温，先降温后降量”的操作原则，逐步将设计进料的流率提高到设计负荷，并逐步将进入裂化段反应器的循环油量提高到新鲜进料流率的三分之二(66% ~67%)。取样分析精制油的氮含量，调节精制段反应器的温度，使精制油的氮含量控制在5~10μg/g；调节裂化段反应器的温度，使总转化率达到设计值的80v% ~90v%，用急冷氢调节裂化段反应器各床层的入口温度，使各床层的出口温度基本趋向一致。

在反应系统和分馏系统都建立了稳定状态的操作后，逐步提高裂化段反应器的温度，保持各催化剂床层的出口温度相等，直至达到设计转化率不需要生产未转化油来维持循环油缓冲罐的液面，在以后的正常操作中，可通过调节裂化段反应器的温度，来维持所需转化率。

调整并保持反应器入口的氢油体积比：

精制段氢油体积比=精制反应器入口氢气(Nm^3/h)/新鲜进料(m^3/h)；

裂化段氢油体积比=(精制反应器入口氢气+精制反应器急冷氢+裂化反应器氢气)(Nm^3/h)/(新鲜进料+循环油)(m^3/h)。

开工结束转入正常生产运转后，应将注硫、注氨设施用水冲洗，再用氮气吹扫干，并与工艺管线隔断。

(二)用过催化剂的开工

通常将加工原料油30天以上的催化剂，被视为使用过的催化剂。使用过的催化剂开工，可按以下程序进行。

调整反应系统条件：裂化段反应器出口压力(设计操作压力)，精制段反应器和裂化段反应器的最高温度260℃，精制段反应器和裂化段反应器入口的循环氢流率应满足设计的氢油体积比，反应系统的循环氢纯度至少应大于85v%，各催化剂床层的急冷氢根据需要设置。

当具备上述开工条件后，开始以新鲜催化剂最大起始注氨量50%的流率，向反应系统注入无水液氨；注入无水液氨两小时后，按设计流率向换热器组出口注入洗涤水，并每半小时取样分析一次高压分离器水中的氨含量；在高压分离器水中氨达到

1.5%后，以开工负荷25%的流率引进设计进料；吸附热会在反应器内产生一个温波，在吸附热温波通过反应器，并在高压分离器有一定的液位之后，将设计进料提高到开工负荷。

当分馏系统的各分馏塔和循环油缓冲罐建立液位时，将未转化油送到裂化反应器，并逐步将循环油量提高到开工负荷的三分之二，把过量的未转化油送至储罐。以15℃/h的升温速度，把精制段反应器的入口温度升高到不超过停工前的10℃以内，同时控制精制段反应器的出口温度，使之不超过裂化反应器入口温度25℃。在两小时内，逐步减少注氨量并停止注氨。调节裂化段反应器温度，使单程转化率达到设计值的80%～90%，用急冷氢调整裂化段反应器各催化剂床层的入口温度，维持床层出口温度相等。将新鲜进料和循环油的流率提高到设计值，按要求提高裂化段反应器的入口温度，维持80%～90%的设计单程转化率，调节各催化剂床层的入口温度，保持各床层的出口温度相等。调整精制段反应器的温度，控制其精制油氮含量小于10μg/g。

当反应系统已建立平稳运转，调整裂化段的反应温度，使之达到并维持设计转化率。有的装置使用过的催化剂开工，不推荐注氨，但注氨毕竟是一个比较安全可靠的措施。

（三）单段加氢裂化催化剂开工方法

非贵金属无定形硅铝催化剂的硫化开工与分子筛型催化剂的无原则差别，但因该类催化剂的加氢裂化活性和对反应温度的敏感性相对较低，开工进油前一般不采用注氨钝化，可采用低温进油方法来完成。

现以主催化剂为非贵金属无定形硅铝催化剂，采用单段工艺流程的某高压加氢裂化装置的催化剂润湿钝化及进油的实际操作为例加以说明。

① 催化剂完成干法硫化后，调整操作压力至设计值，降低反应器入口温度至150℃，床层温度稳定。

② 以设计负荷的25%～30%速率引入开工用直馏柴油，对催

化剂进行润湿钝化。当开工用油接触硫化催化剂后，将会放出大量吸附热，使催化剂床层有30～50℃的温升。其温波将沿床层下移，此时应仔细监视。当任一床层温度超过315℃时，要启动冷氢或降低反应器入口温度，也可适当降低反应系统压力和进料量，直至暂时停止进料。防止有裂化反应发生，而引起"飞温"。

③ 待温波通过整个床层、且高分达到20%～30%液位后，逐渐将进料量提高至设计负荷的60%，并以每小时10～15℃提升反应器入口温度至200℃、床层最高点温度不超过205℃。此时，催化剂润湿钝化即告结束，开始分步换进25%、50%、75%和100%原料油。换油间隔不小于2h。

④ 换进100%原料油后，以每小时约10℃的升温速度提升反应器入口温度。根据分馏塔底未转化油排出情况，调整反应温度，使转化率达到设计要求。

⑤ 确信在60%设计负荷下操作已经比较平稳，才允许将进料量调到设计值。然后调整反应、分馏操作条件，使转化率、产品质量达到指标要求。

第二节　加氢裂化装置的正常操作

加氢裂化装置按设计的原料－产品方案都有相应的初期(SOR)、末期(EOR)的操作条件。正常操作的主要工艺条件，应按其设计条件进行设定。经过一个运转周期运转的实践后，需要根据运转积累的经验加以调整。以下仅对常用的一段串联加氢裂化工艺反应系统的操作条件(包括精制段反应器及裂化段反应器的压力、体积空速、氢油体积比和反应温度等)加以论述。

一、反应压力

反应压力通过氢分压的影响，直接关系产品收率和质量，以及催化剂的一次运转周期和使用寿命。加氢裂化装置的反应压力必须基本保持稳定。

为保持装置操作压力的稳定，在高压分离器顶部设置有反应系统压力控制回路。实际上一开始就将高压分离器的压力设定在设计值，在正常情况下，不要去动该压力调节器。在加氢裂化反应的过程中，原料油加氢脱硫生成的硫化氢和加氢脱氮生成的氨反应，生成硫氢化铵（NH_4HS）。这种水溶性的固态硫氢化铵，必须通过注入洗涤水将其除去，否则会在冷换设备的表面、高压分离器和循环氢压缩机及其管路中沉积，不仅会影响冷凝冷却效果，严重时还会影响系统压降。因此，在反应物流热交换器组的出口和空冷器的入口，设置有洗涤水注入点，以消除水冷却器、空冷器的铵盐积垢现象，确保其冷凝冷却效果。硫化氢和氨反应的化学反应式如下：

$$NH_3(\text{气相}) + H_2S(\text{气相}) \longrightarrow NH_4HS(\text{固相})$$

固态 NH_4HS 沉积与温度、NH_3 和 H_2S 的分压的关系，如图 5－2－1所示。

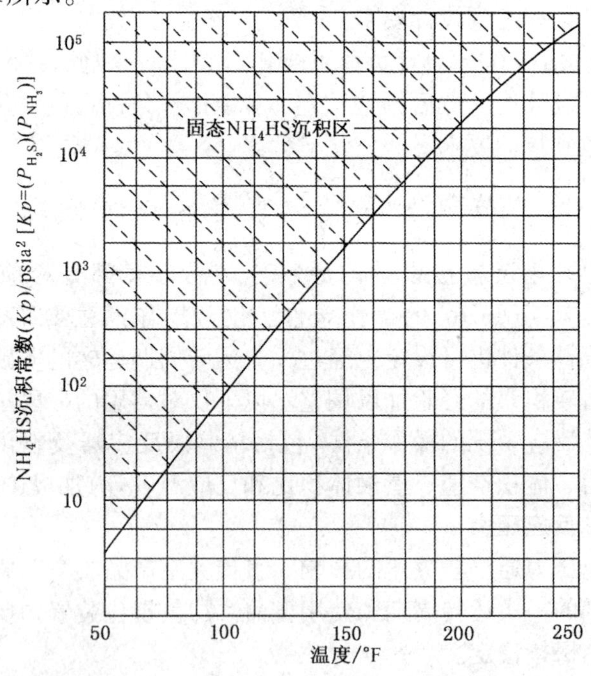

图 5－2－1　固态 NH_4HS 沉积与温度、H_2S 和 NH_3 分压的关系图

如果加氢裂化装置的原料油中含有氯，或使用的重整氢中含有氯，在加氢过程中会产生氯化氢(HCl)，循环氢中的氯化氢(HCl)和氨(NH_3)反应生成氯化铵(NH_4Cl)。如果不加以脱除，氯化铵也会同硫氢化铵一样，对加氢装置的运转带来负面影响。氯化氢和氨反应的化学反应式如下：

$$NH_3(气相)+HCl(气相)\longrightarrow NH_4Cl(固相)$$

固态 NH_4Cl 沉积与温度、NH_3 和 HCl 分压的关系，如图 5-2-2所示。

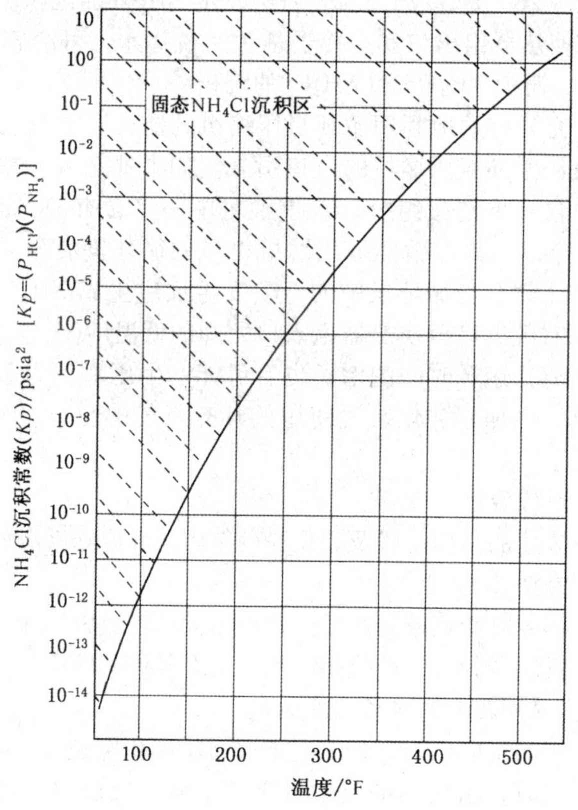

图 5-2-2 固态 NH_4Cl 沉积与温度、NH_3 和 HCl 分压的关系

对比图 5－2－1 和图 5－2－2 不难看出，在温度低于 250 ℉（121℃）的条件下，NH_4Cl 的沉积常数 $Kp_{NH_4Cl}=(p_{HCl})(p_{NH_3})$ 为 $10^{-14}\sim10^{-7}psia^2$，$NH_4HS$ 的沉积常数 $Kp_{NH_4HS}=(p_{HCl})(p_{NH_3})$ 为 $10\sim10^5psia^2$，二者的数量级之差高达 10^{12} 以上，即在相同的温度条件下，NH_4Cl 比 NH_4HS 更容易沉积。例如，当加氢裂化装置的操作压力为 15MPa（大约 2143psia）时，如果其反应系统循环氢中有 μg/g 级的 HCl 和 NH_3 同时存在时，NH_4Cl 的沉积常数 $Kp_{NH_4Cl}=(p_{HCl})(p_{NH_3})$ 为 $4.59\times10^{-6}psia^2$，查图 5－2－2 可得知，当温度低于 260 ℉（127℃）时，就会发生 NH_4Cl 的沉积。加氢裂化装置在换热器组出口和空冷器前注入洗涤水，可溶解 NH_4HS 和 NH_4Cl，避免 NH_4HS 和 NH_4Cl 的沉积。

为了充分有效地利用循环氢压缩机的能力，加氢装置的补充氢一般从循环氢压缩机的出口引入。如果补充氢为重整氢或补充氢中含有重整氢组分，若重整氢中一旦含有 μg/g 级的氯化氢（HCl），当其与循环氢压缩机出口的循环氢混合后，补充氢中的 HCl 就会与循环氢中的 NH_3 发生反应生成 NH_4Cl，并在循环氢压缩机出口至换热器组入口之间的低温（70℃左右）管线内沉积，随着运转时间的增长也有可能产生压降。为避免出现这类现象，供加氢裂化装置使用的补充氢气中的 Cl^- 含量应小于 2μL/L。

二、反应温度

以下论述的是精制段及裂化段两个串联反应器反应温度的调节及控制方法。

反应温度既影响精制段反应器原料油的加氢脱氮深度，也影响裂化段反应器的单程转化率、产品分布及产品性质。

（一）精制段反应器的反应温度

在一定的反应压力下，当进料流率（体积空速）、氢油体积比相对稳定时，精制油的氮含量是调节确定反应温度的主要依据。例如，在使用 FRIPP 开发的一段串联加氢工艺、一反使用的 3936 加氢精制催化剂，二反使用 3824 加氢裂化催化剂，由于

3824 催化剂为分子筛型裂化催化剂，对原料油中的氮化物很敏感，承受能力较差。因此，要求加氢裂化原料油需要在一反中加氢脱氮至 10μg/g，才能充分发挥 3824 催化剂的反应活性。但在近十余年来，通过科研人员的努力，研制出的同类型分子筛催化剂的耐氮能力有较大的提高，有的可以允许一段精制油的氮含量达到 50μg/g 或更高。因此，精制段反应温度的确定主要以脱氮深度为依据。一般来说，当精制油的氮含量脱得很低时，加氢裂化用的重馏分原料油，其他硫、氧等有机化合物杂质都能脱得相当干净，完全可以满足加氢裂化段的要求。至于在正常运转过程中，精制油的氮含量发生突然的变化，可能是取样的代表性或由分析原因所致。

当相关工艺条件相对稳定时，反应温度是影响精制段反应器脱氮深度的主要参数变量。因此，当催化剂老化、加氢活性降低时，欲保持所要求的加氢脱氮深度，必须提高精制段反应器的入口温度。

（二）裂化段反应器的反应温度

同样，在其他工艺条件相对稳定和精制油氮含量满足裂化段催化剂进料要求的条件下，单程转化率的高低（与设计的单程转化率相比），是调节确定裂化段反应器温度的重要依据。欲达到和维持预期的单程转化率，必须定期调整操作条件，精心控制反应温度。加氢裂化催化剂的反应温度，是维持单程转化率稳定的主要控制变量，通常在小范围内调整裂化段反应器的温度，即可保持稳定的单程转化率。

对于未转化油全循环工艺，其单程转化率从循环油缓冲罐的液位是否稳定即可看出。即单程转化率偏高，循环油缓冲罐的液位下降，单程转化率偏低，循环油缓冲罐的液位上升。因为循环油缓冲罐的液位处于可调范围，反应系统有时间适应这个变化。对于高活性的加氢裂化催化剂来说，一个催化剂床层的入口温度 0.5～1.0℃的变化，即可校正循环油缓冲罐液位上升和下降的趋势。同时，分馏部分操作的调整必须与反应温度的改变密切相配合。加氢裂化在催化剂床层出口温度相等的模式下运转操作，有利于延长催化剂的一次运转周期和使用寿命。

三、循环氢流率和补充氢

为了保护催化剂，假若总的循环氢量和补充氢量达不到设计值，则要相应减少进料量，以避免因氢分压过低而导致催化剂的失活速度加快，缩短催化剂的一次运转周期和使用寿命。

如果因补充氢的纯度较低，导致反应系统的循环氢纯度小于85v%，就需要从高压分离器排放适量的循环氢，以保持其循环氢纯度不低于85v%。补充氢中的CO加CO_2的含量不得大于50μg/g。

四、反应器平均反应温度与相关工艺参数的关系

目前，我国的原油进口量逐年递增，在原油来源多渠道，原油品种多元化的情况下，尽管加氢裂化装置，有其固有的设计原料－产品方案和相应的设计操作工艺条件，但石化企业的炼油厂，在不同程度上都面临着原油多变的局面。

对于新建的加氢裂化装置，在设计原料－产品方案条件下，大多都有描述在相关参数稳定的条件下，反应器加权平均温度和其中某一工艺参数变化的相互关系的操作曲线。现以一套裂化段反应器出口压力17.59MPa，采用一段串联、未转化油全循环裂化工艺流程，使用中间馏分油型加氢裂化催化剂，该加氢裂化装置的操作曲线为例加以说明。

举例中的操作曲线所使用的原料为胜利VGO:胜利CGO = 9:1的混合油，其密度(20℃)为0.9060g/cm^3、硫含量为0.44%、氮含量为1522μg/g、残炭值为0.18%。

1. 新鲜进料的流率对精制段反应器加权平均反应温度的影响

图5－2－3是以设计进料流率下，精制段反应器的加权平均反应温度为基准。例如，当新鲜进料的流率为设计进料流率的

110%时，欲维持精制油的氮含量不变，则精制段反应器的加权平均反应温度，将比设计进料流率下的加权平均反应温度大约要提高2～3℃。

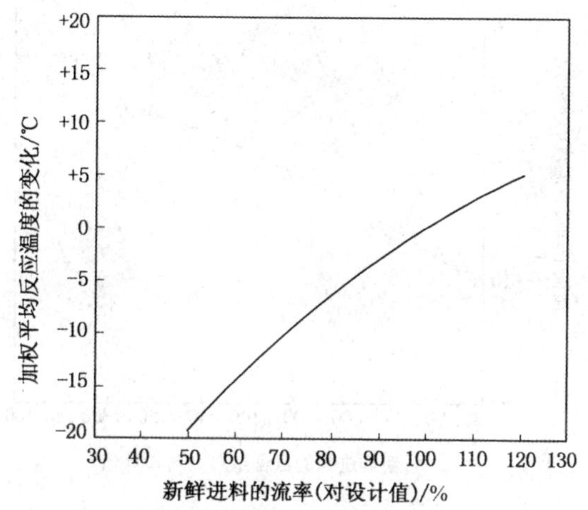

图5-2-3 进料的流率对精制段反应器加权平均反应温度的影响

2. 新鲜进料的氮含量对精制段反应器加权平均反应温度的影响

图5-2-4是以设计新鲜进料的氮含量下，精制段反应器的加权平均反应温度为基准。例如，当新鲜进料的氮含量为设计进料氮含量的120%时，欲维持精制油的氮含量不变，则精制段反应器的加权平均反应温度，将比设计进料氮含量下的加权平均反应温度大约要提高3℃。

3. 精制段反应器加权平均反应温度对精制油氮含量的影响

图5-2-5是以精制油的氮含量为10μg/g时，精制段反应器的加权平均反应温度为基准。例如，假如精制段反应器的加权平均反应温度比基准温度低2.5℃时，精制油的氮含量会增加到15μg/g。表明精制段反应器的加权平均反应温度，对精制油的氮含量的影响较明显。

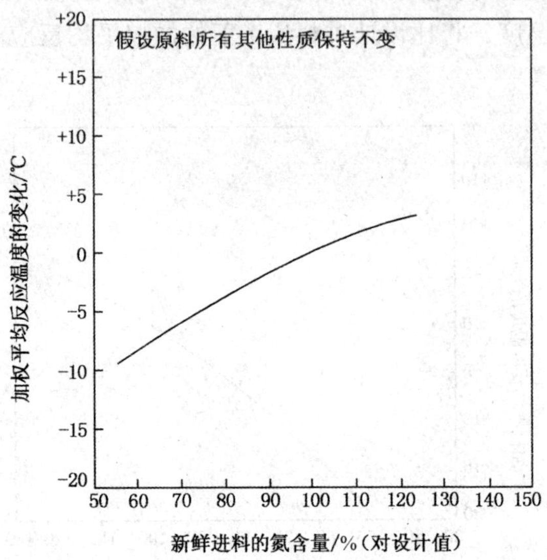

图 5-2-4　新鲜进料的氮含量对精制段反应器加权平均反应温度的影响

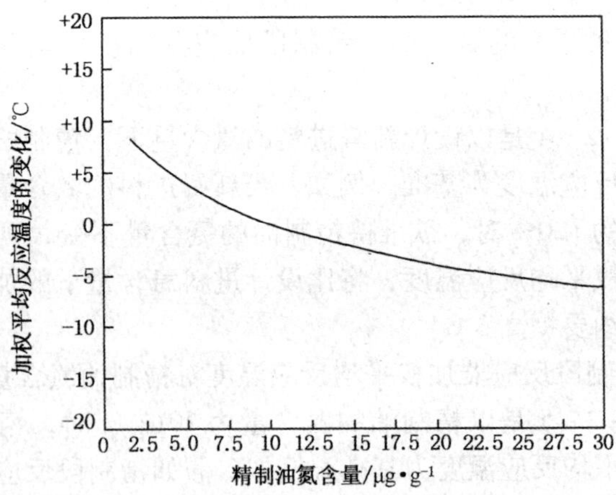

图 5-2-5　精制段反应器加权平均反应温度对精制油氮含量的影响

4. 循环氢纯度偏离设计值对精制段反应器加权平均反应温度的影响

图 5－2－6 是以循环氢纯度为设计值时，精制段反应器的加权平均反应温度为基准。例如，当循环氢纯度比设计值低3v%时，欲维持精制油的氮含量 10μg/g，则精制段反应器的加权平均反应温度，大约要提高 1℃。

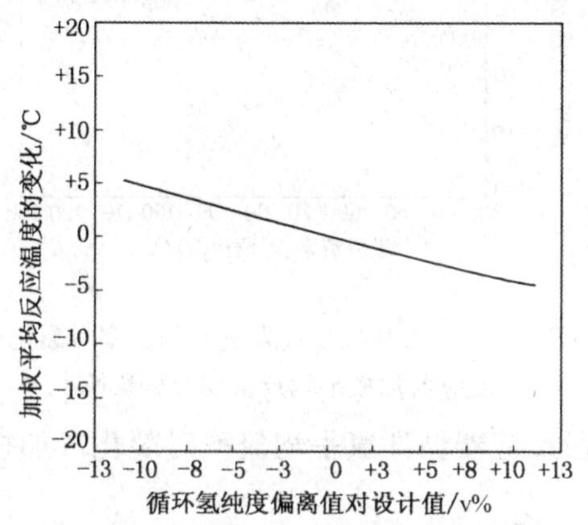

图 5－2－6 循环氢纯度偏离值设计值对精制段反应器要求的加权平均反应温度的影响

循环氢纯度的下降，导致精制反应器的加权平均反应温度要相应提高，其原因实际上是与系统反应压力有关。当系统氢纯度下降，在总压不变的情况下，意味着氢分压下降，而氢分压的高低对脱氮效果影响很大，即氢分压下降，各精制反应器的加权平均反应温度不变，则精制油氮含量将增加，这时只有提高精制反应器的加权平均反应温度来加以补偿。

5. 裂化段反应器进料流率对裂化段反应器加权平均反应温度影响

图 5－2－7 是以设计进料流率下，裂化段反应器的加权平均反应温度为基准。例如，当裂化段反应器进料的流率，为设计进料流率的 110% 时，欲保持其单程转化率不变，则裂化段反应器的加权平均反应温度，大约需要提高 2℃。

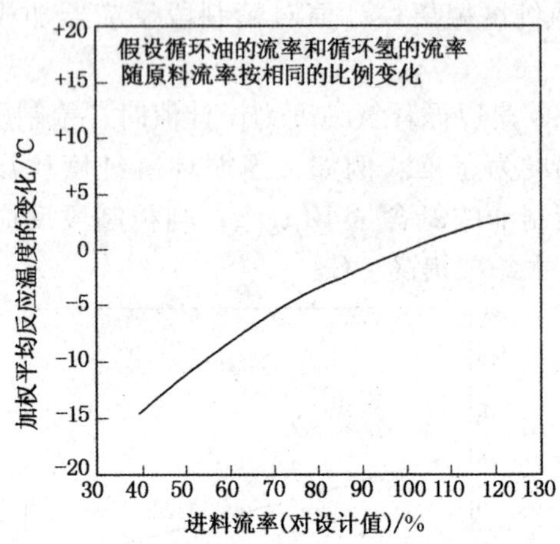

图 5-2-7　裂化段反应器进料的流率对裂化段反应器加权平均反应温度的影响

6. 裂化段反应器循环氢平均流率对裂化段加权平均反应温度的影响

图 5-2-8 是以裂化段反应器设计的循环氢流率下，裂化段反应器的加权平均反应温度为基准。例如，当裂化段反应器

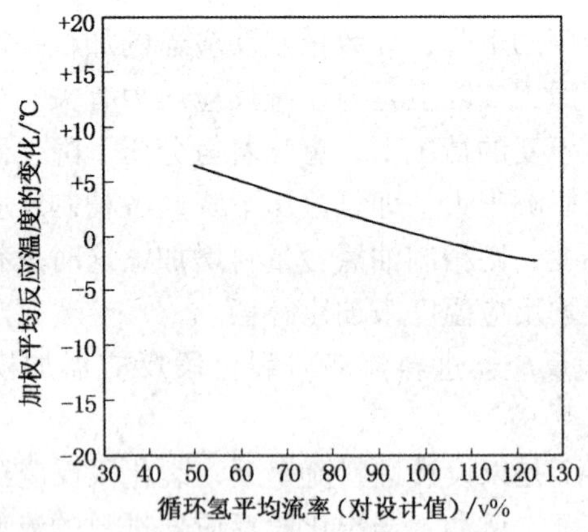

图 5-2-8　裂化段反应器的循环氢平均流率对裂化段加权平均反应温度的影响

循环氢的平均流率，为裂化段反应器设计循环氢流率的90%时，欲维持其单程转化率不变，则裂化段反应器的加权平均反应温度，大约应提高1℃。这是因为随着循环氢平均流率的下降，进入反应系统中气相氢分子分率减小，有效氢分压降低的影响结果。

7. 精制油氮含量对裂化段反应器加权平均反应温度的影响

图5-2-9是以精制油的氮含量10μg/g时，裂化段反应器的加权平均反应温度为基准。例如，当精制油的氮含量为15μg/g时，欲达到相同的单程转化率，则裂化段反应器的加权平均反应温度，必须提高1℃。

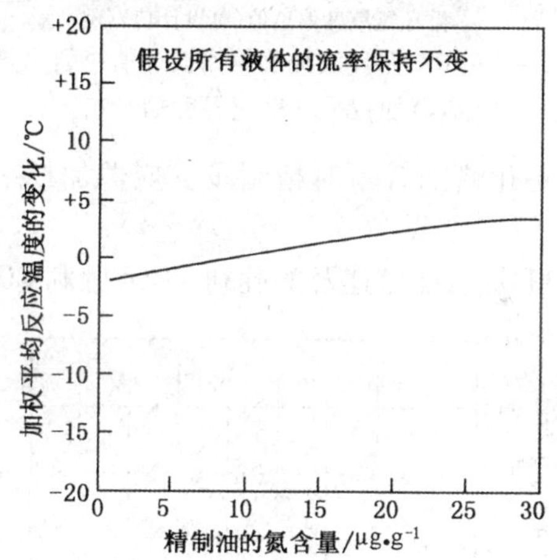

图5-2-9　精制油的氮含量对裂化段反应器加权平均反应温度的影响

8. 循环氢纯度偏离设计值对裂化段反应器加权平均反应温度的影响

图5-2-10是以设计循环氢纯度下，裂化段反应器的加权平均反应温度为基准。例如，当循环氢纯度比设计值低5%时，欲保持其单程转化率不变，裂化段反应器的加权平均反应温度，大约要提高1℃。这是由于循环氢纯度对反应氢分压的影响所致。

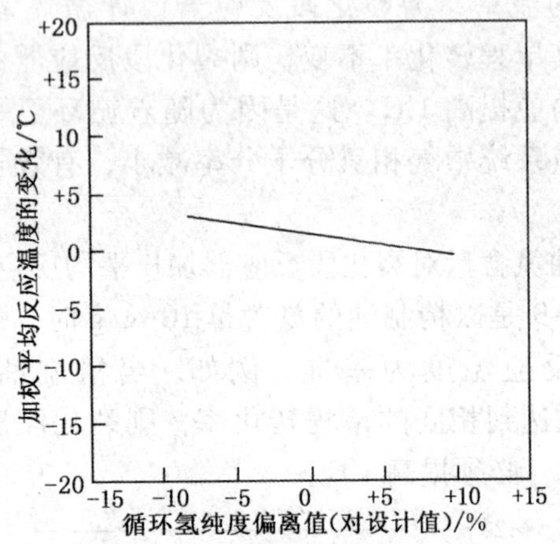

图 5-2-10 循环氢纯度偏离设计值对裂化段反应器加权平均反应温度的影响

9. 原料中焦化蜡油含量对精制段反应器加权平均反应温度的影响

图 5-2-11 是以前已述及的胜利 VGO: 胜利 CGO = 9: 1 混合

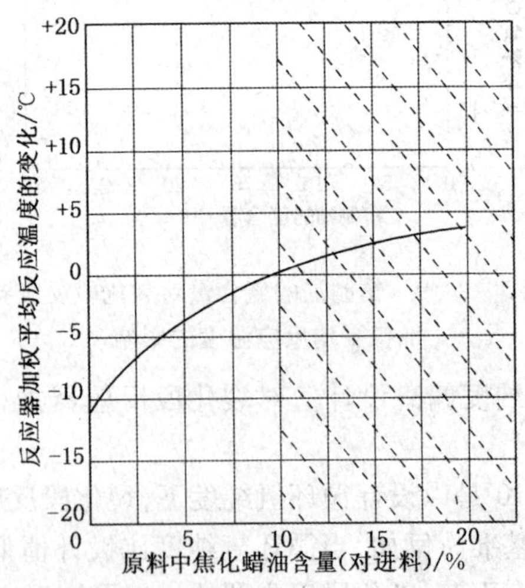

图 5-2-11 原料中焦化蜡油含量对精制段反应器加权平均反应温度的影响

油为原料、以精制油氮含量为10μg/g时的精制段反应器加权平均反应温度为基准绘制成的规律性曲线。由于焦化蜡油氮含量较高，当原料中焦化蜡油含量大于10%后，其混合原料中的氮含量必然增加。从图5－2－11可见，当焦化蜡油增加到15%时，精制段反应器的加权平均反应温度要提高2℃，才能维持精制油中氮含量在10μg/g不变。

10. 原料中焦化蜡油含量对裂化段反应器加权平均反应温度的影响

图5－2－12是以原料中的焦化蜡油含量为10%，裂化段反应器的加权平均反应温度为基准。例如，当原料中的焦化蜡油含量增加到15%时，欲保持其单程转化率不变，裂化段反应器的加权平均反应温度，大约要提高2℃。这是因为当混合原料中焦化蜡油增加时，焦化蜡油中的环状烃、特别是多环环状烃含量增加，从而增加了裂化段的裂化难度，这就要求裂化段反应器的加权平均反应温度提高。

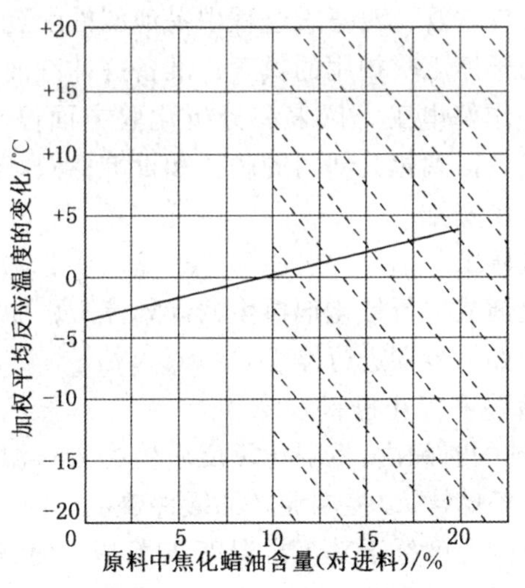

图5－2－12　原料中焦化蜡油含量对裂化段反应器加权平均反应温度的影响

第三节　加氢裂化装置的正常停工

加氢裂化装置的正常停工，指的是为催化剂卸出或进行器内再生、设备定期维修和检测而进行有计划的停工。

在停工过程中，可能发生多种特殊情况，停工步骤随时都需要根据具体情况作相应的变动，但最重要的是防止反应系统超温、超压和温度、压力的急剧波动。

停工前应将停工开始的准确时间，停工的范围，需检测、检查、维修和清扫的设备，及时通知相关部门和管理、操作人员，以便充分地作好相应的准备工作。要将停工过程中因故所作的相关变动，及时通知装置界区外的有关部门的操作人员，以便统一部署和协调。

一、停工前的准备

联系生产调度，安排好不合格产品及未转化油的储罐，准备开始停工时受油；检查、确认安全消防设施的落实情况，备足停工吹扫用的胶皮软管，对停工过程中易泄漏处配置好蒸汽掩护软管；落实好用于停工吹扫用的氮气；准备好冲洗油系统，使之处于备用状态；作好电工、仪表和分析化验方面停工前的准备工作；停工方案已得到相关部门的确认和批准；做好停工操作人员及各方面的工作安排。

二、正常停工

为卸催化剂或进行催化剂再生的计划停工，加氢裂化装置的反应系统应按如下步骤进行停工。

1. 降温降量和停止进料

在40分钟的时间内，将裂化段反应器的入口温度降低20℃，把未转化油送至储罐，以控制循环油缓冲罐的液面；当裂化段反应器催化剂床层的温度低于其正常温度20℃以上时，逐步降低新鲜进料的流率和减少循环油的流率到设计值负荷的50%，并按需要调整分馏部分的温度，以维持继续生产合格产品；在新鲜进料流率降到设计值的50%后，在30min的时间内，将精制段反应器的入口温度降低 15℃,继续用急冷氢维持精制段反应器催化剂床层的出口温度相等;当精制段反应器的出口温度低于正常温度 15℃后,在 50min 的时间内,将裂化段反应器的入口温度再降低 25℃;在裂化段反应器各床层的温度低于正常温度 45℃以上时,逐步减少直至停止新鲜进料和循环油,继续氢气循环;停止进料后,立即从进料泵和循环油泵的出口引入循环氢,将进料线和换热器组内残存的原料油吹扫至精制段反应器中,将循环油线和换热器组内残存的循环油吹扫至裂化段反应器中。

如果不准备卸出催化剂或不进行催化剂再生，则氢气全量循环(关闭急冷氢)，以不大于 25℃/h 的速度降低催化剂的床层温度，在任何一点温度低于 135℃之前，必须将反应系统压力降至 3. 5MPa(表压)；当裂化段反应器入口温度降至 260℃时，停止注入洗涤水，并从高压分离器排除酸性水；注意分馏系统各容器的液位，当出现低液位报警时，将相应的泵停运，并将其重沸器加热炉逐渐熄灭。

2. 热氢气提

如果催化剂需要卸出或再生，在切断进料后，将裂化段反应器的出口压力降至设计值的 85%，将精制段反应器的入口温度升高到 400℃，恒温 24h。在气提阶段，循环氢压缩机全量循环，高压分离器控制适量的排放气，使循环氢纯度维持在 80v% 以上，如催化剂需卸出保存，应酌情注入适量的硫化剂，确保循环氢中的 H_2S 含量不低于正常操作值。

3. 降温降压

400℃恒温吹扫气提结束后，以不大于 25℃/h 的速度，将反应器循环降温至 150℃。开始循环降温时，停止向系统注入洗涤水，并尽可能地从高压分离器排水；在裂化段反应器的温度低于 330℃后，开始从高压分离器排放循环氢。出于铬 - 钼回火脆性的考虑，在反应系统压力降到 3. 5MPa(表压)之前，不得将反应器的温度降至 135℃以下。继续氢气循环，将反应器的温度降至卸出催化剂时所要求的温度(43℃以下)。

4. 氮气置换

逐步将反应系统压力卸至常压后，引入纯度99.8v%的氮气，对反应系统进行吹扫置换，直至反应系统气体取样可燃气体(氢+烃)的含量低于1%为止；在用氮气吹扫的过程中，应密切监视反应器催化剂床层的温度，若发现催化剂床层出现温升的趋势，则要停止向反应系统充氮。

第四节 催化剂的再生与卸出

一、催化剂的失活与再生

加氢裂化催化剂同所有加氢催化剂一样，在使用过程中由于诸多因素的影响，其活性会逐渐下降直至最终失活。除非因某些突发性的干扰因素或严重违章操作外，催化剂的失活是一个连续的、缓慢的过程。通过加氢裂化产物一些相关质量指标的控制分析，可以跟踪催化反应的动态，有时可捕捉到一些催化剂失活迹象。在通常情况下，一般通过提高反应温度，可以补偿催化剂的活性损失，确保加氢裂化达到预期的转化深度和产品质量。一般来说，加氢裂化催化剂失活的主要原因不外乎是生焦积炭、中毒及老化。催化剂积炭是最常见的失活原因。

(一) 失活的原因

1. 生焦积炭失活

在生产过程中，催化剂由于积炭的沉积而逐渐失活，研究揭示催化剂的积炭机理及结焦催化剂的特征，对于催化剂的开发和有效使用催化剂有其指导意义。

催化剂生焦积炭是开工至运转末期的操作过程中，长期高温作用的结果。这一方面是加氢原料中含有重质的组分，吸附在催化剂表面上，如果没有充分氢解，将覆盖在催化剂的活性中心，并逐渐积聚、缩合成大分子的细微颗粒，占据催化剂的有效孔道，减少催化剂的表面积和孔容积；另一方面是操作条件不当或环境的影响，使得加氢精制和裂化过程的副反应增加，而加剧了加氢催化剂生焦的倾向。尽管生焦的机理不尽相同，其结构也不一样，但诸多因素协同作用的最终后果，会导致催化剂活性降低而逐渐失活。催化剂因积炭失活的速度取决于原料油的性质、操作条件的苛刻度以及催化剂本身固有的特性。

2. 中毒失活

造成催化剂失活的另一个主要原因是催化剂中毒。即在运转过程中，某些化合物在催化剂表面强吸附作用的结果。这些毒物可能是外来的，也可能是反应本身的副产物。一般来讲，如果毒物与催化剂活性组元之间的化学反应是可逆的，或者并不发生化学反应只是吸附在表面上，仅仅由于延缓了活性中心的更新，使其活性有所降低，通过适当的净化处理，可全部或部分恢复催化剂的活性，这种中毒称为“暂时性中毒”或“可逆性中毒”；如果毒物与构成活性中心发生不可逆的化学反应，使催化剂失去活性，则是“永久性中毒”或“不可逆中毒”。

加氢催化剂的中毒机理被描述为以下两个步骤：

第一步物理吸附

$$\ddot{M}\mathring{M} + :PRx \rightleftharpoons \ddot{M}\,\overset{\substack{PRx\\ \downarrow}}{\mathring{M}}$$

第二步还原及化合

$$\overset{\substack{PRx\\ \downarrow}}{\mathring{M}} + \ddot{M}M \longrightarrow \mathring{M}\ \overset{\substack{PRx-1\\ |}}{M} + \overset{\substack{R\\ |}}{M}$$

$$\overset{\substack{R\\ |}}{M} + \overset{\substack{H\\ |}}{M} \longrightarrow \dot{M}\dot{M} + RH$$

$$\overset{\substack{P^{+}\\ |}}{\ddot{M}} + \overset{\substack{H\\ |}}{M} \longrightarrow \overset{\substack{H^{+}\\ |}}{\ddot{M}} + \overset{\substack{P\\ |}}{M}$$

$$\dot{M} + P \longrightarrow \overset{\substack{P\\ |}}{M}$$

（M 是催化剂金属活性中心；PRx、P 毒物）

催化剂的毒物可分为三类：① 含有未共用电子对的物质（AsR_3、NR_3）；② 正电子类（Hg^{2+}、Ag^{+}、Pb^{2+}、Cu^{2+}等）；③含有未配对电子或易产生未配对电子的一些物质。

一般认为，存在于油品中的铅、砷、硅属于反应性毒物，铁、镍和钒是造成床层堵塞的原因之一。金属沉积使得催化剂孔口堵塞和表面被覆盖，以及毒物与催化剂的载体作用，使其粉化而丧失机械强度，也属于永久性中毒。

3. 金属聚集和晶体大小及形态的变化

非贵金属的加氢催化剂，在长期运转过程中存在金属聚集、晶体长大、形态变化及结构破坏等问题，这也是加氢催化剂失活的原因之一。

上述催化剂失活的原因中，只有因生焦积炭失活的催化剂，才能通过采用含氧气体介质进行烧焦再生的方法来恢复其活性。

催化剂再生方法有两种，一是器内再生，即催化剂在反应器中不卸出，直接采用含氧气体介质烧焦再生，这是长期使用的一种催化剂再生方法；另一种是器外再生方法，即将待再生的失活催化剂从反应器中卸出，运送到专业的催化剂再生工厂进行再生。

（二）再生的原理

催化剂上的积炭，是一种氢含量少、碳氢比很高的固体缩合物覆盖在催化剂的表面上，它可以通过采用含氧气体对其进行氧化燃烧，生成二氧化碳和水，来加以脱除。绝大多数的加氢催化剂，都是在硫化态下使用。失活催化剂在再生烧焦的同时，也会发生烧硫并生成SOx，烧焦和烧硫都是放热反应。加氢催化剂烧焦再生的化学反应式，见表5-4-1。

表5-4-1　加氢催化剂烧焦再生的化学反应式和热焓[5]

化学反应式	热焓（ΔH）/kJ · mol⁻¹
$MoS_2 + 7/2O_2 \rightarrow MoO_3 + 2SO_2$	-1105
$WS_2 + 7/2O_2 \rightarrow WO_3 + 2SO_2$	—
$Ni_3S_2 + 7/2O_2 \rightarrow 3NiO + 2SO_2$	-858

续表

化学反应式	热焓(ΔH)/kJ·mol^{-1}
$Co_9S_8 + 25/2O_2 \rightarrow 9CoO + 8SO_2$	-3582
$C + O_2 \rightarrow CO_2$	-393
$H_2 + 1/2O_2 \rightarrow H_2O$	-247

催化剂上的碳、氢、硫在再生燃烧过程中，会放出大量的热，为防止超温必须使用一种严格控制其氧含量的气体介质，精心地进行加氢催化剂的再生烧焦。

(三) 器内再生

按催化剂再生所用的气体(热载体)介质，可分为“水蒸气-空气”(湿法)再生和“氮气-空气”(干法)循环再生两种方法。其中，水蒸气-空气再生法由于活性恢复差，对设备腐蚀及环境污染相当严重等原因，现已不再使用。而氮气-空气循环再生法则是在加氢反应系统内，采用“氮气-空气”循环的方式对催化剂进行再生。

经国内多套加氢装置催化剂器内“氮气-空气”循环再生的实践表明，烧焦时产生的酸性气体可能是对设备腐蚀最严重的问题。金陵石化分公司炼油厂在总结相关加氢装置催化剂器内再生的经验教训后，对引进的0.8Mt/a加氢裂化装置原设计的再生工艺流程进行了改进。在换热器组与高压分离器之间，增设了静态混合器、水箱式冷却器和再生烟气/碱液分离罐，解决了因再生带来的设备腐蚀、碱脆及盐类沉积问题，顺利地完成了催化剂器内再生。

改进后的催化剂器内再生工艺流程如图5-4-1所示。催化剂器内再生的操作技术及金陵石化分公司炼油厂0.8Mt/a加氢裂化装置催化剂器内再生的工艺条件和再生结果分述如下。

1. 催化剂器内再生的准备工作

(1) 精制段反应器催化剂的“撇头”处理

准备进行催化剂器内再生的一段加氢裂化装置，按前已述及的正常程序停工后，须将精制反应器内待再生的催化剂进行“撇头”处理，以除去催化剂顶部在长期运转过程中沉积的机械杂质和金属等物。因为沉积的 FeS 在引入空气烧焦再生过程中，转化生成 Fe_2O_3时所产生的反应热和 SO_2、SO_3不仅使再生温度难于控制，而且会对下游设备造成腐蚀；形成的 Fe_2O_3会在精制催化剂顶部结壳，使系统压降升高及不利再生物流的均匀分配。

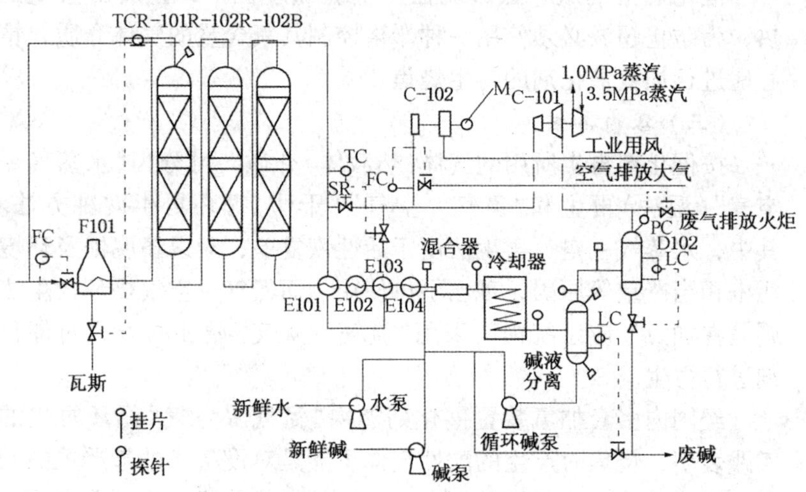

图 5－4－1　加氢裂化装置催化剂器内再生工艺流程[7]

在打开反应器人孔头盖时，为防止 FeS 遇氧自燃，应用氮气掩护。催化剂“撇头”深度应以下层催化剂基本无结块为准。

（2）引入空气烧焦前的准备工作

引入氮气将反应系统升压至 3.0MPa，如果条件允许其再生操作压力应尽可能的高一些，以有利于传质和传热，启动循环氢压缩机全量循环；分别以适宜的流率向静态混合器的入口注入新鲜的脱盐水和新鲜碱液，将静态混合器出口的碱液浓度调整至2%；当再生烟气/碱液分离罐建立液面后，启动碱液循环泵以适当的流率建立碱液循环。加热炉点火，以 10～15℃/h 的升温速度升温，将精制段反应器的入口温度升至再生烧焦的起始温度（315℃），并保持精制段反应器的入口温度，使各催化剂床层的温度均达到260℃以上。在此过程中，调节循环碱液量使静态混合器的出口温度控制在110℃以下；调节水箱冷却器的冷却水量，使再生烟气的温度降至49℃以下。启动并调试好在线的氧含量和CO_2含量的自动分析仪表后，即可开始引空气烧焦再生。

（3）器内再生时反应器的最高温度控制

沉积在催化剂上的积炭，通过用含氧气体介质进行烧焦，生成二氧化碳(CO_2)和水(H_2O)，硫化态催化剂上的硫，再生烧焦时还不可避免地会伴有烧硫的反应发生，烧硫和烧焦都是强放热反应。据相关资料介绍[4]，一种含碳6%、含氢1%的待再生催化剂，在烧焦再生时，其每吨待再生催化剂的放热量在420万千焦以上，当采用空气进行绝热烧焦再生时，其温度会高达1200～1300℃。因此，加氢催化剂在进行烧焦再生时，要特别注意控制好温度和床层温升，并有效地将烧焦的热量随再生介质带走。

催化剂器内再生过程的温度和温升，是通过严格控制反应器的入口温度和反应器入口再生介质的氧含量来实施的。

美国UNOCAL公司的加氢裂化装置操作指南中，推荐预测催化剂器内再生最高温度的经验公式是：

$$T_{max} = T_{入} + C \times 111.2℃ \quad ①$$

式中　$T_{入}$——反应器的入口温度，℃；

C——反应器入口循环烟气中的氧含量，%。

日本学者玉山昌显等[6]导出的每1t待再生剂烧焦再生所放出热量为：

$$H_W = 80778 + 338675(H - O/8) + 22500S\ \text{kcal/t 催化剂} \quad ②$$

每1t待再生催化剂完全再生燃烧需要的空气量为：

$$A_W = (8C + S + 8H - O)/23\text{t 空气/t 催化剂}$$

式中　C——催化剂上的碳含量，%；

S——催化剂上的硫含量，%；

H——催化剂上的氢含量，%；

O——催化剂烧焦再生的氧含量，%。

按公式①计算，当反应器入口温度为315℃时，在反应器入口循环烟气中的氧含量为0.5v%的情况下，其催化剂床层的最高温度大约为370℃；当反应器入口循环烟气中的氧含量逐渐增加到1v%时，这时其催化剂床层的最高温度大约为425℃。若催化剂床层中任何一点的温度升高到440℃以上时，则必须相应减少反应器入口循环烟气中的空气补入量；若催化剂床层中任何一点的温度升高到445℃时，就需要当机立断地完全切断从反应器入口循环烟气中补入空气，直至催化剂床层最高温度降到425℃以下，再重新开始在反应器入口循环烟气中补入空气。

（4）器内再生反应器的入口温度和氧含量

加氢裂化催化剂器内烧焦再生通常分四个温度段，其反应器入口温度和相应氧含量的控制指标，见表5－4－2。

表5－4－2　催化剂器内再生反应器入口温度和氧含量的控制指标

精制段反应器的入口温度/℃	精制段反应器入口的最高氧含量/v%	精制段反应器的入口温度/℃	精制段反应器入口的最高氧含量/v%
315～330	1.0	355～385	0.5
330～355	0.7	385～455	0.3

2. 器内再生历程及效果

金陵石油化工分公司炼油厂0.8Mt/a一段串联加氢裂化装置催化剂再生在上述改进流程后的装置中进行，再生烧焦经过三个阶段。在烧焦过程中，高分压力控制在3.0MPa；各阶段精制反应器入口最高氧含量为1.0v%，催化剂床层最高温度分别为414℃、417℃、455℃；各阶段的烧硫率分别为68.48%、11.76%、19.76%；烧焦率分别为74.34%、7.65%、18.01%。烧焦至第三阶段结束时，沿催化剂床层温度走向已呈递降式分布；精制和裂化反应器出口已检测不出SO_2和CO_2；精制反应器入口和裂化反应器出口的气体氧含量基本一致，可以确认烧焦再生已完成。整个烧焦再生过程历时171h。

用再生催化剂的平均反应温度、反应器的床层压降、加氢裂化的产品分布等，与上个运转周期的新鲜催化剂进行比较，可评估催化剂的再生效果。

催化剂器内烧焦再生后再开工与上个运转周期新鲜催化剂初、末期的比较，见表5－4－3。

表5－4－3　器内再生催化剂与上周期新催化剂的比较

项　　目	新催化剂		器内再生催化剂
	初期（运转69d）	末期（运转593d）	初期（运转50d）
新鲜进料流率/$t \cdot h^{-1}$	92.25	81.22	89.66
精制段反应器的平均温度/℃	388.3	399.4	388.5
精制油的氮含量/$\mu g \cdot g^{-1}$	8.2	14.2	8.6
裂化段反应器的平均温度/℃	381.2	399.0	389.2
精制段反应器的床层压降/MPa	0.042	0.361	0.064
反应系统压降/MPa	2.35	2.75	2.13
C_5^+ 液体产品的收率（对原料油）/%	96.74	90.72	94.84
喷气燃料＋柴油的收率（对原料油）/%	65.43	53.84	63.49

由表5－4－3可见，加氢裂化催化剂经过器内再生烧焦以及再生前、后“撇头”处理重新开工后，精制反应器的床层压降较停工再生前得到明显地改善，反应系统的压降已恢复到新鲜催化剂开工初期的水平；在精制油氮含量相近的情况下，精制反应器的平均反应温度基本相同，精制段催化剂的器内再生效果良好，催化剂的加氢活性基本得到恢复；裂化段反应器的平均反应温度与新鲜催化剂同期相比，器内再生裂化剂的平均反应温度高8℃，但比停工前末期降低了10℃以上，中间馏分油（喷气燃料＋柴油）的收率与新催化剂同期基本相当，加氢裂化催化剂也达到了较好的再生效果。

二、催化剂的卸出

加氢催化剂因失去活性需要进行器外再生、过筛处理或更换新催化剂，或因加氢装置高压设备的定期检测、探伤时，都必须将催化剂从反应器卸出。

（一）卸催化剂的方法

对于不同情况和需要，应采用不同的卸剂方法。

1. 器内再生烧焦后催化剂的卸出

在催化剂器内再生过程中，其积炭和硫化物已通过烧硫和烧焦脱除，易燃的硫化铁已转化成氧化铁，催化剂已由硫化态转化为氧化态，卸出催化剂时相对比较安全，其卸剂的方法也较简单和容易。

这时，先将再生催化剂经干燥空气或氮气循环充分地冷却到要求的温度后，在卸催化剂的过程中，用干燥的压缩风吹扫掩护，注意防尘。催化剂卸出后，清扫反应器即可。

2. 碱液浸泡法卸催化剂

对于失活不能进行再生要报废的催化剂，在催化剂降温冷却到要求的温度后，向反应器注入碱液浸泡催化剂，然后将未再生的催化剂和碱液一同卸出，卸出的催化剂可装在有塑料袋衬里的桶内，在卸催化剂时应注意安全防护，避免碱液飞溅烧伤卸剂的作业人员。在催化剂能自由流动的情况下，采用碱液浸泡卸催化剂，其优点是可节省氮气和卸剂时间，缺点是卸出的催化剂不能再使用，卸剂后必须对反应器进行清洗和干燥，这种卸剂方法对于冷壁反应器显然是不实用。

3. 热氢气提脱油后卸出未再生的催化剂

在加氢裂化装置正常停工的相关章节中，已论述过催化剂热氢气提脱油的目的、操作要点及最后的停工状态。在这种情况下，可采用氮气吹扫掩护的方式卸出未再生催化剂。值得注意的是，应采取严密的安全防范措施（例如在催化剂桶内撒干冰），以有效杜绝硫化铁自燃着火，至关重要。

4. 氮气保护真空抽吸卸出未再生的催化剂

氮气保护真空抽吸卸出未再生催化剂是70年代以后开始采用的一种新的卸剂方法。在氮气的掩护下，由身着安全防护服（包括氧气面具、衣裤、帽和佩戴有冷却水循环的防护背心等全部装备）的作业人员进入反应器，拆卸反应器的内构件、松动板结的催化剂床层，并操作真空抽吸器械卸出未再生催化剂。反应器经氮气置换后，加盲板使其与所有工艺管线隔离，只与氮气吹扫系统相通，当反应器内氮气的浓度达到96v%并稳定后，从安全考虑须定时取样分析气体的烃类、硫化氢和羰基镍含量。若只“撇头”卸出顶部催化剂，反应器内的温度不得高于49℃；欲卸出全部催化剂时，反应器内的温度不得高于38℃。

抽吸卸催化剂作业组通常由5个人组成。有3人必须身着安全防护服(包括氧气面具、衣裤、帽和佩戴有冷却水循环的防护背心等)，其中2人进入反应器内作业，1人在外面等候，3人轮流进入反应器作业；作业组组长可不穿防护服，但必须始终守候在反应器顶部，用电话与作业组人员保持密切联系；另1名作业组人员留在仪表车厢内，监护仪表，确保连续供氮气。

供抽吸卸催化剂的氮气循环系统由旋风分离器、过滤器、真空泵和空调制冷冷却器等设备与待卸出催化剂的反应器相连接所组成。反应器中的催化剂和氮气由真空泵抽吸经输送管道进入旋风分离器，其分离出的氮气经过滤，由真空泵抽吸循环至空调制冷器冷却后返回反应器，并要向反应器连续补充适量的氮气，以确保真空抽吸作业区的“惰性环境”。假若遇到有催化剂板结无法抽吸卸出时，则可用风镐进行人工破碎后，再继续抽吸卸剂。

氮气保护真空抽吸卸出未再生催化剂的工艺流程，如图5-4-2所示。

5. KEC公司的加氢催化剂卸出工艺

KEC公司开发了别具特色的加氢催化剂的卸出工艺。该方法是在加氢装置停工时，先减少进料量并降低反应床层温度至310℃，换进较重的原料油，继续降温至200~250℃，改注入一种密度为0.89~1.08g/cm^3、闪点为120~200℃的稠环芳香烃称之为KS-767的化学品，注入KS-767约6~8h后，继续用氢气循环降温至40℃以下，再用氮气置换，然后降压拆卸。

KEC方法对进入反应器作业之前，必须检测反应器内人体需要的含氧量，及对人体有害的H_2S、SO_2、CO、CO_2、$Ni(CO)_4$(羰基镍)等的含量；KEC方法采用了KS-767化学处理剂，并认定反应器内的含氧量和有害气体含量都符合要求，因此操作人员只需戴上普通防尘面具，即可进入反应器操作，催化剂卸出亦无需特殊防护，即可从卸料口卸出；如结焦严重，不能从底部卸料口卸出的催化剂，则需要破碎或从反应器顶部取出；KEC 方法简便、安全，技术的关键是使用了 KS－767 化学处理剂。

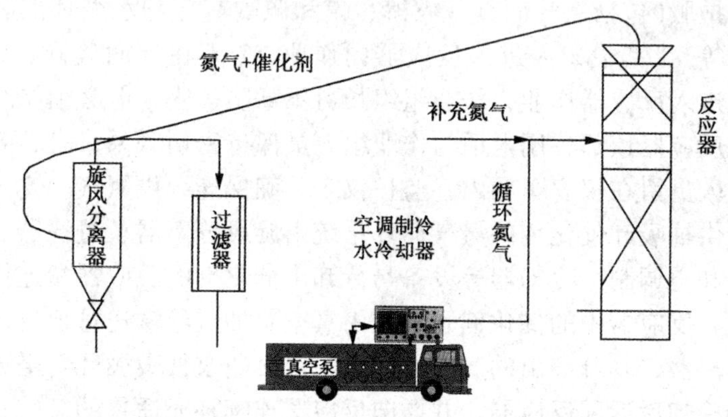

图 5－4－2　抽吸卸催化剂工艺流程示意图

6. CATnap 处理技术

该技术也是在反应器降温过程中，注入少量的成膜剂(KS－767)，在催化剂的表面上形成稳定的特殊保护膜，在打开反应器作业和卸剂过程中能有效地阻止空气直接与催化剂接触，在无须氮气保护的情况下可安全地进行卸剂。被油膜保护的催化剂贮运不需要特殊的措施，可进行器外再生。

在确定加氢装置停工以后，首先将反应器的入口温度降低 30℃，将进料流率减少到设计负荷的 60%，并继续降温至预期的温度；切换清洗油，以冲洗置换反应系统内的原料油，将混合油排至罐区。

清洗油冲洗置换完毕后，停止油外排，利用开工线建立分馏塔至原料油缓冲罐的携带油闭路循环；从原料油泵的入口注入 0.5%～2.0%(对反应系统内存油量)的成膜剂(KS－767)，将反应温度降至 135℃后，再将反应系统卸压至 3.5MPa；反应系统内含成膜剂(KS－767)的清洗油至少完成两轮循环后，停止清洗油循环。

继续氢气循环吹扫反应系统内残存的油，将反应器降温到40～50℃以下；将反应系统卸压，引氮气吹扫、置换、直至系统取样分析爆炸试验合格；卸剂前拆卸反应器入口、出口管线法兰并加盲板，然后再进行重力或真空抽吸卸剂作业。

7. 抽卸顶部催化剂(催化剂“撇头”)

当催化剂活性未丧失，只是因反应器入口积垢产生压降而被迫停汽，其解决的办法就是把反应器顶部催化剂卸出，更换部分新催化剂。每次卸出的催化剂数量，取决于催化剂寿命、压降大小和床层顶部的催化剂状态。一般是在将防垢篮和瓷球取出后，只卸出必须卸出的那部分催化剂，先卸出一部分催化剂，测定其含炭量，进行筛分，测定细粉含量，根据分析结果判断。若继续卸出催化剂的焦炭和细粉含量相当低，或与前一批分析结果相同，表明床层分布均匀，则可将卸除的催化剂过筛后，再装回去，或更换部分催化剂。催化剂“撇头”时，将床层顶部结块松动破碎后，也可采用抽吸的方法把要“撇头”的物料卸出。

（二）卸剂注意事项

使用含非贵金属催化剂的加氢装置，在卸出催化剂时都有不容忽视的安全技术问题。特别是广泛使用含活性金属组分镍的催化剂。含镍的加氢催化剂经长期运转失活或其他原因需要卸剂处理时，如果操作不当，有可能产生羰基镍致癌物质，伤害操作人员和毒化环境。

未再生催化剂含硫化铁易燃，会不断释放逸出在长期运转使用过程中所吸附的氢气和烃类；在打开反应器之前，必须将催化剂床层循环降温到40℃或更低，并用氮气吹扫、置换后，再打开反应器，保持氮气掩护杜绝空气进入反应器，以避免未再生催化剂和硫化铁暴露在空气中自燃，引起反应器着火。在卸催化剂的过程中，需用氮气连续吹扫掩护，防止卸剂时着火。

未再生催化剂会吸附一定量的硫化氢(H_2S)；H_2S有明显令

人不愉快的异味，它能持续麻痹人的嗅觉神经，当H_2S的浓度为150～200μg/g时，会立刻引起嗅觉疲劳和麻痹，因此应最大限度地避免与H_2S接触；在打开反应器及含H_2S的设备、管线时，都应使用H_2S检测器，佩戴有效的防毒面具，工作人员必须“结伴”作业。

严防羰基镍[$Ni(CO)_4$]中毒，$Ni(CO)_4$是一种剧毒易挥发的液体，被吸入体内或与皮肤接触后，都有严重的致癌性。$Ni(CO)_4$是卸出废催化剂中的元素镍与CO在低温下化合反应的产物；在降温冷却过程中，必须严格遵守所推荐的开停工程序和操作步骤，当温度降到149～204℃以下之前，必须确保用惰性气体把再生烟气中的CO浓度降至10μg/g以下，才能继续降温，以避免$Ni(CO)_4$的生成。$Ni(CO)_4$允许暴露的浓度极低，为0.001μg/g(或0.007mg/m^3)，测试$Ni(CO)_4$的含量比较困难，它聚集在催化剂堆里，在翻动催化剂时会挥发逸散到大气中，在美国多采用海湾石油公司的GR1620法及其改进的方法G1279－77来检测$Ni(CO)_4$含量；此外，也可采用检测管法。

壳牌开发公司认为，当催化剂处于氧化态或硫化态时，不会生成$Ni(CO)_4$；如其为还原态，就可能会生成$Ni(CO)_4$。一般按正常停工步骤，在停止进原料油后换进轻油清洗降温，再经热氢循环气提吹扫，最后降温、降压、氮气置换，再卸出催化剂。在这热氢循环气提、降温、降压处理过程中，必须确保循环氢中的H_2S含量不低于0.1v%，防止催化剂被还原，即可排除生成$Ni(CO)_4$的环境和条件。在正常情况下，待反应器冷却到38～66℃(一般控制在43℃左右)，保持氮气正压吹扫，并用氮气掩护将催化剂卸入容器中，经氮封(或加干冰)后封存，送催化剂再生工厂进行器外再生。

清扫反应器时，操作人员必须配戴有供氧系统的呼吸器，带上连续氧气分析警报器，同时还应有配戴同样防护面具的人员站在反应器旁进行监护与联系。在氮气氛中卸出或处理催化剂，既可避免催化剂的不完全燃烧，也就能防止$Ni(CO)_4$的生成，开始卸催化剂之前和卸出过程中，都要检测反应器中有无 $Ni(CO)_4$ 存在，所有在卸剂口现场附近的人员都要戴上防毒面具，穿上全套防护服。

三、催化剂的器外再生

催化剂器外再生技术始于 70 年代初期。几经改进，其已日臻完善；从 70 年代中期开始，催化剂器外再生技术很快在工业上得到越来越广的应用。

据资料报道，世界废催化剂总量达 18144t/a，其中 90% 为加氢催化剂（大部分是加氢处理催化剂）。目前，欧美 90% ~ 95% 均在器外再生。1996 年以后新建的加氢处理装置已不再配置器内再生设施。器内再生催化剂的活性恢复率 75% ~ 85%，器外再生为 75% ~ 95%。

（一）器外再生的优点

1. 加氢装置的停工时间短

采用催化剂器外再生技术，可请专业的卸剂公司快速地将待再生剂安全地卸出，再将备用催化剂（新剂或再生剂）装入，只要 5 ~ 7 天的时间即可重新开工生产。而催化剂器内再生，一般需要 30 天左右，才能再开工运转。

2. 再生过程易控制

催化剂器外再生在专用的设备上进行。通过优化工艺条件，催化剂烧焦过程可以得到精确严格的控制，因此，产品质量稳定，生产效率高。

3. 再生效果好、催化剂质量有保证

器外再生前，通过分析待再生催化剂样品的硫、碳、游离烃含量及热重分析等各项测试，可确定待再生剂是否需要气提脱油（当催化剂上游离烃含量大于 5% 时应脱油处理），并确定待再生剂工业再生的工艺参数。器外催化剂再生的条件不仅得到了优化，而且可得到严格的控制；催化剂再生前后都经过了过筛处理，除去了粉尘、瓷球等机械杂质，得以在重复使用时，床层压降和催化剂活性恢复得好。

4. 安全与减少社区环境污染

器内烧焦再生会产生 SO_2、SO_3、NO、NO_3及含硫、含盐的污水，易造成设备严重腐蚀的危险，会污染环境。催化剂器外再生在催化剂再生工厂的专用设备内进行，再生操作易控制，有较完善的环境保护措施。

（二）器外再生方法

目前，国外拥有加氢催化剂器外再生技术的主要公司，有 Eurecat、CRI 和 Tricat 公司。他们是器外再生工业化的先行者。1995 年之后，我国已相继有器外再生装置投产。

1. Eurecat 公司的催化剂器外再生技术

Eurecat 公司的催化剂器外再生技术，采用两段再生方法。待再生催化剂经称重计量、过筛分离出夹杂在催化剂中的瓷球、粉末等杂质。首先进入再生炉 -1，在低温下烧硫；然后进入再生炉 -2，在 400 ~480℃烧焦；再生后的催化剂经再次过筛、称重计量后装桶出厂。Eurecat 公司催化剂器外再生的工艺流程如图 5 -4 -3 所示。

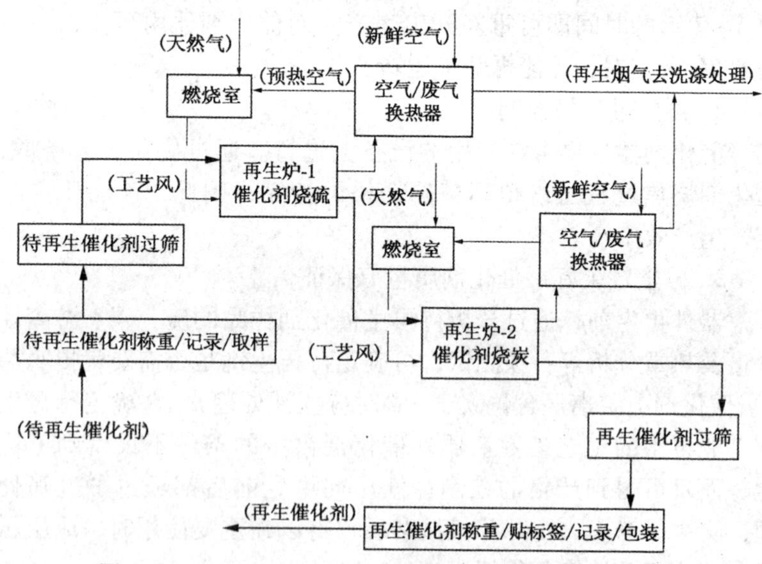

图 5 -4 -3　EURECAT 公司两段法器外再生的工艺流程

Eurecat 公司的催化剂再生技术，主要设备是旋转百叶窗炉(Roto - Louvre)，这些旋转百叶窗炉可串联或并联操作。在旋转百叶窗炉中，薄层的待生催化剂与预热后的空气充分接触，通过调节催化剂流速、空气温度、空气流速和连续的质量分析，来严格控制再生烧焦温度，以满足催化剂均匀再生的要求，防止形成热点，这对于保持催化剂的金属分散度和避免其强度受损害至关重要。

旋转百叶窗炉(Roto - Louvre)如图 5 -4 -4 所示。

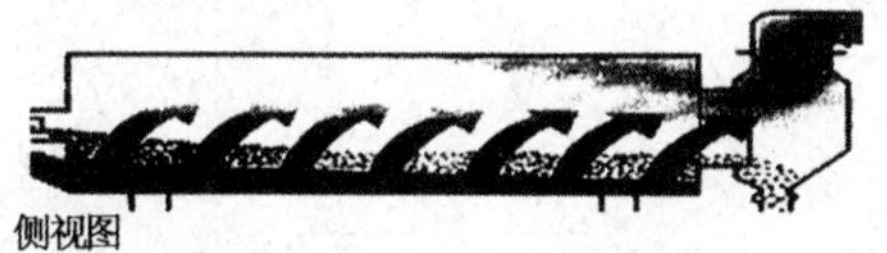

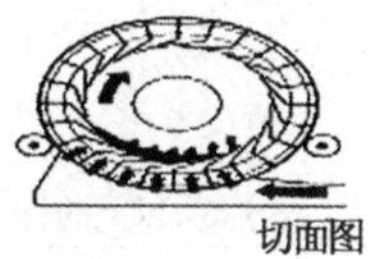

图 5 -4 -4　旋转百叶窗炉的结构示意图

由于炼油厂强调要缩短停工时间，催化剂再生工厂所接收到的催化剂，通常其游离烃含量高。如果待再生催化剂的油含量超过 5%，再生之前，需要气提脱油。Eurecat 的气提装置采用的也是旋转百叶窗炉，待再生剂在旋转百叶窗炉内，在 180 ~ 200℃条件下，与高速通过的空气充分接触，将催化剂表面和孔结构内的游离烃吹扫气提脱除。从催化剂气提出来的含油气体，被送到焚烧炉内，在高温下燃烧，经冷却、部分与新鲜空气换热和洗涤处理后排放。催化剂脱油工艺流程，见图 5 -4 -5。

2. CRI 公司的催化剂器外再生技术

CRI 公司采用的是网带窑式的催化剂再生工艺，该网带窑的网带宽 6ft，吹提段长 50ft，再生段长 50ft。其工艺流程见图 5 -4 -6所示。

由图 5 -4 -6 可见，这种采用网带窑传送带式的器外催化剂再生技术，首先也是将待再生催化剂过筛，除去催化剂中的粉尘和惰性支撑瓷球等杂物；如果待再生剂上的游离烃含量高(超过 5%)，必须进行气提脱油处理，吹扫气提不同区段的温度，是在实验室对催化剂样品进行热重分析等相关测试的基础上确定的，以确保烧硫、烧焦前能有效地脱除待再生剂上的烃类。脱除烃类后，催化剂进入再生段进行烧硫和烧焦，催化剂在传送带上经过不同的加热区，在不同的温度下运行通过，烧掉待再生剂上的不同类型的焦炭。

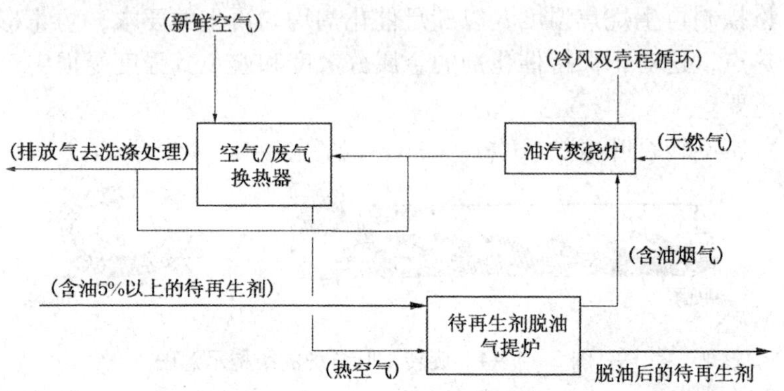

图 5－4－5　EURECAT 公司器外待再生剂气提脱油单元流程示意图

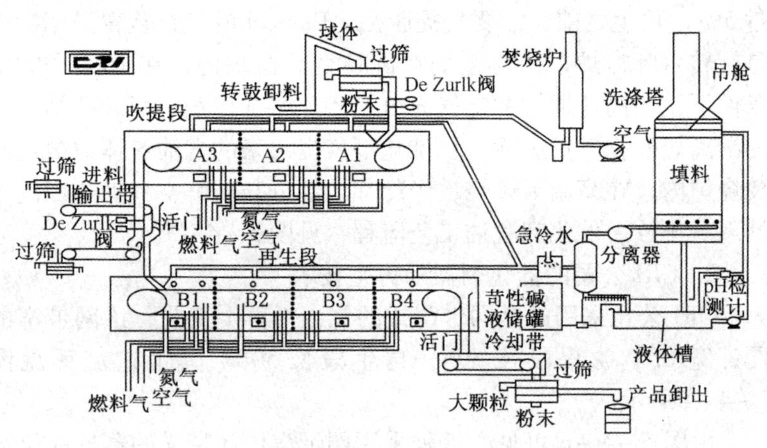

图 5－4－6　CRI 公司网带窑催化剂器外再生工艺流程

CRI 公司的网带窑传送带式器外催化剂再生技术，主要是通过调节网带上催化剂料层的厚度，严格地控制空气的流量和燃料火咀的条件，以及传送带的移动速度，可更精确地控制再生区段的温度。同相关的器外催化剂再生技术相比，网带窑传送带式的器外催化剂再生技术能使催化剂的活性得到更好地恢复。二十世纪80年代初，CRI公司与法国埃尔夫研究中心合作，对柴油加氢脱硫装置运转一个周期后的催化剂，分别进行了器内和器外再生，并将两种不同方式再生的催化剂，在不同的操作温度条件下进行了中试对比研究，其实验结果如图5－4－7所示。该中试结果充分表明，CRI网带窑传送带式的器外催化剂再生效果明显优于器内再生。

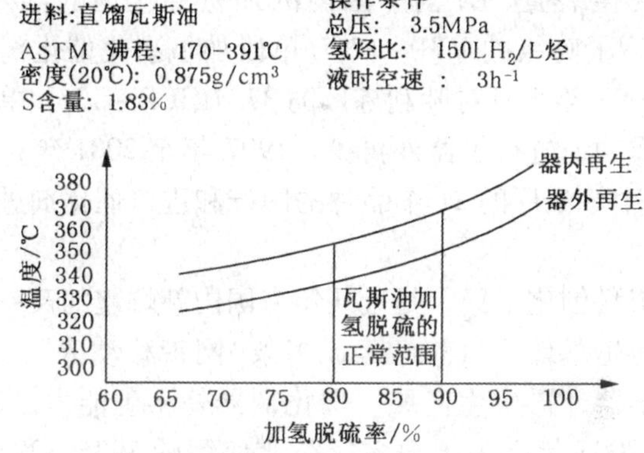

图5－4－7　CRI器外再生与器内再生催化剂加氢脱硫活性对比

3. Tricat公司的催化剂器外再生技术

Tricat公司于1993年在美国俄克拉荷马州McAlester建设了第一座催化剂再生工厂，并于1997年在德国Bitterfield建成了第二座催化剂再生工厂。

Tricat催化剂器外再生技术，采用的是沸腾床(Ebullated bed)来再生催化剂。即经过筛处理后的待再生剂，先后进入两个沸腾床反应器，以氮气＋空气作为催化剂流化介质，在454～510℃的温度范围内，通过调节催化剂的加入量、气体物流的温度、反应器内冷却盘管的冷却水量和沸腾床反应器的床层料面高度等工艺参数，优化催化剂的再生操作。再生后的催化剂，通过夹套水冷却器冷却，然后包装出厂。其再生烟气经冷却、除尘，最后通过烟气水洗塔脱除 SO_x。

（三）国内的加氢催化剂器外再生

直到 20 世纪 90 年代初，我国加氢催化剂多采用器内再生，仅有部分加氢裂化催化剂运往国外进行再生，但费用很高，同时因运输里程长、海关手续等问题，往返时间很长。

1995 年，在山东淄博邦达化工有限公司下属的一个精细化工厂，进行了加氢裂化催化剂器外再生条件的探索试验，对外委托科研单位评价催化剂，在优化工艺条件的基础上设计新建了催化剂器外再生装置，开创了国内的加氢催化剂的器外再生业。1995 年进行了吨级的 ICR－126L 单段加氢裂化催化剂的器外再生试验，1997 年 5 月对胜利炼厂的 37.4t ICR－126L 单段加氢裂化催化剂成功地进行了器外再生。1997 年至 2001 年，该公司已为国内 17 个炼油厂的 21 个品种的国产和进口催化剂进行了器外再生。

宜兴市科创化工厂，是近几年来国内新崛起的又一个加氢催化剂器外再生基地。目前已建成多条“网带移动床”式隔离焰再生炉催化剂器外再生生产线，催化剂器外再生能力已达到 25～28t/d。在 2003 年已为国内多家企业使用的 3936、3963、3962、FH－5、481－3、RN－10、HC－K、DHC－39 等多种加氢精制催化剂和加氢裂化催化剂成功地进行了器外再生。宜兴科创化工厂的加氢催化剂器外再生的设备，见图 5－4－8 所示。

图 5－4－8 “网带移动床”式隔离焰再生炉催化剂器外再生生产线

在催化剂进行器外再生之前，用户需要向催化剂再生厂介绍催化剂使用的历史情况(原料油性质、再生次数、失活及停工处理等)，与催化剂再生工厂共同做好催化剂再生性的评估，并在此基础上对催化剂再生工厂提出再生后催化剂的活性恢复、理化性能指标和再生剂的收率等方面的技术保证值，以确保加氢催化剂器外再生技术协议和商务合同的切实可行。

第五节　催化剂的器外硫化

加氢催化剂器外预硫化是新鲜或再生催化剂在装入反应器之前，采用特殊有效的工艺方法，将硫化剂(有机多硫化物、元素硫、硫+烃类)充填到催化剂的孔隙中，或以某种硫氧化物的形式结合在催化剂的活性金属组分上，制备成“预硫化催化剂”的工艺过程。

预硫化催化剂装入反应器后，在加氢装置中用氢气(干法)或者氢气和油(湿法)进行循环升温，在一定的温度范围内，用催化剂上所携带的硫化剂或硫氧化物分解释放出的 H_2S 使催化剂硫化，并伴有不同程度的放热和水的生成。

另一种催化剂器外直接预硫化方法，是将新鲜或再生催化剂，在工厂的专用装置上，用氢和硫化剂直接将催化剂上的活性金属组分，由氧化态转化成相应的硫化态，再经钝化处理后装入加氢装置的反应器中，用氢气(干法)或者氢气和油(湿法)循环升温到一定的温度条件下，换进原料油。

一、器外硫化的优点

① 开工时间大大缩短；

② 预硫化催化剂含有适量的硫，开工过程中不需要再准备催化剂硫化所需的化学品；

③ 省去了硫化所需的注硫系统和设备；

④ 可相对减少对所在地社区的环境污染；

⑤ 开工简便，器外预硫化的催化剂，开工比较容易，开工条件相对宽松；可靠性好，装置使用的“每一粒”催化剂都经过

了充分的预硫化处理，反应器催化剂床层截面的物流和温度分布均匀。

二、器外硫化的方法

（一）EURECAT 公司的 SULFICAT 预硫化工艺

SULFICAT 工艺对包括以氧化铝、硅－铝或分子筛为担体的含 Mo、Ni、Co、W 或 Mo—Ni、Mo—Co、W—Ni、W—Mo—Ni 的大多数催化剂都适用。SULFICAT 预硫化催化剂，已在各种类型的加氢装置上得到有效的应用。

（二）CRI 公司 actiCAT 预硫化工艺

actiCAT 是 CRI 公司新一代的器外预硫化工艺。对含 Ni/Mo、Co/Mo 或 Ni/W 的加氢催化剂,采用一种已获得专利授权的专有工艺技术,用硫和烃对催化剂进行处理,硫的用量是根据每一种催化剂的金属含量,并考虑用户的需要经优化确定。假定催化剂硫化后,其活性金属分别以 MoS_2、WS_2、Ni_3S_2、Co_9S_8 的形式存在,通常 CRI 公司的硫用量为催化剂硫化理论需硫量的80%～100%。

actiCAT 技术处理后的催化剂，其光谱分析结果表明，约三分之一的硫是以某种硫氧化物形式结合在活性金属组分上，其余的硫含在聚合基质(Polymeric matrix)中。该聚合基质的“持硫性能”好，可在一个较宽的温度范围内，较缓慢地“逐步释放”其所含有的硫，有助于消除预硫化催化剂活化时存在的“集中放热”、“床层温升大”等问题。actiCAT 预硫化剂的外观为黑色，用手触摸上去是干的，能自由流动，通常无臭味，略有烃的气味。在常温下稳定，装填催化剂时不需要用氮气保护，但催化剂床层必须用压缩空气进行通风。工业应用证明，actiCAT 预硫化催化剂是极可靠的。

actiCAT 预硫化催化剂具有的特点如下。

1. 持硫性能好

为说明 actiCAT 预硫化催化剂持硫性能，CRI 公司曾把三种类型工业预硫化的催化剂样品，分别用中试装置在预定条件的不同温度下，让柴油和氢气通过每一种预硫化催化剂，直到硫基本不再流失(每一个温度条件下2h)，催化剂持硫性能的试验结果见表5-5-1。

表5-5-1 催化剂持硫性能的试验结果

持硫试验条件	催化剂装量：150mL，体积空速：1.5h^{-1} 压力：6.3MPa，氢油体积比：117，原料油：柴油		
项　目	催化剂持硫量/%		
试验温度/℃	元 素 硫	多硫化合物	actiCAT
66	49	64	96
93	19	58	92
121	13	56	90

由表5-5-2可见，actiCAT预硫化催化剂在121℃的条件下，其持硫量为90%，仅流失10%；actiCAT预硫化催化剂的持硫性能，远好于元素硫和有机多硫化物预硫化催化剂。

2. 缓慢地放热

缓慢地放热是器外硫化催化剂的一个重要性能指标。CRI公司在开发actiCAT预硫化技术的过程中，在实验室采用差热扫描仪(DSC)，来精确测定预硫化催化剂活化期间热量释放的情况，差热扫描仪(DSC)如图5-5-1所示。

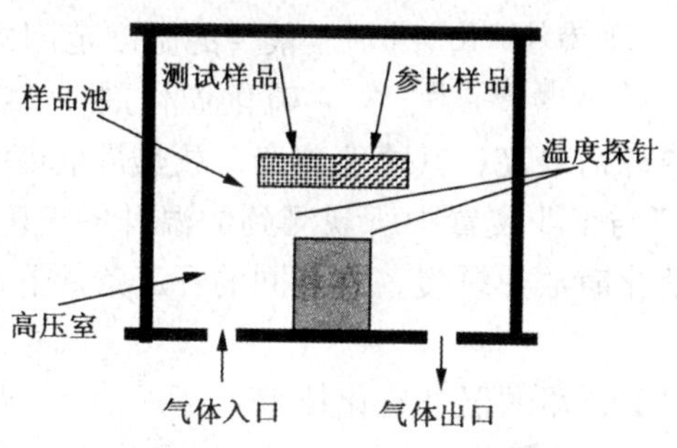

图5-5-1 差热扫描仪

由图5-5-1可见，该设备十分类似于一个加氢处理反应器，在实验室可用于模拟工业装置预硫化催化剂活化时的放热情况。待测试样品和惰性参比样品被置于装有温度探针的样品池

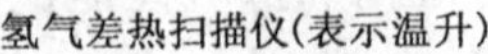

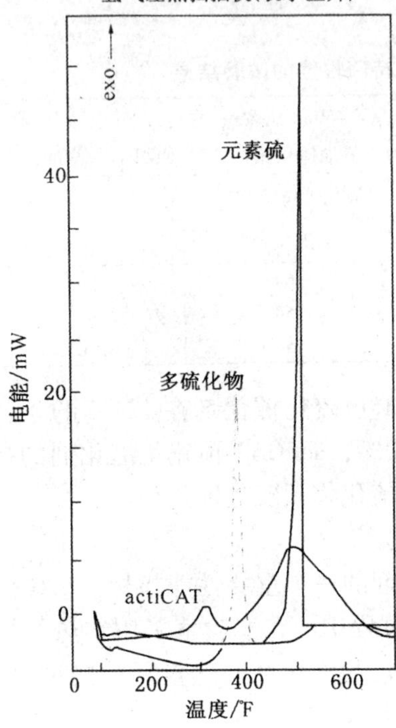

图 5－5－2　三种器外硫化催化剂样品差热扫描测试结果

中，在 3.5MPa 的氢压下，以 10℃/min 的速度加热升温，当测试样品发生反应和相变时，用温度探针测量试样和惰性参比样的温差，经处理转换成相应的 ΔH，表征试样的相对放热强度；其测试结果的例子，如图 5－5－2 所示。

由图 5－2－2 可见，actiCAT 预硫化催化剂在 149℃(296 ℉)左右，才会发生反应，反应主要集中在 260℃(504 ℉)左右，整个放热过程发生在 149～316℃的范围内。有机多硫化物预硫化催化剂，在 177℃ 左右才发生反应，并很快形成一个尖锐的高峰，整个过程发生在 28℃ 附近一个很窄的温度范围内。元素硫预硫化催化剂在 243℃左右引发反应，其放热峰值最高，其峰宽狭窄，放热量最集中。表征放热情况的“峰高”与工业装置中所观测到的温升成正比，actiCAT 预硫化催化剂活化时放热缓慢，在相同的开工条件下，有助于减少床层温升。

3. TRICAT 公司的器外硫化技术

前面所论及的“器外预硫化”技术，是将元素硫或含硫化合物附着在催化剂上，实际上没有被“真正”硫化，而是在加氢装置开工升温过程中，在反应器内通过预硫化催化剂的“再活化”而最终完成硫化，可称之为“器外载硫，器内活化”，该过程有不同程度的放热并伴有水生成。

TRICAT 公司推出新的 Xpress 工艺，是将新鲜或再生剂在膨胀床反应器内硫化，真正硫化过的催化剂在空气中不稳定，须经冷却后，再进入另一个膨胀床反应器中进行钝化处理，钝化后的硫化催化剂经过筛、称重、包装出厂。

Xpress 工艺采用硫化介质（N_2 气携带 H_2 和 H_2S）和钝化介质，使硫化和钝化反应器床层的膨胀率保持在 10% ~20%；硫化及钝化反应器内均装有折流板，使催化剂折流通过反应器，以确保催化剂充分硫化和钝化。硫化、钝化介质循环通过反应器后，要脱除其固体粒子和水。为使催化剂不发生还原反应，硫化介质中须使用过量的 H_2S。部分需要外排的硫化、钝化介质，经洗涤器脱除 H_2S 处理后，再排放大气。

Xpress 的工艺流程如图 5－5－3 所示。

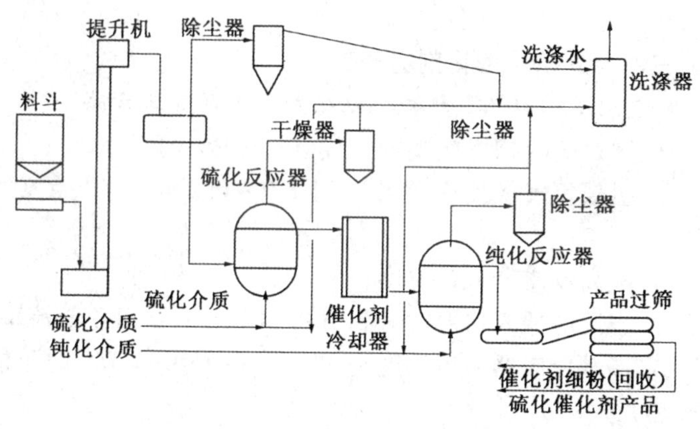

图 5－5－3　Xpress 的工艺流程

（三）抚顺石油化工研究院（FRIPP）器外预硫化技术

近年来，FRIPP 成功开发出有自主知识产权的非贵金属加氢催化剂器外预硫化技术（Ex－situ Presulfurizing Technique，简称 EPRES）。该项技术制备工艺简单易行，所制备的器外预硫化催化剂具有硫化度高、持硫率高、硫有效利用率高和放热效应低等特点。应用该项技术，已在中国石油化工股份有限公司催化剂抚顺分公司建成了年加工能力3000t EPRES催化剂的连续化工业生产装置，至2007年8月，已生产出柴油加氢、重整预精制、加氢改质、石蜡加氢及加氢裂化预精制等不同类型EPRES催化剂愈千吨。工业生产的催化剂已在国内11套工业装置成功应用。经实验室在相同的反应条件下对器内、器外硫化的催化剂活性对比评价结果证明，EPRES催化剂的加氢脱硫和加氢脱氮活性优于器内硫化的同一催化剂。

应用EPRES催化剂器外硫化技术对组成更为复杂的非贵金属加氢裂化催化剂进行器外硫化研究，于2007年5月在中国石油化工股份有限公司催化剂抚顺分公司的生产装置上，完成了灵活型FC-12加氢裂化催化剂首次工业生产。从而表明FRIPP的EPRES技术可以对各种类型加氢催化剂进行器外预硫化处理，可以在工业上推广应用。

三、器外硫化催化剂的开工

（一）SULFICAT预硫化催化剂典型的开工方法

① 用氮气吹扫置换装置，直至氧含量小于0.5v%；

② 引新氢气将反应器升压到2.0~6.0MPa，开始氢气全量循环；

③ 提高反应器入口温度；

④ 当反应器入口温度升到100~120℃时，以正常流率进油；

⑤ 提升反应器入口温度到320℃（在130~150℃时可能会出现放热）；

⑥ 活化反应生成水，应从高压分离器底部排水；

⑦ 停止原料循环，转入正常运转。

EURECAT公司SULFICAT预硫化催化剂气相和液相活化的开工曲线，如图5-5-4和图5-5-5所示。

（二）CRI公司actiCAT预硫化催化剂工业应用的实例

Conoco公司Ponca城炼油厂的700kt/a瓦斯油加氢脱硫装置，用actiCAT技术元素硫预硫化的Criterion 424催化剂共72.64t，采用氢气和油（混合相）开工，其开工的温度曲线见图

5－5－6。由图5－5－6可见，当反应器入口温度升到大约163℃（325 ℉）时，开始发生反应，床层温度迅速升高，仅20～30min温波通过催化剂床层，反应器出入口温升38～66℃（100～150 ℉）。

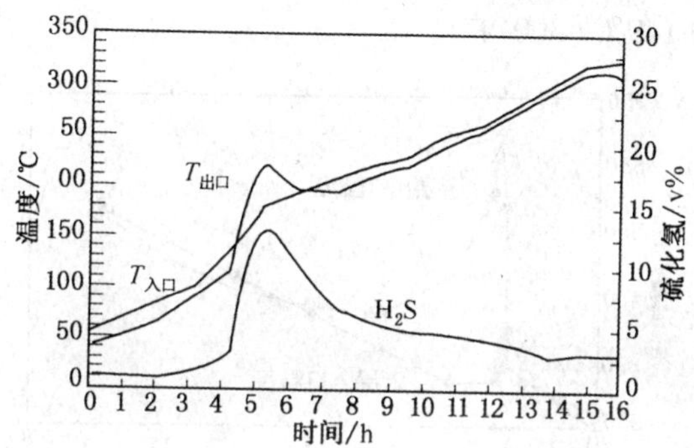

图5－5－4　SULFICAT预硫化催化剂气相开工曲线

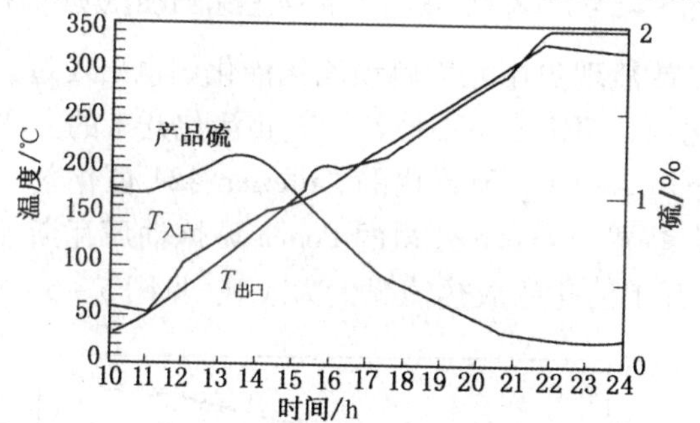

图5－5－5　SULFICAT预硫化催化剂液相开工曲线

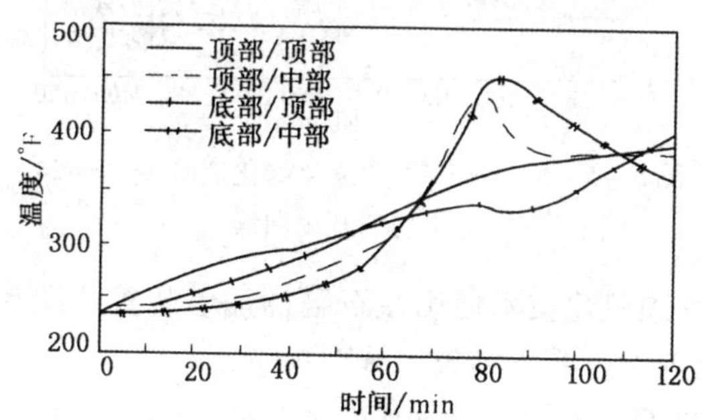

图5－5－6　actiCAT元素硫预硫化催化剂混合相开工温度曲线

图 5-5-7 是用有机多硫化物预硫化催化剂，在加氢裂化装置预处理反应器中活化时激烈放热的一个典型的例证。在 10min 内床层出口温度由 177℃(350 ℉)上升到 357℃(675 ℉)，床层温升 ΔT 约 149℃(300 ℉)。

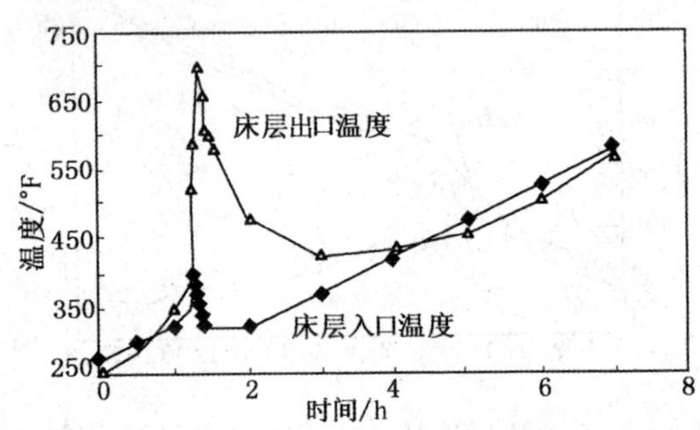

图 5-5-7 有机多硫化合物催化剂活化的放热情况

类似的放热现象用元素硫预硫化催化剂也出现过。用元素硫预硫化催化剂，CRI 公司不推荐用气相活化开工的方法。

CRI 公司 actiCAT 预硫化的 Criterion 424 催化剂，1993 年 5 月在同一套装置(Conoco 公司的 Ponca 城炼油厂瓦斯油加氢脱硫装置)上，开工活化的放热情况大为改观(见图 5-5-8)。

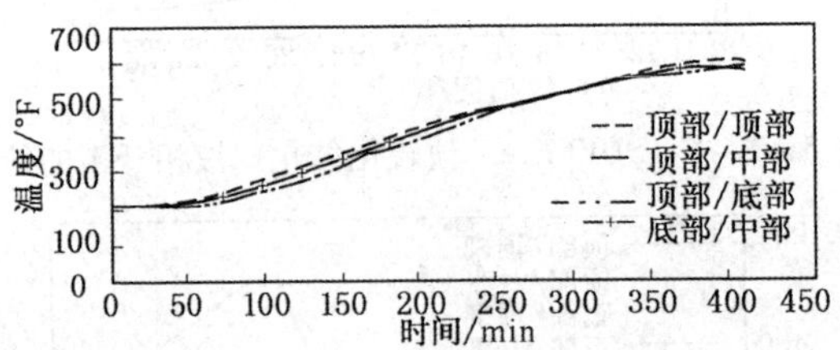

图 5-5-8 actiCAT 预硫化催化剂 Criterior 424 催化剂的开工曲线

actiCAT 预硫化技术使用在石脑油加氢装置及缓和加氢裂化装置的催化剂上，开工结果十分理想。

(三) TRICAT 公司的器外预硫化催化剂的开工

采用 Xperss 工艺器外直接预硫化催化剂，在加氢装置开工期间的升压、升温操作，仅受装置设备材料冶金学方面的限制，开工过程可大为简化和加快。Xpress 预硫化催化剂，1997 年末在德国 Burghausen 的 OMV 炼油厂首次工业应用，已获成功（见图 5-5-9）。

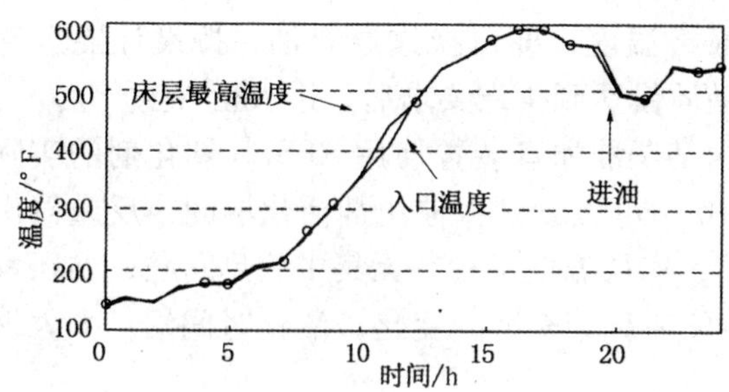

图 5-5-9 Xpress 预硫化催化剂的开工操作曲线

（四）抚顺石油化工研究院（FRIPP）EPRES 催化剂的工业应用技术

EPRES 催化剂是预先在催化剂生产厂进行了硫化，故在工业使用装置中不须设置专用硫化设备和硫化剂的储运系统，既减少了建设投资，又降低了对环境的污染。EPRES 催化剂在开工活化期间，无集中放热问题，使开工时间大大缩短，操作简捷易行，有利于提高企业的经济效益。

EPRES 催化剂已在国内多套工业生产装置中应用，其开工要点可归纳如下。

① 按照常规完成催化剂装填准备工作，按设计压力要求完成空筒氢气气密和氮气置换后，EPRES 催化剂即可采用与非贵金属氧化态催化剂完全相同的装填方法进行装填。装填过程中因 EPRES 催化剂无放热现象，无须使用惰性气体防护。

② EPRES 催化剂装填完毕后，不需进行氮气干燥。在系统压力为 1/4 设计压力条件下，以每小时 15 ~ 20℃ 的速率在氢气气氛中升温至 90℃ 左右时，可引入不含硫化剂的开工用油进行 EPRES 催化剂的活化。

③ 当温度升至装置材质允许升压值时，可提高系统压力至设计压力下，继续升温进行活化。

④ 由 EPRES 催化剂活化开始，定期进行循环氢中 H_2S 浓度检测，并定时排出高压分离器中的反应水。当反应器温度达到规定的活化最终温度，即可换进原料油，按设计要求调整操作条件，使产品质量达到生产要求后，进入正常生产。

从国内某柴油加氢装置使用 EPRES 催化剂的实际开工曲线图 5-5-10 中可以看到：催化剂活化期间，反应器出入口温升在 2~10℃，床层温度平稳，无集中放热问题；循环氢中 H_2S 浓度在 0.45v%~1.2v% 区间变化；活化时间短，大大缩短了开工时间。

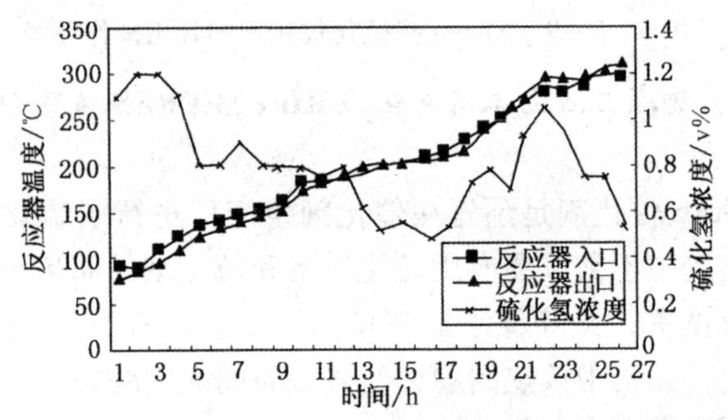

图 5-5-10　柴油加氢装置的开工活化曲线图

第六节　安全操作与紧急情况处理

一、安全操作

安全第一，炼厂人身和设备的安全问题是涉及千家万户和社会各界普遍关注的大事。在技术和设备可靠的情况下，装置设备和员工的安全，在很大的程度上取决于科学严格的管理和全体员工的警惕性。从事加氢工作的人员必须时刻警惕和牢记的是：

（一）减少氢气泄漏避免爆炸着火

加氢裂化装置是在高压、高温的氢气存在的条件下操作，氢气分子最小，具有极强的渗透性，泄漏的可能性很大。若氢气在空气中的浓度在4v% ~75v%之间，都有可能发生爆炸，故在操作中应特别注意防范。在可能泄漏处，要常设蒸汽掩护设施，一旦出现泄漏要用蒸汽掩护，阻止氢气泄漏扩大，防止爆炸和火灾的发生。

氢气本身无毒性，但在氢气环境中，可以使人窒息、失去知觉甚至死亡。

（二）防止催化剂床层"飞温"

加氢裂化反应是强放热反应。在正常操作条件下，由于催化剂床层产生的反应热与反应物流及冷氢从催化剂床层带出的热量两者平衡，催化剂的床层温度稳定。但在某些特殊情况下，带出的热量小于加氢裂化反应产生的热量时，这种不平衡会导致催化剂床层温度升高；由于温度升高，又会引起反应加剧，催化剂床层温度会继续升高，这种链锁反应会引起催化剂床层温度"急升"，甚至出现"失控"。此时，有可能对催化剂、设备及人身等构成严重的事故后果。因此，装置的管理人员和操作人员应事先对此类可能发生的事故隐患进行研究，认真制定有效的技术措施妥善处理。

（三）预防硫化氢(H_2S)中毒

加氢裂化装置在开工时对催化剂进行预硫化或在加工含硫化物原料油时，均会有 H_2S 气体生成。H_2S 是具有臭鸡蛋味的有毒气体，吸入 H_2S 会使人中毒，当人们连续或间断地吸入含有0.01v% ~0.06v% H_2S 的空气或瓦斯气一个小时以上，可能引起慢性中毒；当 H_2S 的浓度在0.015v% ~0.20v%时，将会引起人的嗅觉神经疲劳和麻痹，甚至危及生命。因此，平时应尽量缩短与 H_2S 的接触时间；在打开含有 H_2S 的管线、设备或进行检修时，均要佩戴有效的防毒面具，以保证安全。

（四）避免生成羰基镍〔$Ni(CO)_4$〕和防止羰基镍中毒

在使用含有 Ni、Co 的非贵金属加氢裂化催化剂在装置开、停工的低温(50℃)条件下，如补充氢气中含有一定量的一氧化碳(CO)时，就会发生 CO + Ni ⟶Ni(CO)$_4$反应(钴也有类似的反应)，而在正常的高温(大于 230℃)、高压下操作时，就无Ni(Co)$_4$的生成[Ni(CO)$_4$⟶Ni + 4Co]。Ni(CO)$_4$是一种易挥发毒性极强的物质，空气中允许浓度只有 0.001μg/g，若暴露在其以上的浓度中，就会导致人头痛、头晕、四肢无力、出冷汗、恶心、呕吐、胸闷、咳嗽和呼吸困难等症；如不及时脱离此环境，在 12 ~ 36 小时之内，会进一步出现强烈的胸腔疼痛、高烧、躯体僵直、失眠和忧心忡忡；严重时可能出现痉挛和其他中枢神经系统失调的症状；延误医治会导致肺炎和肺水肿、甚至身亡，

防止生成羰基镍最有效的办法就是要严格控制补充氢气中 CO 的含量，限制 CO + CO_2浓度在 50μg/g 以下，CO 的浓度最好在 10μg/g 以下，此时即使有 Ni(CO)$_4$生成，其浓度也不会达到允许浓度以上。

二、紧急故障处理

加氢裂化的反应系统是在高温、高压下操作，其反应物流中的氢气、烃类原料均为易燃易爆物，当设备出现故障、操作失衡或产生泄漏时，极易引起爆炸、着火等恶性事故。对此类装置，根据设计的具体工况条件，均编写有正常操作方法和发生各类事故的详细操作规程。开工前，相关人员必须认真学习和掌握，并在实施过程中严格遵守，避免和杜绝一切事故的发生。各类事故原则处理方案简述如下。

(一) 事故处理总则

在装置出现故障及异常情况时，应遵循下述原则进行处理。

① 注意安全，防止发生人身危险。

② 首先要防止爆炸事故发生。为此，平时对容易造成爆炸事故部位的操作必须优先考虑。

③ 要防止造成重大经济损失，防止反应器及其他设备损坏；保护好催化剂，要求反应器中催化剂床层有气体流动，任何情况下反应系统均不应是负压。

④ 注意防止硫化氢中毒。

（二）防止爆炸事故的处理要点

① 防止高压分离器液位过低及机泵开、停时造成高压串低压引起爆炸。

② 防止氢气（混氢）泄漏在操作环境中聚积，并要注意防止静电、撞击火花及违规使用非防爆电器，避免产生由火花引起的重大爆炸事故发生。

③ 在装置加热炉反应区发生大量泄漏时，加热炉要立即熄火。

（三）火灾事故处理要点

① 一般性火灾多发生于系统压力骤然大幅度变化时，引起密封点泄漏而发生火灾。发生着火后，应立即查明着火部位及着火介质，使用适宜的灭火器材扑灭火源。与系统连接的设备或管线着火，可切断火源；无法切断且火势较大、危及生产时，应采取紧急卸压停工处理。

② 加热炉炉管破裂炉膛起火时，应立即将加热炉熄火，关闭炉膛瓦斯，向炉膛吹蒸汽；立即停循环氢压缩机，关补充氢进装置阀；立即停进料泵、系统紧急卸压。系统压力小于氮气压力后，由循环氢压缩机进口引入高纯氮气，系统边置换边卸压，退出系统中油料，控制好高压分离器的液分阀，严防高压串低压。

③ 反应器着火的处理方法与加热炉炉管破裂及炉膛起火的处理方法相同。

（四）紧急卸压系统

高压加氢裂化装置的反应系统设有 0.7MPa/min 和 2.1MPa/min 紧急卸压系统，其操作方式分为自动和手动。当遇有切不断火源火灾的时候，不能切断的管线破裂及设备严重漏损或催化剂床层任何一点反应温度超过正常状态 28℃、或超过设计允许温度（427℃或 450℃）等重大危险时，必须启动 2.1MPa/min 紧急卸压系统进行卸压。手动卸压系统启动时，必须将反应系统压力降至 0.7MPa/min 以下后，才能关闭放空阀门。

如循环氢压缩机出现故障，0.7MPa/min 系统将自动启动紧急卸压；如设备泄漏发生火灾或因故需要快速降温停工等情况时，在循环氢压缩机正常运转时，须启动0.7MPa/min手动紧急卸压。自动卸压启动后，只有确认整个反应器温度至少低于正常操作温度30℃，或反应系统压力已降至0.05MPa(表压)以下后，才能关闭放空阀门；手动卸压后(循环氢压缩机仍在运转)，只有确认循环氢压缩机至少能可靠运转10min和反应器温度至少低于正常温度30℃时，才能关闭放空阀门。

（五）新鲜进料中断

① 将精制反应器和裂化反应器的入口温度分别降低15℃、30℃。

② 反应系统保持正常操作压力。

③ 如新鲜原料油中断不超过5min，重新操作后，可将反应器各段温度逐步恢到正常操作状态，否则应按正常停工方法停工。

④ 反应温度超过正常操作温度30℃，则应启动2.1MPa/min卸压系统卸压。

（六）补充氢供应中断

① 补充氢全部中断，应立即停补充氢压缩机，降低反应器入口温度30℃，切断原料油，按原料油中断有关办法处理。

② 如补充氢部分中断，补充氢流速降低，系统压力下降，此时应根据补充氢流率减少情况适当降低反应温度和进料量，直至补充氢供应恢复。

（七）循环氢压缩机停运

① 停进原料油。紧急卸压系统启动后，自动联锁系统各设备停运。

② 开补充氢气阀，使新氢尽可能大地进入反应器，避免催化剂积炭。

③ 注意反应器内催化剂床层温度变化，如温度继续升高，可再行卸压。

（八）冷却水系统故障

① 短时间内停水，应降低原料量、氢气量、减少装置处理

量。如果循环水或机泵冷却水可以由串入的新鲜水代替，则应尽量维持生产。

② 降低加热炉出口温度，防止催化剂床层超温。

③ 增加风量，降低循环氢温度；密切注意机泵的运转情况，如发现机泵各点温度超高，系统应紧急卸压停工。

（九）电源故障

① 加热炉立即熄火，关闭炉前瓦斯阀和高压机泵出口阀。

② 控制好系统卸压阀，保持系统有一定排放量，使催化剂床层有一定流体流动，从而带走反应热。

③ 在补充氢气压力大于系统压力时，开补充氢阀，使氢气尽可能大地进入反应系统，以避免催化剂积炭。注意催化剂床层温度变化，如果温度上升，可再加大系统卸压阀开度。

④ 若长时间停电，则应按停工处理。

（十）仪表风故障

① 如果有工业风或氮气，可迅速与仪表风联通使用。

② 如不能使用串风，各控制阀改为副线调解。

③ 注意催化剂床层温度、高分液面及减压后压力表指示等的变化。

④ 操作室仪表控制由自动全部改为手动，防止来风后引起混乱。

⑤ 若长时间停风，则按紧急停工处理。

参 考 文 献

1 James G. Speight, Petroleum and Refining, Westerm Reseach Institute, Laramie, Wyoming, U S A. ISBN 1－56032－587－9

2 韩崇仁主编．加氢裂化工艺与工程．北京：中国石化出版社，2001. 712～716

3 Hallie H. OGJ. 1982, 80(51): 69～74

4 Topsos H, et al. Apple Catal, 1986, 25: 273

5 谷心节译．法国石油工作者协会志，1976，236：54

6 玉山昌显．化学工业，1986，50(9)：46

7 单青松等．石油炼制，1990(4)：8

第六章　催化剂的选择

第一节　催化剂的分类

加氢裂化催化剂属于双功能催化剂，通常是由具有加氢脱氢功能的金属组分和裂化功能的酸性载体组分构成。两种功能之间的不同配比组合即可制备出性能各不相同的加氢裂化催化剂。加氢裂化催化剂品种繁多，可按催化剂组成、工艺过程及反应条件、主要目的产品等进行分类。

一、按催化剂组分分类

1. 按金属组分分类

按催化剂活性金属组分不同分为非贵金属和贵金属两大类。前者选自ⅥB族金属元素钼、钨(Mo、W)和Ⅷ族金属元素钴、镍(Co、Ni)；其可以是单组分、双组分或三组分，但大多数为双组分，多采用W－Ni、Mo－Ni和Mo－Co等金属组合。后者以Ⅷ族金属元素的铂和钯(Pt、Pd)为主。非贵金属活性组分在使用前必须进行预硫化，并且在使用过程中须维持反应系统具有一定量的硫化氢分压，以免活性金属组分被还原。贵金属易被硫化中毒而失活，在使用前须还原。非贵金属催化剂可以广泛用于单段、一段串联和两段法加氢工艺过程；而贵金属催化剂则仅能用于具有独立循环氢系统的两段法加氢工艺过程的第二段。

2. 按载体分类

按载体酸性组分不同分为无定形和晶型(亦称分子筛型)两大类。前者的酸性组分通常选自无定形硅铝、无定形硅镁及改性氧化铝等；晶型催化剂的酸性组分是经过改性处理的分子筛再配以无定形硅铝、无定形硅镁或改性氧化铝组分，可用的分子筛种类很多，诸如Y型、β、ZSM系列、SAPO系列和Ω分子筛等，而使用最多的是各种改性的Y型和β分子筛。

无定形硅铝载体酸性弱、酸中心数少、平均孔径大，不易发生过度裂解和二次裂解少，因此有利于多产中间馏分油，尤其是多产柴油。而晶型催化剂具有酸中心数多、平均孔径小的特点，具有较高的裂解活性、较大的生产灵活性和较强的原料适应性。

二、按工艺过程及反应条件分类

根据工艺过程的不同可分为单段和一段串联及两段法之第二段用催化剂。而按操作压力的不同又可分为高压和中压两大类。高压催化剂通常用在10.0MPa操作压力以上装置，多数在15.0～19.0MPa之间。这类催化剂适用于加工处理干点比较高的馏分、劣质原料油，比如：高硫高氮的减压馏分油(VGO)、焦化蜡油(CGO)、脱沥青油(DAO)以及催化裂化循环油(LCO)等。而且产品的质量好、液体产品收率高、装置运转周期长。中压催化剂则用于中压加氢转化工艺过程，其中包括缓和加氢裂化(MHC)、中压加氢裂化(MPHC)、中压加氢改质(MHUG)和劣质柴油加氢提高十六烷值(MCI)工艺。其操作压力一般在10.0MPa以下，多数在5.0～10.0MPa之间。这些工艺过程通常是加工处理馏分较轻的原料，比如：轻质减压馏分油(LVGO)、二次加工柴油等。

三、按主要目的产品分类

加氢裂化催化剂按照其目的产品来分类可分为轻油型、中油型(或称灵活型)、高中油型(亦称可最大量生产中间馏分油型)以及重油型催化剂。

1. 轻油型加氢裂化催化剂

此类催化剂具有很强的裂解功能。虽然要求其加氢功能较弱，但近年来，由于提高石脑油收率或兼产喷气燃料以及减少气体产量等原因，也要求其有较高的加氢功能，以提高破环选择性及在石脑油馏分中富集单环烃类的能力。此类催化剂主要用于最大量生产化工原料、石脑油产品，为生产芳烃或催化重整提供原料。催化剂组成的特点是活性金属含量较低，载体多以Y型沸石或β沸石分子筛为主，另加有少量γ氧化铝(主要起催化剂粘结成型作用)。

2. 中油型加氢裂化催化剂

此类催化剂通常是加氢活性好、裂化活性适中。它主要用于生产中间馏分油产品(喷气燃料和柴油)并兼产部分石脑油以用作催化重整的进料。该类型催化剂在工业装置上具有较高的生产操作灵活性，可以通过调整床层反应温度、控制不同单程转化率来调变产品分布，以适应市场对油品需求的季节性变化，故又称为灵活型催化剂。其中间馏分油产品质量较好。此类催化剂活性金属多采用 W－Ni 或者 Mo－Ni 组合，并通常是以无定形硅铝、改性氧化铝为主载体，再添加一定量改性分子筛。由于所用的分子筛种类、改性处理方法以及用量的差别导致这类催化剂的性能差异也较大。实际上，有些催化剂的裂解活性相当高，接近轻油型催化剂的水平，其喷气燃料产品选择性好，当然其轻油产率也相对高一些。随着分子筛改性技术的发展以及催化剂制备技术的进展，研制出了中间馏分油选择性相对比通常所说的中油型催化剂高一些的催化剂。

3. 高中油型加氢裂化催化剂

此类催化剂与中油型催化剂比裂化活性低、中间馏分油选择性高，尤其是柴油产率很高。通常用于最大量生产中间馏分油产品的场合。这类催化剂的典型代表是无定形催化剂。无定形催化剂虽然可以获得最高的中间馏分油产品收率，但起始反应温度高(在400℃左右)。

20 世纪 90 年代以来，由于含分子筛催化剂制备技术的改进，在保持该类型催化剂活性优势的同时，中间馏分油选择性有了很大的提高，喷气燃料和柴油的总收率在运转初期已达到或接近无定形催化剂的水平；在运转末期，二者差距也大大缩小，而且柴油的芳烃含量还比无定形催化剂的低；在加工同一种原料、控制相同单程转化率时，喷气燃料产品质量比无定形催化剂的要差一些，表现为烟点低一些。

4. 重油型加氢裂化催化剂

此类催化剂是在生产石脑油和中间馏分油的同时，也将尾油作为主要目的产品之一。加氢裂化尾油可供作生产润滑油基础油的原料、蒸汽裂解制乙烯原料或催化裂化进料。它要求有很强的加氢功能、适中或偏弱的裂化功能。但是，其异构化性能和破环选择性则因尾油用途的不同而有明显差异。当尾油用作润滑油基础油料时，要求催化剂具有很高的异构化活性以及多环烃类选择性开环而不断侧链的能力，从而获得富含异构烷烃和带有长侧链的单环烃类的尾油，以提高润滑油基础油的产率和质量；当尾油用作蒸汽裂解制乙烯原料时，则要求催化剂具有尽可能低的异构化活性和较强的环状烃选择性开环能力，使尾油产品富集正构烷烃和带长正构烷基侧链的单环烃类，以提高乙烯产率；而当尾油用作催化裂化进料时，则要求催化剂具有优先转化链烷烃和多环烃类的能力，使尾油富含少环烃类和部分加氢饱和的多环烃类，以提高催化裂化轻油收率和产品的质量。

中油型和高中油型催化剂原则上都可以用于生产蒸汽裂解制乙烯原料；采用单段和一段串联一次通过流程都可以；采用高转化率操作方案比较合适，因为要求未转化尾油的饱和度越高越好，而加氢裂化尾油中烷烃含量是随转化率的提高而增加的。用 *BMCI* 值小于 15 的尾油作蒸汽裂解制乙烯的原料能得到较高的乙烯产率和较低的裂解汽油和焦油产率，还有利于裂解装置的平稳操作。

第二节　根据不同目的产品选择催化剂

不同类型的加氢裂化催化剂性能千差万别，其差别不仅表现在活性的高低方面，还因催化剂的加氢功能和裂化功能强弱之间的不同匹配而导致加氢裂化产品选择性和产品质量上的差别。这些性能上的差别，使我们能够在最大限度满足装置的工艺流程、正常操作条件、允许操作的极限、主要目的产品及质量等方方面面要求的条件下，有选择催化剂的余地。

一、多产石脑油和催化重整原料

以石脑油和催化重整原料为主要目的产品时，要选用轻油型加氢裂化催化剂及采用全循环工艺流程。这类催化剂的强酸性和中等加氢活性有利于反应物分子的异构化、歧化、芳构化、加氢(脱氢)、氢转移和C—C键断裂，使产物中烷烃的异构烃与正构烃之比(i/n)高，保留单环结构，石脑油产品具有较高芳烃潜含量。加氢组分还能延缓生焦速度、保护裂解活性中心，使催化剂能长期稳定运转。酸性组分主要来源于改性的Y型分子筛，其含量一般较高。

国外贵金属分子筛催化剂有UOP公司的HC-9(Pt-HM-Al_2O_3)、HC-11、HC-18(Pd-Y-Al_2O_3)等。国外的非贵金属分子筛催化剂有：UOP公司的HC-8、HC-14、HC-24、HC-34；Chevron公司的ICR-113、ICR-117等。HC-14是以超稳Y分子筛(USY)为主要酸性组分加入氧化铝的催化剂，在市场广泛应用了二十多年，也曾经在我国上海石化、扬子石化引进的加氢裂化装置上使用。1990年，该公司开发了HC-24催化剂，其选择性与HC-14催化剂相当，反应温度降低了4℃；继HC-24催化剂之后，又开发了HC-34催化剂，其反应温度又比HC-24催化剂降低了5℃，气体产率减少30%，氢耗降低15%。同类催化剂国产的有3825、3905、3955和FC-24等。表6-2-1列出了采用一段串联全循环工艺流程，使用国产的第一代轻油型加氢裂化催化剂3825，加工胜利VGO生产轻、重石脑油的结果。

表6-2-1　一段串联全循环加氢裂化胜利VGO生产轻、重石脑油

原料油	胜利VGO
密度(20℃)/g·cm^{-3}	0.8776
馏程范围(SY 2052-79)/℃	286~504
硫/%	0.48
氮/%	0.12
催化剂(R1/R2)	3822/3825
工艺条件	
反应压力/MPa	14.7
体积空速(R1/R2)/h^{-1}	0.95/1.67
氢油体积比(R1/R2)	900/1400
反应温度/℃	380/363
产品产率及主要性质	
气体/%	21.46
<65℃轻石脑油/%	19.68
65~177℃重石脑油/%	62.29
芳潜/%	34.65

表6-2-1数据表明，3825催化剂有较高的重石脑油产率。从1990年开始到2000年已先后在上海石

化、辽阳石化和扬子石化等多套工业装置上应用。

3905 催化剂是专门为中压加氢裂化工艺开发的，亦可适用于高压加氢裂化工艺过程。其特点是裂解活性高、重石脑油选择性高、耐氮能力较强、稳定性好，在裂化段进料氮含量高达20～30μg/g 条件下仍能保持其高活性和稳定性。是国产的第二代轻油型加氢裂化催化剂。该催化剂于 1997 年开始工业应用。

进入 21 世纪以来，FRIPP 又开发出新一代轻油型加氢裂化催化剂 FC－24。在保持原有催化剂高活性的基础上，该剂改善了对重石脑油的选择性，使 65～177℃重石脑油收率提高了 2～3 个百分点，气体、液化石油气和轻石脑油的产率减少，耗氢量也相应有所降低。

总之，由 FRIPP 研制开发的轻油型催化剂的性能完全可以满足国内在最大量生产重石脑油方面的需要，也可以在生产一定数量重石脑油的同时兼产部分喷气燃料或者轻柴油产品。

二、多产中间馏分油兼产部分石脑油

生产中间馏分油的加氢裂化催化剂要求酸性中等、加氢活性强，酸性载体的酸性中心数量不要太多，有较大的孔径并且要求比较集中(一般希望集中在 4～8nm 之间)，这样可以减少生成物的二次裂解，改善催化剂的中油选择性。

20 世纪 70 年代末，分别在茂名、金陵石化公司建设了以生产中间馏分油为主的一段串联全循环加氢裂化装置，采用 HC－16裂化催化剂和 HC－F 精制催化剂。

HC－16 裂化剂也是以超稳 Y 分子筛(USY)为酸性组分，但含量与 HC－14 剂不同。该催化剂显示出了活性高、灵活性大的特点，在全循环操作条件下，喷气燃料和轻柴油收率为 65% 左右。

与此同时，我国研制出了此类催化剂有 3824 催化剂。该剂于 1986 年在荆门炼化总厂 250kt/a 中压加氢裂化装置上获得首次工业应用。接着又先后在茂名石化、镇海炼化高压加氢裂化装置上工业应用。工业装置生产运行结果表明：3824 催化剂有较好的中间馏分油选择性。表 6－2－2 列出了 3824 催化剂的工业应用结果。

继 HC－16 催化剂得到广泛工业应用之后，UOP 公司又推出了一种生产灵活性更大的 HC－26 催化剂[7]，其活性比 HC－16 催化剂高一倍，略低于 HC－14，然而其中油选择性则比 HC－14 提高了3%～5%。采用 HC－26 催化剂可以加工干点更高的 VGO，该催化剂的另一特点是稳定性好。表6－2－3列出 HC－26 催化剂有关数据。

表 6－2－2　3824 催化剂工业应用结果

原料油	胜利 VGO＋CGO
密度(20℃)/g·cm^{-3}	0.8987
馏程/℃	321①～533
硫/%	0.41
氮/%	0.177
反应装置	茂名 800kt/a 工业装置
催化剂(R1/R2)	HC－K/3824
工艺条件	
压力/MPa	17.7
循环氢纯度/v%	95.5
氢油体积比	845/1050
体积空速/h^{-1}	0.941/1.195
反应温度/℃	381.2/384.1
产品产率/%	
液化气	3.39
轻石脑油	18.09
重石脑油	13.48
喷气燃料	41.26
柴　油	22.21
液体收率/%	95.04
中油选择性/%	63.47

① 为 5% 点馏出温度。

从表 6－2－3 所列的产品分布数据看出，HC－26 催化剂的灵活性主要体现在喷气燃料与石脑油的产率方面，其优势是喷气燃料产率高。

FRIPP 也成功研制出类似的中油型催化剂 3903。该剂适当地调整了酸性组分分子筛的含量，同时以无定形硅铝替代部分 Al_2O_3 载体，其活性高于 3824 催化剂，并已工业应用。

表 6－2－3　HC－26 催化剂加工 VGO 的产品分布与性质

原料油性质	VGO	
密度(20℃)/g·cm^{-3}	0.9297	
馏程/℃	266～544	
硫/%	2.59	
氮/%	0.097	
产品分布/v%	石脑油＋喷气燃料方案	石脑油＋柴油方案
C_4	8.5	6.4

续表

C_5～85℃轻石脑油	19.5	14.7
85～132℃重石脑油	26.7	
132～282℃喷气燃料	67.7	
85～180℃重石脑油		42.2
180～364℃柴油		56.2
≥C_4	122.2	119.5
主要产品性质	喷气燃料	柴油
密度(20℃)/$g \cdot cm^{-3}$	0.7921	0.8110
冰点/℃/烟点/mm	-49/31	
十六烷值/		55
倾点/℃		-45

上述催化剂属于活性改进，而中间馏分油选择性不变。其中，喷气燃料选择性有所提高，柴油选择性有所下降。另一种催化剂是在维持活性基本不变的情况下，改善中油选择性。这一方面的成功与分子筛改性技术的进步分不开。联合油品公司通过调整催化剂组成而研制成功了HC－22催化剂[2,3]。该催化剂与无定形催化剂HC－102相比，在保持了相近的产品产率的同时，活性和稳定性都优于无定形催化剂HC－102，对比结果见表6－2－4和表6－2－5。

表6－2－4　HC－22与HC－102催化剂对比

催化剂型号	HC－22	HC－102
催化剂平均反应温度/℃	基准	基准＋14
催化剂失活率/$℃ \cdot d^{-1}$	0.028	0.061
气体产率/v%	7.65	10.5
液体产率/v%		
C_4	4.0	2.8
C_5～154℃	16.7	10.5
154～371℃	96.3	97.8
≥C_5	113.0	108.3

表 6-2-5 HC-22 与 DHC-8 催化剂对比

催化剂型号	HC-22	DHC-8
催化剂平均反应温度/℃	基准	基准+22
氢耗/$Nm^3 \cdot m^{-3}$	260	251
产品产率/v%		
C_4 ~180℃	41.8	34.2
180~371℃	70.3	75.9
$\geqslant C_5$	111.7	109.3

表 6-2-4 和表 6-2-5 的结果表明，含分子筛的 HC-22 催化剂与典型的无定形催化剂 DHC-8 相比，反应温度低 22℃，但中油选择性较低。

三、最大限度生产中间馏分油产品

要求最大量生产中间馏分油尤其是柴油的时候，应首选无定形载体催化剂，同时采用单段全循环或是两段全循环的工艺流程，即可获得最高的柴油收率。此类载体酸性弱、酸中心数少、孔径大，不易发生过度裂解和二次裂解少，因此有利于多产中间馏分油，尤其是多产柴油。尽管无定形催化剂随着运转时间的延长逐渐失活和反应温度不断提升，但产品分布仍比较稳定，而且中间馏分油选择性下降幅度很小。但是，无定形催化剂也有其明显的不足之处，主要是：

① 裂化活性低，起始反应温度一般在 400℃左右。在一段串联或两段法使用的时候，无定形催化剂所需的反应温度要比常规晶型催化剂高出许多，比最大量生产中间馏分油的晶型分子筛催化剂也高了 10~20℃；

② 生产灵活性差，不能通过反应温度来大幅改变产品分布以适应市场的季节性变化；

③ 对原料变化适应性差，通常原料油干点受限制。在原油干点很高或者含有很多难裂解组分时，所需的反应温度往往就会很高，并且活性稳定性明显变差，提温速率明显加快，以致装置

无法长周期正常运行。

无定形催化剂的上述不足限制了它的使用范围。比如，反应器的最高设计使用温度为427℃的加氢裂化装置就不适合使用无定形催化剂。目前，国内现有的大部分加氢裂化装置最高使用温度都是按427℃设计的，只有1966年在大庆炼油厂自行设计建成的加氢裂化装置和1991年在胜利炼油厂建成投产的单段单程通过加氢裂化装置(即SSOT装置)是按470℃和450℃设计的，可以采用无定形催化剂。我国在70年代后期引进的四套加氢裂化装置以及后来在镇海炼化设计制造的加氢裂化装置基本是按427℃设计的，不适宜采用无定形催化剂。此类装置选择以无定形硅铝作为主载体，并添加一定量改性的超疏水分子筛的高中油型加氢裂化催化剂较合理。虽然这类催化剂的活性不如中油型催化剂高，但比无定形催化剂活性高，可以保持装置的长周期稳定运行。此类型国产催化剂有FC－14、FC－28及ZHC－04等。此外，还有性能介于典型的中油型和上述催化剂之间的催化剂，例如3974、FC－26及ZHC－01等；国外高中油型加氢裂化催化剂有UOP公司的HC－22、DHC－32、DHC－39及DHC－41等。

虽说以无定形硅铝作为主载体添加一定量超疏水分子筛的高中油型加氢裂化催化剂的中间馏分油(喷气燃料＋柴油)收率在运转初期已达到或接近无定形加氢裂化催化剂的水平，其实这两种催化剂的选择性还是有差异的。无定形催化剂的优势在于多产柴油，而分子筛型催化剂的优势则在于多产喷气燃料。因此，如果主要目的产品是喷气燃料，则选用分子筛型催化剂为宜；如果为了多产柴油，则选用无定形催化剂为宜。表6－2－6和表6－2－7列出了UOP公司的用于最大量生产中间馏分油的无定形和分子筛型催化剂选择性以及产品质量上的差异。

上述两表所列对比数据说明，HC－22催化剂活性明显高于无定形的HC－102催化剂，中油产品中的喷气燃料产率相近，而柴油收率明显低。

表6－2－8列出了国产的无定形催化剂ZHC－02与含分子筛高中油型催化剂ZHC－04性能对比数据。

表6－2－6　UOP公司HC－102和HC－22催化剂性能对比

产品方案	石脑油—喷气燃料—柴油		石脑油—喷气燃料
催化剂型号	HC－102	HC－22	
原料油			
相对密度(5℃)	0.915		
馏程/℃	340～550		
硫/%	2.4		
氮/%	0.080		
产品分布(中油选择性)[①]/v%			
喷气燃料/C_4～重石脑油	2.10	2.00	2.12
柴油/C_4～重石脑油	3.90	1.93	
喷气燃料烟点/mm	28	29	33
柴油十六烷指数	65	67	
反应温度/℃	基准	基准－14	基准－6
相对运转周期	基准	3.3×基准	

① 产品分布(中油选择性)定义为产品对C_4～重石脑油的产率比。

表6－2－7　UOP公司DHC－8和DHC－32催化剂性能对比

催化剂型号	DHC－8	DHC－32
原料油	沙轻VGO	沙轻VGO
产品分布(中油选择性)/v%		
180～277℃喷气燃料/C_4～重石脑油	0.93	0.94
>277℃柴油/C_4～重石脑油	1.36	1.04
喷气燃料烟点/mm	24	24
柴油十六烷值	60	60
反应温度/℃	基准	基准－19.4

表 6-2-8　ZHC-02 与 ZHC-04 催化剂性能比较

催化剂型号	ZHC-02	ZHC-04	ZHC-02	ZHC-04
原料油	伊朗 VGO		伊朗 VGO	伊朗 VGO
密度(20℃)/g·cm^{-3}	0.9046		0.8972	0.9024
馏程范围/℃	268~528		282~510	321~528
硫/%	1.69		1.47	1.01
氮/%	0.140		0.122	0.114
工艺流程	单段一次通过		单段全循环	
产品分布(中油选择性)/%				
138~249℃喷气燃料/<138℃	1.82	1.91	1.59	1.47
249~371℃柴油/<138℃	3.16	2.98	2.07	1.53
产品主要性质				
喷气燃料　烟点/mm	24	26	28	28
芳烃/v%	12.2	9.8	8.4	
柴油　凝点/℃	-13	-14	-13	-3
十六烷值	60.6	61.3	64.4	62
反应温度/℃	基准 1	基准 1-6	基准 2	基准 2-16

④ 含分子筛的高中油型加氢裂化催化剂的中间馏分油收率虽然已经很接近无定形催化剂的水平，但还是有所差别的，无定形催化剂的优势在于多产柴油；而分子筛型催化剂的优势则在于多产喷气燃料。

⑤ 在单段全循环工艺条件下，无定形与分子筛型催化剂之间的活性差距比一次通过时明显拉大了，表明分子筛型催化剂对进料中有机氮化合物含量的敏感性比无定形催化剂高，即在较低进料氮的条件下，分子筛的裂解活性比无定形硅铝能得到了更佳的发挥。

四、生产裂解制乙烯原料

乙烯产率与裂解原料的含氢量有关。增加原料的含氢量可以提高乙烯的产率，降低副产品裂解汽油和焦油产率。图 6-2-1 为乙烯产率与裂解原料 BMCI 值之间的关系。原料的含氢量高则 BMCI 值小，乙烯产率就高。而 VGO 通过单段单程加氢裂化得到的加氢裂化尾油的 BMCI 值可以降低 25~40 个单位。加氢裂化尾油的 BMCI 值低，用作裂解原料所得到的乙烯产率与石脑油作原料的乙烯产率相差不多，比直接用 VGO 作原料的乙烯产率要高得多。由于 VGO 原料中的芳烃含量高，特别是重质 VGO 稠环芳烃含量高，不宜直接用作裂解原料，否则，不单是乙烯产率低、裂解焦油产率增加而且炉管结焦速度加快，从而缩短了裂解炉的运行周期。加氢裂化尾油的芳烃含量比石脑油和 VGO 都低，用作裂解原料不仅可以提高乙烯的产率、降低裂解汽油和焦油产率，而且还有利于裂解装置的平稳操作。

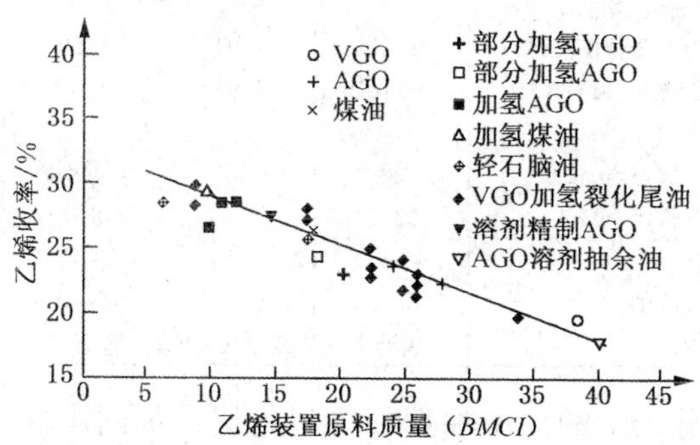

图 6－2－1　不同原料油的 BMCI 值与乙烯产率之间的关系[9]

早期加氢裂化生产裂解料时多采用单段一次通过及高转化率操作方案，使用的是中油型催化剂。因为要求裂解原料饱和度越高越好，而加氢裂化尾油中的烷烃含量随转化率的提高而增加。在高转化率方案下操作所得到的中间馏分油产品质量也比在低转化率下的质量好，表现在喷气燃料的烟点高及柴油的十六烷值高。但是，高转化率操作会导致尾油(裂解原料)收率减少。

胜利炼油厂引进的 SSOT 装置采用单段一次通过流程，使用 Chevron 公司的 ICR－126 裂化催化剂，生产石脑油、喷气燃料、柴油和裂解原料。当转化率控制在 55% 左右时，所得到的裂解原料的 *BMCI* 值约为 15。该装置于 1998 年 4 月部分换用国产 ZHC－01 催化剂。

目前，国内各石化公司根据生产需要，将一段串联全循环加氢裂化装置流程改为部分循环或单程通过流程操作，以生产高质量(低 *BMCI* 值)的裂解原料。一段串联加氢裂化工艺生产的裂解原料质量比单段加氢裂化工艺的要好些。但是一段串联加氢裂化装置的进料总空速比单段加氢裂化的要小一半左右。采用一段串联单程通过加氢裂化工艺生产裂解原料时，一般也选用中油型催化剂。

当加氢裂化尾油用作裂解原料时，除了其 *BMCI* 值是一个重要因素外，还要求干点(或95℃点)尽量低、芳烃(特别是多环芳烃)含量低。为此，今后应发展具有富集链烷烃、开环能力强和对重组分裂解能力强的生产裂解原料的专用催化剂。

五、生产润滑油基础油料

加氢裂化生产润滑油基础油料是通过对原料中芳烃的加氢饱和、环烷开环和烷烃异构化，使低黏度指数组分转化为高黏度指数组分，同时伴随加氢裂化反应，使黏度指数提高 50～60 个单位。因为在反应过程中能够产生高黏度指数组分，这是与常规溶剂抽提方法生产润滑油基础油料的差别。加氢裂化能够用低黏度指数原料生产高黏度指数润滑油基础油料，从而扩大了原料来源。

为了以减压蜡油和脱沥青油加氢裂化生产高黏度指数润滑油基础油料，要求催化剂具有中等偏弱的酸性和强加氢活性。这类催化剂一般是用钨、钼、镍、钴或贵金属铂、钯等担载于酸性载体($SiO_2-Al_2O_3$)上；也有在上述硅铝载体中添加少量改性的弱酸性分子筛。在加氢活性中心上的主要反应是饱和烃脱氢生成活性的烯烃中间体，使不饱和的裂化产物加氢饱和，并对生焦物质加氢，减少焦炭的生成，延缓催化剂失活。其次是进行部分异构化、环化和裂化以及脱氮、脱硫、脱金属反应。例如，以含有稠环芳烃的原料油进行加氢裂化生产高黏度指数润滑油基础油料时，需要经过下列步骤：

常规的润滑油基础油生产工艺用的是溶剂抽提法，抽提掉原料中低黏度指数的组分，特别是稠环芳烃；剩下的是高黏度指数组分，如带支链的烷烃、单环环烷和单环芳烃的抽余油。此工艺只是把高黏度指数组分分离出来，本身不能生成高黏度指数组分。因此，用溶剂抽提工艺生产润滑油基础油时，原料油的适应性窄，基础油收率也低。对高黏度指数组分含量较少、质量中等的原料油，需要非常高的剂油比，且收率很低；对质量差的原料油，则无法生产出高黏度指数的润滑油基础油。工业实践证明，任何脱蜡后黏度指数(*VI*)小于50的原料油，用溶剂抽提工艺生产润滑油基础油都是不经济的。

加氢裂化生产润滑油基础油料一般是采用单段一次通过流程，催化剂多采用生产中油型催化剂。加氢裂化得到的润滑油基础油的性质主要取决于原料油的类型和加氢裂化的苛刻度，原则上是既要尽量提高从加氢裂化尾油中获得的润滑油基础油的黏度指数又要尽可能减小黏度的降低。加氢裂化生产润滑油基础油料也可以采用一段串联一次通过流程。在生产中间馏分油(喷气燃料和柴油)和少量石脑油产品的同时所得到的加氢裂化尾油是质量很好的润滑油基础油料。

20世纪90年代发展的加氢法生产润滑油基础油料技术是经过加氢异构脱蜡后，再经加氢处理，而得到API第Ⅱ类和第Ⅲ类优质润滑油基础油。目前工业上用得最多的是Chevron公司的技术。据统计，采用Chevron公司技术生产润滑油基础油料的加氢裂化工业装置已有13套，加氢异构化工业装置已有10套，加氢后处理装置已有14套。加氢裂化生产润滑油基础油的收率随加氢裂化转化率的提高而降低；而基础油的黏度指数则随加氢裂化转化率的提高而提高。用Chevron公司的ICR-106催化剂生产黏度指数一样的润滑油基础油，产率比用其他的催化剂高10%左右(见图6-2-2)。

Chevron公司美国里奇蒙炼厂生产润滑油基础油的加氢裂化装置是目前世界上生产润滑油基础油料的最大的加氢裂化装置，分两个系列。一个系列加工 LVGO，另一个系列加工 HVGO，生产含蜡轻、中、重中性油，1984 年投产，加工能力分别为 0.75Mt/a 和 1.0Mt/a。

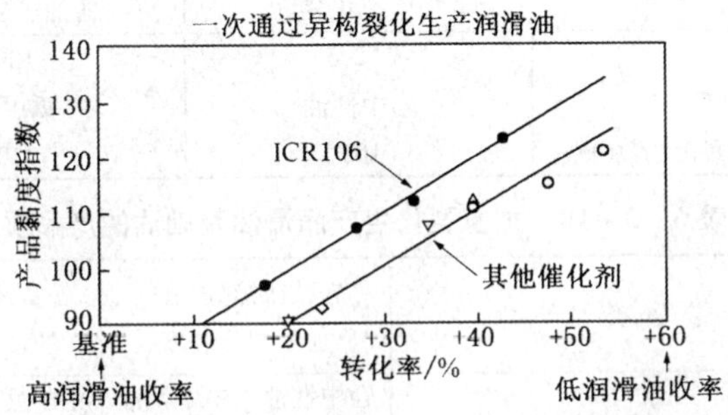

图 6-2-2　单段单程加氢裂化生产润滑油基础油黏度指数与产率的关系

加工 LVGO 的加氢裂化装置的原料油是 2/3LVGO 和1/3HVGO 的混合油，生产含蜡轻、中两种中性油料和一部分含蜡中中性油料，经过催化脱蜡和加氢后处理，最终获得 100 号轻中性油和一部分 240 号中中性油产品；加工 HVGO 的加氢裂化装置的原料油是 2/3HVGO 和 1/3 脱沥青油的混合油，生产含蜡中、重两种中性油料，经过溶剂脱蜡和加氢后处理，最终获得 500 号重中性油和一部分 240 号中中性油。1993 年，轻、中、重中性油料全部改用 ICR-408/ICR-407 催化剂进行加氢异构化(脱蜡)/加氢后处理，轻、中、重中性油的生产能力提高到 800kt/a。该加氢裂化装置加工美国阿拉斯加北坡原油的减压瓦斯油时的产品产率和性质如表 6-2-9和表 6-2-10 所列。

表 6-2-9　加氢裂化生产润滑油基础油的产品收率

装置类型	轻减压馏分油的加氢裂化装置	重减压馏分油的加氢裂化装置
氢耗/$Nm^3 \cdot m^{-3}$	196	187
产品产率/v%		
含蜡轻中性油料	23.0	—
含蜡中中性油料	18.0	29.6
含蜡重中性油料	—	15.6
其　他	71.5	64.6

续表

装置类型	轻减压馏分油的加氢裂化装置	重减压馏分油的加氢裂化装置
合　计	112.5	109.8
控制质量产品	轻中性油	重中性油
控制脱蜡油黏度指数(*VI*)	103	101

表6-2-10　加氢裂化生产润滑油基础油的产品质量

装置类型	轻减压馏分油的加氢裂化装置		重减压馏分油的加氢裂化装置	
中性油性质	轻中性油	中中性油	中中性油	重中性油
相对密度	0.8519	0.8540	0.8686	0.8676
闪点/℃	207	227	227	268
脱蜡油黏度(40℃)/$mm^2 \cdot s^{-1}$	18.11	31.44	47.37	90.73
脱蜡油黏度(100℃)/$mm^2 \cdot s^{-1}$	3.846	5.639	6.812	10.70
黏度指数(*VI*)	103	119	97	101

韩国油公公司蔚山炼油厂生产中间馏分油和润滑油基础油料的加氢裂化装置采用UOP公司的技术，一段串联部分循环流程。一反预处理精制催化剂是HC-K，二反裂化催化剂为HC-22。该装置年加工能力为1.35Mt/a，1994年投产，除了生产石脑油、喷气燃料和柴油外，还利用一部分未转化的尾油生产100N和150N中性油料。

FRIPP研制开发的无定形催化剂ZHC-02和分子筛型单段催化剂ZHC-01以及多种适用于一段串联流程的中油型、高中油型催化剂，其加氢裂化尾油均可用作制取润滑油基础油。表6-2-11列出了ZHC-01催化剂单段单程加氢裂化孤岛VGO和伊朗VGO以及ZHC-03催化剂一段串联一次通过加氢裂化中东高硫原油混合油时的原料油性质、工艺条件以及尾油经溶剂脱蜡后的润滑油基础油收率和性质。结果表明，采用单段单程通过或者一段串联流程加工各种VGO，在生产中间馏分油和石脑油产品的同时，其尾油经脱蜡和补充精制后可制取高黏度指数润滑油基础油。

表 6－2－11　加氢裂化制取润滑油基础油的试验结果

催化剂型号	ZHC－01			3936/ZHC－03	
工艺流程	单段一次通过			一段串联一次通过	
原料油①	孤岛 VGO		伊朗 VGO	混合油－1	混合油－2
密度(20℃)/g·cm^{-3}	0.9133		0.9046	0.9131	0.9136
馏程/℃	314～539		268～528	296～524	282～525
硫/%	0.98		1.69	2.41	1.98
氮/%	0.171		0.140	0.127	0.148
凝点/℃	32		30	28	24
工艺条件					
反应压力②/MPa	14.0		14.0	15.7	
体积空速 (R1/R2)/h^{-1}	1.12		0.5	1.41/103	
反应温度 (R1/R2)/℃	402		375	373/375	373/370
主要产品收率和性质					
液体产品收率/%	96.5		96.0	96.25	96.43
含蜡润滑油馏分	>350℃	>370℃	>350℃	>370℃	>370℃
收　率/%	40.1	33.8	48.0	26.85	35.59
脱蜡润滑油料					
收　率/%	30.8	24.5	34.25	18.85	27.48
黏度指数(*VI*)	100	104	100	120	118
倾　点/℃	-9	-9	-12	-12	-18
符合中性油牌号	HVI150	HVI200	HVI150	HVI150	HVI150

① 混合油 1 的配比：沙特 VGO/伊朗 VGO/伊朗 CGO＝82.3/7.4/10.3；混合油 2 的配比：沙特 VGO/伊朗 VGO/伊朗 CGO＝45/45/10。

② 单段一次通过流程的反应压力为氢分压；一段串联一次通过流程为总压。

第三节　根据流程和反应条件选用催化剂

一、高压加氢裂化催化剂

烃类在加氢裂化过程中的裂解反应与催化裂化过程中的裂解反应一样，都是在催化剂的酸性中心上，遵循正碳离子反应机理进行的。前已述及，加氢裂化催化剂的加氢组分和裂解组分配比随着工艺过程不同和目的产品要求的不同而改变。即要求催化剂具有最佳的加氢活性与酸性的匹配，以满足不同工艺过程的要求。

1. 单段加氢裂化催化剂

单段加氢裂化过程所用的催化剂是在没有预精制段精制催化剂保护下使用的。有的只是在裂化催化剂的上部装入少量的脱金属保护剂和精制剂。因此，单段加氢裂化过程一般是裂化催化剂与含氮高达1000～2000μg/g 的进料直接接触，即在一个催化剂上同时完成加氢精制和加氢裂化这两个反应过程。这就要求催化剂应具备更好的耐氮化物中毒的能力，即在反应物料氮含量很高的条件下仍具有良好的加氢裂化活性，同时还要有较好的承受和延缓积炭生成的性能。因此，单段加氢裂化催化剂应更多地强调加氢功能的改善，即应该使其具备有尽量多的加氢活性中心，以便催化剂在与进料接触时能尽快地将进料中的非烃化合物，特别是对催化剂酸性中心具有毒害作用的有机氮化物转化成对催化剂酸性中心毒害作用弱得多的氨，可使催化剂保留较多的酸性中心，即保留较高的裂解和异构化活性。在强调了加氢活性的同时，也应保持适中的酸性，酸中心数要多而且以中弱酸为主。

单段加氢裂化催化剂属于非贵金属催化剂，一般是以无定形硅铝作为主载体，不加或添加少量经过改性的，具备较强耐氮能力的如 Y 沸石、β 分子筛来调节载体酸性以满足单段加氢裂化催化剂的要求。这类催化剂活性较低，起始反应温度较高。属于单段加氢裂化催化剂的有：Chevron 公司的 ICR－106、ICR－126、ICR－142 和 ICR－150 等。FRIPP 的单段加氢裂化催化剂有 3912、3973、ZHC－01、ZHC－02 和 FC－14。其中 3973 和 ZHC－02 为无定形催化剂，其余的为分子筛催化剂。3973 和ZHC－02催化剂的活性低，但都具有很高的中油选择性。3973 催化剂已于 1997 年 10 月首次工业应用。ZHC－02 催化剂适用于加工 LVGO 最大量生产低凝柴油，已于1999 年7 月工业应用。FC－14 催化剂是 FRIPP 新近开发的、具有较高裂化活性和很高的中油选择性，特别适用于较高干点原料油单段全循环加氢裂化最大量生产低凝柴油产品。采用单段一次通过流程，在相同条件下加工相近原料油时，FC－14催化剂的反应温度比3973无定形催化剂低12℃，中间馏分油收率高约3%，同时喷气燃料芳烃含量低5v%左右，烟点高8mm，而柴油凝点相当，充分体现了FC－14催化剂较高活性、高中油选择性、强加氢性能和异构功能的特点。但它的开环能力稍低，因此尾油BMCI值比3973催化剂高约10个单位，这种尾油不适合于作蒸汽裂解制乙烯的原料。ZHC－01催化剂活性高，可灵活生产石脑油、中间馏分油和乙烯料，属于中油型催化剂。

单段加氢裂化工艺技术也在不断改进，例如在裂化催化剂的上部装入的脱金属保护剂和脱硫脱氮精制剂可根据所要加工处理的原料油非烃化合物杂质含量的多少，级配不同数量的保护剂和精制剂以获得最佳的效果。

2. 一段串联加氢裂化催化剂

用于一段串联加氢裂化工艺过程的裂化催化剂是在精制催化剂保护下使用的。反应物（精制油）氮含量一般都小于10μg/g，不会对裂化催化剂的酸性造成明显毒害而影响催化剂的裂解活性。因此，用于一段串联或两段法加氢裂化工艺过程的裂化催化剂，可加入更多的改性分子筛，以获得更高的裂解活性。这类裂化催化剂的分子筛含量成倍乃至数倍于单段加氢裂化催化剂。如以石脑油和化工原料为主要目的产品的轻油型裂化催化剂，其分子筛含量可高达50%以上，以确保催化剂具有很高的裂解活性。而中油型和高中油型裂化催化剂的分子筛用量就不宜太多，而且在分子筛的酸强度分布和酸度方面也要作适当的调整，选用那种具有二次孔丰富、比表面积大、结晶度高、晶胞参数低等特点的分子筛，尤其是高中油型裂化催化剂更是如此。另外，还要用大量的大孔、弱酸性的无定形硅铝来调节载体的酸性。在加氢活性组分方面，轻油型裂化剂的活性金属含量比中油型和高中油型裂化剂要低一些，即在催化剂的酸性与加氢活性的匹配上，轻油型裂化剂更强调酸性，而中油型和高中油型裂化剂则更强调加氢性能的提高，以改善催化剂的中油选择性。

适用于一段串联加氢裂化工艺过程的裂化催化剂品种非常多，轻油型、中油型和高中油型中的非贵金属催化剂都属于此类。单段加氢裂化催化剂虽然也可以用于一段串联加氢裂化过程，但不是理想的选择，主要是催化剂裂解活性低，而一段串联加氢裂化工艺过程的裂化催化剂，则不能用于单段加氢裂化工艺过程。一方面由于大量的有机氮化物尤其是碱性氮化物与催化剂酸性中心之间的相互吸附使其失去活性，且会波及数个相邻的酸性中心，使其活性降低。吸附作用是可逆过程，提高温度可以加快脱附速度，恢复酸性中心的活性。因此，在单段加氢裂化流程中，分子筛含量高的裂化催化剂的裂解活性优势发挥不出来，而且还影响了催化剂的中油选择性和加氢裂化产品的质量。下面表6-3-1和表6-3-2分别列出了催化剂A和B用于一段串联加氢裂化流程和单段加氢裂化流程的试验数据可以明显看出这一点。催化剂A为一种中油型单段加氢裂化催化剂；催化剂B所含的分子筛量数倍于A催化剂，是一种性能优异的、适用于一段串联加氢裂化流程的中油型催化剂。

表6-3-1　一段串联加氢裂化工艺试验数据

催化剂编号	A	B
原料油	胜利减二线	
密度(20℃)/g·cm^{-3}	0.9078	
馏程/℃	340~511	
硫/%	0.56	
氮/%	0.16	
工艺条件		
反应压力(总)/MPa	15.5	
二反体积空速/h^{-1}	1.5	
二反氢油体积比	1500	
二反反应温度/℃	基准	基准-12
中油选择性/%	74.2	74.1

续表

催化剂编号	A	B
产品主要性质		
重石脑油芳潜/%	56.3	58.0
喷气燃料 烟点/mm	25	28
芳烃/v%	5.9	3.5
柴油 凝点/℃	-13	-12
十六烷值指数	64.2	63.0
加氢尾油 *BMCI* 值	18.0	19.2

表 6-3-2 单段加氢裂化工艺试验数据

催化剂编号	A	B
原料油	孤岛 VGO	
密度(20℃)/g·cm^{-3}	0.9113	
馏程/℃	314~539	
硫/%	0.98	
氮/%	0.171	
工艺条件		
反应压力(总)/MPa	14.0	
体积空速/h^{-1}	1.12	
氢油体积比	1200	
反应温度/℃	基准	基准-3
中油选择性/%	76.2	73.1
产品主要性质		
石脑油芳潜/%	48.0	47.4
喷气燃料 烟点/mm	21	20
芳烃/v%	14.6	18.0
柴 油 凝点/℃	-7	-9
十六烷值指数	58.9	55.9
加氢尾油 *BMCI* 值	22.9	24.5

在表6－3－1中，催化剂B的反应温度比催化剂A的低12℃，而在表6－3－2中的反应温度仅相差3℃，另外其中油选择性也有差别。

二、中压加氢裂化催化剂

操作压力 在6.0～10.0MPa间的加氢裂化统称中压加氢裂化。它包括缓和加氢裂化、中压加氢裂化、中压加氢改质等派生技术。

1. 缓和加氢裂化(MHC)催化剂

中压加氢裂化技术的开发，其目的在于增产优质柴油，部分满足油品市场对柴油的需求；降低装置的建设投资和操作费用。从20世纪70年代末和80年代初开始，世界油品市场对低硫燃料油需求减少，中间馏分油需求增加。为适应这一形势，一些国家将原有的VGO加氢脱硫(HDS)装置改造成缓和加氢裂化(MHC)装置。其反应压力受到原HDS装置的限制，一般均在6.0～8.0MPa范围，而与HDS工艺操作的区别是MHC提高了过程的裂化深度，转化率在10%～40%之间。当时直接选用常规的加氢处理催化剂，这种催化剂大多以氧化铝为载体，裂解活性低，所以当时的MHC的起始操作温度较高，为400℃左右。在这种条件下，原料VGO既有部分裂化为轻质油品，又同时增加了过程的脱硫、脱氮的深度。所得到的轻质产品的硫、氮含量都相当低，产品的其他质量也大为提高，未转化尾油的质量也得到了较大改善，可以作为催化裂化或裂解制乙烯进料。MHC技术得到工业应用后，随着市场需求的增加，MHC过程所使用的催化剂也不局限于常规的加氢处理催化剂，有的公司开发了专用的MHC催化剂，或者将高压加氢裂化催化剂用于MHC工艺过程，这些催化剂在保持良好的加氢活性及中间馏分油选择性的同时，提高其裂解活性。

2. 中压加氢裂化(MPHC)催化剂

在上述技术的基础上，有的企业根据实际需要，专门设计和建设了新装置。这些新装置的工艺条件可以更加优化，例如当处理更重和质量较差的进料，或者要求产品及尾油质量更好时，就可以选用10.0MPa或更高一点的反应压力。为了获得更多的中间馏分油，一些国外石油公司和研究单位相继研制出新型催化剂以适应在中压下实现高转化率操作，从而发展成目前的中压加氢裂化技术。例如，德国Linde公司研制开发的非贵金属弱酸性分子筛催化剂；美国Zeolyst公司研制了新型分子筛型加氢裂化催化剂与美国Criterion催化剂公司开发的Ni－Mo精制催化剂组合使用；荷兰Akzo公司研制了多种中压加氢裂化催化剂，如非贵金属加氢裂化催化剂KC－2300、KC－2600与该公司的精制催化剂KF－843组合使用。Mobil、Akzo和Kellogg三家公司联合出售的MAK—MPHC技术(以VGO为原料，采用Akzo公司催化剂)得到了工业应用。

国内在MPHC和MHC的催化剂研究方面也做了许多工作，并取得了长足进展。FRIPP率先于1988年将高压加氢裂化催化剂3824与加氢精制催化剂3822组合使用，在荆门炼化总厂250kt/a中压加氢裂化装置上工业应用，采用一段串联一次通过工艺，在6.5MPa氢分压下加工南阳原油重柴油，可获得26.5%芳烃潜含量为39.4%的重石脑油、17.6%烟点达到28mm的喷气燃料和34.0%十六烷值高达68的0号轻柴油以及余下的20.2%BMCI值为3.2的尾油。

实际上，MPHC和MHC之间没有什么本质上的差别，二者之际的差别只不过是转化深度不同而已。人们通常将在中压下控制转化率较高的工艺过程称为MPHC；而将在中压下控制转化率较低的工艺过程称为MHC。由于过程的转化深度控制的不同，二者的产品分布和质量也有所差别，MPHC的轻质油的产率较高，油品质量较好；而MHC的轻质油产率较低，尤其是石脑油很少，其柴油的质量不如前者，主要体现在柴油十六烷值的差距上，其尾油的质量也不如前者，但收率高，可达60%以上。

MHC 工艺过程的主要目的产品是供作催化裂化或裂解制乙烯原料的加氢尾油，同时兼产部分轻柴油满足油品市场对柴油的需求；而 MPHC 工艺过程的主要目的产品是轻质油品，尤其是轻柴油。MPHC 过程也可采用全循环或者部分循环工艺，以获取更多更好的轻质油品的收率和产品质量。为了达到此目的，则要选用加氢性能好、裂解活性较高的裂化催化剂，同时还要选用加氢脱氮活性高的精制催化剂与其配套使用，采用一段串联的工艺。其主要目的产品是供作催化裂化进料的加氢尾油时，则可以采用总空速大的单段工艺过程，控制较低的转化率，其尾油的质量就能满足催化裂化进料的要求；而尾油是要作裂解制乙烯原料时，则应当采用一段串联的工艺流程并应该控制较高一些转化率，这样即可获得质量较好(BMCI 值较小)尾油，以提高乙烯的产率。

中压和高压加氢裂化的惟一差别是压力不同，随着氢分压的降低，芳烃加氢的反应显著降低。这是因为降低了反应系统的氢分压，不仅降低了芳烃加氢可能达到的热力学平衡点，而且也降低了它的反应速率。同样，加氢脱氮反应速度常数也随着氢分压的降低而减小，为达到相同的脱氮率，则需要提高反应温度。

重质馏分油中的氮含量通常在 1000μg/g 左右，在高压加氢裂化工艺过程中，为了保证裂化催化剂的活性稳定性，一般要求精制油的氮含量小于 10μg/g。(随着近几年来耐氮型裂化催化剂研制开发成功，对精制油的氮含量的要求已经放宽到30～50μg/g,乃至 100μg/g。)在中压下，由于受反应热力学和动力学的限制，要达到小于 10μg/g 氮的要求，精制催化剂的操作条件将特别苛刻，需要很高的反应温度或者很低的进料空速，这些均不易于实现工业化。中压加氢裂化精制段出口的精制油的氮含量一般都高于 10μg/g，因此，它要求裂化催化剂不仅要有高的加氢和裂解活性，而且应具有更好的抗氮能力，以弥补降低系统压力带来的不利影响，保证产品质量和装置运转周期。

另一方面，中压加氢裂化的单程转化率一般控制在50%以上，随着转化率的提高，二次裂解反应增加，降低了中间馏分油的产率。故中压加氢裂化催化剂还应具有高的中油选择性，才能真正实现增产柴油的目的。因此，中压加氢裂化装置应该选用具有优良的加氢脱氮和芳烃加氢饱和性能的精制催化剂与具有高的加氢和裂解活性、强的抗氮能力和高的中间馏分油选择性的裂化催化剂进行优化组合。

3. 中压加氢改质(MHUG)催化剂

催化裂化柴油在国内生产的轻柴油中约占30%。尤其是掺炼渣油的催化裂化柴油，存在着硫、氮和芳烃含量高，十六烷值低，颜色深和贮存安定性差等问题。采用通常的加氢精制办法是可以脱除催化柴油中的硫和氮，同时也可以解决贮存安定性问题。但是，由于通常的加氢精制过程对催化柴油的十六烷值提高幅度只有4~6个单位，无法大幅度降低催化柴油中的芳烃含量。因此有必要开发一种比常规加氢精制更好的改质技术。20世纪90年代以来，FRIPP和RIPP都相继开展了MHUG技术的研究工作，并取得了进展。MHUG技术实际上是将中压加氢裂化或缓和加氢裂化技术用于催化裂化柴油的改质，它需要选择或研制一种能对催化裂化柴油中双环及多环芳烃具有高的选择性破环能力的加氢裂化催化剂。通过选择性加氢开环，将催化裂化柴油中的双环及多环芳烃加氢饱和并进一步加氢裂解为石脑油组分，使柴油中的芳烃含量大幅度降低，十六烷值提高。而裂解得到的石脑油则富含环烷烃和芳烃，是优质催化重整原料。

4. 提高十六烷值的MCI催化剂

石油产品的烃类族组成直接影响产品的性质。十六烷值是柴油燃烧性能的重要指标，提高柴油的十六烷值，即提高柴油中高十六烷值组分的相对含量，采用加氢手段，将双环和多环芳烃中的芳环部分地转化成环烷环或进而转化成较小分子的芳烃，这种方法中的前者为加氢精制，后者为加氢裂化。催化柴油中双环和三环芳烃，在MCI过程中的反应历程是萘及双环以上的芳烃只进行芳环饱和和环烷开环，而分子碳数不变。由于双环和三环芳烃转化为烷基苯及烷基环已烷，因而柴油的十六烷值可得到较大幅度的提高，这是MCI技术的最大特点。

MCI技术是属于一种加氢改质过程，其加工处理的原料主要是硫氮以及芳烃含量均很高、十六烷值很低、质量低劣的催化裂化柴油。其核心是开发一种能够脱除原料中的硫、氮等非烃化合物以及安定性差的烯烃，同时能将催化柴油中的芳烃进行开环裂解，并控制发生进一步的断链反应的催化剂和相应工艺，因此要求MCI催化剂应具有以下性能：

① 具有较大的孔容和比表面积，提供较多的活性中心；

② 具有适宜的孔分布，在保证中孔集中的同时要求有适量的大孔，有利于芳烃、胶质等大分子物资的扩散；

③ 适宜的表面酸度及酸分布，促使多环化合物加氢开环而不断链；

④ 活性组分高度分散；

⑤ 耐压强度高。

根据上述系统研究工作，确定了催化剂的主要组分，通过调变催化剂中各主要组分的含量及添加方式，使催化剂的酸性裂解功能和加氢功能匹配合理，从而研制出了性能符合MCI技术要求的新一代催化剂FC－18。

第四节　工业催化剂

一、加氢裂化催化剂

直到目前为止，国内研制开发成功并工业生产的加氢裂化催化剂均是非贵金属类型的催化剂。1990年以前研制开发的加氢裂化催化剂的商品牌号、类型、性能特点以及主要用途等列于表6－4－1；而这些裂化催化剂的工业应用概况列于表6－4－2。

表 6-4-1　1990 年前国产的加氢裂化催化剂简介

牌　号	催化剂类型	主 要 用 途	主要目的产品	载　体	金属组分	研制单位
3652	中油型	高压加氢裂化 VGO 大量生产中间馏分油	柴油、汽油	$SiO_2-Al_2O_3$		大连化物所
3762	中油型		汽油、柴油、润滑油	β 沸石，$SiO_2-Al_2O_3$		大连化物所
3792	中油型		汽油、柴油、润滑油	ZSM-8，$SiO_2-Al_2O_3$		石油三厂
3824	中油型	高压加氢裂化 VGO、掺炼 CGO	喷气燃料、柴油、石脑油及乙烯料	USY 沸石，Al_2O_3	Mo-Ni	抚顺石化院
3825	轻油型	高压加氢裂化 VGO	石脑油、喷气燃料	USY 沸石，Al_2O_3	Mo-Ni	抚顺石化院
3882	中油型	缓和加氢裂化	乙烯料、柴油、少量石脑油	REY 沸石，Al_2O_3	W-Ni	抚顺石化院
3901	高中油型	高压加氢裂化 VGO	柴油、喷气燃料、少量石脑油	β 沸石，$SiO_2-Al_2O_3$	W-Ni	抚顺石化院
3903	中油型	高压加氢裂化 VGO	喷气燃料、柴油、石脑油	USY 沸石，$SiO_2-Al_2O_3$	W-Ni	抚顺石化院

续表

牌　号	催化剂类型	主 要 用 途	主要目的产品	载　体	金属组分	研制单位
3905	轻油型	中、高压加氢裂化 VGO	石脑油、喷气燃料	SSY 沸石，Al_2O_3	W－Ni	抚顺石化院
3912	中油型	单段加氢裂化 VGO	中间馏分油、乙烯料及石脑油	DAY 沸石，Al_2O_3	W－Ni	抚顺石化院
3934/3935	润滑油加氢处理组合	加氢处理 VGO、DAO、溶剂精制油	润滑油料、柴油及部分石脑油	专有	W－Mo－Ni	抚顺石化院
RT－1	轻油型	中压加氢裂化				石科院
RT－5		中压加氢改质				石科院

表 6-4-2 1990 年前国产的加氢裂化催化剂工业应用简介

催化剂牌号	应用时间	应用地点	装置类型	装置加工能力(10^4t/a)
3652	1996	大庆	单段高压加氢裂化	26
3824	1988	荆门	中压加氢裂化	25
	1990	茂名	高压加氢裂化	80
	1993	镇海	高压加氢裂化	80
3825	1990	盘锦	中压加氢裂化	25
	1991	金山	高压加氢裂化	90
	1995	辽阳	高压加氢裂化	100
	1996	吉林	中压加氢裂化	60
	1997	燕山	中压加氢改质	100
	1997	扬子	高压加氢裂化	120
3882	1989	齐鲁	缓和加氢裂化	22
	1997	镇海	高压加氢裂化	90
3903	1993	金陵	高压加氢裂化	80
	1996	金陵	高压加氢裂化	80
	1997	镇海	高压加氢裂化	90
	1997	抚顺	高压加氢裂化	40
3905	1997	扬子	高压加氢裂化	80
	1999	天津	高压加氢改质	80
RT-1	1993	大庆	中压加氢裂化	26
RT-5	1995	锦州	中压加氢改质	80

20 世纪 90 年代中期以后，FRIPP 在重质馏分油加氢裂化催化剂的研制开发工作取得了长足进步，各种型号性能各异的加氢裂化催化剂陆续研制开发成功，并形成了大批量生产的能力。现按类别介绍如下：

1. 轻油型催化剂

① 3955 催化剂。

3955 催化剂是第一代轻油型 3825 的换代产品，具有耐氮性能好、活性高、重石脑油选择性高的特点。该催化剂在低氮下（小于 10μg/g）具有良好的活性稳定性；在精制油氮含量

20～30μg/g 下连续运转 2912 小时，反应温度提升了 5℃，提速率 0.041℃/d，说明该剂在较高氮含量下仍具有良好的活性稳定性。在相同的工艺条件下，3955 催化剂反应温度比 3825 催化剂低7～9℃，产品分布和性质相当。表 6－4－3 列出了上述两个催化剂在和带有气体循环的小型试验装置上，采用一段串联一次通过流程，分别以胜利 VGO 和伊朗 VGO 为原料的对比试验的结果。

表 6－4－3　3955 与 3825 催化剂对比评价结果

催化剂牌号	3955	3825	3955	3825
试验装置	小型试验装置		新引进试验装置	
原料油	胜利 VGO		伊朗 VGO	
密度(20℃)/$g\cdot cm^{-3}$	0.9078		0.9027	
馏程/℃	340～511		288～536	
硫/%	0.56		1.55	
氮/%	0.160		0.130	
R1 精制油含氮/$\mu g\cdot g^{-1}$	＜5	＜5	3～6	3～6
R2 裂化段反应温度/℃	364	373	367	374
主要产品收率(对进料)/%				
65～177℃	48.23	48.13	47.10	48.03
＞177℃	40.78	41.06	39.00	38.38
C_5^+液收/%			95.69	96.11
重石脑油芳潜/%			53.2	53.0

② FC－24 催化剂。

FC－24 催化剂是 FRIPP 新研制的高选择性轻油型加氢裂化催化剂。它保持了 3955 催化剂的活性和稳定性，在相同工艺和原料油条件下，FC－24 催化剂比 3955 催化剂的重石脑油选择性提高 2%～3%。表 6－4－4 列出了这两个催化剂性能对比试验的结果；表 6－4－5 列出了 FC－24 催化剂与参比剂在 A2 中试装置的对比试验结果。结果表明，以伊朗 VGO 为原料，在 177℃$^+$单程转化率 60v% 的条件下全循环裂化及其他工艺条件相同时，与国外参比剂相比，FC－24 催化剂的反应温度低 5℃，目的产品 65～177℃重石脑油的收率高了 3 个百分点以上，化学氢耗量低0.13个百分点。2005年该剂已在扬子石化首次工业应用。

表6-4-4 FC-24与3955催化剂性能对比试验结果

原料油	伊朗(轻)VGO	
密度(20℃)/g·cm^{-3}	0.9024	
馏程/℃	321~528	
硫/%	1.01	
氮/%	0.114	
催化剂牌号	FC-24	3955
R2反应温度/℃	370	370
产品分布/%		
轻石脑油	10.17	12.69
重石脑油	45.75	44.71
尾　油	42.26	38.73
C_5^+ 液收/%	98.18	96.13
重石脑油相对选择性①/%	81.81	77.89

① 重石脑油相对选择性=重石脑油收率/(重石脑油收率+轻石脑油收率)。

表6-4-5 FC-24催化剂与国外同类参比剂性能对比试验结果①

原料油	伊朗VGO	
密度(20℃)/g·cm^{-3}	0.9121	
馏程/℃	335~532	
硫/%	1.28	
氮/%	0.132	
一段串联工艺流程	>177℃全循环	
裂化段催化剂	FC-24	参比剂
裂化段反应温度/℃	367	372
主要产品分布/%		
C_5~65℃ 轻石脑油	20.12	22.68
65~177℃重石脑油	69.54	66.16

续表

C_5^+液收/%	89.66	88.84
化学氢耗/%	基准 -0.13	基准
产品主要性质		
轻石脑油辛烷值(MON)	84.8	83.6
重石脑油芳潜/%	49.6	48.4

① 关于FC-24催化剂详情见第五节。

2. 中油型催化剂

中油型催化剂是以喷气燃料和柴油为主要产品，兼产部分石脑油以供作催化重整的进料。该类型催化剂在工业装置上具有较高的生产操作灵活性，可以通过调整床层反应温度，控制不同单程转化率，即可调变产品分布，以适应市场对油品需求的季节性变化。

① ZHC-01催化剂。

ZHC-01催化剂是采用共胶法制备的，以无定形硅铝为主，添加少量改性的Y分子筛作酸性裂解组分，以钨镍金属作加氢活性组分。表6-4-6列出了ZHC-01催化剂与参比剂小试对比数据。该剂已于1998年在胜利炼油厂“SSOT”装置上首次工业应用，连续稳定运转三年未再生。2001年初，在同一炼油厂新建成的1.4Mt/a一段串联装置上进行第二次工业应用，也取得了圆满成功。表6-4-7列出了ZHC-01催化剂在“SSOT”工业装置上应用和在一段串联工业装置上应用的结果。

该催化剂用于单段加工含氮量比孤岛VGO低的其他油种时，所需反应温度将可降低许多，运转周期亦可延长，而且产品质量也获得大幅度改善。尤其像加工大庆原油VGO这类含氮量低的原料时，就不必采用一段串联的流程，而只需一个反应器的单段工艺流程即可。表6-4-8列出了ZHC-01催化剂单段加氢裂化大庆VGO以及中东高硫原油VGO的小型试验结果。表6-4-9所列的数据是上表中伊朗VGO单段加氢裂化尾油的脱蜡油的收率和性质。

此催化剂还可以用于高硫原油 VGO 以及混对部分 CGO 这样含硫量很高的、不宜直接作为催化裂化(FCC)进料的原料的单段 MHC，以生产硫含量符合催化裂化进料要求的小于 0.3% 的重馏分油(尾油)为主，兼产部分轻柴油，表 6-4-10 列出了单段 MHC 试验结果。

表 6-4-6 ZHC-01 与参比催化剂小试数据

催化剂型号	ZHC-01		参比剂
原料油	孤岛 VGO		
密度(20℃)/g·cm^{-3}	0.9133		
馏程/℃	314~539		
硫/%	0.98		
氮/%	0.171		
主要工艺参数			
反应压力(氢)/MPa	14.0		
体积空速/h^{-1}	1.12		
氢油体积比	1200		
反应温度/℃	402		405
(喷气燃料+柴油)/石脑油收率	3.90		3.66
加氢尾油收率/%	40.1		39.9
产品主要性质			
石脑油芳潜/%	53.2		50.1
喷气燃料 烟点/mm	21		20
喷气燃料 芳烃/v%	13.8		14.4
柴油 凝点/℃	-12		-11
柴油 十六烷值	58.5		58.0
尾油	>370℃	>350℃	>350℃
BMCI 值	20.7	19.0	20.3
脱蜡温度/℃	-20	-20	-20
脱蜡油收率(对尾油)/%	72.5	75.5	76.3
脱蜡油收率(对 VGO)/%	24.5	30.8	31.5
黏度指数(*VI*)	104	100	95
倾点/℃	-9	-9	-10
符合中性油牌号	HVI 200	HVI150	HVI150

表6-4-6数据表明，用相同原料油在相同转化率下，ZHC-01催化剂的反应温度低3℃，且中油选择性高。

表6-4-7　ZHC-01加氢裂化催化剂工业装置标定数据

工业装置规模	0.56Mt/a		1.40Mt/a	
工艺流程	单段一次通过		一段串联一次通过	
原料油	胜利和进口混合油 VGO	胜利和孤岛混合油 VGO	胜利和进口混合油 VGO:CGO(87:13)	
密度(20℃)/g·cm^{-3}	0.9083	0.9061	0.8898	
馏程/℃	296~514	330~500	262~538	
硫/%	0.82	0.72	1.50	
氮/%	0.08	0.08	0.105	
工艺操作参数			R401	R402
反应器入口压力/MPa	15.6	16.2	16.6	16.2
平均反应温度/℃	397	399	374	373
产品分布/%				
液化石油气	0.24	0.37	2.4	
石脑油	14.8	14.9	7.3	
喷气燃料	22.2	24.0	22.8	
柴油	10.1	14.3	30.3	
尾油	52.1	43.8	36.6	
产品主要性质				
喷气燃料　冰点/℃	<-52	<-52	<-52	
烟点/mm	21.2	21.6	26.7	
柴　油　凝点/℃	<-20	-3	-2	
十六烷值	44.8		57	
尾　油				
馏程/℃　IBP/10%/EBP	275/325/500	312/380/496	301/353/512	
*BMCI*值	20.8	16.9	12.0	

ZHC-01催化剂在“SSOT”工业装置上应用结果表明，其活性、中油选择性和加氢裂化各馏分产品质量均达到较高水平。它在新建的一段串联加氢裂化工业装置上应用结果也表明，ZHC-01催化剂具有活性高、中油选择性好、生产灵活性大等特点。加工中东含硫油和胜利油混合油VGO并掺炼13%CGO时，精制和裂化两个反应器床层平均反应温度分别为374℃和373℃，其中间馏分油产品(喷气燃料和柴油)重量收率达53.1%而石脑油

只有7.3%，二者重量产率比高达7.3，加氢尾油收率为36.6%，BMCI值12.0，是优质蒸汽裂解乙烯料。

表6-4-8 ZHC-01催化剂单段加氢裂化大庆VGO、中东油VGO的结果

原料油	大庆VGO		沙特VGO		伊朗VGO
密度(20℃)/g·cm^{-3}	0.8544		0.9133		0.9046
馏程/℃	301~509		319~531		268~528
硫/%	0.071		2.20		1.69
氮/%	0.045		0.079		0.140
反应温度/℃	375	380	385	385	375
产品分布/%					
轻石脑油	2.4	4.6	4.3	4.3	1.8
重石脑油	8.1	15.4	10.5	10.8	5.4
喷气燃料	22.6	31.2	32.0	34.1	22.3
轻柴油	17.1	13.2	15.9	16.3	18.5
尾油	46.5	29.6	32.4	29.0	48.0
产品主要性质					
重石脑油芳潜/%	47.4	38.1	64.1	63.2	70.1
喷气燃料：烟点/mm	31	35	25	27	24
芳烃/v%	3.1	1.1	13.4	9.5	15.0
柴油：凝点/℃	-10	-6	-10	-12	-5
十六烷指数	81.9	81.5	64.1	62.7	
加氢尾油 *BMCI*值	11.0	10.9	17.0	13.8	20.0

从表6-4-6和表6-4-9所列的单段加氢裂化尾油脱蜡油的数据表明，ZHC-01催化剂在单段加氢裂化孤岛VGO和中东高硫原油VGO时，所得到的加氢裂化尾油不仅可以作蒸汽裂解制乙烯的进料，也可以经溶剂脱蜡后获得25%~35%高质量的、高黏度指数的润滑油基础油。表6-4-8和表6-4-9数据表明，ZHC-01催化剂还有较好的原料适应性。

表6-4-9 伊朗VGO单段加氢裂化尾油脱蜡油收率和性质

脱蜡温度/℃	-20
收率(对尾油)/%	71.4
收率(对VGO)/%	34.3
脱蜡油性质	
黏度指数(*VI*)	100
倾点/℃	-12
符合中性油牌号	HVI150

表6-4-10列出了单段MHC的结果表明，该技术特

点是过程体积空速大，可加工处理劣质原料以生产优质 FCC 进料的同时，可生产大约 35% 的轻柴油，而石脑油的产率则非常少，也是一种增产柴油的好办法。

表 6－4－10　ZHC－01 催化剂单段 MHC 试验数据

原 料 油	沙特 VGO/伊朗 CGO(8∶2)	伊朗 VGO
密度(20℃)/g·cm^{-3}	0.9169	0.9027
馏程/℃	275～528	288～536
硫/%	2.43	1.55
氮/%	0.079	0.171
主要工艺参数		
反应压力(氢)/MPa	6.0	6.0
体积空速/h^{-1}	1.1	1.1
反应温度/℃	385	385
氢油体积比	900∶1	900∶1
产品分布(对原料)/%		
石脑油	2.6	0.4
轻柴油	35.7	33.0
尾油(催化进料)	60.5	65.5
产品主要性质		
柴油　凝点/℃	－4	－10
十六烷值	38.8	45.1
尾油　密度(20℃)/g·cm^{-3}	0.8827	0.8805
残炭/%	0.04	0.03
硫/%	0.157	0.038

② ZHC－03(原牌号 3971)催化剂。

ZHC－03 催化剂是 FRIPP 近年来针对现有工业加氢裂化装置扩能改造需要而研制的高抗氮中油型催化剂。适用于一段串联工艺流程。该剂以无定形硅铝为主载体，添加一定量改性 Y 分子筛为酸性组分，以钨镍为加氢活性组分，共胶法制备的。它与用其他方法制备的催化剂不同之处是不需要用小孔氧化铝干胶粉和稀 HNO_3 作载体粘合剂进行挤条成型，而是共胶物料直接挤条成型。其特点是，加氢活性好，耐氮能力强，可以在高氮进料条件下，长周期稳定运行。耐氮能力强这一特点，将给工业装置开工以及运行中的故障处理，尤其是循环机的停机故障处理，带来很大的方便。在故障处理过程中，裂化催化剂由于氮中毒引起的活性降低可以在短期内得以恢复。表 6－4－11 列出了在其他工艺条件相同时 ZHC－03 催化剂与 3824 催化剂对比试验的数据。

表 6－4－11　ZHC－03 催化剂与 3824 催化剂性能对比

催化剂(R1/R2)型号	FDN/ZHC－03	HC－K/3824
原料油	胜利减二线	
密度(20℃)/$g \cdot cm^{-3}$	0.9078	
馏程/℃	340～511	
硫/%	0.56	
氮/%	0.16	
主要工艺条件		
反应温度(R1/R2)/℃	374/381	387/381
精制油氮/$\mu g \cdot g^{-1}$	92～110	4～6
C_5^+液收/%	98.3	98.2
中油选择性/%	74.2	74.6
产品主要性质		
重石脑油芳潜/%	64.2	62.5
喷气燃料　烟点/mm	26	24
芳烃/v%	8.1	7.8
柴油　凝点/℃	－4	－3
十六烷值	60.0	58.7
尾油　*BMCI* 值	18.7	17.9

ZHC－03 催化剂在进料(精制油)氮含量 100μg/g 条件下，所需的反应温度与 3824 催化剂在进料氮含量≤10μg/g 条件下所需的反应温度相当，选择性一致，产品质量好，尤其是喷气燃料烟点比 3824 催化剂还高，而且稳定性好。

表 6－4－12 和表 6－4－13 分别列出了裂化段进料不同氮含量对 ZHC－03 催化剂性能影响的试验结果和精制油氮含量高达 100μg/g 条件下稳定性试验结果。试验结果表明，在相同单程转化率的前提下，裂化段的反应温度随着进料氮含量的增加而升高。在试验条件范围内，进料氮含量每增加 10μg/g，约需要提高反应温度 1℃；随着进料氮含量的增加，催化剂床层的反应温

度虽有相应提高，但中油选择性和产品质量均无明显变化。高氮含量进料条件下的稳定性试验结果表明，该剂在高氮下使用时仍然具有非常好的活性稳定性，而且产品分布及产品质量也基本保持不变。

表 6-4-12　裂化段进料氮含量对 ZHC-03 催化剂性能的影响

裂　化　段	1	2	3
R2 进料氮含量/$\mu g \cdot g^{-1}$	8~10	45~60	92~110
R2 反应温度/℃	372	376	381
>350℃转化率/%	56.7	53.6	54.8
中油选择性/%	74.5	73.9	74.2

表 6-4-13　ZHC-03 催化剂在精制油含氮 100μg/g 下稳定性试验数据①

采样时间/h	1440	2400	3570
反应温度(R1/R2)/℃	374/381	374/382	374/383
>350℃尾油收率/%	45.2	45.7	44.3
C_5^+ 液收/%	98.3	98.3	98.3
中油选择性/%	74.2	73.6	73.1
产品主要性质			
重石脑油芳潜/%	64.2	64.1	63.2
喷气燃料　烟点/mm	26	26	26
芳烃/v%	8.1	8.3	8.6
柴油　凝点/℃			
十六烷值	60.0	59.3	60.0
尾油　*BMCI* 值	18.7	18.6	18.1

① 原料油：胜利减二线；工艺条件：反应压力 15.7MP，氢油体积比(R1/R2) 950/1200，体积空速(R1/R2)/ h^{-1} 1.10/1.38。

由于 ZHC-03 催化剂具备了上述优越的反应性能，因此在加工处理各种高硫高氮原料油时都能取得满意的结果，表 6-4-14、表 6-4-15分别列出了该裂化剂与 3936 精制催化剂串联，在高、中压条件下，加氢裂化各种原料油的试验结果。

表 6-4-14 和表 6-4-15 的数据表明，ZHC-03 与 3936 催化剂串联，在高压或中压下适用于加工多种高硫、高氮原料。

表 6-4-14　ZHC-03 催化剂反应性能

原料油	沙-伊混合油①	伊朗 VGO		沙中 VGO	
密度(20℃)/g·cm^{-3}	0.9131	0.9083		0.9180	
馏程/℃	296~524	329~543		314~527	
硫/%	2.41	1.58		2.46	
氮/%	0.127	0.145		0.073	
催化剂(R1/R2)	3936/ZHC-03	3936/ZHC-03，3936			
工艺流程	单程通过	全循环	部分循环	全循环	部分循环
工艺条件					
反应压力/MPa	15.7	15.7	15.7	15.7	15.7
反应温度(R1/R2)/℃	372/374	379/380	379/376	371/375	371/369
精制油氮/μg·g^{-1}	~50	30~40	30~40	6~10	6~10
单程转化率/v%	75	70	~50	70	~50
产品分布/%					
轻石脑油	7.05	9.90	6.18	10.14	6.42
重石脑油	14.25	17.46	11.14	18.43	11.75
喷气燃料	36.83	46.71	36.59	46.59	37.59
柴　油	15.55	21.94	23.18	19.88	21.65
尾　油	22.67		19.95		19.11
C_5^+液收	96.35	96.01	97.04	95.04	96.52
产品主要性质					
重石脑油芳潜/%	65.9	58.3	62.6	57.5	63.6
喷气燃料　烟点/mm	26	29	26	30	25
柴油　凝点/℃	-8	0	-1	-4	-2
十六烷值	68.2	68.1	66.9	70.9	65.8
尾油(循环油) *BMCI* 值	8.2	8.3	11.0	7.3	10.4

① 沙-伊混合油重量调合比(沙轻 VGO/伊朗 VGO/伊朗 CGO=82.3/7.4/10.3)。

表 6-4-15　ZHC-03 催化剂反应性能(中压一段串联一次通过)

原料油	伊朗 VGO	沙中 VGO
密度(20℃)/g·cm^{-3}	0.9083	0.9180
馏程/℃	329~543	314~527
硫/%	1.58	2.46
氮/%	0.145	0.077
催化剂(R1/R2 主剂，后处理剂)	3936/ZHC-03，3936	3936/ZHC-03，3936

续表

工艺条件		
反应压力/MPa	10.0	10.0
反应温度(R1/R2)/℃	386/389	380/378
精制油氮/μg·g^{-1}	30~40	5~8
产品分布/%		
轻石脑油	9.14	8.68
重石脑油	15.06	14.66
喷气燃料	34.65	33.37
柴　油	17.90	17.91
尾　油	20.12	22.33
C_5^+液收	96.87	96.95
产品主要性质		
重石脑油芳潜/%	61.5	62.3
喷气燃料　烟点/mm	23	25
柴油　凝点/℃	-10	-13
十六烷值	64.0	59.2
尾油　*BMCI*值	10.3	10.2

注：管输混合油重量调合比(常一/常二/常三/催化柴油=32/16/32/20)。

③ 3976催化剂。

以USSY分子筛为主要酸性组分，含有大孔无定形硅铝的3976催化剂，是一种耐氮性能好、高灵活性的中油型加氢裂化催化剂，其耐氮能力明显高于3824、3825和3903催化剂。3976催化剂在裂化段进料氮含量20~50μg/g的条件下不仅活性高，而且稳定性好，甚至在裂化段进料氮含量高达80~100μg/g的条件下也能稳定运转。该剂另一个特点是其较高的生产灵活性。在按中油方案运行时，其活性和中油选择性不低于3903催化剂；在按轻油方案运行时，它的活性与3825催化剂相近，但其加氢活性和中油选择性明显高于后者，可在保证重石脑油产率满足需要的同时，增加高质量中间馏分油产品的产率，同时相应降低液化气等轻质油品的产率。

工业应用结果表明，与3825相比，3976催化剂在保证重石脑油产率满足需要的同时，喷气燃料和柴油的产率提高4%以上，同时液化气等轻质油品的产率相应下降，很好地满足了厂家的生产需要。表6－4－16和表6－4－17列出了3976催化剂性能试验的结果数；表6－4－18列出了3936/3976催化剂组合在60升中型装置上，以辽河混合油为原料，按照辽化加氢裂化装置扩能到1.6Mt/a的工况，进行的中型试验结果数据。

表6－4－16　3976催化剂与3903催化剂性能比较

催化剂牌号	3976	3903
原料油	胜利VGO	
密度(20℃)/g·cm^{-3}	0.9078	
馏程/℃	340～511	
硫/%	0.56	
氮/%	0.16	
反应温度/℃	358	361
产品(选择性)/%		
(喷气燃料＋柴油)/＜132℃	3.34	3.03
＞350℃尾油收率/%	34.5	34.9
产品主要性质		
重石脑油芳潜/%	57.2	59.1
喷气燃料　烟点/mm	27	28
芳烃/v%	1.8	1.8
柴油　凝点/℃	－20	－16
十六烷指数	58.2	58.4
尾油　*BMCI*值	11.6	12.2

表6－4－16数据表明，3976催化剂反应温度较3903催化剂的低，且中油选择性高。表6－4－17数据表明，3976催化剂在原料氮含量50μg/g情况下，仍可以稳定运转。

表6－4－17　3976催化剂在精制油含氮为50μg/g下活性稳定性试验结果[1]

采样时间/h	744～800	2264～2408
反应温度(R1/R2)/℃	380/373	380/374
产品收率/%		
干气	0.45	0.45
液化气	3.23	2.45
轻石脑油	7.63	7.54

续表

采样时间/h	744~800	2264~2408
重石脑油	13.09	14.27
喷气燃料	36.34	37.15
柴油	15.89	17.12
尾油	23.73	21.45
产品主要性质		
重石脑油芳潜/%	60.9	61.9
喷气燃料　烟点/mm	26	27
芳烃/v%	8.5	8.6
柴油　凝点/℃	−2	−6
十六烷指数	63.6	64.4
尾油　*BMCI* 值	11.3	12.0

① 原料油：伊朗 VGO，密度(20℃) 0.9027 g·cm −3，馏程 288 ~ 536℃，硫 1.55%，氮 0.13%；

工艺条件：反应压力 15.7MPa，氢油体积比(R1/R2) 900/1150，体积空速(R1/R2)/h^{-1} 1.41/1.03。

表 6-4-18　3976 催化剂结合辽化公司加氢裂化装置扩能改造工艺试验结果

催化剂(精制/裂化/后处理)牌号	3936/3976/3936
原料油	辽化混合油
密度(20℃)/g·cm^{-3}	0.8730
馏程/℃	262~532
硫/%	0.18
氮/%	0.119
工艺条件	
反应压力/MPa	15.7
氢油体积比(精制 /裂化)	920/950
重量空速(精制/裂化/后处理)/h^{-1}	1.31/1.50/12.52
反应温度(精制/裂化)/℃	374.7/370.5
精制油氮/μg·g^{-1}	40~50
产品收率/%	
轻石脑油	8.74
重石脑油	30.61
喷气燃料	18.03
柴　油	22.43
尾　油	15.54

续表

催化剂(精制/裂化/后处理)牌号	3936/3976/3936
产品主要性质	
重石脑油芳潜/%	52.6
喷气燃料 烟点/mm	28
芳烃/v%	2.4
柴油 凝点/℃	-9
十六烷指数	66.4

④ FC-12 催化剂。

FC-12 是 3905 的换代催化剂，它可在高、中压条件下使用，具有加氢活性高、耐氮能力较强、活性稳定性好、操作灵活性大以及对原料适应性强的特点。是一种活性与选择性介于轻油型和中油型之间的灵活型加氢裂化催化剂。表 6-4-19 列出了该催化剂在不同压力等级下，一段串联一次通过加工中东油 VGO 的试验结果。结果表明，FC-12 催化剂在较苛刻条件下仍对原料有很好的适应性以及在不同压力等级下均表现出较高的活性、很好的加氢性能和较强的抗氮性能。

表 6-4-19 FC-12 催化剂原料适应性试验结果

原料油	伊朗 VGO	科威特 VGO	沙中 VGO		沙中混合油[①]
密度(20℃)/g·cm^{-3}	0.9027	0.9117	0.9240		0.9248
馏程/℃	323~526	294~556	327~546		301~542
硫/%	1.00	2.38	2.43		2.54
氮/%	0.115	0.079	0.090		0.110
BMCI 值	40.6	44.3	51.1		49.5
主要工艺条件					
反应压力/MPa	8.8	8.8	8.7	11.7	14.7
反应温度(R1/R2)/℃	396 / 379	368/379	374/372	371/369	379/377
C_5^+ 液收/%	98.23	96.74	97.41	97.24	97.14
产品分布及主要性质					
轻石脑油(<82℃)					
收率/%	3.46	7.83	6.66	7.40	9.86
重石脑油	82~154℃		82~132℃		
收率/%	9.42	20.99	10.39	11.79	15.07

续表

芳潜/%	65.6	60.0	61.9		60.7
喷气燃料			132~282℃		
收率/%			31.17	34.20	39.52
烟点/mm			19	21	26
柴　油	154~370℃		282~370℃		
收率/%	38.60	48.38	13.34	13.70	12.39
凝点/℃	-19	-28	-7	-6	-6
十六烷指数	46.8	47.1	56.6	61.6	64.4
尾油(>370℃)					
收率/%	46.75	19.54	35.85	30.15	20.30
BMCI 值	18.4	11.6	17.5	15.4	11.8

① 沙中混合油：VGO/CGO=9:1。

结合辽阳石化分公司的需求，按其1.6Mt/a加氢裂化装置的工况，以质量较差的辽化VGO为原料，用FF-16精制剂与FC-12裂化剂配套，进行一段串联加氢裂化工艺试验，中试结果列于表6-4-20中。结果表明，用FC-12催化剂加工辽化VGO，在高单程转化率一次通过的条件下，其中间馏分油(喷气燃料+柴油)的收率可达53.95%，喷气燃料的烟点29mm，柴油馏分的十六烷指数高达88.4。而以金山VGO为原料的中试结果列于表6-4-21中。中试结果表明，通过调整反应温度即可灵活控制主要目的产品65~177℃重石脑油和加氢尾油产率，并且精制段和裂化段操作条件均比较缓和，反应温度匹配合理。

表6-4-20　辽化VGO的加氢裂化中试结果

催化剂(R1/R2)型号	FF-16/FC-12, FF-16
原料油	
密度(20℃)/g·cm^{-3}	0.9041
馏程(ASTM D1160)/℃	275~568
硫/%	0.19
氮/%	0.183
主要工艺条件	
反应压力/MPa	15.7

续表

催化剂(R1/R2)型号	FF－16/FC－12，FF－16	
反应温度/℃	383/384	
385℃$^+$单程转化率/v%	~85	
产品方案	石脑油－喷气燃料－柴油	石脑油－柴油
产品分布/%		
轻石脑油	6.97	6.97
重石脑油	24.75	24.75
喷气燃料	29.91	－
柴油	24.04	53.95
加氢尾油	11.91	11.91
C_5^+液收	97.58	97.58
产品主要性质		
重石脑油芳潜/%	58.1	
喷气燃料		
密度(20℃)/g·cm^{-3}	0.7958	
烟点/mm	29	
柴　油	窄馏分	宽馏分
馏程/℃	272~368	151~362
凝点/℃	－5	－12
十六烷指数	84.4	56.5
加氢尾油　*BMCI*值	12.1	

表6－4－21　金山VGO的加氢裂化工艺条件中试结果

催化剂(R1/R2)型号	FF－16/FC－12		
原料油	金山VGO		
密度(20℃)/g·cm^{-3}	0.8866		
馏程(ASTM D1160)/℃	275~541		
硫/%	0.730		
氮/%	0.066		
主要工艺条件			
反应压力/MPa		14.7	
反应温度/℃	362/357	362/362	362/369
产品分布/%			
轻石脑油	3.10	3.90	6.16
重石脑油	22.39	25.56	32.36
喷气燃料	17.11	18.98	19.72
柴　油	14.45	14.51	14.21

续表

催化剂(R1/R2)型号	FF-16/FC-12		
加氢尾油	42.09	35.15	24.56
C_5^+ 液收	99.14	98.10	97.03
产品主要性质			
重石脑油芳潜/%	59.1	51.9	53.3
喷气燃料			
烟点/mm	25	27	27
芳烃/v%	5.2	5.1	5.0
柴油凝点/℃	-9	-13	-10
十六烷值	64.0	68.8	69.3
加氢尾油 *BMCI* 值	11.3	10.3	9.2

中国石油辽阳石化分公司曾将裂化段级配使用3976、FC-16和FC-12三种裂化催化剂，以达到在重石脑油收率满足需求的情况下进一步增产市场急需的优质中间馏分油。级配装填数据见表6-4-22。表6-4-23列出了运转初期装置的主要操作条件、产品分布和产品性质等数据。结果表明，级配使用3976、FC-16和FC-12催化剂不仅在产品分布和产品质量方面较好地满足了正常生产需要，而且各催化剂床层温度匹配较为合理，柴油收率比上周期提高6%以上，干气和液化气产率明显降低，达到了增产柴油的目的。

表6-4-22　三种裂化催化剂级配装填数据(辽化)

裂化反应器	床　层	催化剂型号	装填重量/t
R1102A	一床层	FC-16裂化剂	2.40
		3976裂化剂	37.61
	二床层	FC-16裂化剂	35.00
R1102B	一床层	FC-16裂化剂	1.80
		FC-12裂化剂	31.70
	二床层	FC-12裂化剂	33.30
		FF-16后精制剂	16.50

表 6-4-23 三种裂化催化剂级配使用初期装置主要操作条件、产品分布和产品性质(辽化)

原料油		产品主要性	
密度(20℃)/g·cm^{-3}	0.8980	重石脑油	
IBP~90%馏程/℃	219~497	密度(20℃)/g·cm^{-3}	0.7407
硫/%	0.310	IBP~90%馏程/℃	77~160
氮/%	0.120	-35号柴油	
BMCI 值	41.0	密度(20℃)/g·cm^{-3}	0.8028
主要操作条件		IBP~90%馏程/℃	159~268
高分压力/MPa	15.16	十六烷值	47.8
精制反应器入口温度/℃	366.5	重柴油	
精制油氮含量/μg·g^{-1}	18	密度(20℃)/g·cm^{-3}	0.8126
产品分布/%		IBP~90%馏程/℃	202~351
干　气	0.95	凝点/℃	2
液化气	1.30	十六烷值	70.4
轻石脑油	11.40	尾　油	
重石脑油	29.56	密度(20℃)/g·cm^{-3}	0.8224
柴　油	46.27	IBP~90%馏程/℃	339~454
尾　油	12.69	*BMCI* 值	5.6

FC-12催化剂在上海石化工业应用，初期的标定结果列于表6-4-24到表6-4-26中。结果表明，在单程一次通过的条件下，在获得29.82%重石脑油收率的同时，可获得16.44%高烟点喷气燃料和11.45%高质量的柴油组分，余下的加氢尾油是优质的蒸汽裂解制乙烯原料。

表 6-4-24 初期标定原料油的主要性质

日　　期	10.31~11.01	11.01~11.02	11.02~11.03	11.01
进料性质	VGO	VGO	VGO	CGO
密度(20℃)/g·cm^{-3}	0.8957	0.8887	0.8987	0.9301
馏程/℃	229~544	196~540	214~534	216~496
硫/%	1.18	0.96	1.11	2.33
氮/%	0.110	0.092	0.095	0.299
残炭/%	0.129	0.121	0.102	0.270

表 6-4-25　初期标主要工艺条件

日　　期	10.31~11.01	11.01~11.02	11.02~11.03
DC-101 精制反应器			
入口压力/MPa	14.66	14.79	14.79
体积空速/h^{-1}	0.817	0.812	0.817
氢油体积比	906	999	974
平均反应温度/℃	379.1	381.0	380.1
精制油氮含量/$\mu g \cdot g^{-1}$	26	22	20
DC-103 精制反应器			
体积空速/h^{-1}	1.050	1.034	1.044
氢油体积比	811	926	899
平均反应温度/℃	372.9	375.2	374.9
精制油氮含量/$\mu g \cdot g^{-1}$	24	-	21
DC-102 裂化反应器			
入口压力/MPa	14.45	14.51	14.52
体积空速/h^{-1}	1.39	1.39	1.39
氢油体积比	1057	1163	1135
平均反应温度/℃	381.9	381.7	381.6
高分压力/MPa	13.98	14.11	14.13

表 6-4-26　加氢裂化的产品分布及产品主要性质

日　　期	10.31~11.03	产品主要性质		数　值
产品分布/%		喷气燃料	密度(20℃)/$g \cdot cm^{-3}$	0.7865~0.7889
H_2S+NH_3	1.44		冰点/℃	<-55
干　气	2.81		烟点/mm	29
液化气	5.05		芳烃含量/v%	8
轻石脑油	10.20	柴油馏分	密度(20℃)/$g \cdot cm^{-3}$	0.7958~0.7973
重石脑油	29.82		凝点/℃	<-25
喷气燃料	16.44		*T*95/℃	253~257
柴油馏分	11.45		十六烷指数	57.2~59.2
加氢尾油	21.29	加氢尾油	密度(20℃)/$g \cdot cm^{-3}$	0.8119~0.8129
氢耗/$Nm^3 \cdot t^{-1}$	296		*BMCI* 值	6.3~6.7

3. 高中油型催化剂

FRIPP 开发的高中油型加氢裂化催化剂的品种也比较多，其中有适用于一段串联流程；也有适用于单段流程。就其活性和中油选择性而言，彼此之间是有较大的差异，有的催化剂活性与典型的中油型催化剂相当，而中油选择性要高得多，如 3974 和 FC－26催化剂；而另一类含有少量超疏水 Y 沸石或者改性的 β 沸石的催化剂，其中油选择性非常高，以至于接近或者超过于无定形催化剂的水平，例如 ZHC－04、FC－28 和 FC－14 等催化剂。这类催化剂多用于单段流程。

① 3974 高中油型催化剂。

高中油型 3974 催化剂具有活性高、中间馏分油，尤其是喷气燃料选择性好以及耐氮性能好等特点。它与 3824 催化剂活性相当，中油选择性则高了约 4 个百分点。表 6－4－27 列出了其对比试验的数据。该催化剂与国外新推出的一种高中油型催化剂相比，活性稍高，而中油选择性相当。表 6－4－28 列出了二者对比的数据。

3974 催化剂在镇海炼化首次工业应用。用户认为，3974 催化剂的活性与 3824 催化剂相当，而中油选择性有很大提高。该剂稳定性好，失活速率约为 0.013℃/天，运转两年多中油收率依然较高，选择性没有明显下降。在茂名石化炼油厂工业应用也得到了相同的结果。

表 6－4－27　3974 与 3824 催化剂性能对比（一段串联一次通过）

催化剂牌号	3974	3824
原料油	伊朗 VGO	
密度（20℃）/$g \cdot cm^{-3}$	0.9006	
馏程/℃	290～540	
硫/%	1.55	
氮/%	0.130	
主要工艺条件		
反应压力/MPa	15.7	15.7
R2 反应温度/℃	373	370
精制油氮含量/$\mu g \cdot g^{-1}$	6～9	6～9
中油选择性/%	74.08	69.67

表 6-4-28 3974 与同类催化剂性能对比(一段串联一次通过)

催化剂牌号	3974	参比剂
原料油	胜利 VGO	
密度(20℃) / g · cm^{-3}	0.9142	
馏程/℃	350~560	
硫/氮/%	0.77 / 0.227	
主要工艺条件①		
反应压力/MPa	14.7	14.7
R2 反应温度/℃	基准	基准+3
中油选择性/%	76.4	76.8

① 其他工艺条件相同。

② FC-16 高中油型催化剂。

FC-16 催化剂是一种以复合分子筛为裂化组分、金属钨-镍为加氢组分的新一代高活性多产中间馏分油加氢裂化催化剂。与同类催化剂相比，中油选择性相当，而活性明显高，具有更大的操作灵活性。由于 FC-16 催化剂的裂化组分中加有 CPB 分子筛，因而使得该催化剂既具有高的裂解或性又具有很好的中油选择性；另一方面，由于 CPB 分子筛具有一定的择形性，但其开环能力不如改性的 Y 型分子筛。因此尾油产品 BMCI 值略大。该剂和参比剂的性能评价结果数据列于表 6-4-39 中。FC-16 与 3976 和 FC-12 作为裂化段级配催化剂中的一种，已于 2003 年在辽化进行了工业应用。

表 6-4-29 FC-16 催化剂与参比催化剂对比评价工艺条件和产品分布及产品主要性质

催化剂型号	FC-16	参比剂	FC-16	参比剂
原料油	伊朗 VGO			
密度(20℃)/g · cm^{-3}	0.9028			
馏程/℃	277~551			
硫/%	1.56			
氮/%	0.15			
BMCI 值	42.7			
反应温度/℃	377	386	386	396

续表

催化剂型号	FC－16	参比剂	FC－16	参比剂
精制油氮含量/μg·g^{-1}	8～13	9～16	7～11	9～12
中油选择性/%	81.9	80.3	75.5	75.6
产品主要性质				
重石脑油芳潜/%	64.4	65.7	58.5	61.9
喷气燃料				
烟点/mm	27	26	29	28
芳烃/v%	4.5	4.8	4.2	4.5
柴油　凝点/℃	－6	－3	－8	－3
十六烷指数	58.1	58.8	58.6	61.5
加氢尾油 *BMCI* 值		13.1	16.6	11.2

③ FC－20 高中油型催化剂。

FC－20 催化剂是一种多产低凝点柴油的沸石型催化剂。该剂采用了改性 β 分子筛为主要裂化组分，因而不仅活性好、中油选择性高，而且所得的柴油产品凝点很低。这是由于 β 沸石特殊的孔道结构，对原料具有择形裂解性能和异构性能。该剂的活性与 3974 相当，中油选择性明显提高，而且所生产的柴油的凝点比 3974 的低了很多，这也意味着其柴油馏分还可以切割更重一些，进一步增加柴油的收率。对比数据见表 6－4－30[20]。

FC－20 催化剂用于中压加氢改质过程，其效果也理想。表 6－4－31 列出了以大庆常三、减一和重油催化裂化柴油的混合油为原料(其重量调合比为 1∶1∶2)的中压加氢改质试验结果。已在杭州炼厂柴油加氢改质装置进行了工业应用。

表 6－4－30　FC－20 与 3974 催化剂性能对比试验结果

催化剂型号	FC－20	3974
原料油	伊朗 VGO	
硫/%	1.43	
氮/%	0.112	
BMCI 值	40.6	
工艺条件		
反应压力/MPa	14.7	
氢油体积比	1500	

续表

催化剂型号	FC－20	3974
R2 体积空速/h^{-1}	1.5	
R2 反应温度/℃	375	375
精制油氮含量/μg·g^{-1}	<10	<10
中油选择性/%	78.2	75.6
产品主要性质		
重石脑油芳潜/%	45.4	57.9
喷气燃料　烟点/mm	27	27
芳烃/v%	3.7	4.6
柴油　凝点/℃	－18	－8
十六烷值	56.5	60.9
加氢尾油 *BMCI* 值	21.7	16.7

表 6－4－30 的数据表明，以 β 分子筛为酸性组分的 FC－20 催化剂较 3974 催化剂不仅中油选择性高，而且柴油的凝点低，但尾油的 BMCI 值高。

表 6－4－31　FC－20 催化剂中压加氢改质试验结果

原料油	大庆常三、减一和重油催柴混合油	
密度(20℃)/g·cm^{-3}	0.8456	
馏程/℃	145～376	
硫/%	0.112	
氮/%	0.064	
凝点/℃	4	
工艺条件		
反应压力/MPa	9.0	9.0
体积空速(R1/R2)/h^{-1}	1.5/1.5	1.5/1.5
氢油体积比(R1/R2)	750/900	750/900
反应温度(R1/R2)/℃	365/365	363/370
精制油氮含量/μg·g^{-1}	～5	～5
产品分布/%		
<60℃轻石脑油	1.99	4.54
65～165℃重石脑油	16.62	18.15
165～230℃喷气燃料		26.30
165～250℃喷气燃料	32.46	33.44
>165℃柴油		76.53
>230℃柴油		50.23

续表

>250℃柴油	48.39	43.09		
C_5^+ 液收	99.46	99.22		
产品主要性质				
喷气燃料				
馏分范围/℃	165~250	165~250	165~230	
冰点/闪点/℃	< -60/65	< -60/57	< -60/57	
烟点/mm	20	22	24	
柴　油				
馏分范围/℃	>250	>250	>230	>165
闪点/凝点/℃	140/4	129/-8	119/-14	64/-18
十六烷值	67.4	59.9	58.4	54.4

④ FC-26 高中油型催化剂。

FC-26 催化剂是一种以新技术改性 Y 沸石分子筛为主要酸性组分、钨镍为加氢组分的高中油型加氢裂化催化剂。该剂与参比剂的性能对比试验结果列于表 6-4-32 中。在相同原料油及操作条件下的试验结果表明，FC-26 催化剂具有活性适中、中油选择性高、产品质量好和稳定性好等特点，总体性能达到了当前国际同类最新工业化催化剂的水平。该剂已在镇海炼化工业应用。

表 6-4-32　FC-26 催化剂与国外参比催化剂性能对比试验结果

催化剂型号	FC-26	国外参比催化剂
原料油	胜利 VGO	
R2 反应温度/℃	基准	基准+1
精制油氮含量/$\mu g \cdot g^{-1}$	5~8	5~8
喷气燃料收率/%	33.67	32.22
柴油收率/%	16.24	16.22
>370℃加氢尾油收率/%	36.43	37.82
中油选择性/%	78.51	77.90
产品主要性质		
重石脑油芳潜/%	62.9	61.7
喷气燃料　冰点/℃	< -60	< -60

续表

催化剂型号		FC－26	国外参比催化剂
柴油	烟点/mm	26	26
	凝点/℃	－7	－9
	十六烷值	56.3	55.0
加氢尾油 *BMCI* 值		14.7	14.6

⑤ FC－14 多产柴油单段催化剂。

FC－14 催化剂是为了满足目前增产优质低凝柴油的需要而研制的。其中油选择性不低于无定形催化剂，而活性显著提高，单程通过时的反应温度比无定形催化剂低 10℃ 以上；全循环时其活性差距则更大，同时中间馏分油产品质量也得到明显改善。该催化剂可在中压或高压条件下加工高干点减压馏分油和劣质柴油，最大量生产优质中间馏分油，尤其是低凝柴油。

以伊朗 VGO 为原料，采用单段单剂一次通过工艺流程，在相同条件下对 FC－14 催化剂和 3973 无定形催化剂进行了对比评价，结果见表 6－4－33。而表 6－4－34 至表 6－4－36 分别列出了 FC－14 催化剂单段单剂全循环加工伊朗 VGO 的工艺试验结果，以及单段加工大庆 VGO 和催化柴油单段中压加氢改质的试验结果。

表 6－4－33　FC－14 与 3973 催化剂性能对比结果

催化剂型号	FC－14	3973
原料油	伊朗 VGO	
相同工艺条件下的反应温度/℃	404	416
产品分布和产品主要性质		
<93℃轻石脑油收率/%	2.2	2.3
93～165℃重石脑油收率/%	8.4	9.8
芳潜/%	58.6	64.9
喷气燃料收率/%	23.5	22.8
烟点/mm	26	20
柴油收率/%	34.9	34.4
凝点/℃	－4	0

续表

催化剂型号	FC－14	3973
十六烷指数	57.3	57.1
尾油收率/%	28.0	27.7
BMCI 值	17.3	9.7
中油选择性/%	81.1	79.1

FC－14 裂化催化剂与 3996 精制催化剂(包含部分再生的 3936 精制剂)串联，在抚顺石化分公司石油三厂进行了工业应用。

表 6－4－33 的结果表明，用相同原料油在其他条件相同并且达到同样产品收率时，FC－14 催化剂的反应温度低 12℃。

表 6－4－34　FC－14 催化剂单段单剂全循环试验结果

原　料　油	伊朗 VGO	产品分布和产品主要性质	
密度(20℃)/$g\cdot cm^{-3}$	0.9024	轻石脑油收率/%	6.7
馏程/℃	321～528	重石脑油收率/%	11.0
硫/%	1.01	芳潜/%	47.8
氮/%	0.11	喷气燃料收率/%	29.9
BMCI 值	40.4	烟点/mm	29
工艺条件		芳烃/v%	7.0
反应压力/MPa	15.7	柴油收率/%	49.0
氢油体积比	1240	凝点/℃	－38
体积空速/h^{-1}	0.96	芳烃/v%	8.6
反应温度/℃	400	十六烷指数	59.5

表 6－4－35　FC－14 催化剂单段单剂全循环试验结果

原料油	大庆 VGO	
密度(20℃)/$g\cdot cm^{-3}$	0.8468	
馏程/℃	254～529	
硫/%	0.09	
氮/%	0.03	
反应温度/℃	393	
<370℃馏分单程收率/%	77.3	
产品切割方案	喷气燃料—柴油方案	柴油方案

续表

产品分布和产品主要性质		
轻石脑油收率/%	1.1	1.1
重石脑油馏分		
收率/%	3.9	6.5
芳潜/%	45.8	44.9
喷气燃料馏分		
收率/%	33.6	
烟点/mm	31	
芳烃/v%	2.2	
柴油馏分		154~370℃
收率/%	38.7	69.7
凝点/℃	-4	-14
十六烷指数	67.7	65.4
>370℃加氢尾油收率/%	19.2	
BMCI 值	9.1	

表 6-4-36　FC-14 催化剂用于催化柴油中压加氢改质试验结果

工艺条件	1	2	催化柴油原料
反应压力/MPa	11.0	6.4	
氢油体积比	800	600	
体积空速/h^{-1}	1.15	1.5	
反应温度/℃	360	360	
产品分布/%			
<150℃馏分	0.9	1.0	
>150℃柴油馏分	98.1	98.4	
>150℃柴油馏分主要性质			
十六烷值	48.8	39.6	29.9
凝点/冷滤点/℃	-11/-10	-10/-7	-10/-3
实际胶质/mg·$(100mL)^{-1}$	9.2		233.4
残炭(10%)/%	0.01	0.02	0.60
碘值/gI·$(100mL)^{-1}$	0.28		30.9
色　号	1.0	1.0~1.5	

表6-4-36是FC-14催化剂用于催化柴油中压加氢改质的结果。可以看出，产品的实际胶质和残炭明显降低，且很少裂解。

华北石化分公司选用 FRIPP 开发的 FHI 柴油加氢改质异构降凝技术及其配套使用的 FC-14 催化剂，并分别按加氢精制方案和加氢改质异构降凝方案对装置进行了初期标定。结果表明：FHI 技术及 FC-14 催化剂具有很强的加氢脱硫脱氮、选择性加氢开环和烷烃异构化能力。用其对催化柴油进行加氢精制时，具有操作条件缓和、柴油产品收率高、质量好等特点；用其对催化柴油进行加氢改质异构降凝时，不仅柴油产品收率高、降凝效果显著、十六烷值提高幅度大，密度、*T*95 等指标得到明显改善，而且还可以根据市场需求灵活生产不同凝点等级的清洁柴油产品。表 6-4-37 列出了该装置初期标定的结果。

表 6-4-37　FHI 柴油加氢改质装置初期标定结果

标定方案	加氢精制	改质方案 1	改质方案 2	原料柴油	
装置操作条件					
进料量/t·h^{-1}	75	37	37		
R301 精制反应器	装填保护剂和 DN-3110 催化剂				
平均反应温度/℃	271	340	347		
R302 改质反应器	装填 FC-14 催化剂				
平均反应温度/℃	293	367	373		
改质段体积空速/h^{-1}	2.1	1.1	1.1		
高分压力/MPa	6.50	6.49	6.48		
产品分布/%					
气　体	0.53	0.57	0.66		
汽　油	0.71	2.28	2.83		
柴　油	99.58	98.63	98.01		
液　收	100.29	100.91	100.84		
原料柴油及柴油产品性质				精制原料	改质原料
密度(20℃)/g·cm^{-3}	0.8582	0.8358	0.8358	0.8680	0.8659
IBP~95%馏程/℃	160~362	160~358	171~198	158~366	157~367
闪点/凝点/℃	55/0	56/-4	62/-10		55/5
硫/μg·g^{-1}	223	102	111	1920	1791
氮/μg·g^{-1}	381	39	61	887	836
溴价/gBr·(100mL)$^{-1}$	1.12	1.28	1.34	18.65	18.02
十六烷值	41.1	45.7	47.0		30

⑥ ZHC－04 单段高中油型加氢裂化催化剂。

ZHC－04 催化剂是一种用共胶法制备的，以无定形硅铝添加少量改性 Y 型沸石分子筛为酸性载体，钨镍为加氢组分的单段催化剂。该剂与无定形催化剂相比，中间馏分油选择性相近，活性明显提高，还具有优良的加氢和异构性能，产品质量好。石脑油芳潜高，是优质的催化重整原料；喷气燃料芳烃含量低、烟点高，可直接生产 3# 喷气燃料；柴油馏分凝固点低、十六烷值高，是清洁柴油的调和组分；尾油 BMCI 值低，是优质的蒸汽裂解制乙烯原料。表 6－4－38 和表 6－4－39 分别列出了相同原料和操作条件下 ZHC－04 催化剂与无定形催化剂性能比较的数据及其的工艺试验结果。

表 6－4－38　ZHC－04 与 ZHC－02 催化剂的性能比较

催化剂型号	ZHC－04	ZHC－02
原料油	伊朗 VGO	
反应温度/℃	406	412
＞371℃加氢尾油收率/%	28.7	29.9
中油选择性/%	79.5	80.1
产品主要性质		
重石脑油芳潜/%	67.7	66.8
喷气燃料　烟点/mm	26	24
芳烃/v%	9.8	12.2
柴油　凝点/℃	－14	－13
十六烷值	61.3	60.6
加氢尾油　*BMCI* 值	10.4	10.9

表 6－4－39　ZHC－04 单段加氢裂化催化剂工艺试验结果

原　料　油	伊朗 VGO		
催化剂	3936/ZHC－04/3936		
工艺流程和条件	＞385℃全循环	单程通过	
体积空速/h^{-1}	12.0/0.96/13.4	11.5/0.92/12.9	
氢油体积比	1240	1240	
反应压力/MPa	15.7	15.7	
反应温度/℃	404	406	402
产品分布/%			
轻石脑油	8.63	6.42	5.74

续表

重石脑油	15.55		11.91	10.42
喷气燃料	35.55		27.62	24.64
249～371℃柴油			24.52	23.81
249～385℃柴油	37.00			
>371℃加氢尾油			27.85	34.05
138～280℃喷气燃料	44.04			
280～385℃柴油	28.51			
C_5^+ 液收/%	96.73		98.32	98.66
产品主要性质				
重石脑油芳潜/%	52.4		60.0	61.6
喷气燃料馏分	138～249℃	138～280℃	138～249℃	138～249℃
烟点/mm	28	29	26	25
芳烃/v%			7.1	8.3
柴油馏分	249～385℃	280～385℃	249～371℃	249～371℃
凝点/℃	-3	-1	-15	-22
十六烷值	62	64	59.2	54.4
>371℃尾油 *BMCI* 值			10.1	11.7

⑦ FC-28 单段高中油型催化剂

FC-28 催化剂是 FRIPP 研制的以钨镍为加氢活性组分、以碳化法制备的无定形硅铝和高结晶度、高硅铝比的改性 Y 型沸石分子筛为酸性载体，浸渍法制备的具有较高的选择性、稳定性，可最大量生产中间馏分油的单段催化剂。采用单段一次通过流程加工诸如伊朗这样高硫原油的 VGO，可以生产优质 3#喷气燃料和符合欧Ⅳ排放标准的清洁柴油产品，同时兼产部分高芳潜的催化重整进料和低 BMCI 值蒸汽裂解制乙烯进料的尾油。表6-4-40列出了该催化剂中试评价的结果，数据表明，FC-28 催化剂已达到同类催化剂的先进水平。

表 6-4-40　FC-28 单段加氢裂化催化剂性能评价结果

原料油	伊朗 VGO
密度(20℃)/g·cm^{-3}	0.9027
馏程/℃	
IBP/50%/95%/EBP	328/447/520/532

续表

硫/%	1.01		
氮/%	0.12		
工艺条件			
反应压力/MPa	15.7	15.7	15.7
反应温度/℃	402	402	406
中间馏分油选择性/%	80.85	81.27	82.13
产品主要性质			
重石脑油芳潜/%	57.7	58.8	58.7
喷气燃料 烟点/mm	25	24	24
芳烃/v%	4.4	5.6	9.7
柴油 凝点/℃	-3	-8	-3
十六烷值	58.8	58.6	61.5
加氢尾油 *BMCI* 值	10.08	10.48	12.67

4. 无定形催化剂

前面已介绍过无定形加氢裂化催化剂有利于多产中间馏分油，尤其是多产柴油。运转初期和末期的产品分布比较稳定，中间馏分油选择性下降幅度很小。但活性低，起始反应温度高，因而生产灵活性差。

① 3973 无定形加氢裂化催化剂。

3973 催化剂以无定形硅铝为裂化组分，以钨镍为加氢组分，担体采用水热处理并浸渍金属的方法制备。3973 催化剂具有适宜的活性、很高的中油选择性和液收以及很好的活性稳定性，可满足增产柴油的需用。该剂加氢裂化所得各馏分产品质量好，尾油是极好的生产润滑油基础油原料，特别适合在以多产中间馏分油和(或)多产高质量润滑油为目的产品的厂家使用。

3973 催化剂以伊朗 VGO 和大庆 VGO 为原料性能评价结果分别列于表 6-4-41 和表 6-4-42 中。该剂在抚顺石油三厂工业应用一年后，累计加工原料油 125kt，其中加工焦化柴油 12kt，大庆直馏蜡油 113kt。从工业运转积累的数据看，3973 催化剂初始活性虽不是很高，但活性稳定性相当好。经过一年的工业运转，催化剂床层平均反应温度提高了 9℃，催化剂温升系数为

0.04℃/d，具有良好的抗氮能力和中油选择性，加氢产品液收高达99%，耗氢量较低。在运行期间进行了四次标定，其结果数据汇于表6－4－43中。

表6－4－41　3973催化剂单段一次通过加氢裂化伊朗试验结果

原料油	伊朗VGO	
密度(20℃)/g·cm^{-3}	0.9027	
馏程/℃		
IBP/50%/95%/EBP	288/424/514/536	
硫/%	1.55	
氮/%	0.13	
主要工艺条件		
反应温度/℃	415	
C_5^+ 液收/%	97.45	
切割方案	方案1	方案2
产品分布/%		
$C_1 \sim C_4$	2.73	2.73
轻石脑油	(C5～82℃)3.84	(C5～93℃)4.04
重石脑油	(82～138℃)8.01	(93～165℃)11.39
喷气燃料	(138～249℃)21.35	(165～277℃)25.82
柴　油	(249～371℃)36.98	(277～385℃)33.49
尾　油	(>371℃)27.37	(>385℃)22.81
产品主要性质		
重石脑油芳潜/%	64.6	66.4
喷气燃料　烟点/mm	21	20
芳烃/萘系烃/v%	15.4/0.15	18.2/0.33
柴油　倾点/℃	－15	－6
十六烷指数	57.1	58.3
加氢尾油　*BMCI*值	9.1	8.9

表6－4－42　3973催化剂用于大庆VGO单段一次通过加氢裂化伊朗试验结果

原料油	大庆VGO	产品分布/%	
密度(20℃)/g·cm^{-3}	0.8456	$C_1 \sim C_4$	2.31
馏程/℃	248～500	轻石脑油	9.51
硫/%	0.08	重石脑油	6.47

续表

氮/%	0.04	喷气燃料	19.91
凝点/℃	33	柴　油	29.94
主要工艺条件		尾　油	33.04
反应压力/MPa	18.0	C_5^+ 液收/%	98.87
反应温度/℃	420	尾油脱蜡油收率/%	72.9
产品主要性质			
重石脑油芳潜/%	57.1	柴油　凝点/℃	-4
喷气燃料　烟点/mm	28	十六烷值	72.2
芳烃/v%	6.6	加氢尾油　*BMCI* 值	2.1
		脱蜡油黏度指数	139

表 6-4-43　3973 催化剂工业应用标定结果

标定序号	第一次	第二次	第三次	第四次
标定日期	1997.11	1998.02	1998.11	1999.02
原料油	大庆直馏蜡油		焦化柴油	
密度(20℃)/g·cm^{-3}	0.8456		0.8273	
馏程/℃				
IBP/50%/95%	248/389/483		203/281/342	
硫/μg·g^{-1}	600		988	
氮/μg·g^{-1}	422		1212	
凝点/℃	33		-4	
装置操作条件	三个反应器串联，全部装填 3973 催化剂 16.05t			
操作压力/MPa	17.4	17.8	17.6	16.4
床层平均反应温度/℃	414	426	423	400
产品分布/%				
气　体	2.44	3.15	2.78	1.35
石脑油	15.98	19.02	18.52	4.70
3#喷气燃料	19.91	21.57	16.89	
柴　油	29.94	31.10	28.13	95.00
尾　油	33.04	26.51	35.03	
液收/%	98.87	98.20	98.57	99.70
产品主要性质				
石脑油组成/%				
烷　烃	47.8	57.2	51.3	41.1
环烷烃	50.6	37.1	45.5	52.6
芳　烃	1.6	5.7	3.2	6.3

续表

标定序号	第一次	第二次	第三次	第四次
3# 喷气燃料				
烟点/mm	29	31	28	
芳烃/v%	7.8	9.2	6.6	
柴　油				
凝点/℃	-7	-11	-4	-5
十六烷值	68.2	69.7	72.2	62.0
加氢尾油				
凝点/℃	21	14	27	
脱蜡油收率/%	75.8		72.9	
黏度指数(*VI*)	144		139	
脱蜡油倾点/℃	-9		-6	

② ZHC-02 无定形催化剂。

ZHC-02 催化剂是一种以金属钨镍为加氢活性组分，无定形硅铝作载体，采用共胶法制备的加氢异构裂化催化剂。共胶法制备的特点是：金属组分在酸性载体表面呈均匀分散，并相对稳定。即金属原子在操作运转和再生烧焦过程中不易迁移聚集，催化剂热稳定性好，活性稳定；另一方面，共胶法制备的催化剂的孔分布特别集中。无定形硅铝的酸性较弱，并以非质子酸(L 酸)为主，所制的催化剂异构性能强，中间馏分油选择性高，加氢裂化产品低温性能好，抗氮性能强，可用于单段一次通过或未转化油全循环流程，最大量生产中间馏分油产品。

工业放大的 ZHC-02 在带有氢气循环系统的 200mL 小型加氢试验装置上，以伊朗 VGO 为原料，采用单段单剂一次通过流程，在总压 15.7MPa、体积空速 0.92h^{-1}、大于 371℃ 单程转化率 ~70% 的条件下进行了 3500h 的稳定性试验。其试验结果列于表 6-4-44 中。结果表明，三个不同阶段的加氢裂化的产品分布和产品质量基本保持不变，说明 ZHC-02 催化剂的性能是稳定。应用工艺试验是在 A2 中试装置上进行的。表 6-4-45 列出了该催化剂单段一次通过和单段全循环加氢裂化伊朗减二线蜡油的试验结果。

表 6-4-44　ZHC-02 催化剂稳定性试验结果

试验阶段	1	2	3
运转时间/h	420	1200	3200
原料油	伊朗 VGO		
密度(20℃)/g·cm^{-3}	0.9018		
馏程/℃	284~531		
硫/%	1.52		
氮/%	0.147		
反应温度/℃	412	414.5	416
生成油密度(20℃)/g·cm^{-3}	0.8145	0.8131	0.8122
产品分布/%			
C_1~C_4	2.26	2.37	2.57
轻石脑油	3.9	3.7	3.7
重石脑油	7.6	7.7	8.3
喷气燃料	19.3	20.0	20.5
柴　油	35.9	34.1	35.0
尾　油	31.5	32.6	30.4
C_5^+ 液收	98.2	98.1	97.9
产品主要性质			
重石脑油芳潜/%	65.7	66.5	64.7
喷气燃料烟点/mm	22	21	23
柴油　凝点/℃	-12	-12	-17
十六烷值	59.9	60.0	61.8
加氢尾油 *BMCI* 值	10.8	10.8	9.1

表 6-4-45　ZHC-02 催化剂应用工艺试验

原料油	伊朗减二线蜡油	
密度(20℃)/g·cm^{-3}	0.8972	
馏程/℃	282~510	
硫/%	1.47	
氮/%	0.122	
工艺流程及条件	单段单程通过	单段全循环
反应压力/MPa	15.7	15.7
反应温度/℃	412	420
产品分布/%		
C_1~C_4	2.30	4.97
轻石脑油	4.13	6.45
重石脑油	7.98	14.16
喷气燃料	19.48	32.85

续表

原料油	伊朗减二线蜡油	
柴油	39.41	42.59
尾油	27.26	
C_5^+ 液收/%	98.26	96.05
产品主要性质		
重石脑油芳潜/%	67.3	59.9
喷气燃料烟点/mm	24	28
柴油 凝点/℃	-4	-13
十六烷值	58.0	64.4
加氢尾油 *BMCI* 值	10.0	

大庆炼油厂加氢裂化装置采用单段一次通过流程，加工大庆常三、减一混合油，生产汽油、喷气燃料或灯用煤油和柴油。为了多产北方地区冬季大量需求的低凝柴油，炼厂采用 FRIPP 研制开发的 ZHC-02 催化剂生产-35#柴油，先后进行过三次工业标定，从生产运转及标定情况来看，ZHC-02 催化剂具有活性稳定性好，异构性能强，中间馏分油收率高，产品低温性能好等特点。三次工业标定的数据列于表 6-4-46 中。

表 6-4-46　ZHC-02 催化剂应用的标定结果

标定序号	1	2	3
标定日期	1999.08.03	1999.11.10	2000.03.16
原料油	大庆常三、减一混合油		
密度(20℃)/g·cm^{-3}	0.8394	0.8338	0.8334
馏程/℃	243~448	243~445	262~438
硫/μg·g^{-1}	340	410	710
氮/μg·g^{-1}	200	198	198
凝点/℃	23	28	27
装置操作条件			
反应器入口压力/MPa	11.6	13.4	13.4
床层平均温度/℃	406.0	408.4	407.5
产品分布/%			
气　体	1.88	2.50	2.28
石脑油	15.34	12.0	14.92
-35#低凝柴油	49.90	48.50	47.04

续表

标定序号	1	2	3
0#柴油组分	17.30	24.80	23.54
加氢尾油	15.58	12.20	12.22
产品主要性质			
石脑油芳潜/%	46.7	43.8	41.9
-35#低凝柴油			
闪点/凝点/℃	47/< -40	52/-36	49/-38
十六烷值	57.4	59.7	59.9
0#柴油组分			
闪点/凝点/℃	164/-4	158/-2	157/-1
十六烷值	76	75	69
加氢尾油 *BMCI* 值	1.53	2.39	1.81
0#柴油组分+尾油的 *BMCI* 值	2.78	2.40	2.22

5. 最大限度提高柴油十六烷值的催化柴油加氢改质(MCI)催化剂

MCI(Maximum Cetane Improvement)十六烷值改进工艺是由FRIPP针对劣质催化裂化柴油改质开发的技术。该技术虽也属于加氢改质范畴，但是它与通常的中压加氢改质(MHUG)还有所差别。MHUG技术可以较大幅度提高催化柴油的十六烷值，同时达到深度脱硫及改善安定性，但MHUG工艺要产生相当数量的石脑油，降低了柴油的收率，而且氢耗量也较高。而对于常规的加氢精制，除脱硫、脱氮外，主要反应是烯烃和芳烃的加氢饱和，对提高十六烷值有限，一般在4~6个单位。FRIPP通过专用催化剂的研制及相应工艺的开发，成功研究出一种既能较大幅度提高催化柴油的十六烷值，又能保持柴油的收率在95%或更高的新技术。到目前为止，已有两种牌号MCI专用催化剂3963和FC-18在工业装置上获得了成功应用。

① 3963催化剂。

3963催化剂是FRIPP研制成功的第一个MCI技术专用催化剂。该催化剂与精制催化剂串联，在中、低压力下处理催化裂化柴油即可获得很好的效果，在取得了对劣质催化裂化柴油进行深度脱硫、脱氮的同时，可较大幅度提高柴油的十六烷值，而柴油的收率大于95%。多家炼油厂先后采用了FRIPP的MCI技术，取得了良好效果。三套工业装置正常运行标定结果见表6－4－47。

表6－4－47　工业装置标定结果

用　户	吉林化学工业公司		大连石化公司		大港油田炼油厂	
催化剂组合	FH－5/3963		FH－5/3963		FH－5/3963	
催化剂重量配比	3:7		0.48:0.52			
工业标定时的工况						
高分压力/MPa	6.5		5.98		7.0	
平均反应温度/℃			321.6		341.7	
柴油收率/%	96.06		98.36		98.5	
C_5^+ 液收/%			100.50		100.01	
原料与柴油产品性质	原料柴油	产品柴油	重催柴油	产品柴油	原料柴油	产品柴油
密度(20℃)/$g \cdot cm^{-3}$	0.8824	0.8590	0.8648	0.8445	0.8907	0.8647
凝点/℃	－30	－25	0	－2	－5	－5
含量/$\mu g \cdot g^{-1}$	1546	29.6	791	15.2	1439	3.0
氮含量/μg · g －1	924	40.9	747	4.5	991	7.2
颜色/色号	2.5	1.0	3.5	0.5	5.0	1.5
十六烷值	26.9	39.0	37.6	48.9	29.0	38.4
十六烷值增加值		12.1		11.3		9.4

由表6－4－47可见，三套工业装置的柴油十六烷值增加十个单位以上，而且柴油收率也在96%以上。

② FC－18催化剂。

FC－18是FRIPP开发的第二代MCI技术专用催化剂。该剂具有较强的抗氮中毒能力，适用于催化柴油加氢改质单段单剂工艺过程，可直接加工处理劣质催化裂化柴油，达到深度脱硫、脱氮、改善油品安定性的同时，大幅度提高柴油十六烷值。FC－18的性能明显优于第一代催化剂。以催化裂化柴油为原料，在压力6.4MPa、反应温度350℃、体积空速1.0h^{-1}、氢油体积比700:1下与3963催化剂进行了对比试验，其结果列于表6－4－48中。第二代MCI技术专用催化剂已在广石化柴油加氢精制装置上首次工业应用。在反应器入口温度260℃、出口

266℃、空速 1.73h^{-1}、氢油体积比 220、高分压力 6.4MPa 的条件下，生产出硫含量低于 1μg/g、银片腐蚀 0 级的优质军用喷气燃料。在反应器入口氢分压 6.3MPa、入口氢油体积比 703:1、体积空速 1.0h^{-1} 和床层加权平均温度 360℃等操作条件下，精制柴油的密度降至 0.8543g/cm^3，硫含量降到 5.8g/g，柴油收率为 96.61%，十六烷值升至 44.8，增加了 10.9 个单位。工业技术标定结果数据列于表 6-4-49 中。

表 6-4-48　两代 MCI 技术专用催化剂性能对比

催化剂型号	FC-18	3963
产品柴油性质		
密度(20℃)/g·cm^{-3}	0.8422	0.8466
硫含量/μg·g^{-1}	8.8	20
氮含量/μg·g^{-1}	4.9	9.0
凝点/℃	-8	-7
芳烃/%	47.5	56.7
氧化安定性/mg·(100mL)$^{-1}$	1.3	1.5
十六烷值	43.5	41.3
十六烷值增幅	12.2	10.0
柴油收率/%	96.7	97.1

表 6-4-49　FC-18 催化剂工业应用技术标定结果

装置工业标定时的工况		
高分压力/MPa	6.9	
床层加权平均温度/℃	360	
氢油体积比	703	
柴油收率/%	96.61	
液收/%	99.28	
原料与柴油产品性质	原料	柴油产品
密度(20℃)/g·cm^{-3}	0.8962	0.8534
IBP~95%馏程/℃	189~367	164~357
凝点/℃	-4	-7
硫含量/μg·g^{-1}	7000	5.8
氮含量/μg·g^{-1}	882	1.1
十六烷值	33.9	44.8
十六烷值增加值		10.9

二、配套催化剂

在一段或两段加氢裂化流程中，在加氢裂化段前面设有专门的原料预处理反应器，或在加氢裂化催化剂的上部装有加氢处理催化剂。其作用是对原料中所含的多环芳烃进行加氢饱和、脱除原料中的硫、氮、氧和重金属等杂质，尤其是将原料中的有机氮化合物脱除至几十个乃至几个 μg/g，以减少其对裂化催化剂裂解活性的毒害作用，保护裂化催化剂，延长运转周期，提高产品收率和产品质量。

为了减缓加氢裂化装置因原料油中的铁及其他重金属沉积导致压降的增大，应在加氢处理催化剂的顶部装入约占加氢处理催化剂体积 10% 的脱铁、脱金属保护剂。另外，还需要在裂化反应器的下部装入适量的后处理催化剂，以脱除裂化产物中的硫醇，确保加氢裂化产品的质量。因此，加氢裂化配套催化剂有三类，即脱金属保护剂、预精制催化剂和后处理催化剂。目前国内多以预精制催化剂替代了后处理催化剂。

国产的脱铁、脱金属保护剂有：3921、3922 和 3923。

国产的重油加氢处理催化剂有：由原抚顺石油三厂催化剂分厂研制生产的以 Al_2O_3 为载体、含 F 的 W－Mo－Ni 片状 3722 催化剂和后来改为条状 3722B 以及 1978 年为了实现引进装置用催化剂国产化，研制开发的以 $SiO_2-Al_2O_3$ 为载体、含 Mo－Ni－P 重油加氢处理催化剂 3822、3823 和 3904；由 RIPP 研制开发的含 F 的 RN－1 及其系列重油加氢处理催化剂。由 FRIPP 研制开发的重油加氢处理催化剂有 3936、CH－20、3996、FF－16、FF－26以及 FF－36 等工业催化剂均已广泛应用在工业装置上。

后处理催化剂有：3823、3962。

1. 3936 重油加氢处理催化剂

3936 催化剂主要用于一段串联流程的预精制段；也适用于焦化蜡油加氢处理和中压加氢改质等工艺过程。它具有孔分布集中、孔容积和比表面积大、堆积密度适中、机械强度高以及金属分布均匀等特点，活性、稳定性水平较高。结果见表 6－4－50。

在装置使用 3936 催化剂比使用参比剂少装 5.7% 的情况下，加氢脱氮效果依然达到使用参比剂时的水平。3936 催化剂在其他工业装置运行结果见表 6－4－51。

表 6－4－50　3936 催化剂与参比剂在镇海炼化加氢裂化装置上使用效果比较

催化剂型号	参比剂	参比剂	3936
累计加工原料量/kt	310	678	771
原料油	胜利、渤海	胜利、伊朗	胜利
密度(20℃)/$g \cdot cm^{-3}$	0.8847	0.8927	0.8864
馏程范围/℃	365～538	391～534	401～550
硫/%	0.24	0.58	0.95
氮/%	0.114	0.162	0.103
残炭/%	0.04	0.12	0.11
压力/MPa	16.08	16.05	15.90
R1 平均反应温度/℃	378.9	382.5	378.4
R1 出口精制油含氮/$\mu g \cdot g^{-1}$	5.0	5.0	<5.0

表 6－4－51　3936 催化剂在燕山石化中压加氢改质装置上应用结果

原料油	大庆重油 催柴＋减二	主要工艺条件及结果	
密度(20℃)/$g \cdot cm^{-3}$	0.8620	原料进料量/$t \cdot h^{-1}$	81.391
馏程/℃		压力/MPa	9.75
10%/50%/90%/97%	243/358/442/455	精制段平均反应温度/℃	364.9
凝点/℃	28	空速/h^{-1}	1.01
硫/%	0.113	氢油体积比	638.7
氮/%	0.0733	循环氢纯度/v%	80.4
BMCI 值	36.1	精制油含氮/$\mu g \cdot g^{-1}$	<5.0

2. CH－20 重油加氢处理催化剂

CH－20 是一种采用成本低、无氨氮污染的硫酸铝—偏铝酸钠法生产的氧化铝为载体，并以特殊的、价廉且无污染的预浸液进行预浸与 Mo－Ni－P 溶液共浸渍技术制备的重油加氢处理催化剂。这种制备工艺能促使金属在载体上分布均匀且富集表面，从而确保了用该法生产的 CH－20 催化剂活性高、稳定性好。该剂可在中压条件下加氢处理含氮量近 5000μg/g 的焦化蜡油，其加氢脱氮率达到79.1%；在高压条件下用于胜利VGO、VGO与CGO混合油以及沙特VGO的加氢处理，其精制油氮含量均能达到小于10μg/g的满足加氢裂化进料的要求。表6－4－52和表6－4－53分别列出了CH－20催化剂中、高压下加氢处理CGO和VGO的试验结果数据。该剂在长岭炼化总厂30kt/a中压加氢处理装置上进行首次工业应用，加工处理管输油CGO为催化裂化装置提供原料；加工处理重油催化柴油、催化柴油与焦化柴油混合油、焦化柴油以及焦化柴油与焦化汽油混合油等原料，生产－10#优质轻柴油。

表6－4－52　CH－20催化剂中压加氢处理CGO及VGO/CGO混合油的试验结果

原　料　油	大庆CGO	管输CGO	伊朗CGO	伊朗VGO/CGO(混)
密度(20℃)/g·cm^{-3}	0.8593	0.8900	0.9318	0.9140
馏程/℃	241～543	224～486	241～515	257～527
硫/μg·g^{-1}	1300	9200	21300	17300
氮/μg·g^{-1}	2240	4900	3900	2300
工艺条件				
反应压力/MPa	6.4			
氢油体积比	1000			
体积空速/h^{-1}	1.0			
反应温度/℃	380			
脱硫率/%	95.9	96.7	94.6	88.6
脱氮率/%	70.0	76.8	73.3	67.1

表6－4－53　CH－20催化剂高压加氢处理VGO及VGO/CGO混合油的试验结果

原料油	胜利VGO	沙特VGO	胜利VGO混CGO(9:1)
密度(20℃)/g·cm^{-3}	0.9066	0.9133	0.9054
馏程/℃	346～526	319～531	235～515
硫/%	0.59	2.20	0.623
氮/%	0.164	0.79	0.194
工艺条件			
反应压力/MPa	15.5	15.5	14.7(氢分压)

续表

氢油体积比	1000	950	1000
体积空速/h^{-1}	1.0	1.1	1.0
反应温度/℃	376	368	380
精制油含氮/μg·g^{-1}	5.3	8.0	4.6

3. 3996重油加氢处理催化剂

3996催化剂是3936催化剂的换代产品，其加氢脱氮活性明显优于3936催化剂，而且稳定性好，性能达到当时同类催化剂的最先进水平。已在多套大型加氢裂化装置上工业应用。工业应用结果表明，3996催化剂性能明显优于参比剂。图6-4-1绘出了3996催化剂与参比剂在茂名加氢裂化装置上工业运行时的进料体积空速的对比图线。而图6-4-2则为3996催化剂与参比剂在工业应用中的床层平均反应温度的对比图。上述两图可以明显看出，3996催化剂在进料空速比参比剂高约10%的条件下，其床层平均反应温度仍然比参比剂低很多。

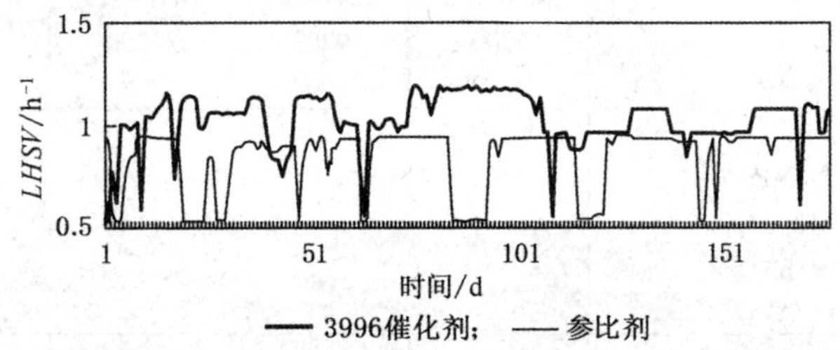

图6-4-1 3996催化剂与参比剂在空速上的对比

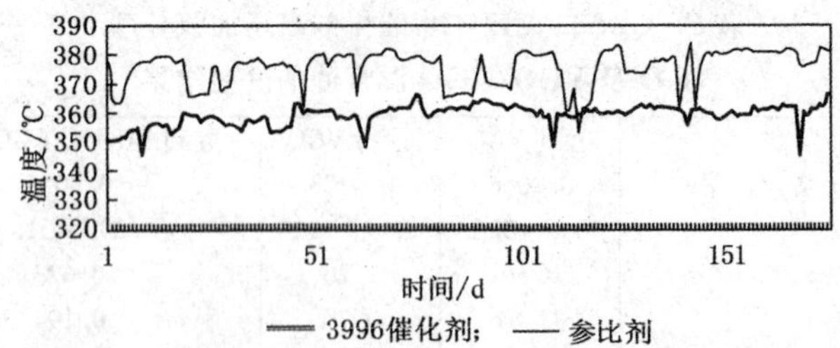

图6-4-2 3996催化剂与参比剂在反应温度上的对比

表6－4－54列出了3996催化剂在茂名加氢裂化装置上工业运行时与参比剂在相应运行期间的活性对比结果。数据表明：在加工负荷相近又相同工艺条件下，处理同类原料油，达到相同脱氮效果时，3996催化剂的平均反应温度较参比剂低15℃左右。即3996催化剂的加氢脱氮活性远远超过了参比剂水平。

表6－4－54　3996催化剂与HC－K催化剂工业应用结果比较

催化剂型号	HC－K	3996	HC－K	3996
累计加工天数/d	140	171	194	173
累计加工原料量/kt	298	427	406	432
原料油	阿曼	阿曼	九油	阿曼/伊朗
密度(20℃)/g·cm^{-3}	0.8955	0.8986	0.9008	0.9041
馏程/℃				
5%/干点	326/527	359/522	325/511	362/514
硫/%	0.81	1.03	0.41	1.78
氮/%	0.071	0.065	0.122	0.123
R101平均温度/℃	373.4	358.7	381.2	361.0
高分压力/MPa	16.0	15.92	16.0	16.01
精制油碱氮/μg·g^{-1}	2.15	2.59	2.0	2.73

3996催化剂在上海石化与当时最先进水平催化剂在同一套加氢裂化装置上应用。在进料空速相同、原料油性质及脱氮深度基本相近的情况下，3996催化剂的平均反应温度与参比剂相近，说明3996催化剂的加氢脱氮活性达到参比剂的水平。两剂对比数据见表6－4－55。

表6－4－55　3996催化剂与参比剂工业应用对比

日　　期	1998.11.10	2001.01.31	1999.02.01	2001.04.27
催化剂	参比剂	3996	HC－P	3996
累计加工天数/d	145	142	227	229
累计加工原料量/kt	212	343	347	575
原料油				
密度(20℃)/g·cm^{-3}	0.8773	0.8788	0.8765	0.8881
馏程/℃				
5%/干点	308/539	282/532	293/541	274/530
硫/%	0.364	0.310	0.342	1.150

续表

日　　期	98.11.10	01.01.31	99.02.01	01.04.27
氮/%	0.072	0.070	0.070	0.066
质量空速/h^{-1}	0.93	0.88	0.88	1.03
R101 平均温度/℃	374.0	365.1	369.9	368.1
氢油体积比	1044	1207	1271	963
高分压力/MPa	14.29	14.14	14.84	13.99
精制油氮/$\mu g \cdot g^{-1}$	2.3	6.7	5.4	9.3

4. FF－16 重油加氢处理催化剂

FF－16 催化剂是 FRIPP 研制的一种新型高活性加氢裂化预处理催化剂。该催化剂具有金属分散好、孔容积和比表面积较大、堆积密度适中等特点。中小型加氢装置的评价结果表明，该剂活性、稳定性好，加氢脱氮活性明显高。表 6－4－56 和表 6－4－57分别列出了 FF－16 催化剂与国内外使用的参比催化剂在中小型加氢装置上用相同原料油在相同反应条件下脱氮活性对比评价结果。该剂工业应用取得了预期效果。

表 6－4－56　小型装置催化剂活性对比评价结果

催化剂型号	FF－16	3996	参比剂－1	参比剂－2
原料油	胜利 VGO			
硫/%	0.510			
氮/%	0.155			
反应压力/MPa	14.7			
反应温度/℃	372	378	380	378
生成油氮含量/$\mu g \cdot g^{-1}$	4.8	6.9	5.5	8.4

表 6－4－57　中型装置催化剂活性对比评价结果

催化剂型号	FF－16	参比剂－1	参比剂－3
原料油	伊朗 VGO		
硫/氮/%	1.50 / 0.138		
反应压力/MPa	15.7		
反应温度/℃	375	382	382
生成油氮含量/$\mu g \cdot g^{-1}$	5～7	3～5	4～6

表 6－4－56 数据显示，在以相同原料及操作条件下，反应

温度低时，氮含量也是低的。

5. FF－26 重油加氢处理催化剂

FF－26 催化剂是 FRIPP 最新研制开发的新一代加氢裂化预处理催化剂。该催化剂采用载体改性的路线来提高催化剂加氢脱氮活性。它具有比表面积大、孔分布集中、酸性适中、活性金属分布均匀以及机械强度好等特点。表 6－4－58 和表 6－4－59 分别列出了小型和中型装置活性评价试验的结果。结果表明：FF－26催化剂加氢脱氮性能达到或优于当前国内外同类催化剂的先进水平。FF－26 催化剂从 2003 年底起，在不到一年半的时间就在六套装置上进行了工业应用。表 6－4－60 是该催化剂工业应用情况一览表。

表 6－4－58　FF－26 催化剂小型装置活性评价结果①

催化剂型号	FF－26	FF－16	FF－26	FF－16
原料油	伊朗 VGO		胜利 VGO	
氮含量/$\mu g \cdot g^{-1}$	1205		1468	
反应温度/℃	370	372	376	378
运转时间/h	～560	～250	～500	～500
精制油氮含量/$\mu g \cdot g^{-1}$	6.2	6.3	4～7	4～7

① 其他反应条件相同。

表 6－4－59　FF－26 催化剂中型装置活性评价结果

催化剂型号	FF－26	3936	FF－26	FF－16
原料油	伊朗 VGO		金山 VGO	
氮含量/$\mu g \cdot g^{-1}$	1320		663	
反应压力/MPa	15.7		14.7	
反应温度/℃	371	384	361	363
精制油氮含量/$\mu g \cdot g^{-1}$	3～8	3～8	～13	～13

表 6－4－60　FF－26 催化剂工业应用情况

应用时间	应用厂家	装置类别	催化剂用途	催化剂用量/t
2003.12	金陵分公司	高压加氢裂化	加氢预处理	103.6
2004.07	扬子石化芳烃厂	高压加氢裂化	加氢预处理	305
2004.09	上海高桥石化公司	高压加氢裂化	加氢预处理	165

续表

应用时间	应用厂家	装置类别	催化剂用途	催化剂用量/t
2004.11	齐鲁石化胜过炼油厂	焦化蜡油加氢处理	加氢预处理	21
2005.02	金陵分公司	单段高压加氢裂化	加氢预处理	40
2005	天津分公司	高压加氢裂化	加氢预处理	149.5

三、新研发的催化剂

1. FC－24 催化剂

该催化剂采用 US－SSY 分子筛为主要裂化组分，以 Mo－Ni为加氢组分，并添加了新型活性载体，因此降低了催化剂的分子筛含量，但活性仍与 3955 催化剂的相当；而且金属组分的量也大大降低，又改善了催化剂的孔分布。图 6－4－3 是 3955 与 FC－25 催化剂的组成比较。表 6－4－61 是两个催化剂的活性比较。

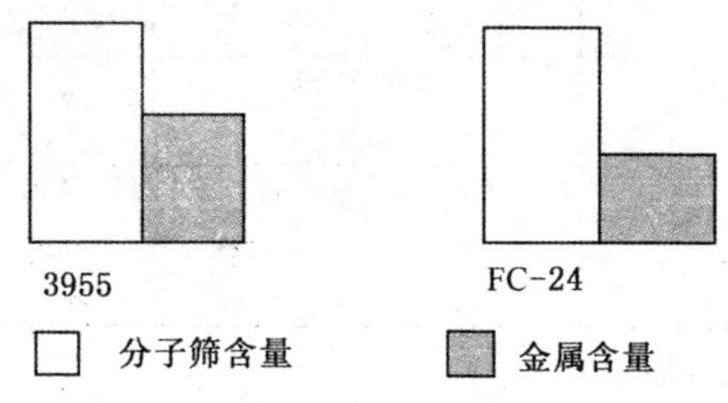

图 6－4－3　FC－24 与 3955 催化剂的组成比较

由表 6－4－61 可见，两催化剂以相同原料在相同反应条件下评价，在相同反应温度时 FC－24 的液体产品收率和重石脑油收率都有提高，而气体产率降低，故氢耗也降低。

表 6－4－61　FC－24 与 3955 催化剂对比评价试验结果

催化剂型号	3955	FC－24	催化剂型号	3955	FC－24
反应温度/℃	基准	基准	重石脑油选择性/%	基准	基准＋2.8
C_5^+ 液收/%	基准	基准＋1.8			
$C_1\sim C_4$/%	基准	基准－2.0	氢耗/%	基准	基准－0.2

2004 年，FC－24 催化剂在扬子石化股份有限公司芳烃厂 2.0Mt/a 装置使用，该装置采用单段串联一次通过流程，标定结

果见表6－4－62。

表6－4－62 FC－24催化剂标定结果

项 目	数据	项 目	数据
原料油		产品分布/%	
密度(20℃)/kg·m^{-3}	878.6	气体	3.05
馏程/℃	186～489	轻石脑油	10.26
硫/μg·g^{-1}	3853	重石脑油	48.60
氮/μg·g^{-1}	687	喷气燃料	9.80
*BMCI*值	33.5	尾油	25.12
高分压力/MPa	14.2	C_5^+ 液收/%	93.78
裂化精制段平均温度/℃	375.7		
裂化段平均温度/℃	364.3		

标定结果表明，FC－24催化剂可以满足该厂多产石脑油和同时产尾油的需求，而且重石脑油可满足重整原料的质量要求；尾油经裂解的乙烯产率高达30.5％。

2007年，FC－24催化剂与FF－26加氢精制催化剂配合，以单段串联一次通过流程在镇海炼化公司1.5Mt/a装置上一次开车成功，装置满负荷运转数据示于表6－4－63中。

表6－4－63 FC－24催化剂工业运转结果

项 目	数据	项 目	数据
原料油			
密度(20℃)/g·cm^{-3}	0.8970	单程转化率/%	83.5
馏程/℃(10%/EBP)	353/515	产品收率/%	
硫/μg·g^{-1}	14200	液化气	3.26
氮/μg·g^{-1}	1336	轻石脑油	8.84
裂化段反应条件		重石脑油	23.94
压力/MPa	13.46	喷气燃料	20.81
平均反应温度/℃	371.88	柴 油	20.37
体积空速/h^{-1}	364.3	尾 油	21.05

表6－4－63中数据表明，在压力较一般高压加氢裂化低(总压13.46Mpa)、体积空速(2.11h^{-1})较高的情况下，FD－24催化剂仍有良好的活性和选择性。

2. FC－40 催化剂

该剂是2006年开发成功的高中油型加氢裂化催化剂。其技术关键是将Y沸石改性成为高结晶度、低晶胞参数的改性Y沸石，再配以大孔的硅铝，以使分子筛的用量降低，同时还缩短了催化剂制备流程、提高了催化剂收率并降低了成本。该催化剂的反应性能和中油选择性较原催化剂有所提高，数据见表6－4－64。

表6－4－64　FC－40 催化剂与参比剂对比结果①

催化剂型号	FC－40	参比剂	催化剂型号	FC－40	参比剂
精制油氮含量/μg·g^{-1}	<10	<10	喷气燃料	31.07	31.54
反应温度/℃	382	384	柴油	22.30	20.29
产品收率/%			尾油	33.41	33.53
轻石脑油	4.19	4.89			
重石脑油	7.42	8.54	中油选择性/%	80.15	77.67

① 以中东VGO为原料。

3. FF－20 加氢裂化预处理催化剂

研制该催化剂的目的是在基本保持FF－26催化剂性能的前提下，降低催化剂生产成本。在金属组成上以W取代部分Mo，形成W－Ni－Mo催化剂。

此催化剂载体的改进是通过加入一种助剂，使氧化铝的比表面积变大（≥400m^2/g）、孔容变大（0.9～1.2mL/g）、孔分布集中（4.0～10.0nm），中孔占60%以上，而且提高了催化剂的堆密度。

由于该催化剂的活性金属采用三元组分，与两组分的相比，改善了金属与载体的作用，增加了W和Ni在载体表面的分散度。表6－4－65显示的是FF－20催化剂与FF－26催化剂的对比试验结果。

表6－4－65　FF－26 催化剂与 FF－20 催化剂活性对比结果

催化剂型号	FF－26	FF－20
原料油	伊朗VGO	
反应压力/MPa	15.7	
氢油体积比	1000：1	
反应温度/℃	382	384
精制油氮含量/μg·g^{-1}	9.7	9.8

从表6－4－65中数据看出，两个催化剂在其他相同的情况下，FF－20反应温度比FF－26高2℃，而本工作主要的目的是降低成本。表6－4－66示出其成本的对比。

表6－4－66　FF－26催化剂与FF－20催化剂活性金属成本比较

催化剂型号	FF－20	FF－26
偏钨酸铵单价/(万元/t)	22.5	
万元/t催化剂	6.165	
氧化钼单价(万元/t)	55	
万元/t催化剂	3.905	14.96
合计：万元/t催化剂	10.07	14.96

每吨催化剂仅金属成本就可降低4.89万元，此催化剂已在吉林石化和海南华实公司应用。

4. FF－36加氢裂化预处理催化剂

由于原油质量日益变差，对加氢裂化预处理催化剂的苛刻度也日益增加，这就需要不断研究高性能的加氢裂化预处理催化剂来保证加氢裂化催化剂的长周期运转。

加氢裂化预处理催化剂的关键是要有强的脱氮性能。有机氮化物加氢脱氮的机理是含杂原子的芳烃首先要在加氢中心上加氢，然后在催化剂的酸性中心上发生C—N键的氢解。因此，催化剂的加氢活性是关键，而酸性中心则是应具有相当数量的L酸和较弱的B酸，其次是加氢脱氮反应较脱硫等反应速率慢，故需催化剂有较大的孔。

首先，通过氧化铝原料的选择，选用硫酸铝——偏铝酸钠法氧化铝，其不仅性能较好，而且价格低，同时还考察了助剂的品种及加入方法，从而获得了孔容、比表面较大、酸性及强度均适宜的载体。

金属组分为Mo－Ni，采用了改变浸渍液而改变了金属分布，在总金属含量不变的情况下，硫化型的Ni和Mo较通常要多(见表6－4－67)。

表 6－4－67　硫化型金属元素电镜观测结果

催化剂型号	FF－36	常用剂	催化剂型号	FF－36	常用剂
氧化型元素组成/%			Mo	13.2	12.4
Ni	2.9	3.1			
Mo	17.0	16.8	S	12.8	7.9
硫化型元素组成/%					
Ni	3.1	2.6	相对脱氮活性	113	100

表6－4－68 显示的是 FF－36 催化剂与 FF－26 催化剂活性对比结果。

表 6－4－68　FF－26 催化剂与 FF－36 催化剂活性对比结果

催化剂型号	FF－26	FF－36
原料油	伊朗 VGO	
氮含量/$\mu g \cdot g^{-1}$	1475	
氢分压/MPa	14.7	
体积空速/h^{-1}	1.0	
氢油体积比	1000	
反应温度/℃	基准	基准－2
精制油氮含量/$\mu g \cdot g^{-1}$	7.1	4.3
相对脱氮活性	100	121

由表6－4－68 可见，FF－36 催化剂在原料相同的情况下，反应温度较原 FF－26 低 2℃，而脱氮活性提高 20%，该催化剂也已在工业上使用。

5. FC－32 催化剂

FC－32 催化剂是最新开发的一种原料适应性强、操作灵活性大的催化剂。表6－4－69 是 FC－32 催化剂以 VGO 为原料在不同压力下的反应结果。

由表6－4－69 可见，压力不同，但转化率相同时，产品分布基本一致，较高压力时产品质量更好，但在较低压力下时，产品质量也可满足实际需求。该催化剂的灵活性还显示在不同转化深度和不同产品方案上。试验结果见表6－4－70 和表6－4－71。

表 6-4-69　FC-32 催化剂在不同压力下的反应结果

反应压力/MPa	12.0	15.7	反应压力/MPa	12.0	15.7
反应温度/℃	374	375	烟点/mm	22	25
产品产率及性质			柴油/%	13.79	13.76
轻石脑油/%	4.13	4.74	十六烷指数	69.7	73.1
重石脑油/%	24.01	24.20	尾油/%	30.18	29.83
芳潜/%	61.22	61.69			
喷气燃料/%	25.02	24.58	*BMCI* 值	2.4	2.0

表 6-4-70　FC-32 催化剂在不同转化深度的结果

反应温度/℃	372	375	379
>350℃单程转化率%	65	70	78
产品产率及性质			
轻石脑油/%	3.66	4.74	6.11
重石脑油/%	20.90	24.20	28.81
芳潜/%	59.89	61.69	59.11
喷气燃料/%	23.44	24.58	25.75
烟点/mm	24	25	26
柴油/%	15.08	13.76	13.73
十六烷指数	72.1	73.1	74.5
尾油/%	34.70	29.83	22.13
BMCI 值	9.5	8.4	7.9

表 6-4-70 中数据表明，通过改变反应温度可明显改变产品分布和产品性质。

表 6-4-71　FC-32 催化剂不同生产方案的结果

生产方案	柴油方案	石脑油方案	生产方案	柴油方案	石脑油方案
反应温度/℃	374	379	柴油/%	47.5	43.0
产品收率及性质			十六烷值	50.7	56.0
轻石脑油/%	4.1	2.7	尾油/%	29.0	22.0
重石脑油/%	17.2	29.6			
芳潜/%	61.6	60.2	*BMCI* 值	11.1	10.3

以上结果表明，FC-32 催化剂有很好的活性，可灵活生产石脑油和柴油产品，以满足不同的市场需求。该催化剂已完成工业放大，即将在工业装置上使用。

除前述已在工业装置上使用的新催化剂外，还有一批催化剂正在开发过程中，不久将问世用于工业装置，它们是：

① FC－52 用于高压加氢裂化，最大量生产石脑油和尾油。尾油的 *BMCI* 值低，T_{90}、T_{95}和干点低。

② FC－36 用于高压加氢裂化一段串联或两段工艺，灵活生产石脑油、中间馏分油，尾油 *BMCI* 值低、T_{90}、T_{95}和干点低。

③ FC－50 用于高压加氢裂化一段串联和两段工艺，最大量生产中间馏分油，尾油 *BMCI* 值低、T_{90}和 T_{95}点低。

此外，在催化剂组成、配比、原料、助剂、制备方法和条件、外形、硫化及开工等对催化剂性能的影响做了深入系统地研究工作，积累了大量的实践经验和理论知识。近 30 年来，共开发出 20 大类 50 多个牌号的加氢裂化催化剂，其中，大部分已实现了工业化。

表 6－4－72 列出了它们的性质。

与此同时还开发了一批组合工艺技术（详见工艺部分）。

表 6－4－72　FRIPP 开发的馏分油加氢裂化催化剂

序号	催化剂牌号	主要用途
1	3825、3905、3955、FC－24、FC－52	高压加氢裂化（FHC），一段串联和两段工艺，最大量生产石脑油和尾油，尾油 *BMCI* 值低且 T_{90}、T_{95}和干点大幅度降低
2	3824、3903、3971、3976、FC－12、FC－32、FC－36	高压加氢裂化（FHC），一段串联和两段工艺，灵活生产石脑油、中间馏分油和尾油，尾油 *BMCI* 值低且 T_{90}、T_{95}和干点大幅度降低
3	3974、FC－26、FC－40、FC－50	高压加氢裂化（FHC），一段串联和两段工艺，最大量生产中间馏分油，尾油 *BMCI* 值低且 T_{90}、T_{95}和干点大幅度降低
4	3901、FC－20	高压加氢裂化（FHC），一段串联和两段工艺，最大量生产低凝柴油，尾油是低凝点的润滑油基础油生产原料

续表

序号	催化剂牌号	主要用途
5	FC－16	高压加氢裂化(FHC)，一段串联和两段工艺，最大量生产中间馏分油，兼顾柴油低温流动性和尾油 *BMCI* 值
6	3912、ZHC－01	高压加氢裂化(FHC)，单段和两段工艺，灵活生产石脑油、中间馏分油和尾油，尾油 *BMCI* 值低且 T_{90}、T_{95} 和干点大幅度降低
7	3973、ZHC－02、ZHC－04、FC－28、FC－30	高压加氢裂化(FHC)，单段和两段工艺，最大量生产中间馏分油，尾油 *BMCI* 值低且 T_{90}、T_{95} 和干点大幅度降低
8	FC－14	高压加氢裂化(FHC)，单段和两段工艺，最大量生产低凝柴油，尾油是低凝点的润滑油基础油生产原料
9	FC－22	高压加氢裂化(FHC)，两段工艺，灵活生产石脑油和中间馏分油，贵金属催化剂
10	3905、3976、FC－32 等	中压加氢裂化(MPHC)和中压加氢改质(MHUG)工艺
11	3882	缓和加氢裂化(MHI)工艺
12	3963、FC－18	最大量提高劣质柴油十六烷值(MCI)工艺
13	3881(FDW－1)、FDW－3、FDW－4	临氢降凝(FDW)、加氢降凝(FHDW)和加氢改质降凝(FHUG－DW)工艺
14	FC－14、FC－20	柴油加氢改质异构降凝(FHI)工艺
15	3934、3935	高压加氢处理最大量生产尾油润滑油基础料(FLHT)工艺
16	FTW－1、FHDA－1	加氢裂化尾油异构脱蜡(WSI)工艺
17	FDW－1、FDW－2、FDW－3	加氢裂化尾油催化脱蜡(FLDW)工艺，非贵金属催化剂
18	3906、3926、3936、3996、FF－16、FF－20、FF－26、FF－36	加氢裂化预精制段催化剂，高加氢脱氮活性和高芳烃加氢饱和活性

续表

序号	催化剂牌号	主要用途
19	3962、FF－12	加氢裂化后精制段催化剂，加氢饱和脱除微量烯烃，抑制硫醇生成
20	FZC－100、FZC－101、FZC－102、FZC－102A、FZC－102B、FZC－103、FZC－103A、FZC－103B、FZC－204等	加氢裂化保护床层用脱金属催化剂，脱除原料油中微量金属杂质和易生焦物质，容纳机械垢物，减缓压降上升，延长运转周期

参考文献

1 1991 Unicracking Conference. New Catalyst developments. 23～26/9. 1991

2 石油技术(日)，1983，6(8)

3 1991 Unicracking Conference. Unicracking commercial catalyst Choidces and Applicates. 23～26/9. 1991

第七章 择形裂化和择形异构化

第一节 概 述

择形裂化和择形异构化统称为加氢脱蜡，在我国又称为临氢降凝，是属于加氢裂化的一种工艺过程。择形裂化和择形异构化技术源于20世纪60年代末合成ZSM－5沸石型择形催化剂的开发，70年代中期，择形裂化技术开始用于工业装置从直馏轻蜡油生产低凝点柴油，接着在70年代末期，又在工业装置上从减压蜡油生产润滑油基础油。80年代开发了贵金属沸石双功能催化剂，90年代初，择形异构化技术开始用于工业装置从直馏轻蜡油生产低凝点柴油，接着又用于从加氢裂化尾油生产高黏度指数润滑油基础油。择形裂化和择形异构化技术先进，产品收率高、质量好，经济效益好，特别是能够生产低凝点柴油和高/超高黏度指数润滑油基础油，适应优质低凝油品需求日益增长的形势，因此，在许多国家得到大力的发展和应用，预计在本世纪的应用前景广阔。据不完全统计，到2006年底，世界上已投产的各种择形裂化和择形异构化装置总计已过百套，总加工能力在35Mt/a以上；我国有19套，总加工能力达到4.10Mt/a，用于生产低凝点柴油和润滑油基础油。

一、定义和分类

（一）择形裂化

低温流动性是喷气燃料、柴油和润滑油基础油产品的重要指标之一，分别以喷气燃料的冰点、柴油的凝点及基础油的倾点表示。研究表明，油品的低温流动性受其烃组成及结构的影响，尤其是高凝点长直链烷基结构烃类（蜡）分子的影响最大。Krisha R[1]等人曾提出试油的低温流动性与含蜡量的对数有较好的相关性，潘翠莪等人[2,3]通过对大庆、沈北、胜利原油的直馏和催化裂化6种宽馏分柴油的研究，证明试油的低温流动性不但与其蜡含量有关，而且与蜡中正构烷烃的分布即蜡的组成(用正构烷烃的平均链长表示)有很好的相关性。油品中存在高凝点烃类，如长直链正构烷烃、短支链的长直链烷烃或长侧链的芳烃或环烷烃等，在低温下会析出形成网状结构包裹低凝点烃类，造成油品整体结构凝固，影响机械运行，严重时会发生事故。为了解决油品结构凝固带来的问题，需尽可能地除去蜡，改善油品的低温流动性。

择形裂化(Shape selective cracking)，是在含择形分子筛的催化剂和氢气存在下，通过择形分子筛的形状选择作用，将原料油中高凝点正构烷烃及类正构烷烃裂解成低凝点烃分子，从而降低油品凝点或倾点的过程，也称为催化脱蜡(Catalytic Dewaxing)。择形裂化的技术关键是采用具有择形作用的分子筛催化剂，可采用的分子筛有丝光沸石、毛沸石、ZSM－5等。其中，ZSM－5分子筛的应用最广泛、技术最成熟。

ZSM－5分子筛是由两种相互交叉的孔道系统组成(见图7－1－1[4])，即直线形孔道和波形孔道，孔道大小分别为0.54nm×0.56nm和0.51nm×0.56nm，分子直径小于0.56nm、倾点较高的长直链烷烃、带甲基的短支链烷烃和长链单烷基苯能够进入孔道，与活性中心接触，被裂化为小分子烃，而倾点较低的多支链异构烷烃、多支链单环芳烃、多环环烷烃和多环芳烃都因不能进入孔道而不发生发应。

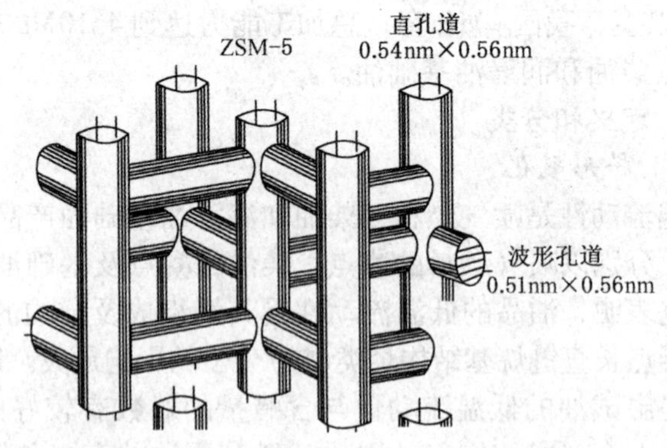

图7－1－1　ZSM－5分子筛的孔道体系

20 世纪 60 年代末，Mobil 公司开发了以 ZSM－5 分子筛为酸性组分的择形裂化催化剂，70 年代中期实现工业应用。随后，英国 BP、美国 UOP 等公司也开发了自己的择形裂化催化剂。伴随催化剂的开发，择形裂化工艺得到发展。世界各国研究开发的择形裂化工艺主要分三类，即汽油、中间馏分油（柴油或喷气燃料）和润滑油馏分的择形裂化，其中应用最多的是柴油择形裂化工艺。

汽油馏分进行择形裂化，主要目的不是降凝而是提高辛烷值，改善抗爆性能。经过择形裂化，汽油研究法辛烷值最大可提高 10 个单位[5]。但随着现代重整技术的发展，近年来应用择形裂化工艺进行汽油改质的较少。

中间馏分油进行择形裂化，主要目的是降低凝点或冰点，满足油品低温流动性能的要求。柴油择形裂化是生产低凝点柴油最重要的手段，加工含蜡粗柴油原料，干点最高可达 450℃，凝点或倾点可降低 20～60℃[6,7]。目前，国外工业应用较多的是 Mobil公司 MDDW（Mobil Distillate Dewaxing）、Akzo Fina 公司 CFI（Cold Flow Improvement）工艺技术。我国已建柴油择形裂化装置大多采用中国石化抚顺石油化工研究院（FRIPP）开发的 FDW（FRIPP Dewaxing）工艺技术。

润滑油馏分择形裂化，主要目的也是降低油品的倾点/凝点、改善低温流动性。可加工各种不同黏度等级（从锭子油料到光亮油料）的溶剂精制的含蜡油和加氢处理或加氢裂化的含蜡油以及未精制的脱沥青油、环烷基馏分油等，溶剂精制的蜡下油也可以用作择形裂化的原料。相比溶剂脱蜡，择形裂化技术具有原料灵活性较大、工艺流程简单、操作条件缓和、建设投资、操作及维修费用较低等特点。1977 年，英国 BP 公司首先将含铂的丝光沸石催化剂应用于环烷基润滑油的择形裂化。Mobil 公司开发的 MLDW（Mobil Lube Dewaxing）工艺技术自 1981 年实现工业化以后，又建成多套工业装置，成为目前国外应用最广泛的润滑油择形裂化技术。我国抚顺石油三厂在 70 年代初开展加氢法生产润滑油工艺的开发，随后完成两段法择形裂化技术的工业试验，70年代中后期工业化加氢裂化－择形裂化－加氢精制联合工艺，处理大庆减压馏分油及加氢裂化尾油，生产优质润滑油基础油。

（二）择形异构化

油品的低温流动性不仅与烃组成有关、也与组分的分子结构有关。研究发现，支链异构体的凝点或倾点低于同碳数正构烷烃，而且，异构体的凝点随支链化的程度、支链位置的不同而异。从表7－1－1可以看到，对于碳数为20的烷烃，$n-C_{20}$的凝点为37℃，2甲基－C_{19}的凝点则为18℃，而5甲基－C_{19}的凝点仅为－7℃；对于碳数为26的烷烃，$11n-p-C_{25}$的凝点为19℃，而$11i-p-C_{25}$的凝点为－40℃。

择形异构化（Shape Selective Isomerization）在择形裂化的基础上发展而来，它主要采用含中孔分子筛如SAPO－11、ZSM－22或ZSM－23类的贵金属双功能催化剂，使高凝点烃分子的长直链发生异构化反应，生成低凝点的、含有2～3个侧链的异构烷烃，从而达到脱蜡、降低油品凝点/倾点的目的，也称为异构脱蜡（Isodewaxing）。择形异构化的技术关键是采用具有特定孔径和走向的择形分子筛催化剂，将正构烷烃异构化为异构烷烃，既可降低油品凝点，又可将异构烷烃保留在产品中，因而目的产品收率较高。

表7－1－1　同碳数同分异构体的凝点[8]

分子名称	结构式	凝点/℃
$n-C_{20}$	$CH_3—CH_2—CH_2—CH_2—(CH_2)_{15}CH_3$	37
2甲基－C_{19}	$CH_3—CH(CH_3)—CH_2—(CH_2)_{15}CH_3$	18
5甲基－C_{19}	$CH_3—CH_2—CH_2—CH_2—CH(CH_3)—(CH_2)_{13}CH_3$	－7

续表

分子名称	结构式	凝点/℃
$11n-p-C_{25}$	$CH_3(CH_2)_9—CH—(CH_2)_9CH_3$ | $(CH_2)_4CH_2$	19
$11i-p-C_{25}$	$CH_3(CH_2)_9—CH—(CH_2)_9CH_3$ | $H_3CH_2C—CH—CH_2CH_3$	-40

择形异构化工艺主要用于生产低凝点/倾点的柴油和润滑油基础油。

生产低凝点柴油的择形异构化，采用双功能贵金属催化剂，通过加氢异构化和选择性加氢裂化，由轻蜡油生产低凝点柴油，主要特点是柴油收率高。有代表性的是 Mobil 公司开发的 MIDW (Mobil Isomerization Dewaxing) 工艺技术，1990 年在新加坡 Jurong 炼油厂实现工业化。采用 MIDW 技术对原 MDDW 装置进行改建，运转结果表明，与原 MDDW 装置相比，加工能力提高 10%，在倾点相同的情况下，柴油收率体积分数由 75% 提高到 90%，含硫量降至小于 50μg/g，十六烷指数提高 4 个单位，95% 馏出点也有所下降[9]。美国 UOP 公司也开发了一种贵金属沸石催化剂 (DW-10)，但未见有工业应用的报道。

生产Ⅱ/Ⅲ类润滑油基础油的择形异构化，是目前润滑油基础油生产中最活跃的技术，也是加氢裂化技术发展过程中一个重大突破。择形异构化不像溶剂脱蜡那样，把蜡与油分开；也不像择形裂化那样，把蜡裂化为气体和石脑油；而是通过采用高选择性的择形异构化催化剂，把油中的蜡转化为基础油最理想的组分异构烷烃。因此，同一种原料油，分别采用择形异构化、择形裂化、溶剂脱蜡技术进行脱蜡，生产黏度指数相同、倾点相同的基础油，用择形异构化得到的基础油收率最高。三种脱蜡技术的比较见表 7-1-2。除此之外，择形异构化技术还可得到低冰点、高烟点的喷气燃料和低倾点、高十六烷值的柴油以及少量汽油和液化气。

表 7-1-2 择形异构化与其他脱蜡技术的技术经济比较[10]

项目	溶剂脱蜡	择形裂化	择形异构化
产品倾点/℃	-10 ~ -15	-10 ~ -50	-10 ~ -50
产品收率/%	基准	相同或较低	较高
产品黏度指数	基准	低	高
副产品	蜡膏	较多气体和石脑油	较少的气体、石脑油和高质量中间馏分
相对建设投资	100	60 ~ 80	60 ~ 85
相对操作费用	100	50 ~ 60	55 ~ 65

世界上第一套择形异构化工业装置 1993 年在美国 Richmond 炼油厂投产，采用 Chevron 公司技术。通过加氢裂化 - 择形异构化/加氢后处理工艺过程，从阿拉斯加 North Slope 原油生产低倾点、高黏度指数的优质 100N、240N 和 500N 润滑油基础油。目前已工业应用的择形异构化技术，国外主要有 ExxonMobil 公司的 MSDW(Mobil Selective Dewaxing)、Chevron 公司的 IDW(Isodewaxing)、Shell 公司的加氢异构化技术等，其中以 Chevron 公司的技术应用居多。国外生产Ⅱ/Ⅲ类润滑油基础油的择形异构化工业装置，约 80% 采用 Chevron 公司技术。国内 FRIPP 开发的石蜡烃择形异构化（WSI，Wax Selective Isomerization）技术于 2005 年初实现工业应用，以加氢裂化尾油为原料生产优质橡胶填充油和Ⅱ/Ⅲ类润滑油基础油。

二、背景和发展历程

（一）柴油择形裂化和择形异构化

柴油择形裂化和异构化工艺的发展，主要缘于以下几个方面。其一，20 世纪 70 年代以来，世界各国特别是发达国家对轻质油品的需求量增加，重燃料油的需求量减少，因此，需尽可能地提高中间馏分油(炉用油与柴油)和汽油收率。而放宽干点的办法，往往造成倾点/浊点升高而使油品指标不合格，为此，需开发一种技术能把常压重油 >343℃ 高倾点的重柴油馏分转化为能调入炉用油和柴油的低倾点组分。其二，70 年代中期以后，美国中间馏分油特别是柴油的需求量大大增加，通常采用改变催化裂化(FCC)装置操作方案来提高柴油的产率，但变化幅度不大，因此，需要有一种能与FCC组合大幅度降低汽油/柴油比例的新技术，适应季节性需求变化。而且当时在西欧，柴油馏分的馏程已经放宽，85%点的馏出温度可提至350℃。另外，近年来越来越严格的SO_x排放量限制，使炼油厂对加工低硫含蜡原油的兴趣提高，而加工低硫含蜡原油得到的柴油馏分倾点太高，虽然可以用降凝剂来提高柴油馏分的产率，但降凝幅度有限，且对冷滤点的降低效果不明显，不能从根本上解决问题。此外，在高寒地区及冬季，对凝点很低的柴油有很大需求，而择形裂化可加工含蜡重柴油馏分，降凝幅度可达20~50℃，得到低凝点柴油的同时，也可拓宽柴油馏分范围，提高产率，是解决低凝点柴油生产问题的非常有用和先进的技术。

我国的情况也类似。首先，长期以来柴油的需求量一直大于汽油，增产柴油一直是炼油企业的重要任务。国产原油多是石蜡基或含蜡中间基，密度偏大，直馏轻馏分收率较低；在实际生产中，通过适当放宽轻柴油的切割点、添加一些降凝剂可以增产一些轻柴油，但降凝的幅度有限。第二，FCC一直是我国炼油厂生产汽油和柴油的主力装置，柴油中1/3左右为催化柴油，而多数炼油厂FCC原料油不足，常常调入250~400℃的轻蜡油馏分(常三线、常四线、减一线)作原料，但这种轻蜡油馏分偏轻，在FCC过程中很难转化，同时也造成产品轻柴油收率减少、重柴油收率升高。250~400℃轻蜡油和FCC重柴油的凝点一般在25~35℃，如能将其中的“蜡”转化使凝点降低，无疑可增产柴油。第三，FCC柴油特别是RFCC柴油一般质量很差，经过苛刻的加氢处理才能用作柴油调合组分，但不是低凝点柴油组分，只有把其中的“蜡”转化掉才能用作低凝点柴油。此外，低凝点柴油的冷滤点指标越来越受到重视，而加氢处理柴油的冷滤点与凝点间的差距较大，对降凝剂的感受性不好，需要从根本上解决问题，保证冷滤点指标合格。特别是近年来，随着国民经济飞速发展和环保意识的不断提高，我国对车用柴油产量和质量均提出更高的要求，柴油产量严格受馏分油凝点的制约，尤其在北方寒区柴油产量和柴油凝点的矛盾更为突出，已成为制约北方炼油企业经济效益的关键问题。因此，提高低凝柴油产量和质量，满足市场需求已成为寒区炼油企业所关注的问题之一。而择形裂化及其组合工艺技术可以加工劣质柴油馏分，生产优质低硫低凝柴油，有利于提高炼油企业的经济效益。

就是在上述背景下，国外 Mobil、BP、Fina、UOP、Topsoe 等公司和我国南京炼油厂、FRIPP 等先后开发了采用沸石型催化剂的轻蜡油择形裂化生产低凝点柴油的技术（又称为催化脱蜡、临氢降凝），除了 BP 公司的技术外，其他公司的技术相继实现工业化。其中，我国 FRIPP 的 FDW 技术和 Mobil 公司的 MDDW 技术分别在国内外得到较广泛的应用，成为炼油厂生产低凝点柴油、提高柴油产率的重要手段。

择形裂化反应过程中，一方面由于受 ZSM－5 沸石特殊孔道的限制，只允许分子直径小于 0.56nm 的正构烷烃或带少侧链的异构烷烃进入沸石孔道并与活性中心接触被裂化为低分子烃类，其他大分子异构烷烃、环烷烃、芳烃因不能进入孔道而不发生反应；另一方面，正构烷烃裂化遵循正碳离子反应机理，按照 β 位断链的原理，原料轻蜡油中烷烃裂化的最终产物主要是 C_5 ~ C_{10}的正构烷烃和烯烃，最小的分子为 C_3 ~ C_4的烷烃和烯烃。因此，择形裂化的产品除了低凝点的宽馏分柴油或柴油调合组分外，还副产部分汽油和液化气（15% ~40%）；尽管总液收可以达到 90% ~95% 以上，柴汽比高达 2.0 ~2.5 以上，甚至高达 3.0 ~4.0，但毕竟降低了柴油收率，也影响了它的推广应用。于是，Mobil 公司在八九十年代又开发了轻蜡油择形异构化生产低凝点柴油的技术（又称为异构脱蜡、异构降凝），其核心是催化剂，已经开发的催化剂有两种：一种是以 Al_2O_3 为粘结剂的 Pt－（ZSM－5），用这种催化剂进行轻蜡油择形异构化，在得到的柴油倾点相同时，柴油收率比用 Ni－（ZSM－5）为催化剂的择形裂化工艺高 15% 以上；另一种是以 SiO_2 为粘结剂的 Pt - β 沸石，用这种催化剂进行轻蜡油择形异构化，低凝点柴油收率可以达到 90% ~95%。

由于柴油择形裂化、择形异构化过程氢耗较低、原料适应性强，能耗也比较低，工艺流程简单，可由加氢精制/处理装置改建而成，也可以与其他技术形成组合工艺，因此，得到了广泛的应用。估计世界上已投产的工业装置在 55 套以上，总加工能力超过 20Mt/a。

（二）润滑油择形裂化和择形异构化

成品润滑油中 70% ~99% 是基础油。美国石油学会把基础油分为 5 类，见表 7 - 1 - 3。

表 7 - 1 - 3 API 润滑油分类标准

类别	硫含量/%	饱和烃含量/%	黏度指数
Ⅰ	>0.03	< 90	80 ~ 120
Ⅱ	≤0.03	≥90	80 ~ 120
Ⅱ⁺	≤0.03	≥90	105 ~ 120
Ⅲ	≤0.03	≥90	>120
Ⅳ	聚 α 烯烃		
Ⅴ	Ⅰ ~ Ⅲ 类以外的其他基础油		

常规溶剂精制生产润滑油基础油技术（溶剂抽提 + 溶剂脱蜡 + 补充精制）工业应用已 50 多年，近年来技术上虽有些改进，但主要是节能和降低生产成本，且只能生产Ⅰ类基础油。与此同时，适合生产优质润滑油基础油的石蜡基原油资源逐年减少，价格上扬，一些炼油厂不得不选用中间基原油来生产润滑油基础油，溶剂精制脱除的稠环芳烃数量增多，基础油收率下降，除生产成本增加外，黏度指数等指标也难以满足要求。更为重要的是，随着现代汽车工业的发展，对车用润滑油（发动机油、自动传动液、齿轮油）质量要求越来越高（见表 7 - 1 - 4），对基础油也相应提出了更高的要求，可以简单地归纳为“四低两高”，四低就是低温性能好、低黏度、低挥发、低排放，两高就是高黏度

指数、高氧化安定性。产品升级换代加快，对高质量润滑油的需求量也越来越大，用常规溶剂精制生产的Ⅰ类基础油通过改变添加剂种类/添加量来提高润滑油质量已难以满足要求，惟一可行的办法就是采用新技术制取 API Ⅱ/Ⅲ类润滑油基础油来满足生产更高档润滑油的需要。聚 α 烯烃合成油(PAO)可以满足要求，但价格太高，不是可行的办法。

表 7-1-4　现代发动机对润滑油的要求

润滑油名称	对润滑油的要求	对基础油的要求
发动机油	低排放、低油耗、省燃料油、换油期长	低黏度时挥发性低、低黏度、高黏度指数、氧化安定性好
齿轮油	不换油、省燃料油	氧化安定性好、高黏度指数
传动液	极好的流动性、省燃料油	高黏度指数、低黏度、低挥发性

为此，国外 Mobil、BP、UOP 等公司和我国抚顺石油三厂、FRIPP、RIPP 等先后开发了择形裂化生产润滑油基础油的工艺技术。其中，Mobil 公司的 MLDW、RIPP 的 RHW、FRIPP 的 FDW 等技术采用 ZSM-5 沸石型催化剂，可加工减压馏分油、溶剂精制油及加氢裂化尾油等进料，在得到相同倾点的基础油时，产品收率和黏度指数均比用丝光沸石催化剂高，因此，在工业上得到了推广应用。英国 BP 公司、美国 UOP 公司由于合成沸石的择形裂化选择性不好，虽然也有 1~2 套工业装置采用，但并未得到大量工业应用[11]。

择形裂化与溶剂脱蜡相比具有原料灵活性较大、工艺简单、操作条件缓和、建设投资和操作费用较低、可生产凝点极低的特种油等优点，但也有一些缺点，特别是基础油的收率和黏度指数都低于溶剂脱蜡，更不能提高黏度指数，难以满足现代炼油厂生产Ⅱ/Ⅲ类基础油的要求。因此，Mobil、Chevron、Shell 等公司和我国 FRIPP、RIPP 又先后开发了生产Ⅱ/Ⅲ类基础油的择形异构化技术，除 RIPP 技术以外，其他技术已实现工业化。

Mobil 公司在 20 世纪 70 年代后期开发了以 Al_2O_3 为粘结剂的贵金属 Pt -（ZSM - 23）择形异构化催化剂，在 80 年代前期率先推出了用润滑油料生产Ⅱ/Ⅲ类润滑油基础油的 MSDW 工艺。此后，为了扩大原料油的范围和提高基础油的收率与黏度指数，又对催化剂和工艺进行了许多改进。与此同时，80 年代初开发了以 SiO_2 为粘结剂的贵金属 Pt - β 沸石择形异构化催化剂，并在 90 年代前期率先推出了用含油蜡生产超高黏度指数基础油的工艺，这是润滑油基础油生产技术的一项重要进展，通过缓和加氢裂化 - 择形异构化 - 溶剂脱蜡，以含油蜡为原料，可以得到收率在 60% 以上、黏度指数高达 144 ~ 147 的Ⅲ类基础油，无论是收率还是黏度指数都比用传统的择形异构化催化剂高得多。这项技术同样适用于天然气合成蜡生产超高黏度指数Ⅲ类基础油，所得到的基础油黏度指数高于聚 α 烯烃（PAO），运动黏度（100℃）与 PAO 相近，但生产成本远低于 PAO。

Exxon 公司开发的以软蜡为原料，通过加氢处理 - 择形异构化 - 溶剂脱蜡生产Ⅲ类基础油技术，1993 年在英国首次工业应用；Shell 公司开发的以软蜡为原料，通过缓和加氢裂化 - 择形异构化 - 溶剂脱蜡生产第Ⅲ类基础油的技术，70 年代末在法国实现工业化，后来在澳大利亚和马来西亚又有两套工业装置建成投产。由于原料有限，催化剂不适用于含蜡量低的中间基油，且寿命不长，基础油收率不高，生产成本较高，未能大量推广应用。

Chevron 公司在 80 年代中期合成 SAPO - 11 沸石的基础上，开发了以 Al_2O_3 为粘结剂的贵金属 Pt -（SAPO - 11）择形异构化催化剂，在 80 年代后期推出生产Ⅱ/Ⅲ类润滑油料的择形异构化（IDW）工艺。此后，又开发了贵金属 Pt -（SSZ - 32）异构化催化剂，既扩大了原料油的范围，又提高了润滑油基础油的收率和黏度指数。IDW 技术自 1993 年实现工业化以来，在世界上得到广泛的应用。

我国 FRIPP 在 90 年代开发了择形异构化催化剂，成功进行了以加氢裂化尾油、加氢处理蜡油和溶剂精制－加氢处理蜡油等为原料、生产Ⅱ类和Ⅲ类基础油的试验；并在此基础上，开发了石蜡烃择形异构化(WSI)技术，2005 年 1 月实现工业应用，加工加氢裂化尾油生产优质橡胶填充油。RIPP 也研制出择形异构化催化剂，用糠醛精制油、大庆减二线和轻脱油、加氢裂化尾油分别进行了试验，可以生产 APIⅡ类和Ⅲ类润滑油基础油[12]。

择形异构化催化剂均采用贵金属 Pt 作为加氢－脱氢组分，对原料油中的硫、氮、金属等杂质都非常敏感，必须通过深度加氢，把原料油中氮含量降到 2μg/g 以下、硫含量降到 10μg/g 以下(用 Mobil 公司的催化剂，含硫量可以高一些)。因此，已经工业应用的择形异构化技术一般采用加氢处理(或加氢裂化)－择形异构化－加氢后精制的工艺流程。原料润滑油馏分首先进入加氢处理装置以提高进料的黏度指数并降低其硫、氮含量，该装置所用的催化剂通常为工业上用于生产润滑油或中间馏分的加氢裂化催化剂或具有深度脱硫、脱氮能力的加氢处理催化剂，以保证后续两种催化剂性能充分发挥，延长其运转周期。加氢处理(裂化)与择形异构化两部分设有独立的氢气循环系统。择形异构化－加氢后精制是整个技术的核心，其性能的好坏直接影响润滑油基础油收率与质量。加氢后精制的作用是使芳烃和烯烃饱和，改善油品的安定性和颜色。最终得到的润滑油基础油芳烃含量极低，颜色呈水白，依原料和工艺条件不同，产品可达到 APIⅡ类油或Ⅲ类油标准。择形异构化除了能得到高收率、高黏度指数的Ⅱ/Ⅲ类基础油产品外，所得副产品中汽油和液化气很少，主要为低冰点、高烟点喷气燃料和低凝点、高十六烷值柴油，产品附加值提高，所以在工业上得到了比较好的应用。

我国目前是世界上的润滑油生产和消费大国之一。基础油生产能力集中在中国石化和中国石油两大集团公司，年生产能力近 5.0Mt。由于 90% 的基础油生产还是沿用传统的溶剂精制工艺，深度加氢处理、加氢裂化、择形裂化、择形异构化等加氢法生产能力不大，造成了我国中黏度指数Ⅰ类基础油生产能力过大，高黏度指数Ⅱ/Ⅲ类基础油生产能力不足的现状。润滑油成品油市场呈三足鼎立的格局，两大集团公司约占65%～70%，国外石油公司占15%～20%，地方小厂约占15%。在产品结构上，两大集团公司以中档润滑油为多；国外公司以高档润滑油为主，约占国内高档润滑油市场的80%；地方石油公司以低档润滑油为主。随着汽车制造业及机械工业的发展以及环保要求日益严格，近年来我国采用新技术生产的轿车要求使用API SG级以上的高档润滑油，而且要求使用API CF－4级润滑油的重型货车数量也越来越多，进口的机械设备也都要求使用高档润滑油，我国润滑油工业面临着经济效益与环保法规的双重挑战，同时还面临着与国外公司在高档润滑油市场的激烈竞争。因此，迫切需要发展和应用加氢技术，生产出具有高黏度指数、抗氧化安定性好、低挥发性的高档基础油，促进润滑油产品的升级换代，满足市场需求并提高企业竞争力。

第二节　择形裂化

20世纪70年代，Mobil公司在合成ZSM－5择形沸石的基础上，成功开发了择形裂化催化剂及工艺技术。接着，英国BP公司开发了以铂－丝光沸石为催化剂的择形裂化技术，由于丝光沸石的选择性较差，没能在工业上推广应用。1982年我国引进Mobil公司技术建成首套柴油择形裂化装置，加工能力200kt/a。此后，我国自行研制开发的择形裂化催化剂和工艺技术得到不断发展。抚顺石油三厂开发的以ZSM－8为酸性组分的催化剂3792，南京炼油厂的NDZ－Ⅰ和NDZ－Ⅱ型催化剂，FRIPP开发的FDW－1、FDW－10和FDW－3催化剂，以及RIPP的RDW－1催化剂等先后实现工业应用。目前，我国柴油和润滑油择形裂化装置总计已有16套，总加工能力超过3.5Mt/a，成为炼油厂生产低凝油品的重要手段。

一、反应机理

长链正构烷烃(蜡)的择形催化是择形裂化工艺使油品凝点(倾点)降低的基础。20 世纪 60 年代，Weisz 和 Frilette[13] 发现了反应过程中产物的生成与反应物分子大小和分子筛孔道结构有关的现象，提出“择形催化”这一名词。70 年代合成 ZSM－5 的出现，促进了择形催化技术的发展。利用择形分子筛孔道尺寸的约束效应，择形催化使某些反应得以发生，而另外一些反应较难发生或不能发生，从而改变已知反应的反应途径及产物选择性。在通过择形加氢裂化实现催化脱蜡的过程中，这种择形催化主要表现在分子筛效应(包括反应物选择性和产物选择性)、传质选择性和过渡状态选择性等方面。

(一) 分子筛效应

沸石的分子筛效应是指沸石按其有效孔直径大小来决定，对不同大小和形状的分子进行取舍加以分离的效应。在沸石择形催化中，这种效应主要体现为反应物选择性或产物选择性。在混合原料中，只有能进入沸石孔道并与孔道活性中心接触，参与反应的分子才能作为反应物，而大于沸石孔径的分子将被排斥于沸石孔道之外，不参与反应，这所显示的就是反应物选择性。而在孔道中生成的各种产物中，只有那些具有特定尺寸和形状的产物分子，才能穿出孔道作为最终产物；而在孔道中形成的较大分子，则或者通过平衡转化为较小分子逸出或者就地堵塞孔道，最后导致催化剂失活，这所显示的就是产物选择性。

沸石是一种理想的择形催化剂组分，因为它的有效孔径恰好与许多常用的有机分子的直径相近。ZSM－5 是一种具有 10 元环的中孔沸石，从其孔道体系结构可知(参见图 7－1－1)，直孔道和波形孔道的大小在 0.51 ~ 0.56nm 之间。分子直径小于 0.56nm、倾点较高的长直链烷烃、以甲基为支链的短支链烷烃和长链单烷基苯能够进入孔道，而倾点较低的多支链异构烷烃、多支链单环芳烃、多环环烷烃和多环芳烃都不能进入孔道，见图 7－2－1 择形裂化反应机理。进入孔道中的烃类分子通过氢负离子分离或与质子化的小分子烯烃、烷烃和单烷基苯的支链反应转化为正碳离子，通过骨架异构化接着β位断裂，发生正碳离子的裂化。裂化产物扩散到孔道的外面，最终变为低分子产品。未进入孔道中的烃类分子不发生裂化反应，因而保持不变。

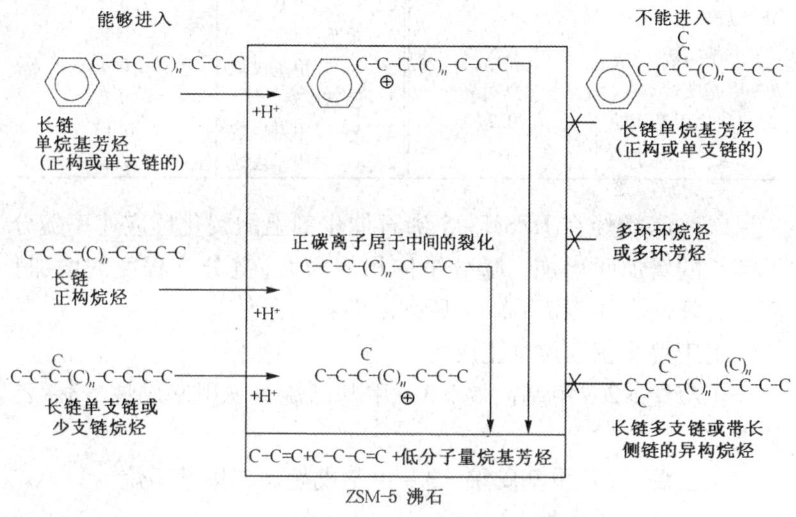

图 7-2-1　择形裂化反应机理[14]

（二）传质选择性

在沸石催化中，不仅由于分子穿透沸石孔口受到限制而产生择形作用，而且在分子进入内孔后还会受到传质的限制，并由于原料及产物的相对扩散速率之差异而产生择形作用。特别是当反应物或产物分子直径与沸石孔径接近时，由于受到内孔壁场的作用及各种能垒的阻碍，分子在晶内扩散将会受到各种限制，这种扩散被 Weiz 称为构型扩散[15]，大多发生在 0.4 ~ 10nm 范围内，此时，扩散不仅与分子的长度、大小有关，而且还和分子内部运动有关。沸石孔径或扩散分子直径的微小变化，都会导致扩散系数的显著变化，其变化值有时可达十个数量级。一个受构型扩散限制的反应，其反应速率将受催化剂晶体大小及活性的影响。

表 7－2－1　C_5～C_7 烷烃相对裂化反应速率[16]

烷烃名称	相对裂化反应速率	烷烃名称	相对裂化反应速率
正戊烷	0.23	正庚烷	2.1
异戊烷	0.01	2－甲基己烷	1.1
正己烷	1.5	2，3－二甲基戊烷	0.2
2－甲基戊烷	0.8	3－甲基己烷	0.8
3－甲基戊烷	0.5	2，2－二甲基戊烷	0.4
2，3－二甲基丁烷	0.2	3－乙基戊烷	0.7
2，2－二甲基丁烷	0.2	3，3－二甲基戊烷	0.13
		2，4－二甲基戊烷	0.11

C_5～C_7烷烃在 HZSM－5 沸石催化剂上的裂化反应速率随分子链长的增加而增加，随分子体积的增大(链分支程度的增加)而显著降低，如表 7－2－1 所列。即：

正庚烷＞正己烷＞正戊烷

正庚烷＞2－甲基己烷＞3－甲基己烷＞二甲基戊烷＞3－乙基戊烷

正己烷＞2－甲基戊烷＞3－甲基戊烷＞二甲基丁烷

正戊烷＞异戊烷

对相同碳数的烷烃,正构烷烃的裂化反应速率最快,带一个甲基的异构烷烃次之,多甲基烷烃的裂化反应速率最慢。正构烷烃和异构烷烃虽然有时只差一个甲基,扩散速率却相差几个数量级。

C_6烷烃分子临界直径与扩散系数的关系见图 7－2－2。二甲基丁烷分子直径比正己烷及甲基戊烷大得不多，其扩散系数却降低了 3 个数量级。这说明构型扩散效应对多支链烷烃裂化慢起主要作用，表现出传质选择性。

（三）过渡状态择形性

当反应物及产物分子能在孔道内扩散，但如果生成最终产物所需的过渡状态(反应中间物)比反应物或产物大时，由于反应中间物的大小或定向需要较大的空间，而沸石孔道有效空间却较小，无法提供所需的空间，而受到空间的限制，则在沸石孔道内就不能形成过渡状态。此时，反应也就不能进行，从而表现为过渡状态选择性(也称空间适应选择性)。这种选择性与传质选择性不同，与沸石晶体大小和活性无关，而只取决于沸石的孔径和结构。

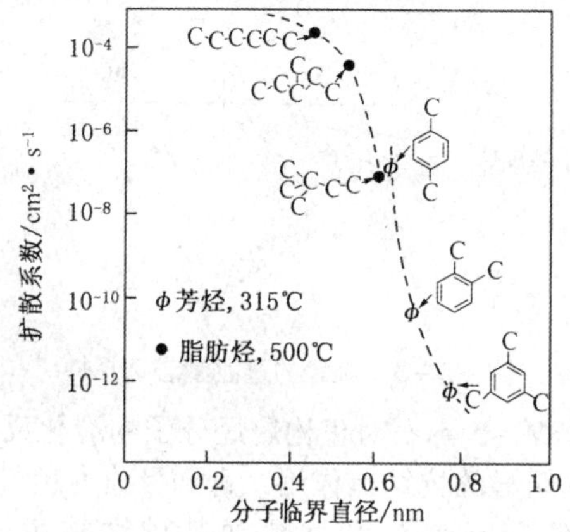

图 7-2-2　分子临界直径与扩散系数的关系[17]

过渡状态选择性在中孔沸石上表现得最为明显，它对烷烃在 HZSM-5 沸石上选择裂化起重要作用。正己烷和单甲基戊烷都能迅速吸附在 HZSM-5 上，但单甲基取代烷烃的裂化速率明显地低于直链烷烃(见表 7-2-1)。这显然是因为 3-甲基戊烷分子体积比正己烷大，需要更大的反应空间来生成反应中间物，如图7-2-3。Frilette 等还进一步测得正己烷对 3-甲基戊烷的相对裂化速率，并发现它与催化剂的晶体大小无关，因而证实上述选择裂化不是由传质选择性所致，而是由于过渡状态选择性所造成。

此外，烃类在 HZSM-5 催化剂上的反应，即使在无加氢组分及不临氢条件下，裂化反应也能维持较长的反应周期而不结焦。这种非凡的低生焦稳定性主要是因为 ZSM-5 沸石孔道的结构特点(如由 10 员氧环组成的均匀尺寸孔道、高硅铝比、没有小尺寸窗口的大超笼等[19])，使孔道空间上难以形成大的焦炭前身物(稠环芳烃)，低生焦趋势也是 ZSM-5 沸石催化剂优于其他沸石催化剂，并使之能成功地应用于工业上的一个主要因素。

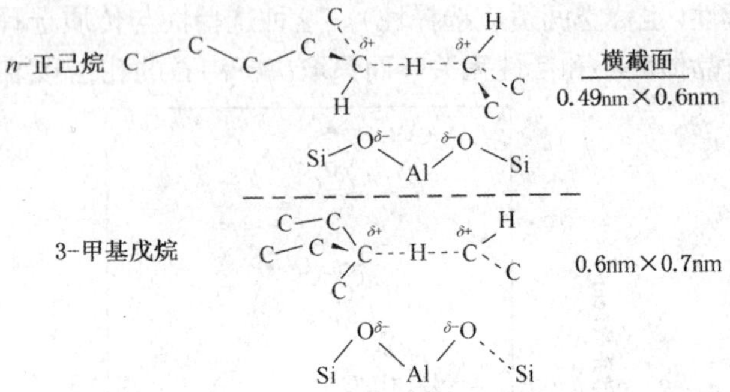

n-正己烷　0.49nm×0.6nm

3-甲基戊烷　0.6nm×0.7nm

横截面

图 7-2-3　烷烃的过渡状态选择性[18]

正因为 ZSM-5 沸石对正构烷烃分子的裂化反应具有很高的选择性以及其明显的抗结焦作用，直到目前为止，水平较高的择形裂化生产低凝点柴油和润滑油基础油技术，都是采用以 ZSM-5沸石为载体并载有少量非贵金属的催化剂。ZSM-5 沸石的酸性中心大多是强酸，正构烷烃在较低的温度下进行裂化反应，排除了热裂化反应，因而 $C_1 \sim C_2$ 气体产率很低。蜡油择形裂化的产物主要是低分子烷烃、烯烃和烷基苯，大约 50% 的裂化产物是小于 C_5 馏分，其余 50% 是汽油馏分。择形裂化催化剂表面载有加氢组分 NiO，经过开工时的硫化过程转化为 NiS，它是一种较弱的加(脱)氢活性中心，对择形裂化反应具有以下作用：① 脱氢作用使一部分烷烃在进入孔道前就转化为烯烃，而烯烃极易生成正碳离子；② 加氢作用延缓了催化剂表面缩合积炭反应的发生，使催化剂的裂化活性能够保持稳定；③ 加氢活性不强，裂化产品中的烯烃含量较高，因而汽油辛烷值较高，同时耗氢量极低。而且，由于在择形裂化过程中基本没有烯烃加氢饱和反应，所以该工艺是一个轻度吸热反应，在绝热固定床反应器中会产生一定的温降。

因为都是采用以 ZSM-5 沸石为基质的催化剂，所以择形裂化生产润滑油基础油的反应机理与生产低凝点柴油的反应机理相同。

二、工艺流程和特点

择形裂化技术主要用于生产低凝点柴油和润滑油基础油，两者工艺流程和特点稍有些不同之处，以下分别介绍。

（一）生产低凝点柴油的择形裂化

1. 工艺流程

生产低凝点柴油的择形裂化工艺（以下简称DDW）是一种临氢的固定床多相催化过程，装置的基本流程与加氢脱硫（HDS）十分接近，其设计原则、结构材料、设备布置等也都大同小异，因此，HDS装置稍加改造便可用于择形裂化。目前，国内大多数择形裂化装置由HDS装置改建，有的改建装置进行择形裂化和加氢精制轮换操作。

择形裂化生产低凝点柴油的原则流程示于图7-2-4。原料油与氢气混合后进加热炉，加热到一定温度后进入反应器，反应产物与氢气在高压分离器中进行分离，氢气循环使用，生成油进入分馏塔分出汽油和柴油馏分。

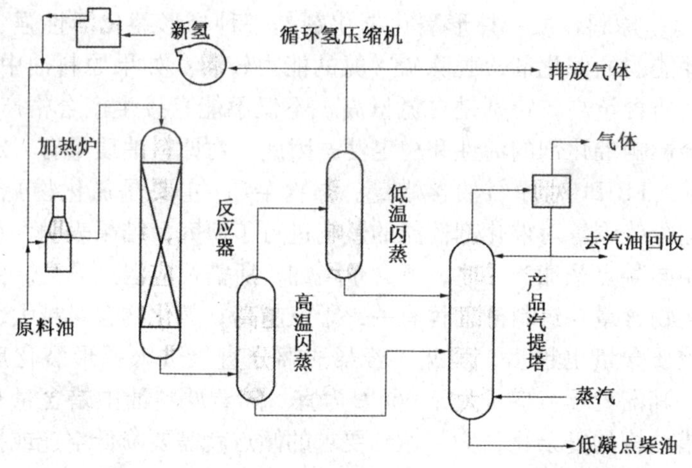

图7-2-4 择形裂化生产低凝点柴油装置的原则流程[20]

根据原料油性质及对产品的要求，可采用单独的择形裂化工艺或加氢精制/改质与择形裂化的组合工艺。当原料杂质（主要是硫、氮化合物）含量较高时，为降低择形裂化段进料中杂质含量，延长装置运行周期，宜采用组合工艺，所使用的精制和择形裂化催化剂可装在一个反应器中，亦可分装在直接串联的两个反应器中，中间不需要分离系统，即加氢精制/改质－择形裂化一段串联工艺(详见本节第五部分)。

2. 操作条件及影响因素

一般而言，择形裂化的反应条件与原料油含蜡量、杂质含量和目的产品要求有关，原料油的含蜡量越高，凝点的降低幅度越大，择形裂化反应的负荷越大，反应条件就越苛刻。

在装置正常生产时，反应压力基本保持不变，循环氢压缩机始终全量循环，当补充氢量足够补充氢耗量时，氢油比对产品质量影响不大。FRIPP 以大庆常三、减一及其混合油为原料，用 FDW－1 催化剂进行择形裂化生产低凝点柴油的试验，重点研究了原料性质、反应温度、压力、空速等对择形裂化效果的影响，得出以下结论[21~23]。

① 原料性质：择形裂化催化剂是一种择形裂化活性强、加氢性能弱的催化剂，脱除硫、氮的能力较弱。如果原料油中硫、氮杂质含量高，特别是含氮量高，不仅不能直接生产合格产品，还会影响催化剂的活性和稳定性。因此，对原料油质量有一定的要求。FRIPP 对原料油含蜡量、毒物杂质(主要是氮化物)含量和馏分范围等对催化剂性能的影响进行了研究，结果表明，在获得相同凝点柴油产品时，氮含量增加，所需反应温度升高。由于氮化物含量与进料的馏程有关，干点越高，氮化物含量越大，而且胶质含量也越多，因此，若柴油馏分直接进入择形裂化反应器，其馏程干点应不大于 365℃ 为宜。随着原料油中蜡含量升高或蜡结构的复杂化，为了达到要求的倾点就需要降低空速或提高反应温度，前者减少了装置的处理量，后者对催化剂寿命不利；同时随着蜡含量升高，目的产品低凝点柴油收率随之下降，副产品粗汽油的收率略有增加，总收率有所降低。此外，原料油中的胶质、硫、氮等杂质以及不饱和烃类的含量也是影响氢耗的主要因素。

② 反应温度：反应温度是操作中控制产品质量及产品分布

最常用、也是最有效的调节手段，是反应深度的具体体现，不同的反应深度将得到不同的产品。FRIPP 试验结果表明，反应温度每提高 1℃，柴油倾点降低 2.5～3.0℃，说明反应温度变化对大庆油择形裂化效果的影响非常大。当然，在实际生产中应综合考虑催化剂活性、反应温度对柴油倾点的影响，来决定提温的幅度。

③ 进料空速：在反应温度、压力、氢油比一定的条件下，提高空速意味着提高加工量，增加催化剂负荷，减少催化剂稳定使用的时间，如图 7－2－5 所示；同时，产品柴油倾点上升。FRIPP 以大庆常三、减一线混合油为原料，在 400℃、3.92MPa 和氢油体积比 400:1 的条件下进行择形裂化的试验。结果表明，空速由 1.0h^{-1}提高到 1.5h^{-1}时，柴油倾点约上升 15～20℃；空速由 1.0 h^{-1}提高到 2.0 h^{-1}时，柴油倾点约上升 20～30℃。由此可见，加工石蜡基原料，空速对择形裂化降凝效果的影响很大。

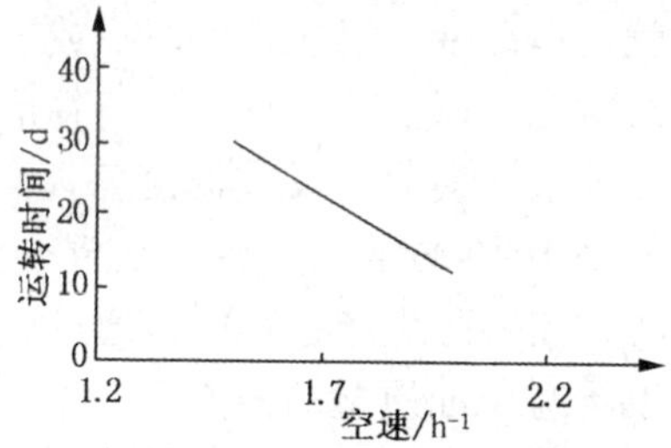

图 7－2－5　择形裂化空速对催化剂稳定性的影响

④ 反应压力：择形裂化生产低凝点柴油的反应压力为中低压。以大庆原油常三、减一线混合油为原料，在 372℃、体积空速 1.0h^{-1}、氢油体积比 400:1 条件下进行的择形裂化试验表明，反应压力由 2.45MPa 升至 3.92MPa 时，反应温度等不变，产品分布、收率、质量等变化很小，但催化剂的稳定性差别较大，在低压下运转时，稳定期的升温速度约快 1 倍。因此，在原料来源和对产品倾点要求一定的条件下，要实现合理的运转周期，必须选择合适的反应压力。

择形裂化生产低凝点柴油的典型操作条件为：反应器入口氢分压2.0～4.0MPa，反应温度260～455℃，液时空速1.0～2.5 h^{-1}，氢油体积比250～425∶1[20]。

3. 工艺特点[20～23]

生产低凝点柴油的择形裂化工艺具有以下主要特点：

① 轻油收率高，柴汽比高。工业装置的运转结果表明（详见本节第五部分），择形裂化的副产物为汽油及少量气体，气体产率不超过5v%，C_5以上液收在95%以上。主产品柴油产率因原料不同而异，石蜡基原料的柴油产率为60%～65%，柴汽比为2.0～2.5；中间基或环烷基原料的柴油产率为70%～80%，柴汽比为3.0～4.0。柴油产品不但凝点得到大幅降低，而且具有较高的十六烷值和较好的安定性；副产物汽油的辛烷值较高，可作汽油调和组分。

② 产品方案灵活。在装置及进料固定的情况下，只要适当调节反应温度，就可以改变产品柴油的凝点或补偿催化剂的活性损失。如胜利原油常三、减一线混合油进行择形裂化，在催化剂的活性区间内，提温效应明显，反应温度每提高1℃，柴油倾点下降2.0～2.5℃；大庆原油常三、减一线混合油的提温效应为2.5～3.0℃。因此，在实际生产过程中，通过调整产品方案，可以满足不同季节市场对柴油质量的需要。

③ 耗氢极少。择形裂化过程中加氢作用甚微，耗氢极少，有时甚至还副产少量氢气。氢气主要起保护催化剂活性和热载体作用，同时减小催化剂床层的温降。一般择形裂化装置氢耗（包括溶解氢）仅为10～30Nm^3/t原料。

④ 设备简单，投资不高，经济效益明显。金陵石化公司南京炼油厂1988年自建的200kt/a DDW装置，投资1870万元，一年多即收回全部投资。此外，还可以利用炼油厂闲置的加氢精制装置改造，或者择形裂化与加氢精制轮换使用一套装置，既能提高企业的加氢能力，又能保证冬季低凝点柴油的供应，提高装置利用率。我国目前已投产的13套装置中，利用加氢精制装置改

造的有7套，不仅投资省，工期短，而且经济效益明显。

⑤ 可以与其他炼油技术形成组合工艺。与FCC有两种组合方式，一是把用作FCC原料的常三、减一线馏分改进DDW装置，腾出的FCC加工能力可多掺炼渣油，这种组合方式可充分发挥FCC装置的作用，增加柴油产量并提高柴汽比；二是将直馏重柴油和FCC重柴油混合进DDW，分离出轻柴油出厂，分馏塔底的重馏分打回FCC回炼，增产柴油，提高轻质油收率；还可以把二次加工（FCC、延迟焦化、减黏裂化）柴油经过加氢精制再进行DDW，这样的组合工艺可以提高原料适应性、生产－35号等超低凝、低硫优质清洁柴油（详见本节第五部分）。

（二）生产润滑油基础油的择形裂化

1. 工艺流程

润滑油择形裂化的工艺流程和设备要求类似于在中等氢分压下运转的润滑油加氢补充精制装置和中馏分油加氢脱硫装置，其原则流程见图7－2－6。

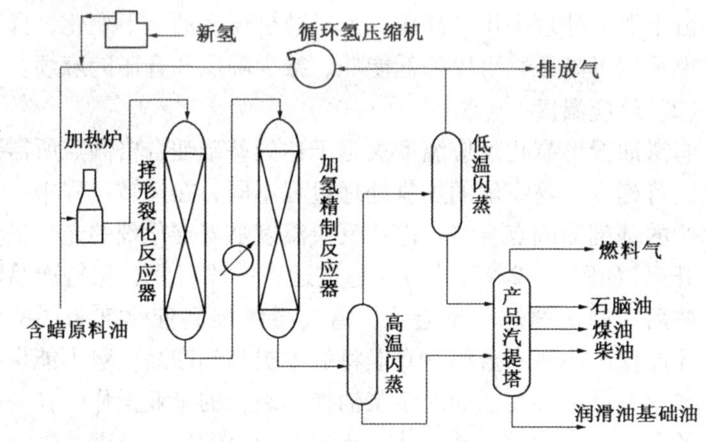

图7－2－6　择形裂化生产润滑油基础油装置的原则流程[24]

早期Mobil公司的MLDW工艺比较简单，原料油经过择形裂化后，再经气提塔、减压塔和干燥塔处理，即得到产品。后来为了改善润滑油的颜色及氧化安定性，一般将润滑油择形裂化和加氢补充精制结合起来。因此，润滑油择形裂化与柴油择形裂化装置的主要不同之处在于：反应部分是两台反应器串联，第一台反应器装填择形裂化催化剂，进行催化脱蜡反应；第二台反应器装填加氢精制催化剂，主要是脱除微量烯烃，改进产品的安定性，特别是基础油的颜色和抗乳化能力。

2. 操作条件及影响因素

润滑油择形裂化装置的反应条件和运转周期主要与原料油含蜡量、杂质含量尤其是碱性氮含量和类型、要求降低倾点的幅度有关。原料油的含蜡量越高，产品要求的倾点越低，择形裂化的反应条件就越苛刻。

(1) 反应压力

装置压力的选择与原料性质和产品要求有关。如果原料经过溶剂精制或加氢处理，或者直接加工加氢裂化尾油，因原料中的有害杂质基本被脱除，则择形裂化压力可以低些，一般采用中低压。有些流程，如中国石油克拉玛依石化分公司的全加氢型流程，由于加氢处理采用了高压，为了减少压力的上下变化，择形裂化也采用了高压，可以降低能耗、减少降压和升压的麻烦。

(2) 反应温度

润滑油择形裂化反应温度决定于达到基础油合格倾点所需要的脱蜡苛刻度。与一般的加氢处理过程不同，在运转过程中，为使生产的基础油倾点合格，需要反应温度随着催化剂的老化呈台阶式升温(如图7-2-7a[25])，稳定运行一段时间、保持产品倾点合格后，催化剂进一步老化，需要继续提高催化剂床层的温度，才能使产品倾点合格，直至将温度提高到产品质量不能保持合乎要求的最高温度。而对于柴油择形裂化的工业操作，在一个较高的温度下可稳定运转长达1年左右(见图7-2-7b[25])

(3) 空速

空速决定于原料油性质和对基础油产品倾点的要求。反过来，在其他操作条件一定的情况下，空速影响催化剂的稳定运转时间和降凝效果。研究表明[26]：润滑油择形裂化反应，在一定范围，空速增大一倍，催化剂的老化速率提高一倍以上。空速对降凝效果的影响依原料不同而异。以环烷基润滑油馏分为原料，两种原料油的倾点分别为 -18℃和 -23℃，因为含蜡量少，空速对降凝效果的影响不明显，虽然两种原料的空速相差5倍，但生成油倾点却相同都是 -40℃；以高含蜡的石蜡基润滑油馏分为原料，生成油的倾点随着空速的提高而上升。

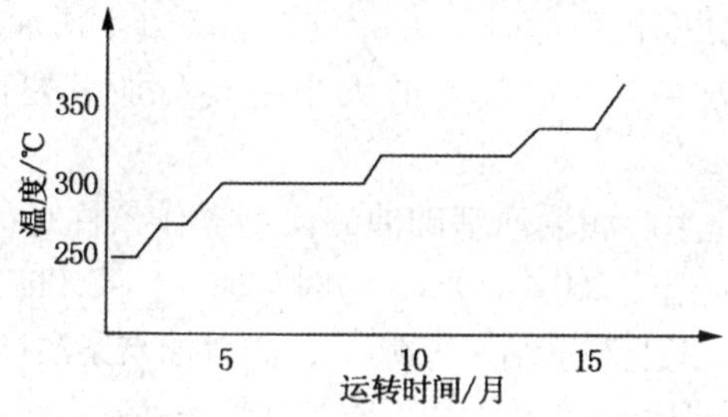

图 7-2-7a　润滑油择形裂化工业装置升温情况

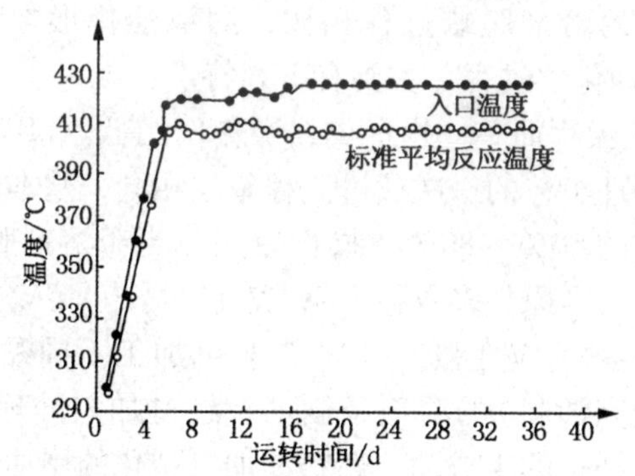

图 7-2-7b　柴油择形裂化工业装置升温情况

尚俊影等[27]采用 FRIPP 开发的 FDW-10 催化剂，以加氢裂化尾油为原料，考察了反应温度和反应压力对择形裂化效果、产品色度、收率和黏度指数的影响。结果表明，提高反应温度和反应压力，可提高反应速度，提高反应的选择性，脱蜡效果更好，但过高的反应温度会产生气体、汽油、煤油、柴油，使润滑油料收率降低，而且过高的反应温度和反应压力，会增加设备投资和运行成本。当反应压力不变时，提高反应温度会产生一些胶质等物质，使基础油的色度变大；当反应温度不变时，提高反应压力则有利于加氢的进行，基础油的色度变小。提高反应温度，生成油的汽油馏分和润滑油基础油馏分收率均降低，液体收率降低，产气量增加。关于黏度指数，不论是提高反应压力还是反应温度，对提高黏度指数影响不大，只影响降凝生成油的某些性质如色度和降凝效果。黏度指数的大小主要与加氢裂化尾油的组成有关。

择形裂化生产润滑油基础油的典型操作条件是：氢分压1.4～5.5MPa，反应温度260～450℃，液时空速0.5～2.0h^{-1}，氢油体积比355～535[28]。工业装置结果表明[29]，润滑油与柴油择形裂化的反应条件只在反应温度上有较大的不同，其他条件基本相近。

3. 工艺特点

同传统的溶剂脱蜡过程相比，润滑油择形裂化（以下简称LDW）是一种化学过程，主要有下列特点：

① 工艺流程简单、投资少、操作费用低。LDW装置流程与中压加氢处理工艺的一次通过流程基本相同，基本建设费用相当于溶剂脱蜡的60%～80%，操作费用相当于溶剂脱蜡的50%～60%，加工每桶原料多收益3～6美元[30]。

② 原料的适应性强。LDW工艺可加工不同黏度等级（从锭子油料到光亮油料）的溶剂精制油、经过加氢处理的减压蜡油、润滑油加氢裂化的生成油、燃料油加氢裂化的尾油、未精制的脱沥青油、环烷基馏分油以及软蜡（蜡下油、蜡膏滤液）等，通过择形裂化生产低倾点润滑油基础油，并副产少量的高辛烷值汽油和液化气；可以从石蜡基油料生产倾点极低的（-50～-40℃）的润滑油基础油，而溶剂脱蜡因受制冷能力和输送限制，无法从石蜡基油料生产这种倾点极低的基础油。

③ 产品质量好，基础油收率略低。择形裂化生产的润滑油基础油具有凝点低，硫、氮及芳烃含量低，饱和烃含量高，低温

黏度好，添加剂感受性好等优点，但光安定性较差，采用补充精制的办法，可使加氢基础油性能得到改善。加工相同原料油、得到相同倾点基础油的情况下，由于 LDW 比溶剂脱蜡脱除更多烷烃的缘故，基础油收率低于溶剂脱蜡。原料油越轻，烷烃特别是正构烷烃也越多，LDW 的收率下降越多；原料油越重，烷烃特别是正构烷烃越少，LDW 收率下降越少。但光亮油料除外，因为 LDW 脱除微晶蜡的选择性比溶剂脱蜡更好一些。

④ 工业生产多采用组合工艺。目前投产的择形裂化工业装置，主要采用溶剂精制 - 加氢处理 - LDW - 加氢后精制、加氢裂化 - LDW - 加氢后精制、加氢处理 - LDW - 溶剂脱蜡、溶剂精制 - 溶剂脱蜡 - LDW、溶剂精制 - LDW 等多种形式的组合工艺，加工不同黏度等级的多种原料油生产 API Ⅰ/Ⅱ类润滑油基础油，详见本节第五部分。

三、催化剂

催化剂是择形裂化技术的关键，工业应用的择形裂化催化剂，分为非贵金属和贵金属沸石催化剂两类。由于贵金属催化剂昂贵，主要还是采用非贵金属催化剂。所用的沸石，有丝光沸石、ZSM 类中孔沸石及 SSZ 或 Beta 沸石。早期的择形裂化催化剂大多采用丝光沸石，由于选择性较差，没有能在工业上推广应用。后来 ZSM - 5 择形沸石的合成，因其孔口形状和孔道直径(见图 7 - 1 - 1)对高凝点长直链烷烃的择形选择性和稳定性好，并具有明显的抗结焦作用，特别适用于馏分油和减压蜡油(重中性油料和光亮油料)的脱蜡，被广泛用于柴油和润滑油择形裂化催化剂的载体基质。

研究发现，用不同方法得到的 ZSM - 5 沸石均可作为择形裂化催化剂的裂解组分。择形裂化催化剂(包括 DDW 和 LDW 催化剂)的一般制备过程为：将 ZSM - 5 和粘结剂混合挤条，经过干燥、焙烧制成载体，然后负载活性金属。再经过干燥、焙烧，即制得择形裂化催化剂。过程各步均可以采用专利技术进行改性，获得优异的性能。

世界各大石油公司都开发了自己的择形裂化催化剂，多数以ZSM－5为酸性组分。表7－2－2列出了部分公司开发的择形裂化催化剂，适用于不同油品的脱蜡。

表7－2－2 国内外一些公司开发的择形裂化催化剂

公司	催化剂牌号	催化剂构成	用途
英国石油	CDW－12	Pt/H－丝光沸石	润滑油脱蜡
IFP	HDW－10	Pt－沸石	柴油脱蜡
Mobil	MDDW－1～3	Ⅷ族金属/ZSM－5	柴油脱蜡
	MLDW－1～4	Ⅷ族金属或无金属/ZSM－5	润滑油脱蜡
Unocal/UOP	HC－30	专利	柴油脱蜡
	HC－80	专利	柴油脱蜡
	DW－10		柴油脱蜡
中国石化 FRIPP	FDW－1	非贵金属/择形分子筛	柴油/润滑油脱蜡
	FDW－3	非贵金属/择形分子筛	柴油/润滑油脱蜡
	FDW－10	非贵金属/择形分子筛	润滑油脱蜡
中国石化 RIPP	RDW－1	非贵金属/择形分子筛	润滑油/柴油脱蜡
抚顺石油三厂	3972	Ni－Mo/择形分子筛	润滑油脱蜡

柴油择形裂化催化剂和润滑油馏分择形裂化催化剂的组成可以相同，也可以有差别，但没有本质的不同。如FRIPP开发的柴油择形裂化催化剂FDW－1、FDW－3，对润滑油料的择形裂化也表现出良好的性能[31,32]。下面选择Mobil公司和FRIPP的催化剂为代表进行介绍。

1. Mobil公司的催化剂

Mobil公司开发的MDDW和MLDW催化剂及工艺，分别用于生产低凝点柴油和润滑油基础油，是迄今在世界上应用最广泛的择形裂化技术。

(1) MDDW催化剂

Mobil公司轻蜡油择形裂化第一代催化剂MDDW－1，1974年首次用于法国Frontignan的工业装置时，每12～24h就要调节一次反应温度，在运转1～3周后就要停止进油并用高温富氢气体吹扫催化剂24h进行氢气活化，半年后进行烧焦再生。第二代催化剂

MDDW－2 与 MDDW－1 相比，氢气活化次数减少，产品分布改善，汽油辛烷值提高。第三代催化剂 MDDW－3 在运转过程中不再进行氢活化，一次运转周期可达半年，但未见工业应用情况的报道。需要指出的是，为了保持 MDDW 催化剂的活性和稳定性，需要限制原料油中的氮特别是碱性氮含量，一般要求总氮小于 500μg/g、碱氮小于 274μg/g，以免催化剂酸性中心中毒；此外，由于 MDDW 催化不抗氨，所以不能采用加氢处理/择形裂化串联流程，以免加氢处理流出物中的 NH_3 使催化剂酸性中心中毒，这一点也影响了 MDDW 技术的推广应用。我国 FRIPP 开发的择形裂化催化剂和技术虽然比 Mobil 公司晚得多，但催化剂抗碱氮和抗氨能力明显优于 MDDW 催化剂，不仅可加工含氮较高的原料油，而且可以采用加氢处理/DDW 串联工艺流程，加工硫、氮含量较高的原料油，生产硫含量低、氧化安定性好的低凝点产品，扩大了原料范围，提高了加工灵活性，数据详见后文。

（2）MLDW 催化剂

Mobil 公司自 1981 年推出润滑油择形裂化第一代催化剂 MLDW－1 以来，共开发了四代 MLDW 催化剂。这些催化剂均以 ZSM－5 为酸性组分，但都经过了改性，使得催化剂的运转周期不断延长，润滑油基础油的性能不断提高。MLDW 四代催化剂的性能对比见表 7－2－3，运转周期的比较如图 7－2－8[33] 所示。

表 7－2－3　Mobil 公司 MLDW 四代催化剂的性能对比

催化剂	首次工业应用	工业应用性能	组　成
MLDW－1	1981 年用于澳大利亚 Adelaide 炼油厂	运转周期 4～6 周后要用高温氢气进行氢活化恢复活性。当运转周期缩短到 2 周以下时，必须用氧气/空气进行再生	Ni－(ZSM－5)－$Al2O_3$
MLDW－2	1992 年用于美国 Paulsboro 炼油厂	ZSM－5 经过改性，扩散性能和抗中毒能力更好，运转周期为第一代的 3 倍，用氧气/空气再生次数减少，减少装置停工次数，降低能耗	Ni－(ZSM－5)－SiO_2

续表

催化剂	首次工业应用	工业应用性能	组　成
MLDW－3	1993年用于澳大利亚 Adelaide 炼油厂	配方有重大变化，活性提高，两次氢活化之间运转周期比 MLDW－2 延长1倍，产品有更好的氧化安定性（相当于溶剂脱蜡油），Paulsboro 炼油厂用的第一批 MLDW－3 催化剂运转 1000天也不需氧化再生	硅改性 H－（ZSM－5）－Al_2O_3
MLDW－4	1996年用于澳大利亚 Adelaide 和法国 Gravenchen 炼油厂	两次氢气活化之间的运转周期进一步延长，且由于降低了起始反应温度，提高了反应末期温度，运转周期比 MLDW－3 更长，至少运转1年才需要氢活化	硅改性 H－（ZSM－5）－SiO_2

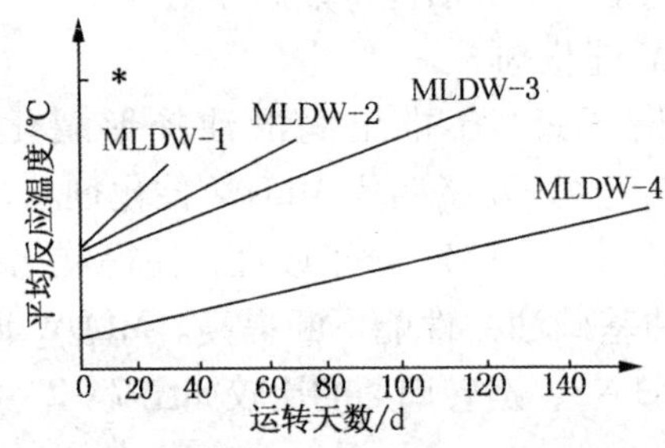

图7－2－8　MLDW四代催化剂运转周期的比较

* MLDW－4运转末期365d时的反应温度

2. 我国工业应用的催化剂

我国自行开发并已工业应用的择形裂化催化剂列于表7－2－4。

南京炼油厂开发的 NDZ－1 作为我国第一代择形裂化催化剂，1986年替代引进催化剂在齐鲁石化公司 MDDW 装置上应用。FRIPP 开发的 FDW－1 催化剂，是我国第二代择形裂化催化剂，采用国内自主技术无胺法合成的沸石 ZSM－5 加镍制得。相比于 MDDW 及 NDZ 型催化剂，FDW－1 具有抗氨能力强、反应温度低、价格低廉、无环境污染等优点。自1988年工业化以来，FDW-1相继在13套工业装置上成功应用。齐鲁石化的使用情况表明[21]：①FDW-1催化剂的活性和稳定性均优于引进催化剂的水平，在相同原料油及操作条件下，FDW-1催化剂的初期反应温度比引进催化剂低15~20℃，使用寿命可长1年多；②催化剂强度好，反应过程中床层压降只有0.02~0.025MPa；③抗冲击能力强，即使多次拆装操作，催化剂的粉尘极少；④对原料油的适应性强，不仅加工过干点超出常规原料30~40℃，硫、氮、碱氮等杂质含量增加一倍的原料油，还处理过质量更差的孤岛油；尽管原料油质量变化较大，FDW-1催化剂的活性仍能满足要求，实际使用寿命依然超过3年。

表7-2-4　我国自行研制并已工业应用的择形裂化催化剂

催　化　剂	南京炼油厂 NDZ-1	FRIPP FDW-1	FRIPP FDW-3	RIPP RDW-1
形　状	圆柱形	圆柱形或三叶草形	三叶草形	三叶草形
理化性质				
比表面积/$m^2 \cdot g^{-1}$	450	250	324	250
孔容/$mL \cdot g^{-1}$	0.14	0.18	0.214	0.18
侧压强度/$N \cdot mm^{-1}$	7.8	13.7	12	12
堆密度/$g \cdot cm^{-3}$	0.65~0.75	0.65~0.75	0.65~0.75	~0.65
NiO/%	1.0~1.5	1.5~2.0	1.5~2.0	1.2~1.6
首次工业应用	1986年齐鲁石化	1988年齐鲁石化	2005年齐鲁石化	1995年克拉玛依石化总厂
适用性	低凝点柴油	低凝点柴油、润滑油基础油	低凝点柴油、润滑油基础油	润滑油基础油

FDW-1催化剂也适用于轻、中质润滑油的择形裂化，1993年开始以单段单程通过加氢裂化（SSOT）尾油为原料，在齐鲁石化MDDW装置上先后生产出白油和润滑油基础油料。结果表明[31,34]：反应温度360℃、反应压力4.0~8.0MPa、体积空速

0.8～1.5h^{-1}、氢油体积比400～800m^3/m^3条件下，润滑油收率为69%，油品凝点由33℃降至－19℃。

为提高择形裂化催化剂的活性、选择性及低凝点柴油的质量，FRIPP在FDW－1催化剂的基础上，通过对ZSM－5分子筛的改性研究，引入异构性能好的分子筛，协同作为催化剂的基质材料，并通过系统的催化剂制备规律性研究，成功开发了活性高、选择性和稳定性好的FDW－3新型降凝催化剂。FDW－3与FDW－1的对比评价结果列于表7－2－5。

表7－2－5　FDW－3与FDW－1的对比评价结果[35]

项　目	数　据			
原料油	大庆减一线			
凝点/℃	29			
硫/氮/$\mu g \cdot g^{-1}$	474.6/98			
蜡含量/%	25.8			
操作条件				
催化剂	FDW－3		FDW－1	
反应压力/MPa	4.0		4.0	
反应温度/℃	365	370	365	370
产品收率及质量				
汽油　收率/%	29.4	29.8	30.0	29.9
硫/$\mu g \cdot g^{-1}$	—	21.0	—	22.5
辛烷值(RON)	—	88	—	87
柴油　收率/%	64.1	63.3	60.0	59.5
凝点/℃	－14	－23	－12	－21
硫/氮/$\mu g \cdot g^{-1}$	—	356/148	—	589/165
十六烷值	—	52	—	50

以大庆原油减一线为原料，在相同条件下与FDW－1催化剂相比，FDW－3在确保降凝活性的前提下，低凝点柴油收率提高3%～4%，表明FDW－3催化剂的目的产品选择性有较大提高。柴油产品及副产物汽油产品性质也有所改善。

2005年，FDW－3催化剂替代FDW－1在中国石化齐鲁分公司MDDW装置上使用，结果表明[32]，FDW－3催化剂用于生产低凝点柴油时，反应器入口温度310℃，产品凝点即可达到要求，在相同的条件下比较稳定，而对于FDW－1催化剂，反应温度320℃时产品凝点达到要求，说明FDW－3活性比FDW－1好。生产白油基础料时，FDW－3平均温升30℃左右，总液收达91.97%，而FDW－1生产时平均温升达50℃左右，FDW－1的总液收为89%，表明FDW－3对单段单程通过加氢裂化(SSOT)尾油的适应性比FDW－1好，可作为择形裂化过程优先选用的新一代催化剂。

（三）氢气活化和氧气再生

在择形裂化催化剂的使用过程中，原料油中的含氮化合物、稠环芳烃等极性物质逐渐吸附在催化剂的活性中心上，催化剂的活性逐渐降低，在高温条件下用热氢吹扫催化剂床层15～30小时，可使被吸附物质脱附，催化剂活性得到恢复。这一吹扫过程称为氢活化，氢活化可进行多次。经过数次氢活化后，催化剂上沉积的焦炭达到了一定数量，即使进行氢活化，也不能使活性恢复到足以使生成油倾点降到要求指标，此时就需要进行氧化再生，彻底将焦炭烧掉，催化剂活性也将再次恢复到新鲜剂水平。择形裂化催化剂数次氧化再生后，与其他加氢催化剂一样，就作为废剂卸出反应器另行处理。

择形裂化催化剂的早期工业应用中，需要经常进行氢活化。随着催化剂的不断改进和提高，两次氢气活化之间的运转周期不断延长。在近年来的工业应用中，FRIPP的择形裂化催化剂，在整个寿命周期内已经不再需要进行氢活化，就可以维持较长的运转周期，从而节省了装置投资和操作费用。

四、操作技术

无论是生产低凝点柴油还是生产优质润滑油基础油，择形裂化装置的操作程序和操作要求大致相同，下面以柴油择形裂化装置为例，介绍操作技术相关方面的内容。

择形裂化装置的开工准备及催化剂装填方法与要求，与常规固定床加氢裂化装置相同，此处不再赘述，详见本书第五章相关内容。以下重点介绍催化剂开工及装置停工的相关过程和要求。

(一) 催化剂的开工

新催化剂(或再生后催化剂)的开工，包括催化剂干燥、催化剂硫化、催化剂钝化、换进原料油和调整操作等环节。

1. 催化剂的干燥脱水

催化剂装填完毕，装置气密合格后进行催化剂干燥。

以氧化铝和含硅氧化铝为载体的加氢催化剂，具有很强的吸水性。加氢催化剂在其高温焙烧后的整形、过筛、装桶等工序及使用前的催化剂的装填过程中，不可避免地或多或少的吸附一些水分，少则1%~3%，多则5%以上。催化剂吸水不仅会影响其强度，还会影响催化剂的硫化效果及活性。因此，在催化剂开工时，首先要进行催化剂干燥脱水。

(1) 干燥前的准备工作

① 催化剂装填完毕，临氢系统进行氮气置换、气密合格。

② 绘出催化剂干燥脱水升温、恒温曲线。

③ 催化剂干燥前，各切水点排尽存水，并准备好计量水的器具。

(2) 催化剂干燥条件和要求

干燥介质：氮气

压 力：1.5~3.0MPa

循环气量：循环压缩机全量循环

升温速度：≯20℃/h

床层温度：250℃(保持催化剂床层各点温度不低于200℃)

高分温度：≯50℃

干燥时间：6~16h

干燥要求：高分排水量<1.5kg/h

当干燥满足要求后，以≯20℃/h的速度降温至150℃(催化剂床层最高温度点)以下，将系统压力降至0.02MPa，引氢气置换合格，并将反应系统升压至设计操作压力，准备进行催化剂硫化。

2. 催化剂的硫化

(1) 催化剂硫化的基本反应

工业生产的加氢/择形裂化催化剂基本上是氧化型的，所含金属组分分为钼(Mo)、钴(Co)、镍(Ni)、钨(W)等。这类非贵金属催化剂只有将金属氧化物通过硫化变成硫化态后，催化剂才有更高的加氢活性和稳定性。催化剂硫化相关的化学反应式与常规固定床加氢裂化催化剂硫化相同，请参见本书第五章相关内容。

催化剂硫化都是放热反应，并伴有水生成，所以在催化剂硫化过程中，应特别注意控制温度，防止超温现象发生，并注意高分处的排水和计量。

（2）硫化剂备用量

按反应器内催化剂的装量及相关金属含量，可估算出催化剂硫化理论需硫量和生成水量，硫化剂的实际备用量至少为催化剂理论需硫量的1.25倍。

硫化剂选用二硫化碳(CS_2)或二甲基二硫化物(DMDS)均可。

（3）硫化方式的选择

催化剂器内硫化有湿法硫化和干法硫化两种。

湿法硫化的基本原理是在氢气条件下，用含有硫化物的烃类进行硫化，所用硫化物一般为二硫化碳 CS_2、二甲基二硫醚(DMDS)或二甲基硫醚(DMS)。

干法硫化是将外加硫化物在氢气条件下，直接注入反应系统，进行气相硫化。干法硫化具有不需烃类硫化油的特点，但因无携带热量的硫化油以及无预温吸附过程，故在硫化过程中，硫化速度相对要慢，时间要长，而且要注意控制温度，以防止超温。

择形裂化配套催化剂的硫化需采用干法硫化方式进行。

（4）硫化前的准备及反应系统应具备的条件

① 气密试验已完成；

② 具备连续供给合格氢气的能力，氢气浓度分析设备好用；

③ 硫化剂量备足并已装罐，注硫泵试运正常，注入系统准备完毕，注入点盲板已拆除；

④ 确认急冷氢阀好用，并已关闭；

⑤ 高分已挂好检尺，能够准确计量硫化过程中生成的水；

⑥ 进一步检查所有盲板、阀门的开关位置，确认硫化流程正确无误；

⑦ 分析人员已作好硫化氢、氢气浓度及循环气露点的分析准备，确保取样分析及时准确；

⑧ 将反应系统泄压至 0.02MPa，引氢气置换至氢浓度 > 85%，氧含量 < 0.5v%，升压至设计压力(或操作压力)，建立氢气循环。

（5）催化剂硫化示意流程

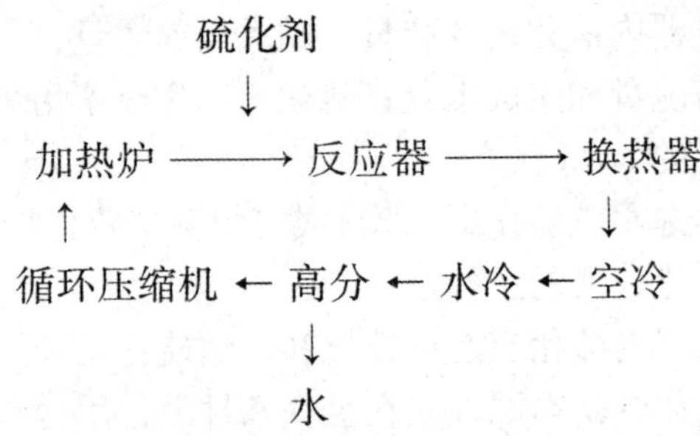

（6）催化剂硫化步骤及注意事项

① 检查急冷氢控制阀的可操作性，然后将其关闭，催化剂硫化阶段要避免使用急冷氢，只有当所有其他控制催化剂床层温度手段失效时才使用。加热炉点火，将循环气量调至最大，当反应器入口温度达到175℃并稳定后，开始硫化。

启动注硫泵，向系统放空管线排空 3 ~ 5min，再开始向反应器入口注入，催化剂硫化的最大起始注硫速率可按 69kgDMDS (或 56kgCS_2)/10000$Nm^3 \cdot h^{-1}$循环氢的经验值来估算。从注硫开始，就要密切注意催化剂床层温度的变化，若温升大于 30℃ 就需降低注硫量。硫化阶段要定时检测循环氢纯度，要保证氢纯度≮50%，否则要排放尾气，补充新氢。

② 在温波通过催化剂床层前要保持反应器入口温度不变。

注意：在整个硫化过程中硫化剂注入量最大不得超过 69kgDMDS(或 56kgCS_2)/10000$Nm^3 \cdot h^{-1}$。

③ 当温波全部通过催化剂床层后，以≯6℃/h 的速度平稳升高反应器入口温度，在反应器出口测出 H_2S 前，不允许反应器内的任何温度点超过 230℃，若超过就应降低注硫速度，保持反应器入口温度，使反应器内的温度不超过 230℃。

④ 硫化期间，每 30 ~60min 测定反应器出口 H_2S 含量一次，测出 H_2S 后，调节硫化剂注入量，维持反应器出口流出物的 H_2S 含量为 0.1v% ~0.5v%，保持反应器入口温度为 230℃恒温硫化≮8 小时。在反应器入口温度高于 230℃前，循环气的露点必须 < -21℃。

⑤ 当反应器催化剂床层在 230℃恒温硫化超过 8 小时，并且循环气露点低于 < -21℃时，开始以≯6℃/h 的速度将反应器入口温度向 290℃升温，在升温硫化过程中，反应器出口循环气中的 H_2S 浓度应保持在 0.5% ~1.0v%。若循环气露点大于 -21℃，应停止升温，当露点 < -21℃时，再继续以≯6℃/h 的速度升高反应器入口温度，直到 290℃。

⑥ 当反应器入口温度达到 290℃，循环气中 H_2S 浓度达到 0.5v% ~1.0v% 和露点 < -21℃时，开始以 10℃/h 的速度把反应器入口温度平稳地升高到 340℃，升温过程中的露点控制同上。

从 290℃向 340℃升温过程中，仍继续注硫化剂，保持反应器出口流出物 H_2S 含量为 0.5v% ~1.0v%，若 H_2S 含量 <0.5v% 就停止升温，达到要求后再升温。

⑦ 若升高反应器入口温度时，催化剂床层的最高温度高出入口温度 25℃时，则不再提高入口温度。

若催化剂床层的最高温度继续升高，直至比入口高出 35℃，则停止注硫化剂，把入口温度降低 30℃，但不允许循环气中 H_2S 浓度低于 0.2v%。若急需降低反应器二、三床层入口温度时，允许使用急冷氢。

若降低加热炉温度和打急冷氢不能控制反应器温度，就要将装置泄压，加热炉熄火，并引入氮气冷却反应器。

硫化阶段，不允许反应器的温度超过400℃；催化剂硫化期间，要定时排放计量高分的生成水量，并取样分析其硫含量。

⑧ 当反应器入口温度达到340℃时，调节注硫量，使循环气中 H_2S 浓度为1.0v% ~2.0v%，保持8h以上。

⑨ 硫化终点判断(完成上一步骤后)：

- 反应器出入口循环气的露点相差不大于3℃；
- 反应器出入口 H_2S 浓度相同；
- 高分水不再增加。

⑩ 硫化结束后，降温开始时，从高分放掉所有的水，逐步降低硫化剂注入量，使循环气中 H_2S 含量为0.1v% ~0.3v%。以≯20℃/h的速度将反应器催化剂床层温度降至 <200℃。

另外，催化剂硫化期间，分馏系统可建立热油循环，以尽量缩短开工时间。

(7) 催化剂硫化过程各阶段的基本要求

催化剂硫化过程的要求见表7-2-6。

表7-2-6 催化剂硫化过程的要求

硫化阶段	升温速度及有关技术要求	循环气中 H_2S 含量/v%
175~230℃	6℃/h，反应器 H_2S 穿透前硫化温度不得超过230℃	0.1~0.5
230℃恒温	恒温硫化时间≮8h，反应器出口循环气露点 < -21℃方可升温	0.1~0.5
230~290℃	6℃/h，反应器出口循环气露点 > -21℃时，应暂停升温	0.5~1.0
290~340℃	10℃/h，反应器出口循环气露点 > -21℃时，暂停升温	0.5~1.0
340℃恒温	恒温硫化时间≮8h，反应器出入口露点差 <3℃，高分水液位不再上升，硫化结束	1.0~2.0

3. 进原料油及调整操作

（1）催化剂硫化结束后，待反应器催化剂床层温度降至 <200℃并稳定后，以60%设计负荷进直馏柴油，钝化16～24h。

（2）换进设计进料，遵循“先提量、后提温”的操作原则调整操作，使装置逐步达到设计负荷和预定的择形裂化降凝深度。

（3）在装置的操作压力、体积空速、氢油体积比等工艺参数确定之后，反应温度则是调整操作的重要手段，即通过调节炉出口温度，调整反应器入口温度，使其满足目的产品－35号或－20号柴油凝点及冷滤点的要求。

（二）择形裂化装置停工原则方案

停工前应将停工开始的准确时间，通知操作管理人员及相关部门，做好相应的准备工作；把停工的范围、需检查、维修和清扫的设备通知维修保养部门，以便协调工作。

装置正常停工时，应严格遵守“先降温、后降量”的操作原则，以确保装置停工过程的人身、设备和催化剂的安全和催化剂的活性免受损伤。反应系统正常停工步骤如下：

① 在30min内，将择形裂化反应器的入口温度降低20℃；

② 当择形裂化反应器的出口温度比正常温度低20℃以上，换进低凝油继续氢气循环，并以 <5℃/h 的速度降低反应器入口温度，当入口温度降至260℃后停止进料。

③ 停止进料后，立即从原料泵出口的反冲洗线，用循环氢将进油管线、换热器组、加热炉炉管内的存油吹扫入反应器，同时停止注水。如果不准备卸出催化剂，也不进行催化剂再生，则以 <25℃/h 的速度将择形裂化反应器直接降温至150℃以下，加热炉停火，自然降温。

④ 若需要进行催化剂再生，在降温至260℃停止进油和注水后，则应在操作压力下，以20～25℃/h 的速度将择形裂化反应器入口温度升至400℃，恒温气提24h。恒温气提阶段应关闭冷氢，循环压缩机全量循环，启动注硫泵，适量注入硫化剂，使循环氢中 H_2S 浓度不低于0.1v%。

⑤ 400℃恒温气提24h后，以<25℃/h的速度循环冷却使反应器温度降至150℃，在冷却降温过程中应尽可能从高压分离器排液，并从物流管线低点排凝阀处排液，当反应器入口温度降到150℃停止注硫，然后继续循环降温至100℃。

⑥ 逐渐将装置压力降至0.05MPa。

⑦ 用纯度为99.8v%的氮气吹扫反应系统，直至反应器出口取样分析氢+烃含量低于1.0v%为止，然后将装置充氮气至0.05MPa(氮气正压保护催化剂)即可。

（三）紧急停工时催化剂保护方案

为确保装置在紧急情况下的特殊安全要求，择形裂化装置的反应系统配有0.7MPa的紧急卸压放空系统，有两种操作失常的情况发生时，需要对装置进行紧急停工处理：

（1）循环氢压缩机因故停运

当循环氢压缩机因故停运时,0.7MPa的紧急卸压放空系统的联锁会启动,将装置进行卸压处理;与此同时联动的是停原料油泵,加热炉灭火。待循环氢压缩机恢复正常运转后,根据当时具体情况,进行相应的调整和处理之后,再重新开工进油和调整操作。

（2）催化剂床层温度过高或飞温

若因故任何一个反应器的温度超过正常状态30℃，或温度超过该反应器允许的使用温度，则必须启动0.7MPa的紧急卸压放空系统，将装置的反应系统卸压处理。待循环氢压缩机恢复正常运转后，根据当时具体情况，进行相应的调整和处理之后，再重新开工进油和调整操作。

五、工业应用现状和前景

（一）择形裂化工业应用现状

择形裂化技术可以用于汽油改质、中馏分油(喷气燃料和柴油)和润滑油基础油的脱蜡降凝，最广泛的应用是生产低凝点(倾点)柴油和润滑油基础油。

1. 择形裂化进行汽油改质

据文献报道[36,37]，曾利用择形裂化进行汽油馏分改质来提高辛烷值，最大可提高10个单位。择形裂化可以单独处理石脑油馏分，也可进一步加工重整生成油，即和重整过程在同一装置下操作，辛烷值提高的效果更明显，但带来液体收率降低8~12个百分点，因而经济效益受到一定的影响。近年来，随着现代重整技术的较快发展，应用重整工艺生产高辛烷值汽油组分更为普遍，汽油馏分的择形裂化少有工业应用报道。

2. 择形裂化生产低凝点柴油

生产低凝点柴油是择形裂化技术应用最广泛的一个方面。估计目前世界上已投产的工业装置超过55套，总加工能力在20Mt/a以上。采用Mobil公司MDDW技术的装置1990年时就已达到25套，总加工能力达到8.05Mt/a，这些装置分布在北美、欧洲、亚洲和非洲；采用Fina公司技术的装置共15套，总加工能力8.50Mt/a，这些装置分布在北美、欧洲和远东地区。采用UOP公司技术的装置两套，总加工能力1.068Mt/a，一套建在美国，另一套建在奥地利。采用我国FRIPP技术的装置共13套，总加工能力3.05Mt/a，这些装置主要分布在我国东北和西北地区。

（1）Mobil公司的择形裂化技术

Mobil公司的MDDW技术在炼油厂主要有四种应用方案，如图7-2-9。

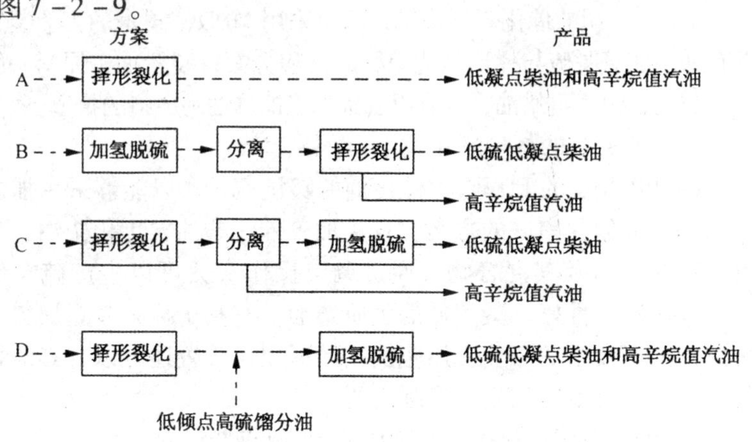

图7-2-9　Mobil公司择形裂化技术的应用流程方案[38]

方案A是一种常规流程，择形裂化是一套单独装置，不配其他装置。因为择形裂化催化剂的脱硫能力较弱，所以只有用低硫原料才能直接出产品。

方案B是先加氢脱硫（HDS）再择形裂化。为了不降低择形裂化催化剂的活性，必须把HDS流出物中的氨分离脱除，并需调整HDS装置苛刻度与择形裂化装置匹配。该方案可以加工质量较差的原料，但由于择形催化剂抗氨性较差，需增设分离器分离氨，工艺流程复杂，增加了投资和操作费用，所以未得到推广应用。

方案C是先择形裂化再HDS。由于反应时进料中的硫会生成H_2S，与烯烃反应生成硫醇，需要脱除汽油中的硫醇，然后柴油馏分去加氢。这种方案柴油质量好，但柴油凝点有回升现象；原料油质量差，影响脱蜡效果和运转周期。装置流程相当于两段流程，投资大、操作费用高。

方案D是择形裂化与HDS串联流程，中间不设分离。由于择形裂化反应流出物直接进HDS，使汽油中的烯烃被饱和，RON下降了10~20个单位，不能直接用作汽油调合组分，可作重整原料油。这种流程方案投资和操作费用比较低，但加入高硫低凝点馏分作脱硫反应器原料，加大了脱硫难度。

Mobil公司的催化剂不抗氨，所以采用MDDW技术的工业装置没有采用加氢脱硫与择形裂化串联的流程方案；装置加工原料一般是直馏轻、中、重蜡油，没有以二次加工馏分油为原料的报道。

（2）FRIPP的择形裂化技术

FRIPP开发的FDW-1催化剂能够抗氨，所以能够采用加氢精制与择形裂化串联的方案，直接加工催化柴油、焦化柴油、直馏含蜡重柴油及其混合物，通过调节操作参数可以生产硫含量低、氧化安定性好、凝点低的优质柴油，有利于提高装置加工灵活性，拓宽技术的工业应用范围。择形裂化装置还可以与其他装置结合，满足不同的生产实际需要。

采用FDW催化剂和工艺技术生产低凝点柴油的工业装置概况，如表7-2-7所列。这些装置主要采用以下三种工艺流程方案。

表 7-2-7 我国已投产的生产低凝点柴油的择形裂化工业装置

序号	炼油厂名称	加工能力/$kt \cdot a^{-1}$	原料油	目的产品	催化剂	装置情况	工艺流程	投产时间
1	中国石化齐鲁分公司	200	常三线+减一线	0号~-10号柴油	ZSM-5 NDZ-1 FDW-1 FDW-3	引进	HDW	1982 1986 1988 2005
2	中国石化金陵分公司	200	常三线+减一线	0号~-10号柴油	NDZ-1	新建	HDW	1988（已停运）
3	中国石油大连石化分公司	100	常三线+减一线	0号~-10号柴油	FDW-1	改造	HDW	1993（已停运）
4	中国石油乌鲁木齐石化分公司	200	宽馏分常二线	-20号~-35号柴油	FDW-1	加氢/降凝轮换操作	HDW	1995（已停运）
5	中国石油独山子石化分公司	200	宽馏分常二线	-20号~-35号柴油	FDW-1	改造	HDW	1996
6	中国石油哈尔滨石化分公司	300	重催柴油+常三线	-35号柴油	3926 FDW-1	改造 HT-HDW	HT-HDW	1998

续表

序号	炼油厂名称	加工能力/ kt · a^{-1}	原料油	目的产品	催化剂	装置情况	工艺流程	投产时间
7	中国石油大庆炼化分公司	200	催柴 + 催化重柴油 + 常三线	-35 号柴油	FH-5/3963/FDW-1	改造	HT-HDW	1999（已停运）
8	中国石油玉门炼化总厂	100	常四线	0 号～-35 号柴油	RN-1/FDW-1	改造	HT-HDW	1999
9	陕西永坪炼油厂	200	催柴 + 常三线	-20 号柴油	FH-5A/FDW-1	新建	HT-HDW	2001
10	中国石油大庆炼化分公司	600	催柴 + 直柴	-35 号柴油	FH-98/3963/FDW-1	改造	HT-MCI-HDW	2001
11	陕西延安炼油厂	400	催柴 + 直柴	-10 号～-20 号柴油	FH-98/3963/FDW-1	新建	HT-MCI-HDW	2003
12	中国石油格尔木炼油厂	150	催柴 + 常三线	-35 号柴油	FH-98/FDW-1	改建	HT-HDW	2003
13	陕西榆林炼油厂	200	催柴 + 直柴	-20 号柴油	FH-98/3963/FDW-1	新建	HT-MCI-HDW	2004

① 工艺流程 1：单独设置择形裂化(HDW)装置，不和其他装置配套，原则工艺流程如图 7－2－10 所示。

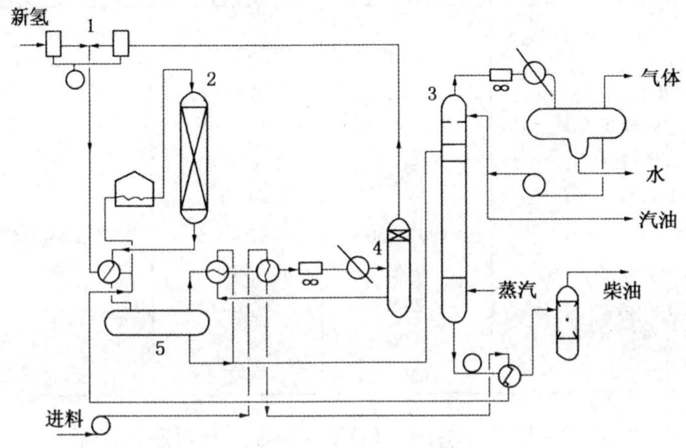

图 7－2－10　柴油择形裂化装置原则流程[39]

1—压缩机；2—反应器；3—汽提塔；4—冷高压分离器；5—热高压分离器

有 4 套装置采用此流程，以直馏轻蜡油为原料生产低凝点柴油。中国石化齐鲁分公司、中国石油大连石化、乌鲁木齐石化择形裂化装置的实际生产数据列在表 7－2－8。

表 7－2－8　择形裂化工业装置的生产数据[39,40]

炼　油　厂	齐鲁石化	乌鲁木齐石化	大连石化
原料油	胜利常三＋减一线	东疆宽馏分常二线	大庆常三减一线油
密度(20℃)/g·cm^{-3}	0.8300～0.8600	0.8407	0.8372
硫/μg·g^{-1}	2500～3900	500	200
氮/μg·g^{-1}	270～350	108	85
碱性氮/μg·g^{-1}	150～310	80	—
凝点/℃	18～26	7	26
含蜡量/%	12.0～16.0	14.07	31.05
主要工艺条件			
反应器入口氢分压/MPa	3.69	3.76	2.39
床层平均温度/℃	395	366	364
体积空速/h^{-1}	1.11	0.96	1.04

续表

炼　油　厂	齐鲁石化	乌鲁木齐石化	大连石化
产品分布/%			
C_5 ~170℃	23.1	21.0	35.6
>170℃	72.4	74.0	60.6
汽油主要性质			
辛烷值(RON)	90	77(MON)	88
柴油主要性质			
馏程/℃	190~430	222~375	222~415
硫/$\mu g \cdot g^{-1}$	2920	500	50
氮/$\mu g \cdot g^{-1}$	292	160	—
凝点/℃	-20	-35	-14
十六烷值	56	52	50

从表7-2-8可以看出，FDW-1催化剂对原料的适应性很强，无论是加工质量较差的胜利常三减一线混合油，还是含蜡量高的大庆常三减一线混合油，都能生产-20号或-35号低凝柴油。

乌鲁木齐石化公司和独山子石化公司均采用HDW与加氢精制轮换操作，夏季用于催化柴油加氢精制，秋、冬季用于择形裂化。这种操作方式，一方面提高企业的加氢能力，提高装置的利用率；另一方面，节省了用于调低凝点柴油的喷气燃料，解决了低凝点柴油与喷气燃料争原料的矛盾。但这种使用方式存在催化剂再生、装卸频繁问题。后来，这两套装置都增加新反应器，形成两反应器并联，实现切换作业，操作方便，经济合理。

② 工艺流程2：择形裂化与催化裂化联合，形成HDW-FCC组合工艺。

组合方式一：如图7-2-11所示，将FCC难以转化的常三、减一线馏分油先经过HDW，生成油进入FCC分馏塔，与FCC生成油一起分馏，所得轻柴油产品凝点较低、十六烷值有所改善。分馏塔底的重组分作为FCC回炼油进一步加工。

中国石油大连石化分公司100kt/a柴油择形裂化装置(操作压力2.45MPa)，即采用此流程，生产0号和-10号柴油，经济

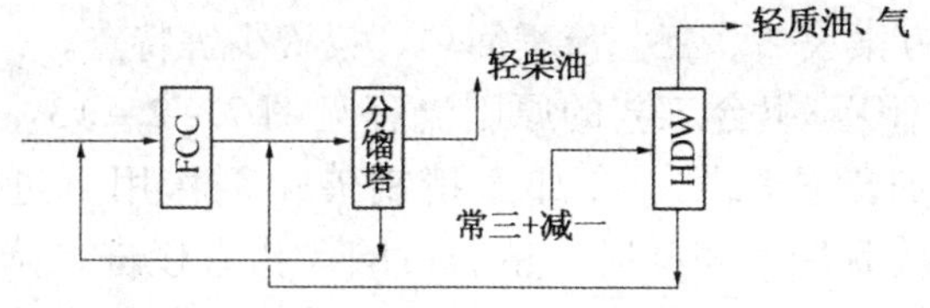

图 7-2-11　HDW-FCC 组合方式一

效益明显[39]。

组合方式二：如图 7-2-12 所示，将直馏重柴油和 FCC 重柴油混合进 HDW 装置，生成油经分馏得到轻柴油可作为产品，分馏塔底的重馏分打回到 FCC 装置回炼。该方案能提高柴油总产率，增大柴汽比，提高柴油十六烷值。

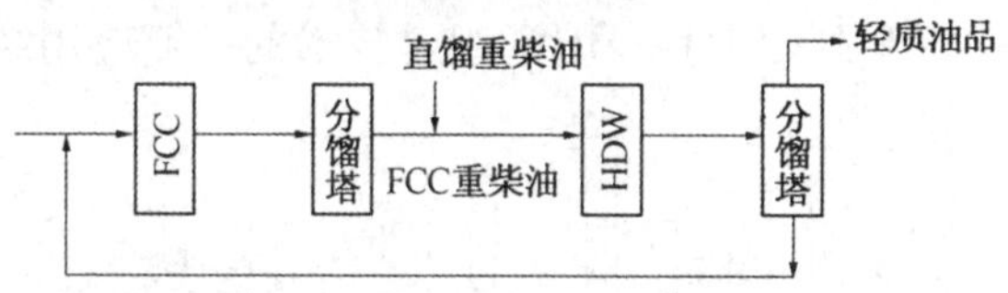

图 7-2-12　HDW-FCC 组合方式二

③ 工艺流程 3：择形裂化与加氢精制/改质联合，形成加氢降凝组合工艺。

组合方式一：先加氢精制再择形裂化，即加氢精制-择形裂化组合工艺(HT-HDW)，简称为加氢降凝。1998 年加氢降凝工艺首次用于中国石油哈尔滨石化分公司 300kt/a 择形裂化装置，目前共有工业装置 5 套，总处理能力达 1.10Mt/a[41]。

择形裂化技术可将馏程合格但凝点较高的含蜡柴油馏分中高凝点组分择形裂解，改善柴油低温流动性，但单独的择形裂化技术难以脱除油品中硫、氮等杂质、改善油品质量；将加氢精制技术与择形裂化技术直接串联，可将两种工艺技术优点集于一体，既可加工蜡含量高、凝点高的直馏馏分油，也可以处理催化、焦化等二次加工劣质柴油馏分生产 -35 号等超低凝优质柴油。加氢降凝工艺具有精制及降凝效果好、柴油产率高、原料适应能力强、产品方案灵活、工艺流程简单、投资少等特点。

HT－HDW 组合工艺的原则流程见图 7－2－13。柴油原料首先进入加氢精制段，在加氢精制催化剂作用下进行加氢脱硫、脱氮及芳烃饱和反应，精制后的产物直接进入降凝段，在择形裂化催化剂作用下进行烷烃组分的择形裂解反应，使油品的凝固点降低，得到低硫、低凝点、氧化安定性好的柴油产品。HT－HDW 一段串联工艺，两个过程中间不需要分离和换热系统，精制催化剂和择形裂化催化剂可分装在直接串联的两个反应器中，也可复合装填在一个反应器中。采用两个反应器模式时，夏季可以只开加氢精制，冬季再将降凝段串联起来，改变操作模式简单方便。

表 7－2－9 列出 HT－HDW 组合技术的工业应用结果。

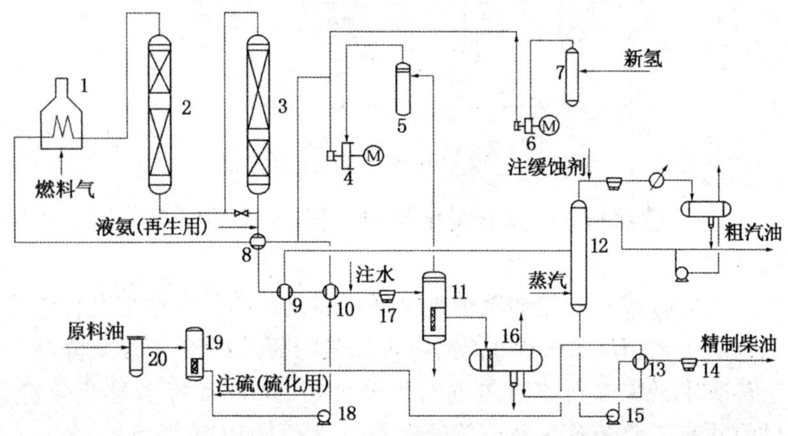

图 7－2－13 加氢精制－择形裂化装置工艺原则流程[42]

1—反应进料加热炉；2—精制反应器；3—降凝反应器；4—循环压缩机；5—循环氢压缩机入口分液罐；6—新氢压缩机；7—新氢压缩机入口分液罐；8—反应流出物/反应进料换热器；9—反应流出物/低分油换热器；10—反应流出物/原料油换热器；11—高压分离器；12—分馏塔；13—柴油/低分油换热器；14—柴油空冷器；15—柴油泵；16—低压分离器；17—反应流出物空冷器；18—加氢进料泵；19—原料油缓冲罐；20—原料油过滤器

表 7-2-9　加氢降凝(HT-HDW)技术的工业应用结果[43~45]

炼　油　厂	哈尔滨炼厂				林源炼油厂		永坪炼油厂	
原料油	大庆催化柴油(LCO)		大庆 LCO/常三混合油		大庆直柴/0#LCO/重 LCO 混合油		延长 LCO	
工艺条件								
入口压力/MPa	5.73		6.10		6.70		6.70	
平均温度/℃	347/353		352/360		356		344/353	
产品分布/%								
汽油	6.0		18.0		17.5			
柴油	93.0		80.0		81.0			
油品性质	原料	-35 号柴油	原料	-35 号柴油	原料	-35 号柴油	原料	-20 号柴油
密度(20℃)/$g \cdot cm^{-3}$	0.8597	0.8601	0.8500	0.8580	0.8614	0.8723	0.8610	—
馏程范围/℃	176~365	178~362	182~364	—	203~358	165~362	189~362	194~365
颜色(1500)/号	4.5	1.0	—	<1.5	—	<1.5	14	<1.5
硫/$\mu g \cdot g^{-1}$	1146	3.2	1040	<20	1300	<20	1100	—
氮/$\mu g \cdot g^{-1}$	541	12.5	450	<20	700	<20	743.5	—
凝点/℃	1	-55	9	-38	10	-45	1	< -30
冷滤点/℃	3	-35	—	-30	—	< -30	3	< -14
十六烷值	38	40.5	—	45	—	44	—	—

从表7－2－9可以看出，劣质的直馏含蜡柴油和二次加工柴油馏分，在适宜的工艺条件下，通过加氢降凝可以生产凝点和冷滤点低、颜色浅、硫含量低、氧化安定性好的清洁柴油。

组合方式二：加氢精制/改质－择形裂化组合工艺，简称加氢改质降凝(HT－MCI－HDW)。

针对劣质柴油的改质，FRIPP开发了一种能最大幅度提高柴油十六烷值的加氢改质技术－MCI成套工艺技术，脱硫率在97%以上，在提高柴油十六烷值10～15个单位的情况下，可保持高达98%的柴油收率[46]。MCI与HDW的组合工艺是加氢降凝组合工艺的新发展，既可改善柴油的低温流动性又可提高柴油十六烷值。与加氢降凝工艺相比，处理同一种催化柴油原料时，HT－MCI－HDW工艺所得－35号柴油十六烷值提高4个单位，柴油氧化安定性及脱杂质深度明显提高，两个工艺的比较结果如表7－2－10所示。

表7－2－10　加氢降凝与加氢改质降凝组合工艺对比[47]

组合工艺	加氢降凝	加氢改质降凝
原料油	大庆催柴	大庆催柴
压力/MPa	8.0	8.0
柴油产品		
收率/%	92.0	93.0
凝点/℃	－50	－45
冷滤点/℃	－30	<－31
硫含量/μg·g^{-1}	<35	<10
颜色(1500)/号	<1.5	<1.0
氧化安定性/mg·(100mL)$^{-1}$	1.5	0.5
十六烷值	38.0	42.5

HT－MCI－HDW工艺流程基本与HT－HDW相同。采用加氢改质－临氢降凝一段串联工艺，中间不需要分离和换热系统。改质催化剂和降凝催化剂可分装在直接串联的两个反应器中，也可复合装填在一个反应器中。夏季油品不需降凝，可以只开加氢改质，用于提高催化柴油的十六烷值；冬季需要时，再将降凝串联起来，生产低凝点柴油，改变操作模式简单方便。

HT－MCI－HDW 组合工艺 2001 年在中国石油大庆炼化分公司首次工业应用，随后在延炼实业集团公司 0.4Mt/a 和榆林炼油厂 0.2Mt/a 加氢装置上应用，总处理能力已达到 1.2Mt/a。大庆炼化的工业应用结果列于表 7－2－11 中。该套装置采用两个反应器直接串联，第一反应器装填 FH－98 加氢精制催化剂和 3963 加氢改质催化剂，第二反应器装填 FDW－1 临氢降凝催化剂。冬季加工大庆催化柴油与常三线混合油，生产 －35 号柴油；夏季生产 －10 号和 －5 号柴油，经济效益和社会效益十分显著。

表 7－2－11　大庆炼化公司加氢改质降凝工业装置运转结果[47]

项　目	数　据
原料油	大庆催柴＋直柴
密度(20℃)/g·cm^{-3}	0.8493
馏程范围/℃	177～395
硫/氮/μg·g^{-1}	2360/1290
凝点/℃	13
十六烷值	39
氢分压/MPa	8.0
产品分布/%	
汽　油	21.0
柴　油	75.0
柴油性质	
密度(20℃)/g·cm^{-3}	0.8341
馏程范围/℃	178～367
颜色(1500)/号	<1.5
硫/μg·g^{-1}	<20
氮/μg·g^{-1}	<20
凝点/℃	－40
冷滤点/℃	<－29
十六烷值	49

3. 择形裂化生产润滑油基础油

目前国内外已投产的择形裂化生产润滑油基础油的部分工业装置如表 7－2－12 所列。我国的三套装置都是采用我国自行开发的成套工艺技术和催化剂，国外装置大多采用 Mobil

表 7-2-12　国内外择形裂化生产润滑油基础油的部分工业装置[48]

炼油厂名称	技术来源	加工能力①/$kt \cdot a^{-1}$	原料油	工艺流程	主要目的产品	择形裂化催化剂	投产时间
中国石油抚顺石油三厂	石油三厂	100	大庆原油	溶剂脱蜡-加氢精制-择形裂化； 加氢裂化-择形裂化	调制多级发动机油、变压器油、航空液压油等	3902	1990
中国石化齐鲁分公司	FRIPP	40	胜利原油	加氢裂化-择形裂化	调制白油和其它润滑油	FDW-1 FDW-3	1995 2003
中国石油克拉玛依石化分公司	RIPP	50	克拉玛依环烷基稠油	常压蒸馏-择形裂化	调制冷冻机油、变压器油	RDW-1	1995
中国石油克拉玛依石化分公司	RIPP	300	克拉玛依环烷基稠油	加氢处理-择形裂化-加氢精制	调制冷冻机油、变压器油	RDW-1	2000
法国 Mobil 公司 Gravenchen 炼油厂	Mobil 公司	310（6200 桶/日）	中东原油	减压蒸馏-丙烷脱沥青-糠醛抽提-甲乙酮脱蜡-择形裂化	轻、中、重中性油	MLDW-1 MLDW-4	1978 1996

续表

炼油厂名称	技术来源	加工能力①/$kt \cdot a^{-1}$	原料油	工艺流程	主要目的产品	择形裂化催化剂	投产时间
澳大利亚 Mobil 公司 Adelaide 炼油厂	Mobil 公司	320（6400 桶/日）	中东原油	减压蒸馏－丙烷脱沥青－糠醛抽提－甲乙酮脱蜡－择形裂化		MLDW－1 MLDW－3 MLDW－4	1981 1993 1996
美国 Mobil 公司 Paulsboro 炼油厂	Mobil 公司	555（11100 桶/日）	中东原油	减压蒸馏－丙烷脱沥青－糠醛抽提－择形裂化		MLDW－1 MLDW－2 MLDW－3	1983 1992 1995
Chevron Richmond 炼油厂	Mobil 公司	448（8960 桶/日）	美国阿拉斯加北坡原油、加州石蜡基原油	加氢裂化－择形裂化	高黏度指数轻中性油和中中性油	MLDW－1	1984
日本出光兴产公司千叶炼油厂	Mobil 公司	75（1500 桶/日）	中东原油	加氢处理－择形裂化	－45℃极低倾点基础油，调制自动传动液、液压油、冷冻机油等	MLDW－1	1985

续表

炼油厂名称	技术来源	加工能力①/ $kt \cdot a^{-1}$	原料油	工艺流程	主要目的产品	择形裂化催化剂	投产时间
美国 Texaco 公司约瑟港炼油厂	Mobil 公司	135（2700 桶/日）	中东原油			MLDW－1	1986
日本东亚燃料工业公司和歌山炼油厂	Mobil 公司	265（5300 桶/日）	中东原油	减压蒸馏－丙烷脱沥青－NMP 抽提－溶剂脱蜡－择形裂化		MLDW－1	1987
日本石油公司新泻炼油厂	Mobil 公司	100（2000 桶/日）	中东原油			MLDW－1	1987
日本石油公司根岸炼油厂	Mobil 公司	166（3312.5 桶/日）	中东原油			MLDW－1	1988
沙特石油矿业组织第二润滑油厂	Mobil 公司	4245（8940 桶/日）	中东原油	减压蒸馏－丙烷脱沥青－糠醛抽提－择形裂化		MLDW－3	1998

① 按 1 桶/日＝50t/a 折算。

公司的 MLDW 工艺技术，其中，Chevron 公司 Richmond 炼油厂和韩国 SK 公司 Ulsan 炼油厂以加氢裂化尾油为原料的择形裂化装置已先后于 1993 年和 1997 年被择形异构化所取代。

目前工业应用的择形裂化技术生产润滑油基础油的加工流程主要有以下四种：

① 溶剂抽提 - 择形裂化；

② 溶剂抽提 - 溶剂脱蜡 - 择形裂化；

③ 加氢处理 - 择形裂化 - 加氢精制；

④ 加氢裂化 - 择形裂化。

(1) 溶剂抽提 - 择形裂化联合工艺流程

以沙特第二润滑油厂为例，采用溶剂抽提 - 择形裂化的示意加工流程如图 7 - 2 - 14 所示，各装置的进出物料如表 7 - 2 - 13 所列。沙特轻原油的常压重油经减压蒸馏塔分馏成轻、中、重中性油料及减压渣油。减压渣油进溶剂脱沥青，得到脱沥青油，连同减压蒸馏得到的中性油料进糠醛抽提装置，所得精制油作为 MLDW 原料。

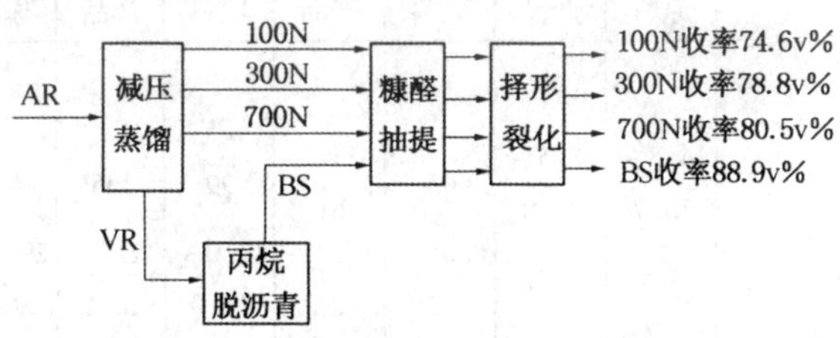

图 7 - 2 - 14 溶剂抽提 - 择形裂化生产润滑油基础油的示意流程[48]

表 7 - 2 - 13 沙特第二润滑油厂基础油生产装置的能力、原料和产品

项 目	减压蒸馏	丙烷脱沥青	糠醛精制	择形裂化
进 料	常压重油	减压塔过汽化油 减压渣油	轻中性物料 中中性物料 重中性物料 脱沥青油	100 号精制油 300 号精制油 700 号精制油 光亮油精制油

续表

项　　目	减压蒸馏	丙烷脱沥青	糠醛精制	择形裂化
产　品	塔顶重冷凝油 减压瓦斯油 轻中性物料 中中性物料 重中性物料 过汽化油 减压渣油	脱沥青油 沥青	100 号精制油 300 号精制油 700 号精制油 光亮油精制油	100 号中性油 300 号中性油 700 号中性油 光亮油

MLDW 装置采用两个反应器串联，第一反应器装择形裂化催化剂，第二反应器装加氢精制催化剂，以确保润滑油产品满足规格要求。装置典型的操作条件为：反应温度320～370℃，反应压力1.7～20.7 MPa，体积空速0.5～1.0 h^{-1}，氢油体积比89～890m^3/m^3，氢耗17.8～35.6 m^3/m^3。原料和产品性质如表7－2－14所列。

表7－2－14　沙特第二润滑油厂 MLDW 装置的原料和产品

项　目	100#中性油		300#中性油		100#中性油		光亮油	
	原料	产品	原料	产品	原料	产品	原料	产品
黏度/$mm^2 \cdot s^{-1}$								
40℃	14.3～15.7	18.5～21.0	45	55～61	99	135	400	510
100℃	3.5	4.0	6.65～7.25	7.7	12.0～13.0	12.9～14.1	29.5～36.0	31.0～33.0
黏度指数	—	95	—	95	—	95	—	95
倾点/℃	—	－18	—	－9	—	－6	—	－6
密度（15.6℃）/kg·m^{-3}	845～860	860	865～882	882	879～886	887	904～916	905

从图7－2－14和表7－2－14可以看出，择形裂化所生产的100号中性油收率74.6%，300号中中性油收率78.8%，700号重中性油收率80.5%，光亮油收率88.9%。轻、重中性油和光

亮油的倾点都降低了很多，其黏度指数均在95以上。用这几种基础油调制了多种单级和多级车用机油、齿轮油、液压油和工业液压油供应市场；此外，还调制了多种润滑脂。

(2) 溶剂抽提-溶剂脱蜡-择形裂化联合工艺流程

法国Gravenchen炼油厂的MLDW装置，在最初四个星期的工业运转中，所用原料油是中东原油的含蜡糠醛抽提油，包括6种不同的糠醛精制油，从32mm^2/s(38℃)的中性油料到32mm^2/s(99℃)的光亮油料，另外还加工了一种66mm^2/s(38℃)的溶剂脱蜡油，目的是生产倾点极低的重质基础油。脱蜡基础油产品的倾点在-6.7℃至-45.6℃之间，除黏度指数和黏度外，其他性质与溶剂脱蜡油差不多，择形裂化所产轻中性油的黏度指数约比溶剂脱蜡的轻中性油低6~8个单位，但这个差值随基础油黏度升高而减少。对光亮油而言，这个差值为0。用择形裂化生产的基础油加添加剂调制的发动机油、齿轮油、工业液压油、冷冻机油、变压器油等，质量都相当于溶剂脱蜡油的调合油，倾点极低的产品可以替代从环烷基原油才能得到的冷冻机油和变压器油。

采用溶剂抽提-溶剂脱蜡-择形裂化流程的优点在于，先溶剂脱蜡得到倾点中等的脱蜡油，再择形裂化得到低温性能较好的基础油，同时可以得到高质量的石蜡，还不至于对基础油的收率影响太大。石蜡基润滑油原料中蜡的含量高、质量好、经济价值很高，如以择形裂化完全代替溶剂脱蜡，则得不到石蜡产品；而且由于脱蜡负荷大，反应温度高，催化剂寿命会明显缩短。另外，温度高会使裂化反应加剧，使润滑油基础油的黏度、黏度指数、收率都受到很大的影响，在技术经济上不合理。而采用先溶剂脱蜡再择形裂化的加工流程，不但能得到质量较高的石蜡，还能得到倾点更低的基础油产品。因此，溶剂抽提-溶剂脱蜡-择形裂化这种加工流程，对于加工石蜡基原油同时生产石蜡和润滑油基础油的老厂，适用性更好一些。

(3) 加氢处理-择形裂化-加氢精制高压全氢型流程

环烷基润滑油基础油是电气设备用油、橡胶加工用油及化妆用油的优选用油。中国石油克拉玛依石化分公司300kt/a 环烷基基础油高压加氢装置于2000年11月建成投产。该装置采用RIPP开发的加氢处理－择形裂化－加氢后精制高压全氢型工艺流程（如图7－2－15），切换操作加工环烷基常三线、减二线、减三线馏分油与轻脱沥青油，生产各黏度等级的环烷基基础油。

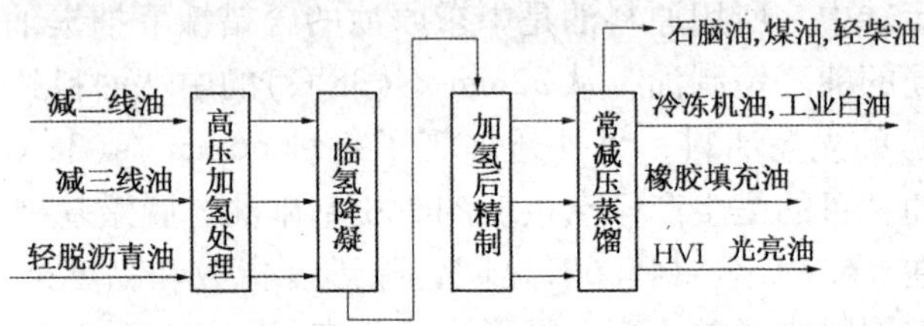

图7－2－15 克拉玛依石化加氢处理－择形裂化－加氢精制工艺流程示意图[49]

装置开工初期主要工艺条件列于表7－2－15，各线原料油和高压加氢后主产品性质列于表7－2－16，可以看出，油品的硫、氮杂质得到明显脱除，低温性能得到较大改善，轻脱油的黏度指数提高较大，达到APIⅡ类基础油标准。

表7－2－15 克石化择形裂化装置开工初期主要工艺条件[50]

项 目	减二线	减三线	轻脱油
处理段			
保护剂床层平均温度/℃	336.9	335.3	368.5
处理剂床层平均温度/℃	353.5	347.7	379.0
入口氢分压/MPa	15.75	16.08	16.33
氢油体积比	1312	1235	1480
体积空速/h^{-1}	0.451	0.436	0.40
降凝精制段			
降凝反应器床层平均温度/℃	276.9	276.0	274.4
入口氢分压/MPa	15.16	15.25	15.03
氢油体积比	594	591	765
体积空速/h^{-1}	0.91	0.88	0.79
后精制反应器床层平均温度/℃	233.3	230.9	234.5
入口氢分压/MPa	15.02	15.10	14.88
氢油体积比	约594	约591	765
体积空速/h^{-1}	约0.91	0.87	0.79

表 7-2-16 各线原料油及主要产品典型性质[51]

项　目	原料	产品	原料	产品	原料	产品
	减二线	KN4006	减三线	KN4010	轻脱油	K150BS
密度(20℃)/$g \cdot cm^{-3}$	0.9155	0.8965	0.9254	0.9023	0.9165	0.8776
运动黏度/$mm^2 \cdot s^{-1}$						
100℃	7.19	5.891	14.65	10.47	63.94	26.94
40℃	81.41	52.69	353.64	158.8	2788.84	393.4
黏度指数	—	27	49	—	48	93
倾　点/℃	-19	-30	-5	-21	0	-15
酸　值/ $mgKOH \cdot g^{-1}$	8.38	—	8.46	—	1.41	—
含硫量/$\mu g \cdot g^{-1}$	1031	16.8	1050	28.3	1460	75.9
含氮量/$\mu g \cdot g^{-1}$	1400	12.9	1800	<5	2600	41.4
饱和烃/%	—	97.33	—	96.55	—	96.38
芳烃/%	—	1.51	—	3.44	—	2.24
旋转氧弹/min	—	360	—	335	—	475

注：表中数据为运转 12 个月后的标定数据。

(4) 加氢裂化-择形裂化联合工艺流程

加氢裂化尾油富含直链烷烃，芳烃、烯烃含量极低，硫、氮含量很少，黏温性质好，是择形裂化的理想原料。FRIPP 以大庆、胜利、管输和中东四种不同原油 VGO 加氢裂化尾油为原料，进行择形裂化生产润滑油基础油的试验。结果表明，尽管加氢裂化原料、操作条件、尾油性质及择形裂化所得 >320℃ 基础油收率不同，但凝点降低的幅度都比较大，杂质含量低，黏度适中，残炭低，是比较理想的白油和轻中质润滑油基础油料，经过补充精制可以生产白油和多种润滑油产品。

齐鲁石化 1993 年 9 月在 MDDW 装置上，以加氢裂化尾油为原料，进行了工业试生产白油基础油，获得成功之后，又进行了润滑油基础油的生产。以高凝点(36℃)SSOT 尾油为原料，在反应压力 4.0~8.0MPa、体积空速 0.8~1.5h^{-1}、氢油体积比 400~800 的条件下，先后采用 FDW-1、FDW-3 催化剂进行择形裂化，得到收率约 70%、倾点较低(-20℃左右)的基础油，经过白土精制生产白油和多种润滑油产品[32,34,52]。

抚顺石油三厂采用加氢裂化－择形裂化的联合工艺，生产润滑油基础油的原则流程见图7－2－16。石蜡基原油经常减压蒸馏得到常三、减二、减三线，然后进加氢裂化加工，生成油经蒸馏后，拔出汽、煤、柴油，塔底油进择形裂化，生成油经再蒸馏后生产不同黏度等级的润滑油基础油。根据不同牌号的润滑油产品要求，对基础油进行补充精制或深度精制，以此来改善基础油的色度和光安定性，并生产白油产品。所得基础油凝点低、黏度指数高、低温流动性好、杂质含量低。择形裂化装置工业运转结果和润滑油基础油性质分别列于表7－2－17和表7－2－18。

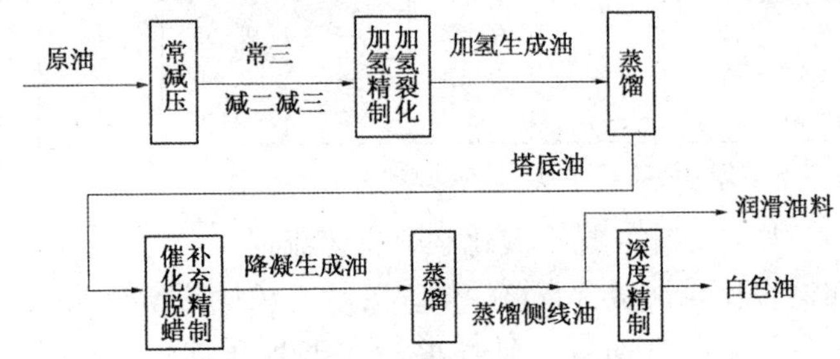

图7－2－16　抚顺石油三厂润滑油生产工艺原则流程图[53]

表7－2－17　抚顺石油三厂择形裂化生产基础油的工业运转结果[53,54]

项　目	数　据	项　目	数　据
加氢裂化尾油进料性质		>320℃馏分	
密度(20℃)/g·cm^{-3}	0.8247	收率/%	74.3
馏程/℃	236～454(95%)	凝点/℃	－25
硫/氮/μg·g^{-1}	59/10	黏度(100℃)/mm^2·s^{-1}	4.92
凝点/℃	20	润滑油基础油料收率/%	
黏度(100℃)/mm^2·s^{-1}	3.4	N_5	12.93
主要工艺条件		≤75SN	7.17
平均反应温度/℃	318	100SN	15.25
体积空速/h^{-1}	1.45	150SN	20.45
总压力/MPa	18.0	≥200SN	11.87
氢油体积比	765	合计/%	67.67

表 7-2-18 抚顺石油三厂择形裂化生产的基础油性质[54,55]

基础油	100SN	150SN	250SN
密度(20℃)/g·cm^{-3}	0.8436	0.8476	0.8495
馏程/℃			
初馏点	357	308	414
95%	428	495	555
凝点/℃	-42	-22	-9
黏度/mm^2·s^{-1}			
40℃	18.65	33.80	55.58
100℃	3.8	5.8	8.3
黏度指数	99	110	120

（二）应用前景

近年来，随着我国国民经济持续高速发展，各种石油产品的需求快速增长。其中，柴油的需求一直居各种石油产品之首，而且保持强劲的增长势头。而受加工原油特点和加工流程的制约，我国大多数炼厂的石油产品结构中一直存在着柴汽比低的问题，柴油的产量受到馏分油凝点的限制，特别是在我国东北和西北的寒区，低凝点柴油生产的矛盾尤为突出，也成为制约北方炼油企业经济效益的“瓶颈”问题。与此同时，随着环保法规日益严格，对油品质量的要求也越来越高。因此，提高低凝点柴油的质量和产量，满足市场需求，仍将是备受企业关注的问题之一。

柴油择形裂化过程可将馏程合格但凝点较高的含蜡柴油馏分中的高凝点组分择形裂解，达到改善柴油低温流动性和增产柴油的目的，流程较简单、氢耗和能耗比较低。可由加氢精制装置改建而成，也可以与加氢精制轮换操作，特别是可以与其他技术形成多种组合工艺，如加氢降凝、加氢改质降凝工艺，克服了单独择形裂化难以脱除油品中硫、氮等杂质，不能大幅度改善油品质量等方面的不足，可以加工催化柴油、焦化柴油等劣质柴油馏分，生产-35号等超低凝优质柴油，具有精制及降凝效果好、柴油产率高、原料适应能力强、产品方案灵活及工艺操作简便等特点。相信择形裂化在优化资源配置、提高柴汽比、满足优质清洁低凝柴油需求等方面将继续发挥重要的作用。

择形裂化生产润滑油基础油是技术上的一项重大突破，相比传统的溶剂脱蜡具有投资及加工成本低、灵活性大等优势，在20世纪90年代中期其应用达到巅峰。但由于择形裂化是通过将高凝点正构烷烃裂化成为小分子来达到降凝的目的，因而不可避免地造成产率的损失，也不能提高黏度指数，这成为制约其大量工业应用的主要原因。尽管很多研究机构也在不断尝试开发新的思路和方法，如开发新一代催化剂、原料油中添加少量降凝剂（α烯烃共聚物）等，但随着择形异构化技术的开发成功，择形裂化在脱蜡方面的重要性正逐步被择形异构化所取代。对于石蜡基润滑油馏分的择形裂化来说，脱蜡后不仅黏度指数降低，基础油收率也较低，因而更适用择形异构化技术进行脱蜡。而对于含蜡较少、凝点相对较低的环烷基油料，由于择形裂化催化剂具有相对较强的抗杂质中毒能力，脱蜡效果好，目的产品收率高达95%~97%；而且工艺流程简单，投资较少，所采用的分子筛生产成本低于目前采用的择形异构化分子筛，因此，择形裂化生产润滑油基础油的应用仍然有广阔的发展空间。

第三节　择形异构化

择形异构化技术的开发和应用，是加氢裂化技术发展历程中的一项重大突破。择形异构化技术的关键是采用具有特定孔径和走向的择形分子筛催化剂，通过加氢异构化和选择性加氢裂化，在降低油品凝点的同时保持较高目的产品收率。相比择形裂化，择形异构化生产低凝点柴油，产品收率有较大提高；生产润滑油基础油，除了能得到高收率、高黏度指数的Ⅱ/Ⅲ类基础油外，还副产低冰点、高烟点喷气燃料和低凝点、高十六烷值柴油，产品价值明显提高，但其生产成本远低于聚α烯烃（PAO），因此，择形异构化技术得到迅速发展。目前已工业应用的技术，主要有Exxon Mobil公司的MSDW、Chevron公司的IDW、我国FRIPP的WSI和Shell公司的加氢异构化技术等。除新建装置外，还有的是将原来的择形裂化装置改为择形异构化装置[56]。

一、反应机理

择形异构化的反应机理是典型的双功能烷烃加氢异构化和裂化反应机理。

（一）化学反应机理

长链正构烷烃的加氢异构化反应，从化学反应角度上，和加氢裂化一样，是典型的双功能反应机理，如图7－3－1所示。正构烷烃首先在催化剂的加氢－脱氢中心上生成相应的烯烃，此种烯烃迅速转移到酸性中心上得到一个质子生成正碳离子。正碳离子极其活泼，只能瞬时存在，一旦形成就迅速进行下列两种反应。

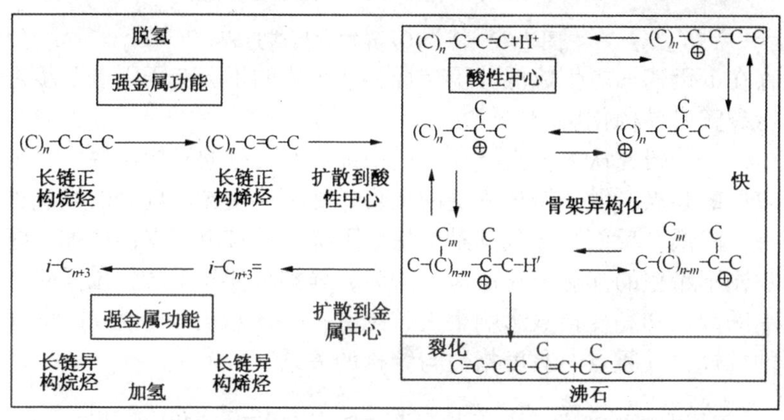

图7－3－1 烷烃异构化的双功能催化反应机理[57]

（1）异构化反应。异构化反应是通过环丙烷(PCP)正碳离子进行的。正碳离子通过氢原子或甲基转移进行重排，相继生成单支链、双支链、三支链的正碳离子，这些正碳离子将H^+还给催化剂的酸性中心后变成异构烯烃，然后在加氢－脱氢中心加氢，即得到与原料分子碳数相同的各种异构烷烃。Sastre等[58]研究了正构烷烃在中孔分子筛上的异构反应，以nC_7为例的异构化反应过程如图7－3－2所示。

（2）裂化反应。大的正碳离子，特别是支链多的正碳离子不稳定，容易在其邻近的β位处，发生C—C键断裂，生成一个较小的烯烃和一个新的正碳离子，所生成的烯烃是α烯烃，在氢

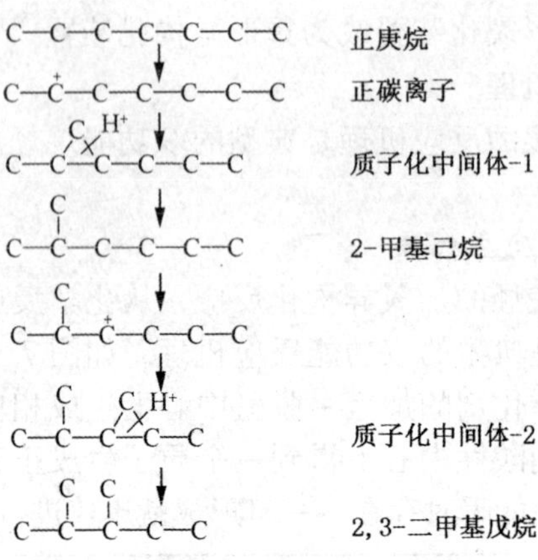

图 7－3－2　nC_7 异构化反应过程

存在下迅速加氢生成低分子烷烃，新生成的正碳离子则进一步进行裂解或异构化反应。

一些研究认为，支链在直链中部或双支链的异构烷烃，具有较低的倾点，继续增加支链的数目，并不能使异构烷烃的倾点进一步降低，反而会导致其黏度指数下降，并且由于支链增加，将加剧不希望的加氢裂化反应。同时，异构程度和支链的位置对产品的倾点和黏度指数影响很大，图 7－3－3 示出碳数为 20 和 26 的烷烃，其凝点、黏度指数与结构的关系。

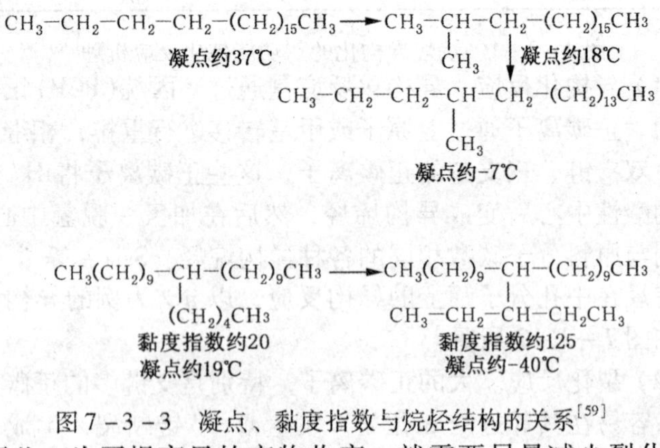

$CH_3-CH_2-CH_2-CH_2-(CH_2)_{15}CH_3 \longrightarrow CH_3-CH(CH_3)-CH_2-(CH_2)_{15}CH_3$

凝点约37℃　　凝点约18℃

$\downarrow$

$CH_3-CH_2-CH_2-CH(CH_3)-CH_2-(CH_2)_{13}CH_3$

凝点约-7℃

$CH_3(CH_2)_9-CH[(CH_2)_4CH_3]-(CH_2)_9CH_3 \longrightarrow CH_3(CH_2)_9-CH[CH(CH_2CH_3)-CH_2-CH_3]-(CH_2)_9CH_3$

黏度指数约20　　黏度指数约125

凝点约19℃　　凝点约-40℃

图 7－3－3　凝点、黏度指数与烷烃结构的关系[59]

因此，为了提高目的产物收率，就需要尽量减少裂化反应；

而且从降低倾点的角度，希望生成少支链的异构体。这就要求催化剂具有高选择性，一方面要有很强的加氢性能，使异构得到的烯烃迅速加氢生成异构烷烃，以避免进一步异构化或加氢裂化；另一方面要求用于催化剂的分子筛，其孔道应比择形裂化催化剂的分子筛小，酸性中心的酸强度也应较低，以限制多支链异构烃的生成，从而避免过度的加氢裂化，也就是说，对所用分子筛孔大小和形状走向也提出要求，这就是择形异构机理。

（二）择形异构机理

研究者提出了孔嘴（Pore Mouth）和锁匙择形机理（Key - Lock），该机理认为长链正构烷烃可以同时进入两个或以上孔口，异构化反应是在孔口处发生的，如图 7 - 3 - 4 所示。这较好解释了异构体形成的原因。由图可见，只有直链烃才能进入分子筛孔道发生反应，而侧链则被阻于孔道之外，进入孔道的直链烃可在催化剂活性中心上发生异构化反应或裂化反应，当孔道较小而又呈椭圆形时，还有产生侧链的空间，而裂化的可能性较小。

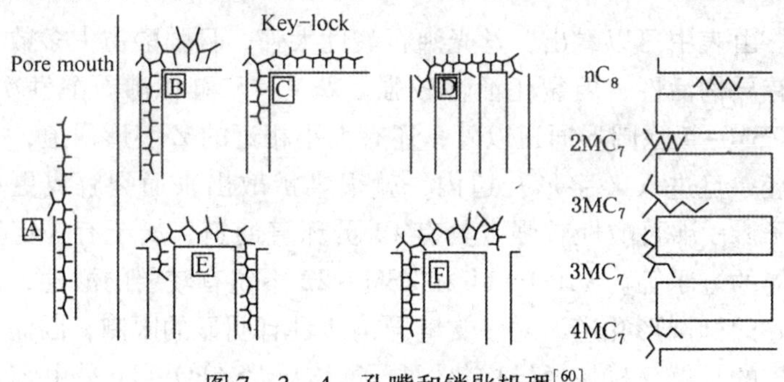

图 7 - 3 - 4　孔嘴和锁匙机理[60]

另一种择形效应表现在分子筛孔大小对反应的影响，10 员环和 12 员环直通道分子筛，其反应过程不同如下：

10 员环通道的反应过程：

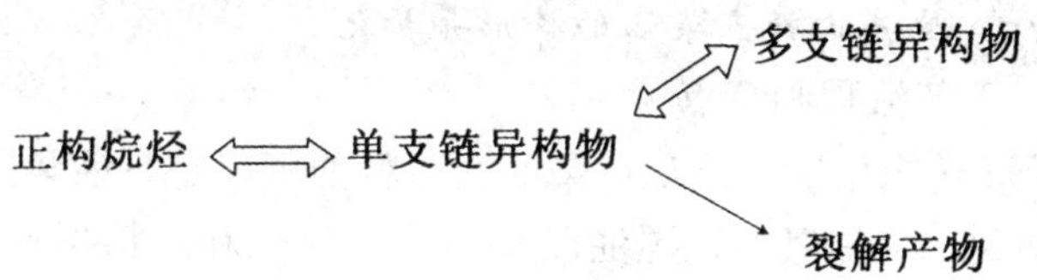

12 员环通道的反应过程：

正构烷烃⟶单支链产物⟶多支链产物⟶裂解产物

综上所述，择形异构化对催化剂要求，除了具有适中的酸性和强加氢活性以外，还要求分子筛具有 10 员环或 12 员环的椭圆形直通道。表 7－3－1 列出了一些具有择形性的分子筛结构。

表 7－3－1　几种分子筛的孔径和酸性

分子筛	ZSM－5	β	丝光	SAPO－11	ZSM－22
分　类	MFI	BEA	MOR	AEL	TON
孔口环数	10	12	12	10	10
孔口大小/nm	0.56×0.51	0.64×0.76	0.65×0.70	0.63×0.39	0.44×0.55
酸性/mmol·g^{-1}					
总　酸	0.71	0.71	0.94	0.27	0.30
强　酸	0.41	0.17	0.61	0.04	0.027
中　酸	0.14	0.30	0.08	0.14	0.11
弱　酸	0.16	0.24	0.25	0.09	0.16

由表中可以看出，丝光沸石酸性太强，且强酸占大多数，虽然有异构活性，但裂化活性较强。ZSM－5 和 β 沸石酸性次之，而 ZSM－5 除圆形通道以外，还有大小相近的 Z 字形通道，正构烷烃一旦进入 Z 字形孔道内，就很难扩散出来而裂解成更小的分子。β 沸石酸性较强，具有 12 员环直通道，属于有一定异构性能的分子筛。SAPO－11 和 ZSM－22 不仅有较弱的酸性，还有很好的椭圆形孔道，对多支链异构体具有明显的限制，因而是较理想的长链正构烷烃异构化用分子筛。但 SAPO－11 是由 Si、P、Al 三组分组成，目前，在合成时重复性较差，造成反应性能差别大，而 ZSM－22 则无此弊病。

二、工艺流程、特点和操作条件

（一）生产低凝点柴油的择形异构化

1. 工艺流程和特点

择形异构化生产低凝点柴油的原料油可以是直馏柴油、常压蜡油(AGO)、加氢裂化尾油以及催化、焦化和减粘裂化蜡油等，其工艺流程基本上与择形裂化或加氢精制一样，无特殊需要。随原料油硫、氮杂质含量的不同，择形异构化可以直接应用或与加氢处理形成组合工艺。

（1）直接应用择形异构化的流程

适用于原料油硫、氮含量少的清洁原料，如高压加氢裂化或中压加氢裂化未转化的尾油，含氮少于50μg/g，不需要预处理，直接进行择形异构化，生产低凝点、高十六烷值柴油，具体数据见本节第五部分。

（2）择形异构化与加氢处理组合工艺

有两种流程方案，一是采用加氢处理/择形异构化串联、无段间气体分离流程，适用于原料油中含有中等的硫、氮杂质，先加氢预处理再择形异构化，可使反应温度降低10～20℃；二是采用加氢处理/择形异构化两段流程，段间分出H_2S和NH_3。此种情况下，原料油中硫、氮含量高，除要求降低倾点外，还要求深度脱硫、芳烃饱和、提高十六烷值、降低密度等，必须先进行加氢预处理。两段流程的反应温度可降低50℃以上，柴油收率提高3%～5%，且有利于芳烃饱和反应的进行。

Mobil公司开发的加氢处理－择形异构化（HT－MIDW）生产低凝点柴油的两种工艺流程如图7－3－4a和图7－3－4b所示。试验所用两种催化剂的组成和性质如表7－3－2所列[61]。

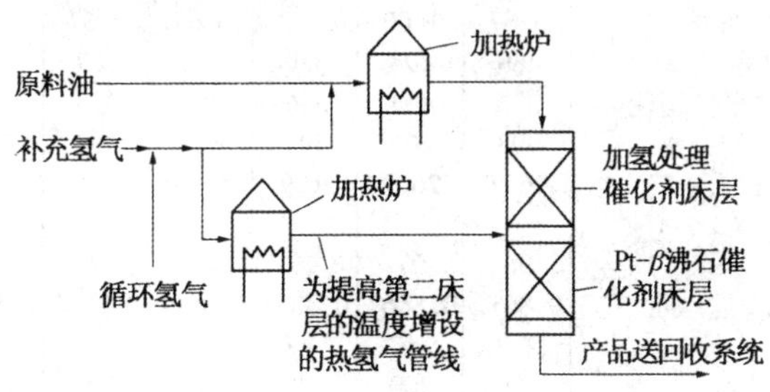

图7－3－4a　加氢处理－择形异构化串联工艺流程

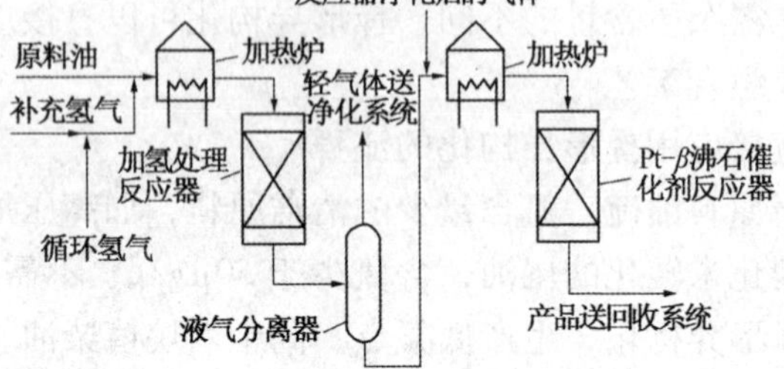

图 7－3－4b　加氢处理－择形异构化两段工艺流程

表 7－3－2　两种催化剂的组成和性质

项　　目	加氢处理	择形异构化	项　　目	加氢处理	择形异构化
组成/%			性　质		
β 沸石	—	50	堆积密度/g · mL^{-1}	0.83	0.54
Al_2O_3	100	50	比表面积/m^2 · g^{-1}	160	335
Pt	—	0.6	孔容/mL · g^{-1}	0.44	0.75
NiO	20.5				
MoO_3	5.0		形　状	小条	小条

表 7－3－3　加氢处理－择形异构化的试验条件和试验结果

试验条件和结果	第一组		第二组		第三组		
HT/MIDW 催化剂(体积)	1/2		1/2		1/2		
段间气体分离	无	无	无	无	无	无	有
操作条件							
氢分压/MPa	2.8	2.8	2.8	4.2	2.8	2.8	2.8
总体积空速/h^{-1}	0.67	1.00	0.67	0.67	0.67	0.67	0.67
温度/℃ 加氢处理	389	398	389	385	389	355	351
择形异构化	396	404	396	385	396	401	397
平均	393	402	393	385	393	386	382
氢耗/Nm^3 · m^{-3}	26.7	26.7	26.7	53.4	56.7	17.8	12.5
>166℃柴油							
收率/%	96	97	96	91	96	97	95
密度(20℃)/g · cm^{-3}	0.8612	0.8667	0.8612	0.8612	0.8612	0.8667	0.8667
倾点/℃	−7	−7	−7	−7	−7	−7	−7
硫/μg · g^{-1}	100	200	100	40	100	400	100
氮/μg · g^{-1}	80	100	80	17	80	100	70

2. 操作条件

择形异构化操作条件因原料油的质量特别是硫、氮含量和对产品的质量要求而定。以奥地利 Schweches 炼油厂中试装置的原料油为例：第一种是高硫富含芳烃原油的直馏蜡油，含多环芳烃 14.1%，十六烷指数 54.0；第二种是 80% 高硫直馏蜡油掺有 20% 催化轻循环油，含多环芳烃 22.6%，十六烷指数 46.3；第三种是低硫石蜡基原油的直馏蜡油，含多环芳烃 7.3%，十六烷指数 60.0；第四种是 80% 低硫直馏蜡油掺有 20% 催化轻循环油，含多环芳烃 17.4%，十六烷指数 50.8。其中既有易加工的原料油，也有难加工的原料油。四种原料油性质及采用加氢精制－择形异构化两段流程加工的中试结果表明[62]，无论哪一种原料油，其操作条件如下：

加氢精制(第一段)：采用高活性钼镍催化剂，在中等苛刻度的条件下进行脱硫、脱氮和芳烃饱和，把硫降至 <350μg/g、氮降至 <50μg/g；

择形异构化(第二段)：采用 Pt－(ZSM－5)催化剂，在 4.2～5.6MPa、316～371℃ 条件下进行加氢异构化，生产倾点 －13℃ 的柴油。

所得柴油产品硫、多环芳烃、倾点都大幅度降低，十六烷值提高。此外，装置还具有液收高、氢耗低的特点。

3. 择形异构化与择形裂化的比较

择形异构化与择形裂化的主要区别是催化剂不同、反应机理不同，因而低凝点柴油产品收率大幅度提高。Mobil 公司以焦化重蜡油(HCGO)为原料，在相同的条件下进行择形裂化和择形异构化的试验比较，结果表明无论是产品收率还是产品质量，择形异构化都明显优于择形裂化[63]。

试验所用原料油主要性质、催化剂组成及主要操作条件列于表 7－3－4。

表 7-3-4 原料油主要性质、操作条件及催化剂

项目	择形裂化	择形异构化
原料油(HCGO)主要性质		
馏程分析		
<216℃	0.2%	
216℃~343℃	46.3%	
216℃~454℃	44.5%	
>454℃	9.0%	
结构族组成/%		
单环环烷烃	21.8	
芳烃	14.6	
多环环烷烃	25.1	
倾点/℃	29.4	
硫/μg·g⁻¹	1700	
总氮/碱氮/μg·g⁻¹	1160/500	
催化剂组成	1.0% Ni-(ZSM-5)	0.7% Pt-(65% ZSM-5 +35% Al_2O_3)
主要操作条件		
压力/MPa	2.8	
液时空速/h^{-1}	1.0	

试验结果如下：

(1) 在反应温度相同时，择形异构化的转化率明显高于择形裂化：由图 7-3-5 可见，在转化率相同时，择形异构化所需要的反应温度比择形裂化低 14~22℃(25~40 ℉)。

(2) 在转化率相同时，择形异构化得到的柴油倾点明显低于择形裂化所得柴油的倾点：由图 7-3-6 可见，在任何一个转化率时，择形异构化得到的柴油倾点都大大低于择形裂化得到的柴油倾点。得到相同倾点柴油所需要的反应温度，择形异构化比择形裂化低 8~11℃(15~20 ℉)。据此估计，得到倾点 -7℃(20 ℉)的柴油时，转化率相差 15%~20%。

(3) 在生产相同倾点的柴油时，择形异构化的柴油收率明显高于择形裂化的柴油收率：由图 7-3-7 可见，在生产倾点为 4℃(40 ℉)的柴油时，择形异构化至少比择形裂化多得到

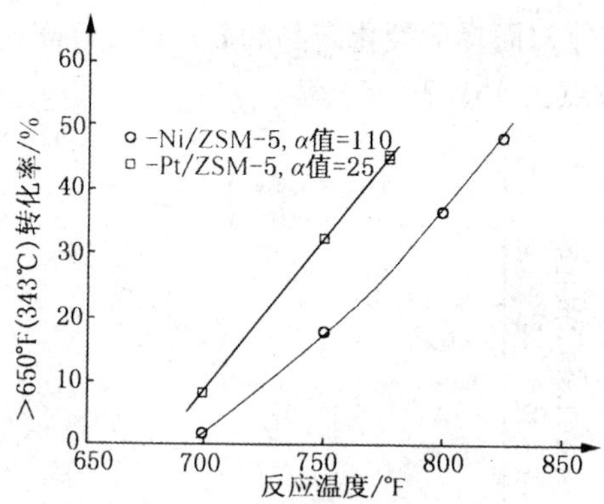

图 7-3-5　转化率与反应温度的关系

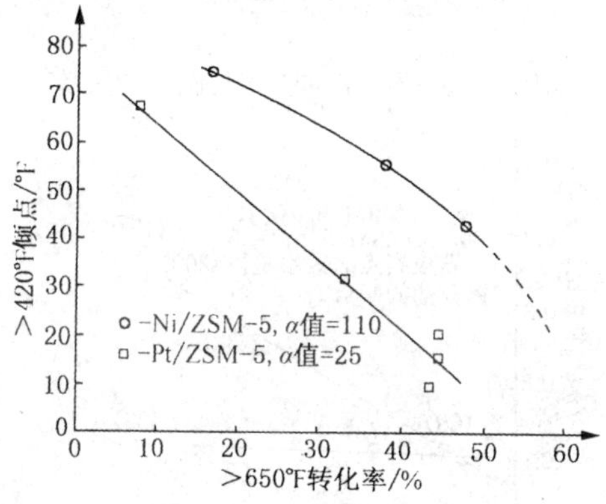

图 7-3-6　柴油倾点与转化率的关系

20% ~40% 的柴油，而且柴油的倾点越低，柴油收率的差值越大。其原因主要是择形异构化催化剂酸性弱、异构活性强，裂化为低分子量的产物少，而择形裂化催化剂的酸性强，裂化活性高，主要依靠烷烃裂化来降低倾点。

（4）在转化率相同时，择形异构化产品的 $i/n-C_{16}$ 气相色谱的峰高比明显高于择形裂化产品的 $i/n-C_{16}$ 峰高比。由图 7-3-8 可见，转化率越高，择形异构化产品的 $i/n-C_{16}$ 峰高比越高，倾点越低。例如，在转化率 50% 时，择形异构化得到的柴油倾点为

-9.4℃(15 ℉)，而择形裂化产品的 $i/n-C_{16}$ 峰高比变化不大，所得到的柴油倾点为4℃(39 ℉)。

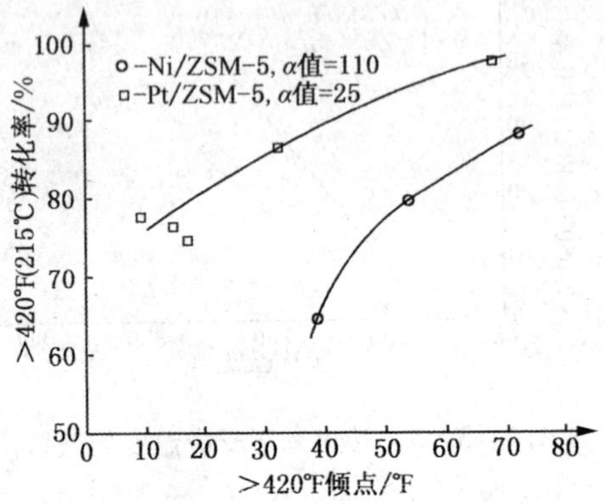

图7-3-7　柴油收率与倾点的关系

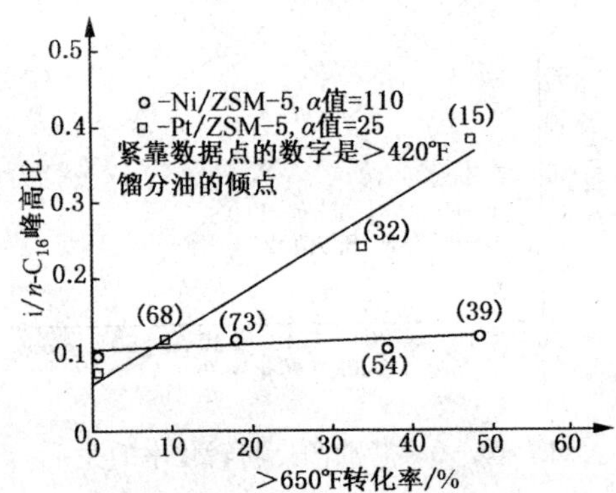

图7-3-8　$i/n-C_{16}$ 气相色谱峰高比与转化率的关系

（二）生产Ⅱ/Ⅲ类润滑油基础油的择形异构化

1. 工艺流程和特点

目前择形异构化所用催化剂都是以贵金属作为加氢-脱氢组分，因此该工艺对原料中的硫、氮等杂质非常敏感，原料须经过深度加氢精制。进入异构化反应器的原料，硫含量一般应低于10μg/g，氮含量应低于2μg/g，因此，在择形异构化装置前常建有原料油加氢处理装置，或者一套装置由加氢处理和择形异构化两部分组成，两部分设有独立的循环氢系统。择形异构化技术生产润滑油基础油的原则工艺流程见图 7-3-9。

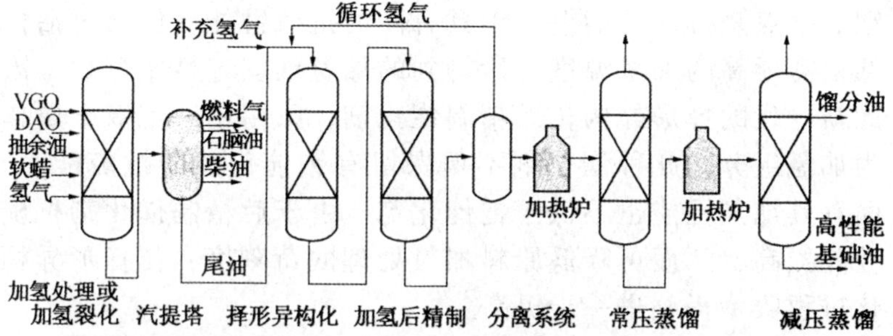

图 7-3-9　择形异构化生产润滑油基础油的工艺流程[64]

原料润滑油馏分首先进入择形异构化装置的加氢处理部分以大幅度降低硫、氮含量，该部分所用的催化剂通常为工业上用于生产润滑油或中间馏分油的加氢裂化催化剂或具有深度脱硫、脱氮能力的加氢处理催化剂。若原料油为直馏减压馏分油，一般经过燃料型或润滑油型加氢裂化，所产尾油或润滑油馏分进入择形异构化段；若原料油为溶剂精制油，经过常规加氢处理进入择形异构化段。

择形异构化装置进料若为溶剂精制油，其加氢处理部分分离系统通常只设汽提塔，用来脱除加氢生成油中夹带的 NH_3 和 H_2S，以免影响择形异构化催化剂的活性；如进料为直馏减压蜡油，且预处理催化剂具有加氢裂化活性，则设有汽提塔及常压塔以分离加氢生成油中的轻质油，减少择形异构化部分的加工负荷及设备投资。

进料经加氢处理和择形异构化后的生成油光安定性往往并不理想，在光照下与空气接触容易变色并生成沉淀，故需在高压低温的条件下，进一步加氢以除去残留的少量稠环芳烃，因此，择形异构化反应器的流出物，经换热后需进入一后精制反应器进行加氢饱和。后精制反应器与择形异构化反应器串联，共用一个循环氢系统，可减少投资。

择形异构化后精制催化剂通常采用贵金属催化剂，由于钯具有高的加氢活性，故多被采用作为催化剂的金属组分，钯的缺点是抗硫性能差；铂具有高的抗硫性能，但加氢活性低，需要高的加氢温度，所得到的加氢油安定性不理想，因此新一代的择形异构化后精制催化剂，采用铂－钯双金属作为加氢组分，此种催化剂不但保留有铂催化剂的抗硫能力，而且其加氢性能也不低于钯催化剂。由于后精制催化剂抗硫性能提高，从而可降低原料加氢处理的苛刻度，使择形异构化过程收率得到进一步提高。

根据原料油和加氢处理方法的不同，目前应用的择形异构化工业流程基本有三种：第一种是燃料型加氢裂化－择形裂化/加氢后精制；第二种是润滑油型加氢裂化－择形裂化/加氢后精制；第三种是溶剂精制与加氢工艺相结合的流程，即溶剂精制－加氢处理－择形异构化/加氢后精制流程。前两种为全加氢流程，产品收率和质量高、灵活性大，但投资较高。第三种流程投资较少，但产品收率和质量较差、灵活性小。此外，以蜡膏和软蜡为原料，通过缓和加氢裂化－择形异构化－溶剂脱蜡，可以得到高黏度指数的第Ⅲ类基础油，而且收率高达70%以上(详见本节第五部分)。

研究表明，择形异构化生产第Ⅱ/Ⅲ类基础油特别是高黏度指数的Ⅲ类基础油，最好的原料是加氢裂化尾油，因为加氢裂化可以改变原料油分子结构，提高黏度指数，降低硫、氮含量。但加氢裂化尾油全馏分黏度很小，用它来生产润滑基础油时，应将其低沸点馏分回炼或作为蒸汽裂解的原料，而将其重馏分加工以制取 API Ⅲ类基础油。加氢裂化尾油凝点很高，而且含有部分芳烃，因而光安定性差，用它来生产 API Ⅲ类基础油时，应进行脱蜡和进一步芳烃饱和。

2. 操作条件[65]

择形异构化的操作条件主要取决于原料油的质量和对产品的要求，反应压力 2.8～21MPa、反应温度 316～399℃。采用高压，可以延长运转周期、提高黏度指数和产品收率。Mobil 公司对中东 VGO 加氢裂化的 150N 中性油料进行择形异构化时，反应压力是 2.8MPa；对加氢处理的轻、重馏分油进行择形异构化时，反应压力是 14.0MPa。此外，由于择形异构化反应器与加氢后精制反应器串联，压力高低对产品的质量特别是氧化安定性和贮存安定性的影响很大。

三、催化剂

择形异构化催化剂是一种加氢－酸性双功能催化剂。由加氢金属提供加氢/脱氢功能，由分子筛提供适当的酸性异构功能。根据加氢金属组分不同，可分为贵金属催化剂和非贵金属催化剂，目前只有贵金属催化剂得到工业应用，这类催化剂一般以弱酸性的中孔分子筛如 ZSM－23/48 和 SAPO 类分子筛为酸性组分、以贵金属 Pt 为加氢组分。从公开的资料看，择形异构化催化剂目前主要为 Chevron Lummus Global 公司和 Exxon－Mobil 公司拥有，其中，Chevron 公司的催化剂应用居多。另外，Exxon-Mobil 和 Shell 公司也有专门用于加工高含蜡原料如石蜡、蜡膏等生产黏度指数 140 以上基础油的催化剂，见表 7－3－5。

柴油馏分择形异构化过程中发生的反应与润滑油择形异构化所发生的反应相似，也是正构烷烃在择形催化剂上进行的异构化反应，生成的支链烷烃保留在油品中，异构化反应也遵循正碳离子机理。因此，用于润滑油择形异构化过程的催化剂，也可以用于柴油馏分的择形异构化。

表 7－3－5　工业应用的柴油/润滑油择形异构化部分催化剂

项　目	择形异构化催化剂	用　途
Chevron 公司		
ICR－404	Pt/SAPO	润滑油馏分择形异构化，降低倾点
ICR－408	第二代择形异构化催化剂	
ICR－410	ICR－404 改进型	
ICR－418	ICR－408 改进型	
ICR－422	ICR－418 改进型	

续表

项　　目	择形异构化催化剂	用　　途
Exxon－Mobil 公司		
MSDW－1	比 ZSM－5 选择性更高的分子筛	润滑油馏分择形异构化，降低倾点
MSDW－2	催化剂活性和反应条件同 MSDW－1，但裂解活性更少	第 2 代润滑油馏分择形异构脱蜡催化剂
MWI－1	Pt/β + Pt/ZSM－23	蜡膏择形异构化
MWI－2	更适用于纯净蜡加氢异构化	蜡膏择形异构化
MIDW	对 ZSM－5 催化剂改进后开发成功	柴油馏分择形异构化，降低凝点，提高产品收率
MIDW－2		第 2 代柴油馏分择形异构化催化剂
Shell 公司	Ni－W/F－Al_2O_3	蜡择形异构化
中国石化 FRIPP		
FIW－1	Ⅷ族贵金属/硅－铝分子筛 LKZ	润滑油馏分择形异构化

（一）Exxon－Mobil 公司催化剂

1. 生产低凝点柴油的择形异构化催化剂

Mobil 公司开发的柴油择形异构化(MIDW)催化剂，是弱酸性的 Pt－(ZSM－5)。经过改性的 ZSM－5，SiO/Al_2O_3 比为 12～200，约束指数为 1～12，裂解指数 α 值 <50，小晶粒(<0.1μm)。催化剂制备方法是：用 65% ZSM－5 沸石与 35% Al_2O_3 粘结剂挤成小条，进行水蒸气处理，使 ZSM－5 的 α 值达到 25 左右，接着用硝酸铵进行铵交换、过滤、洗涤、干燥。再用硝酸四氨铂交换，接着再过滤、洗涤、干燥，并在 350℃左右焙烧 3 小时。最终得到的催化剂约含 Pt 0.7%。这种催化剂的异构性能很好，但不娇气，对未转化的少量硫和氮相对不太敏感[63]。

2. 生产润滑油基础油的择形异构化催化剂

Mobil 公司在上世纪 70 年代成功合成 ZSM－23 沸石的基础上，开发了以 Al_2O_3 为粘结剂的 Pt－(ZSM－23) 择形异构化催化剂，接着在 80 年代前期推出用润滑油料生产Ⅱ/Ⅲ类润滑油基础油的择形异构化工艺(MSDW)，后期又开发了硼改性的低酸性 Pt－β 沸石加氢异构化催化剂(MWI－1、MWI－2) 以及用含油蜡生产超高黏度指数(*VI*＞140) 基础油的加氢异构化工艺(MWI, Mobil Wax Isomerization)。近年来，为了扩大原料范围(如合成蜡、光亮油料等) 和提高超高黏度指数基础油的收率，Mobil 公司又对催化剂和工艺进行了许多改进。

以 MSDW 催化剂为例，第一代催化剂 MSDW－1 是一种具有强金属功能、平衡沸石裂化活性的中孔沸石催化剂，是专门设计加工加氢裂化所产轻、重中性油料的。该催化剂 1997 年首次用于工业装置，采用润滑油型加氢裂化－择形异构化/加氢后精制流程，加工减压蜡油，生产Ⅱ类基础油；1999 年换用 MSDW－2 催化剂，生产Ⅱ/Ⅲ类基础油和光亮油。

第二代催化剂 MSDW－2，是在第一代催化剂的基础上改进了酸性功能，也改进了加金属方法，使其活性达到了优化，异构化选择性明显优于 MSDW－1，因而既提高了黏度指数又提高了基础油的收率。采用各种黏度的加氢蜡油作原料能得到较高的产品收率和黏度指数。以一种加氢裂化重中性油为原料，分别采用 MSDW－1 和 MSDW－2 催化剂进行择形异构化，所得＞343℃基础油收率和黏度指数如图 7－3－10 所示。在倾点相同时，用 MSDW－2 得到的基础油收率和黏度指数都高于用 MSDW－1 得到的产品收率和黏度指数，反映了 MSDW－2 催化剂烷烃异构化选择性强、裂化选择性弱的制点。

(二) Chevron Lummus Global 公司催化剂

Chevron 公司在上世纪 80 年代中期合成 SAPO－11 沸石的基础上，开发了以 Al_2O_3 为粘结剂的 Pt－(SAPO－11) 择形异构化催化剂，接着推出了用润滑油料生产Ⅱ/Ⅲ类基础油的择形异构化工艺(IDW)。此后，又开发了 Pt-(SSZ-32)催化剂，既扩大了原料油的范围，又提高了润滑油基础油的收率和黏度指数。

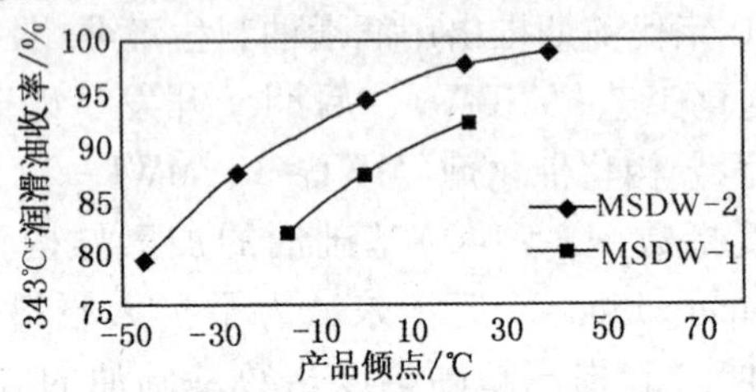

图 7-3-10 MSDW-2 与 MSDW-1 的性能比较[66]

资料表明[56,67~69]，Chevron 公司已有三代择形异构化/加氢后精制催化剂实现工业应用，催化剂牌号及主要特点列于表 7-3-6。

表 7-3-6 Chevorn 公司开发的择形异构化/加氢后精制催化剂

催化剂牌号	主要特点
ICR 404	第一代择形异构化催化剂，中等抗硫、氮能力
ICR 408	第二代择形异构化催化剂，高抗硫、氮能力，高活性
ICR 410	第一代择形异构化催化剂的改进型，对于高含蜡原料选择性好
ICR 418	第三代择形异构化催化剂，润滑油基础油收率高，质量好
ICR 422	第三代择形异构化催化剂的改进型，润滑油基础油收率高、质量好，催化剂活性高
ICR 424	第三代择形异构化催化剂的改进型，润滑油基础油收率高、质量好，催化剂活性非常高
ICR 402	第一代加氢后精制催化剂
ICR 403	第二代加氢后精制催化剂，中等抗硫、氮能力
ICR 407	第三代加氢后精制催化剂，高抗硫、氮能力，高活性
ICR 417	第三代加氢后精制催化剂的改进型，高抗硫、氮能力，高活性

1993 年，第一代择形异构化/加氢后精制催化剂首次在

Chevron 公司美国 Richmond 炼油厂工业应用，随后在 Petro Canada、Excel、Neste Oy 和中国大庆炼化等公司炼油厂得到应用；1996 年第二代催化剂在 Richmond 炼油厂实现工业化；2002 年开发成功第三代催化剂，并于 2003 年首先用于韩国 SK 公司 Ulsan 炼厂一套工业装置，随后又有 4 套装置采用了第三代催化剂。第三代改进型催化剂 ICR－422 已用于我国高桥石化炼油厂的 300kt/a 择形异构化装置和 Chevron 公司自己的装置。目前工业上使用较多的择形异构化/加氢后精制催化剂是 ICR－408/ICR－407。

表 7－3－7 和图 7－3－11 给出 ICR－418 和 ICR－408 催化剂加工 Ⅱ类 150N 轻中性油时的性能对比；表 7－3－8 和图 7－3－12 给出这两种催化剂加工 500N 中性油和光亮油的性能比较。

表 7－3－7　加工轻中性油（Ⅱ类，150N）催化剂性能比较

产物分布/%	溶剂脱蜡	ICR－408	ICR－418	基础油性质	溶剂脱蜡	ICR－408	ICR－418
气体		1.8	1.0	倾点/℃	－11	－12	－15
石脑油		2.7	1.5	黏度（100℃）/ $mm^2 \cdot s^{-1}$	5.3	5.4	5.3
柴油		4.5	3.9				
基础油	90	91	93.5	黏度指数	104	105	107

表 7－3－8　加工光亮油时产品性质比较

基础油性质	溶剂脱蜡	ICR－418	基础油性质	溶剂脱蜡	ICR－418
收率/%	48	91	黏度（100℃）/$mm^2 \cdot s^{-1}$	30.4	27.8
倾点/℃	－20	－19	黏度指数	106	114

从所列图表可以看到，无论是加工 150N 这样的轻中性油还是加工光亮油，在保持基础油相同黏度指数时，ICR－418 都表现出优越性，其裂解性能比 ICR－408 更低，气体和轻油产率明显减少，基础油产品收率更高、倾点更低，明显优于溶剂脱蜡结果。

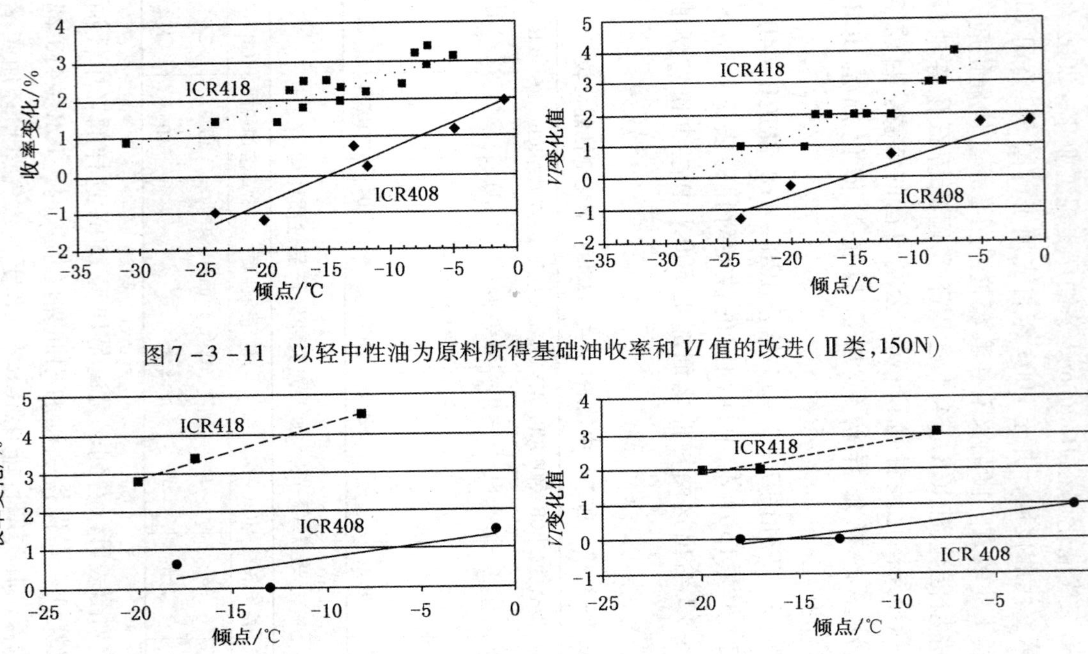

图 7-3-11　以轻中性油为原料所得基础油收率和 *VI* 值的改进(Ⅱ类,150N)

图 7-3-12　以重中性油为原料所得基础油收率和 *VI* 值的改进(500N)

（三）FRIPP 催化剂

中国石化 FRIPP 对择形分子筛的合成、改性及其在润滑油择形异构化中的应用等方面进行了大量的研究，并在此基础上成功开发了择形异构化催化剂 FIW－1 及石蜡烃择形异构化 WSI 技术，用于生产优质 API Ⅱ/Ⅲ类润滑油基础油及白油等特种油品。

1．催化剂的性质及反应性能

（1）主要物化性质

FIW－1 的主要物化性质列于表 7－3－9。

表 7－3－9　FIW－1 催化剂的主要物化性质

项　目	数　据	项　目	数　据
外形大小(φ×L)/mm	1.4～1.6×3～8	压碎强度/N·cm^{-1}	>100
孔容/mL·g^{-1}	≥0.30	形　状	圆柱形
比表面积/m^{2}·g	≥180		
堆积密度/g·cm^{-3}	0.65～0.75	活性金属含量/%	0.3～0.6

（2）催化剂的反应性能

FRIPP 考察了反应温度、体积空速及反应压力对催化剂反应性能的影响，分别列于图 7－3－13a、图 7－3－13b 和图 7－3－13c。

图 7－3－10a 为反应温度与总液收、>352℃润滑油馏分油的产率及其倾点的相关曲线。可以看出，在所考察的温度区域内，当反应温度升高时，除了总液收略有降低外，>352℃馏分油的产率基本没有变化，仍维持在 82% 左右；倾点则随着反应温度上升而降低，而且降凝效果非常明显。当反应温度提高 30℃时，倾点由－12℃大幅度降至－30℃。这一结果表明，这种新型双功能催化剂具有良好的异构降凝选择性能。

图 7－3－13b 为体积空速与总液收、>352℃润滑油馏分油的产率及其倾点的相关曲线。可以看出，在所考察的空速区间内，随着空速的降低，除了总液收以及>352℃目的产品收率略有降低外，目的产品倾点大幅度下降，降凝效果同样十分显著，说明 FIW－1 催化剂具有良好的异构降凝选择性能。

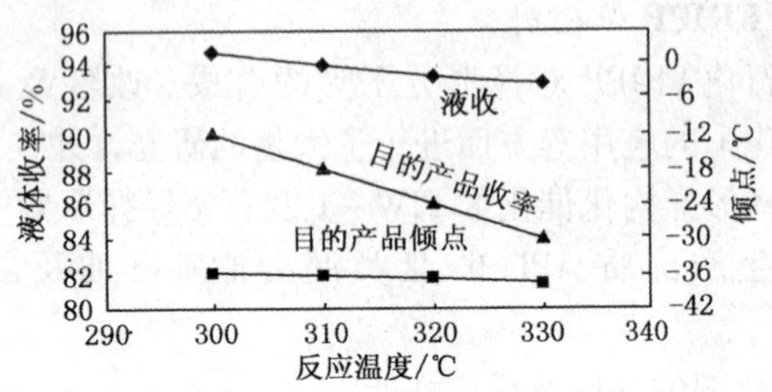

图 7－3－13a　反应温度的影响

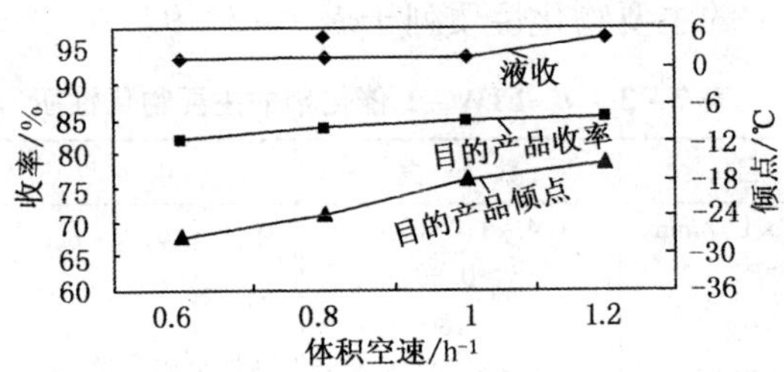

图 7－3－13b　体积空速的影响

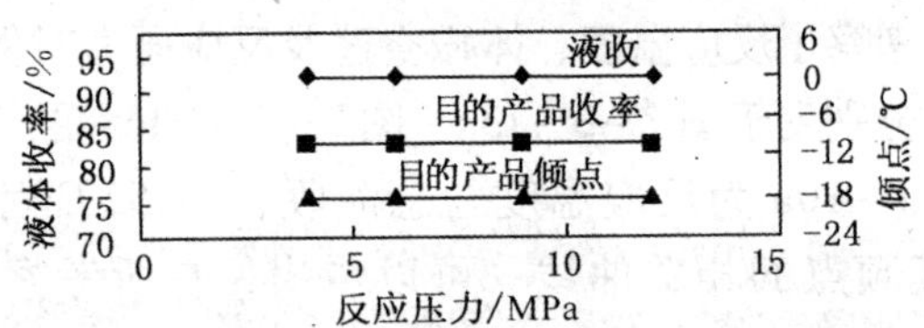

图 7－3－13c　反应压力的影响

图 7－3－13c 给出氢分压从 4.0MPa 到 12.0MPa 范围内的反应结果，压力条件已基本涵盖了低、中、高三种压力范围。可以看到，在考察的压力范围内，生成油的产品分布不随压力升高而有所变化，>352℃润滑油馏分油的收率一直保持在 82% 左右。与此同时，所有条件下的 >352℃产品的倾点都在 －18℃左右，不随反应压力变化而变化。表明催化剂的裂化反应及异构降凝性能基本不受压力影响，即不同压力下均可得到高收率及低倾点的主要目的产品。

(3) 采用 FIW－1 催化剂的 WSI 工艺与其他脱蜡技术的比较

表 7－3－10、表 7－3－11 分别列出 WSI 与溶剂脱蜡、择形裂化技术的比较结果。可以看出，与溶剂脱蜡技术相比，加工轻质原料(加氢裂化尾油)和重中质原料(加氢处理减四线油)，WSI 所得基础油，收率明显提高、倾点更低、黏度指数较高，基础油收率分别高 18.45 个百分点和 11.57 个百分点；黏度指数分别达到 II、II$^+$及 III 类油的要求；与择形裂化技术相比，加工相同原料油时，WSI 所得基础油收率和黏度指数提高较多，倾点降得更低。

表 7－3－10　WSI 工艺与溶剂脱蜡的比较

项　　目	加氢裂化尾油		加氢处理减四线馏分油	
脱蜡工艺过程	WSI	溶剂脱蜡	WSI	溶剂脱蜡
≥350℃脱蜡油收率(对原料)/%	79.25	60.80	79.47	67.90
≥350℃脱蜡油主要性质				
黏度/$mm^2 \cdot s^{-1}$				
40℃	24.73	22.73	67.04	54.63
100℃	4.930	4.609	8.754	7.542
黏度指数	126	120	103	99
倾点/℃	－24	－9	－24	－6

表 7－3－11　WSI 工艺与择形裂化的比较

项　　目	加氢裂化尾油	
工艺过程	WSI 择形异构化	择形裂化
>C_5 液收/%	93.80	75.0
>350℃润滑油收率/%	81.25	60.70(>320℃)
>350℃馏分油性质		
黏度(40℃)/$mm^2 \cdot s^{-1}$	24.73	20.10
黏度指数	126	80
倾点/℃	－24	－15

2. 工业应用结果[70]

WSI 成套工艺技术 2005 年 1 月首次成功用于中国石化金陵分公司的 100kt/工业装置，以加氢裂化尾油为原料，经过择形异构化生产优质特种油产品。工业应用结果列于表 7－3－12。可以看出，即使在3.1MPa的低压条件下，FIW－1催化剂仍显示了高活性和良好的稳定性，降凝效果明显、目的产品选择性高、基础油黏度指数达到API Ⅲ类油标准，可以预期该催化剂在中、高压下将会有更加优异的表现。

表7－3－12　WSI技术工业应用结果

项　目	数　据	项　目	数　据
原料油	加氢裂化尾油	产品分布/%	
密度(20℃)/kg·m^{-3}	828.3	<320℃	12.9
黏度(100℃)/$mm^2·s^{-1}$	3.96	>320℃	81.0
硫/μg·g^{-1}	8.58	>320℃产品主要性质	
氮/μg·g^{-1}	1.5	密度(20℃)/kg·m^{-3}	834.8
倾点/℃	35	黏度(40℃)/$mm^2·s^{-1}$	19.346
蜡含量/%	19.85	氮/μg·g^{-1}	1.7
馏程(D1160)/℃	384～488	硫/μg·g^{-1}	3.5
主要操作参数		黏度指数	121
进料量/t·h^{-1}	8.01	倾点/℃	－21
高分压力/MPa	3.1	闪点(开口)/℃	215
平均反应温度/℃	335.5	色度/号	1.0

四、操作技术及要求

(一) 催化剂的装填

1. 催化剂管理要求

(1) 催化剂的吸水性强，应装在密封的桶里，保存在干燥地方，禁止与酸、碱化学试剂等物质接触。

(2) 催化剂运到现场后必须用防水帆布盖好，防止雨淋、受潮；盛催化剂的桶只能在装剂时才打开；装填催化剂应选在晴天进行。

(3) 催化剂装运过程中，应小心轻放，不要滚动，更不能摔打催化剂桶，以免催化剂破碎。

(4) 装催化剂时应准确称重计量、专人记录，并连续进行，一次装完。

2. 装催化剂前的准备工作

(1) 催化剂的检查

① 检查催化剂有无出厂合格证、活性评价报告单及验收

手续；

② 检查催化剂的包装情况，是否吸水、是否受污染；

③ 检查催化剂的破碎情况，决定是否过筛。如果催化剂中小于 1.0mm 的筛分占 3%，就应过筛，过筛与装填可同时进行。

（2）反应器的检查

① 检查反应器卸料管是否装好填充物(保温材料或瓷球)；

② 检查反应器底部物流集合器，要清理干净，防止堵塞；

③ 检查反应器热电偶套管位置是否合理，热电偶接头应完好无损。

（3）准备好足够量的瓷球。

（4）清扫好工作场地，保证催化剂装填现场干净、无杂物。

（5）保管好催化剂装填时拆卸的内构件，并用帆布盖好反应器未拆卸的内构件，以免催化剂散落在内构件上。待下床层装填完毕，将帆布拆下取出。

（6）准备好振动筛、磅秤、加料漏斗、卷尺、帆布袋和软梯等装填工具。

（7）确认反应系统处于干燥状态后，按催化剂装填方案，在反应器内壁自下而上画好催化剂装填线。

3. 装填催化剂的安全措施

（1）如果反应器内含有可燃的烃类气体，在打开反应器前用 N_2 吹扫，再用空气置换。

（2）与反应器相连的管线均应加盲板，确保人身安全。

（3）打开反应器后，向反应器内通入足够的新鲜空气，使反应器内氧含量达 21%。

（4）在反应器内工作的人员必须穿上工作服，佩戴防护眼镜和防尘呼吸器。器内工作人员与守候在反应器旁的人员要保持密切联系。

4. 催化剂的装填

催化剂装填的情况不仅影响催化剂装填量，而且对油气分布影响很大，催化剂装填应力求均匀密实，避免出现沟流、短路。在装填过程中，催化剂应逐桶取样保存备查。

（1）装剂时应连续向反应器内通入经过干燥的压缩风。

（2）按照装填尺寸要求，依次装入瓷球和催化剂。催化剂及瓷球的装填通常是用一个金属漏斗和一个帆布软管组成。装填时，要使帆布软管下端尽量接近催化剂床层，其自由落体高度不要大于1.5m，以防止催化剂破损。装剂时，要使催化剂床层界面均匀上升，每升高一米左右耙平一次（备一块400mm×500mm木板以便人踏在上面），然后再装，使疏密一致，以确保运转过程中物料和温度分布均匀。

（3）卸料管内装φ8mm瓷球。

（4）统计、核实反应器实际装入催化剂的量。

（5）注意在催化剂装填过程，催化剂应逐桶取样保存备查。

5. 催化剂的干燥与还原

（1）干燥

① 催化剂装填完毕，临氢系统进行高纯氮置换、气密合格。

② 绘出催化剂干燥脱水升、恒温曲线。

③ 催化剂干燥前，各切水点排尽存水，并准备好计量水的器具及绘图用具。

④ 在干燥过程中，每隔一定时间在高分放水一次，并计量。

⑤ 在催化剂干燥操作曲线图上，画出催化剂脱水干燥的实际升、恒温工作曲线图。

⑥ 干燥达到结束标准后，排空所有放空、排凝、取样点，避免系统存水，准备引氢气进行催化剂还原。

（2）还原

① 目前工业应用的择形异构化和加氢后精制催化剂中含有贵金属铂和钯，新鲜催化剂中这些贵金属呈氧化态，要将催化剂中的贵金属从氧化态还原成金属态，并且要使这些贵金属以分子级大小均匀分布在载体上，才能发挥催化剂的活性，所以要对这些催化剂进行还原。

② 择形异构化和加氢后精制催化剂还原是通过纯度在99.9%以上的氢气，在适宜的温度和压力下与催化剂进行反应，将催化剂中氧化态的贵金属还原成金属态。

③ 催化剂还原分为低温还原和高温还原两个阶段。低温还原进行一定时间后，逐步升温至要求温度进行高温还原，当反应器床层温度不再上升，系统压力不再下降，催化剂还原结束。

6. 择形异构化催化剂的硫化

通过实验证明，在择形异构化催化剂中加入少量硫，能阻止气体形成，使反应中产生的气体减少，润滑油基础油的收率增加，所以要对择形异构化催化剂进行硫化。将硫化剂以很小的流量注入到择形异构化反应系统。由于只是对择形异构化催化剂进行硫化，所以要控制好硫化氢不能穿透择形异构化反应器床层到达加氢后精制反应器床层。

催化剂硫化结束后，停止注硫化剂，调整进料量和压力到正常生产的操作指标。

由于目前各专利公司都有以干燥、还原过程为主的开工方法，所以催化剂装填过程中，需按专用开工方法达到相应的指标要求后，装置开始进原料、并调整工艺参数进行正常运转。

（二）装置的正常停工

1. 反应系统降温降量

① 按每10℃/h速度开始降低反应器入口温度。随着温度的降低，相应减少进料量，一定时间内逐步减少到设计值的50%~60%。

② 改原料循环后，系统压力维持在操作压力，原料循环量维持在设计值的50%~60%，继续按15℃/h的速度逐步降低反应器入口温度，直至反应器床层平均温度达到要求值，停止进原料油。

③ 引柴油或煤油（$S < 10\mu g/g$、$N < 1\mu g/g$）进行冲洗，系统停止循环，清洗油经不合格线进入废油储罐。

④ 柴油或煤油冲洗2~4h后，停进料泵，停止注水。

2. 热氢循环带油

① 进料停止后，以每30℃/h的速度逐步将反应器入口温度

提至要求温度，维持循环氢最大量在操作压力下循环带油。

② 气液分离器的液面不再上升后，继续热氢带油 2h，热氢带油结束。

3. 降温降压

① 热氢带油结束后，停止补充新氢。维持循环氢压缩机最大量和操作压力，系统开始以 15℃/h 的速度降温。降温到 50℃停循环压缩机，系统泄压到 1.0MPa。

② 引氮气置换至合格。

（三）催化剂的卸剂

1. 催化剂的钝化

用高纯氮气置换反应器，气剂比≥600，床层温度小于 50℃时，向氮气中充入无油、无粉尘的干燥空气，空气补加体积开始为总气体体积的 0.2%，在整个过程中严格控制催化剂床层温升小于 20℃，当催化剂床层温升小于 5℃时，逐步提高空气补加量，直至全部切换为空气。当床层无温升，反应器出口氧含量与进口氧含量相等时，钝化结束，可以拆卸催化剂。

2. 催化剂的卸出

催化剂卸出时，工作人员应有安全装备，现场需具备消防条件，具有处理意外事故的能力。

为避免催化剂卸出时破损，催化剂的自由落体高度应控制在 1m 以内。

卸出的催化剂直接放入容器中密封保存，催化剂应该保存在避光通风的干燥环境中，避免催化剂受到强烈的挤压和撞击，以免导致催化剂破碎以及爆炸等事故发生。

五、工业应用现状和前景

（一）择形异构化生产低凝点柴油

Mobil 公司的 MIDW（Mobil Isomerization Dewaxing）技术最早实现工业应用，采用中压加氢裂化（MPHC）－MIDW 组合工艺，以中东 VGO 为原料，在 9.0MPa 压力条件下加氢裂化，转化率 60%～70%，未转化的尾油进入 MIDW 装置进行择形异构化，生产低凝点柴油。

1999 年又一套采用第二代催化剂 MIDW-2 的择形异构化装置投产，由柴油择形裂化（MDDW）装置改建而成，采用单段工艺流程。运转结果表明，相比原来 MDDW 操作，装置加工能力、柴油收率和十六烷值均有提高，柴油硫含量降到 <50μg/g，见表 7-3-13。

出于生产成本的考虑，目前对柴油择形异构化催化剂的研究，除贵金属外，也在大力开发非贵金属催化剂。而且此项技术采用加氢处理-择形异构化一段串联流程，可生产符合世界燃料规范Ⅲ类的低凝点柴油，所以预计会得到一定程度的推广和应用。

表 7-3-13　MIDW 柴油择形异构化工业结果[71]

项　目	数　据	项　目	数　据
装置处理量	基准+10%	硫/$\mu g \cdot g^{-1}$	<50
柴油体积收率/%	≥90 （相同倾点时 MDDW 的收率为 75%）	十六烷值	基准+4

（二）择形异构化生产 APIⅡ/Ⅲ类润滑油基础油

自 20 世纪 80 年代以来，先后推出的润滑油择形异构化技术有 Exxon Mobil 公司的 MSDW 技术、Chevron 公司的 IDW 技术、Criterion 和 Lyondell 公司开发的 ISO-CDW 技术、Shell 公司的 SHVI 工艺技术、中国石化 FRIPP 的 WSI 技术等。另外，还有以软蜡为原料生产超高黏度指数基础油的择形异构化技术如 Mobil 公司的 MWI 技术，F-T 合成蜡的异构化技术与蜡异构化技术相似。

Chevron 公司 IDW 技术自 1993 年工业应用以来，成为近十年来基础油生产装置的重要选择工艺，至今已有 15 套工业装置，有关情况如表 7-3-14 所示。

采用 Exxon Mobil 公司 MSDW 技术的第一套工业装置 1997 年投产，截至 2006 年 9 月，已有 8 套装置投入运转，4 套装置处于设计阶段，总加工能力超过 3Mt/a[72]。其中 4 套装置的有关情况列于表 7-3-15。

表 7-3-14 采用 Chevron 公司技术的择形异构化装置[56,73]

厂　址	生产能力/kt·a^{-1}	生产流程	择形异构化/加氢后精制催化剂	主要产品	投产日期
美国 Chevron 公司 Richmond 炼厂	800	LDHC-择形异构化/加氢后精制	ICR-408/407	Ⅱ/Ⅲ类基础油	1993
加拿大石油公司 Missisauga 炼厂	400	LDHC-择形异构化/加氢后精制	ICR-404/403	Ⅱ/Ⅲ类基础油	1996
美国 Excel 公司 Lake Charles 润滑油厂	1175	LDHC-择形异构化/加氢后精制	ICR-404/403	Ⅱ类基础油	1996
芬兰 Fortum 公司 Porvoo 炼厂	250	FDHC-择形异构化/加氢后精制	ICR-404/403	Ⅲ类基础油	1997
韩国 SK 公司 Ulsan 炼厂	250	FDHC-择形异构化/加氢后精制	ICR-408/407 ICR-418/417	Ⅲ类基础油	1997 2003
美国 Star 公司 Port Arthur 炼厂	800	溶剂精制-加氢处理-择形异构化/加氢后精制	ICR-408/407	Ⅱ/Ⅲ类基础油	1998
中国石油天然气公司大庆炼化分公司	200	溶剂精制-加氢处理-择形异构化/加氢后精制	ICR-404/403	Ⅱ类基础油	1999
美国 Star 公司 Port Arthur 炼厂	800	溶剂精制-加氢处理-择形异构化/加氢后精制	ICR-408/407	Ⅱ/Ⅲ类基础油	2000
印度 Bharat Oman 公司 Bina 炼厂	390	LDHC-择形异构化/加氢后精制	ICR-408/407	Ⅱ类基础油	2000

续表

厂　址	生产能力/kt·a^{-1}	生产流程	择形异构化/加氢后精制催化剂	主要产品	投产日期
亚洲某炼厂	650	LDHC-择形异构化/加氢后精制	ICR-408/407	Ⅱ/Ⅲ类基础油	2001
马来西亚炼制公司 Melaka 炼厂	420	LDHC-择形异构化/加氢后精制	ICR-408/407	Ⅱ类基础油	2002
俄罗斯 Lukoil 公司 olgograd 炼厂	—	—	—	Ⅱ类基础油	2002
韩国 SK 公司 Ulsan 炼厂	318	FDHC-择形异构化/加氢后精制	ICR-418/417	Ⅱ/Ⅲ类基础油	2004
中国石油化工股份公司高桥分公司	300	FDHC-择形异构化/加氢后精制	ICR-422/407	Ⅱ/Ⅲ类基础油	2004

注：① 按1桶/日=50t/a计算；② LDHC-润滑油型加氢裂化；③ FDHC-燃料油苛刻加氢裂化。

表7-3-15　采用 Mobil 公司技术的择形异构化装置[74]

厂　址	生产能力/kt·a^{-1}	原　料	生产流程	择形异构化	主要产品	投产日期
新加坡 Jurong 炼油厂	400	减压蜡油	润滑油型加氢裂化-择形异构化/加氢后精制	MSDW-2	Ⅱ/Ⅲ类基础油	1997
加拿大 Sarnia 炼油厂	175	溶剂精制油	加氢处理-择形异构化/氢后精制	MSDW-2	Ⅱ/Ⅲ类基础油	2000
印度 Haldia 炼油厂		溶剂精制油①	加氢处理-择形异构化/加氢后精制	MSDW-2	Ⅱ类基础油	

续表

厂　址	生产能力/kt·a^{-1}	原　料	生产流程	择形异构化	主要产品	投产日期
英国 Fawley 炼油厂		含油蜡	缓和加氢裂化－加氢异构化－溶剂脱蜡	WMI－2	Ⅲ类基础油	2003

① N－甲基吡咯烷酮精制油，还加少量含油蜡。

1. 以 VGO 为原料生产Ⅱ类/Ⅲ类基础油

以 VGO 为原料生产Ⅱ类/Ⅲ类基础油的择形异构化工业装置，生产流程基本可以分为三种：第一种是以轻、重 VGO 为原料，经润滑油加氢裂化，所得轻、中、重中性油再通过择形异构化/加氢后精制，生产Ⅱ类或Ⅱ/Ⅲ类润滑油基础油，这类装置占多数；第二种是 VGO 原料经过溶剂精制/溶剂脱蜡，所得溶剂精制油或蜡下油先加氢处理，再择形异构化/加氢后精制，生产Ⅱ/Ⅲ类润滑油基础油；第三种是 VGO 原料经过燃料型加氢裂化，所得尾油进行择形异构化/加氢后精制，生产Ⅲ类润滑油基础油。

(1) Chevron 公司 Richmond 炼厂的 IDW 装置[75,76]

这是采用 IDW 技术的第一套工业装置，其示意流程可参见图 7－3－9 择形异构化生产润滑油基础油的工艺流程。

该装置由润滑油加氢裂化和择形异构化/加氢后精制两大部分构成。加氢裂化段有两个反应器，一个用于加工轻 VGO，另一个用于加工重 VGO。重 VGO 的硫、氮含量高，且稠环芳烃多，为保证择形异构化进料中的硫、氮合格，同时黏度指数有一定的提高，需要较苛刻的反应条件。加氢裂化生成物经适当的常减压蒸馏后进入择形异构化/加氢后精制段。择形异构化装置采用第一代择形异构化 ICR－404 催化剂。装置的原料性质、加氢裂化含蜡油及择形异构化后各中性油产品性质分别列于表 7－3－16和表 7－3－17。

表 7-3-16 IDW 装置原料性质

项目	轻 VGO	重 VGO	项目	轻 VGO	重 VGO
加氢裂化原料 VGO			加氢裂化所得含蜡油		
硫/%	1.2	1.3	含蜡/%	6.2	6.3
氮/μg·g^{-1}	1300	2050	黏度(100℃)/mm^2·s^{-1}	6.2	16.8
黏度(100℃)/mm^2·s^{-1}	5.8	14.5	黏度指数	32	18
倾点/℃	30	41	倾点/℃	-9	-5

表 7-3-17 IDW 装置择形异构化产品性质

产品	100N	240N	500N
运动黏度/mm^2·s^{-1}			
40℃/100℃	20.1/4.04	46.1/6.71	92.5/11.1
黏度指数	97	98	104
色度/号	<0.5	<0.5	<0.5
倾点/℃	-12	-12	-12
闪点(开口)/℃	201	227	266
芳烃含量(*n*-*d*-*m* 法)/%	<1	<1	<1

(2) 中国石油大庆炼化分公司择形异构化装置[77,78]

这是采用 Chevron 公司 IDW 技术在中国建的第一套择形异构化装置，加工能力 200kt/a，1999 年 10 月建成投产。与其他装置联合，采用溶剂精制-加氢处理-择形异构化/加氢后精制流程生产润滑油基础油，如图 7-3-14 所示。

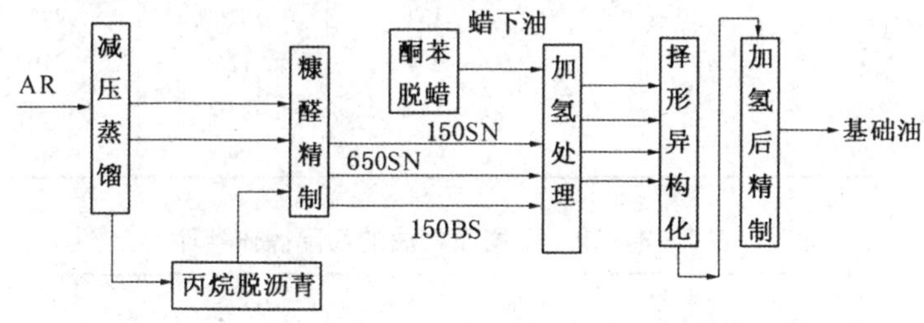

图 7-3-14 大庆炼化生产润滑油基础油的加工流程

择形异构化装置设计加工 3 种原料，分别是大庆原油经糠醛精制和酮苯脱蜡的减二线油（150SN 料）、经糠醛精制的减四线油（650SN 料）和经糠醛精制的轻脱沥青油（150BS 料），其中

150SN 料 40kt/a、650SN 料 60kt/a、150BS 料 100kt/a，3 种原料切换操作，经过加氢处理－择形异构化/加氢后精制，主要生产 100℃黏度为 5.0mm^2/s、10.0mm^2/s、20.0mm^2/s 的 API Ⅰ类/Ⅱ类基础油，并副产石脑油、喷气燃料和柴油。

该装置包括加氢处理、择形异构化和加氢后精制三部分，加氢后精制反应器与择形异构化反应器串联。加氢处理反应器装填 ICR134KAQ 催化剂，将进料氮含量降至 2μg/g 以下，并使大部分芳烃饱和。择形异构化反应器装填 ICR404L 催化剂，可降低倾点，改进黏度指数，得到高收率、高质量的基础油。加氢后精制反应器装填 ICR403L 催化剂，它使残余的芳烃饱和，生产几乎无色、安定性好的基础油。

装置进料、主要反应条件及基础油性质列于表 7－3－18 ~ 表 7－3－21。

表 7－3－18　大庆炼化择形异构化装置的原料性质

原　料	150SN	650SN	150BS
密度(20℃)/g · cm^{-3}	0.866	0.875	0.879
馏程/℃			
初馏点/50%/95%	353/415/453	413/539/－	464/－/－
运动黏度/mm^2 · s^{-1}			
40℃/100℃	29.8/5.2	－/12.73	－/31.52
硫/μg · g^{-1}	131	576	793
氮/μg · g^{-}	94	126	710
残炭/%	0.01	0.07	0.40
倾点/℃	－15	54	56

表 7－3－19　不同原料油的实际操作条件

原　料	150SN	650SN	150BS
加氢处理反应器			
进料/t · h^{-1}	29.0	25.0	20.8
入口压力/MPa	13.0	13.8	13.9
床层平均温度/℃	333.1	373.8	384.5

续表

原　料	150SN	650SN	150BS
择形异构化反应器			
入口压力/MPa	12.9	13.8	13.9
床层平均温度/℃	354.8	373.1	384.5
加氢后精制反应器			
床层平均温度/℃	203	233	233
各部分循环氢纯度/%	>90	>90	>90

表7-3-20　主要润滑油基础油的产品分布

原　料	150SN		650SN		150BS	
产　品	收率/%	黏度等级①	收率/%	黏度等级①	收率/%	黏度等级①
轻质润滑油	15.04	2.0	13.24	2.0	10.96	2.0
中质润滑油	—	—	6.21	4.0	10.41	5.0
重质润滑油	63.79	5.0	51.31	10.0	47.54	20.0
基础油总收率/%	78.83	—	70.76	—	68.91	—

① 为100℃黏度，单位mm^2/s。

表7-3-21　加工各种原料的基础油产品性质

原料油	150SN		650SN			150BS		
黏度等级(100℃)/$mm^2\cdot s^{-1}$	2.0	5.0	2.0	4.0	10.0	2.0	5.0	20.0
倾点/℃	-37	-28	-31	-23	-15	<-40	-25	-15
闪点/℃	179	211	187	242	279	177	243	304
运动黏度/$mm^2\cdot s^{-1}$								
40℃	10.1	31.20	12.16	29.5	79.06	11.21	37.91	153.60
100℃	2.17	5.31	2.87	5.51	11.25	2.95	6.55	18.80
馏程/℃								
初馏点	299	372	300	360	415	289	402	363
50%	364	422	403	475	509	376	446	—
95%	393	451	441	529	—	421	464	—
黏度指数	—	103	—	125	132	—	126	134
外　观	透明	透明	透明	透明	透明	透明	透明	透明
比色/号	0	0	0	0	0	0	0	0
氧化安定性/min	—	380	—	400	440	—	400	455
氮/$\mu g\cdot g^{-1}$	0.77	0.88	0.70	0.70	0.95	0.80	0.85	1.31

采用同样的原料按“老三套”工艺生产，150SN所得基础油黏度指数103、倾点-9℃、氧化安定性215min；650SN所得基

础油黏度指数99、倾点-9℃、氧化安定性140min。从所列数据可以看出，择形异构化生产的基础油收率比较高，各种产品质量都明显优于常规“老三套”工艺生产的基础油，氧化安定性大大改善，中、重质基础油的黏度指数可达到120以上，达到API Ⅲ类油要求。

（3）新加坡Jurong炼厂的MSDW装置[76,79]

这是采用Mobil公司MSDW技术的第一套工业装置，1997年6月建成投产。与润滑油加氢裂化联合，形成加氢裂化-择形异构化/加氢后精制生产流程，如图7-3-15所示。

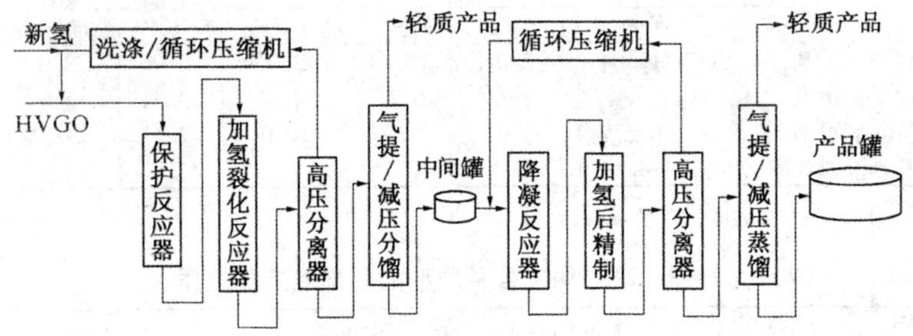

图7-3-15　新加坡Jurong炼厂的加氢裂化-择形异构化装置流程

润滑油加氢裂化装置的设计能力为650kt/a，MSDW设计加工能力400t/a。利用中东、西非、东南亚混合原油的VGO为原料，通过润滑油加氢裂化，脱除其中的杂质和硫、氮等化合物，并使部分多环、低黏度指数(*VI*)化合物选择性加氢裂化生成少环长侧链高*VI*值化合物，经汽提和蒸馏除去轻质燃料油馏分，含蜡的润滑油馏分进入择形异构化/加氢后精制段，最后再经过汽提和蒸馏，除去轻质油部分，获得Ⅱ类润滑油基础油。该加工流程对原油的适应性强，可加工不同类型的原油；减压蒸馏的拔出深度可达560℃，MSDW催化剂的抗硫、氮中毒的能力强。

MSDW装置起初采用MSDW-1催化剂，2000年换用MSDW-2催化剂后，用得到的基础油加添加剂调制发动机油、工业润滑油和船用润滑油，性能都很好，氧化安定性和低温黏度都优于溶剂精制－溶剂脱蜡油。采用＞343℃的加氢裂化尾油为原料和 MSDW－1 催化剂情况下，装置的操作条件如表 7－3－22 所列，得到的基础油产品性质如表 7－3－23 所列。

表 7－3－22　新加坡 Jurong 炼厂加氢裂化－择形异构化装置的操作条件

项　目	加氢裂化	择形异构化	项　目	加氢裂化	择形异构化
操作条件			体积空速/h^{-1}	1.0	0.5～1.0
压力/MPa	10.0～17.0	10.0～17.0	转化率/%	25	—
温度/℃	380～390	315	基础油收率/%	—	90

表 7－3－23　新加坡 Jurong 炼厂择形异构化基础油的性质

项　目	J150		J500
	Ⅱ类	Ⅲ类（工业试运转结果）	Ⅱ类
运动黏度/$mm^2 \cdot s^{-1}$			
40℃/100℃	30/5.4	35.4/6.2	95/10.8
黏度指数	115	124	97
倾点/℃	－18	－24	－15
挥发性(Noack 法)/%	＜15	7	3
总芳烃/%	＜2	＜2	＜2

（4）中国石化 FRIPP 开发的 WSI 技术

① 中国石化金陵分公司的 WSI 装置。

2005 年 1 月，FRIPP 开发的 WSI 技术及配套催化剂 FIW－1 成功应用于中国石化金陵分公司改造的 100kt/a 低压加氢装置上，原则流程如图 7－3－16 所示。金陵分公司采用加氢裂化－WSI－白土精制联合流程生产优质橡胶填充油。VGO 原料经过燃料油加氢裂化，＞384℃的尾油经换热后和氢气炉后混氢，先经过择形异构化反应器进行异构反应，降低倾点、提高黏度指数，反应产物经过高压分离器进入常压分馏塔，塔顶分离出轻组分，塔底油作为生产特种油品的原料。特种油料经过白土补充精制改善安定性，生产优质橡胶填充油产品。

装置满负荷标定的结果列于表 7－3－24 和表 7－3－25。可以看出，尽管在低压下操作，FIW－1 催化剂仍表现出良好的活性和选择性，降凝效果很明显，目的产品橡胶填充油倾点从原料的11℃降至-17℃，收率达96%，总液收达98.2%。

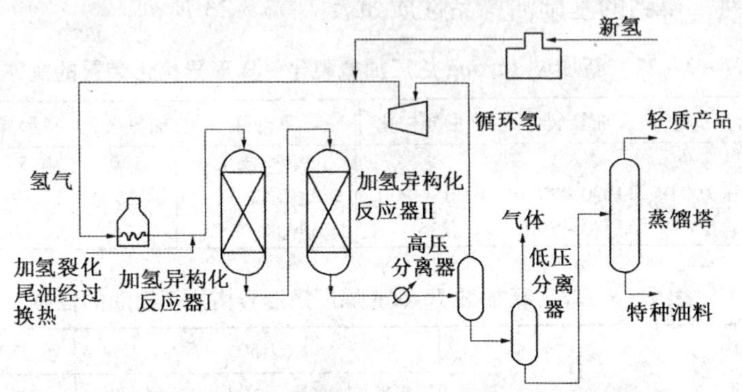

图7-3-16　金陵分公司WSI装置原则流程图

表7-3-24　WSI装置满负荷标定操作条件及产品分布

项　　目	数　　据	项　　目	数　　据
主要操作参数		产品分布/%	
进料量/t·h^{-1}	11.75	轻油	2.2
高分压力/MPa	3.1	橡胶填充油	96.0
一反/二反入口温度/℃	320/315	液收/%	98.2

表7-3-25　WSI装置满负荷标定原料及产品性质

项　　目		加氢裂化尾油原料	橡胶填充油产品
密度(20℃)/kg·m^{-3}		862.8	860.2
馏程/℃			
初馏点		—	362
10%/50%		394/415	395/415
90%/95%		469/484	469/-
终馏点		501	507
总硫/μg·g^{-1}		6.5	—
倾点/℃		11	-17
闪点(开口)/℃		220	—
运动黏度/mm^2·s^{-1}	40℃	—	29.775
	100℃	5.21	—
色度/号		3.5	2.0
水　分		—	痕迹

② 择形异构化生产食品级白油。

FRIPP 采用 WSI 技术，以加氢裂化尾油为原料，进行了生产食品级白油的工艺试验，示意流程如图 7－3－17。采用单段串联一次通过的工艺流程，一反装填 FIW－1 催化剂，二反装填补充精制催化剂。原料经一反择形异构化降低倾点，二反补充精制深度脱芳，改善产品颜色和消除异味，再经蒸馏得到中间馏分及白油产品。

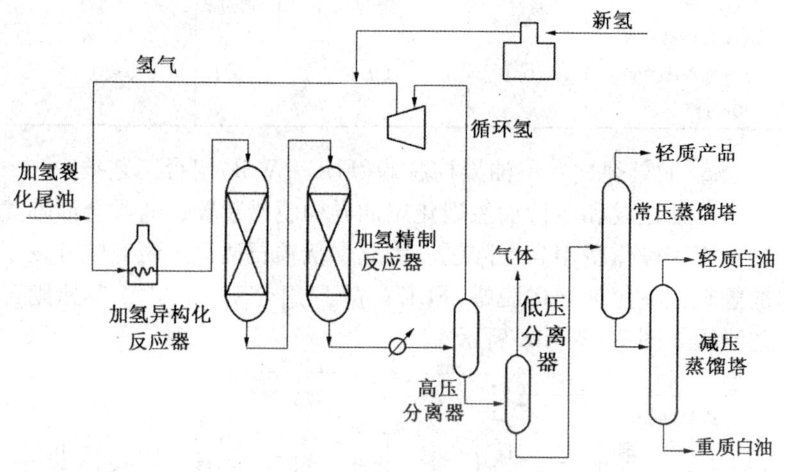

图 7－3－17　择形异构化－加氢补充精制制取白油原则流程

主要工艺条件、产品分布及性质见表 7－3－26 和表 7－3－27。所得 315～420℃和 >420℃馏分质量分别满足 $10^{\#}$和 $36^{\#}$食品级白油标准要求。

表 7－3－26　WSI 技术制取食品级白油试验结果

项　目	数　据	项　目	数　据
原料油	加氢裂化尾油	产品分布/%	
主要工艺条件		315～420℃	32.20
氢分压/MPa	高压	>420℃	51.35
反应温度(R1/R2)/℃	330～350/240～280	全馏分油性质	
液体收率/%	94.5	赛氏色度/号	>＋30
		易炭化物	通过

表 7－3－27　WSI 技术制取食品级白油性质

馏分范围/℃	315～420℃	10#食品级白油标准	>420℃	36#食品级白油标准
黏度/$mm^2 \cdot s^{-1}$				
40℃	8.2	7.6～12.4	33.1	32.5～39.5
100℃	2.47	—	5.96	—
倾点/℃	－45	—	－27	—
闪点(闭口)/℃	153	>145	212	>165
赛氏色度/号	>＋30	>＋30	>＋30	>＋30
易炭化物	通过	通过	通过	通过
稠环芳烃紫外吸收光度/cm(260～420nm)	<0.1	<0.1	<0.1	<0.1

③ 加氢裂化－尾油异构脱蜡(FHC－WSI)组合工艺技术。

单独建设和运行加氢裂化尾油异构脱蜡装置，通常会面临建设投资和操作费用高等问题。为此，抚顺石油化工研究院开发了加氢裂化－尾油异构脱蜡(FHC－WSI)组合工艺技术，其原则工艺流程如图 7－3－18 所示。

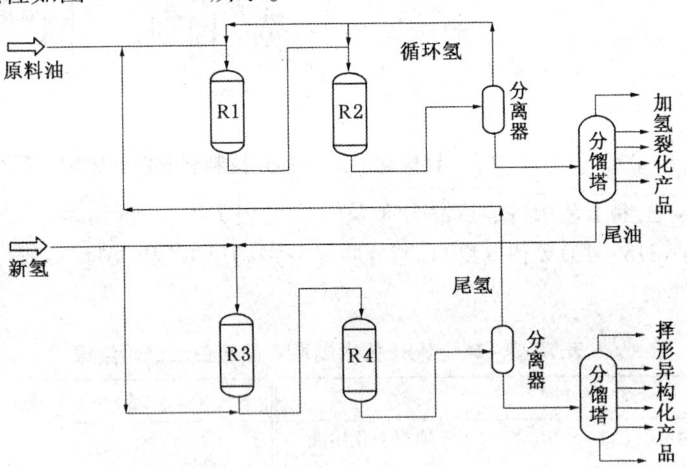

图 7－3－18　加氢裂化－尾油异构脱蜡(FHC－WSI)组合工艺

该工艺包括加氢裂化和尾油择形异构化两个单元。加氢裂化单元的尾油直接供给择形异构化单元作原料。新氢一次通过尾油择形异构化单元，其尾氢则直接返回给加氢裂化单元做补充氢。由于两个单元实现深度联合，因此装置建设投资和操作费用将明显降低。

该项技术可以在有加氢裂化装置的企业推广使用，不仅可以缓解我国高质量润滑油基础油供应紧张问题，而且可以给企业带来显著的经济效益。

2. 以软蜡和蜡膏为原料生产Ⅱ/Ⅲ类润滑油基础油[76,80,81]

（1）Exxon 公司以软蜡为原料的加氢处理－择形异构化－加氢后精制－溶剂脱蜡工艺技术

Exxon 公司在 20 世纪 90 年代开发了一种以软蜡为原料生产很高黏度指数(VHVI)Ⅲ类基础油的技术，即 MWI 工艺，原则流程见图 7－3－19。原料软蜡先进行加氢处理(脱硫和脱氮)，再进行择形异构化，把正构烷烃转化为异构烷烃，之后进行加氢后精制，脱除残留的芳烃和烯烃，提高热氧化安定性和光安定性；最后对经过 3 次加氢的生成油进行蒸馏，得到重组分。然后对重组分进行溶剂脱蜡，结果得到符合要求的 VHVI 基础油，其质量与 PAO 相当。采用这种技术的工业装置于 1993 年在英国 Fawley 炼厂投产。典型的操作条件为：反应温度 260～454 ℃、反应压力 1.4～17.5 MPa、体积空速 0.15～5.0h^{-1}、氢油体积比 88～1760。由于这种技术的工艺流程较长、工序较多、生产成本较高，所以没有推广应用。

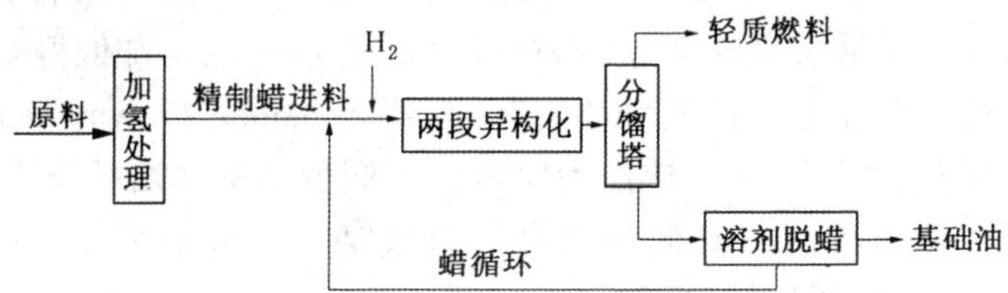

图 7－3－19　Exxon Mobil 公司的软蜡择形异构化加工流程

（2）Shell 公司以软蜡为原料的 UHVI 工艺技术

Shell 公司早在 20 世纪 70 年代末就在法国 Petite Couronne 炼厂，随后又在澳大利亚的 Geelong 炼厂建成了以软蜡为原料、通过加氢裂化－择形异构化/加氢后精制－溶剂脱蜡加工流程、生产黏度指数为145的超高黏度指数(UHVI)基础油的装置。

UHVI工艺以含油蜡为原料，通过择形异构化可生产黏度指数高达145～150的润滑油料，工艺流程见图7－3－20。UHVI工艺的产品与老三套生产的低黏度指数基础油调合后得到需要的基础油。UHVI工艺典型操作压力为12.0～19.0MPa、温度为320～390℃、氢耗约占进料的1%。主要反应为异构化而不是裂化，蜡的总转化率为80%～90%。

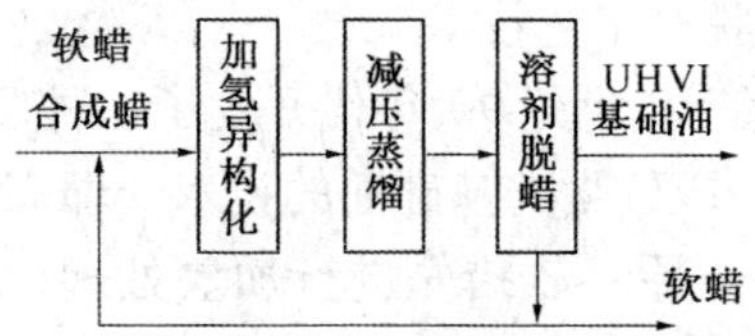

图7－3－20　Shell公司的软蜡择形异构化加工流程

3. 以GTL合成油为原料生产Ⅱ/Ⅲ类润滑油基础油[56,82～84]

GTL（天然气合成液态烃）技术合成润滑油基础油的生产工艺一般包括3个步骤：由天然气生产合成气、合成气采用低温法合成液体烃(Fischer－Tropsch，F－T合成油)，通过加氢裂化、择形异构化等工艺过程将F－T合成油加工成润滑油基础油产品和其他石化产品。

F－T合成油是生产基础油的理想原料，经过择形异构化制取的基础油属于Ⅲ/Ⅳ类油，黏度指数高(＞140)，不含芳烃、硫和氮，质量与聚α烯烃(PAO)相当，但生产成本却低得多。

目前世界上主要有Shell、Sasol、ExxonMobil和Syntroleum等公司开发了以F－T合成油为原料生产润滑油基础油的技术，已有两家以润滑油基础油为产品的合成油厂，分别采用Shell和Syntroleum公司的技术。

图7－3－21为Shell公司在马来西亚合成油厂的加工流程。Syntroleum公司与安然公司合资，在西澳大利亚的Burrup Peninsula兴建合成油厂，2003年初投产。采用Lyondell公司的合成蜡

异构化技术，生产100℃黏度分别为$2mm^2/s$、$4mm^2/s$、$6mm^2/s$和8 mm^2/s的API Ⅲ类润滑油基础油，年生产能力达25kt。

图7-3-21　马来西亚合成油厂的加工流程

采用Shell公司和Chevron公司的择形异构化技术，以F-T合成油为原料，生产的基础油性质列于表7-3-28。可以看出，与石油生产的优质润滑油基础油相比，F-T合成基础油具有黏度指数高、硫及芳烃含量低等优异性能。

表7-3-28　F-T合成基础油与其他基础油的比较

项　目	典型Ⅰ类油	典型Ⅱ类油	典型Ⅲ油	PAO	Shell公司GTL基础油	Chevron公司GTL基础油
所占市场份额/%	80 减少	18 增长	1 增长	1 基本不变	—	—
黏度指数	95	95~100	120~130	110~145	148	>145
硫/μg·g⁻¹	2000-4000	<20	<20	<20	0	0
芳烃/%	>10	1~10	<1	0	0	<0.5

为适应汽车、机械工业的飞速发展和严格的环保要求，润滑油产品升级换代速度明显加快，由传统的润滑油基础油生产工艺制得的APIⅠ类基础油需求正在减少，润滑油加氢工艺(包括加氢裂化、择形裂化和异构化、蜡异构化等)生产的Ⅱ/Ⅲ类基础油需求不断增加。在北美地区，用加氢工艺制取Ⅱ/Ⅲ类基础油的生产能力已占基础油总生产能力的50%以上；在欧洲，Ⅱ类油的加工量比较有限，Ⅲ类基础油的供应大大增加，因为混合的Ⅰ类和Ⅲ类基础油能提供所需的黏温性能；在亚洲，基础油市场继续以Ⅰ类油为主，并向生产Ⅱ类、Ⅲ类油发展。2005年，全球Ⅱ类及Ⅲ类基础油需求占到基础油总需求量的15%，预计到2010年，将达到20%~30%[85]。因此，生产API Ⅱ类和Ⅲ类基

础油的技术越来越受到重视。此外，以天然气为原料，利用 F－T 合成蜡生产Ⅲ类基础油的技术正在成为基础油家族中的一支新生力量。

我国润滑油基础油的生产和需求也在发生变化。据国家统计局发布的数字，2006 年我国润滑油的表观消费量为 5.0Mt 左右，预计到 2010 年增加到 7.0Mt。目前，国外品牌在我国润滑油市场中占有 20% 份额，绝大多数都是高档品种，利润占了整个市场的 80%；国产品牌占据了润滑油市场五分之四的份额，绝大多数都是中、低档品种，只分得整个市场五分之一的利润。我国的基础油生产中，仍然是生产Ⅰ类基础油的传统溶剂法占主导地位。近年来，为了提高基础油质量，国内许多基础油生产厂家也陆续采用国内技术或引进技术建设了一些润滑油基础油加氢生产装置，加氢处理能力达到 1500kt/a，约占润滑油基础油生产能力的 20%，Ⅱ、Ⅲ类基础油所占比例仍然较低[86]。从目前的状况看，我国润滑油水平比美国落后 2～4 个档次，比印度还低 1～2 个档次，所以必须提高我国基础油的生产水平和产品质量。择形裂化、择形异构化等工艺技术是提高基础油质量的有效途径，特别是择形异构化工艺还能生产橡胶、塑料填充油等专用油料，当采用高的反应压力和较低空速时还可以生产食品级白油。相信包括择形裂化、择形异构化在内的加氢脱蜡技术在本世纪将得到较快的发展和应用，成为制取Ⅱ、Ⅲ类基础油及其他专用油料的主要技术。

参考文献

1 Krishna R, et al. Use of an axial - dispersion model for kinetic description of hydrocracking. Chemical Engineering Science, 1989, 44(3): 703 ~ 712

2 潘翠莪等. 大庆柴油馏分中蜡对其低温流动性的影响. 抚顺石油学院学报, 1995, 15(4): 1 ~ 4

3 潘翠莪等. 预测柴油凝点和冷滤点的经验方程 - 柴油中蜡对其低温流动性的影响. 石油化工高等学校学报, 1996, 9(3): 18 ~ 21

4 韩崇仁主编, 加氢裂化工艺与工程. 北京: 中国石化出版社, 2001. 861

5 李家鹏主编. 催化加氢技术第二分册加氢裂化, 1993: 279

6 李家鹏主编. 催化加氢技术第二分册加氢裂化, 1993: 277

7 彭焱等. 含蜡重柴油临氢降凝催化剂及工艺研究. 工业催化, 1997, 2: 28 ~ 33

8 方向晨等. 长链正构烷烃的择形异构化. 炼油技术与工程, 2004, 34(12): 1 ~ 4

9 Alliance updates performance of new dewaxing technology in Louisina refinery. Oil & Gas J, 2000, 98(43): 52 ~ 53

10 别东生. 国外润滑油基础油、蜡和专用油生产技术. 润滑油, 1997, 12(4): 9 ~ 18

11 水天德主编. 现代润滑油生产工艺. 北京: 中国石化出版社, 1997

12 聂红等. RIPP 生产清洁油品的加氢技术, 加氢技术论文集, 2004: 18 ~ 48

13 Weisz P B, et al. J Phys Chem, 1960, 64: 382

14 Helton T E, et al. Oil & Gas J, 1998, 96(29): 58 ~ 67

15 曾昭槐编著. 择形催化. 北京: 中国石化出版社, 1994. 7

16 Chen, et al. Oil & Gas J, 1997, 95(23): 165 ~ 170

17 Smith F A, et al. Oil & Gas J, 1990, 88(33): 51 ~ 55

18 陈迺沅编著. 择形催化在工业中的应用. 北京: 中国石化出版社, 1992. 44

19 陈迺沅编著. 择形催化在工业中的应用. 北京: 中国石化出版社, 1992. 10

20 韩崇仁主编. 加氢裂化工艺与工程. 北京: 中国石化出版社, 2001. 866 ~ 868

21 彭焱等. 制取优质低凝柴油的工艺. 炼油设计, 1999, 29(1): 12 ~ 15

22 孟祥兰等. 临氢降凝工艺技术的发展与应用. 石油炼制与化工, 1997, 28(5): 29 ~ 35

23 刘丽芝等. 柴油临氢降凝技术的工业应用. 石化技术与应用, 2000, 18(3): 148 ~ 151

24 陈迺沅编著. 择形催化在工业中的应用. 北京: 中国石化出版社, 1992. 143

25 李大东主编. 加氢处理工艺与工程. 北京: 中国石化出版社, 2004. 1068 ~ 1069

26 赵增丰等. 用临氢降凝技术工艺从环烷 - 中间基稠油生产冷冻机油的研究. 石油炼制与化工, 1990(12): 1 ~ 8

27 尚俊影等. 用加氢裂化尾油生产润滑油基础油. 精细石油化工, 2002(4): 35~37
28 韩崇仁主编. 加氢裂化工艺与工程. 北京: 中国石化出版社, 2001. 881
29 李大东主编. 加氢处理工艺与工程. 北京: 中国石化出版社, 2004. 1070
30 别东生. 国外润滑油基础油、蜡和专用油生产技术. 润滑油, 1997(12)4: 9~18
31 李立权. 润滑油加氢脱蜡技术进展. 加氢裂化协作组第三届年会报告论集, 中国石化石油加氢裂化协作组, 茂名, 2001. 91~95
32 宗树祥等. 临氢降凝 FDW-3 催化剂的使用总结. 2006 加氢技术论文集, 中国石化加氢技术情报站, 2006. 458~463
33 Terry E Helton, et al. Oil & Gas J, 1998, 969(29): 58~67
34 何刚. 临氢降凝技术在胜利炼油厂的工业应用. 齐鲁石油化工, 2004, 32(3): 176~179
35 孟祥兰等. FDW-3 临氢降凝催化剂的开发及应用. 辽宁化工, 2004, (33)7: 417~420
36 陈酒沅编著. 择形催化在工业中的应用. 北京: 中国石化出版社, 1992. 122~134
37 曾昭槐编著. 择形催化. 北京: 中国石化出版社, 1994. 125~130
38 韩崇仁主编. 加氢裂化工艺与工程. 北京: 中国石化出版社, 2001. 870~871
39 孟祥兰等. 临氢降凝工艺技术的发展与应用. 石油炼制与化工, 1997, 28(5): 29~35
40 刘丽芝等. 柴油临氢降凝技术的工业应用. 加氢技术年会论文集, 加氢技术情报站, 2000. 57~63
41 孟祥兰等. 加氢降凝和加氢改质降凝组合工艺技术进展. 工业催化, 2004, 12(11): 15~18
42 翟晓东等. 新型加氢精制-临氢降凝装置的设计和开工标定. 炼油设计, 2002, 32(5): 15~18
43 李秀娟. 加氢精制-临氢降凝组合工艺在哈尔滨炼油厂的应用. 加氢技术年会论文集, 加氢技术情报站, 2000. 98~103
44 王立新等. 加氢降凝装置的应用. 加氢技术年会论文集, 加氢技术情报站, 2002. 221~226
45 王志刚等. 加氢降凝组合工艺技术工业应用总结. 加氢技术年会论文集, 加氢技术情报站, 2004. 323~328
46 尹恩杰等. 几种从劣质柴油生产清洁柴油技术的特点和应用. 加氢技术年会论文集, 加氢技术情报站, 1999. 14~23
47 孟祥兰等. 加氢降凝组合工艺技术及发展. 抚顺石油化工研究院技术专辑, 2005. 76~81
48 韩崇仁主编. 加氢裂化工艺与工程. 北京: 中国石化出版社, 2001. 884~889

49　范惠明等．加氢技术在生产环烷基润滑油中的应用．加氢技术年会论文集，加氢技术情报站，1999. 404～409
50　李国英等．全氢工艺生产优质环烷基润滑油．润滑油，2001，16(6)：23～27
51　刘广元等．加氢技术在环烷基原油加工中的应用．加氢裂化协作组第五届年会报告论文选集，乌鲁木齐，2003. 525～532
52　陈江南等．利用加氢裂化基础油研制25#变压器油．齐鲁石油化工，2006，34(2)：181～183
53　徐宪．采用加氢裂化尾油研制生产高质量润滑油基础油及白色油．润滑油，1997，12(2)：38～41
54　徐宪．加氢法生产高质量润滑油基础油．石油炼制与化工，1998，29(2)：17～20
55　桑玉丰．催化脱蜡油润滑油工艺的开发及工业应用．炼油设计，1996，26(5)：14～18
56　Kamala R. Krishna，et al. Maximizing Premium Base Oil Yields and Viscosity Index with All New ISODEWAXING. NPRA Annual Meeting，2005，AM－05－39
57　韩崇仁主编．加氢裂化工艺与工程．北京：中国石化出版社，2001. 891
58　German Stastre，et al. On the Mechanism of Alkane Isomerisation (Isodewaxing) with Unidirectional 10－Member Ring Zeolites－A Molecular Dynamics and Catalytic Study. Jouranl of Catalysis，2000，195(2)：227～236
59　Almanza L O，et al. On the influence of the mordenite acidity in the hydroconversion of linear alkanes over Pt－mordenite catalysts Applied Catalysis A，1999，178(1)：39～47
60　廖士纲等．LKZ择形异构化分子筛的合成和工业应用．石油学报，2006，22(B10)：113～116
61　Albinson，et al. 美国专利．US4 913 797，Apr 3，1990
62　韩崇仁主编．加氢裂化工艺与工程．北京：中国石化出版社，2001. 877
63　Chen，et al. 美国专利．US4 808 296，Feb 28，1989
64　申宝武．异构脱蜡技术生产高性能基础油研究进展．石油商技，2006，2：34～37
65　韩崇仁主编．加氢裂化工艺与工程．北京：中国石化出版社，2001. 895
66　Hetlon T E，et al，Oil & Gas J，1997，96(29)：58～67
67　Jerry Mayler，et al. The All－Hydroprocessing Route Group II and Group III Base Oils：One Company's Experience. NPRA Annual Meeting，2004，AM－04－68
68　姚国欣．国外炼油技术新进展及其启示．当代石油石化，2005，13(3)：18～25
69　Chevron 公司网站资料．www. Chvevron. com，2007
70　刘平等．石蜡烃择形异构化(WSI)工艺技术的成功应用，2005年中国石油炼制大会报告论文集，2005. 873～878
71　Mike Hunter，et al. MAKFining－MAKFining－Premium Distillates Technology－The Future of Distillate Upgrading. NPRA Annual Meeting，2000，AM－00－18

72 Hydrocarbon Processing, 2006, 85(9)
73 韩崇仁主编. 加氢裂化工艺与工程. 北京: 中国石化出版社, 2001. 898
74 Ellis Ed, et al. Hydrocarbon Asia, 2001, 11(6): 25 ~ 29
75 韩鸿等. 国内外润滑油异构脱蜡技术. 润滑油, 2003, 18(3): 1 ~ 5
76 安军霞等. 国外Ⅱ/Ⅲ类润滑油基础油生产工艺路线概述. 润滑油, 2004, 19(4): 10 ~ 16
77 何秀云. 异构脱蜡技术的工业应用. 石油炼制与化工, 2001, 32(4): 14 ~ 18
78 崔民利等. 异构脱蜡工艺生产优质润滑油基础油. 石油炼制与化工, 2001, 32(1): 16 ~ 19
79 Wuest, R G. et al. Improvements in Exxon Mobil's All - catalytic Isomerization Dewaxing Technology are Pormpting Upgrades in Singapore. Lubricant World, 2000, 10(2): 13 ~ 15
80 姚国欣. 含硫原油润滑油基础油生产工艺和应该考虑的几个问题. 润滑油, 1997, 12(4): 30 ~ 36
81 李立权. 润滑油加氢脱蜡技术进展. 润滑油, 2000, 15(1): 22 ~ 25
82 周惠娟等. 天然气合成润滑油基础油技术发展动向. 润滑油, 2002, 17(3): 10 ~ 15
83 李雪静等. 非常规润滑油基础油生产技术现状及进展. 石油商技, 2003, 21(4): 12 ~ 16
84 徐金龙等. GTL润滑油基础油工艺技术进展、优势及影响. 润滑油, 2004, 19(2): 6 ~ 10
85 钱伯章等. 世界和中国润滑油市场需求分析. 润滑油, 2005, 20(4): 22 ~ 27
86 赵江. 润滑油基础油的现状及发展趋势. 石油炼制与化工, 2003, 34(3): 38 ~ 42